普通高等教育土建学科专业“十一五”规划教材
全国高职高专教育土建类专业教学指导委员会规划推荐教材

暖通施工技术

（供热通风与空调工程技术专业适用）

本教材编审委员会组织编写
吴耀伟　主　编
杨二虎　副主编
张新军　主　审

中国建筑工业出版社

图书在版编目（CIP）数据

暖通施工技术/吴耀伟主编．—北京：中国建筑工业出版社，2005（2023.12重印）
普通高等教育土建学科专业“十一五”规划教材．全国高职高专教育土建类专业教学指导委员会规划推荐教材．供热通风与空调工程技术专业适用
ISBN 978-7-112-06913-2

Ⅰ．暖...　Ⅱ．吴...　Ⅲ．①采暖设备-建筑安装工程-工程施工-高等学校：技术学校-教材②通风设备-建筑安装工程-工程施工-高等学校：技术学校-教材　Ⅳ．TU83

中国版本图书馆CIP数据核字（2008）第100672号

普通高等教育土建学科专业“十一五”规划教材
全国高职高专教育土建类专业教学指导委员会规划推荐教材
暖通施工技术
（供热通风与空调工程技术专业适用）
本教材编审委员会组织编写
吴耀伟　主　编
杨二虎　副主编
张新军　主　审
*
中国建筑工业出版社出版、发行（北京西郊百万庄）
各地新华书店、建筑书店经销
廊坊市海涛印刷有限公司印刷
*
开本：787×1092毫米　1/16　印张：21　字数：510千字
2005年8月第一版　2023年12月第二十一次印刷
定价：**36.00**元
ISBN 978-7-112-06913-2
(21638)

本书为全国高职高专教育土建类专业教学指导委员会规划推荐教材，是高职院校供热通风与空调工程技术专业的主干课程之一。全书共11章，包括：管子的加工、连接与机具，管道阀门与支架安装，室内采暖系统的安装，室内给排水系统的安装，室外管道的安装，起重吊装搬运基本知识，锅炉及附属设备的安装，通风与空调系统的安装，室内燃气系统的安装，防腐与绝热施工，安全施工与防火技术等内容。

本书可供高职院校供热通风与空调工程技术专业的师生参考，也可供相关专业工程技术人员参考。

* * *

责任编辑：齐庆梅　朱首明
责任设计：崔兰萍
责任校对：王雪竹　刘梅

本教材编审委员会名单

序　言

全国高职高专教育土建类专业教学指导委员会建筑设备类专业指导分委员会（原名高等学校土建学科教学指导委员会高等职业教育专业委员会水暖电类专业指导小组）是建设部受教育部委托，并由建设部聘任和管理的专家机构。其主要工作任务是，研究建筑设备类高职高专教育的专业发展方向、专业设置和教育教学改革，按照以能力为本位的教学指导思想，围绕职业岗位范围、知识结构、能力结构、业务规格和素质要求，组织制定并及时修订各专业培养目标、专业教育标准和专业培养方案；组织编写主干课程的教学大纲，以指导全国高职高专院校规范建筑设备类专业办学，达到专业基本标准要求；研究建筑设备类高职高专教材建设，组织教材编审工作；制定专业教育评估标准，协调配合专业教育评估工作的开展；组织开展教学研究活动，构建理论与实践紧密结合的教学内容体系，构筑“校企合作、产学研结合”的人才培养模式，为我国建设事业的健康发展提供智力支持。

在建设部人事教育司和全国高职高专教育土建类专业教学指导委员会的领导下，2002年以来，全国高职高专教育土建类专业教学指导委员会建筑设备类专业指导分委员会的工作取得了多项成果，编制了建筑设备类高职高专教育指导性专业目录；制定了“供热通风与空调工程技术”、“建筑电气工程技术”、“给水排水工程技术”等专业的教育标准、人才培养方案、主干课程教学大纲、教材编审原则，深入研究了建筑设备类专业人才培养模式。

为适应高职高专教育人才培养模式，使毕业生成为具备本专业必需的文化基础、专业理论知识和专业技能、能胜任建筑设备类专业设计、施工、监理、运行及物业设施管理的高等技术应用性人才，全国高职高专教育土建类专业教学指导委员会建筑设备类专业指导分委员会，在总结近几年高职高专教育教学改革与实践经验的基础上，通过开发新课程，整合原有课程，更新课程内容，构建了新的课程体系，并于2004年启动了“供热通风与空调工程技术”、“建筑电气工程技术”、“给水排水工程技术”三个专业主干课程的教材编写工作。

这套教材的编写坚持贯彻以全面素质为基础，以能力为本位，以实用为主导的指导思想。注意反映国内外最新技术和研究成果，突出高等职业教育的特点，并及时与我国最新技术标准和行业规范相结合，充分体现其先进性、创新性、适用性。它是我国近年来工程技术应用研究和教学工作实践的科学总结，本套教材的使用将会进一步推动建筑设备类专业的建设与发展。

“供热通风与空调工程技术”、“建筑电气工程技术”、“给水排水工程技术”三个专业教材的编写工作得到了教育部、建设部相关部门的支持，在全国高职高专教育土建类专业教学指导委员会的领导下，聘请全国高职高专院校本专业享有盛誉、多年从事“供热通风与空调工程技术”、“建筑电气工程技术”、“给水排水工程技术”专业教学、科研、设计的副教授以上的专家担任主编和主审，同时吸收工程一线具有丰富实践经验的高级工程师及优秀中青年教师参加编写。可以说，该系列教材的出版凝聚了全国各高职高专院校“供热通风与空调工程技术”、“建筑电气工程技术”、“给水排水工程技术”三个专业同行的心血，也是他们多年来教学工作的结晶和精诚协作的体现。

各门教材的主编和主审在教材编写过程中认真负责，工作严谨，值此教材出版之际，全国高职高专教育土建类专业教学指导委员会建筑设备类专业指导分委员会谨向他们致以崇高的敬意。此外，对大力支持这套教材出版的中国建筑工业出版社表示衷心的感谢，向在编写、审稿、出版过程中给予关心和帮助的单位和同仁致以诚挚的谢意。衷心希望“供热通风与空调工程技术”、“建筑电气工程技术”、“给水排水工程技术”这三个专业教材的面世，能够受到各高职高专院校和从事本专业工程技术人员的欢迎，能够对高职高专教学改革以及高职高专教育的发展起到积极的推动作用。

全国高职高专教育土建类专业教学指导委员会
建筑设备类专业指导分委员会
2004 年 9 月

前　言

本书根据高等职业院校“供热通风与空调工程技术”专业的暖通施工技术课程教学大纲编写。这一课程的教学目的是使学生掌握本专业安装工程的施工技术知识，并能针对安装工程性质、要求和现场情况选择正确的施工方法、施工机具，制定施工方案和安全措施，确保工程质量和施工安全。

编者根据课程教学目的要求，确定和精选本书内容，把室内外管道系统、锅炉、通风管道及其主要设备、附件的安装程序、方法、技术要求、系统试压、冲洗、质量验收标准作为重点。并编写了室内采暖管道、地板辐射供暖、散装锅炉、通风管道等安装实例。教师可根据本校专业培养方向和具体情况选讲，本书增加了管道的特殊处理、非金属管的应用、排水结节安装尺寸的核算、地板辐射供暖及安全施工与防火技术等章节。编写中遵循实用、全面、简明的原则，力求做到图文并茂、语言精炼、通俗易懂。采用新设备、新工艺、新材料、新技术等方面力求能适应和满足现场暖卫施工技术的需求，具有一定的先进性。

全书共十一章，其中第七章、第九章、第十章由黑龙江建筑职业技术学院吴耀伟编写，第三章、第四章由内蒙古建筑职业技术学院杨二虎编写，第五章、第六章由平顶山工学院周前编写，第一章由内蒙古建筑职业技术学院侯殿臣编写，第二章由黑龙江建筑职业技术学院陈志佳编写，第八章由平顶山工学院马东晓编写，第十一章由黑龙江旅游职业技术学院杜迎艳编写。新疆建设职业技术学院的张新军老师对本书进行了认真仔细地审校，并提出了大量宝贵意见，在此表示感谢。

由于经验不足、水平有限，加上编写时间仓促，书中肯定存在谬误之处，欢迎各位专家和读者批评指正。

目　　录

第一章　管子的加工、连接与机具

第一节　管子的切断及机具

在管道施工中，为了使管子能符合所需要的长度，就必须切断管子。切断的方法有：锯断、刀割、气割、砂轮切割机切割及其他切割方法等。施工中，需根据管子的材质、规格和施工条件选用适当的切断方法。

一、锯断

锯断是常用的一种切断方法，可用于切断钢管、有色金属管、塑料管等。锯断可采用手锯切断和机械锯床切断两种方法。由于锯断操作较简便，易掌握，所以被广泛应用。

手工切断是用手锯切断管材。手工钢锯的特点是，构造简单、轻巧、携带和使用方便、切口不易氧化、不收缩。但速度慢、费力、切口不易平整，切口质量受操作人员技术水平影响较大。手工钢锯一般用来切断 *DN*50 以下的管材。手工用钢锯有可调式和固定式两种，如图 1-1 所示。

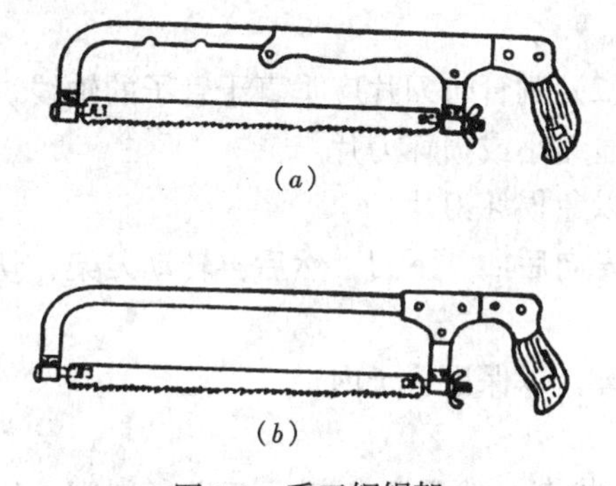

图 1-1　手工钢锯架

（*a*）活动锯架；（*b*）固定锯架

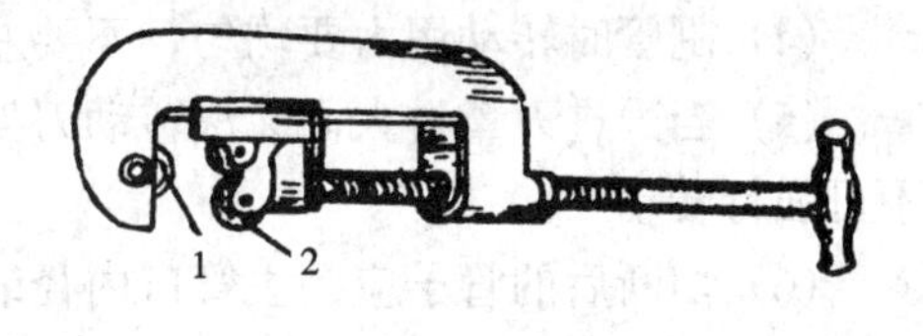

图 1-2　管子割刀

1—圆形刀片；2—托滚

可调式锯架，不但携带方便，而且可以任意装换 200mm、250mm、300mm 长的锯条，目前较为常用。固定式锯架只能装 300mm 长一种规格的锯条。

使用最多的是 300mm 长锯条，锯条分粗齿（每英寸长 18 个齿）和细齿（每英寸长 24 个齿）两种规格。

使用锯架时，应注意下列问题：

（1）应根据管材壁厚度选用锯条。薄壁管宜选用细齿锯条，厚壁管宜选用粗齿锯条。

（2）安装锯条时，应使锯条齿向前，避免装反。

（3）锯管时应将管子卡紧，以免颤动折断锯条。

（4）手工锯断时，一手在前一手在后，两脚站成丁字步。向前推时，用力均匀，应适当加压力，以增加切割速度。回锯时，前手放松以减少锯齿磨损。

（5）为了防止管口锯偏，可在管子上预先画好线。画线的方法是用整齐的厚纸板或油毡（俗称直样板）紧包在管外壁上，用石笔或红色铅笔在管壁上沿样板画一圈即可。

(6) 起锯时应用左手大拇指辅助右手先锯出一个小口，然后再双手持锯进行切割。

(7) 切割过程，应向锯口处加适量的机油，以便润滑和降温。

(8) 临近锯断时，锯声变弱，应放慢速度，防止断口割伤。

(9) 不可在切割过程中更换锯条，以防因锯口宽度不同造成锯条折断。

用锯床切断管子时，将管子固定在锯床上，锯条对准切断线，即可切断。

二、刀割

刀割就是用管子割刀进行切断管子的操作。使用割刀比锯条切断管子劳动强度小、切割速度快、断面也比较平直，但切口产生缩口变形，需用刮刀进行刮口。管子割刀适用于切断 *DN*40～150mm 管径的管子。在安装现场应用较为广泛。

管子割刀如图 1-2 所示，是在弓形刀架的一端装一个圆形刀片，刀架另一端装有可调的螺杆和手柄，螺杆的前端装有两个托滚。当转动手柄的螺杆时，可控制托滚的前进或后退，使刀片靠紧或离开管子。切割时，转动手柄将刀片挤压在管子上，再扳动刀架绕管子旋转，将管壁压出刀痕来，每进刀（挤压）一次绕管子旋转一周，刀痕都加深，如此不断进刀、旋转，便可切断管子。

管子割刀的规格和适用范围见表 1-1。

管子割刀规格　　　表 1-1

割刀型号	2 号	3 号	4 号
被切管子公称直径（mm）	12～50	25～80	50～100

使用管子割刀时应注意下列问题：

(1) 应按被切管子管径的规格选择管子割刀。

(2) 割管时刀片应垂直于管子的轴线。

(3) 每旋转一圈进刀量不宜过大，以免管口明显缩小或损坏刀片。

(4) 割管时转动用力要均匀，不要左右晃动，以免损坏刀片。

(5) 当因进刀量过大而无法转动刀架时，可以先向后回一下刀，然后再转动刀架，切不可强行转动。

(6) 切断后的管子应刮去管口内径缩口边缘部分，以保证管子内径。

三、气割

气割是利用氧气-乙炔焰，先将金属加热至红热状态，然后开启割炬高压氧气阀，用高压氧气吹射切割处，使其剧烈燃烧成液体氧化铁，随高压氧气流被吹掉而使金属断开。主要适用于切割碳素钢钢管、板材和型材等。

用气割切割钢管，效率高，操作方便，且能得到整齐而洁净的切口，是安装现场主要切割方法之一。气割使用的工具是割炬，其构造如图 1-3 所示，规格及性能见表 1-2。

射吸式割炬规格　　　表 1-2

规格	切割低碳钢厚度（mm）	压力（MPa）		可换割嘴个数	割嘴孔径范围（mm）	割炬总长度（mm）
		氧气	乙炔			
1号	1～30	0.1～0.3	0.001～0.12	3	0.6～1.0	450
2号	10～100	0.2～0.5		3	1.0～1.6	550
3号	80～300	0.5～1.0		4	1.8～3.0	650

氧气由氧气瓶供给，经过氧气表降压后通过氧气胶管进入割炬。乙炔由乙炔瓶供给，经乙炔表、回火器通过乙炔胶管进入割炬。

1. 使用割炬时的操作步骤

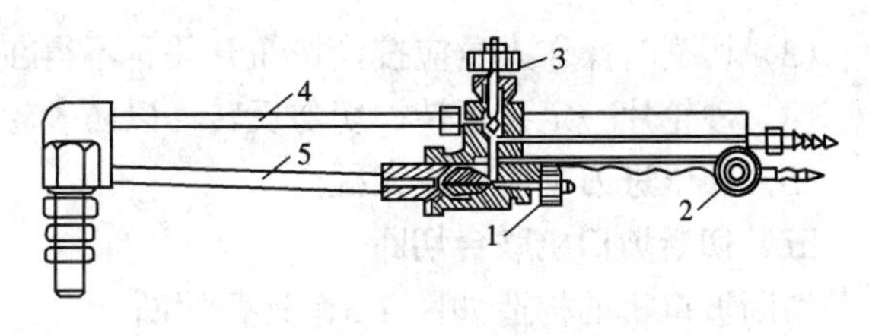

图 1-3 射吸式割炬

1—氧气调节阀；2—乙炔阀；3—高压氧气阀；4—氧气管；5—混合气管

(1) 先检查气割设备及氧气表、乙炔表是否能正常工作。

(2) 点燃时，应先稍开割炬的氧气调节阀再开大乙炔阀后点燃。

(3) 调整火焰，使焰心整齐，长度适宜后再试开高压氧气调节阀，无异常现象（突然熄火、放炮声）时即可进行切割。

(4) 切割时火焰对准切断线加热，待红热时，开启高压氧气阀，均匀向前移动割炬进行切割。

(5) 停割时，应先关闭高压氧气阀，熄火时先关闭乙炔阀后再关闭氧气阀。

2. 气割安全操作知识

(1) 气割场地周围应清除易燃、易爆物品，乙炔瓶（或乙炔发生器）、氧气瓶与气割场地应保持一定距离。

(2) 氧气瓶、氧气表及割炬等严禁曝晒、沾染油脂和剧烈振动，安装氧气表时应站在瓶口侧面，避免事故伤人。

(3) 乙炔瓶（或乙炔发生器）附近应严禁烟火，且不得放置在电线的正下方。

(4) 点燃时，枪口不准对人，以免烫伤。

(5) 割炬须经检查后才能使用。检查方法：先拔掉乙炔管，打开乙炔阀，开启氧气调节阀，将手指肚紧贴在乙炔入口上，如有吸力表明割炬射吸情况正常，无吸力表明射吸情况不良，则不能使用。有毛病的割炬，不可勉强使用，以防止事故发生，经修复后方可使用。

四、砂轮切割机切割

砂轮切割机切割，是利用砂轮片对所需要切割材料的摩擦使其磨断的切割方法，也称磨割。砂轮切割机的特点：结构紧凑、体积小、搬运方便、速度快、省劳力、工效高，但噪声大、切口常有毛刺，速度快时切口有高温淬火变硬现象。

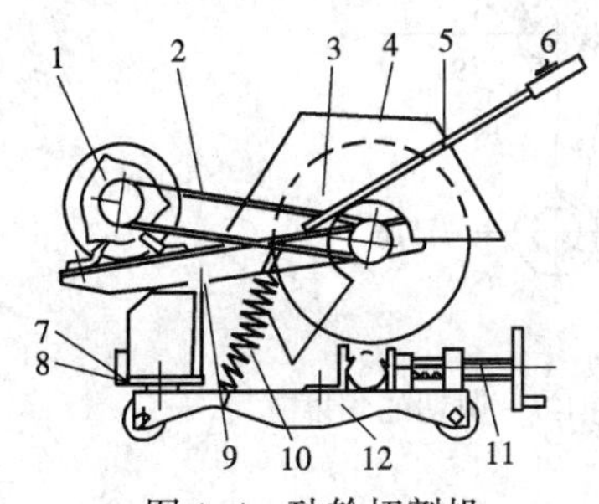

图 1-4 砂轮切割机

1—电动机；2—三角皮带；3—砂轮片；4—护罩；5—操纵杆；6—带开关的手柄；7—配电盒；8—扭转轮；9—中心轴；10—弹簧；11—夹钳；12—四轮底座

砂轮切割机由电动机、砂轮片、夹钳，四轮底座、操纵杆及带开关的手柄等组成，如图 1-4 所示。

砂轮片直径为 400mm，厚度为 3mm，安装在转动轴上。切割的材料，用夹钳夹紧。切割时握紧手柄按住开关将电源接通，稍加用力压下砂轮片，便可进行摩擦切割。松开手柄按钮即可切断电源，停止磨割回到原位。

砂轮切割机是高速切割机。适宜切割各种碳素钢管，型材和铸铁管，是较为理想的切割机械。其使用注意事项如下：

(1) 所要切割的材料一定要用夹钳夹紧；

(2) 操作人员的身体不应对准砂轮片，防止火花飞溅伤人；

(3) 切割时操作人员应按紧按钮开关，不得在切割过程中松开按钮，以防事故发生；

(4) 砂轮片一定要正转，切勿反转，以防砂轮片飞出伤人；

(5) 加压进刀不能太快太猛。

五、切断坡口机联合切断

切断坡口机的构造如图 1-5，具备切断和坡口两种功能。适用于施工工地管道切断坡口，主要用来切断大口径 *DN*75 ~ 600mm 的管材。设备构造比较复杂，由单相电机、主体、齿轮传动装置和刀架等部分构成，采用三角定位，相对来说较为方便，切割速度快，切口质量好，可切割壁厚 12 ~ 20mm 的管材。

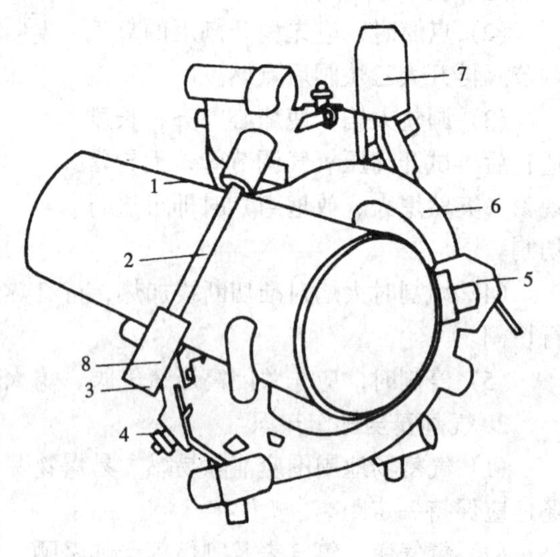

图 1-5 大直径钢管切断机

1—主体 A；2—连接杆；3—连接感杆；4—倒角刀架；5—切断刀架；6—齿轮；7—油灌；8—主体 B

六、其他切割方法

1. 凿切

凿切主要用于铸铁管及陶土管，使用的工具有凿刀（或剁斧）及手锤。凿切时，用方木将管子切断处垫实，用凿刀和手锤沿切断线轻凿 1 ~ 2 圈刻出切断印迹。然后沿印迹用力敲打，直至管子折断。如图 1-6 所示。凿切时操作人员应站在管子的侧面。小直径管一人操作，大直径管可两人操作，一人打锤，一人扶凿刀，凿刀与被切割管子的角度要正确，否则将会把凿刀打飞、打坏，如图 1-7 所示。凿切时管子的两端不应站人，操作人员应戴防护眼镜，以防飞溅的铁渣损伤眼睛。

图 1-6 铸铁管凿切

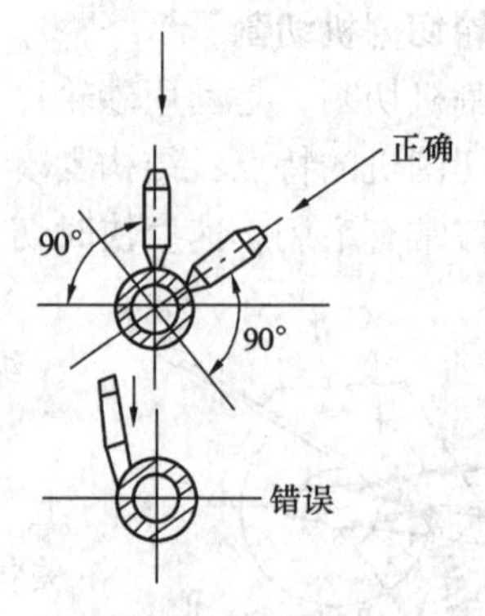

图 1-7 凿切的角度

2. 等离子切割

等离子弧的温度高达 15000 ~ 33000℃，热量比电弧更加集中，现有的高熔点金属和非金属材料，在等离子弧的高温作用下都能被熔化，因而切割效率高、热区影响小、变形小、质量高、可切割氧-乙炔所不能切割的不锈钢、铸铁等管材。这种方法适用于大型加工厂。

七、对切口的质量要求

管段的下料尺寸和切口质量直接关系着下道工序的加工条件和质量。因此对下料的尺寸及切口断面质量都应该给予足够的重视。

1. 下料尺寸

下料尺寸应严格按照划线进行，注意切口余量，不要弄错，保证下料尺寸准确无误。

2. 切口质量

切口质量的好坏，直接关系着下道工序的作业条件和质量。因此，切断作业要细心，切口加工应做到：切口平整、不得有重皮、裂纹。如有毛刺、凹凸、熔渣、氧化铁、铁屑等都应清除，断面与管道轴线垂直，断面不变形。切口平面偏差为管径的1%，且不得超过3mm。

第二节 管螺纹加工与机具

管螺纹的加工习惯上称为套丝，是管道安装中最基本的、应用最多的操作技术之一。

一、管螺纹

管螺纹有圆锥形和圆柱形两种。

管子与管件的螺纹构造如图1-8所示。

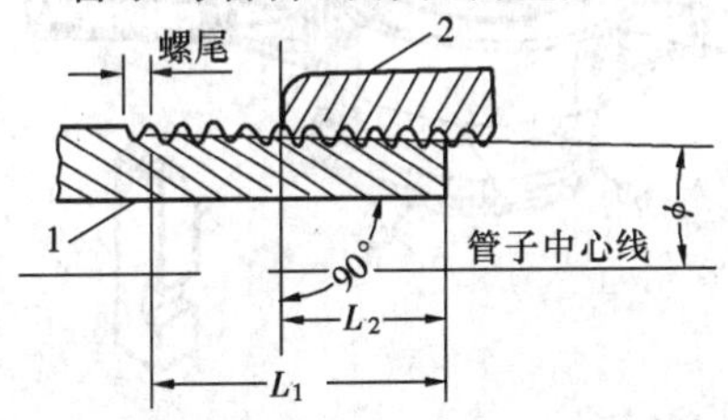

图1-8 管子与管件的螺纹构造图

1—管子；2—管接头

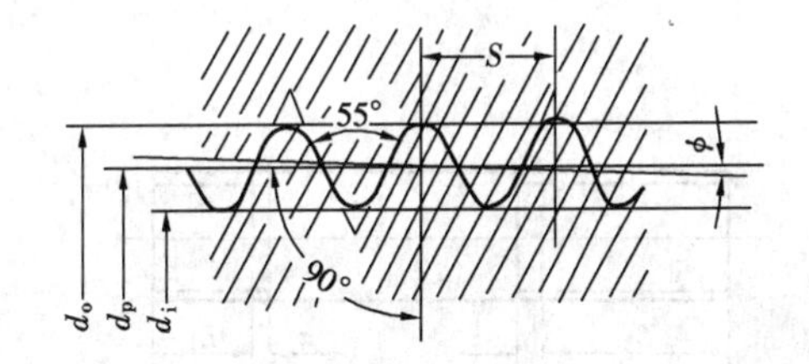

图1-9 圆锥形管螺纹

图中，L_2为管端到基面长度，是管件用手拧入后端面应达到的深度，L_1为螺纹的工作长度，是将管件用管钳拧紧时端面到达的深度，露在外面部分为螺尾的长度。由图上可以看出：基面是一个指定横截面，圆锥形管螺纹在基面上的直径（外径、中径、内径），与同规格的圆柱形管螺纹直径相等。

圆锥形管螺纹（GB 3289—82），如图1-9所示，其斜角$\phi = 1°47'24''$；圆锥度（$2\text{tg}\phi$）$=1:16$；齿形角为55°。圆锥形管螺纹的主要尺寸见表1-3。

圆锥形管螺纹 表1-3

管子公称直径		螺距 S (mm)	每英寸牙数 n	基面直径			螺纹工作长度 L_1 (mm)	由管端到基面长度 L_2 (mm)	螺纹工作高度 t_2 (mm)
(mm)	(in)			中径 d_p	外径 d_0	内径 d_1			
15	1/2	1.814	14	19.793	20.955	18.631	15	8.2	1.162
20	3/4	1.814	14	25.279	26.441	24.117	17	9.5	1.162
25	1	2.309	11	31.770	33.249	30.291	19	10.4	1.479
32	1¼	2.309	11	40.431	41.910	38.952	22	12.7	1.479
40	1½	2.309	11	46.324	47.803	44.845	23	12.7	1.479
50	2	2.30	11	58.135	59.614	66.656	26	15.9	1.479
65	2½	2.30	11	73.705	75.184	72.226	29	17.5	1.479
80	3	2.30	11	86.405	87.884	84.926	32	20.6	1.479
100	4	2.30	11	111.551	113.030	110.072	38	25.4	1.479

圆柱形管螺纹的螺距，每英寸牙数和齿形，与圆锥形管螺纹相同。惟有螺纹长度比圆锥形螺纹长些。这种螺纹多用于长丝活接头，如图 1-10 中的 L_2（长螺纹），同图中的 L_1 则为圆锥形管螺纹（短螺纹）。管螺纹的加工长度见表 1-4。

管螺纹的加工长度 **表 1-4**

公称直径（mm）	短螺纹		长螺纹		螺尾长度 x（mm）	管长度 S（mm）
	L_1 长度（mm）	牙数	L_2 长度（mm）	牙数		
15	14	8	50	23	4	100
20	16	9	55	31	4	110
25	18	8	60	27	5	120
32	20	9	65	28	5	130
40	22	10	70	30	5	140
50	24	11	75	33	5	155

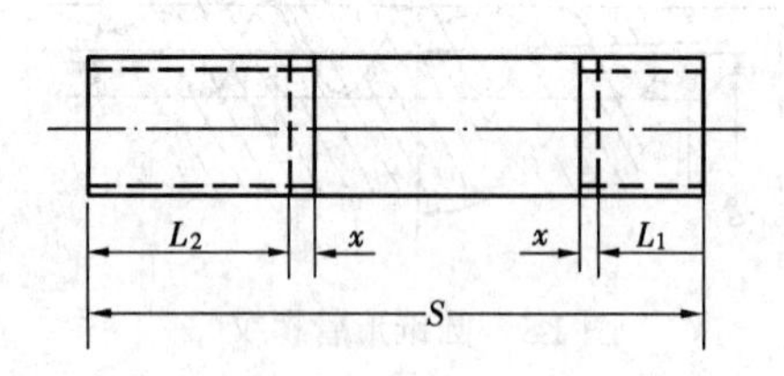

图 1-10 长、短管螺纹长度示意

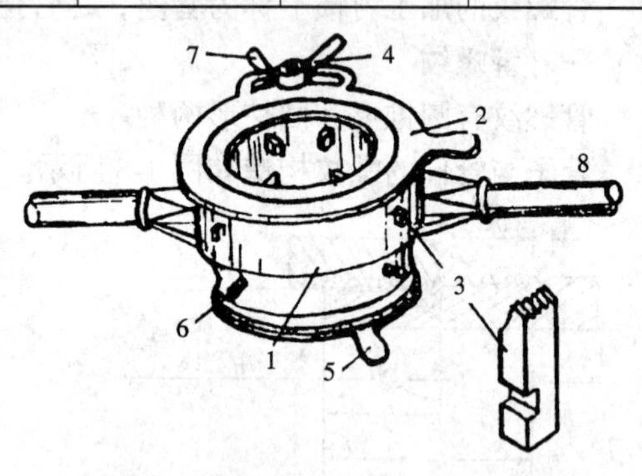

图 1-11 管子铰板
1—本体；2—前卡板；3—板牙；4—前卡板压紧螺旋；5—后卡板；6—卡爪；7—板牙松紧螺旋；8—手柄

二、管螺纹的加工

管螺纹加工的方法，有手工和机械两种。

手工套丝是用人力来铰制金属管的外螺纹。所使用的工具，称管子铰扳（也称代丝），是由机身、扳把、板牙三个主要部分组成。如图 1-11 所示是常用的一种铰扳。

铰扳规格分为 1 号（114 型），2 号（117 型）两种。1 号铰扳可套 1/2″、3/4″、1″、1¼″、1½″、2″六种不同规格的管螺纹，2 号铰板可套 2½″、3″、3½″、4″四种不同规格的管螺纹。每种规格的管子铰扳都分别配有几套相应的板牙，每套板牙可以套两种管径的管螺纹。管子铰扳及板牙有一定的规格和使用范围见表 1-5。

管子铰扳及板牙的规格表 **表 1-5**

型号	铰制管螺纹公称直径（mm）	每套配带板牙规格（in）
114	15 ~ 50（1/2″ ~ 2″）	1/2″ ~ 3/4″；1 ~ 1¼″；1½″ ~ 2″
117	65 ~ 100（2½″ ~ 4″）	2½″ ~ 3″；3½″ ~ 4″

每套板牙为四块，刻有 1 ~ 4 序号，由硬质碳素工具钢制成。在机身上的每个板牙孔

口处也刻有1～4的标号，安装板牙时，先将刻有固定盘“0”的位置对准，然后按板牙顺序号插入牙孔内（对号入座），否则管子铰板套不出符合规格的螺纹来。转动固定盘可以使四个板牙向中心靠近，板牙就固定在管子铰扳内。

套丝时，先根据管子口径选取适用的管子铰扳及板牙。把管子用龙门钳（也称龙门架）夹紧，将管子铰扳套在管子上，调整后卡爪滑盘将管子卡住，再调整固定盘面上的管子口径刻度，对好所需要的管子口径。这时在沿管子轴向方向加推力的同时，按顺时针方向转动手柄，待出现螺纹时，只需转动手柄便可套出螺纹，待螺纹长度达到要求时，提起松紧螺丝，套出螺尾。

如此反复2～3次，便套出合格的螺纹。在套丝过程中，应在板牙上加少量机油，以便润滑和降温。为了保证螺纹质量和避免损坏板牙，必须注意板牙未松前不允许在套好的螺纹上反方向转动管子铰扳。铰扳在使用时应注意定期拆卸清洗，如较长时间不使用时，必须拆卸清洗并加涂黄油，防止生锈，以延长使用寿命。

机械套丝是指用套丝机加工管螺纹。

目前在安装现场已普遍使用套丝机来加工管螺纹。套丝机按结构型式分为两类，一类是板牙架旋转，用卡具夹持管子纵向滑动，送入板牙内加工管螺纹，另一类是卡具夹持管子旋转，纵向滑动板牙架加工管螺纹。

市场上出售的套丝机种类较多，图1-12是上述的第二类的一种。

这种套丝机，由电动机、卡盘、割管刀架、板牙头和润滑油系统等组成。电机、减速箱、空心主轴、冷却循环泵均安装在同一箱体内。板牙架、割管刀、铣刀都装在托架上。

使用套丝机的步骤：

（1）在板牙架上装好板牙。

（2）将管子从后卡盘孔穿入到前卡盘，留出合适的套丝长度后卡紧。

（3）放下板牙架，加机油后按开启按钮使机器运转，搬动进给把手，使板牙对准管子头，稍加一点压力，于是套丝机就开始工作。

（4）板牙对管子很快就套出一段标准螺纹，然后关闭开关，松开板牙头，退出把手，拆下管子。

（5）用管子割刀切断的管子套丝后，应用铣刀铣去管内径缩口边缘部分。

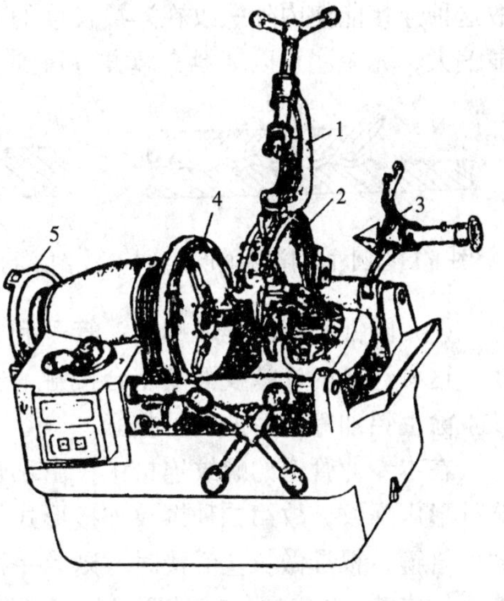

图1-12　套丝机
1—割管刀；2—板牙架；3—铣刀；4—前卡盘；5—后卡盘

三、管螺纹的质量要求

管螺纹的加工质量，是决定螺纹连接严密与否的关键环节。按质量要求加工的管螺纹，即使不加填料，也能保证连接的严密性，质量差的管螺纹，就是加较多的填料也难保证连接的严密。为此，管螺纹应达到如下质量标准：

（1）螺纹表面应光洁、无裂缝，但允许微有毛刺。

（2）螺纹断缺总长度，不得超过表1-3中规定长度的10%，各断缺处不得纵向连贯。

(3) 螺纹高度减低量，不得超过15%。

(4) 螺纹工作长度可允许短15%，但不应超长。

(5) 螺纹不得有偏丝、细丝、乱丝等缺陷。

第三节 钢管螺纹连接及配件

螺纹连接又叫丝扣连接。即将管端加工的外螺纹和管件的内螺纹紧密连接。它适用于所有白铁管的连接，以及较小直径，较低工作压力（如1MPa以内）焊接钢管的连接和带螺纹的阀类及设备接管的连接。

1. 管螺纹及其连接形式

用于管子连接的管螺纹为英制三角形右螺纹（正丝扣），有圆锥形和圆柱形两种。管螺纹的连接形式有如下三种：

(1) 圆柱形接圆柱形螺纹：管端外螺纹和管件内螺纹都是圆柱形螺纹的连接，如图1-13所示。这种连接在内外螺纹之间存在平行而均匀的间隙，这一间隙是靠填料和管螺纹螺尾部分1~2扣拔有梢度的螺纹压紧而严密的。

(2) 圆锥形接圆柱形螺纹：管端为圆锥形外螺纹，管件为圆柱形内螺纹的连接，如图1-14所示。由于管外螺纹具有1:16的锥度，而管件的内螺纹工作长度和高度都是相等的，故这种连接能使内外螺纹在连接长度的2/3部分有较好的严密性，整个螺纹的连接间隙明显偏大，尤应注意以填料充填方可得到要求的严密度。

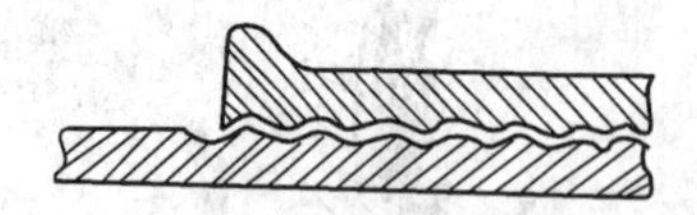

图1-13 圆柱形接圆柱形螺纹

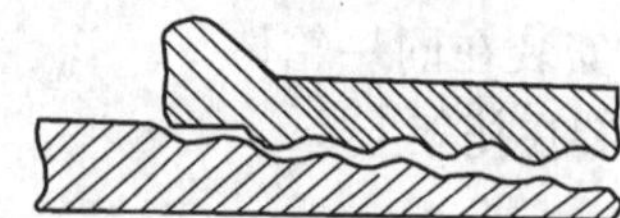

图1-14 圆锥形接圆柱形螺纹

图1-15 圆锥形接圆锥形螺纹

(3) 圆锥形接圆锥形螺纹：管子和管件的螺纹都是圆锥形螺纹的连接，如图1-15所示。这种连接内外螺纹面能密合接触，连接的严密度最高，甚至可不加填料，只须在管螺纹上涂上铅油等润滑油即可拧紧。

在本专业管道的螺纹连接中，由于管螺纹都采用圆锥形管螺纹，但也有些管件加工成圆柱形内螺纹，故第二种螺纹连接形式仍在使用。当用车床加工长丝圆柱形管螺纹，配以通丝管箍，根母做长丝活接时，则第一种连接形式也有应用。而第三种连接形式由于管件内螺纹应按GB 3287—82的要求加工，除通丝外接头（通丝管箍）及锁紧螺母外，所有管件均采用圆锥形螺纹，因此圆锥形螺纹与圆锥形螺纹的连接，应成为今后主要连接形式。

2. 螺纹连接的管件

螺纹连接的管件又叫丝扣管件，是采用KT30-6可锻铸铁铸造，并经车床车制内螺纹制成，俗称玛钢管件，有镀锌和不镀锌两类，分别用于白、黑铁管的连接。

螺纹管件的内螺纹应采用管螺纹，有右螺纹（正丝扣）、左螺纹（反丝扣）两种。除连接散热器的堵头，补心有右，左两种螺纹规格外，常用管件均为右螺纹。管件的公称通径是按连接管子的公称通径标明的。一般在65mm（2½″）以内，工作压力为1MPa。常用螺纹管件及其用途如下：

(1) 外接头：俗称管箍、束结、套管。用于两直径相同管子的直线连接。有通丝和不通丝两种。通丝管箍和锁紧螺母（根母）配以管端的长螺纹，用做长丝活接头使用。

(2) 弯头：用于管道的转向连接。有90°、45°两种转弯角度的弯头，有等径、异径两种规格。等径弯头是用量最大的管件之一，其规格表示方法是：管径×转向角度，如 *DN*25×90°（或1″×90°），可略去角度简写为 *DN*25 或1″弯头。异径弯头目前已较少生产和使用，其规格表示方法是：大管径×小管径×转向角度。如 *DN*25×15×45°。对于45°管件，在规格表示时其转向角度不得省略。

(3) 三通和四通：有等径和异径之分。用于相同管径或不同管径的管路分支。分支管的连接均为90°连接。管件的规格表示方法是：等径三通或四通均以连接管子的公称直径表示，如 *DN*25（1″）三通，*DN*25（1″）四通等。异径时用大直径×小直径表示，如 *DN*25×15（1″×1/2″）三通（或四通）等。异径三通又有中大、中小、侧大、侧小之分，表示方法采用三个直径连乘的方法。

(4) 活接头：又叫活接、由任。用于两相同直径管子的可拆卸的直线连接。常和阀门配套使用，使流体先流经阀门，再流过活接头，当阀门关闭时，打开活接头，可拆卸管道。

(5) 异径外接头和内外螺丝：用于管道变径，是两种不同直径管子的直线连接管件。异径外接头又叫异径管箍或大小头，有同心和偏心两种。异径外接头和内外螺丝的规格表示法均为：大直径×小直径。内外螺丝俗称补心。其连接简单，常用于三通（或四通）、管箍的变径一侧。

(6) 锁紧螺母：又叫根母，是长丝活接头或长丝管的紧固件。

(7) 外方管堵：又叫管丝堵、丝堵，用于堵塞必要时可打开的管道敞口，常用于管道系统的最低点的管件内螺纹处，以打开排泄。

3. 螺纹连接的方法及填料

螺纹连接时，先在管端外螺纹上缠抹适量的填料，用手将管件拧上，再用适合于管径规格的管钳拧紧。操作时用力要均匀，只准进不准退，上紧管件（或阀件）后，管螺纹应剩余有2扣螺纹，并将残留填料清理干净。

螺纹连接的加力拧紧工具，常用的管钳有普通式（张开式）和链条式两种。以普通式管钳应用广泛，其规格是以管钳的张开口中心至手柄端头的长度表示的，长度表明力臂的大小，并与张口大小相适应，其规格适用范围见表1-6。

链条式管钳又叫链钳子，是借助钢链条箍紧管子，以手柄加力拧紧螺纹或转动管子的。常在80~250mm较大直径的管道安装中使用，其规格及适用范围见表1-6。

管钳的规格及适用范围 **表1-6**

管钳名称	规格（in）	适用连接管子的范围（in）	管钳名称	规格（in）	适用连接管子的范围（in）
普通管钳	10″	3/8″~1/2″	链条管钳	36″	3″~5″
	12″	1/2″~3/4″		40″	4″~6″
	14″	3/4″~1″		48″	6″~10″
	18″	1¼″~2″			
	24″	2″~3″			
	36″	3″~4″			

管钳的形式如图1-16所示。

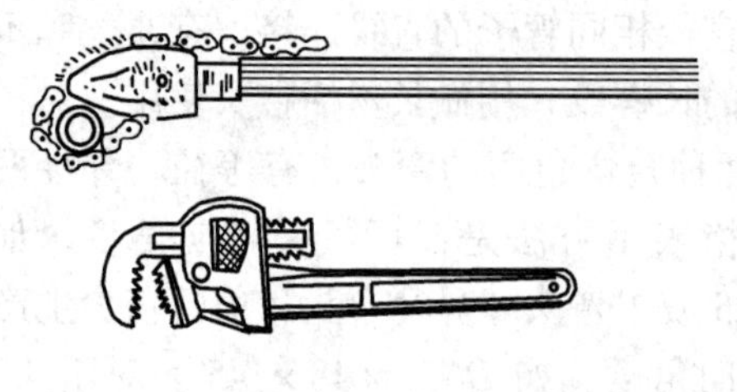

图 1-16 管钳

螺纹连接的填料对连接的严密性十分重要。填料的选用是根据管内介质的性质和工作温度确定的。一般管内介质温度在120℃以下的热水、低压蒸汽和给水管道，可使用线麻（亚麻）和厚白铅油做填料，先将线麻从管端螺纹的第二扣丝开始，沿螺纹顺时针向后缠绕，直至丝头的终点，在缠绕的线麻表面均匀地抹上白铅油，即可拧上管件。当介质温度高于120℃时，则应改用石棉绳纤维和白铅油做填料，或在管螺纹上抹上厚铅油即可。

某些工业管道严禁缠麻抹油，应根据设计要求采用不同填料。常用填料有：黄粉甘油调合物、聚四氟乙烯生料带。

黄粉甘油调合物（氧化铅粉拌甘油），适用于氧气、制冷、石油等管道。操作时将黄粉（一氧化铅）和有防水性能的甘油拌合成糊状，涂在管螺纹上立即装上管件，并须一次拧紧，不得松动倒退。这种调合物10min后就会硬化报废，故应随用随调，用多少调配多少。

聚四氟乙烯生料带，常用于煤气、氧气、乙炔管道及温度为-180~250℃的液体、气体及输送腐蚀性介质管道上。操作时将其紧紧缠在管螺纹上即可，其优点是密封性好，使用简便干净，且适用范围广泛。

酒精漆片泡制物，可按设计要求用于制冷管道等。酒精易挥发，也应随用随调制。

四氟乙烯填料，按设计要求用于酸类管道。

螺纹连接的质量，取决于管螺纹的加工质量及拧紧力的适度。管螺纹加工的长度、锥度、表面光洁度、椭圆度必须符合要求，一切丝扣不圆整、烂牙、丝扣局部伤损、细丝、歪丝等缺陷均应在加工中予以消除。拧紧的加力应适度，操作应正规化（禁止在管钳的手柄上加套管施力、脚踏施力等），拧紧后剩余丝扣过多（超过2扣丝标准）或不剩余丝扣（俗称上绝丝）都是不允许的。

第四节 钢管的弯曲及机具

用于改变管路走向的弯管称弯头，是管道工程中最常用的管件之一。

钢管的加热弯曲称为热弯（热煨），热弯是利用钢材加热后强度降低，塑性增加，从而可大大降低弯曲动力的特性。热弯弯管机适用于大管径弯曲加工，钢材最佳加热温度为800~950℃，此温度下塑性便于弯曲加工，强度不受影响。与冷弯法相比，可大大节约动力消耗并提高工效几倍到十几倍。常用的热弯弯管机有火焰弯管机和可控硅中频弯管机两种。

不加热的弯曲叫冷弯（冷煨）。冷弯法是管段在常温下进行弯曲加工的方法。它的特点是：无须加热、操作简便、生产效率高、成本较低，所以在施工安装中得到广泛的应用。但它也有不足之处，即动力消耗大，有冷加工残余应力，限制了它的应用范围。目前冷弯弯管机的最大弯管直径是ϕ219mm。

根据弯管的驱动力分为人工弯管和机械弯管。用人力或人力驱动简单机具进行弯曲的叫人工弯曲，用机械力进行弯曲的叫机械弯曲。本节将就应用最多的人工热弯钢管做重点介绍。

一、钢管的弯曲应力分析与弯曲半径

1. 钢管的弯曲应力分析

钢管弯曲时的轴向变形如图1-17所示，在一根直钢管上划线，使管子外侧（背部）、中心线，管子内侧（腹部）的长度分别为 ab、mn、cd；且有 $ab = mn = cd$ 的等长关系。将这段直管弯曲时，可以发现管子外侧的线段长度均有所增长，即 $a'b' > ab$，管于内侧部分的线段均有所缩短，即 $c'd' < cd$，而中心线的线段长度基本上没有变化，即 $m'n' = mn$。

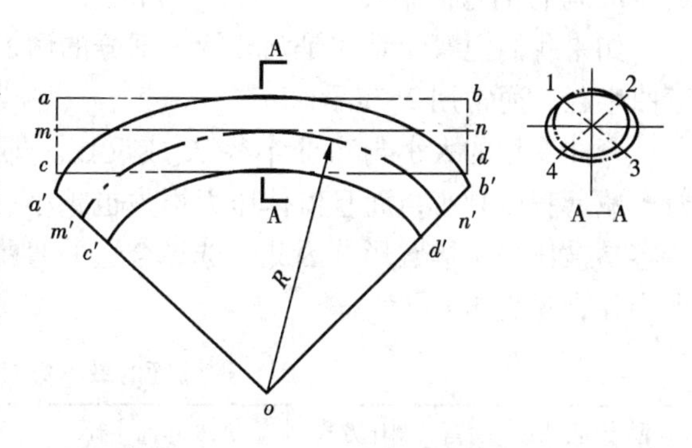

图1-17 管子弯曲的轴向变形

对弯管来说，外侧部分是受拉力作用，从而使管壁变薄，长度增长，当管材壁厚不能承受其减薄值时，有可能出现裂纹，内侧受压力作用使管壁增厚，长度缩短，当管材壁厚不能承受其增厚值时，有可能出现鼓包，中心轴上材料没有受拉和受压，管壁厚度没有增减。

管壁变薄可用壁厚减薄率表示，按下式计算：

$$壁厚减薄率 = \frac{弯制前壁厚 - 弯制后壁厚}{弯制前壁厚} \times 100\%$$

对于高压管壁厚减薄率不应超过10%，中低压管壁厚减薄率不应超过15%，且不小于设计计算壁厚。

管子弯曲的横断面变形如图1-18所示，用在 $m-m_1$、$n-n_1$ 断面上 m 和 n 处产生的拉力组成一个向下的合力，m_1 和 n_1 处产生的压力组成一个向上的合力，由于这两个合力的作用，管子断面出现了扁化趋势，而这两个合力在中性层附近的总合力为零。从管子的变形情况可以看到，断面上有四个点（1、2、3、4）弯曲前后位置保持不变，见图1-18（*b*），可以认为它们基本上没有受到力的作用，这四个点称为零点，其纵向延伸线称为“安全线”，因此在弯制有缝管子时，应把焊缝置于45°“安全线”的位置，避免焊缝产生裂纹。管子弯曲扁化趋势用椭圆率表示。其计算公式如下：

$$椭圆率 = \frac{最大外径 - 最小外径}{最大外径} \times 100\%$$

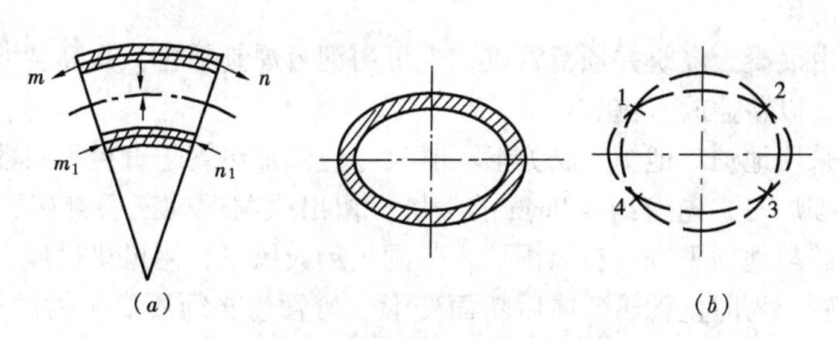

图1-18 管子弯曲的横断面变形

（*a*）受拉断面变成椭圆；（*b*）变形前后对照

高压管椭圆率不应超过5%，中低压管椭圆率不应超过8%。对一般暖卫管道其弯制后的椭圆率应不超过8%。

2. 弯管的弯曲半径

如果我们把弯管看成是圆环管一部分的话，那么这个圆环管中心的半径，就是弯管的弯曲半径，通常用 R 表示。

弯曲变形的大小与弯曲半径 R 成反比。即弯曲半径越大，管子的受力和变形越小，管子减薄程度越小，而且流体压力损失也越小；弯曲半径越小，弯管受挤压应力越大，且越容易被压扁呈椭圆形。因此，选择合适的弯曲半径成为管子弯曲的关键。弯管的最小弯曲半径，见表1-7。

弯管的最小弯曲半径（R） **表1-7**

<table>
<tr><th>管子类别</th><th>弯管制作方式</th><th colspan="2">最小弯曲半径</th><th>管子类别</th><th>弯管制作方式</th><th>最小弯曲半径</th></tr>
<tr><td rowspan="6">中、低压钢管</td><td>热弯</td><td colspan="2">3.5D</td><td rowspan="4">高压钢管</td><td rowspan="2">冷、热弯</td><td rowspan="2">5.0D</td></tr>
<tr><td>冷弯</td><td colspan="2">4.0D</td></tr>
<tr><td>压制</td><td colspan="2">1.0D</td><td rowspan="2">压制</td><td rowspan="2">1.5D</td></tr>
<tr><td>热推弯</td><td colspan="2">1.5D</td></tr>
<tr><td rowspan="2">焊制</td><td>DN>250</td><td>0.75D</td><td rowspan="2">有色金属管</td><td rowspan="2">冷、热管</td><td rowspan="2">3.5D</td></tr>
<tr><td>DN≤250</td><td>1.0D</td></tr>
</table>

注：DN为公称直径，D为管外径。

二、钢管的热弯

1. 人工热弯

人工热弯包括下列工序：准备工作、充砂打砂、划线、加热、弯曲、质量检查和除砂。

(1) 准备工作　弯管所选用管材，除材质符合要求外，还应无锈、无外伤（凹陷）和裂纹，管壁厚度应均匀。

管内填充的砂子应能耐1000℃以上的高温，并经筛选、洗净及烘干。其粒度应按钢管的直径选择，见表1-8，且应加少量细砂。

钢管填充用砂粒度 **表1-8**

管子公称直径（mm）	<80	80~150	>150
砂子粒度（mm）	1~2	3~4	5~6

当弯管量不大时，充砂可利用现场阳台、雨搭、平屋顶等充填，弯管量大时，应设置专用灌砂台，灌砂台可用角钢制做，也可用钢管或架杆搭制，每层的高度为1.8~2m，并根据管子的长度确定搭制层数。灌砂台应有供操作人员上下的扶梯和栏杆，上部装有竖立钢管和运砂用的滑轮。

弯管平台多由混凝土浇筑并预留管桩，也可用钢板焊制平台，其高度大于100mm，上面有足够的圆孔，以备插放管桩。

管子加热是采用地炉。地炉为长方形，其尺寸应依加热管子直径和根数确定，位置应靠近弯管平台。砌炉时，先挖约400mm的深坑，留出风洞后砌三层红砖，放上炉算，再砌两、三层耐火砖与地面平齐。在风洞插入带闸板的鼓风管，用风机送风。

(2) 充砂打砂　为防止管子弯曲后断面变形，弯管前必须用烘干的砂子将管内填实。充砂时，先将管子一端用木塞堵上，对大口径管子可用钢板点焊封堵。充砂时，用滑轮将堵好的管子竖起并固定，在开口端用漏斗将砂子灌入管内，用人工或机械打砂（即敲打管壁使砂振实）。人工打砂时，最少要两个人，用手锤沿管子四周敲击，直到声音脆实，灌入的砂子面不再下沉为止（随砂面下沉随填砂），最后封好上管口。敲打时，用力要均匀，锤头要平，以免打出凹痕。

（3）划线　弯管加热前应根据弯管角度计算弯曲长度，并用白铅油划在管子上，这种做法叫做弯管的划线。对于热弯弯头，弯曲长度又叫火口长度。加热长度则稍大于火口长度。

弯曲长度的计算公式为：

$$l = \frac{\alpha \cdot \pi \cdot R}{180} = 0.01745 \cdot \alpha \cdot R \tag{1-1}$$

式中　l——弯曲长度（mm）；

α——弯曲角度（°）；

R——弯曲半径（mm）。

当 $\alpha = 90°$，$R = 4D$ 时，弯曲长度为：

$$l = \frac{90 \cdot \pi \cdot R}{180} = \frac{\pi}{2} \cdot R = 1.57 \cdot R = 6.28D \approx 6D \tag{1-2}$$

90°弯头的划线，如图 1-19 所示，图中 a 为管端的定尺长度。

位移量 ΔL 按下式计算：

$$\Delta L = R \cdot \mathrm{tg}\frac{\alpha}{2} - \frac{\pi}{360} \cdot \alpha \cdot R \tag{1-3}$$

即：

$$\Delta L = R \cdot \mathrm{tg}\frac{\alpha}{2} - 0.00873 \cdot R \cdot \alpha \tag{1-4}$$

式中　ΔL——位移量（mm）；

R——弯曲半径（mm）；

π——圆周率，取 3.14；

α——弯头弯曲角度（°）。

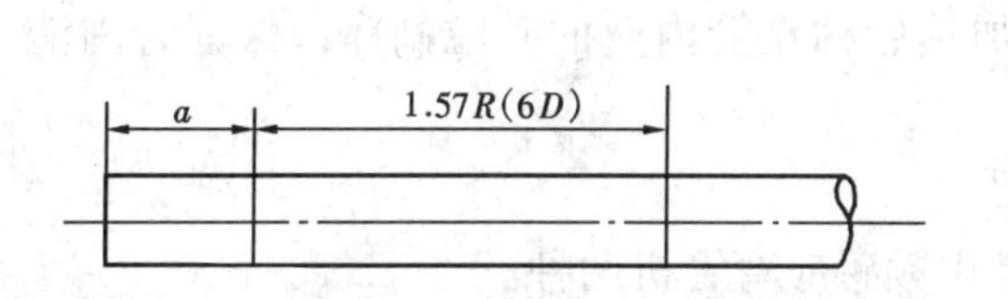

图 1-19　管端定尺寸弯头划线

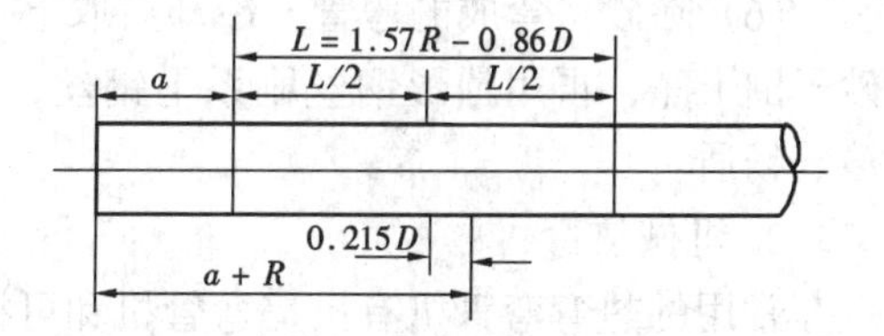

图 1-20　另一种划线方法

对 $R = 4D$ 的 90°弯管，其热伸长量 $\Delta L = 0.86D$。即弯管每端伸长 $\Delta L/2 = 0.43D$，据此 90°弯管可有另一种划线方法，如图 1-20 所示。

（4）加热　管子加热一般在地炉中进行，对管径小于 50mm 以下的管子也可以用氧气-乙炔焰进行加热。用地炉加热钢管可用优质焦炭做燃料，放管前应将炉内燃料加足，在管子加热过程中，一般不再加燃料。当炉内燃烧正常以后再将管子放进炉内，在加热管段上盖上反射板（薄钢板），以减少热量损失。加热过程中要经常转动管子，使加热管段受热均匀，使管内砂子也要烧透。但应注意管材不能过烧（指烧化管壁）和渗碳。

管子弯曲的加热温度，对碳钢管一般为900～1000℃，可用观察受热管子的颜色（俗称看火）的方法确定。白天煨管不易辨别火焰时，可在看火时遮阴辨色。管子烧成颜色和温度的关系可参照表1-9的近似对应值。弯曲温度区间为1000～750℃，低于750℃不得弯制。

管子的燃烧颜色和温度的对应关系 **表1-9**

温度（℃）	550	650	700	800	900	1000	1100	>1200
管子的烧成颜色	微　红	深　红	樱　红	浅　红	桔　红	橙　红	浅　黄	白　亮

管子的加热长度范围一般为1.2倍划线长度。当管子烧成橙黄色且在加热范围内颜色均匀时，即可进行弯曲。

（5）弯曲成型　当管子加热到需要的温度时，并恒定一段时间后，便可从炉内运到附近的弯管平台上进行弯曲。将直管段的一头卡稳在弯管平台的两个固定桩之间，划线标记露出管桩1～1.5D，用人工或机械进行弯曲。弯曲时将弯曲长度以外的管段用水壶浇水冷却，然后用人力或卷扬机将麻绳或钢丝绳均匀慢拉使管子弯曲。钢丝绳与管子的夹角始终应保持90°左右，一般用导向轮控制在90°±15°范围内。弯曲过程中，应有专人负责浇水（合金钢严禁用水冷却）并观测管子的变形情况，并用样板测量弧度大小，当弧度达到要求时，应及时浇水定型。因为弯管冷却后有回弹现象，因此样板要比预定弯曲角度多3°左右。

弯曲角度不足90°弯管，习惯上称为敞头弯，多为不能使用的弯头。弯曲角度大于90°的90°弯头叫勾头弯，只要角度相差不大，在弯管的背部（即弯管外侧）稍加烘烤，仍可回弹到满足使用的角度。因此，在弯制90°弯管时，按照“宁勾不敞”的原则控制弯曲角度是十分必要的。

弯头弯成后趁热在弯曲部分涂上一层废机油防止氧化。

在热弯过程中，如发现管子椭圆度过大，有鼓包或出现较大折皱时，应立即停止弯曲，并趁热用手锤修整。

（6）除砂　弯成的弯管，冷却后取下木塞或堵头，倾斜放置，用手锤轻轻振动将管内砂子倒干净，再用圆形钢丝刷系上钢丝，将加热后粘在管内壁的砂粒刷净，保证管内清洁、畅通。

2. 机械热弯

常用的热弯弯管机有火焰弯管机和可控硅中频感应弯管机两种。

火焰弯管机和中频感应弯管机，有电机通过齿轮驱动主轴和液压系统驱动主轴两大类。火焰弯管以火焰圈的火焰加热管子，中频感应弯管以中频电磁场加热管子。我们将分别介绍这两种设备的机械弯管基本结构与工作原理。

（1）火焰弯管机　图1-21为一火焰弯管机的外型构造图，其结构可分为四个部分：

1）加热与冷却装置，主要是火焰圈、氧气、乙炔、冷却水系统等；

2）传动机构，由电动机、皮带轮、蜗杆蜗轮变速系统等部件组成；

3）拉弯机构，由拐臂、夹头、靠轮等部件组成；

4）操纵系统，由电气控制系统、角度控制器、操纵台等部件组成。

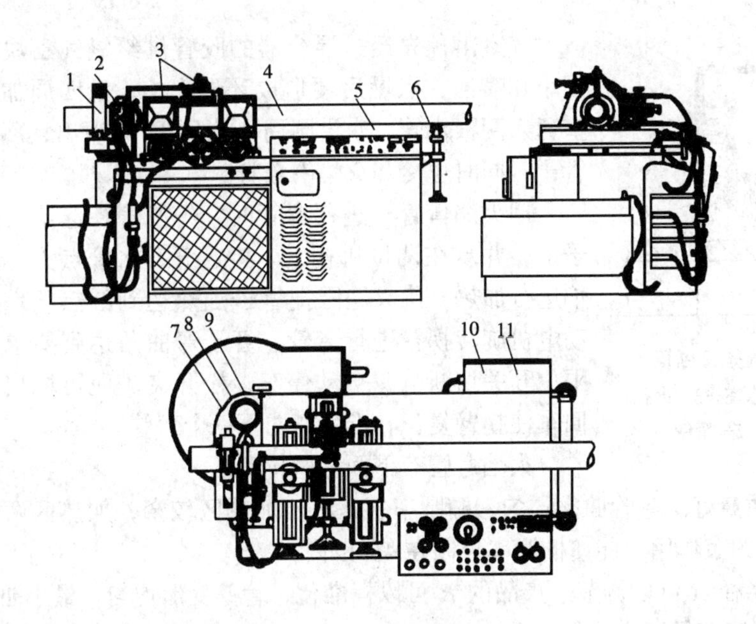

图 1-21 火焰弯管机

1—管子夹头；2—火圈；3—固定导轮；4—管子；5—操纵台；6—托架；
7—横臂；8—主轴；9—水槽；10—电气控制箱；11—台面

齿轮传动系统如图 1-22 所示，由调速电机带动减速箱，通过齿轮系和蜗轮蜗杆驱动主轴旋转。以上设备都装在操作平台的下部。而上部由主轴穿过操作平台与弯管机构连接。

弯管机构如图 1-23 所示，安装在操作平台上，由主轴、托滚、靠轮和拐臂，夹头和火焰圈组成。托滚是由 2～3 根垂直于钢管轴线的长滚组成，作用是托起钢管沿纵向移动。三个靠轮是控制管子横向移动。拐臂固定在主轴上，带有长孔，以便按需要位置安装夹头。夹头距主轴的水平距离，按弯曲管的弯曲半径确定，夹头的规格按弯制管子的管径大小来更换。

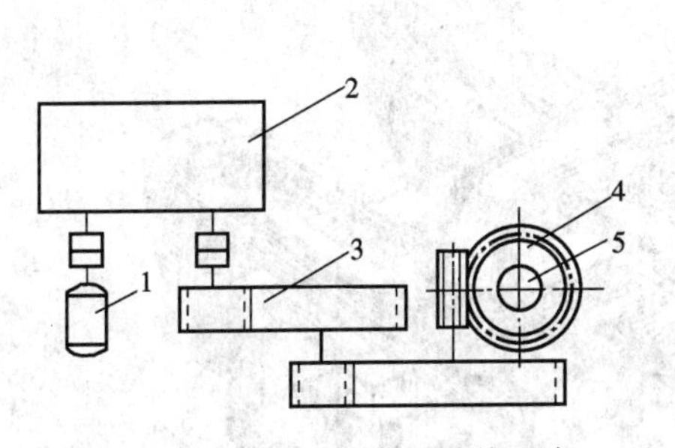

图 1-22 火焰弯管传动系统示意

1—电机；2—减速器；3—齿轮机；
4—蜗轮及蜗杆；5—主轴

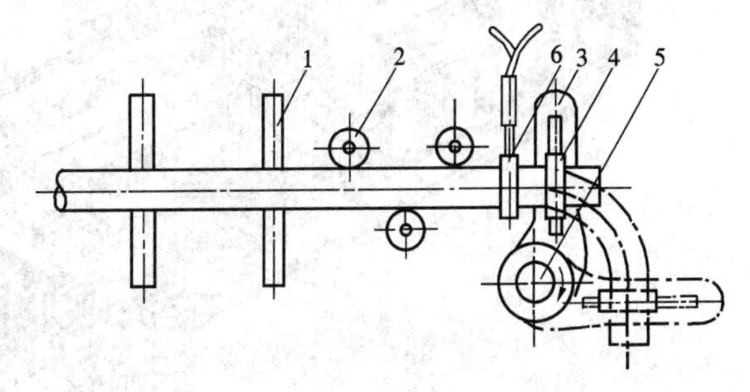

图 1-23 火焰弯管机弯管机构示意

1—托滚；2—靠轮；3—拐臂；4—夹头；
5—主轴；6—火焰圈

火焰弯管机的关键部件是火焰圈，要求火焰圈燃烧的火焰均匀稳定，保持一定的加热宽度和加热速度。火焰圈是用黄铜板焊成的圆圈，由气室和水室两部分组成，如图 1-24 所示。

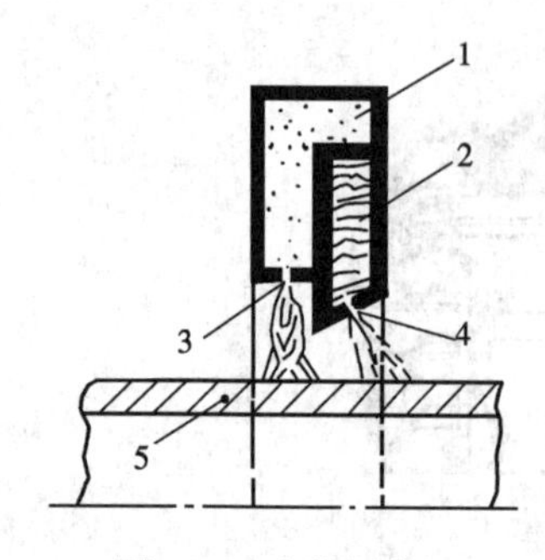

图 1-24 火焰圈断面

1—气室；2—水室；3—火孔；4—水孔；5—管壁

气室由预先经过混合器的胶管供给氧气乙炔并从内壁周围小孔喷出，点燃后便形成环形火焰，沿四周加热管子。水室通入两根水管，水沿圆周小孔呈45°角喷出，冷却弯曲后的管子，同时也冷却火焰圈自身。

用火焰弯管机进行弯管时，先按管径选定火焰圈套在管子上，并装在调位机构上。接通气、水管点火，然后调整火焰进行加热，待火焰圈把管子加热达到红热状态后，便可启动电机旋转拐臂进行弯管。管子弯曲角达到要求后，可通过限位开关切断电源自动停车，松开夹头便可取出弯管。同时回车使拐臂复位，准备弯曲下一个弯管。

火焰弯管有下面一些特点：

1）弯管质量好。弯管曲率均匀、椭圆率小，由于加热区较窄，加热区两侧管壁刚度对弯曲断面有约束作用，能使椭圆率控制在4%以内；

2）弯曲半径 R 可以调节。产品的 R 可以标准化，管壁变形均匀，最小曲率半径 $R=1.5D$，最大弯管直径可达 ϕ426mm；

3）无须灌砂。大大减轻劳作强度和生产条件，生产工效高、成本低，且管件内壁清洁，不须清理；

4）拖动功率小。机身体积比冷弯机小，重量轻，便于施工移动装拆；

5）由于晶间腐蚀问题，只适用于普通碳素钢管煨弯，不能用于不锈钢管的煨弯。

（2）中频弯管机　图1-25为一中频电热弯管机的外形构造图，其结构与火焰弯管机一样可分为四个部分：

1）加热与冷却装置：主要为中频感应圈和冷水系统；

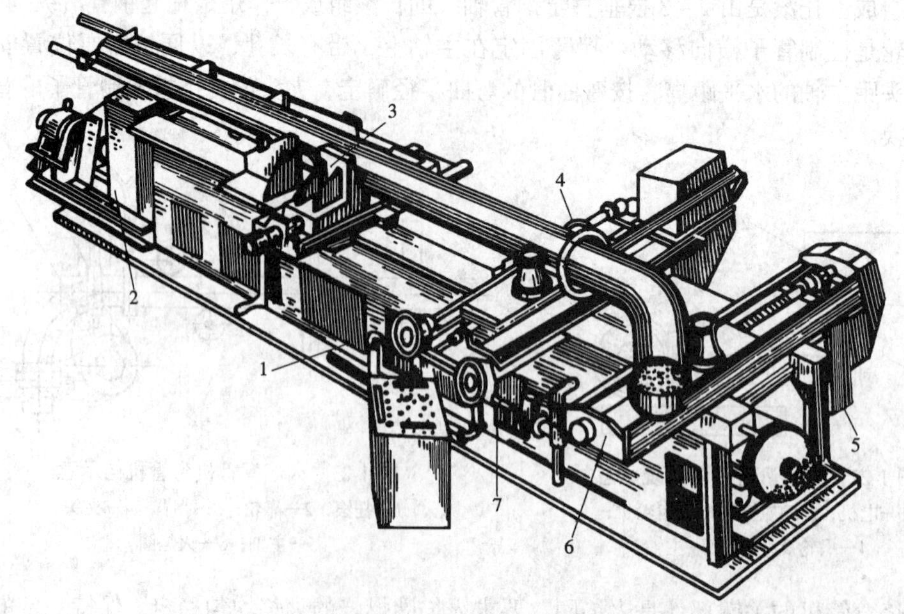

图 1-25 中频电热弯管机

1—导轮机；2—纵向顶管机构；3—管子夹持器；4—中频感应圈；5—横向顶管机构；6—顶轮架；7—冷却装置

2）传动结构：由电动机、变速箱、蜗杆蜗轮传动机构等部件组成；

3）弯管机构：由导轮架、顶轮架、管子夹持器和纵、横向顶管机构等部件组成；

4）操纵系统：由电气控制系统、操纵台、角度控制器等部件组成。

中频弯管机的工作机理与火焰弯管机相同，只是加热装置用中频感应圈代替了火焰圈。中频感应圈的加热原理：感应圈内通入中频交流电，与感应圈对应处的管壁中产生相应的感应涡流电，由于管材电阻较大，使涡流电能转变为热能，把管壁加热为高温。中频感应电热弯管机的工作原理见图 1-26。

中频感应圈用矩形截面的紫铜管制作，管壁厚 2 ~ 3mm，与管子外表面保持 3mm 左右的间隙。感应圈的宽度（对应于管子面的宽度）关系着加热区的宽度，随弯曲加工的管径而定，当管径为 ϕ68 ~ 108mm 时，宽度为 12 ~ 13mm；当管径为 ϕ133 ~ 219mm 时，宽度为 15mm。感应圈内通入冷却水，水孔直径 1mm，孔距 8mm，喷水角 45°。管段弯曲成形的加热、煨弯、冷却定形通过自控系统同步连续进行。

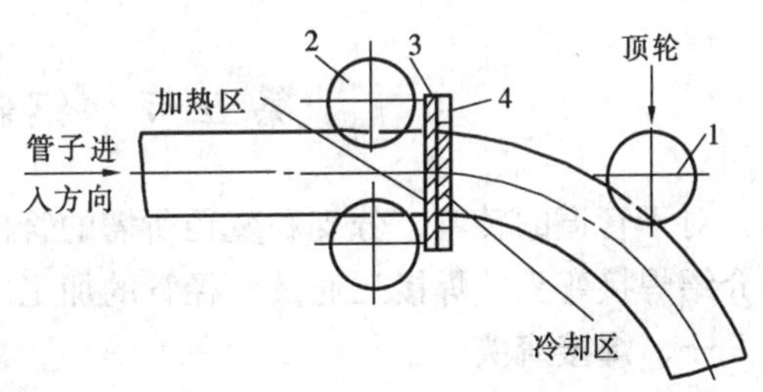

图 1-26　中频电热弯管原理

1—顶管；2—导轮；3—中频感应电热器；4—盘环管冷却器

中频弯管机的弯管速度取决于纵向顶进速度和管子的加热速度，纵向顶进速度可按下式计算：

$$V = \frac{R \cdot 4P}{q \cdot S(D_w - S)} \tag{1-5}$$

式中　V——管子纵向顶进速度（mm/s）；

P——耗用功率（kW）；

q——电能的单位耗量（kWh/kg）；

S——管壁厚度（mm）；

D_w——管子外径（mm）；

R——管子弯曲半径。

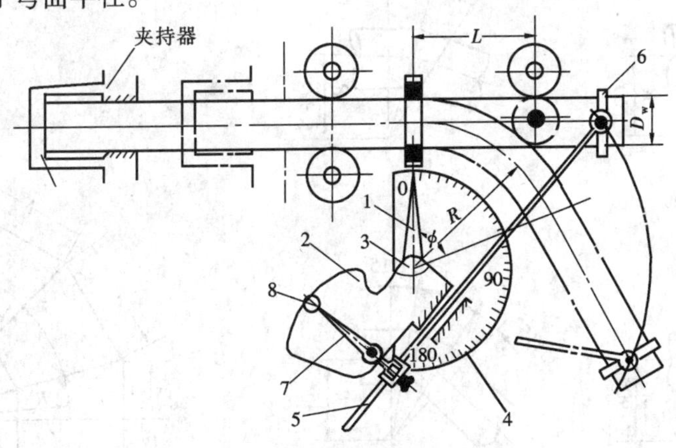

图 1-27　弯曲角度量规

1—指针；2—本体；3—轴；4—刻度盘；5—连杆；6—夹圈；7—指针；8—指示器

中频弯管机设有半径角度规，用来测定管子的弯曲半径和弯曲角度。半径角度规的构造如图 1-27。由指针、本体、刻度盘、连杆、指示器等部件构成。工作原理如下：指针与半径角度规本体绕轴转动时，在刻度盘上指示出管子的弯曲角度 ϕ。连杆一端通过铰链连接到固定于管子上的夹圈，另一端连接指针，用来测定弯管半径 R 并把测定结果传到指示器显示出来。

中频弯管机，除具备火焰弯管机的所有优点外，还根本改善了火焰弯管机火焰不稳定、加热不均匀的缺陷，并且可用于不锈钢管的弯曲加工。

第五节　钢制管件的加工

对于管道的转弯、分支和变径所需的管件进行加工制作称为钢管管件的加工。本节主要介绍焊接弯头、焊接三通及变径管的加工。

一、焊接弯头

1. 焊接弯头的结构形式

焊接弯头是由若干节带有斜截面的直管段组对焊接而成。多用于低压管道系统，如图 1－28 所示。不同角度的焊接弯头均由中间节和端节组成，端节为中间节的一半，为了减少焊口，端节应尽可能在直管段上。焊接弯头的节数见表 1-10。

焊接弯头最少节数　　表 1-10

弯头角度	节　　数	其　　中	
		中间节	端　节
90°	4	2	2
60°	3	1	2
45°	3	1	2
30°	2	0	2

焊接弯头常用的弯曲半径 R 为 1.5 倍的管外径。当管径较大时参照表 1-7 确定。

2. 焊接弯头的下料

（1）样板的制作　焊接弯头是根据放样后得到的样板，在直管上划线、切割、组合、焊接制成的。因此，正确的制作样板，是十分重要的环节。样板的制作，有放样法或计算法两种。

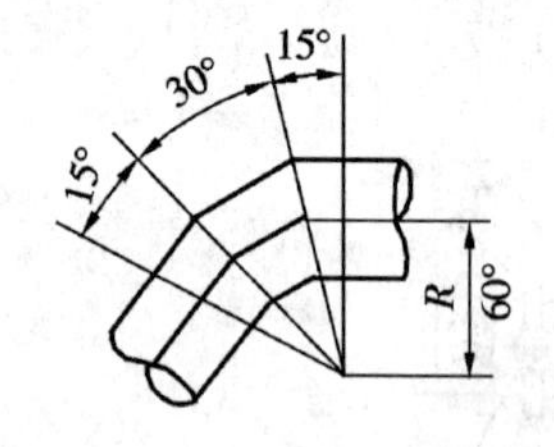

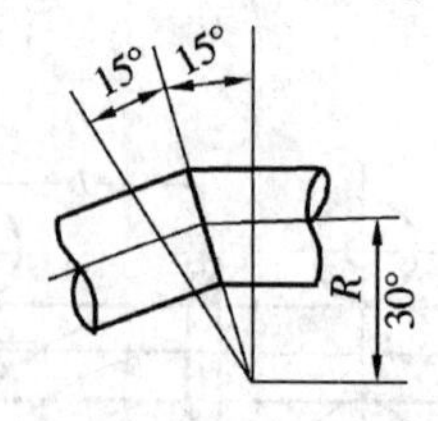

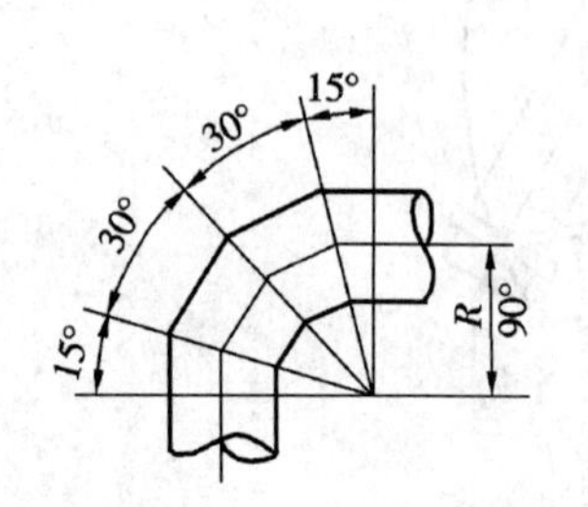

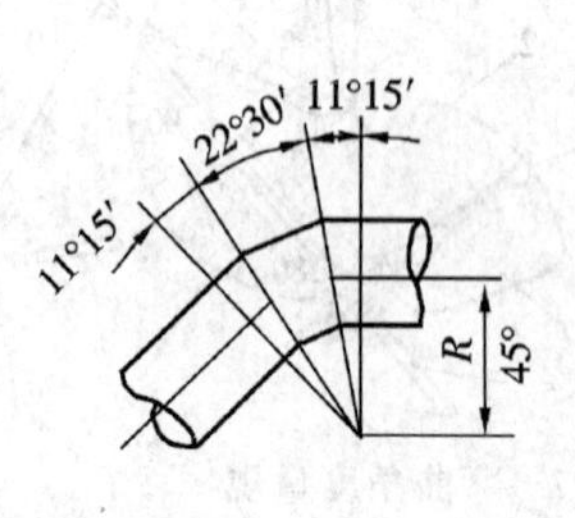

图 1-28　焊接弯头结构

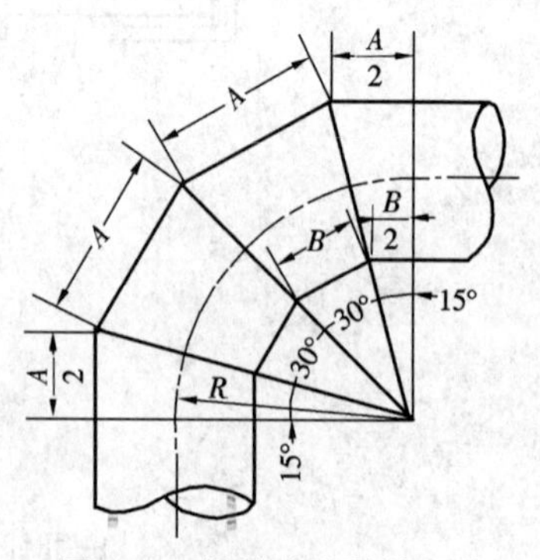

图 1-29　焊接弯头结构尺寸

焊接弯头的结构尺寸如图 1-29 所示。中间节的背高和腹高分别为 A 和 B，端节的背高和腹高分别为 $A/2$ 和 $B/2$，并可用下式计算：

$$\left.\begin{aligned}\frac{A}{2}&=\left(R+\frac{D}{2}\right)\cdot \mathrm{tg}\frac{\alpha}{2(n+1)}\\ \frac{B}{2}&=\left(R-\frac{D}{2}\right)\cdot \mathrm{tg}\frac{\alpha}{2(n+1)}\end{aligned}\right\}\tag{1-6}$$

式中 $A/2$——端节背高（mm）；

$B/2$——端节腹高（mm）；

R——弯头的弯曲半径（mm）；

D——管子的外径（mm）；

α——弯曲角度（°）；

n——弯头中间的节数。

【例 1-1】 试用焊接钢管制做一个 DN 为 100mm，弯曲角度为 90°，$R=1.5D$ 的焊接弯头端节样板。

【解】 查表 1-10 可知焊接弯头中间节为 2 节，又 $DN100$ 焊接钢管外径 $D=114$mm，$R=1.5\times114=171$mm。

计算：当 $n=2$ 时

$$\mathrm{tg}\frac{\alpha}{2(n+1)}=\mathrm{tg}\frac{90°}{6}=\mathrm{tg}15°$$

$$\frac{A}{2}=\left(R+\frac{D}{2}\right)\mathrm{tg}15°=\left(171+\frac{114}{2}\right)\times0.268=61\mathrm{mm}$$

$$\frac{B}{2}=\left(R-\frac{D}{2}\right)\mathrm{tg}15°=\left(171-\frac{114}{2}\right)\times0.268=31\mathrm{mm}$$

根据计算得到端节的背高与腹高，即可绘制焊接弯头端节的展开图，如图 1-30 所示。步骤如下：

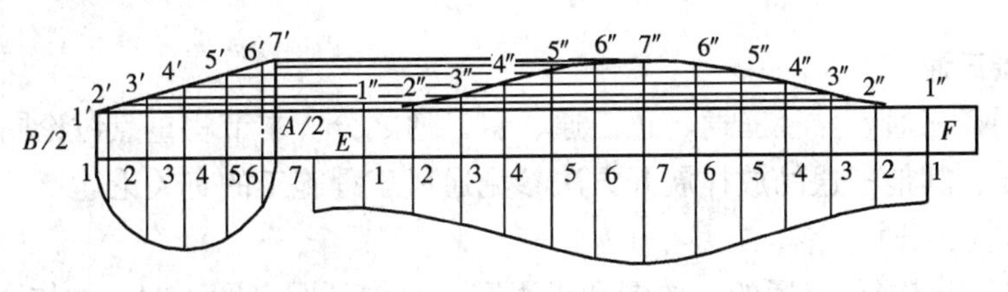

图 1-30 用计算求得端节展开图

1）在油毡纸上划一条水平线，取直径 1-7 等于 114mm（D），由点 1 和点 7 分别作垂线，截取 1-1′使等于 31mm（$B/2$），截取 7-7′使等于 61mm（$A/2$），连接 1′-7′成斜线；

2）以 1-7 中心点为圆心，$D/2$（57mm）为半径画半圆，并将半圆 6 等分，由各等分点向 1-7 作垂线，并延长交 1′-7′斜线于 2′、3′、4′、5′、6′各点；

3）延长 1-7 水平线，并取 $E-F=\pi\cdot D$（见图 1-30 右侧），12 等分 $E-F$ 并过各等分点做$E-F$ 的垂线，与自 1′、2′、3′、4′、5′、6′、7′点引出的水平线交于 l″、2″……7″……2″、1″；

4）用光滑曲线连接 1″、2″……7″……2″、1″各点，便得到了焊接弯头端节展开图；

5）同理，以 $E-F$ 各等分点 1、2……7……2、1 为圆心，在 $E-F$ 各垂直等分线下方顺序截取 $1-1'$、$2-2'$……$7-7'$……$2-2'$、$1-1'$，连接各交点即能得到中间节展开图。

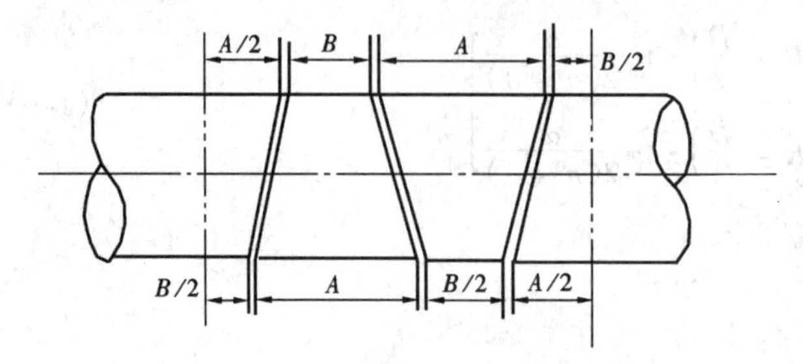

图 1-31　管子切割线

剪下中间节展开图，即可做下料样板（注意留有包缠管把柄）。根据经验，为了提高焊接弯头制作精度，圆管周长的展开尺寸 $E-F$ 宜取 $\pi(D+\delta)$，其中 δ 为样板材料厚度。另外按如上理论放样的结果，各节组对后，常会出现勾头现象（略小于 90°），这是由于管子内外壁放样素线长度并不完全相同的原因造成的，故放样时，可适量地增加腹长（$B/2$）。

（2）焊接弯头的下料　把样板包缠在管子上划线之前，应先在管子上弹出两条对称的两等分中心线，然后把样板中心线 $E-F$ 线对准管子的中心线划出切割线。如图 1-31 所示。

组对、焊接后的焊接弯头其主要尺寸偏差应符合下列规定：

周长偏差：$DN>1000$mm 时不应超过 ±6mm，$DN\leqslant 1000$mm 时不应超过 ±4mm。端面与中心线的垂直偏差 Δ 不应大于管子外径的 1%，且不大于 3mm。如图 1-32 所示。

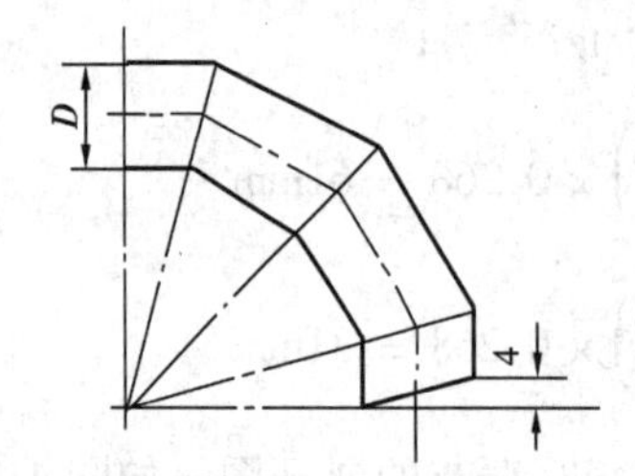

图 1-32　焊接弯头端面垂直偏差

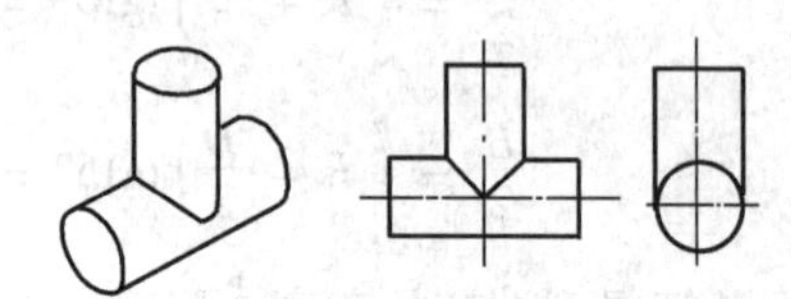

图 1-33　三通管的立体、投影图

二、焊接三通

三通有同径三通、异径三通、正三通、斜三通之分。本节将重点讨论同径直交正三通的展开及制作，其他三通的放样展开方法参见通风工程施工的有关论述。

1. 正交同径三通

图 1-33 是正交同径三通的立体图和投影图，其展开图（图 1-34）的作图步骤如下：

（1）以 0 为圆心，以 1/2 管外径（即 $D/2$）为半径作半圆并六等分，等分点为 4′、3′、2′、1′、2′、3′、4′；

（2）沿半圆上直线 4′-4′方向向右引长线 AB，在 AB 上量取管外径的周长并 12 等分，自左至右等分点的顺序标号为 1、2、3、4、3、2、1、2、3、4、3、2、1（4 为三通主管中心线）；

（3）作直线 AB 上各等分点的垂直线，同时，由半圆上各等分点（1′、2′、3′、4′）向右引水平线与各垂直线相交。将所得的对应交点连成光滑的曲线，即得支管切割展开图（俗称雄头样板）；

（4）以直线 AB 为对称中心线，将 4～4 范围内的垂直等分线分别对称地向上引伸，

并向上截取雄头样板的对应线段，得各对应交点，连接各交点成光滑曲线，即得到主管切

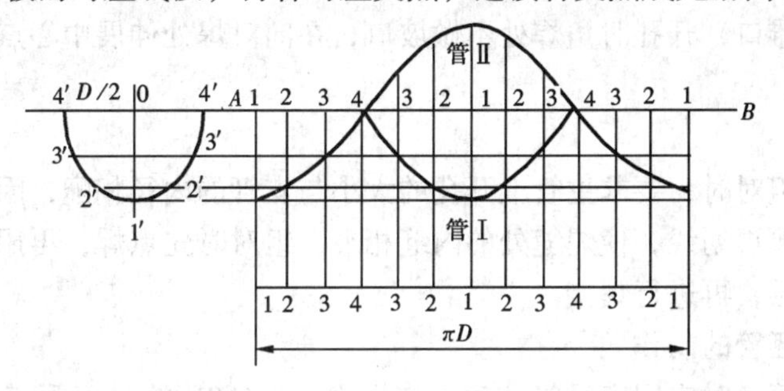

图 1-34　正交同径三通的展开图

割展开图Ⅱ（俗称雌头样板），如图 1-34 所示。

2. 正交异径三通

图 1-35 为正交异径三通的展开图，放样的关键是确定支管与主管连接的相交线。其立面相交线是由支管圆周的各垂直等分线，与在主管上的各交点引出的水平线相交的各个对应交点确定的。(见图中的Ⅳ）支管在主管上的平面相交线，是由连接管圆周的各垂直等分线的延长线，与主管圆周的 12 个等分点上引出水平线相交的各个相应交点确定的(见图中的Ⅲ)。

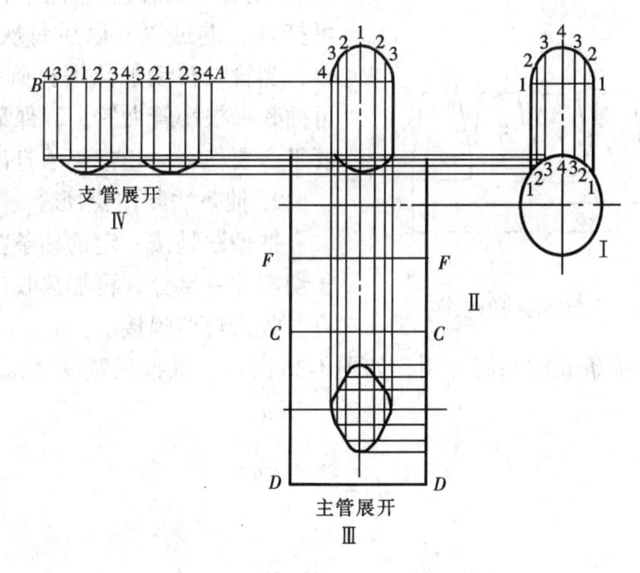

图 1-35　正交异径三通的展开图

焊接三通的划线及切割：

(1) 在主管上划出接管定位十字线，将样板Ⅱ紧贴在弧形管面上，并使样板中心线对准接管中心线，划线进行切割。或在支管划线切割后，将切割后的马鞍形管口扣在主管管面上，划线进行切割；

(2) 在支管上划出两条对应的两等分中心线，用样板Ⅰ包缠在管口处，使样板中心线对准管正中心线，划线进行切割；

(3) 按焊接坡口要求，进行切割的同时应注意加工坡口。支管上全部要有坡口，坡口

的角度是角焊缝处为45°，对焊缝处为30°，从角焊处向对焊处逐渐缩小坡口角度，并应均匀过渡。主管（雌口）开孔时角焊处不做坡口，在向对焊处伸展中心点处开始坡口，到对焊处为30°。

3. 组对

同径正三通组对时，要求主管上开孔的大小与支管的内径相配，因此雌样板的最宽处的两边应减去壁厚再划线，使焊缝处的内缝相平，组对时先点焊，再用宽座角尺校正支管与主管间的角度后，再进行焊接。

三、钢制变径管的制作

管道在改变管径时应用变径管。对工作压力≤0.6MPa的暖卫管道，可在施工现场采用钢管加工变径管。当管径变化辐度不大时，可用摔管法，当管径变化辐度较大时，应采用抽条法加工变径管。工作压力≥1.0MPa的管道，应采用工厂制造的专用变径管。

1. 摔管法制作变径管

将管端加热，用手锤锻打缩口，称为摔管。

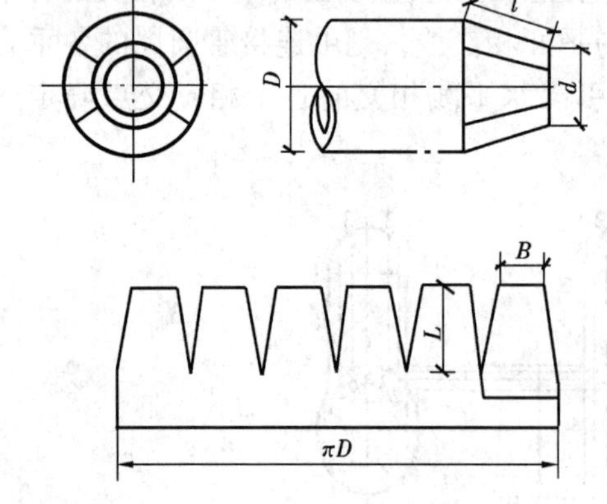

图 1-36　同心变径管的抽条放样

管端加热宜用氧-乙炔焰烘烤，以利于控制加热温度和加热范围，每一烘烤点宽度不宜超过30mm，长度不宜超过50mm，加热温度为800℃左右（浅红色）。用手锤锻打，第一锤不可打得过重过深，以后每次集中锻打凸起部分，当管端转动加热锻打到接近小管直径时，可插入一根小管做胎，以保证缩口圆度。打锤要平，要稳，防止把管子打出锤痕。

2. 抽条法制作变径管

抽条法是按一定的抽条宽度和长度，把管子切割掉一部分，再加热收口成大小头，最后将各收口焊缝焊接。

同心变径管的抽条放样与展开图，如图1-36所示，其抽条宽度 A、B 及抽条长度 l 按下式计算：

$$A = \frac{\pi \cdot D_0}{n}$$

$$B = \frac{\pi \cdot d_0}{n} \tag{1-7}$$

$$l = 3 \sim 4(D_0 - d_0)$$

式中　D_0——大直径管外径（mm）；

d_0——小直径管外径（mm）；

n——分瓣数，对 DN50～80mm管子用4～6瓣，对 DN100～400mm管子用6～8瓣；

π——圆周率，取3.14。

偏心大小头的放样及展开如图1-37所示。其抽条宽度 A、B、C、D 及抽条长度 E，按下式计算：

$$A = \frac{\pi \cdot d_0}{n} \quad (1\text{-}8)$$

$$B = \frac{3}{12}\delta \quad (1\text{-}9)$$

$$C = \frac{2}{12}\delta \quad (1\text{-}10)$$

$$D = \frac{1}{12}\delta \quad (1\text{-}11)$$

$$E = 2 \sim 3(D_0 - d_0) \quad (1\text{-}12)$$

式中　δ——大小管圆周长之差，$\delta = \pi \cdot (D_0 - d_0)$。

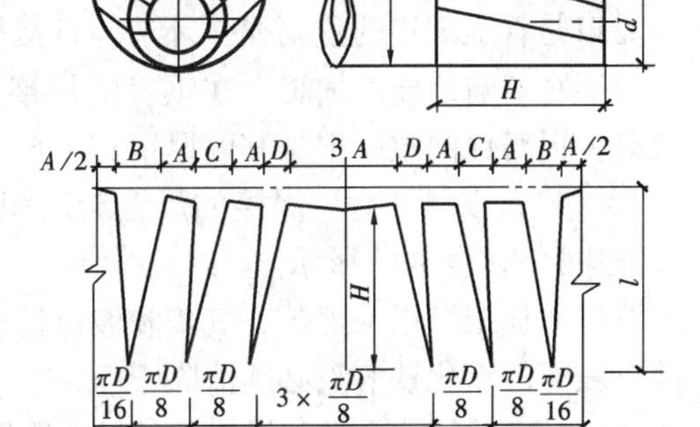
图 1-37　偏心大小头的抽条放样

将同心、偏心大小头的放样展开图剪下来，围在大直径管口处，即可画出抽条切割线，切割抽条后加热收口，即可进行抽条缝隙的焊接。便得到同心、偏心大小头。

第六节　钢管的焊接与法兰连接

一、钢管的焊接

焊接是管道安装工程中应用最为广泛的连接方法。焊接的主要工序为：管子的切割、管口的处理（清理、铲坡口）、对口、点焊、管道平直度的校正、施焊等。焊接由管道工和焊工合作完成，其各自的专业知识和操作技术水平，配合的默契程度，都直接影响焊接连接的质量和进度。

1. 焊接方法的选择

管道的焊接广泛采用电焊和气焊。其特点为：

(1) 电焊的电弧温度高，穿透能力比气焊大，易将焊口焊透，因此，电焊适合于焊接4mm以上的焊件，气焊适合于焊接4mm以下的薄焊件，在同样的条件下电焊的焊缝强度高于气焊。

(2) 用气焊设备可进行焊接、切割、开孔、加热等多种作业。即使是全部采用电弧焊的管道安装工程，也离不开一套气焊设备的辅助。

(3) 气焊的加热面积较大，加热时间较长，热影响区域大，焊件因局部加热极易引起变形，电焊的加热面狭小，焊件引起变形的情况比气焊小得多。

(4) 气焊消耗氧气、乙炔气、气焊条，电焊消耗电能和电焊条，相比之下，气焊的成本高于电焊。

由此可见，就焊接而言电焊优于气焊，故应优先考虑电焊。一般只有公称直径小于50mm、管壁厚度小于3.5mm的管子才考虑用气焊焊接。

手工电弧焊使用的机具是：焊机（交流电焊机，直流电焊机，硅整流直流弧焊机等，以直流电焊机在工地上使用较多)，焊钳、面罩、连接导线、手把软线等。

气焊和气割使用的机具是：乙炔瓶（为目前规定使用的）、氧气瓶、焊炬和割炬、连接胶管（氧气带，乙炔带）等。

2. 焊接连接的对口和焊接

对口是管道焊接的重要操作环节，直接影响焊接质量和管道安装的平直度。

（1）对口前的坡口加工　在钢管的焊接连接时，当管壁厚度不超过 4mm 时，可以不开坡口，但对口间隙应根据其壁厚留有 1.5～3mm，管壁厚度超过 4mm 时，应将管端加工成 V 形坡口，以增加对口焊接的焊缝断面积，从而使焊接强度增大，同时应留出坡口余量（钝边）。如表 1-11 所示。

坡口的加工可用手工铲，气割和坡口机械等加工方法加工。当采用气割加工后，残留于坡口表面的氧化铁溶渣必须清除干净。

（2）对口的间隙要求和错口的偏差　不同情况管子焊接的对口间隙要求见表 1-11。对口时两管应平直，其错口偏差值口不得大于管子壁厚的 10%，检查方法如图 1-38 所示。

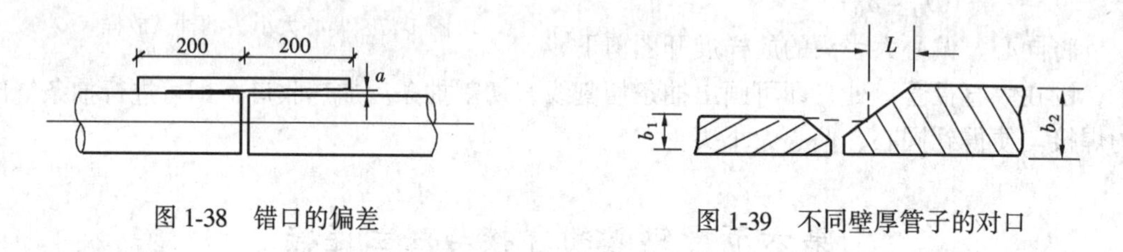

图 1-38　错口的偏差

图 1-39　不同壁厚管子的对口

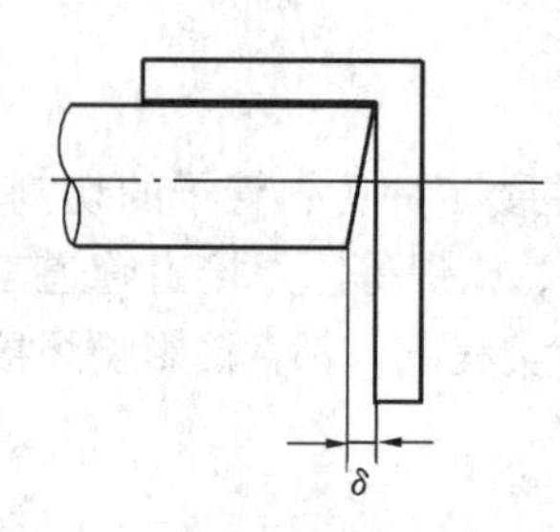

图 1-40　管子切口的检查

不同管壁厚的管子对口时，应按 $L=5\,(b_2-b_1)$（mm）的要求进行对口前的预加工，如图 1-39 所示。

（3）管端切口的检查和清理　管子切割的端面应垂直于管壁，对口前应用钢角尺检查，其偏差值 δ 应小于 1mm，见图 1-40。

管子切口应用平锉打掉锯割的毛刺，或用扁铲铲掉气割的氧化铁残渣。所有连接管口均应将管口污物清理干净（包括加工后的坡口管口）。

管道的对口间隙与 V 形坡口　　**表 1-11**

图　形	管壁厚 δ（mm）	坡口角度 α（度）	钝　边　b（mm）	对口间隙（mm）	
				a	允许偏差
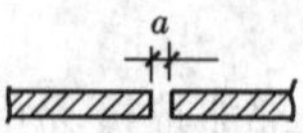	<4			1.5～3	
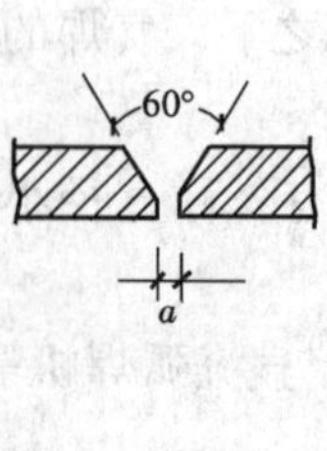	4～6	60^{+10}_{-5}	1.5±0.5	2	+0.5 −0.0
	7～8			2.5	+0.5 −0.0
	9～10			3	+1.0 −0.5
	11～12			3	+1.0 −0.5

(4) 对口　为达到对口间隙要求，可在对口处夹废锯条或厚度为 2~3mm 的石棉橡胶板等方法，点焊一点后取出。为减小错口偏差，可多转动几次管子，使连接管子对接在同一中心线上，点焊后用钢板尺检测，使错口偏差不超过 1mm。为保证对口的质量，小直径管可用图 1-41 的卡具对口，大直径管可用图 1-42 的插入法对口。

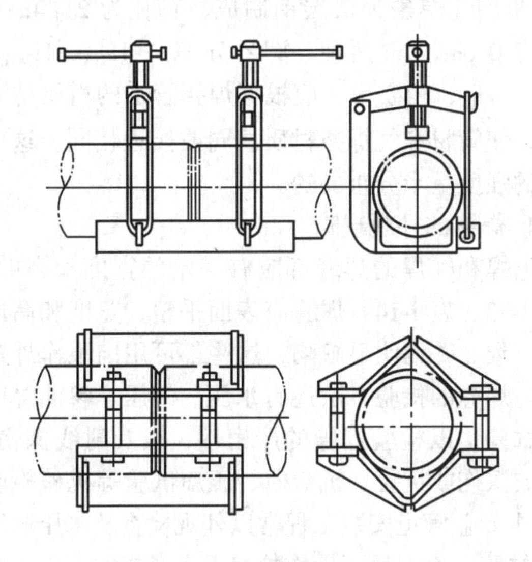

图 1-41　小直径管的对口

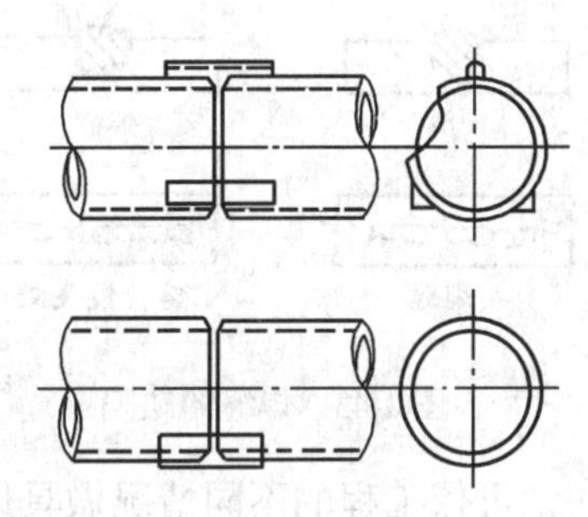

图 1-42　大直径管的插入法对口

旋缝卷焊管或直缝卷焊管对口时，管子焊缝要相互错开 100mm 以上。

(5) 点焊及校正　管口组对后应立即以点焊固定，并对对口情况进行检查校正，如出现过大偏差应打掉点焊点，重新对口。点焊时，每个接口至少点 3~5 处，每处点焊长度为管壁厚度的 2~3 倍，点焊高度不超过管壁厚度的 70%。点焊的操作应由施焊的焊工进行。

(6) 接口的焊接　焊接时应将管子垫牢，不得使管子在悬空或受有外力的情况下施焊。凡可转动的管子应转动焊接，尽量减少仰焊，以保证焊接质量和加快焊接速度。应分层施焊，对壁厚 6mm 以下的管道，用底层和加强层两层焊接，管壁厚度超过 6mm 的管道，应增加中间层，采用三层焊接。每层焊接厚度为 3~4mm，并使各层的焊缝搭接点相互错开。大直径管的焊接，应在每层焊接时，对应地选取起焊点，对应地分布焊缝搭接点，以避免焊口因受热集中而产生变形。

焊接过程中应堵死一端管口，防止管内有穿堂风流动，焊接环境温度低于 -20℃时，焊口应预热、预热温度为 100~200℃，预热长度为 200~250mm。室外焊接应有防风、防雨雪措施。焊接的焊缝应自然冷却，不得浇水骤冷。

3. 电焊条与气焊条

用于电焊的接口材料是电焊条，用于气焊的接口材料是气焊条（称为焊丝）。正确地选用焊条，对焊接的质量和速度都十分重要。

手工电弧焊的电焊条种类很多。管道焊接常用结构钢电焊条（结 422），是以 2~6mm 碳素钢芯，外涂钛钙型药皮材料制成的，其规格见表 1-12。管道焊接常采用 3.2mm 的焊条。

电 焊 条 规 格（mm） 表 1-12

焊芯直径	2		2.5	3.2	4	5	6
焊芯长度	250	350	300	350	350	400	450

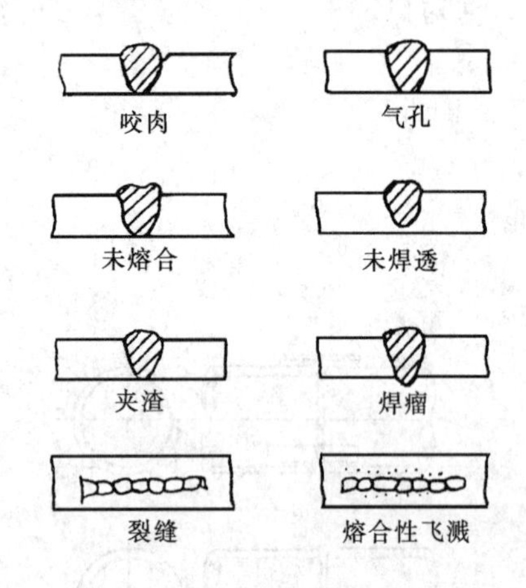

图 1-43 焊缝的缺陷

常用气焊条为低碳钢制成，直径为 2～4mm，长度有 0.6m、1m 两种，牌号分 H_{08}、H_{08A}、H_{08Mn}、H_{08MnA}、H_{15}、H_{15Mn}等，应根据焊接管道的材质情况选择，使管材和气焊条材质相同或接近相同，这对气焊的强度是十分重要的。

4. 焊缝的外观缺陷

电焊和气焊的焊缝都应有一定的宽度和高度，见表 1-13、表 1-14。焊缝应表面平整，宽度和高度均匀一致，并无明显缺陷，这些都可用肉眼作外观检查。焊缝的检验方法还有水压、气压、渗油等密封性试验，以检验焊缝的严密性，以及射线探伤，超声波探伤或抗拉、抗弯曲、压扁试验等机械检验方法，可依工程的不同情况做具体的要求。本专业管道安装工程常以外观检查及水压试验的方法，对管道焊缝进行检验。焊缝的外观缺陷，大多属于操作技术不良造成的，常见的缺陷类型如图 1-43 所示。

电焊焊缝的宽度和加强面高度（mm） 表 1-13

厚 度		2～3	4～6	7～10	焊 缝 形 式
无坡口	焊缝宽度 b	5～6.0	7～9		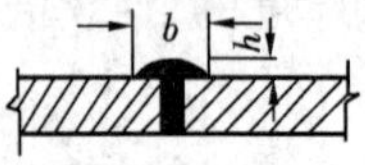
	加强面高度 h	1～1.6	1.5～2		
有坡口	焊缝宽度 b	盖过每边坡口约 2mm			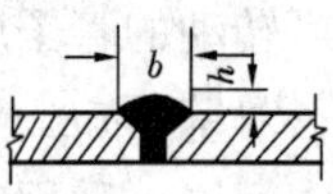
	加强面高度 h		1.5～2	2	

氧-乙炔焊焊缝的宽度和加强面高度（mm） 表 1-14

厚 度	1～2	3～4	5～6	焊 缝 形 式
焊缝宽度 b	4～6	8～10	10～14	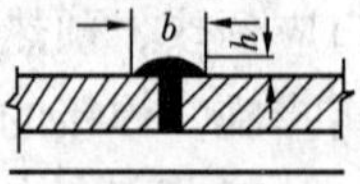
加强面高度 h	1～1.5	1.5～2	2～2.5	

（1）咬肉（咬边）：即在焊缝边缘的母材上出现被电弧烧熔的凹槽。产生的原因主要是电流过大，电弧过长及焊条运条角度不当。

（2）未熔合：即焊条与母材之间没有熔合在一起，或焊层间未熔合在一起。产生的原因主要是电流过小，焊接速度过快，热量不够或焊条偏于坡口一侧造成的，或母材坡口处及底层表面有锈、氧化铁，熔渣等未清除干净造成的。

(3) 未焊透：主要是焊接电流小，运条速度快，对口不正确（坡口钝边厚，对口间隙小），电弧偏吹及运条角度不当造成的。

(4) 气孔：即焊接熔池中的气体来不及逸出，而停留在焊缝中的孔眼。低碳钢焊缝中的气孔主要是氢或一氧化碳。产生气孔的主要原因是熔化金属冷却太快，焊条药皮太薄或受潮，电弧长度不当或焊缝污物清理不净造成的。

(5) 夹渣：即熔池中的熔渣未浮出而存于焊缝中的缺陷。产生夹渣的主要原因是焊层间清理不净，焊接电流过小，运条方式不当使铁水和熔渣分离不清造成的。

(6) 焊瘤：即在焊缝范围以外多余的焊条熔化金属所致。产生焊瘤的主要原因是熔池温度过高，液态金属凝固减慢，在自重下下坠造成的。管道焊接的焊瘤多存于管内，对介质的流动产生较明显的影响。

(7) 裂纹：裂纹是焊缝最严重的缺陷。可能发生在焊缝的不同部位，具有不同的裂纹形状和宽度，甚至细微到难于发现。产生裂纹的主要原因有焊条的化学成分与母材材质不符，熔化金属冷却过快，焊接次序不合理，焊缝交叉过多，内应力过大等。

(8) 熔合性飞溅缺陷是不允许的。管道焊接完毕必须进行外观检查，必要时辅助以放大镜仔细检查，外观缺陷超过规定标准时，应按表 1-15 的规定进行修整。规定指出：管径在 50mm 以内时，每个焊口缺陷超过 3 处的，管径在 150mm 以上，缺陷超过 8 处的焊缝，必须铲除重焊。

管道焊缝缺陷允许程度及修整方法 **表 1-15**

缺陷种类	允许程度	修整方法
焊缝尺寸不符合规定	不允许	加强高度不足应补焊加强高度过高过宽作修整
焊瘤	严重的不允许	铲除
咬肉	深度大于 0.5mm 连续长度大于 25mm	清理后补焊
焊缝热影响区表面裂纹	不允许	铲除焊口重新焊接
焊缝表面弧坑夹渣、气孔	不允许	铲除缺陷后补焊
管子中心线错开或弯折	超过规定的不允许	修整

二、法兰连接

法兰连接是管道通过连接件法兰及紧固件螺栓、螺母的紧固，压紧中间的法兰垫片而使管道连接起来的一种连接方法。法兰连接是可拆卸接头，常用于管道和法兰阀门的连接、管道与法兰管件（盘式弯头，三通等）、法兰接口的设备连接等。法兰连接具有拆卸方便、连接强度高、严密性好等优点。

1. 常用法兰

法兰有钢制和铸铁两大类，有圆形、方形、元宝形多种形状，以钢制圆法兰应用广泛。

最常用的法兰有：

(1) 丝扣法兰　一般为铸铁法兰，它和钢管的连接为螺纹连接，主要用于镀锌钢管与带法兰的附件连接。安装时，在加工好的管螺纹上缠麻抹铅油，将具有内螺纹的法兰拧紧即可。

(2) 平焊钢法兰　如图 1-44 所示，是本专业管道安装工程中应用最普遍的一种法兰。

法兰与钢管的连接，采用电焊焊接。其规格按管道的工作压力分为：0.25、0.6、1.0、1.6、2.5MPa 五种。

平焊钢法兰大多采用光滑密封面，上面有 2～4 圈密封沟槽（俗称水线）。少数严密性要求较高的管道（如氨管、氨阀等）采用凹凸式密封面。

除了上述两种法兰外，尚有平焊松套钢法兰，对焊钢法兰、卷边松套法兰等多种，因在本专业较少使用，这里不再叙述。

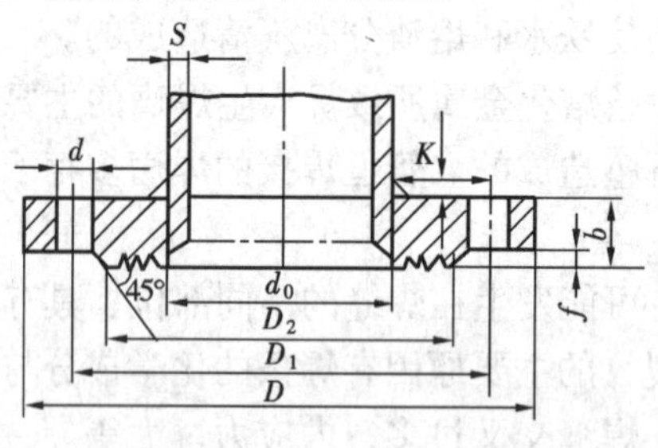

图 1-44　平焊钢法兰

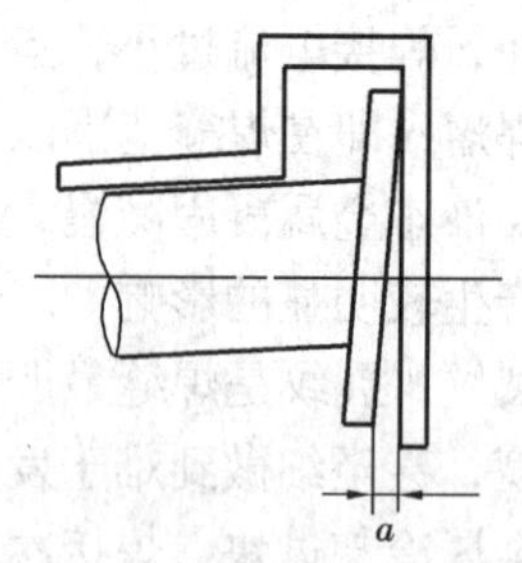

图 1-45　法兰装置的检查

法兰和钢管的装配，均应保证法兰和管中心线的垂直度，并应在装配时先点焊、再用法兰尺检测（图 1-45）垂直度，使其垂直偏差值 a 不超过 ±1～±2mm 厚，最后施焊。管端插入法兰内应距法兰密封面有 1.3～1.5 倍管壁厚度的距离，以留做焊接接缝。

2. 法兰连接的螺栓和垫片

（1）螺栓和螺母：通常为六角形。有单头螺栓（一头螺纹一头六角方头）、双头螺栓（两头螺纹）两种形状。按加工方法不同，有粗制、半精制、精制三种。选用时应根据法兰的选用情况，确定螺栓、螺母的类型、规格、数量及材质牌号。

当法兰的公称压力 PN 不超过 1.0MPa 或温度不超过 300℃时，采用单头粗制螺栓，公称压力 PN 为 1.6～4.0MPa 时，采用半精制单头螺栓，公称压力 PN 为 6.4～10MPa 或工作温度大于 350℃时；采用半精制双头螺栓，公称压力 PN 大于 10MPa 时，采用精制双头螺栓。

螺栓的规格以螺杆直径×长度表示，长度应为净长，即不计六角方头的厚度。螺杆长度应按法兰拧紧后，螺杆露出螺母的长度不小于螺杆直径的一半。一般情况不加垫圈。

（2）垫片：为使法兰密封面严密压合以保证连接的严密度，两法兰间必须加垫片。垫片应具有一定弹性，使其能压入法兰水线或与法兰平密封面压紧，并在长期工作情况下不会被介质腐蚀而烂掉。垫片的材料应根据管内介质的性质、工作压力、工作温度选择，在设计未明确规定时可参考表 1-16 选用。

法兰垫片分软垫片、硬垫片两类。水暖管道、供热管道，煤气及低压工业管道均采用软垫片，垫片厚度一般规定：管径小于 125mm 时为 1.6mm，管径大于 125mm 时为 2.4mm。高温高压管道采用硬垫片（金属垫片）。

垫片使用时应注意：一付法兰只垫一个垫片，不允许加双垫片或偏垫片，垫片内径应不小于管子内径，垫片应加正，不得凸入管内减小过流断面积，垫片外径不得遮挡螺栓孔。垫片上应加涂料，当石棉橡胶板垫片用于热水、压缩空气和煤气管道时，应涂上清漆与石墨粉的拌合物，或涂上白铅油，用于蒸汽管道时，应涂以机油和石墨粉的拌合物。

法兰垫片材料及适用范围 **表 1-16**

材料名称		适用介质	最高工作压力（MPa）	最高工作温度（℃）
橡胶板	普通橡胶板	水、空气、惰性气体	0.6	60
	耐油橡胶板	各种常用油料	0.6	60
	耐热橡胶板	热水、蒸汽、空气	0.6	120
	夹布橡胶板	水、空气、惰性气体	1	60
	耐酸碱橡胶板	浓度≤20%的硫酸、盐酸、氢氧化钠、氢氧化钾	0.6	60
石棉橡胶板	低压石棉橡胶板	仅作水暖设备及管道的水、蒸汽的密封垫	1.6	200
	中压石棉橡胶板	水、空气及其他气体、蒸汽、煤气、氨、酸及稀碱液	4.0	350
	高压石棉橡胶板	蒸汽、空气、煤气	10.0	450
	耐油石棉橡胶板	各种常用油料、溶剂	4.0	350
塑料板	软聚氯乙烯板 聚四氟乙烯板 聚乙烯板	水、空气及其他气体，酸及稀碱液	0.6	50
耐酸石棉板		有机溶剂、碳氢化合物、浓酸碱液、盐液	0.6	300
钢制金属板		高温高压蒸汽	20.0	600

3. 法兰连接的方法

法兰连接应包括如下工序：法兰和钢管的点焊、校正、焊接（大直径管应对应地分段焊接，以防热力集中产生变形）。制垫（应使制成的垫片带有把手尾巴，便于加垫和拆修）。加垫（不加双垫、偏垫，垫片不凸入管内，垫片外缘离螺孔 2~4mm），上螺栓（用手），紧螺栓（用适合管子规格的搬手加力）等。螺栓拧紧加力应对称进行，即采用十字法拧紧，以使各螺栓受力均匀，以保证法兰不变形。螺栓拧紧后螺杆外露长度不应小于螺栓直径的一半，且不少于两扣。

应该指出：法兰连接将使管道系统增加泄漏的可能和降低管道的弹性，同时费用也高。因此，除法兰阀件、法兰接管的设备、仪表的安装、以及检修必须拆卸的活头处必须采用外，应尽量少用此种连接方法。

三、钢管连接的有关规定

（1）螺纹连接的管件、焊接连接的焊口都应距支、吊架边缘不小于 50mm；法兰连接的法兰面距支、吊架边缘应不小于 200mm，以便利拆卸。

（2）螺纹连接的管件、焊接连接的焊口均不得置于墙内和楼板内。法兰连接的法兰不得埋入地下，直埋管道及不通行地沟内管道的法兰连接处，应设检查井。

（3）管道的对口焊缝处，管道的弯曲部位均不得开孔焊接支管。煨制弯管的弯曲部位不得有焊缝，接口焊缝距起弯点应不小于 1 个管径，且不小于 100mm。

（4）开孔焊接分支管时，支管端不得插入主管内，而应加工成马鞍形管口和主管连接，且对口间隙应不大于 2mm。

（5）不同直径管道对口焊接时，如两管径相差不超过小管径的 15%时，可将大管加热缩口（摔管）与小管对口焊接，当两管径相差超过小管直径的 15%时，应用抽条法缩小大管管端直径，与小管对口焊接。

第七节　铸铁管的连接

一、铸铁管及其管件

铸铁管有铸铁给水管和铸铁排水管两大类，是本专业管道中应用最多的管材之一。

1. 铸铁给水管及其管件

铸铁给水管有承插口管和法兰盘管两类，法兰盘管中有双盘管和单盘管（插盘管）两种。按适用的工作压力范围分：有低压管（不大于0.45MPa）、中压管（不大于0.75MPa）、高压管（不大于1MPa）三种。在给水、煤气管网中，常使用承插型铸铁给水管，而法兰盘管则用于需要拆修的管段或个别工程（如水泵房等）中，用量较少。

承插给水铸铁管是用铸铁，经离心浇注等工艺制成，质地较为匀密，管内外壁较为光滑，壁厚一般较均匀一致，出厂时均在管内外涂有沥青漆以防腐。其公称直径为75～1500mm，长度有3、4、5、6m几种。

双盘和单盘直管的公称直径为75～1200mm，每根长度为3m或4m。

常用的铸铁给水管件有：三通和四通（90°接管、通称正三通，正四通）、弯头（90°、45°、22.5°承插型或盘型）、管箍、异径管（大小头）、乙字弯、短管甲及短管乙（用于和法兰阀门的连接）等。

2. 铸铁排水管及其管件

铸铁排水管为承插型，是普通铸铁采用金属模浇注制成，其内外表面较为粗糙，壁厚也常常薄厚不均，由于浇注方式造成，在管外部两侧留有凸起的棱（铸造筋）。

铸铁排水管一般不承受压力，常用于无压流动的污、废水管道。其规格见表1-17。

铸铁排水管规格　　**表1-17**

公称直径（mm）	承口内径（mm）	承口深度（mm）	管壁厚度（mm）	直管部分长度（mm）	重　量（kg/根）
50	80	60	5	1500	10.3
75	105	65	6	1500	14.9
100	130	70	5	1500	19.6
125	157	75	6	1500	29.4
150	182	75	6	1500	34.9

注：直管部分长度也有1000mm、500mm、200mm等不同长度。

铸铁排水管道连接用管件品种较多，常用管件有：三通和四通（90°顺水三通或四通、45°斜三通或斜四通）、出户大弯（弧度较大的90°弯头、45°弯头），管箍（套袖）、乙字弯，存水弯（S形，P形）、立管检查口、清扫口等。

排水管件的材质，制造方法与铸铁排水管相同。

二、铸铁管的连接

根据铸铁给、排水管的管材和管件形式，连接方法有法兰连接和承插连接两种。这里只介绍承插连接。

承插连接是将管子或管件的插口（俗称小头）插入承口（俗称喇叭头），并在其插接的环形间隙内填入接口材料的连接。按接口材料不同，承插连接分为石棉水泥接口、水泥接口、自应力水泥砂浆接口、三合一水泥接口、青铅接口等。

承插连接的操作工序为：对口、塞麻打麻（或打橡胶圈。直径≥300mm管道的承插连接多用填塞橡胶圈代替填麻，胶圈内径为管子外径的0.85倍）、填灰打灰口（或填铅打铅口）、灰口的养护等几个主要工序。

1. 对口

管子和管件在对口前必须进行检查。铸铁管及管件性脆，运输过程中装卸不当往往会碰裂，细微裂纹在粗糙的管面上常常难于发现，可用手锤轻轻敲打检查，发出清脆而密实的声音表示管子完好，破裂声（如啪啪）的声音说明管子有裂纹。有裂纹的管子应将裂纹部分切去，否则易漏水不能使用。对口前应清理管口，包括清除铸砂，用气焊烧去承口内部及插口管端的沥青漆，并用钢丝刷清理干净等。

对口时，插口不应顶死承口，应留有2~3mm间隙，并使留有的间隙值不超过表1-18的规定值。必要时可用钢筋探尺检查对口间隙如图1-46所示。

铸铁承插口对口最大间隙 **表1-18**

管子直径 DN (mm)	沿直线敷设	沿曲线敷设	管子直径 DN (mm)	沿直线敷设	沿曲线敷设
	最大间隙值 (mm)			最大间隙值 (mm)	
75	4	5	300~600	6	14~22
100~200	6	7~13			

对口的环形间隙，应在打麻及打口时注意调整，使其均匀一致，符合表1-19中的规定值。调整环形间隙可用几把捻凿打入接口使环形间隙均匀并相对固定，俟灰口打到一定深度和强度后拔出调整用捻凿，继续填灰打口。

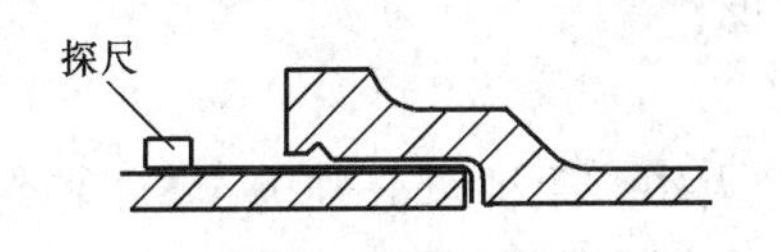

图1-46　承插连接对口的检查

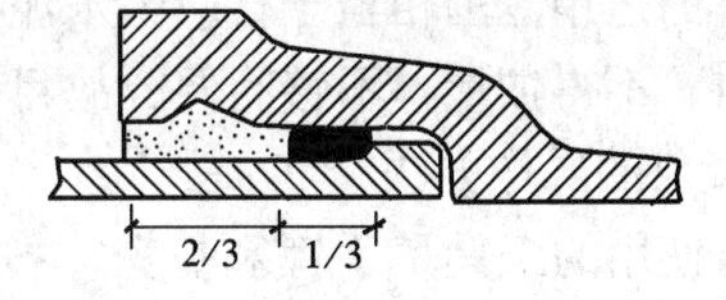

图1-47　承插接口的构造

承插铸铁管的接口构造如图1-47所示。其中打麻后填麻占有承口深度的1/3，其余2/3承口深度应为各类接口材料。

铸铁管承插口环形间隙 **表1-19**

管子直径 DN (mm)	标准环形间隙	允许偏差	管子直径 DN (mm)	标准环形间隙	允许偏差
	mm			mm	
75~200	10	+3 -2	250~450 500	11 12	+4 -2

2. 填料的配制

(1) 石棉水泥填料的配制　石棉水泥接口可以承受1MPa的水压试验而不渗不漏，具有接口严密，有一定弹性和韧性，一般抗振、抗轻微挠曲、造价较低等优点，在给水、煤气管道中被广泛应用。接口材料按石棉绒:325以上水泥:水=3:7:1~1.25配制。但根据多年施工经验，常用2:8:1～1.25（重量比）配制，这样即便于打口操作又能保证接口强度。石棉绒要松散干燥、纤维均匀，可选国产Ⅳ级以上产品，其作用可使接口具有一定弹性和韧性，水泥应为425以上的硅酸盐水泥，其作用是使接口具有足够的强度和严密性，水的用量可依施工季节气温的高低而定，使之在配比水量的10%～12%范围内增减。夏季水量可适当增大（12%），在低温季节（如冬季）为10%。

填料配制时，先将石棉绒用8号铅丝打松，打匀，再与干水泥拌合均匀，然后洒水用手搓匀，拌合物干度应握紧手可成团儿，张开手用手指轻轻一拨，即可松散开为宜。一次拌成的填料应在1h内用完。

（2）水泥接口填料的配制　水泥接口多用于室内排水管道，接口材料为40以上的水泥与10%清水的拌合物（方法和拌合干度同石棉水泥）。接口的弹性和韧性均不如石棉水泥接口，在有振动的地方不宜采用。

（3）自应力水泥砂浆接口材料的配制　自应力水泥是膨胀水泥的一种，在凝固期间内，具有遇水膨胀，强度增长速度加快的特点。用于接口的自应力水泥砂浆是以砂:自应力水泥:水＝1:1:0.28～0.32（重量比）配制。砂要清洗干净，过筛后粒应为0.5～0.25mm，水为清水。拌合干度为用手握成团而不会松散的程度。拌合物初凝时间一般为45min，终凝时间不迟于1h，故拌合数量应控制使其在1h内用完。

（4）三合一水泥接口填料的配制　三合一水泥是以普通硅酸盐水泥、石膏粉和氯化钙为原材料，将三种粉状物拌合均匀，然后用总重量为30%的水拌合而成。

三合一水泥配比（重量比）为水泥:石膏:氯化钙＝100:10:5，其中水泥为42.5硅酸盐水泥，如出厂期超过六个月时，使用前应做试验，防止配制的水泥不满足要求。

三合一水泥材料具有快凝的特点，因此拌灰应按所需用量拌和，加水后应在7min内用完。它的适用范围相当于自应力水泥接口，但因其凝结速度快，拌合工序（应严格按秤配比配料，不得估量）不够简便，故目前采用不多。

3. 接口的操作方法

接口使用的工具是手锤和捻凿。按连接管径大小，手锤可分别为1.5～4磅（1磅＝0.4536kg）重量，捻凿（分捻麻凿与捻灰凿两种）可根据接口间隙情况，用ϕ20～ϕ25mm的圆钢或螺纹钢制成，在现场加工成不同厚度捻凿。

（1）对口　对口前应将管口上的泥土、型砂及沥青漆清理干净。对口时不应顶死承口，应留有2～3mm的伸缩间隙，承插口的环形间隙应均匀。

（2）塞麻、打麻　将麻丝拧成麻股，用麻捻凿塞入接口内，麻股的长度应为管子周长的1.5倍，麻股的直径要根据承插口间隙大小而定。通常塞2～3圈，然后用手锤和捻凿将麻股打实，打麻的深度一般应为承口深度的1/3。打麻是承插连接的重要工序，其作用是阻挡填料流入管内，保证填料的严密作用。

油麻的制作，用线麻在5%的3号或4号石油沥青和95%的2号汽油的混合物中浸透晾干而成。这种油麻具有较好的防腐能力。

（3）填灰，打口　麻打实后，将配制完成的填料分层填入接口内，并分层用手锤和灰捻凿打实。打实程度可视灰表面发黑灰色（如石棉水泥接口），手锤打在捻凿上手感到有反弹力为实。填灰，打口一般分4～6层完成，打好后填料表面应与承口平齐，其填料深度一般为承口深度的2/3。接口后一天内应避免碰撞。

(4) 接口的养护　以水泥为主要填料的接口，接口后应进行养护。养护的方法是在接口处缠上草绳，或盖上草帘、土，洒少量水使接口保持一定的水分，促使水泥强度上升。养护时间一般不少于2d。

养护对自应力水泥砂浆接口尤为重要。接口后2h内不准在接口上浇水，可用湿泥封好接口，上留浇水环口。当有强烈阳光照射时，接口处应加覆盖物，冬季可覆土防冻。浇水要定时进行，使接口始终保持湿润状态。夏季养护时间不少于2d，冬季不少于3d，这是由于在干燥空气的情况下，自应力水泥有收缩的特性决定的。

4. 青铅接口

青铅接口适用于给水承插铸铁管接头。通常指熔铅接口，是将熔铅灌入承插口的环形间隙中。待熔铅冷却后，再用手锤捻凿将铅打实。此外还有冷铅接口，当地下水过盛无法全部排出时，用熔铅无法作业，可将铅条拧成铅绳，填入承插口环形间隙用手锤捻凿加力打实。

因青铅质软抗震性能好，施工方便，不需要养护，接口严密，所以常被用在急需通水、穿越铁路、公路、河槽以及振动较大的地段的给水工程上。但因青铅较贵，一般不宜全段使用。

(1) 青铅接口的操作方法　青铅接口的对口、塞麻、打麻工序与石棉水泥接口相同。将麻股打紧后，进行熔铅接口。

在接口处用已浸过黄泥浆的麻辫绕管子圆周围好，麻辫在靠承口的上方要留出浇铅口、冒口，供灌熔铅和排气之用，再用黄泥将缝抹严。将熔化加热至紫红色的青铅（约600℃，青铅纯度99%以上），用灌铅工具（铅勺）将熔铅灌入接口中，熔铅要一次将接口灌满。

待铅凝固后，取下承口外围的麻辫，趁热用手锤和捻凿，从下到上捻打接口间隙铅，直至表面光滑平整，至铅凹入承口2~3mm为宜。

(2) 操作应注意的安全事项　熔铅严禁与水接触以防爆炸。因此熔铅和灌铅作业不得在雨雪天露天作业，承口内不得有水，应将水擦干后才准灌铅，必要时也可向铅口内加适量机油，可消除爆炸事故，留浇铅口、冒口时应留两侧，使一侧灌铅另一侧排气，灌铅作业时速度不易过快，以免空气排除不利造成喷铅事故，铅勺应与熔铅同时加热，以免发生粘铅现象，操作人员应戴手套和防护眼镜。

第八节　非金属管的连接

本专业在管道安装工程中，还涉及到非金属管道的连接问题。常用非金属管有：给水、排水混凝土管、陶土管、石棉水泥管和硬聚乙烯塑料管等。因材质的不同，外形的不同，其连接方法各有不同。

一、给水钢筋混凝土管的连接

给水钢筋混凝土管，是指能承受压力的预应力钢筋混凝土给水管，其公称直径*DN*为400~1400mm，所能承受的压力有五种规格，即0.4MPa、0.6MPa、0.8MPa、1.0MPa、1.2MPa，承插口型每根长度为5m。它可以代替铸铁管或钢管，作为输水、输气及农田水利工程使用。

给水钢筋混凝土管连接是采用承插口连接，接口材料为橡胶圈石棉水泥或橡胶圈自应力水泥砂浆两种方法连接。具体操作方法与铸铁管的连接方法相同。管道连接后必须在管内充水养护3d后，方可进行水压试验。

二、排水混凝土管、陶土管的连接

排水混凝土管、陶土管的连接都属于无压管。常用于室外的雨水、生产和生活污水管，其连接方法都为承插口连接，按接口选用材料不同有以下几种。

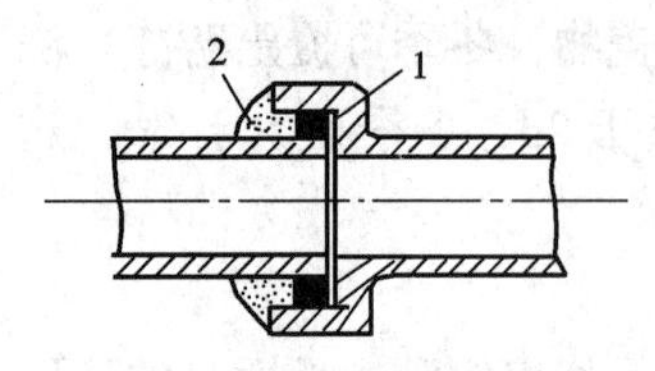

图1-48　水泥砂浆接口
1—油麻；2—水泥沙浆

1. 水泥砂浆接口

在对口前先将承插口内外污垢擦净，留有对口间隙，见表1-20。先塞入油麻2~3圈并均匀捣实，再用1:2.5~3水泥砂浆填实抹光，在承口外抹一圈45°倾角的保护口，然后用湿土或湿草帘覆盖养护，如图1-48所示。水泥砂浆的配比为，325水泥:细砂=1:2.5~3；水灰比为0.6（重量比）。

排水管道对口间隙　　表1-20

管　材	管内径（mm）	伸缩间隙（mm）
钢筋混凝土管	100	10
	150~250	15
	300~350	17
	400~500	20
陶土管及水泥制品管		3~8

水泥砂浆接口用在雨水管道和生活污水管道中应用较为普遍。

2. 耐酸水泥砂浆接口

当管道的敷设地段有腐蚀性地下水时，管内介质酸性较强时，可采用耐酸水泥砂浆接口。其操作方法与水泥砂浆接口相同。耐酸水泥砂浆的配比为，耐酸水泥:氟硅酸钠:硅酸钠:细砂:水=1:0.6:0.3:1:0.1（重量比）。

配制时，先将耐酸水泥与细砂混合，加入氟硅酸钠，再将稀释后的硅酸钠（比重约1.34）加入上述混合物中，均匀搅拌（向一个方向搅免生气泡）后即可使用。

拌合好的耐酸水泥砂浆应在15min内填塞和使用完毕，以免凝固，浪费。氟硅酸钠是有毒的，操作时应戴口罩和胶皮手套，人要站在上风侧操作。

耐酸水泥砂浆接口，一般用于耐酸陶土管接口，当管内介质和地下水酸性很小时，耐酸水泥可用不低于425的矿渣水泥代替。

3. 沥青水泥砂浆接口

对口前应先将承口、插口的泥土和污物擦净，对口间隙为3~5mm，在接口环形间隙中先塞入两圈油麻，用捻凿捣实，再填塞水泥沥青条并捣实，其余1/2承口深度内填入1:2（体积比）水泥砂浆，捣实后在接口外抹一圈45°倾角的保护口。

水泥沥青条的制作：将4号或5号石油沥青熬化，温度达到150℃时，加入沥青重量40%的普通水泥（标号不低于425），搅拌均匀，适当冷却软化搓成沥青水泥条。

4. 沥青玛瑞脂接口

对口前应将接口内外清理干净，在承口内和插口外涂一层冷底子油。对口留有间隙，填麻并捣实使占有1/3承口深度，在承口处装白铁皮制作的卡具，上部留有灌注口，用土挤实卡具后，将熬到220℃的沥青玛瑞脂慢慢灌入，要求一次灌满承口，冷却后拆除卡具即可。

冷底子油的配合比为4号石油沥青:汽油=1:1（重量比）。配制时先将石油沥青加热升温至220℃，撤离火源，搅拌冷却到70℃慢慢倒入已配制好的汽油桶内，随之搅拌直至搅拌均匀为止。

沥青玛琋脂的配合比为石油沥青:石棉粉:石粉 = 1:0.7:0.5。配制时先将 4 号沥青（占石油沥青总重量的一半）加热熔化，再加入 5 号沥青（另一半），使温度升至 180℃，随加随搅拌至颜色均匀一致后，再加热升温至 220℃再加入石棉粉和石粉即可使用。

沥青玛琋脂多用于耐酸陶土管的接口。由于陶土管较短，为提高效率，接口时可将 3 ~ 4 根陶土管一齐对口填麻，再竖起管子垂直灌注沥青玛琋脂，以加快施工速度。

三、石棉水泥管的连接

石棉水泥管可以代替铸铁管或钢管，适用于输水，输气。石棉水泥管具有内表面光滑、耐热、耐腐蚀性能好、强度高、易切割和钻孔、施工方便等优点。

目前国产石棉水泥压力管，有 0.45MPa、0.75MPa、1MPa 三种压力等级。公称直径 *DN* 为 100 ~ 500mm，标准长度有 3m，4m、5m 三种，管子的壁厚有 10 ~ 38mm 不等。此外还有石棉水泥落水管，水压强度不大于 0.3MPa，这种管道只用于排除屋面雨水和生活污水。

石棉水泥管大多为平口，其连接方法有：

1. 套管刚性接头法

套管刚性接头法如图 1-49 所示，套管可用铸铁套管或用钢筋混凝土套管。

套管刚性接头的作法：将套管套入适用的石棉水泥管子后，两管的对口应在套管的中间位置，找均匀打口间隙，在套管中间 1/5 处先塞入油麻（麻股）并捣实打紧，然后从管口两面分层填入石棉水泥或自应力水泥砂浆，并分层打实或捣实。

填料的配制，操作及养护同铸铁管石棉水泥接口法相同。

如管道压力不大或无压时，填料可改用为 1:2（体积比）普通水泥砂浆。水泥为 425 以上普通水泥，干净细砂，水灰比不大于 0.6 即可。

2. 套管式半柔半刚性接头法

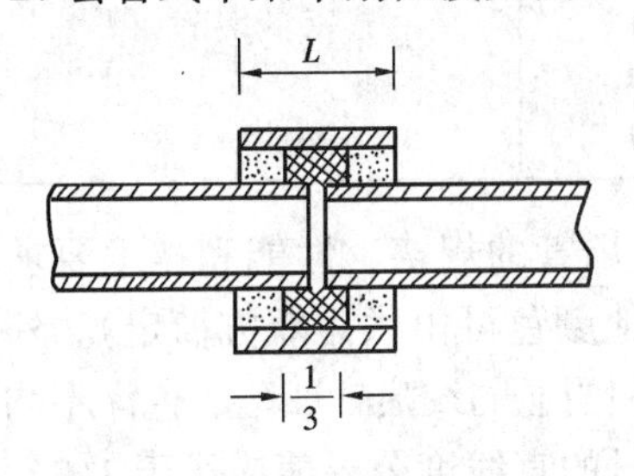

图 1-49　套管式刚性接头

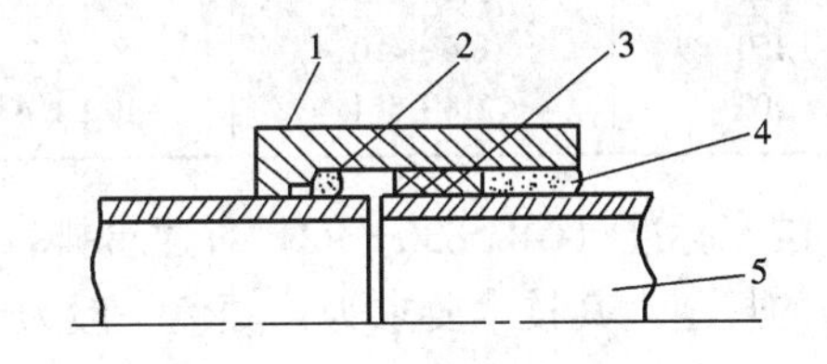

图 1-50　套管式半柔半刚性接头
1—管箍；2—橡胶圈；3—油麻；
4—填料；5—石棉水泥

套管式半柔半刚性接头法如图 1-50 所示。

操作方法：将套管套在管子接头处，并将橡胶圈套在管子上，按预定位置把胶圈和套管安装好，管子之间要留有间隙，胶圈要用捻凿挤严密，然后塞入油麻股，深度为套管承口的 1/3，并用捻凿将麻股打紧，再分层填入和打实石棉水泥。

石棉水泥的配制，操作及养护方法参见铸铁管石棉水泥接口法。

四、硬聚氯乙烯塑料管的连接

1. 硬聚氯乙烯塑料管的性能

硬聚氯乙烯塑料管是由聚氯乙烯树脂加入稳定剂、润滑剂等制成，原料来源丰富，价格低廉，密度小，具有一定的机械强度，绝缘性能好。

硬聚氯乙烯是一种热塑性塑料，易于加工成形，当它被加热到 130 ~ 140℃时，即成为柔软状态，通过各种模具，在不大压力下，即可成各种形状的部件。

硬聚氯乙烯塑料具有良好的可焊性，焊接设备简单，操作技术也比较容易掌握，它被加热到200～250℃时，就变成熔融状态，可用焊条将焊件连接起来，冷却后就能保持一定的强度。

硬聚氯乙烯塑料具有良好的耐腐蚀性，对大部分酸类、碱类、盐类、碳氟化合物及有机溶剂等介质都是稳定的，因此用来制造耐腐蚀的化工管道、附件和设备。

硬聚氯乙烯塑料管耐热性较差，使用温度范围较小，一般为－10～60℃，因此塑料管的工作压力一般不超过0.6MPa，使用温度不超过45℃。

目前国产硬聚氯乙烯塑料管有重型管、轻型管两种规格，见表1-21。

硬聚氯乙烯管材规格 **表1-21**

公称直径（mm）	外径（mm）	轻型管		重型管	
		壁厚（mm）	质量（kg/m）	壁厚（mm）	质量（kg/m）
8	12.5±0.4			2.25±0.3	0.1
10	15±0.5			2.5±0.4	0.14
15	20±0.7	2±0.3	0.16	2.5±0.4	0.19
20	25±1.0	2±0.3	0.20	3±0.4	0.29
25	32±1.0	3±0.45	0.38	4±0.6	0.49
32	40±1.2	3.5±0.5	0.66	5±0.7	0.77
40	51±1.7	4±0.6	0.88	6±0.9	1.49
60	65±2.0	4.5±0.7	1.17	7±1.0	1.74
65	76±2.3	5±0.7	1.56	8±1.2	2.34
80	90±3.0	6±1.0	2.20		
100	114±3.2	7±1.0	3.30		
125	140±3.5	8±1.2	4.54		
150	166±4.0	8±1.2	5.60		
200	218±5.4	10±1.4	7.50		

国家标准（GB 5836—92）对建筑排水用硬聚氯乙烯管的规格、性能和技术要求均有明确的规定。其技术要求为：颜色一般为浅灰色（其他颜色可由供需双方商定）。外观要求管材内外表面应光滑，平整，不允许有气泡，裂口和明显的纹痕，凹陷、色泽不均及分解变色线等，管材的两端面应与管轴线垂直切平，管材的直线度公差值应小于1%，管材同一截面的壁厚偏差值应不超过14%。管材的物理、力学性能应符合表1-22的规定。

建筑排水用硬聚氯乙烯管的性能 **表1-22**

试验项目	指标	试验项目	指标
拉伸强度（kgf/cm²）	≥420	落锤冲击试验	不破裂
维卡软化温度（℃）	≥79	液压试验（1.25MPa保持1min）	无渗漏
扁平试验（压至外径1/2时）	无裂缝	纵向尺寸变化率（%）	±2.5

建筑排水用硬聚氯乙烯塑料管常用的有40、50、75、110、160五种规格，壁厚2～4mm，长度为4m、6m两种。管件的种类及型号与铸铁排水管件基本相同，一般均为浅灰色，其技术及物理性能要求同上。

2. 硬聚氯乙烯管道的连接

硬聚氯乙烯管道的连接有焊接、法兰连接、承插口粘接和螺纹连接等。

(1) 焊接　塑料焊接的主要设备及工具，如图 1-51 所示。主要设备有空气压缩机、空气过滤器、调压变压器、分气器、输气胶管、电热式焊枪等组成。

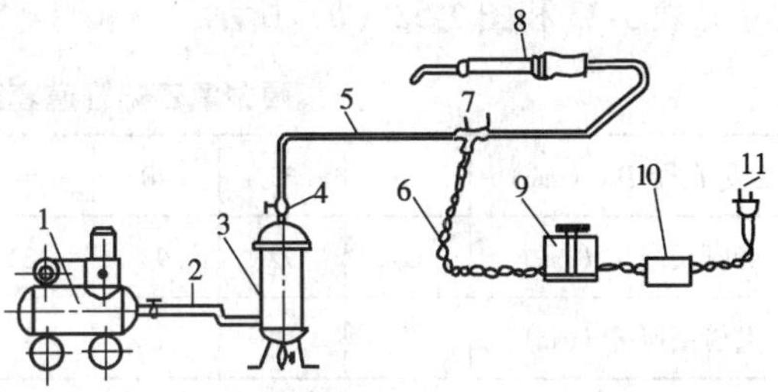

图 1-51　热空气焊接设备示意

1—空气压缩机；2—空气压缩管；3—空气过滤器；4—控制阀；5—过滤后压缩空气管；6—二次电源线；7—连接三通；8—焊枪；9—调压变压器；10—漏电自动切断器；11—220V 交流电源

空气压缩机：一般采用小型空气压缩机组（如 0.6m^3/min 的）。它同时可供给 8 支焊枪使用，其中每支焊枪每分钟消耗空气量为 0.075m^3。

空气过滤器：它的作用是除掉压缩空气的水分和润滑油，提高焊缝强度延长焊枪内电热丝的使用寿命。

调压变压器：它的作用是用于调节焊枪内电热丝的电压大小，从而可以调节焊枪喷嘴气体的温度，每台调节器只供一支焊枪使用。焊接开始时应先给气、后供电，停止焊接时先断电后关压缩空气开关。

分气器：它是能使供汽压力缓冲和枪支用气分配的容器。

输送胶管为 10mm 的橡胶软管，要求能承受压缩空气的压力（承压为 0.1～0.2MPa），一般可选用氧气带胶管作为向焊枪送压缩空气之用。

电热式焊枪：此种焊枪有两种，直柄式和手枪式。前者用于焊接直行方向较便利，后者焊接横行方向较方便。两种焊枪的结构大致相同，它由喷嘴、金属外壳、电热丝、绝缘瓷圈和手柄等组成。

硬聚氯乙烯管道的焊接是利用温度为 200～220℃的热空气气流进行的。焊接时压缩空气从电加热的焊枪喷嘴中吹出，焊件和焊条在热空气作用下呈熔融状态，此时，拿焊条的手对焊条施加压力，使焊条填充入焊缝，与焊件熔为一体。这一过程称为焊接。

硬聚乙烯的焊接形式有对接、角接、搭接等。管道工程中，除通风大口管径卷圆制作时采用对接焊缝外，管口的连接一般不用对接焊法，大多数采用结构强度较高的承插焊接和套管焊接。

1）承插焊接　承插焊接是承插粘接和管口焊接两者结合的方法，这种方法结构可靠，耐压力高，施工方便。但施工前，先对管口扩胀加工出承口，再用酒精或丙酮将承插口管壁内外擦洗干净，然后进行粘接，粘接剂由 2 份过氯乙烯树脂溶于 8 份丙酮配制而成，均匀地涂于承口和插口的连接处，而后将插口插入承口内，留有不大于 0.3mm 的间隙后固定。待固定一段时间后用塑料焊条将管外承口焊接封闭起来。如图 1-52（a）所示。

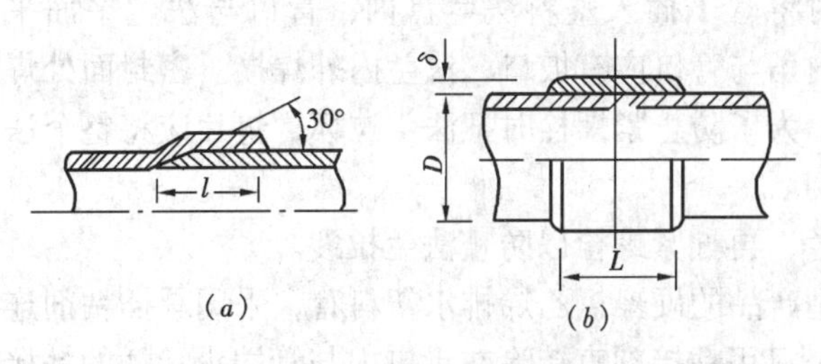

图 1-52　硬聚氯乙烯管承插连接和套管连接

（a）承插连接；（b）套管连接

2）套管焊接　套管焊接对大口径管，扩胀承口不易时，可采用这种接法。连接时，应先将两管口对焊，焊后将焊缝铲平，再在接头上加套管，套管可用板材卷制，套管与连接管之间应涂上粘结剂，然后将套管的纵缝及两端头焊接起来。这种方法称套管焊接。套管焊接结构牢固可靠，施工方便，其结构尺寸见表 1-23 和图 1-52（*b*）所示。

硬聚氯乙烯管道套管式连接结构尺寸 **表 1-23**

公称直径 *DN*（mm）	25	32	40	50	65	80	300	125	150	200
套管长度 *L*（mm）	66	72	94	124	146	172	220	272	330	436
套管壁厚 δ（mm）	3	3	3	4	4	5	5	6	6	7

硬聚氯乙烯塑料管焊接所用焊条的材质，应和焊件的材质相近。焊条直径一般为 2～3.5mm，可根据焊件厚度选用。为保证焊接时熔成黏稠状态的焊条能挤进对口间隙，避免焊不透的现象，焊道根部的焊接应选用直径为 2～2.5mm 的较细焊条。焊条弯曲 180°时不应折裂。

为保证硬聚氯乙烯塑料管的焊接质量，焊接时应注意以下几个问题：

1）焊条与焊件必须均匀受热，并应充分熔融，尤其是第一根打底焊条，不得有烧焦分解现象。

2）焊道排列必须紧密，不得有空隙。

3）焊缝内焊条接头必须错开，以确保焊缝强度。

4）焊缝应饱满、平整，不能有皱纹及凹瘪现象。

5）焊枪喷嘴与焊件之间夹角，一般掌握在 30°～45°之间。

6）焊枪喷出的热空气温度一般应在 200～250℃之间，焊接速度控制在 0.15～0.25m/min。

7）坡口用 V 形坡口，角度一般为 60°～90°，可采用木工刨、木锉及刮刀等工具加工坡口。对口间应有 0.5～1mm 的间隙。

8）施焊时焊条与焊缝成 90°角，实际操作时可略大于 90°，但不宜大于 100°，因为角度过大容易造成焊条受拉而伸长，以致在加热过程中产生收缩应力，影响焊缝质量。焊后应缓慢冷却，以免产生过大的内应力。

9）焊接层焊道的排列应视管壁厚度和坡口的大小而定，但至少不应少于两道（两层）。

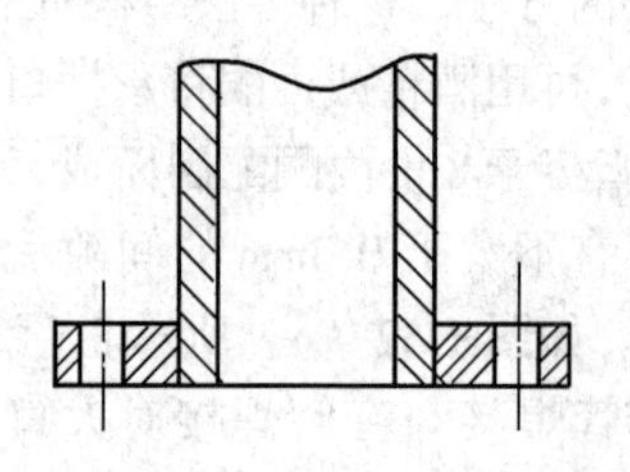

图 1-53 平焊法兰结构形式

（2）法兰连接　常用的法兰连接形式有平焊法兰、焊环活套法兰、扩口活套法兰、翻边活套法兰、注塑活套法兰等。这里只讲述最常用的平焊法兰的连接方法，如图 1-53 所示。

连接时将管子插入塑料法兰盘内，管口与法兰平面平齐，法兰内角与管口应有坡口，法兰内外焊接。密封面处焊缝应磨平。为了防止紧螺栓时把法兰拉坏，垫片应将整个法兰布满，螺栓与塑料法兰接触时应加垫圈。

冬期施工时可用蒸汽或热水冲热法兰，再拧紧螺栓以防止法兰拉裂。

（3）承插口连接　对于系列化的定型产品的硬聚氯乙烯排水塑料管，采用承插粘剂连接，这种系列化产品的承插口间隙均匀。只用粘接剂直接涂在承口内与管端头承插的粘接称承插口粘接。粘接后不需要再对管口进行焊接，便能达到严密要求。

胶粘剂的配制，给水管道为6101号树脂（或40号树脂）:500号聚酰铵:聚硫橡胶=1:0.7:0.5（重量比），排水管道为甲聚铵胶:乙聚铵胶:滑石粉=1:1.2:1.5（重量比）。

承插连接除粘接外，对于无压管道也可采用填塞接口。其连接的方法是在承插口的环形间隙中先填塞油麻，捣实后其深度占承口深度的2/3，然后灌满树脂玛琋脂即可，见图1-54。

树脂玛琋脂的配制为，15%的二氯乙烷和25%的氯化乙烯树脂的混合液，掺入石英粉，其重量比为1:0.8（混合溶液:石英粉）。

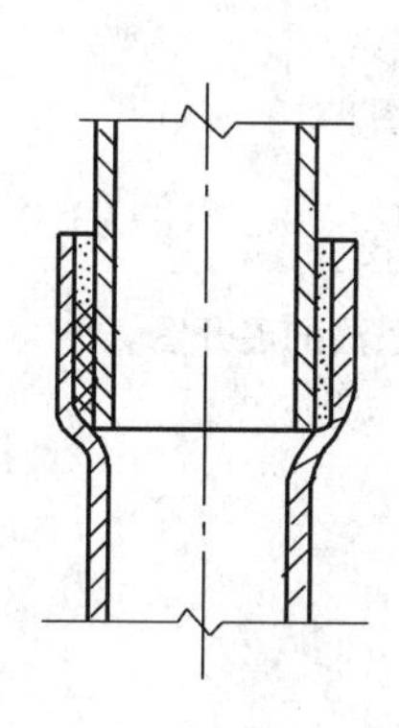

图1-54　填塞接口

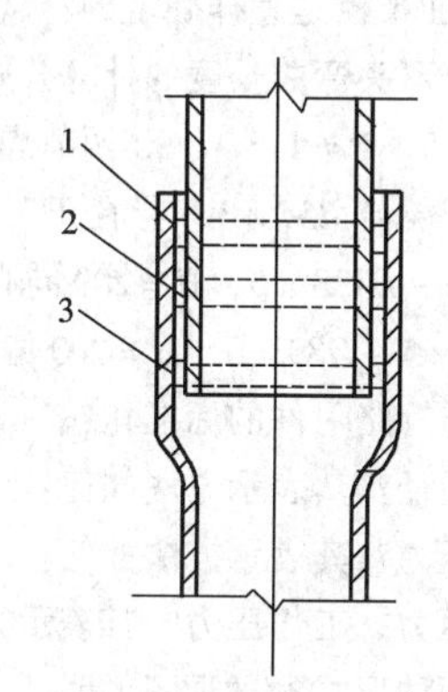

图1-55　补偿接头

1—上弦杆；2—橡胶圈；3—下弦杆

对于有伸缩要求的管道，可采用补偿接头。其做法是将塑料焊条烤热围在插管平口端部，并焊接牢固做为下弦杆，套上橡胶圈，用同样方法在管子上适当位置焊接牢固上弦杆，最后强力插入承口。如图1-55所示。

(4) 螺纹连接　硬聚氯乙烯塑料管的螺纹连接，是采用工厂加工生产的定型产品，管材与管件均带有螺纹，不需要另外加工螺纹。连接时不要用力过猛，以免管子与管件破裂。接口的填料可采用粘接剂。

五、电热熔式接头

电热熔式接头主要用于聚乙烯聚丙烯塑料管，一般采用承口式连接管件进行连接。承口或聚乙烯电热熔管件的承口内壁缠绕多圈电热丝，通电后，可使承口内壁和管外壁的聚乙烯被逐渐加热，当达到聚乙烯熔化温度（约130℃）后，内外壁聚乙烯熔为一体，冷却后即成整体连接，如图1-56所示。

每个电热熔接头管件都应注明管径、热熔接温度、熔接时间和冷凝时间等数据。操作时，首先将插入端表面保护涂层刮去，再插入承口式管件内。然后用夹子把管道位置固定，防止熔接过程中管道有任何移动。最后将电热熔接机的电线插头接到连接管件两端的端子孔内，将电热熔机上的定时器调至接头所需熔接时间。到达熔接时间后，接头的聚乙烯熔液会从指示孔涌出，表示电热熔接完成。但固定夹子一定要待冷凝时间过后才能松动。

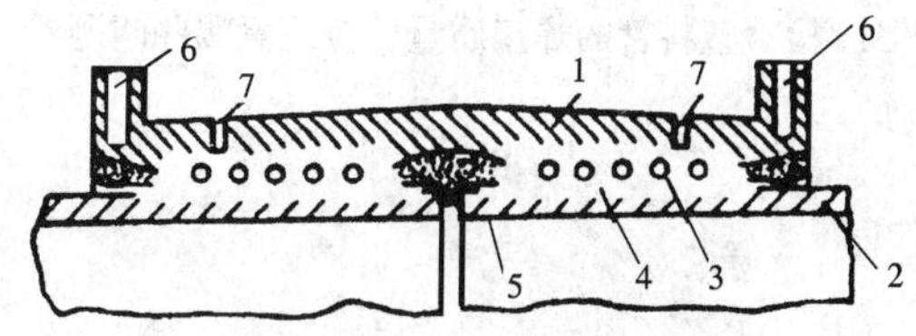

图1-56　电热熔式接头

1—承口式接头；2—聚乙烯管；3—电热丝；4—熔接头；5—定位栓；6—端子孔；7—指示孔

思考题与习题

1. 切断管子的方法有哪几种？最常用的有哪几种？各有何优点？
2. 套丝的方法有哪几种？最常用的又有哪几种？
3. 管螺纹的质量标准是什么？
4. 弯管的方法有哪几种？工地上常用的方法是什么？
5. 用有缝钢管煨弯时，应注意哪些问题？试画图说明。
6. 钢制弯头的弯曲半径是怎样确定的？试举例说明。
7. 任意角度和90°弯头弯曲长度的计算公式之间有什么关系？
8. 试画出 $D159\times5$，$R=1.5D$，90°两节焊接弯头的展开图。
9. 试画出 $D108\times4$ 与 $d57\times3.5$ 异径正三通展开图。
10. 画出 $D219\times5-D133\times5$、$H=200$ 同心大小头的展开图。
11. 试画出 $D159\times5-D89\times5$、$H=200$ 偏心大小头的抽条法的展开图。
12. 什么是管子与管路附件的标准化？
13. 什么是公称通径？其表示方法如何？
14. 什么是公称压力？其表示方法如何？
15. 什么是试验压力、工作压力？其表示方法如何？
16. 管螺纹有哪两种形式？试画图说明。
17. 用于管螺纹的填料有哪些？它们在哪些场合下使用？
18. 焊接管道时对口应注意哪些问题？
19. 电焊焊缝的检查应注意哪些？怎样进行处理？
20. 管道坡口的加工方法有哪几种？最常用的是哪几种？
21. 管道的连接方法有哪几种？
22. 常用法兰有哪几种类型？试画出剖面图说明？
23. 承插填料接口按材质分为哪几种？最常用的是哪种？
24. 简述石棉水泥、自应力水泥和三合一水泥接口的填料配比方法？
25. 石棉水泥和自应力水泥的接头接口的养护应注意什么？
26. 什么情况下采用青铅作承插口填料？操作时应注意什么问题？
27. 石棉水泥接口、自应力水泥接口、青铅接口各自的施工方法及技术要求有哪些？
28. 硬聚氯乙烯管材有哪些特性？
29. 塑料管道连接有哪几种形式？各种连接形式的特点和适用范围如何？
30. 塑料焊焊枪喷嘴与焊缝应成多大角度？焊条与焊缝之间角度为多少？
31. 检验塑料管的焊接质量，应注意哪些问题？

第二章　管道阀门与支架安装

第一节　阀门的检查与安装

一、阀门安装前的检查

(1) 仔细检查核对阀门型号、规格是否符合图纸要求。

(2) 检查阀杆和阀瓣开启是否灵活，有无卡住和歪斜现象。

(3) 检查阀门有无损坏，螺纹阀门的螺纹是否端正和完整无缺。

(4) 检查阀座与阀体的结合是否牢固，阀瓣与阀座、阀盖和阀体的结合是否良好，阀杆与阀瓣的联结是否灵活可靠。

(5) 检查阀门垫料、填料及紧固件（螺栓）是否适合于工作介质性质的要求。

(6) 对陈旧的或搁置较久的减压阀应拆卸，灰尘、砂粒等杂物须用水清洗干净。

(7) 清除通口封盖，检查密封程度，阀瓣必须关闭严密。

二、阀门的压力试验

施工领用的阀门应有合格证，对无合格证或发现某些损伤时，应进行水压试验。此外，《工业金属管道工程施工及验收规范》(GB 50235—97) 规定：低压阀门应从每批（同厂家、同型号、同批出厂）产品中抽查10%，且不少于一个，进行强度和严密性试验，若有不合格，再抽查20%。

抽检的低压、中压和高压阀门要进行强度试验和严密性试验，合金钢阀门还应逐个对壳体进行光谱分析，复查材质。

1. 阀门的强度试验

阀门的强度试验是在阀门开启状态下试验，检查阀门外表面的渗漏情况。$PN \leqslant 32$MPa的阀门，其试验压力为公称压力的1.5倍，试验时间不少于5min，壳体、填料压盖处无渗漏为合格；$PN > 32$MPa的阀门，其试验压力见表2-1。

强度试验压力（MPa）　　**表 2-1**

公称压力 PN	试验压力 P_s
40	56
50	70
64	90
80	110
100	130

做闸阀和截止阀强度试验时，应把闸板或阀瓣打开，压力从通路一端引入，另一端封堵；试验止回阀时，应从进口端引入压力，出口一端堵塞；试验直通旋塞阀时，旋塞应调整到全开状态，压力从通路一端引入，另一端堵塞；试验三通旋塞阀时，应把旋塞调整到全开的各个工作位置进行试验。带有旁通附件的，试验时旁通也应打开。

2. 阀门的严密性试验

阀门的严密性试验是在阀门完全关闭状态下进行的试验，检查阀门密封面是否有渗漏，其试验压力，除蝶阀、止回阀、底阀、节流阀外的阀门，一般应以公称压力进行，在能够确定工作压力时，也可用 1.25 倍的工作压力进行试验，以阀瓣密封面不漏为合格。公称压力小于或等于 2.5MPa 的水用闸阀允许有不超过表 2-2 的渗漏量。

闸阀密封面允许渗漏量 **表 2-2**

公称直径 *DN*（mm）	允许渗漏量（cm^3/min）	公称直径 *DN*（mm）	允许渗漏量（cm^3/min）
≤40	0.05	600	10
50～80	0.10	700	15
100～150	0.20	800	20
200	0.30	900	25
250	0.50	1000	30
300	1.5	1200	50
350	2.0	1400	75
400	3.0	≥1600	100
500	5.0		

试验闸阀时，应将闸板紧闭，从阀的一端引入压力，在另一端检查其严密性，检查合格后，再从阀的另一端引入压力，反方向的一端检查其严密性。对双闸板的闸阀，是通过两闸板之间阀盖上的螺孔引入压力，而在阀的两端检查其严密性；试验截止阀时，阀瓣应紧闭，压力从阀孔低的一端引入，在阀的另一端检查其严密性；试验止回阀时，压力从介质出口一端引入，在进口一端检查其严密性；试验直通旋塞阀时，将旋塞调整到全关位置，压力从一端引入，另一端检查其严密性；对于三通旋塞阀，应将塞子轮流调整到各个关闭位置，引入压力后在另一端检查其各关闭位置的严密性。

试验合格的阀门，应及时排尽内部积水。密封面应涂防锈油（需脱脂的阀门除外），关闭阀门，封闭进出口，填写阀门试验记录表。

三、阀门安装的一般规定

(1) 阀门安装的位置应不妨碍设备、管道及阀体本身的操作、拆装和检修，同时要考虑到组装外形的美观。

(2) 水平管道上的阀门，阀杆应朝上安装，或倾斜一定角度安装，而不可手轮向下安装。高空管道上的阀门、阀杆和手轮可水平安装，用垂向低处的链条远距离操纵阀的启闭。

(3) 在同一房间内，同一设备上安装的阀门，应使其排列对称，整齐美观；立管上的阀门，在工艺允许的前提下，阀门手轮以齐胸高最适宜操作，一般以距地面 1.0～1.2m 为宜，且阀杆必须顺着操作者方向安装。

(4) 并排立管上的阀门，其中心线标高最好一致，且手轮之间净距不小于 100mm；并排水平管道上的阀门应错开安装，以减小管道间距。

(5) 在水泵、换热器等设备上安装较重的阀门时，应设阀门支架；在操作频繁且又安装在距操作面 1.8m 以上的阀门时，应设固定的操作平台。

(6) 阀门的阀体上有箭头标志的，箭头的指向即为介质的流动方向。安装阀门时，应注意使箭头指向与管道内介质流向相同，止回阀、截止阀、减压阀、疏水阀、节流阀、安全阀等均不得反装。

（7）安装法兰阀门时，应保证两法兰端面互相平行和同心，不得使用双垫片。

（8）安装螺纹阀门时，为便于拆卸，一个螺纹阀门应配用一个活接。活接的设置应考虑检修的方便，通常是水流先经阀门后流经活接。

四、阀门安装注意事项

（1）阀门的阀体材料多用铸铁制作，性脆，故不得受重物撞击。

（2）搬运阀门时，不允许随手抛掷；吊运、吊装阀门时，绳索应系在阀体上，严禁拴在手轮、阀杆及法兰螺栓孔上。

（3）阀门应安装在操作、维护和检修最方便的地方，严禁埋于地下。直埋和地沟内管道上的阀门，应设检查井室，以便于阀门的启闭和调节。

（4）安装螺纹阀门时，应保证螺纹完整无损，并在螺纹上缠麻、抹铅油或缠上聚四氟乙烯生料带，注意不得把麻丝挤到阀门里去。旋扣时，需用扳手卡住拧入管子一端的六角阀体，以保证阀体不致变形或胀裂。

（5）安装法兰阀门时，注意沿对角线方向拧紧连接螺栓，拧动时用力要均匀，以防垫片跑偏或引起阀体变形与损坏。

（6）阀门在安装时应保持关闭状态。对靠墙较近的螺纹阀门，安装时常需要卸去阀杆阀瓣和手轮，才能拧转。在拆卸时，应在拧动手轮使阀门保持开启状态后，再进行拆卸，否则易拧断阀杆。

第二节　常用阀门的安装

阀门的类型繁多，其结构形式、制造材料、驱动方式及连接形式都不同。

本专业工程所用阀门有：闸阀、截止阀、止回阀、旋塞阀、球阀、蝶阀、减压阀、疏水阀、安全阀、节流阀、电磁阀等。本节介绍几种常用阀门的安装。

一、闸阀、截止阀、止回阀的安装

闸阀又称闸板阀，是利用闸板来控制启闭的阀门，通过改变横断面来调节管路流量和启闭管路。闸阀多用于对流体介质做全启或全闭操作的管路。闸阀安装一般无方向性要求，但不能倒装（即阀杆朝下安装）。倒装时，操作和检修都不方便。明杆闸阀适用于地面上或管道上方有足够空间的地方；暗杆闸阀多用于地下管道或管道上方没有足够空间的地方。为了防止阀杆锈蚀，明杆闸阀不许装在地下。

截止阀是利用阀瓣来控制启闭的阀门。通过改变阀瓣与阀座的间隙，即改变通道截面的大小来调节介质流量或截断介质通路。安装截止阀必须注意流体的流向。安装截止阀必须遵守的原则是，管道中的流体由下而上通过阀孔，俗称“低进高出”，不许装反。只有这样安装，流体通过阀孔的阻力才最小，开启阀门才省力，且阀门关闭时，因填料不与介质接触，既方便了检修，又不使填料和阀杆受损坏，从而延长了阀门的使用寿命。

止回阀又称逆止阀、单向阀，是一种在阀门前后压力差作用下自动启闭的阀门，其作用是使介质只做一个方向的流动，而阻止介质逆向往回流动。止回阀按其结构不同，有升降式、旋启式和蝶形对夹式。升降式止回阀又有卧式与立式之分。安装止回阀时，也应注意介质的流向，不能装反。卧式升降式止回阀应水平安装，要求阀孔中心线与水平面相垂直。立式升降式止回阀，只能安装在介质由下向上流动的垂直管道上。旋启式止回阀有单瓣、双瓣和多瓣之分，安装时摇板的旋转枢轴必须水平，所以旋启式止回阀既可以安装在水平管道上，也可以安装在介质由下向上流动的垂直管道上。

二、减压阀的安装

减压阀是靠阀内敏感元件（如薄膜、活塞、波纹管等）改变阀瓣与阀座间隙，使介质节流降压，并使阀后压力保持稳定，使使用压力不超过允许限度的阀门，按其结构不同有薄膜式、活塞式和波纹管式。减压阀与其他阀件及管道组合成减压阀组，称为减压器。减压器的安装直径较小时（*DN*25～40mm），可采用螺纹连接并可进行预组装，组装后的阀组两侧直线管道上应装活接头，以便和管道螺纹连接。用于蒸汽系统或介质压力较高的其他系统的减压器，多为焊接连接。减压器的安装组成及各部分结构尺寸，如图 2-1、图 2-2 和表 2-3 所示。

减压阀组安装尺寸（mm）　　表 2-3

管径	*A*	*B*	*C*	*D*	*E*	*F*	*G*
*DN*25	1100	400	350	200	1350	250	200
*DN*32	1100	400	350	200	1350	250	200
*DN*40	1300	500	400	250	1500	300	250
*DN*50	1400	500	450	250	1600	300	250
*DN*65	1400	500	500	300	1650	350	300
*DN*80	1500	550	650	350	1750	350	350
*DN*100	1600	550	750	400	1850	400	400
*DN*125	1800	600	800	450	—	—	—
*DN*150	2000	650	850	500	—	—	—

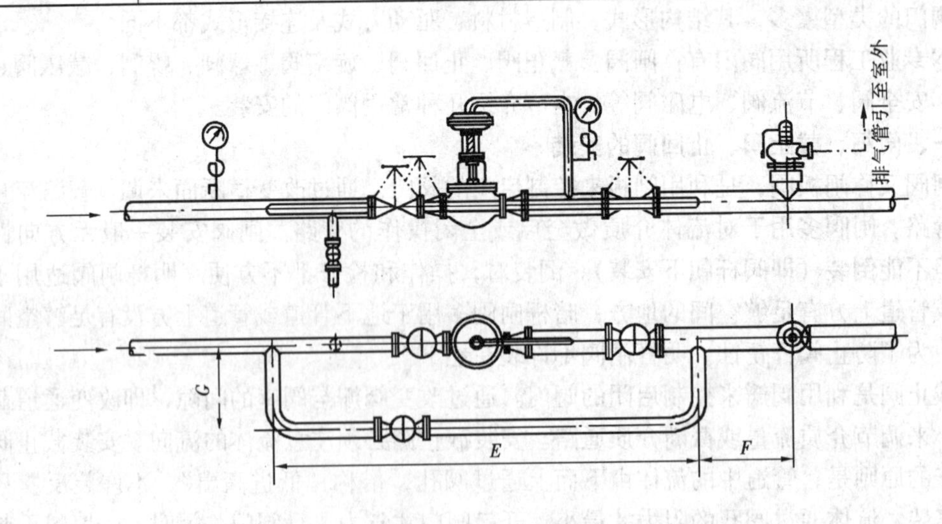

图 2-1　薄膜式、波纹管式减压阀安装

减压阀组安装及注意事项如下：

（1）垂直安装的减压阀组，一般沿墙设置在距地面适宜的高度；水平安装的减压阀组，一般安装在永久性操作平台上。

（2）安装时，应用型钢分别在两个控制阀（常用于截止阀）的外侧载入墙内，构成托架，旁通管也卡在托架上，找平找正。减压阀中心距墙面不应小于 200mm。

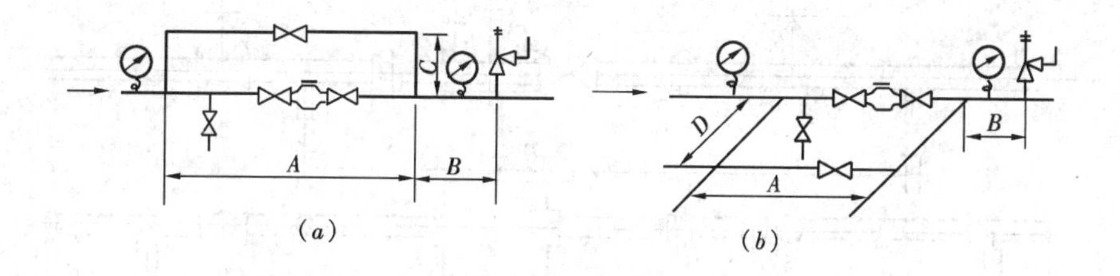

图 2-2　活塞式减压阀安装

(*a*) 旁通管立式安装；(*b*) 旁通管水平安装

(3) 减压阀应直立地安装在水平管道上，不得倾斜，阀体上的箭头应指向介质流动方向，不得装反。

(4) 减压阀的两侧应装设截止阀和高、低压压力表，以便观察阀前后的压力变化。减压阀后的管道直径应比阀前进口管径大 2 ~ 3 号，并装上旁通管以便检修。旁通管管径比减压阀公称直径小 1 ~ 2 号。

(5) 薄膜式减压阀的均压管，应连接在低压管道上。低压管道，应设置安全阀，以保证系统的安全运行。安全阀的公称直径一般比减压阀的公称直径小 2 号管径。

(6) 用于蒸汽减压时，要设置泄水管。对净化程度要求较高的管道系统，在减压阀前设置过滤器。

(7) 减压阀组安装结束后，应按设计要求对减压阀、安全阀进行试压、冲洗和调整，并做出调整后的标志。

(8) 对减压阀进行冲洗时，关闭减压器进口阀，打开冲洗阀进行冲洗。系统送汽前，应打开旁通阀，关闭减压阀前的控制阀，对系统进行暖管并冲走残余污物，暖管正常后，再关闭旁通阀，使介质通过减压阀正常运行。

三、疏水阀的安装

疏水阀是用于自动排泄系统中的凝结水，阻止蒸汽通过的阀门。疏水阀有高压和低压之分，按其结构不同，疏水阀有浮筒式、倒吊桶式、热动力式、脉冲式及用于低压蒸汽采暖系统散热器上恒温型热膨胀式疏水阀（回水盒）。

组装高压疏水阀时，应按设计图样进行施工，当设计无具体要求时，根据管件配置的不同，有三种安装型式，如图 2-3 所示，其安装尺寸见表 2-4。当疏水阀需设置旁通管时，旁通管的安装如图 2-4 所示，此时图 2-3 与图 2-4 合并使用。疏水阀旁通管的安装尺寸见表 2-5。

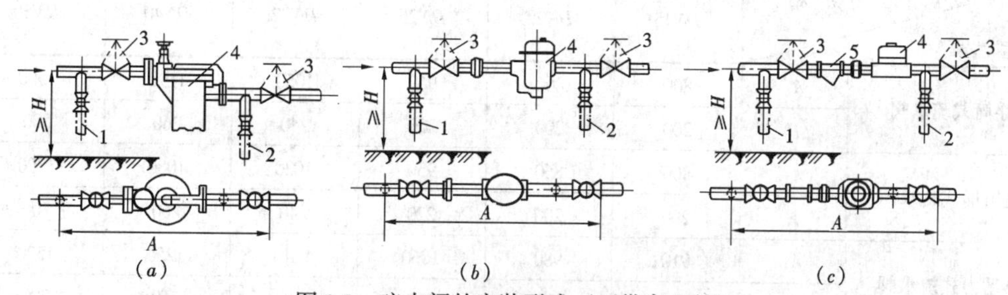

图 2-3　疏水阀的安装形式（不带旁通管）

(*a*) 浮筒式疏水阀安装；(*b*) 倒吊桶式疏水阀安装；(*c*) 热动力式、脉冲式疏水阀安装

1—冲洗管；2—检查管；3—截止阀；4—疏水阀；5—过滤器

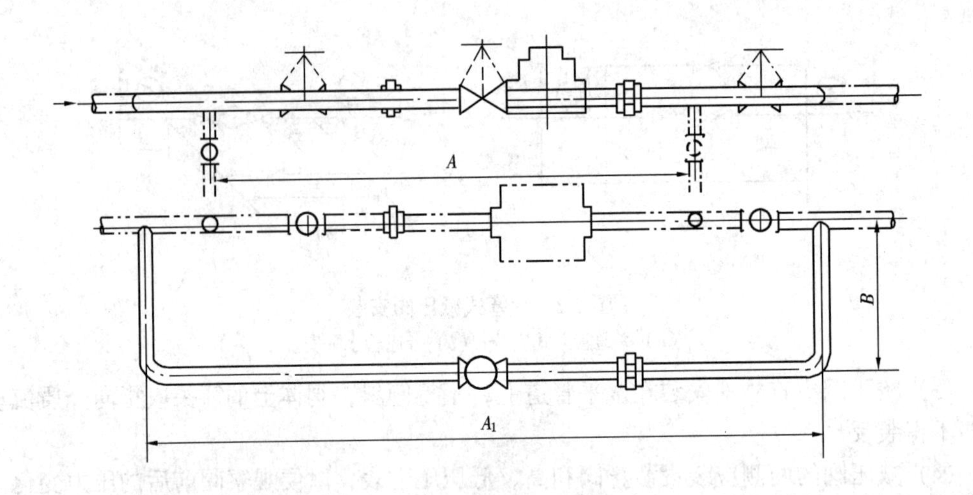

图 2-4　疏水阀旁通管安装

疏水阀不带旁通管安装尺寸（mm）　　**表 2-4**

型号	规格	DN15	DN20	DN25	DN32	DN40	DN50
浮筒式疏水阀	A	680	740	840	930	1070	1340
	H	190	210	260	380	380	460
倒吊桶式疏水阀	A	680	740	830	900	960	1140
	H	180	190	210	230	260	290
热动力式疏水阀	A	790	860	940	1020	1130	1360
	H	170	170	180	190	210	230
脉冲式疏水阀	A	750	790	870	960	1050	1260
	H	170	180	180	190	210	230

低压疏水阀，即地沟回水门的组对形式，如图 2-5 所示，其安装尺寸见表 2-6。安装时应配置胀力弯，且两端应以活接连接，阀门应垂直，间距应均匀，胀力度与旁通管应水平。$DN \leqslant 25$mm 的管道均应以螺纹连接。

疏水阀旁通管安装尺寸（mm）　　**表 2-5**

型号	规格	DN15	DN20	DN25	DN32	DN40	DN50
浮筒式疏水阀	A_1	800	860	960	1050	1190	1500
	H	200	200	220	240	260	300
倒吊桶式疏水阀	A_1	800	860	950	1020	1080	1300
	H	200	200	220	240	260	300
热动力式疏水阀	A_1	910	980	1060	1140	1250	1520
	H	200	200	220	240	260	300
脉冲式疏水阀	A_1	870	910	990	1080	1170	1420
	H	200	200	220	240	260	300

低压疏水阀安装尺寸（mm） **表 2-6**

规格 尺寸	*DN*15	*DN*20	*DN*25	*DN*32	*DN*40	*DN*50
A	700	700	800	900	1000	1100
B	150	180	200	200	230	230

疏水阀安装要求如下：

(1) 疏水阀前后都要设置截断阀（截止阀），疏水阀与前截断阀间应设置过滤器，以防止凝结水中的污垢堵塞疏水阀。热动力疏水阀本身带过滤器，其他类型疏水阀应另选配用。

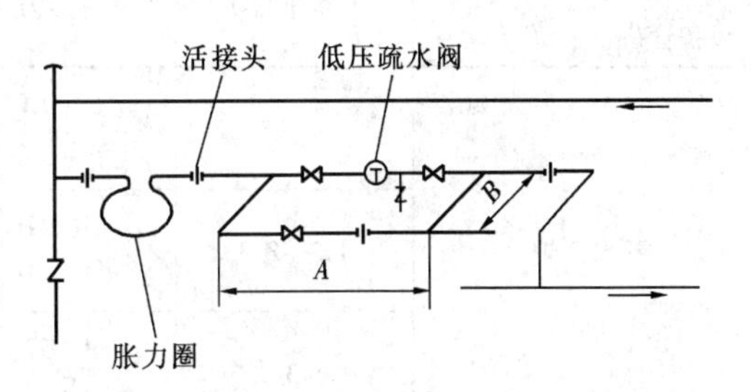

图 2-5 低压疏水阀组对安装

(2) 疏水阀与后截断阀间应设检查管，用于检查疏水阀工作是否正常，如打开检查管大量冒汽，则说明疏水阀坏了，需要检修。

(3) 设置旁通管是为了在启动时排放大量凝结水，减小疏水阀的排水量负荷。正常运行时旁通阀应关闭，否则蒸汽会窜入回水系统，影响其他加热设备和室外管网回水压力的平衡。但旁通管容易造成漏汽，因此一般不用，如采用时，应注意检查维修。

(4) 当疏水阀用于用热设备的凝结水排除时，应安装在用热设备的下部，使凝水管垂直返下接入疏水器，以防用热设备存水；当疏水阀背压升高时，为防止凝结水倒灌，应设置止回阀，热动力式疏水阀本身能起止回作用。

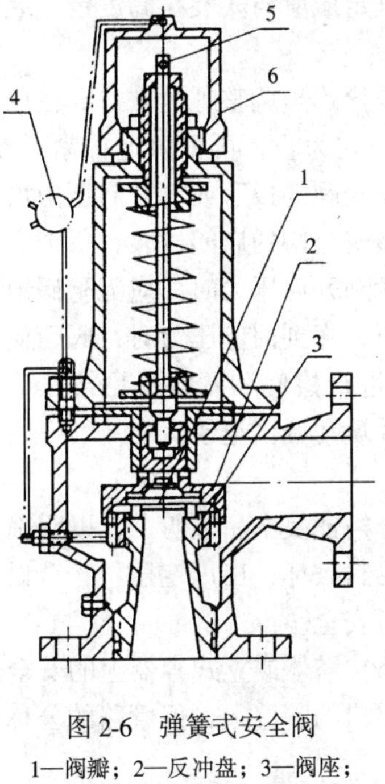

(5) 疏水阀的安装位置应尽量靠近排水点，若距离太远时，疏水阀前面的细长管道内会积存空气或蒸汽，使疏水阀处在关闭状态，而且阻挡凝结水不能到达疏水点。

(6) 在蒸汽干管水平管线过长时应考虑疏水问题。

四、安全阀的安装

安全阀是用于锅炉、容器等有压设备和管道上，当介质压力超过规定数值时，自动开启排除过剩介质压力，而当压力恢复到规定数值时能自动关闭，对管道和设备起安全保护作用。目前，工程上普遍使用的是弹簧式安全阀，其基本构造如图 2-6 所示。

图 2-6 弹簧式安全阀

1—阀瓣；2—反冲盘；3—阀座；4—铅封；5—调整螺栓；6—顶盖

当管路系统中没有压力时，弹簧力从上部作用于阀瓣上，使之与阀座压紧。随着系统中压力的发生，并升高到开启压力 P_k 时，阀瓣开始开启，介质急速喷出；当阀瓣开启后，如压力继续升高到排放压力 P_p 时，阀瓣完全开启，排出额定排量；此时系统压力逐渐降低，当降低到小于系统中工作压力，而达到回座压力 P_h 时，阀瓣关闭保持密封。安全阀的各压力之间有一定关系，在设计、选用和定压时，按表2-7确定。若安装两个安全阀时，其中一个为控制安全阀，另一个为工作安全阀。控制安全阀的开启压力略高于工作安全阀的开启压力，避免两个安全阀同时开启，排气过多。

安全阀的压力规定 **表2-7**

设备管路 \ 压力（MPa）	工作压力 P	开启压力 P_k	回座压力 P_h	排放压力 P_p	用途
蒸汽锅炉	<1.3	$P+0.02$ $P+0.04$	$P_k-0.04$ $P_k-0.06$	$1.03P_k$	工作用 控制用
	1.3~3.9	$1.04P$ $1.06P$	$0.94P_k$ $0.92P_k$	$1.03P_k$	工作用 控制用
	>3.9	$1.05P$ $1.08P$	$0.93P_k$ $0.90P_k$	$1.03P_k$	工作用 控制用
设备管路	≤1.0	$P+0.05$	$P_k-0.08$	$1.1P_k$	
	>1.0	$1.05P$ $1.10P$	$0.90P_k$ $0.85P_k$	$>1.15P$	工作用 控制用

1. 安全阀的定压

安全阀在安装前应按设计文件规定进行调试定压，以校正其开启压力。调试定压必须在安全阀处于工作状态时进行，若用冷水试验作为正式定压将会造成压力误差过大或安全阀失灵。

安全阀定压试验所用介质：当工作介质为气体时，应用空气或惰性气体调试，并应有足够的贮气容器；工作介质为液体时，用洁净水调试。调试定压应与安装在高度定压装置上的压力表相对照，边观察压力表数值边进行调整安全阀。

弹簧式安全阀定压，首先拆下安全阀顶盖，拧转调整螺栓。当调整螺栓被拧到在压力表准确地指示要求的开启压力时，安全阀便自动地泄放出介质为止，再稍微地拧紧一点，即作为定压完毕，定压之后要试验其准确性，即稍微扳动安全阀的扳手或将开启压力增大一点，如立即有介质排放出来时，即认为定压合格；然后做安全阀的启闭试验，每个安全阀的启闭试验不少于三次。安全阀应有足够的灵敏性，当达到开启压力时，应无阻碍地开启；当达到排放压力时，阀瓣应全开并达到额定排量；当压力降到回座压力时，阀门应及时关闭，并保持密封，如出现启闭不灵敏等故障，应及时进行检修和调整（见第三节），直至合格。安全阀调试合格后，应进行铅封，严禁乱动，并填写调试记录。

2. 安全阀安装注意事项

(1) 安装前必须对产品进行认真地检查，验明是否有合格证及产品说明书，以明确出厂时的定压情况；检查铅封完好情况、外观有无伤残。对铅封破坏，出厂定压不符合设计工作压力要求的，均应重新进行调试定压，以确保系统运行安全。

(2) 安全阀应尽可能布置在平台附近，以便检查和维修。塔体或立式容器上的安全阀一般应安装在顶部，如不可能时，尽可能装设在接近容器出口的管路上，但管路的公称直径应不小于安全阀进口的公称直径。

(3) 安全阀应垂直安装，应使介质从下向上流出，并要检查阀杆的垂直度。

(4) 一般情况下，安全阀的前后不能设置截断阀，以保证安全可靠。

(5) 安全阀泄压：当介质为液体时，一般都排入管道或密闭系统；当介质为气体时，一般排至室外大气；排入大气的一般气体安全阀的放空管，出口应高出操作面 2.5m 以上。

(6) 油气介质一般可排入大气，安全阀放空管出口应高出周围最高构筑物 3m，但以下情况应排入密闭系统，以保证安全。

1) 当排入密闭系统比排至最高构筑物以上 3m 更为经济时；

2) 水平距离 15m 以内有加热炉或其他火源；

3) 高温油气排入大气有着火危险时；

4) 介质为毒性气体。

(7) 安全阀的入口管道直径，最小应等于阀门的入口管径；排放管直径不得小于阀门的出口直径，排放管应引至室外，并用弯管安装，使管出口朝向安全地带。排放管路太长时应加以固定，以防震动。当排液管可能发生冻结时，排液管要进行伴热。

(8) 安全阀安装时，当安全阀和设备及管道的连接为开孔焊接时，其开孔直径应与安全阀的公称直径相同；法兰连接的安全阀，开孔后焊上一段长度不超过 120mm 的法兰短管，以便于安全并进行法兰连接；螺纹连接的安全阀，开孔后焊上一段长度不超过 100mm 的带钢制管箍的短管，以螺纹连接的方法和安全阀的外螺纹连接。

第三节 常用阀门的检修

一、一般阀门常见故障与原因

一般阀门常见故障，主要表现在阀门填料函泄漏、阀杆失灵、密封面泄漏、垫圈泄漏、阀门开裂、手轮损坏、压盖断裂及闸板失灵等方面。故障的原因与维修方法分别见表 2-8 ~ 表 2-11。

填料函泄漏原因与维修方法 表 2-8

故障原因	维修方法
装填填料方法不正确（如整根盘旋放入）	正确装填料
阀杆变形或腐蚀生锈	修理或换新
填料老化	更换填料
操作用力不当或用力过猛	缓开缓闭，操作平稳

阀杆失灵原因与维修方法 表 2-9

故障原因	维修方法
阀杆损伤、腐蚀脱扣	更换阀件
阀杆弯扭	阀门不易开启时，不要用长器具撬别手轮，弯扭的阀杆需要换
阀杆螺母倾斜	更换阀件或阀门
露天阀门锈死	露天阀门应加强养护，定期转动手轮

密封面泄漏原因与维修方法 表 2-10

故障原因	维修方法
密封面磨损，轻度腐蚀	定期研磨
关闭不当，密封面接触不好	缓慢、反复启闭几次
阀杆弯曲，上、下密封面不对中心线	修理或更换
杂质堵住阀孔	开启，排除杂物，再缓慢关闭，必要时加过滤器
密封圈与阀座、阀瓣配合不严	修理
阀瓣与阀杆连接不牢	修理或换件

其他故障、原因与维修方法 **表 2-11**

故　障	故障原因	维修方法
垫片泄漏	垫片材质不适应或在日常使用中受介质影响失效	采用与工作条件相适应的垫片或更换垫片
阀门开裂	冻坏或螺纹阀门安装时用力过大	保温防冻，安装时用力均匀适当
手轮损坏	重物撞击，长杆撬别开启，内方孔磨损倒棱	避免撞击，开启时用力均匀，方向正确，锉方孔或更换手轮
压盖断裂	紧压盖时用力不均	对称拧紧螺母
闸板失灵	楔形闸板因腐蚀而关不严，双闸板的顶楔损坏	定期研磨，更换成碳钢材质的顶楔

二、自动阀门常见故障与原因

常见的自动阀门有止回阀、疏水阀、减压阀及安全阀等。它们常见故障、原因、预防及维修方法见表 2-12 ~ 表 2-15。

止回阀常见故障、原因、预防与维修 **表 2-12**

故　障	故障原因	维修方法
介质倒流	1. 阀芯与阀座间密封面损伤 2. 阀芯、阀座间有污物	1. 研磨密封面 2. 清除污物
阀芯不开启	1. 密封面被水垢粘住 2. 转轴锈住	1. 清除水垢 2. 打磨铁锈，使之灵活
阀瓣打碎	阀前、阀后的介质压力处于接近平衡的“拉锯”状态，使脆性材料制的阀瓣频繁拍打	采用韧性材料阀瓣

疏水阀常见故障、原因、预防与维修 **表 2-13**

故　障	故障原因	维修方法
不排水	1. 蒸汽压力太低 2. 蒸汽和冷凝水未进入疏水器 3. 浮筒式的浮筒太轻 4. 浮筒式的阀杆与套管卡住 5. 阀孔或通道堵塞 6. 恒温式阀芯断裂，堵塞阀孔	1. 调整蒸汽压力 2. 检查蒸汽管道阀门是否关闭堵塞 3. 适当加量或更换浮筒 4. 检修或更换，使其灵活 5. 清除堵塞杂物，阀前装过滤器 6. 更换阀芯
排汽	1. 阀芯和阀座磨损，漏汽 2. 排水孔不能自行关闭 3. 浮筒式浮筒体积小，不能浮起	1. 研磨密封面 2. 检查是否有污物堵塞 3. 适当加大浮筒体积
连续工作温度下降	1. 排水量低于凝结水量 2. 管道中凝结水量增加	1. 更换合适的疏水器 2. 加装疏水器

减压阀常见故障、原因、预防与维修 **表 2-14**

故　障	故障原因	维修方法
阀后压力不稳	1. 脉冲式的是阀径选用不当，两端介质压差大 2. 弹簧式的调节弹簧选择不当	1. 更换合适的减压阀 2. 更换合适的调节弹簧
阀门不通	1. 控制通道被杂物堵塞 2. 活塞内锈迹卡住，在最高位置不能下移	1. 清除杂物，阀前安过滤器 2. 检修活塞，使其灵活

续表

故　障	故 障 原 因	维 修 方 法
阀门直通	1. 活塞卡在某一位置 2. 主阀阀瓣下部弹簧断裂 3. 脉冲阀阀柄在密合位置处卡位 4. 主阀瓣与阀座密封面间有污物卡住或严重腐蚀 5. 薄膜片失效	1. 检修活塞，使其灵活 2. 更换弹簧 3. 检修，使其灵活 4. 清除污物，定期研磨密封面 5. 更换薄膜片
阀后压力不能调节	1. 调节弹簧失灵 2. 帽盖有泄漏，不能保持压力 3. 活塞、汽缸磨损或腐蚀 4. 阀体内充满冷凝水	1. 更换调节弹簧 2. 及时检修，更换垫片 3. 检修汽缸，更换活塞环 4. 松开丝堵，排净冷凝水

安全阀常见故障、原因、预防与维修　　表 2-15

故　障	故 障 原 因	维 修 方 法
密封面渗漏	1. 阀芯与阀座密封面有污物或磨损 2. 阀杆中心线不正	1. 清除污物或研磨密封面 2. 校正调直阀杆中心线
超过工作压力不开启	1. 杠杆被卡住或销子锈蚀 2. 杠杆式的重锤被移动 3. 弹簧式的弹簧受热变形或失效 4. 阀芯与阀座粘住	1. 检修杠杆或销子 2. 调整重锤位置 3. 更换弹簧 4. 定期做排气试验
不到工作压力就开启	1. 杠杆的重锤向内移动 2. 弹簧式的弹力不够	1. 调整重锤位置 2. 拧紧或更换弹簧
开启后阀芯不自动关闭	1. 杠杆式的杠杆偏斜 2. 弹簧式的弹簧弯曲 3. 阀芯或阀杆不正	1. 检修杠杆 2. 调整弹簧 3. 调整阀芯或阀杆

三、常用阀门检修

阀门在安装和使用过程中，由于制造质量和磨损等原因，使阀门容易产生泄漏和关闭不严等现象，为此，需要对阀件进行检查与修理。

1. 压盖泄漏检修

填料函中的填料受压盖的压力起密封作用，经过一段时间运行后，填料会老化变硬，特别是启闭频繁的阀门，因阀杆与填料之间摩擦力减小，易造成盖漏汽、漏水，为此必须更换填料。

(1) 小型阀盖泄漏检修　如图 2-7 所示，小规格阀门采用螺母式盖母 4 与阀体盖 1 外螺纹相连接，通过旋紧盖母达到压实填料 2 的目的。更换填料时，首先将盖母卸下，然后用螺丝刀将填料压盖撬下来，把填料函中的旧填料清理干净，将细棉绳按顺时针方向，围绕阀杆缠上 3～4 圈装入填料函，放上填料压盖 3 并压实，旋紧盖母即可。

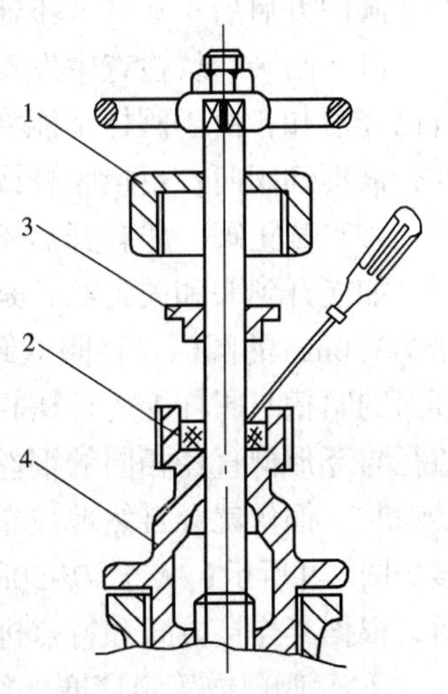

图 2-7　小型阀门更换填料操作
1—阀盖；2—填料；3—填料盖；4—盖母

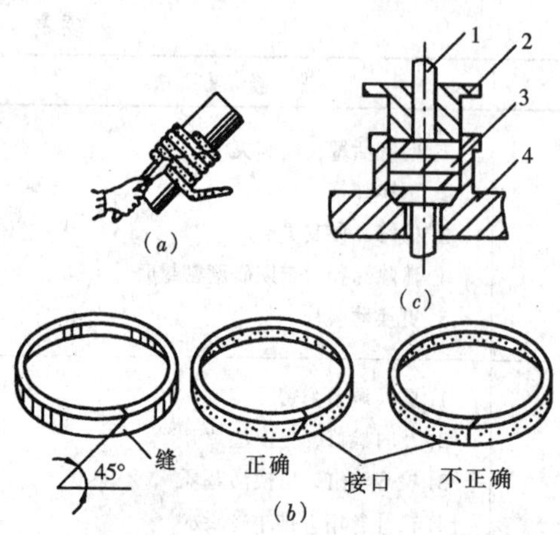

图 2-8　制备填料圈及装填排列法
（a）在木棍上缠绕填料圈；（b）填料圈接口位置；（c）填料圈在填料函内的排列
1—阀杆；2—填料函盖；3—填料圈；4—填料函套

小型阀门更换填料的操作中需注意，旋紧盖母时不要过分用力，防止盖母脱扣或造成阀门破裂；如更换后仍然泄漏，可再拧紧盖母，直至不渗漏为止。

对于不经常启闭的阀门，一经使用易产生泄漏，原因是填料变硬，阀门转动后，阀杆与填料间便产生了间隙。修理时，应首先按松扣方向将盖母转动，然后按旋紧的方向旋紧盖母即可。如用上述方法不见效果时，说明填料已失去了应有弹性，应更换填料。

（2）较大阀门压盖泄漏检修　较大规格（一般大于 *DN*50mm）的阀门，采用一组螺栓夹紧法兰式压盖来压紧填料。更换填料时，首先拆卸螺栓，卸下法兰压盖，取出填料函中的旧填料并清理干净。填料前，用成型的石墨石棉绳或盘根绳（方形或圆形均可），按需要的长度剪成小段，并预先做好填料圈，如图 2-8（*a*）、（*b*）所示。放入填料圈时，注意各层填料接缝要错开，如图 2-8（*c*）所示，并同时转动阀杆，以便检查填料紧固阀杆的松紧程度。更换填料时，除应保证良好的密封性外，尚需阀杆转动灵活。

2. 不能开启或开启不通汽、不通水

阀门长期关闭，由于锈蚀而不能开启，开启这类阀门时可用振打方法，使阀杆与盖母（或法兰压盖）之间产生微量的间隙。振打时不得用力过猛，如仍不能开启时，可加注机油或润滑油，将锈层溶开，再用扳手或管钳转动手轮，转动时应缓慢地加力，不得用力过猛，以免将阀杆扳弯或扭断。

阀门开启后不通汽、不通水，可能有以下几种情况。

（1）闸阀　从检查中发现，阀门开启不能到头，关闭时也关不到底。这种现象表明阀杆已经滑扣，由于阀杆不能将闸板提上来，俗称吊板现象，导致阀门不通。遇到这种情况时，需拆卸阀门，更换阀杆或更换整个阀门。

（2）截止阀　如有开启不到头或关闭不到底现象，属于阀杆滑扣，需更换阀杆或阀门。如能开到头和关到底，是阀芯（阀瓣）与阀杆相脱节，采取下述方法修理：小于或等于 *DN*50mm 的阀门，将阀盖卸下，将阀芯取出，阀芯的侧面有一个明槽，其内侧有一个环形的暗槽与阀杆上的环槽相对应。修理时，将阀芯顶到阀杆上，然后从阀芯明槽处，将直径与环形槽直径相同的铜丝插入阀杆上的小孔（不透孔），当用手使阀杆与阀芯作相对转动时，铜丝就会自然地被卷入环形槽内，如此阀芯就被连在阀杆上了，阀杆与阀芯的连接如图 2-9 所示；大于 *DN*50mm 的阀门，因其阀芯与阀杆连接方式较多，需在阀门拆开后，根据其连接方式和特点进行修理。

（3）阀门或管道堵塞　经检查所见阀门既能开启到头，又能关闭到底，且拆开阀门见阀杆与阀芯间连接正常，这就证实阀门本身无故障，需要检查与阀门连接的管道有无堵塞现象。

3. 关不住或关不严

(1) 关不严　阀门产生关不严现象，对于闸阀和截止阀来说，可能是由于阀座与阀芯之间卡有脏物，如水垢、铁锈之类，或是阀座、阀芯有被划伤之处，致使阀门无法关严。

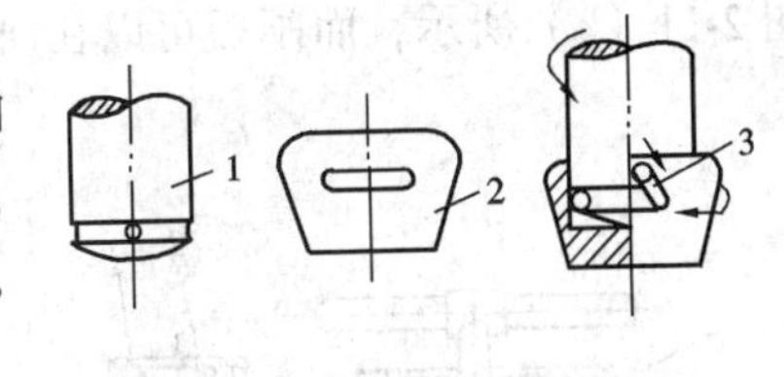

图 2-9　$DN \leqslant 50$mm 阀门阀杆与阀芯的连接
1—阀杆；2—阀芯；3—铜丝

修理时，需将阀盖拆下进行检查。如果是阀座与阀芯之间卡住了脏物，应予清理干净，如属阀座或阀芯被划伤，则需要用研磨方法进行修理。对于经常开启着的阀门，由于阀杆螺纹上积存着铁锈，当偶然关闭时也会产生关不严的现象。关闭这类阀门时，需采取将阀门关了再开，开了再关的方法，反复多次地进行后，即可将阀门关严。对于少数垫有软垫圈的阀门，关不严多属垫圈被磨损，应拆开阀盖，更换软垫圈即可。

(2) 关不住　是指明杆闸阀在关闭时，虽转动手轮，阀杆却不再向下移动，且部分阀杆仍留在手轮上面。遇到这种现象，需检查手轮与带有阴螺纹的铜套之间的连接情况，若两者为键连接，一般是因为键失去了作用，键与键槽咬合得松，或是键质量不符合要求。为此，需修理键槽或重新配键。

阀杆与带有阴螺纹的铜套间非键连接的闸阀，易产生阀杆与铜套螺纹间的“咬死”现象，而导致手轮、铜套和阀杆连轴转。产生这种现象的原因是在开启阀门时，用力过猛而开过了头。修理时，可用管钳咬住阀杆无螺纹处，然后用手按顺时针方向扳动手轮，即可将“咬”在一起的螺纹松脱开来，从而恢复阀杆的正常工作。

四、阀门研磨

由于制造质量不佳或在使用中被磨损或腐蚀，造成阀门关闭不严，因此，必须对阀座和阀瓣进行研磨。对于密封面上诸如撞痕、刀痕、压伤、不平和凹痕等缺陷，深度小于0.05mm时，均可用研磨方法消除。

研磨阀门时，应根据阀门密封面的结构、材料和用途的不同，选用不同的研磨料（俗称凡尔砂）和研磨工具。

1. 研磨料

研磨阀门的研磨料有刚玉粉（Al_2O_3）、人造刚玉粉、金刚砂（S_iC）、碳化硼、铁丹粉、氧化铬、硅藻土、玻璃粉、金刚石粉及研磨膏等，其中最常用的是金刚砂。

研磨铸铁、钢、青铜及黄铜制的密封面时，应采用人造刚玉粉和刚玉粉；研磨氮化处理的钢制密封面时，应采用人造刚玉粉；研磨硬质合金制的密封面时，应采用金刚砂和碳化硼粉。

2. 研磨工具

研磨工具的硬度应比工件软一些，以便能嵌入研磨料，同时又要求其本身具有一定的耐磨性。最好的研具材料是生铁，其次是软钢、铜等。

研磨截止阀、升降式止回阀和安全阀时，可以直接将阀瓣上的密封面与阀座上的密封圈相互对着研磨，也可以分开研磨。分开研磨时，采用专用的生铁研磨器，分别对阀座和阀瓣进行研磨，如图 2-10 所示。

研磨闸阀时，一般都是将闸板与阀座分开进行研磨，即用生铁研磨盘来研磨阀座，如

图 2-11（*a*）所示，而闸板可以在研磨平台上进行研磨，如图 2-11（*b*）所示。

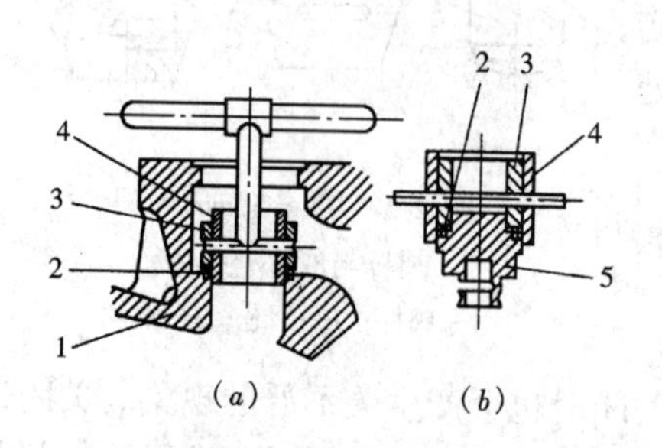

图 2-10 研磨截止阀图
（*a*）研磨阀座；（*b*）研磨阀盘
1—阀座；2—密封圈；3—研磨器；4—可更换套；5—阀瓣

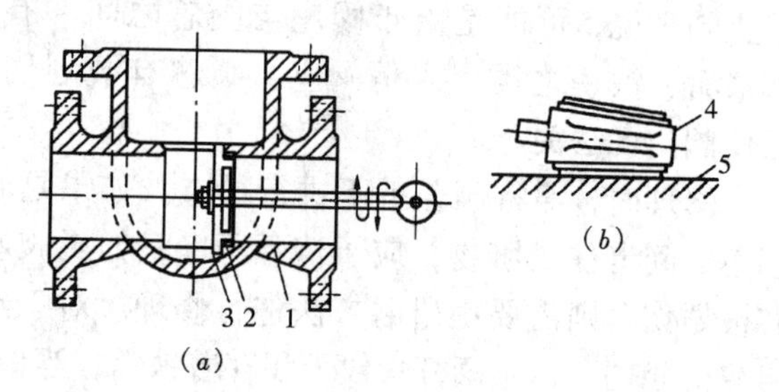

图 2-11 研磨闸阀
（*a*）研磨阀座；（*b*）研磨闸板
1—阀座；2—密封圈；3—研磨盘；4—闸板；5—研磨平台

研磨旋塞阀时，只能利用柱塞与阀体相互研磨的方法。

3. 润滑剂

研磨阀门时多采用湿磨，即在研磨面上加润滑剂。不加润滑剂的干磨很少采用。

对不同的研磨工具，要求使用不同的润滑剂。使用生铁研磨工具时，用煤油作润滑剂；使用软钢研磨工具时，用机油；使用铜研磨工具时，用机油、酒精或碱水。使用前将选定的润滑剂和研磨粉相混合，然后即可用来进行研磨。

研磨好的阀门经清洗后再进行装配；装配好的阀门需经强度试验和严密性试验合格后才能使用。

第四节 支架的类型与构造

管道支架的作用是支承管道的，有的也限制管道的变形和位移。支架的安装是管道安装的首要工序，是重要的安装环节。

根据支架对管道的制约情况，可分为固定支架和活动支架。

一、固定支架

在固定支架上，管道被牢牢地固定住，不能有任何位移，管道只能在两个固定支架间伸缩。因此，固定支架不仅承受管道、附件、管内介质及保温结构的重量，同时还承受管道因温度、压力的影响而产生的轴向伸缩推力和变形应力，并将这些力传到支承结构上去，所以固定支架必须有足够的强度。

常用的固定支架类型有如下几种。

1. 卡环式固定支架

卡环式固定支架主要用在不需要保温的管道上。

(1) 普通卡环式固定支架　用圆钢煨制 U 形管卡，管卡与管壁接触并与管壁焊接，两端套丝紧固，如图 2-12（*a*）所示。适用于 *DN*15 ~ 150mm 室内不保温管道上。

(2) 焊接挡板卡环式固定支架　U 形管卡紧固不与管壁焊接，靠横梁两侧焊在管道上的弧形板或角钢挡板固定管道，如图 2-12（*b*）所示，主要适用于 *DN*25 ~ 400mm 的室外

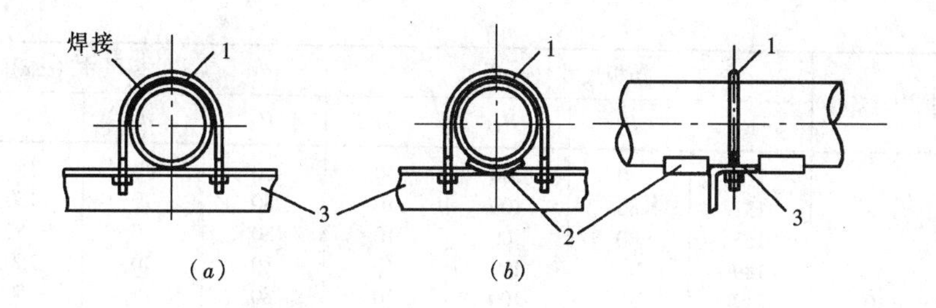

图 2-12 卡环式固定支架
(a) 普通卡环式；(b) 焊接挡板卡环式
1—固定管卡；2—弧形挡板；3—支架横梁

不保温管道上。

卡环式固定支架U形管卡所用圆钢的规格见表 2-16。

支架所用U形管卡规格 **表 2-16**

DN/(mm) 规格	15	20	25	32	40	50	65	80	100	125	150
圆钢直径(mm)	8	8	8	8	10	10	10	12	12	16	16
长度(mm)	92	106	114	130	144	147	193	220	261	318	364
重量(kg)	0.036	0.042	0.045	0.052	0.089	0.091	0.119	0.195	0.232	0.502	0.575

2. 挡板式固定支架

挡板式固定支架由挡板、肋板、立柱(或横梁)及支座组成。主要用于室外 DN150 ~ 700mm 的保温管道。

图 2-13 为双面挡板式固定支座，挡板和肋板有横向布置和竖向布置两种形式，可根据管架结构形式选择，图中零件 3 为曲面槽支座，其长度 $L = 200$mm，高度 $H = 50$mm；图 2-14 为四面挡板式固定支座，有推力不大于 450kN 和推力不大于 600kN 两种。挡板式固定支座的适用范围及尺寸见表 2-17、2-18 和 2-19。

推力≤50kN 和推力≤100kN 双面挡板式固定支座尺寸 **表 2-17**

管子外径 D(mm)	推力(kN)	挡板尺寸(mm)				肋板尺寸(mm)			
		R	B_1	H_1	δ_1	H_2	H_3	L_2	δ_2
159	≤50	80	60	100	10	80	10	100	12
219		110	80	100	10	80	10	100	12
273		137	80	100	10	80	10	100	12
325		163	80	100	10	80	10	100	12
377		189	100	100	10	80	10	100	12
426		213	100	100	10	80	10	100	12
478		239	100	100	10	80	10	100	12
529		265	120	100	10	80	10	100	12
630		315	120	100	10	80	10	100	12
720		360	120	100	10	80	10	100	12

续表

管子外径 D（mm）	推力（kN）	挡板尺寸（mm）				肋板尺寸（mm）			
		R	B_1	H_1	δ_1	H_2	H_3	L_2	δ_2
219	≤100	110	80	100	10	80	10	150	12
273		137	80	100	10	80	10	150	12
325		163	80	100	10	80	10	150	12
377		189	100	100	10	80	10	150	12
426		213	100	100	10	80	10	150	12
478		239	100	100	10	80	10	150	12
529		265	120	100	10	80	10	150	12
630		315	120	100	10	80	10	150	12
720		360	140	100	10	80	10	150	12

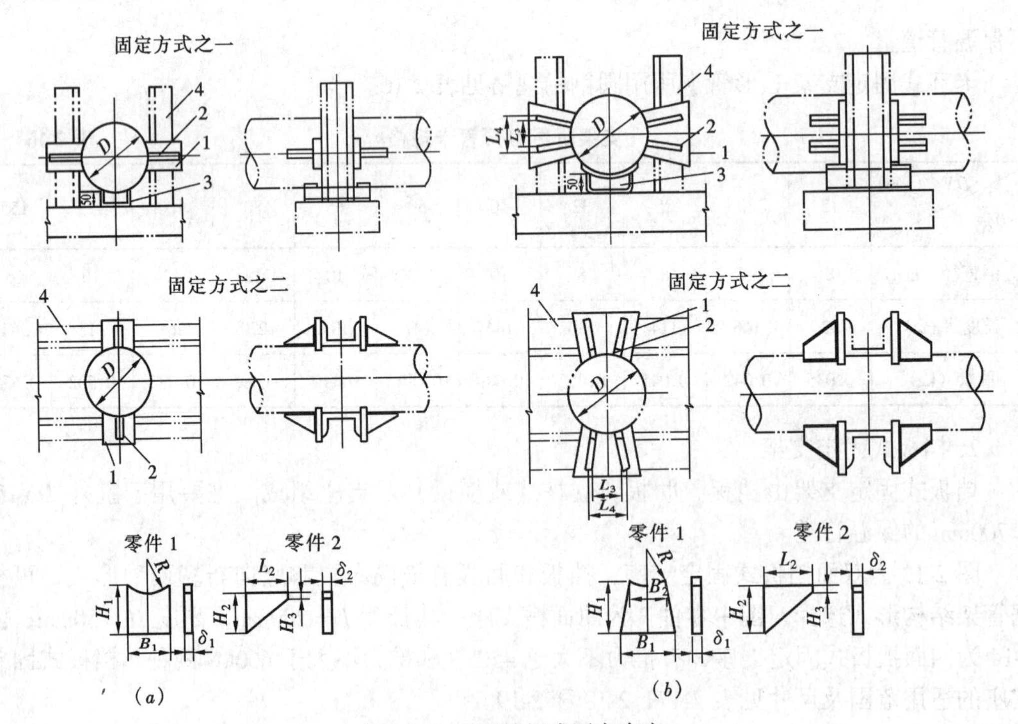

图 2-13 双面挡板式固定支座

（a）推力≤50kN 和推力≤100kN；（b）推力≤200kN 和推力≤300kN

1—挡板；2—肋板；3—支座；4—立柱（或横梁）

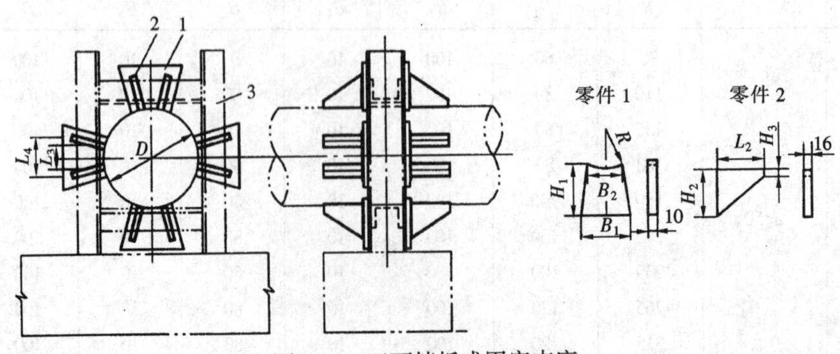

图 2-14 四面挡板式固定支座

1—挡板；2—肋板；3—立柱

推力≤200kN和推力≤300kN双面挡板式固定支座尺寸　　表 2-18

管子外径 D（mm）	推力（kN）	挡板尺寸（mm）					肋板尺寸（mm）					
		R	B_1	B_2	H_1	δ_1	H_2	H_3	L_2	L_3	L_4	δ_2
325	≤200	163	180	130	100	10	80	10	150	90	110	12
377		189	210	160	100	10	80	10	150	100	140	12
426		213	210	160	100	10	80	10	150	100	140	12
278		239	210	160	100	10	80	10	150	100	140	12
529		265	260	200	100	10	80	10	150	130	170	12
630		315	260	200	100	10	80	10	150	130	170	12
720		360	260	200	100	10	80	10	150	130	170	12
377	≤300	189	210	160	100	10	80	10	200	100	140	16
426		213	210	160	100	10	80	10	200	100	140	16
478		239	210	160	100	10	80	10	200	100	140	16
529		265	260	200	100	10	80	10	200	130	170	16
630		315	260	200	100	10	80	10	200	130	170	16
720		360	260	200	100	10	80	10	200	130	170	16

四面挡板式固定支座尺寸　　表 2-19

管子外径 D（mm）	推力（kN）	挡板尺寸（mm）				肋板尺寸（mm）				
		R	B_1	B_2	H_1	H_2	H_3	L_2	L_3	L_4
478	≤450	239	210	160	100	80	10	150	100	140
529		265	260	200	100	80	10	150	130	170
630		315	260	200	100	80	10	150	130	170
720		360	260	200	100	80	10	150	130	170
630	≤600	315	260	200	100	80	10	200	130	170
720		360	260	200	100	80	10	200	130	170

二、活动支架

允许管道有位移的支架称为活动支架。活动支架的类型较多，有滑动支架、导向支架、滚动支架、吊架及管卡和托钩等。

1. 滑动支架

滑动支架的主要承重构件是横梁，管道在横梁上可以自由移动。对于不保温管道用低支架安装，对保温管道用高支架安装。

(1) 低支架　用于不保温管道上，按其构造型式又分为卡环式和弧形滑板式两种，如图 2-15 所示。

1）卡环式：用圆钢煨制 U 形管卡，管卡不与管壁接触，一端套丝固定，另一端不套丝，如图 2-15（*a*）所示。U 形管卡所用圆钢规格同卡环式固定支架，见表 2-16。

2）弧形滑板式：在管壁与支承结构间垫上弧形板，并与管壁焊接，当管子伸缩时，弧形板在支承结构上来回滑动，如图 2-15（*b*）所示。

(2) 高支架　用于保温管道上，由焊在管道上的高支座在支承结构上滑动，以防止管道移动摩擦损坏保温层，其结构形式如图 2-16 所示。当高支座在横梁上滑动时，横梁上应焊有钢板防滑板，以保证支座不致滑落到横梁下，如图 2-17 所示。

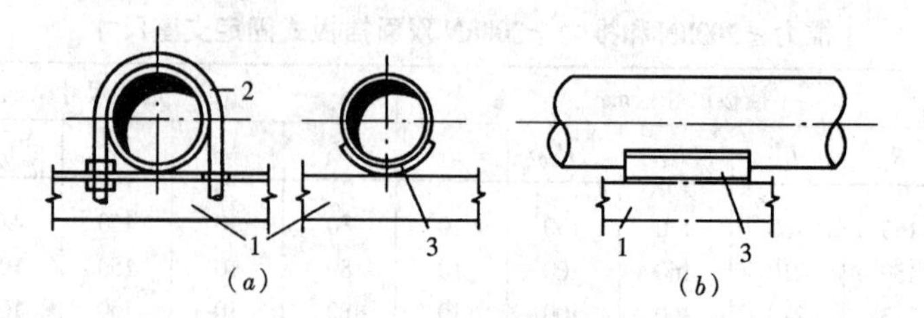

图 2-15 不保温管道的低支架安装

(a) 卡环式；(b) 弧形滑板式

1—支架横梁；2—卡环（U 形螺栓）；3—弧形滑板

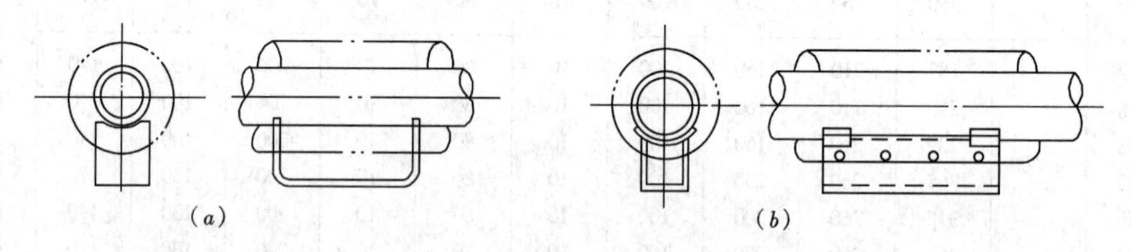

图 2-16 保温管道的高支座安装

(a) DN20 ~ 50mm 管道的高支座；(b) DN70 ~ 150mm 管道的高支座

活动支架的各部分构造尺寸、型钢规格可参照标准图集或施工安装图册进行加工和安装。

2. 导向支架

导向支架是为使管子在支架上滑动时不致偏移管子轴线而设置的。它一般设置在补偿器两侧、铸铁阀门的两侧或其他只允许管道有轴向移动的地方。

导向支架是以滑动支架为基础，在滑动支架两侧的横梁上，每侧焊上一块导向板，如图 2-18 所示。导向板通常采用扁钢或角钢，扁钢规格为 - 30 × 10，角钢为 ∟36 × 5，导向板长度与支架横梁的宽度相等，导向板与滑动支座间应有 3mm 的空隙。

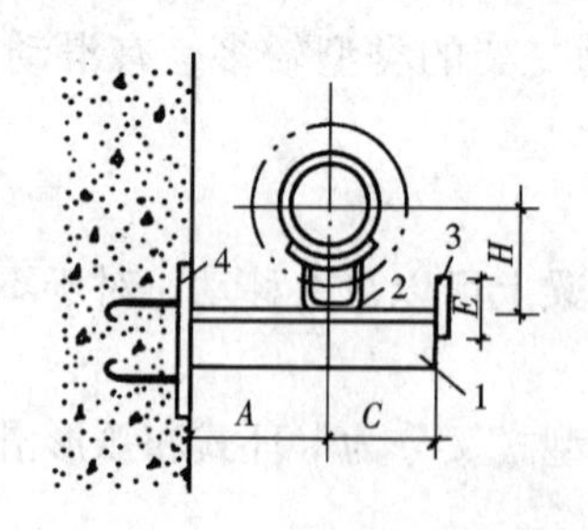

图 2-17 预埋件焊接法安装支架

1—横梁；2—托架；

3—限位板；4—预埋件

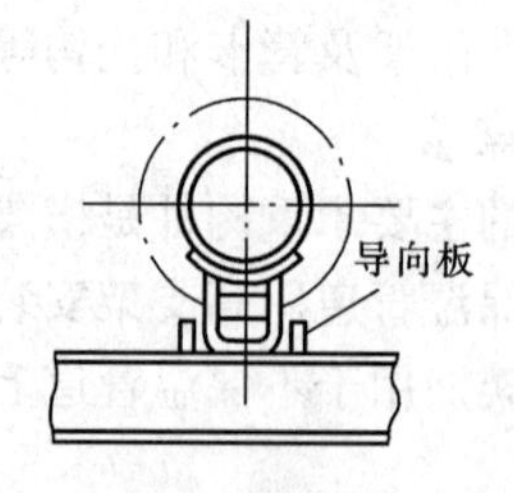

图 2-18 导向支架

3. 吊架

吊架由吊杆、吊环及升降螺栓等部分组成如图 2-19 所示。吊架的支承体可为型钢横梁，也可为楼板、屋面等建筑物构体，或者用图 2-20 所示的方法来固定吊架的根部，图中各部分构造尺寸、型钢规格参照《国家建筑标准设计——给水排水标准图集》（S 161）

进行加工。

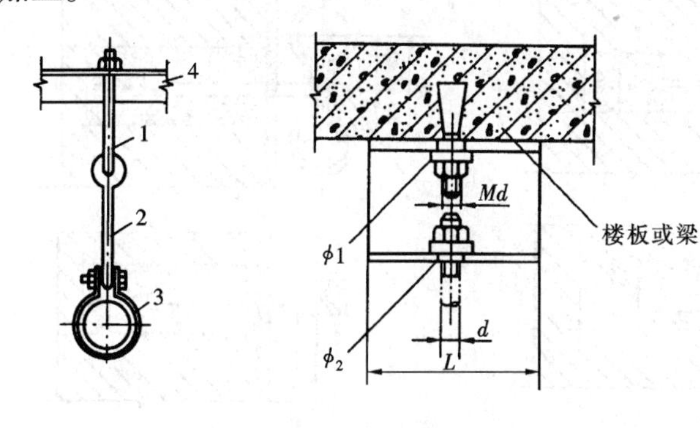

图 2-19　吊架

1—升降螺栓；2—吊杆；3—吊环；4—横梁

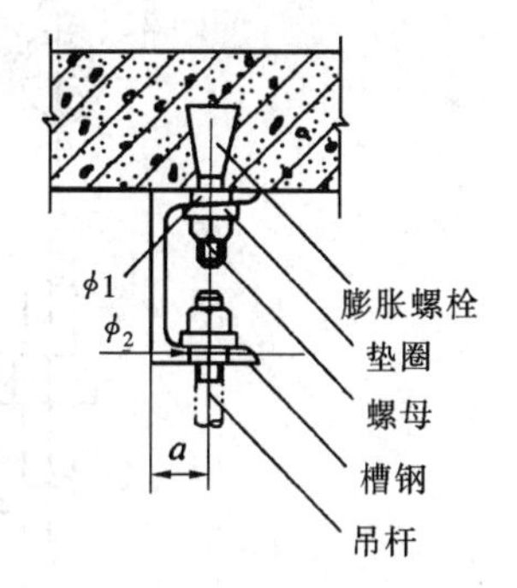

图 2-20　吊架根部的固定方法

4. 滚动支架

滚动支架是以滚动摩擦代替滑动摩擦，以减小管道热伸缩时摩擦力的支架，如图 2-21 所示。滚动支架主要用在管径较大而无横向位移的管道上。

5. 托钩与立管卡（见图 2-22）

托钩，也叫钩钉。用于室内横支管等较小管径管道的固定，规格为 $DN15 \sim 20$mm。

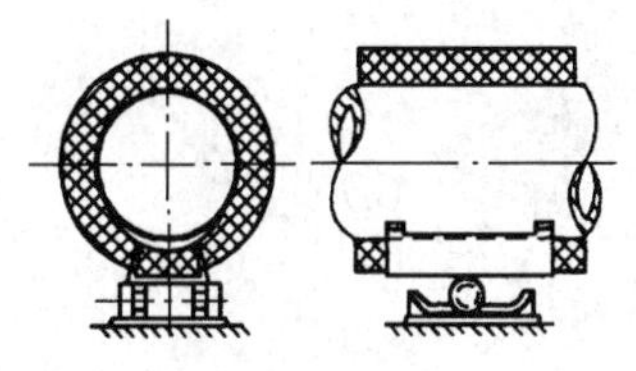

图 2-21　滚动支架

管卡，也叫立管卡，有单、双立管卡两种，分别用于单根立管、并行的两根立管的固定，规格为 $DN15 \sim 50$mm。单立管卡制作用料展开长度见表 2-20，双立管卡制作用料展开长度见表 2-21。

单立管卡材料规格表　　**表 2-20**

件号	名　称	数量		展开长度					
				*DN*15	*DN*20	*DN*25	*DN*32	*DN*40	*DN*50
1	托钩 -25×3	1	L C	195 35	204 40	236 56	249 69	258 78	277 97
2	托钩 -25×3	1	L_1 R	55 11	64 13.5	76 17	89 21.5	99 24.5	117 30.5
3	带帽螺栓 M6×14	1							

双立管卡材料规格表　　**表 2-21**

件号	名　称	数量		展开长度									
				*DN*15 ×15	*DN*15 ×20	*DN*15 ×25	*DN*15 ×32	*DN*20 ×20	*DN*20 ×25	*DN*20 ×32	*DN*25 ×25	*DN*25 ×32	*DN*32 ×32
1	管卡 -25×3	2	L_3 R_1 R_2	132 11 11	1365 13.5 11	144 17 11	157 21.5 11	142 13.5 13.5	145 17 13.5	159 21.5 13.5	157 17 17	166 21.5 17	176 21.5 21.5
2	圆钢 $\phi10$	1		170	170	170	170	170	170	170	170	170	170
3	螺帽 M10	1											

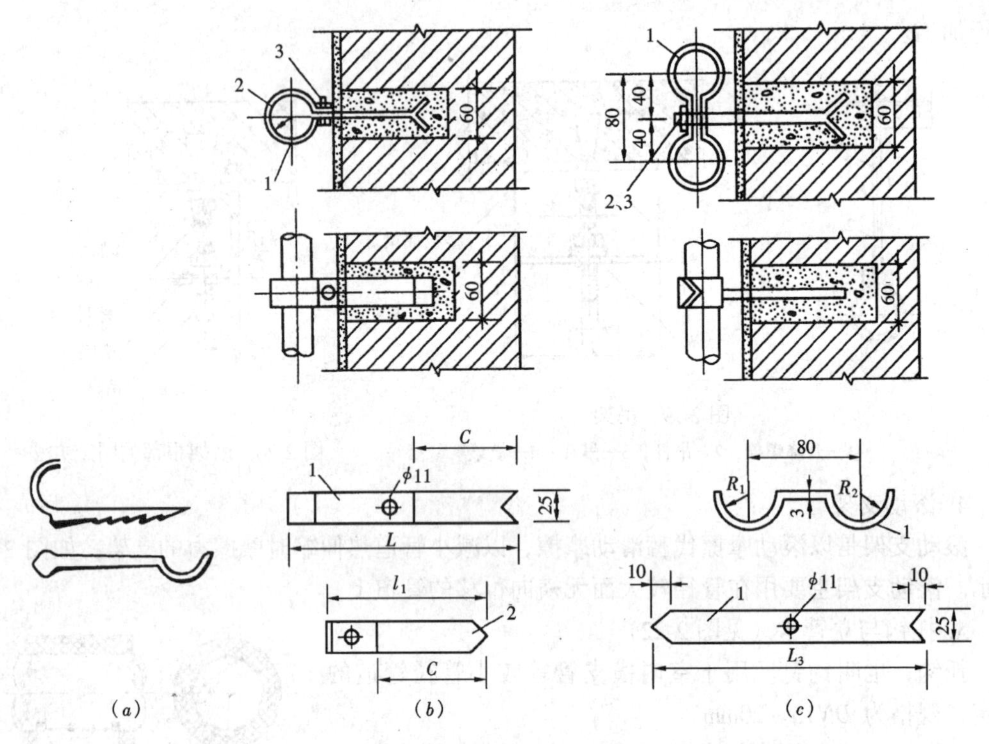

图 2-22　托钩及单双立管卡

(a) 托钩；(b) 单立管卡；(c) 双立管卡

1，2—扁钢管卡；3—带帽螺栓

三、支架制作要求

(1) 支架的形式、材质、规格、加工尺寸、精度及焊接等应符合设计或施工安装图册的要求。

(2) 支架下料应按图纸与实际尺寸进行划线，切割应采用机械切割（无齿锯），不得采用气割。切割后，在角钢平面的两个垂直角处应进行抹角。

(3) 支架的孔眼应采用电钻加工，其孔径应比管卡或吊杆直径大 1 ~ 2mm，不得以气割开孔。

(4) 支架焊缝应进行外观检查，不得有漏焊、欠焊、裂纹、咬肉等缺陷。焊接变形应予以矫正。

(5) 加工合格的支架，应进行防腐处理，合金钢支架应有材质标记。

第五节　支 架 的 安 装

一、支架安装位置的确定

支架的安装位置要依据管道的安装位置确定，首先根据设计要求定出固定支架和补偿器的位置，然后再确定活动支架的位置。

1. 固定支架位置的确定

固定支架的安装位置由设计人员在施工图纸上给定，其位置确定时主要是考虑管道热补偿的需要。利用在管路中的合适位置布置固定点的方法，把管路划分成不同的区段，使两个固定点间的弯曲管段满足自然补偿，直线管段可利用设置补偿器进行补偿，则整个管路的补偿问题就可以解决了。

由于固定支架承受很大的推力，故必须有坚固的结构和基础，因而它是管道中造价较大的构件。为了节省投资，应尽可能加大固定支架的间距，减少固定支架的数量，但其间距必须满足以下要求：

（1）管段的热变形量不得超过补偿器的热补偿值的总和。

（2）管段因变形对固定支架所产生的推力不得超过支架所承受的允许推力值。

（3）不应使管道产生横向弯曲。

根据以上要求并结合运行的实际经验，固定支架的最大间距可按表 2-22 选取。仅供设计时参考，必要时应根据具体情况，通过分析计算确定。

固定支架的最大间距 **表 2-22**

公称直径（mm）		15	20	25	32	40	50	65	80	100	125	150	200	250	300
方形补偿器（m）		—	—	30	35	45	50	55	60	65	70	80	90	100	115
套筒补偿器（m）		—	—	—	—	—	—	—	—	45	50	55	60	70	80
L形	长臂最大长度（m）			15	18	20	24	34	30	30	30	30			
	短臂最小长度（m）			2.0	2.5	3	3.5	4.0	5.0	5.5	6.0	6.0			

2. 活动支架位置的确定

活动支架的安装在图纸上设计不予给定，必须在施工现场根据实际情况并参照表 2-23 的支架间距值具体确定。

钢管活动支架的最大间距 **表 2-23**

公称直径（mm）	15	20	25	32	40	50	70	80	100	125	150	200	250	300
保温管（m）	2.0	2.5	2.5	2.5	3.0	3.0	4.0	4.0	4.5	6.0	7.0	7.0	8.0	8.5
不保温管（m）	2.5	3.0	3.5	4.0	4.5	5.0	6.0	6.0	6.5	7.0	8.0	9.5	11	12

表 2-23 中活动支架的最大间距的确定，是考虑管道、管件、管内介质及保温材料的质量对管子所形成的应力和应变不得超过外载许用应力范围，经计算得出的。其中管内介质是按水考虑的，如管内介质为气体，也应按水压试验时管内水的质量作为介质质量，由表中可以看出，随着管径的增大，活动支架的间距也是在增大的。

实际安装时，活动支架的确定方法如下：

（1）依据施工图要求的管道走向、位置和标高，测出同一水平直管段两端管道中心位置，标定在墙或构体表面上。如施工图只给出了管段一端的标高，可根据管段长度 L 和坡度 i 求出两端的高差 h（$h = L \times i$），再确定出另一端的标高。但对于变径处应根据变径型式及坡向来确定出变径前后两点的标高关系，如图 2-23 所示，变径前后 A、B 两点的标高差为$h = L \times i(D - d)$。

（2）在管中心下方，分别量取管道中心至支架横梁表面的高差，标定在墙上，并用粉线根据管径在墙上逐段画出支架标高线。

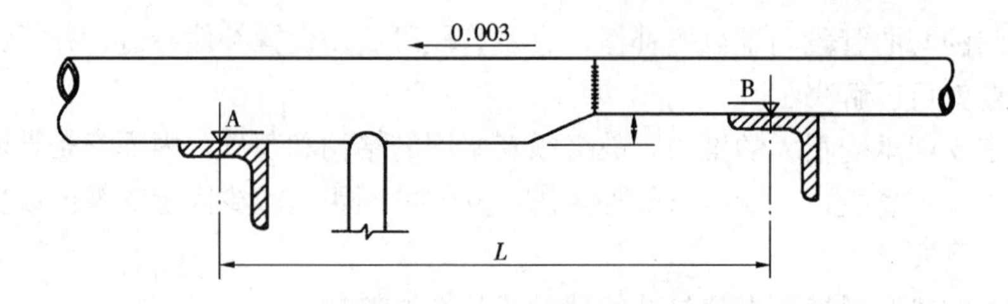

图 2-23　支架安装标高计算图

(3) 按设计要求的固定支架位置和“墙不作架、托稳转角、中间等分、不超最大”的原则，在支架标高线上画出每个活动支架的安装位置，即可进行安装。

“墙不做架”，指管道穿越墙体时，不能用墙体作活动支架，应按表 2-23 活动支架的最大间距来确定墙两侧的两个活动支架位置。

“托稳转角”，指在管道的转弯处，包括方形补偿器的弯管，由于弯管的抗弯曲能力较直管有所下降，因此，弯管两侧的两个活动支架间的管道长度应小于表 2-23 中的数值。在确定两支架位置时，表中数值可作为参考，最终使得两个支架间的弯管不出现“低头”的现象。

“中间等分、不超最大”，指在墙体、转弯等处两侧活动支架确定后的其他直线管段上，按照不超过表中活动支架最大间距的原则，均匀布置活动支架。

如果土建施工时，已在墙上预留出埋设支架的孔洞，或在承重结构上预埋了钢板，应检查预留孔洞和预埋钢板的标高及位置是否符合要求，并用十字线标出支架横梁的安装位置。

二、支架安装方法

支架的安装方法主要是指支架的横梁在墙体或构体上的固定方法，俗称支架生根。常用方法有栽埋法、预埋件焊接法、膨胀螺栓或射钉法及抱柱法等。

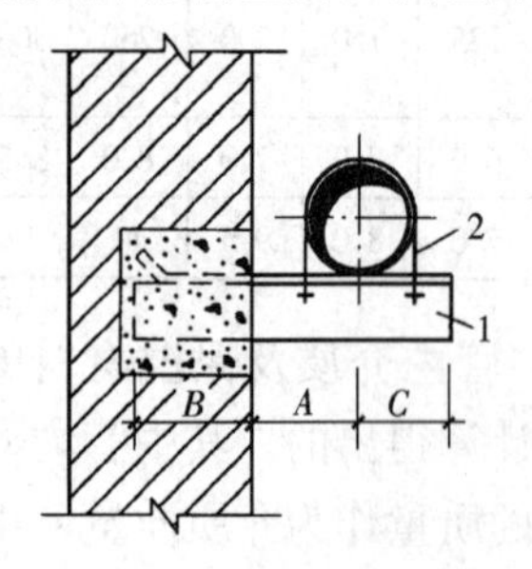

图 2-24　单管栽埋法安装支架
1—支架横梁；2—U 型管卡

1. 栽埋法

栽埋法适用于直型横梁在墙上的栽埋固定。栽埋横梁的孔洞可在现场打洞，也可在土建施工时预留。如图 2-24 所示为不保温单管支架的栽埋法安装，其安装尺寸见表 2-24。

采用栽埋法安装时，先在支架安装线上画出支架中心的定位十字线及打洞尺寸的方块线，即可进行打洞。洞要打得里外尺寸一样，深度符合要求。洞打好后将洞内清理干净，用水充分润湿，浇水时可将壶嘴顶住洞口上边沿，浇至水从洞下口流出，即为浇透。然后将洞内填满细石混凝土砂浆，填塞要密实饱满，再将加工好的支架栽入洞内。支架横梁的栽埋应保证平正，不发生偏斜或扭曲，栽埋深度应符合设计要求或有关图集规定。横梁栽埋后应抹平洞口处灰浆，不使之突出墙面。当混凝土强度未达到有效强度的 75%时，不得安装管道。

2. 预埋件焊接法

在混凝土内先预埋钢板，再将支架横梁焊接在钢板上，如图 2-24 所示。单管支架预埋钢板厚度为 $\delta = 4 \sim 6$mm，对 $DN15 \sim 80$mm 的单管，钢板规格为 150mm × 90mm × 4mm；$DN100 \sim 150$mm 的单管，钢板规格为 230mm × 140mm × 6mm。钢板的埋入面可焊接 2 ~ 4 根圆钢弯钩，也可焊接直圆钢再与混凝土主筋焊在一起。

单管托架尺寸表（mm） **表 2-24**

公称直径	不保温管			保温管			
	A	*B*	*C*	*A*	*C*	*E*	*H*
15	70	75	15	120	15	60	101
20	70	75	18	120	18	60	106
25	80	75	21	140	21	60	117
32	80	75	27	140	27	80	121
40	80	75	30	140	30	80	124
50	90	105	36	150	36	80	130
65	100	105	44	160	44	80	158
80	100	105	50	160	50	80	165
100	110	130	61	180	61	120	174
125	130	130	73	200	73	150	187
150	140	145	88	210	88	150	230

注：不保温单管、保温单管的托架尺寸分别见图 2-17、2-24。

支架横梁与预埋钢板焊接时，应先挂线确定横梁的焊接位置和标高，焊接应端正牢固，其安装尺寸见表 2-24。

3. 膨胀螺栓法及射钉法

这两种方法适用于在没有预留孔洞，又不能现场打洞，也没有预埋钢板的情况下，用角型横梁在混凝土结构上安装，如图 2-25 所示。两种方法的区别仅在于角型横梁的紧固方法不同。目前，在安装施工中得到越来越多的应用。

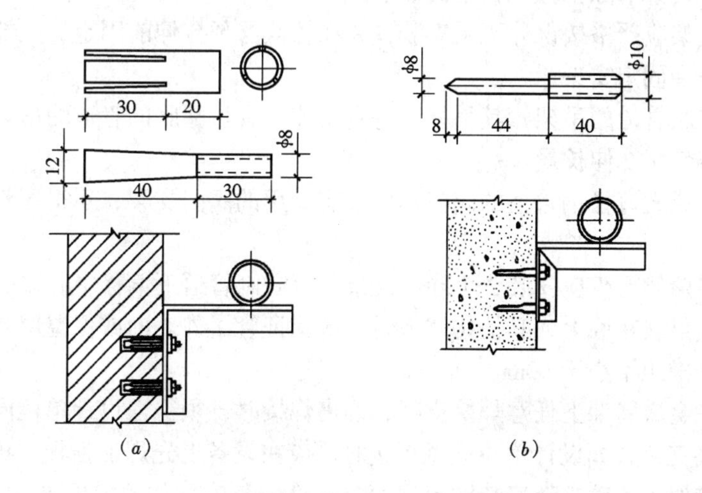

图 2-25 螺胀螺栓及射钉法安装支架

（*a*）膨胀螺栓法；（*b*）射钉法

用膨胀螺栓固定支架横梁时，先挂线确定横梁的安装位置及标高，再用已加工好的角型横梁比量，并在墙上画出膨胀螺栓的钻孔位置，经打钻孔后，轻轻打入膨胀螺栓，套入横梁底部孔眼，将横梁用膨胀螺栓的螺母紧固。膨胀螺栓规格及钻头直径的选用见表2-25。钻孔要用手电钻进行。

膨胀螺栓的选用（mm） **表 2-25**

管道公称直径	≤70	80~100	125	150
膨胀螺栓规格	M8	M10	M12	M14
钻头直径	10.5	13.5	17	19

射钉法固定支架的方法基本上同膨胀螺栓法，即在定出紧固螺栓位置后，用射钉枪打入带螺纹的射钉，最后用螺母将角型横梁紧固，射钉规格为8~12mm，操纵射钉枪时，应按操作要领进行，注意安全（见第十一章）。

4. 抱柱法

管道沿柱安装时，支架横梁可用角钢、双头螺栓夹装在柱子上固定，如图2-26所示。安装时也用拉通线方法确定各支架横梁在柱上的安装位置及安装标高。角钢横梁和拉紧螺栓在柱上紧固安装后，应保持平正无扭曲状态。

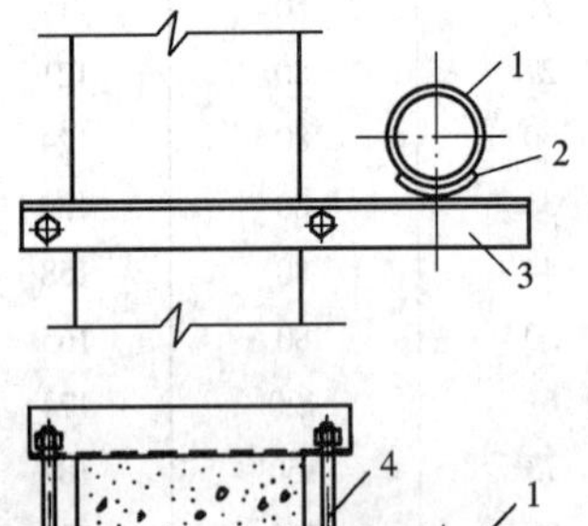

图2-26 单管抱柱法安装支架
1—管子；2—弧形滑板；
3—支架横梁；4—拉紧螺栓

三、支架安装的要求

（1）支架安装前，应对所要安装的支架进行外观检查。外形尺寸应符合设计要求，不得有漏焊，管道与托架焊接时，不得有咬肉、烧穿等现象。

（2）如土建有预埋钢板或预留支架孔洞的，应检查预留孔洞或预埋件的标高及位置是否符合要求，同时要检查预埋钢板的牢固性，及预埋钢板与墙面是否平整，并清除预埋钢板上的砂浆或油漆。

（3）固定支架应严格按设计要求安装，并在补偿器预拉伸前固定。无补偿器时，在一根管段上不得安装固定支架。

（4）无热膨胀管道的吊架，其吊杆应垂直安装；有热膨胀的管道的吊架，吊杆应向热膨胀的反方向偏斜1/2伸长量。

（5）铸铁管或大口径钢管上的阀门；应设有专用的阀门支架，不得用管道承受阀体重量。

（6）补偿器两侧至少应安装2个导向支架，以限制管道不偏移中心线。

（7）支架横梁栽在墙上或其他构体上时，应保证管子外表面或保温层外表面与墙面或其他构体表面的净距不小于60mm。

（8）不得在金属屋架上任意焊接支架，确需焊接时，须征得设计单位同意；也不得在设备上任意焊接支架，如设计单位同意焊接时，应在设备上先焊加强板，再焊支架。

（9）固定支架，活动支架安装的允许偏差应符合表2-26的规定要求。

支架安装的允许偏差 **表 2-26**

检查项目	支架中心点	支架标高	两固定支架间的其他支架中心线	
	平面坐标		距固定支架10m处	中心处
允许偏差	25	-10	5	25

思 考 题 与 习 题

1. 阀门安装前应进行哪些检查？

2. 阀门试验有几种，其试验的方法、要求及标准各是什么？

3. 阀门安装的要求及注意事项有哪些？

4. 闸阀、截止阀、止回阀各有什么特点，安装时应注意什么问题？

5. 减压阀有几种安装形式？其安装注意事项有哪些？

6. 疏水阀有几种安装形式？其安装时的注意事项有哪些？

7. 试述安全阀的定压方法及安装的注意事项有哪些？

8. 管道支架的作用是什么？管道支架按用途分为几种？

9. 什么是固定支架和活动支架？

10. 固定支架一般的设置位置如何确定？

11. 活动支架位置的确定方法是什么？

12. 支架安装的方法有几种？

13. 制作与安装管道支架有哪些要求？

第三章　室内采暖系统的安装

室内采暖系统由采暖管道、散热设备和附属器具组成。其系统安装包括热水采暖系统安装、蒸汽采暖系统安装和低温地板辐射采暖系统安装。它是室内管道安装工程的一部分，在民用建筑中经常与给排水管道、燃气管道一同安装；在工业建筑中经常要与各种工艺管道、动力管道等一同安装。

工业与民用建筑的室内采暖的安装，应按《建筑给水排水及采暖工程施工质量验收规范》（GB 50242—2002）的有关规定执行。

第一节　室内采暖管道的安装

室内采暖管道常用的管材是焊接钢管和铝塑复合管。其连接方法：焊接钢管，管径小于或等于32mm，宜采用螺纹连接；管径大于32mm，宜采用焊接。铝塑复合管则采用专用管接头进行连接。

室内采暖管道的组成如图3-1所示，根据其管径大小、所处位置和作用不同，分为以下几种：

主立管——从引入口连接水平干管的竖直管段。

水平干管——为连接主立管和各立管的水平管段。

立管——为连接水平干管和各楼层散热器支管的竖直管段。

散热器支管——为连接立管和散热器的水平管段。

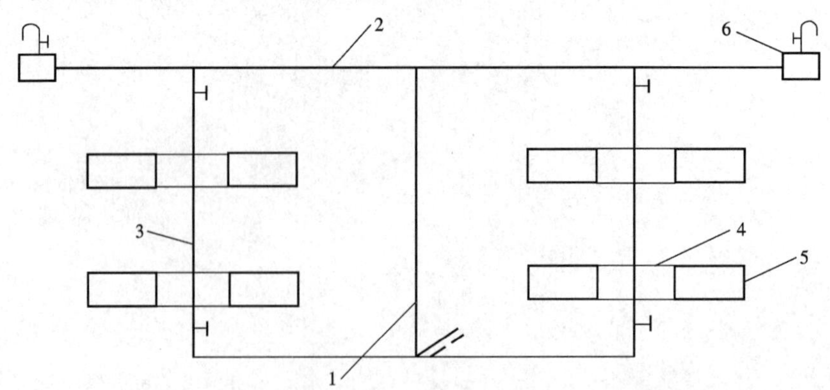

图3-1　室内热水采暖系统

1—主立管；2—供热水平干管；3—立管；4—散热器支管；5—散热器；6—集气罐

为了改变管道方向、分支及系统控制和调节，采暖管道上要装设各种管子配件（三通、弯头、管箍等）和阀门。由此可见，室内采暖管道是由干管、主立管、立管、支管和管子配件、阀门组成。

一、室内采暖管道的安装程序

为了更好的发挥室内采暖系统的作用，保证采暖系统的安装质量。安装时必须遵循以下工艺流程：干管安装——立管安装——支管安装。在安装时，首先要测线，确定每个实际管段的尺寸，然后按其下料加工。

为了便于下料，应懂得下料长度的确定方法和名称。

建筑长度——管道系统中的零配件、阀门或设备中心距离，也叫构造长度。

安装长度——管子配件、阀门或设备间管子的有限长度。安装长度等于建筑长度扣去管子零件或接头装配后占去的长度。如图 3-2 所示。

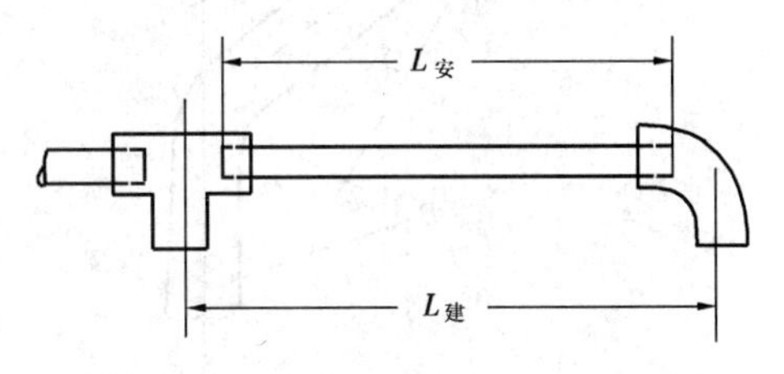

图 3-2　水平管段下料示意

加工长度——管子实际下料尺寸。对于直管段，其加工长度就等于安装长度。对有弯曲的管段，其加工长度就不等于安装长度，加工长度应是安装长度加上管段因弯曲而增加的长度。法兰连接时，加工长度要注意扣除垫片的厚度。

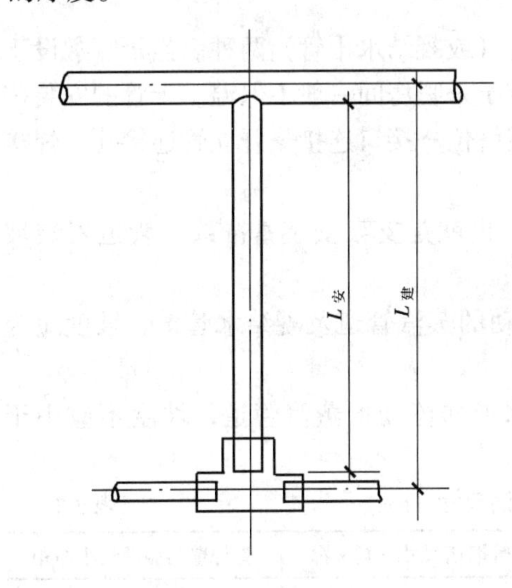

图 3-3　竖直管段下料示意

确定立管尺寸时，首先应根据其两个管件（管段）的标高差，确定两个管件（管段）之间的建筑长度，如图 3-3 中干管与三通之间的管段尺寸确定：干管的标高依据施工图给定，三通的位置可由散热器的位置推算确定，二者标高差即为此管段的建筑长度，再去掉管件的有效尺寸即为安装长度，若此管段是直管段，则安装长度就是加工长度；若此管段中有弯管，应将弯管展开，安装长度加上管段因弯曲而增加的长度为加工长度。为此，应掌握采暖管道上常用弯管的展开方法。采暖立管和散热器支管上的乙字弯展开长度如图3-4所示，乙字弯由两个 45°弯管和一段直管组成，乙字弯的跨幅 B（管子中心线距离）根据规范要求和实际需要确定，乙字弯的两个弯曲中心距为 L_1，乙字弯的展开长度可近似为 $L = L_1 + 2 \sim 3D = 1.5B + 2 \sim 3D$。在双立管采暖系统中，当立管与散热器支管垂直相交时，立管应做抱弯绕过支管，如图 3-5 所示。其具体尺寸见表 3-1。

抱弯尺寸　　**表 3-1**

立管公称直径（mm）	R_1（mm）	R_2（mm）	L（mm）	H（mm）
15	60	38	145	32
20	80	42	170	35
25	100	49	198	38
32	125	75	244	42

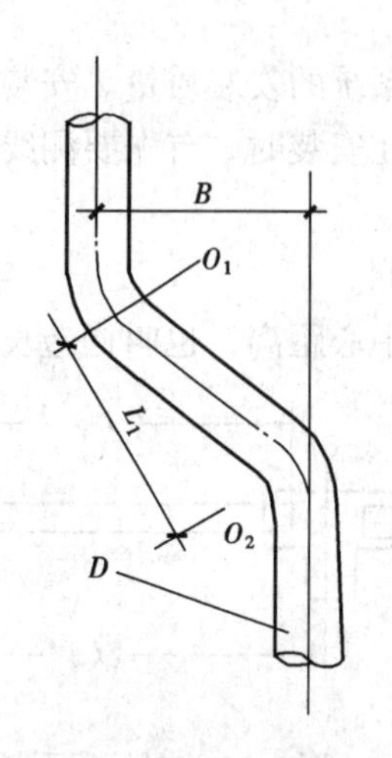

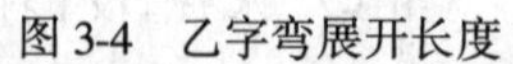
图 3-4　乙字弯展开长度

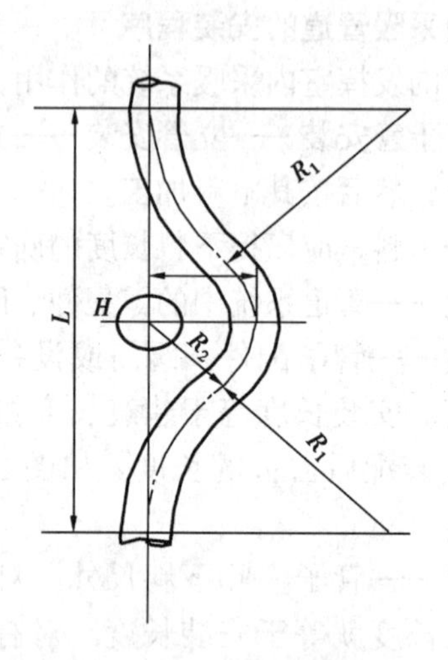

图 3-5　抱弯绕过支管

二、干管、立管、支管的安装

1. 干管安装

干管分为供水干管（或蒸汽干管）及回水干管（或凝结水干管）两种。当干管敷设于地沟、管廊、设备层、屋顶内一般应作保温；明装于采暖房间一般不保温。干管的安装按下列程序进行：管道定位、画线→安装支架→管道就位→接口连接→开立管连接孔、焊接→水压试验、验收。

(1) 根据设计坡度要求画出管道安装中心线，也就是支架安装基准线。管道安装坡度，当设计未注明时，应符合下列规定：

1）气、水同向流动的热水管道和汽水同向流动的蒸汽管道及凝结水管道，坡度应为3‰，不得小于2‰。

2）气、水逆向流动的热水采暖管道和汽、水逆向流动的蒸汽管道，坡度不应小于5‰。管道距墙面净距及预留孔洞尺寸见表 3-2。

管道距墙面净距及预留孔洞尺寸（mm）　　**表 3-2**

管道名称及规格		明管留洞尺寸（长×宽）	暗管墙槽尺寸（宽×深）	管外壁与墙面最小净距
供热立管	$DN \leqslant 25$	100×100	130×130	25～30
	$DN = 32 \sim 50$	150×150	150×130	35～50
	$DN = 70 \sim 100$	200×200	200×200	55
	$DN = 125 \sim 150$	300×300	—	60
二根立管	$DN \leqslant 32$	150×100	200×130	
散热器支管	$DN \leqslant 25$	100×100	60×60	15～25
	$DN = 32 \sim 40$	150×130	150×100	30～40
供热主干管	$DN \leqslant 80$	300×250	—	—
	$DN = 100 \sim 150$	350×300		

(2) 采暖干管的支架，可根据不同的建筑物，不同的敷设位置和并行敷设管道的数量，采用托架或吊架。管道支架具体可分为固定支架（图 3-6）、活动支架。活动支架又可

分为悬臂托架、三角托架和吊架等。支架在建筑结构上的固定方法，可根据具体情况采用在墙上打洞、灌水泥砂浆固定方法；或预埋金属件、焊接固定的方法；或用膨胀螺栓、射钉枪固定的方法和在柱子上用夹紧角钢固定的方法等。如图 3-7 所示。

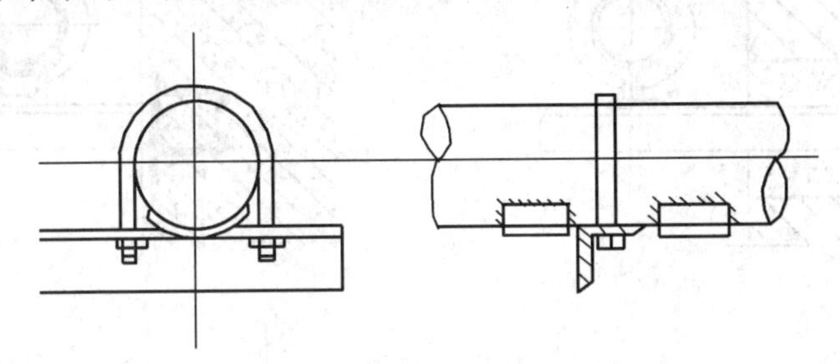

图 3-6　固定托架一般做法

管道支架的安装应符合下列规定：

1）位置应准确，埋设应平整牢固；

2）与管道接触紧密；

3）支架的数量和位置可根据设计要求确定，设计无要求时，钢管可按表 3-3 的规定执行；

4）活动支架应能让管道纵向可自由伸缩，又能限制管道上下位移，以保证管道坡度。对固定支架则必须将管道固定牢固。

钢管管道支架的最大间距　　**表 3-3**

公称直径（mm）		15	20	25	32	40	50	70	80	100	125	150	200	250	300
支架的最大间距（mm）	保温管	1.5	2	2	2.5	3	3	4	4	4.5	5	6	7	8	8.5
	不保温管	2.5	3	3.5	4	4.5	5	6	6	6.5	7	8	9.5	11	12

(3）采暖干管管段的下料长度，应根据施工现场的条件决定，尽可能用整条管子，减少接口数量。管段在支架上做最后的接口后对其位置进行调整，干管离墙距离、干管的标高和坡度均应符合规范要求，然后用管卡将管道固定在支架上。然后，根据管径大小依次进行焊接或螺纹连接。

采暖干管的安装要求是：

1）明装管道成排安装时，直管部分应互相平齐。转弯处，当管道水平并行时，应与直管部分保持等距；管道水平上下并行时，曲率半径应相等。

2）采暖干管过墙壁时应设置钢套管，套管直径比被套管大 2～3 号，其两端应与饰面平齐。

3）采暖干管上管道变径的位置应在三通后 200mm 处。

4）在底层地面上敷设的采暖干管过外门时，应设局部不通行地沟，管道要保温、设排气阀和泄水阀或丝堵。具体见图 3-8。

5）采暖干管纵、横方向弯曲偏差：管径小于或等于 100mm，每米管长允许偏差为 0.5mm，全长（25m 以上）允许偏差不大于 13mm；管径大于 100mm，每米管长允许偏差为 1mm，全长（25m 以上）允许偏差不大于 25mm。

2. 立管安装

图 3-7　采暖管道支架

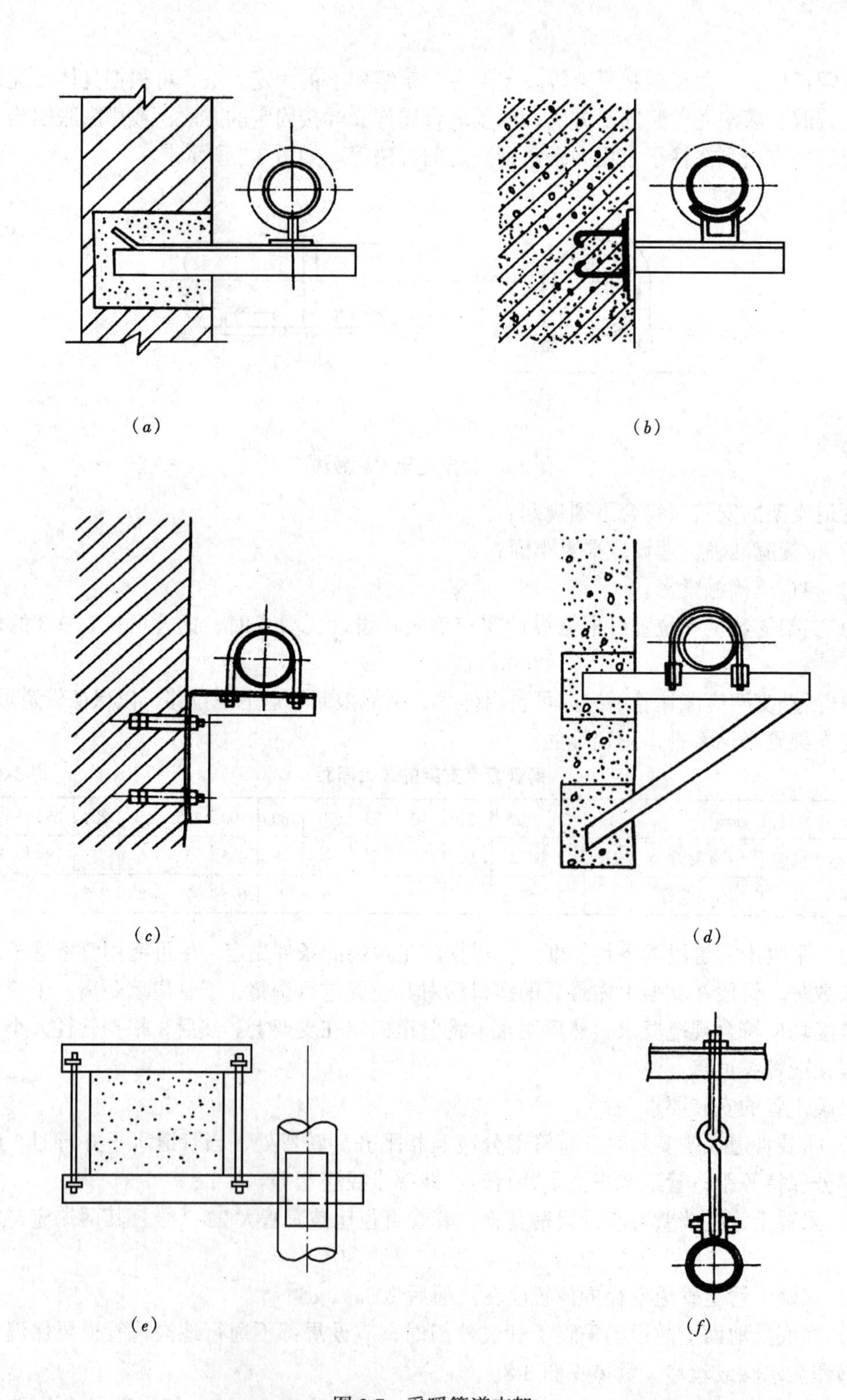

图 3-7　采暖管道支架

(*a*) 埋栽在墙上悬臂托架；(*b*) 焊在预埋钢板上的托架；(*c*) 膨胀螺栓固定的托架；
(*d*) 埋栽在墙上的三角托架；(*e*) 夹在柱子上的托架；(*f*) 吊架

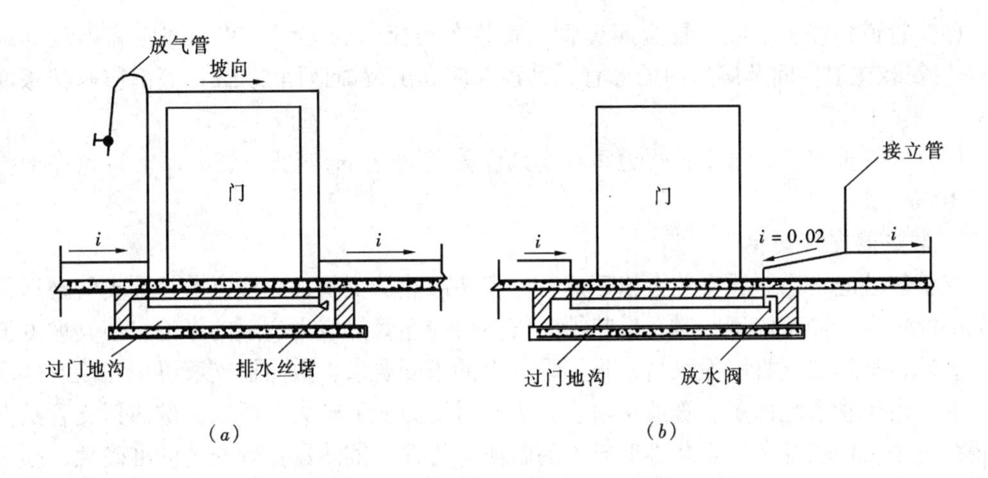

图 3-8　采暖干管过外门地沟及处理

(a) 凝结水管过门；(b) 热水管过门

立管是室内采暖系统中结构比较复杂的管段。立管安装应从底层到顶层逐层安装。立管安装前也应对预留孔洞的位置和尺寸检查、修整，直至符合要求，然后在建筑结构上标出立管的中心线。按照立管中心线在干管上开孔焊制三通管，一般此管段采用带乙字弯的短管。立管安装位置：管道与管道距左墙净距不得小于 150mm，距右墙不得小于 300mm。位置参见表 3-2。

根据建筑物层高和立管的根数，按规范要求，在相应的位置上埋好立管管卡。待埋栽管卡的水泥砂浆达到强度后，进行立管的固定和支管段的安装。

先根据散热器的安装位置、散热器支管的管长和坡降要求，确定连结散热器支管的管件（弯头、三通、四通）的位置和立管上阀门的位置，再准确的对立管的各管段下料，用螺纹连接各管段。

立管的安装要求是：

(1) 立管与干管的连接，应采用正确的连接方式，如图 3-9 所示。

(2) 安装管径小于或等于 32mm 不保温的采暖双立管管道，两管中心距为 80mm，允许偏差为 5mm，供水或供汽管应置于面向的右侧。

(3) 立管管卡安装，主要为保证立管垂直度，防止倾斜。当层高小于或等于 5m，每层须安装 1 个；当层高大于 5m，每层不得少于 2 个。管卡安装高度：距地面为 1.5 ~ 1.8m，两个以上管卡可匀称安装；同一房间管卡应安装在同一高度上。

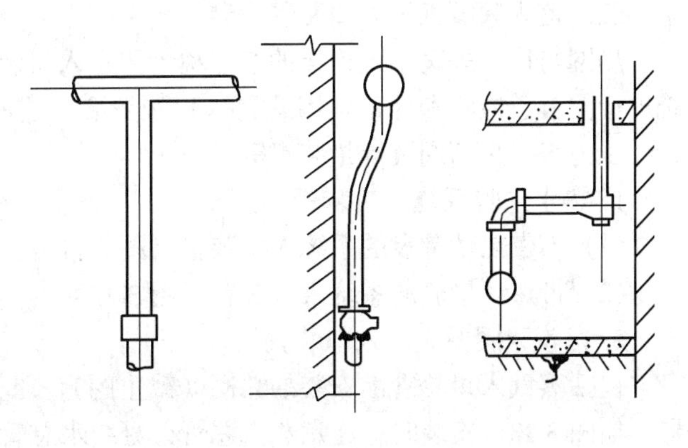

图 3-9　立管与干管的连接方式

(4) 双立管系统的抱弯应设在立管上，且弯曲部分侧向室内，这是考虑到安装或拆卸散热器时，都必须先装或卸散热器支管，不需动立管。

(5) 管道穿楼板，应设置金属套管。安装在楼板内的套管，其顶部应高出装饰地面20mm，安装在卫生间及厨房内的套管，其顶部应高出装饰地面50mm，底部应与楼板底面相平。

(6) 立管垂直度：每米长管道垂直度允许偏差为2mm，全长（5m以上）允许偏差不大于10mm。

3. 散热器支管安装

支管安装应在散热器安装合格后进行。安装散热器支管，应注意散热器支管在运行和安装中的特点。如系统运行时，散热器支管主要受立管热应力变形的影响，使其坡度值变化。另外，散热器支管一般很短，根据设计上的不同要求，散热器支管可由三段或两段管段组成，由于管子配件多、管道接口多，工作时受力变形较大，所以，散热器支管是室内采暖系统中结构较复杂、安装难度较大的管段。为保证散热器支管安装的准确性，施工时可取管子配件或阀门实物，逐段比量下料、安装。散热器支管安装时，支管与散热器的连接应为可拆卸连接，如长丝、活接头等。支管不得与散热器强制连接，以免漏水。

散热器支管的安装要求是：

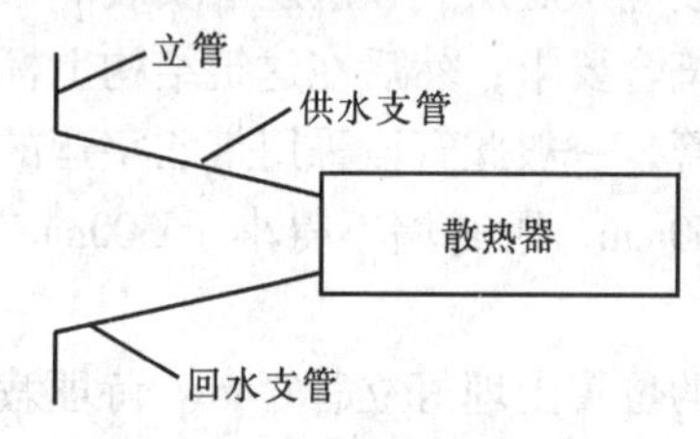

图3-10 散热器支管坡度

(1) 连接散热器的支管应有坡度，坡度应为1%，坡向应有利于排气和泄水，如图3-10所示。具体做法是：当支管全长小于或等于500mm，坡度值为5mm；大于500mm为10mm。当一根立管连接两根支管，任其一根超过500mm，其坡度值均为10mm。

(2) 散热器支管长度大于1.5m，应在中间安装管卡或托钩。散热器支管管径一般都较小，多为*DN*15mm或*DN*20mm，若管内介质和管道自重之和超出了管材刚度所允许的负荷，在散热器支管中间没有支撑件，就会造成弯曲使接口漏水、漏气。

(3) 蒸汽采暖散热器的支管安装时，供汽支管上装阀门，回水支管上装疏水器。

三、室内采暖系统入口装置安装

热网与用户采暖系统连接的节点称为用户入口装置。安装入口装量的目的是为了对系统进行调节、检测和计量。因此在入口装置要有进行上述工作所需的仪表设备。如温度计、压力表、平衡阀及计量装置等。

1. 热水采暖系统入口装置

(1) 不带热计量表的系统入口装置（图3-11）。

(2) 带热计量表的系统入口装置（图3-12）。

2. 蒸汽采暖系统的入口装置

包括蒸汽入口总管上安装的总阀（截止阀）、压力表、管道末端的自动排气阀和疏水器。如图3-13。安装时，注意蒸汽总管，凝结水总管的安装坡度和坡向。

(1) 疏水器的组装　疏水器是用于蒸汽管道系统中的一个自动调节阀门，其作用是排除凝结水，阻止蒸汽流过。疏水器的组装有两种：带旁通阀的疏水器和不带旁通阀疏水器。组装后，用螺纹或焊接连于管道系统中。疏水阀的组装形式，如图3-14所示。

疏水器是由疏水阀、前后控制阀（截止阀）、冲洗管及冲洗阀、检查管及控制阀、旁通管及旁通阀组成。当采用螺纹连接时，用三通、活接头等螺纹组件组装的，适用于热动

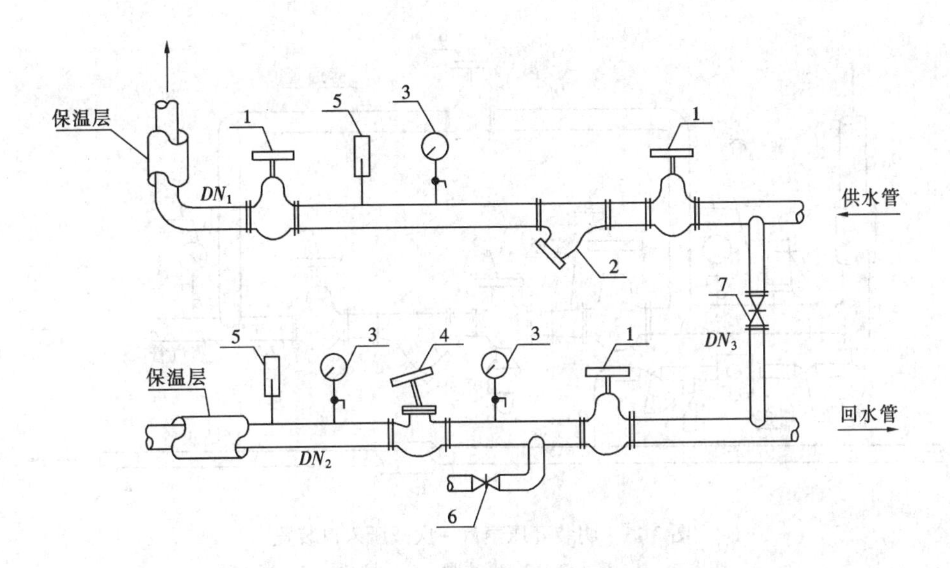

图 3-11　明装热水采暖入口装置

1—阀门；2—过滤器；3—压力表；4—平衡阀；5—温度计；6—闸阀；7—阀门

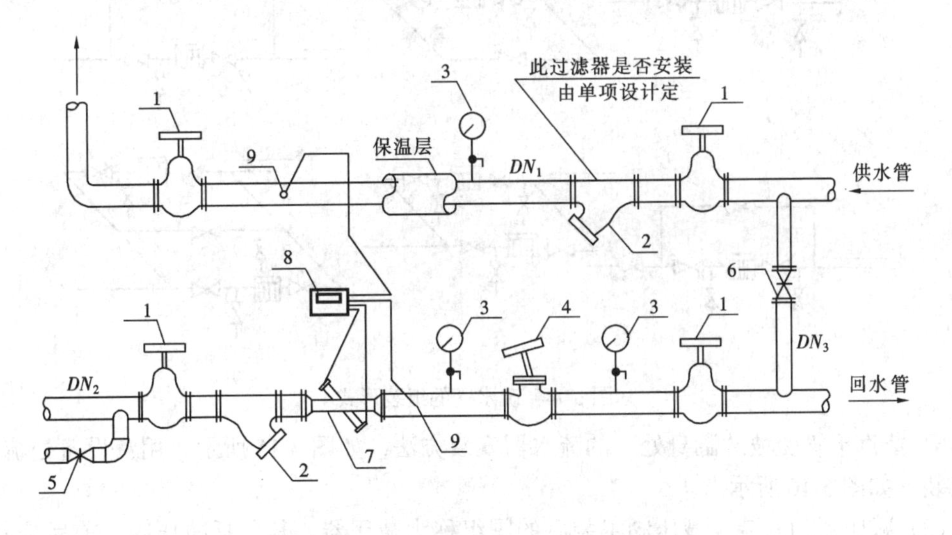

图 3-12　带热计量表的热力入口装置

1—阀门；2—过滤器；3—压力表；4—平衡阀；5—闸阀；6—阀门；

7—超声波流量计；8—热表；9—温度传感器

力型疏水阀的不带旁通管的安装。

(2) 疏水器的安装：

1) 在螺纹连接的管道系统中，组装的疏水器两端应装有活接头。

2) 疏水器进口端应装有过滤器，以定期清除积存的污物，保证疏水阀孔不被堵塞。

3) 当凝结水不回收直接排放时，疏水器可不设截断阀。

4) 疏水器前应设放气管，来排放空气或不凝性气体，减少系统的气堵现象。

5) 疏水器管道水平敷设时，管道应坡向疏水阀，以防水击。

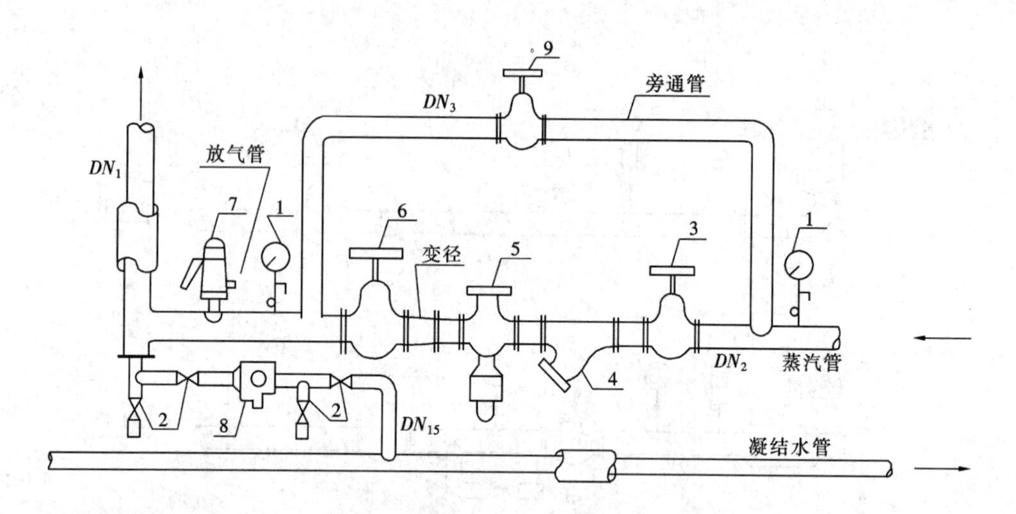

图 3-13 明装高压蒸汽一次减压入口装置

1—压力表；2—截止阀；3—截止阀；4—过滤器；5—减压阀；6—截止阀；7—安全阀；8—疏水器；9—截止阀

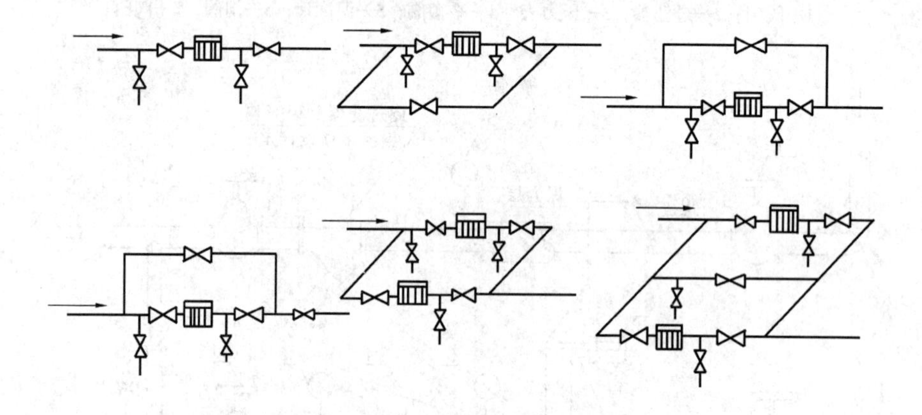

图 3-14 疏水阀的组装形式

6）蒸汽干管变坡“翻身处”的疏水器安装方法，如图 3-15 所示；用汽设备处疏水器的安装，如图 3-16 所示。

（3）减压器的安装　减压阀组装后的阀组称为减压器。其包括减压阀、前后控制阀、压力表、安全阀、冲洗管及冲洗阀、旁通管及旁通阀等部分。

减压器螺纹连接时，用三通、弯头、活接头等管件进行预组装，组装后减压器两侧带有活接头，便于和管道进行螺纹连接。亦可用焊接形式与管道连接。减压器安装如图 3-17 所示。

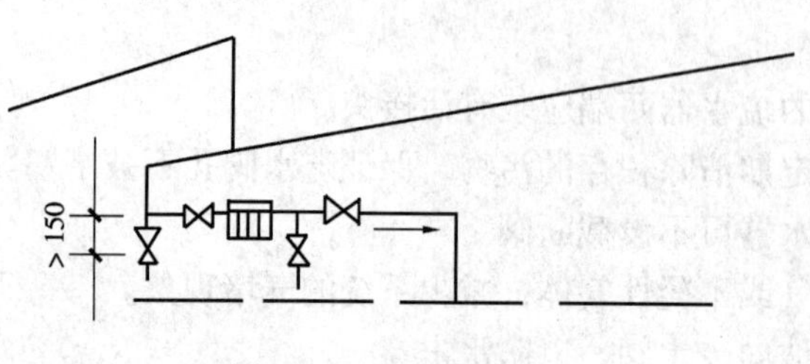

图 3-15 疏水器的安装

安装时需注意以下问题：

1）减压阀具有方向性，安装时不得装反，且应垂直的装在水平管道上。

2）减压器各部件应与所连接的管道处于同一中心线上。带均压管的减压器，均压管应连于低压管一侧。

3）旁通管的管径应比减压阀公称直径小1～2号。

4）减压阀出口管径应比进口管径大2～3号。减压阀两侧应分别装高、低压压力表。

5）公称直径为50mm及以下的减压阀，配弹簧式安全阀；公称直径为70mm及以上的减压阀，配杠杆式安全阀。所有安全阀的公称直径应比减压阀公称直径小2号。

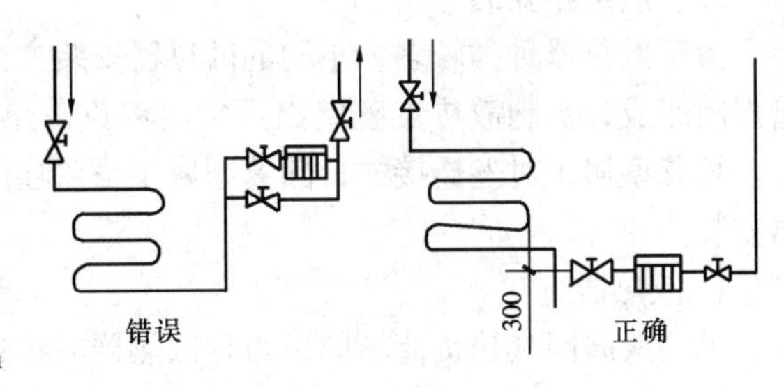

图3-16 疏水器用汽设备处的安装

6）减压器沿墙敷设时，离地面1.2m；平台敷设时，离操作平台1.2m。

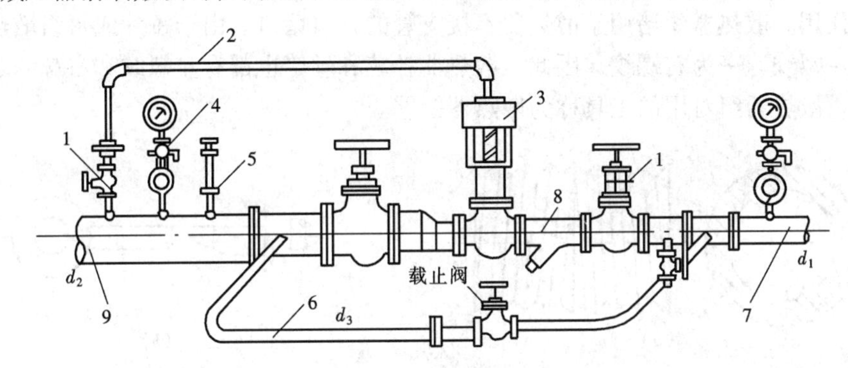

图3-17 减压器安装法

1—截止阀；2—DN15压气管；3—减压阀；4—压力表；5—安全阀；6—旁通管；7—高压蒸汽管；8—过滤器；9—低压蒸汽管

7）蒸汽系统的减压器前设疏水器；减压器阀组前设过滤器。

8）波纹管式减压器用于蒸汽系统时，波纹管朝下安装。

第二节 散热器的安装

一、散热器的种类

散热器是室内采暖系统的散热设备，散热器种类很多，目前国内常用散热器有铸铁散热器和钢制散热器两大类。

1．铸铁散热器

铸铁散热器按其形状可分为柱型（四柱，M132）、翼型（大60、小60、圆翼型等）。其优点是具有耐腐蚀性，但承压一般不宜超过0.4MPa，较笨重、组对劳动强度大、接口多，用于压力小于0.4MPa的采暖系统或高度在40m以内的建筑物内。

2．钢制散热器

钢制散热器有板式、壁板式、柱式、钢串片式、对流式等。其具有重量轻、承压能力高、光滑美观、易清扫、占地小、安装简便等优点。但造价较铸铁散热器高，一般用于高度超过40m的建筑物内。

二、散热器安装

由于散热器种类较多，不同的散热器安装方法不同，如光管散热器多在现场用无缝钢管焊制而成、铝制散热器整组出厂。而铸铁散热器可分为对丝连接式和法兰连接式，柱型、长翼型属于对丝连接式，圆翼型属于法兰连接式。下面以铸铁散热器为例，介绍散热器安装。

1. 散热器组对

不同房间因其热负荷不同，布置散热器的数量也不同，所以铸铁散热器安装，首先要根据设计片数进行组对。

组对散热器要用的主要材料是散热器对丝、垫片、散热器补芯和丝堵。其中，对丝是两片散热器之间的连接件，它是一个全长上都有外螺纹的短管，它的一端为右螺纹，另一端为左螺纹，如图 3-18 所示。散热器补芯是散热器管口和散热器支管之间的连结件，并起变径的作用。散热器丝堵用于散热器不接支管的管口堵口。由于每片或每组散热器两侧接口一为左螺纹，一为右螺纹，因此，散热器补芯和丝堵也都有左螺纹和右螺纹之分以便对应使用。散热器组对用的工具称为散热器钥匙。

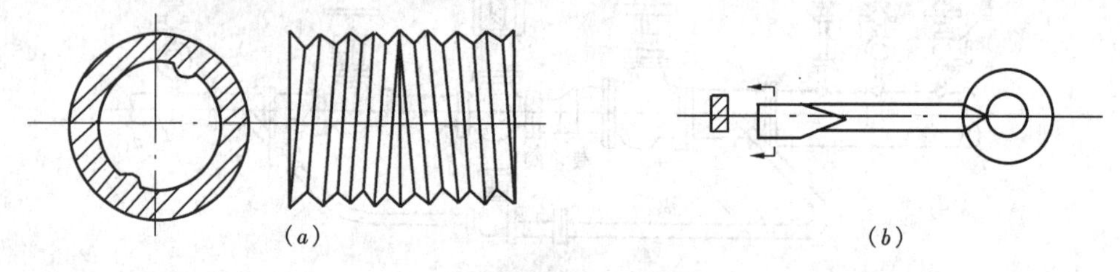

图 3-18　散热器的对丝及钥匙

(a) 对丝；(b) 钥匙

散热器组对前，应对每片散热器片内部和管口清理干净，散热器片表面要除锈，刷一遍防锈漆。组对时，先将一片散热器放到组对平台上，把对丝套上垫片放入散热器接口中，再将第二片散热器（这片散热器相对接口的螺纹方向必须是相反的）的接口对准第一片散热器接口中的对丝，用两把散热器钥匙同时插入对丝孔内，同时、同向、同速度转动，使对丝同时在两片散热器接口入扣，利用对丝将两片散热器拉紧，每组散热器的片数与组数应按设计规定事先统计好，然后组对。

散热器组对的要求是：

(1) 散热器组对前应检查：长翼型散热器的顶部掉翼数，只允许一个，其长度不得大于 50mm。侧面掉翼数，不得超过两个，共累计长度不得大于 200mm，且掉翼面应朝墙安装。

(2) 组对散热器的垫片应使用成品，组对后垫片外露不应大于 1mm。

(3) 散热器组对应平直紧密，组对后平直度应符合表 3-4 的规定。

(4) 为了搬运和安装方便，每组散热器片数不宜超过下列数值，使其组对后长度不大于 1.7m：

长翼型（大 60）6 片；

细柱型（四柱等）25 片；

粗柱型（M132）20 片。

组对后散热器平值度允许偏差　　表 3-4

散热器类型	片　数	允许偏差	散热器类型	片　数	允许偏差
长翼型	2～4	4	铸铁片式 钢制片式	3～15	4
	5～7	6		15～25	6

(5) 组对好的散热器一般不应堆放，若受条件限制必须平堆放时，堆放高度不应超过十层，且每层间应用木片隔开。

2. 散热器的试压

散热器组成后，必须进行水压试验，合格后才能安装。试验压力如设计无要求时应为工作压力的 1.5 倍，但不得小于 0.6MPa。水压试验的持续时间为 2～3min，在持续时间内不得有压力降，不渗不漏为合格。散热器水压试验连接如图 3-19。

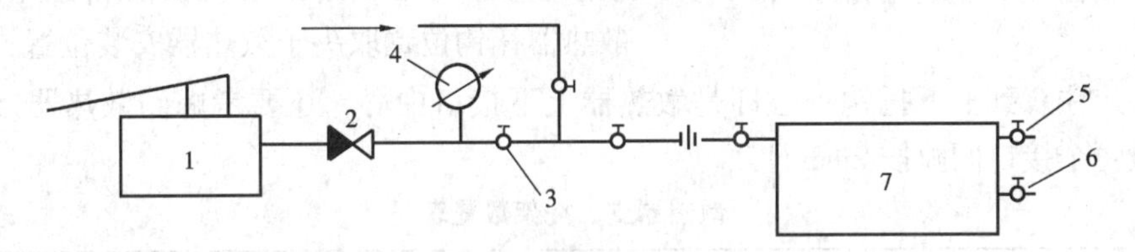

图 3-19　散热器水压试验装置

1—手压泵；2—止回阀；3—截止阀；4—压力表；5—放气管；6—泄水管；7—散散器

3. 散热器安装

散热器安装一般在内墙抹灰完成后进行。共安装形式有明装、暗装和半暗装三种。

(1) 散热器位置确定　散热器一般布置在外窗下面，其中心线应与外窗中心线重合。散热器背面距墙面净距应符合设计或产品说明书要求，如设计未注明，应为 30mm。其中心距墙面的尺寸应符合表 3-5 的规定。在窗台下面布置的具体要求如图 3-20 所示。散热器安装时，窗台至地面的距离应满足散热器及其下面是否布置回水管道所需的尺寸。

(2) 埋栽散热器托钩　散热器安装有两种方式：一种是安装在墙上的托钩上，一种是安装在地上的支座上。散热器托钩可用圆钢或扁钢制作，如图 3-21 所示。散热器托钩的长度见表 3-6。

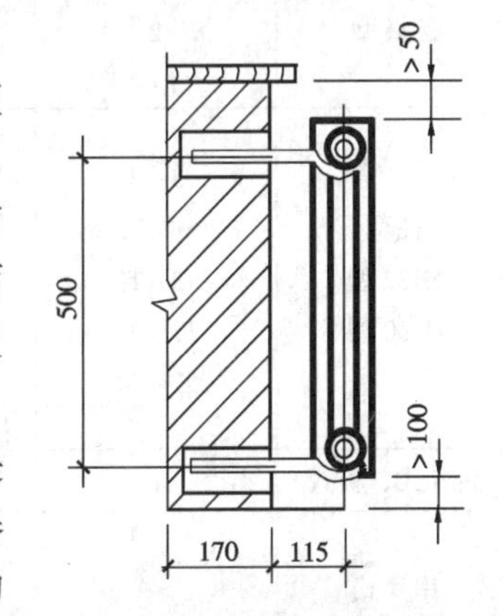

图 3-20　散热器窗台不布置回水管

散热器中心至墙表面距离　　表 3-5

散热器型号	60 型	M132 型 150	四柱型	圆翼型	扁管、板式（外沿）	串片型	
						平放	竖放
中心至墙面距离（mm）	115	115	130	115	30	95	60

散热器托钩长度 **表 3-6**

散热器名称	托钩长度 L（mm）	散热器名称	托钩长度 L（mm）
长翼型	≥235	四柱	≥262
圆翼型	≥225	五柱	≥284
M132	≥246		

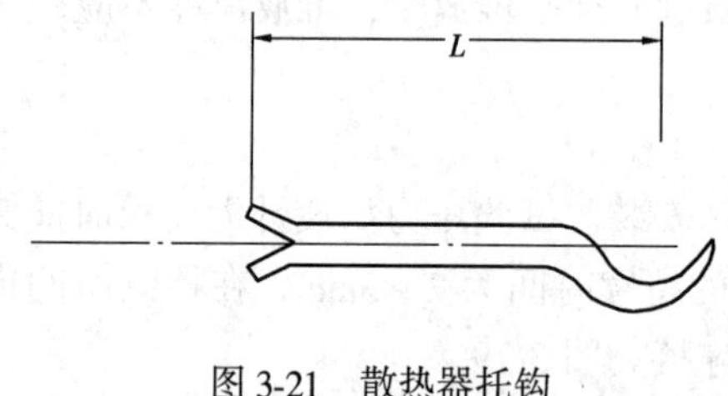

图 3-21　散热器托钩

当散热器墙上安装时，应首先确定散热器托钩的数量的位置。散热器托钩的数量因散热器的型号、组装片数不同而异，而且每组散热器上下托钩的数量也不相同，其原因是：上托钩主要保证散热器垂直度，故数量少；下托钩主要承重，故数量多。表 3-7 给出了铸铁散热器托钩数量。

散热器托钩位置取决于散热器安装位置，在墙上划线时，应注意到上下托钩中心即是散热器上下接口中心，还要考虑到散热器接口的间隙，一般每个接口间隙按 2mm 计。

散热器支、托架数量表 **表 3-7**

散热器型号	每组片数	上部托钩或卡架数	下部托钩或卡架数	总　计	备　注
60 型	1	2	1	3	
	2~4	1	2	3	
	5	2	2	4	
	6	2	3	5	
	7	2	4	6	
圆翼型	1	—	—	2	
	2	—	—	3	
	3~4	—	—	4	
柱型 M132 型 M150 型	3~8	1	2	3	柱型不带足
	9~12	1	3	4	
	13~16	2	4	6	
	17~20	2	5	7	
	21~24	2	6	8	
扁管式、板式	1	2	2	4	
串片式	每根长度小于 1.4m 长度为 1.6~2.4m 多根串联的托钩间距不大于 1m				

注：1. 轻质墙结构，散热器底部可用特制金属托架支撑；

2. 安装带腿的柱型散热器，每组所需带腿片数为：14 片以下为 2 片；15~24 片为 3 片；

3. M132 型及柱型散热器下部为托钩，上部为卡架；长翼型散热器上下均为托钩。

打墙洞时，可使用电动工具，打洞深度一般不小于 120mm。直径宜在 25mm 左右。

栽托钩时，先用水将墙洞浸湿，将托钩放入墙洞内，对正位置后，灌入水泥砂浆，并用碎石挤紧，最后用水泥砂浆填满墙洞并抹平。

（3）安装散热器　待墙洞中的水泥砂浆达到强度后，即可安装散热器。安装时，要轻抬轻放，避免碰环散热器托钩。安装后的散热器应满足表 3-8 的要求。

散热器安装的允许偏差用检验方法　　　　表 3-8

<table>
<tr><th colspan="5">项　目</th><th>允许偏差</th><th>检 验 方 法</th></tr>
<tr><td rowspan="17">散
热
器</td><td rowspan="2">坐　标</td><td colspan="3">背面墙面距离（mm）</td><td>3</td><td rowspan="3">用水准仪（水平尺）、直尺、拉线和尺量检查</td></tr>
<tr><td colspan="3">与窗口中心线（mm）</td><td>20</td></tr>
<tr><td>标　高</td><td colspan="3">底部距地面（mm）</td><td>15</td></tr>
<tr><td colspan="4">中心线垂直度（mm）</td><td>3</td><td rowspan="2">吊线和尺量检查</td></tr>
<tr><td colspan="4">侧面倾斜度（mm）</td><td>3</td></tr>
<tr><td rowspan="12">全长内的弯曲（mm）</td><td rowspan="6">灰铸铁</td><td rowspan="2">长翼型（60）（38）</td><td>2 ~ 4 片</td><td>4</td><td rowspan="12">用水准仪（水平尺）、直尺、拉线和尺量检查</td></tr>
<tr><td>5 ~ 7 片</td><td>6</td></tr>
<tr><td rowspan="2">圆翼型</td><td>2m 以内</td><td>3</td></tr>
<tr><td>3 ~ 4m</td><td>4</td></tr>
<tr><td rowspan="2">M132 柱型</td><td>3 ~ 14 片</td><td>4</td></tr>
<tr><td>15 ~ 24 片</td><td>6</td></tr>
<tr><td rowspan="6">钢　制</td><td rowspan="2">串片型</td><td>2 节以内</td><td>3</td></tr>
<tr><td>3 ~ 4 节</td><td>4</td></tr>
<tr><td rowspan="2">扁管（板式）</td><td>$L<1\text{m}$</td><td>4（3）</td></tr>
<tr><td>$L>1\text{m}$</td><td>6（5）</td></tr>
<tr><td rowspan="2">柱　型</td><td>3 < 12 片</td><td>4</td></tr>
<tr><td>13 < 20 片</td><td>6</td></tr>
</table>

三、排气设备安装

室内采暖系统要在各段管道最高点设置排气装置，目的是将热水采暖系统中的空气收集并加以排除，以保证系统的正常工作。

排气装置有两种：一种是手动集气罐，可按标准图用钢管或钢板制作；另一种是自动排气阀。手动集气罐根据安装形式不同又可分为卧式和立式两种，如图 3-22 所示，集气罐不要直接设在干管末端。立管转弯处，以防止转弯处形成气塞，其后的散热器不热，手动集气罐要设排气阀和排气管，排气管应接至邻近水池处。自动排气阀前应设置截止阀，以便检修或更换自动排气阀。

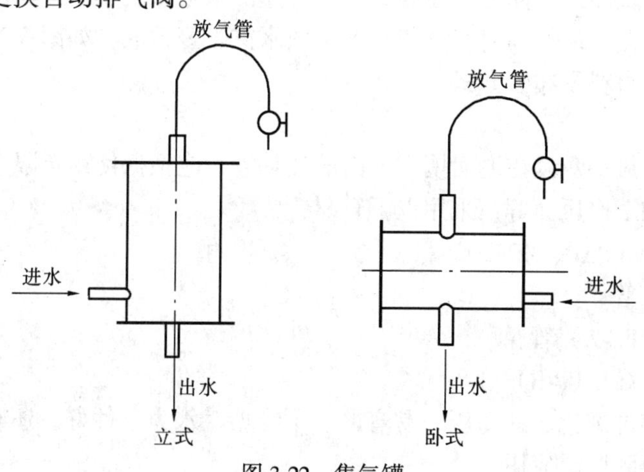

图 3-22　集气罐

第三节　低温热水地板辐射采暖系统的安装

低温热水地板辐射采暖，系采用低于60℃的低温水作为热媒，通过直接埋入建筑地板内的加热盘管中，利用辐射而达到室温要求的一种方便、灵活的采暖方式。

低温热水地板辐射采暖具有高效节能、舒适卫生、低温隔声、热稳定性好、不占使用面积等特点，近年来被广泛使用。实践证明，低温热水地板辐射采暖也是便于按热分户控制、分户计量收费、节约能源的较好方案之一。

一、系统的组成与形式

1. 分户独立热源采暖系统

它主要由热源（燃油锅炉、燃气锅炉、电热锅炉等）、供水管、过滤器、分水器、地板辐射管、集水器、膨胀水箱、回水管等组成，如图3-23所示。

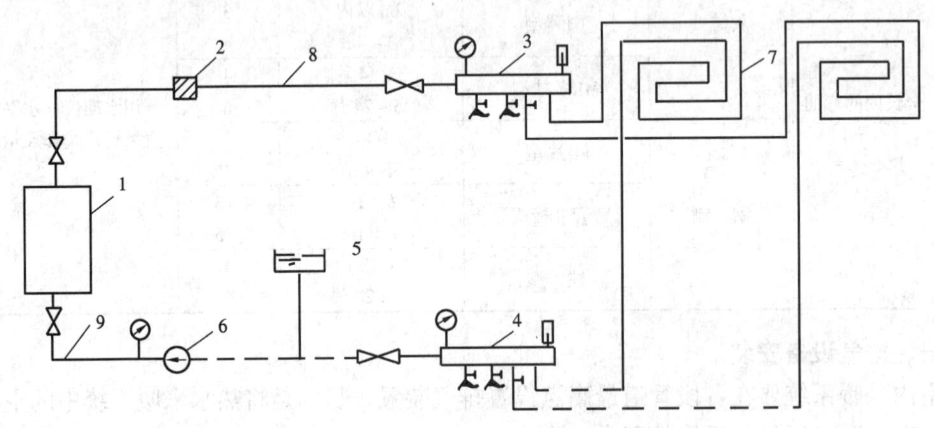

图3-23　分户独立热源地板辐射采暖系统

1—锅炉；2—过滤器；3—分水器；4—集水器；5—膨胀水箱；6—循环水泵；7—地板辐射管；8—供水管；9—回水管

2. 集中热源的采暖系统

这种系统的布置形式，同分户控制、分户计量的采暖系统相似，它由供水支管、除污器、热量表、分水器、地板辐射管、集水器、回水支管等组成，如图3-24所示。

二、系统应用材料及布管方式

1. 材料

(1) 加热管材料　敷设在地面填充层内的加热管，应根据使用年限、要求、使用条件等级、热媒温度和工作压力等，采用以下管材：

交联铝塑复合（PAP、XPAP）管；

聚丁烯（PB）管；

交联聚乙烯（PE-X）管；

无规共聚聚丙烯（PP-R）管。

以上管材具有抗老化、耐高压、易弯曲、不结垢、水力条件好，还有高质量的配件结合体系等优点，得到广泛应用。

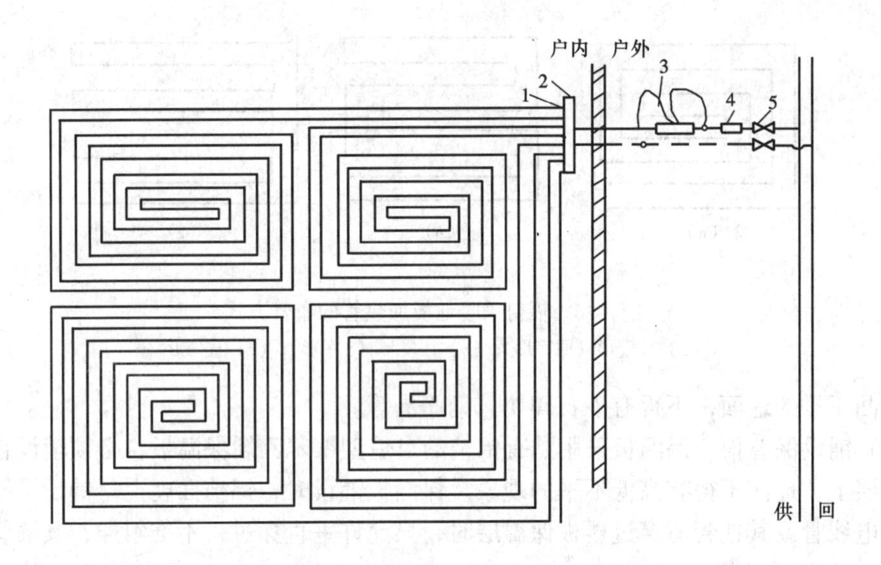

图 3-24　一户一表式地板辐射采暖系统

1—远程传感器温控阀；2—集、分水器；3—热量表；4—除污器；5—锁闭阀

(2) 其他材料：

1) 绝热板材：宜采用自熄型聚苯乙烯泡沫塑料，其厚度由设计确定。其物理性能应满足以下要求：

①密度不应小于 $20kg/m^3$；

②导热系数不应大于0.05W/(m·K)；

③压缩应力不应小于 100kPa；

④吸水率不应小于 4%；

⑤氧指数不应小于 32。

2) 绝热板材表面处理方法：专用敷有玻璃布基铝铂面层或真空镀铝聚酯薄面层。

3) 分-集水器：是将管道中的液体进行分流或集流的装置，亦称配水器。分、集水器由单件组成，一般用铜制造。如图 3-25 所示。

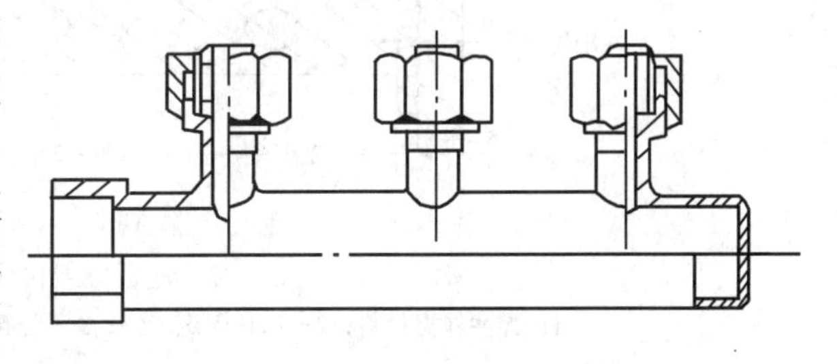

图 3-25　卡套式分-集水器结构图

2. 系统布管方式

地板辐射采暖系统的管路布管方式，依房间的耗热量不同分别采用旋转形、往复形或直列形等方式，如图 3-26 所示。

三、地板辐射采暖的结构与施工工艺

1. 工作条件

地板辐射采暖施工是在建筑工程主体完成，室内地面抹灰已完成，与地面施工同时进行，并且采暖立管、干管、给排水立管已完成。

2. 施工流程

(1) 清理地面　在铺设贴有铝箔的自熄型聚苯乙烯保温板之前，将地面清扫干净，不

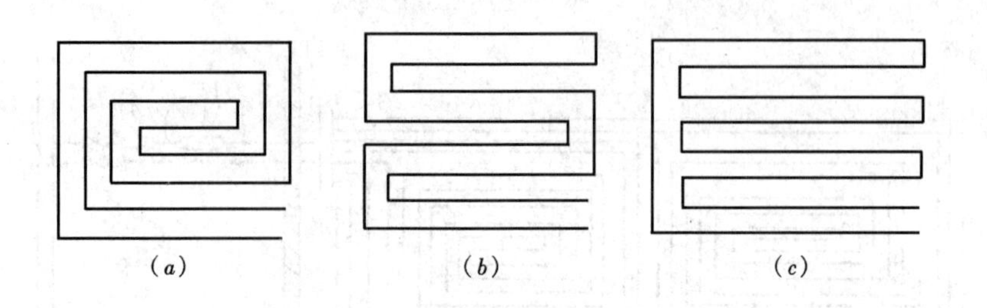

图 3-26 辐射采暖地板加热管的布管方式

(a) 旋转形 (回字形); (b) 往复形 (S 字形); (c) 直列形

得有凹凸不平的地面，不得有砂石碎块、钢筋头等。

(2) 铺设保温板　保温板采用贴有铝箔的自熄型聚苯乙烯保温板，必须辅设在水泥砂浆找平层上，地面不得有高低不平的现象。保温板铺设时，铝箔面朝上，铺设平整。凡是钢筋、电线管或其他管道穿过楼板保温层时，只允许垂直穿过，不准斜插，其插管接缝用胶带封贴严实、牢靠。

(3) 铺设加热盘管　加热盘管的铺设的顺序是从远到近逐个环圈铺设，其间距应根据设计而定。然后加以固定。固定方法有以下几种：用专用塑料 U 型固定卡子将加热管直接固定在敷有复合面合层的绝热板上；用扎带将加热管绑扎在铺设于绝热表面的钢丝网上或卡在铺设于绝热层表面的专用管架或管卡上。如图 3-27 所示。

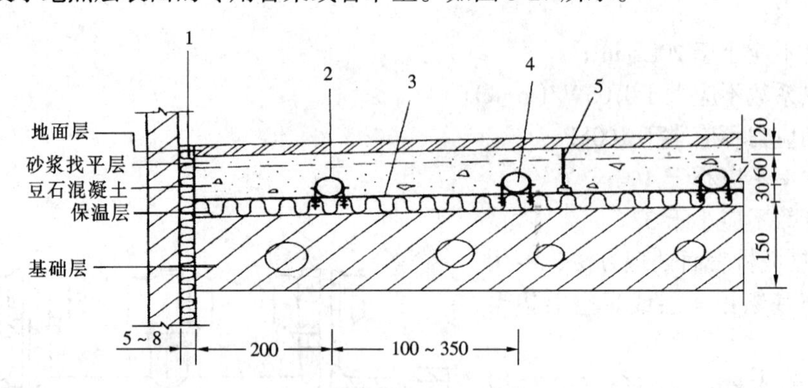

图 3-27 地板辐射供暖剖面

1—弹性保温材料；2—塑料固定卡钉；3—铝箔；4—加热盘管；5—膨胀带

加热管铺设要求：

1) 加热管的弯曲半径，不宜小于 8 倍管外径。

2) 填充层内的加热管不应有接头。

3) 加热管固定点的间距，直管段不应大于 500mm，弯曲管段上不应大于 250mm。

(4) 试压　安装完地板上的加热盘管后，要进行水压试验。首先接好临时管路及试压泵，灌水后打开排气阀，将管内空气放净后关闭排气阀，先检查接口，无异样情况方可缓慢地加压，增压过程观察接口，发现渗漏立即停止，将接口处理后再增压。增加至 0.6MPa 后，稳压 1h，压力降不大于 0.05MPa 为合格。

(5) 回填豆石混凝土　试压验收合格后，应立即回填豆石混凝土，要求如下：

1）混凝土强度等级由设计确定，但强度不应小于 C15，豆石粒径宜不大于 12mm，并宜掺入 5%的防龟裂的添加剂。

2）回填和养护过程中，加热管内应保持不小于 0.4MPa 的压力。严禁踩压管路，必须用人力进行捣固密实。严禁机械振捣。

3）当辐射地板面积超过 30m^2 或长边超过 6m 时，混凝土填充层应设置热膨胀缝。

4）加热管穿建筑物伸缩缝处，应设长度不小于 100mm 的柔性套管。

5）填充层的养护周期，应不小于 48h。

（6）分—集水器的安装、连接：

1）分—集水器的安装时，分水器在上，集水器安装在下，中心距为 200mm，集水器中心距地面应不小于 300mm，并将其固定。如图 3-28、3-29 所示。

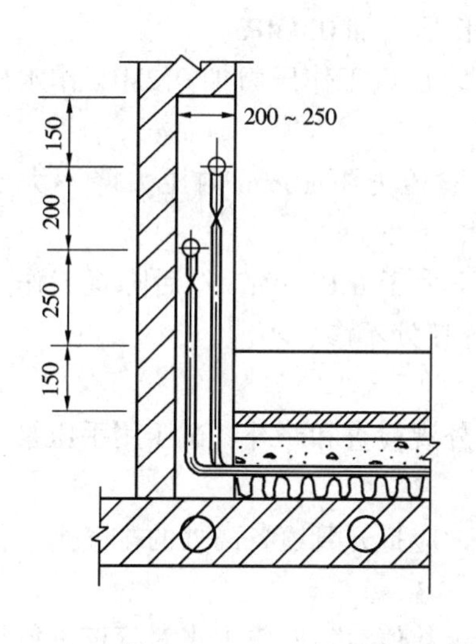

图 3-28　分（集）水器侧视图

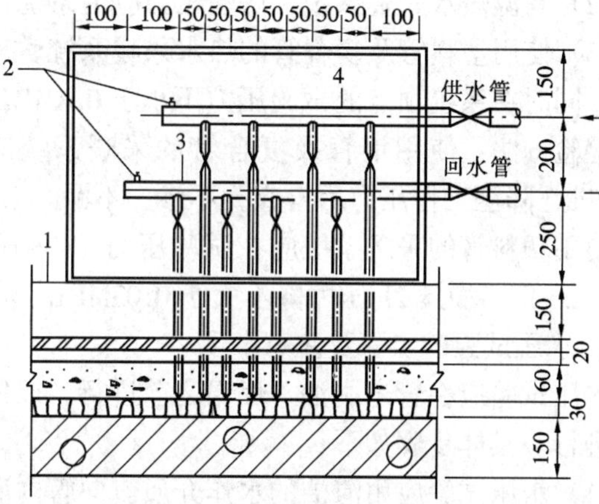

图 3-29　分（集）水器正视图

1—踢脚线；2—放气阀；3—集水器；4—分水器

2）加热管始末端出地面至连接配件的管段，应设置在硬质套管内，然后与分—集水器进行连接。

3）将分—集水器与进户装置系统管道连接完。在安装仪表、阀门、过滤器等时，要注意方向，不得装反。

（7）通热水、初次启动　初次启动通热水时，首先将烧至 25 ~ 30℃水温的热水通入管路，循环一周，检查地上接口无异样，将水温提高 5 ~ 10℃，再运行一周后重复检查，照此循环，每隔一周提高 5 ~ 10℃温度，直到供水温度为 60 ~ 65℃为止。地上各接口不渗不漏为全部合格。

第四节　采暖系统的试验与验收

室内采暖系统安装完毕后，应根据设计和规范要求，对系统进行试压、清洗、试运行、调试，然后经由施工、设计、建设、监理单位组成的验收小组对质量进行全面检查鉴定，交付建设单位并办理交工手续。

一、系统的试压

室内采暖系统安装完毕后，管道保温之前进行试压。试压的目的是检查管路系统的机械强度和严密性。

管道系统的强度和严密性试验，一般采用水压试验，在室外温度较低时，进行水压试验有困难，可采用气压试验，但必须采取有效的安全措施，并报请监理单位、建设单位批准后方可进行。

室内采暖系统试压可以分段进行，也可整个系统进行。

1. 系统的试验压力及检验方法

室内采暖系统的水压试验压力应符合设计要求。当设计未注明时，应符合下列规定：

(1) 蒸汽、热水采暖系统，应以系统顶点工作压力加0.1MPa作水压试验，同时在系统顶点压力不小于0.3MPa。

(2) 高温热水采暖系统，试验压力应为系统顶点工作压力加0.4MPa。

(3) 使用塑料管及复合管的热水采暖系统，应以系统顶点工作压力加0.2MPa作水压试验，同时在系统顶点的试验压力不小于0.4MPa。

检验方法：使用钢管及复合管的采暖系统应在试验压力下10min内压力降不大于0.02MPa，降至工作压力后检查，不渗、不漏。

使用塑料管的采暖系统应在试验压力1h内压力降不大于0.05MPa，然后降至工作压力的1.25倍，稳压2h压力降不大于0.03MPa，同时各连接处不渗、不漏。

2. 水压试验的步骤及注意事项

水压试验应在管道刷油、保温之前进行，以便进行外观检查和修补。试压用手压泵或电泵进行。具体步骤如下：

(1) 水压试验应用清洁的水作介质。向管内灌水时，应打开管道各高处的排气阀，待水灌满后，关闭排气阀和进水阀。

(2) 用试压泵加压时，压力应逐渐升高，加压到一定数值时，应停下来对管道进行检查，无问题时再继续加压，一般应分2~3次使压力升至试验压力。

(3) 当压力升至试验压力时，停止加压，进行检验，不渗不漏为合格。

(4) 在试压过程中，应注意检查法兰、丝扣接头、焊缝和阀件等处有无渗漏和损坏现象；试压结束后，对不合格处进行修补，然后重新试压，直到合格为止。

二、系统的清洗

水压试验合格后，即可对系统进行清洗。清洗的目的是清除系统中的污泥、铁锈、砂石等杂物，以确保系统运行后介质流动通畅。

对热水采暖系统，可用水清洗，即将系统充满水，然后打开系统最低处的泄水阀门，让系统中的水连同杂物由此排出，这样往复数次，直到排出的水清澈透明为止。对蒸汽采暖系统，可以用蒸汽清洗。清洗时，应打开疏水装置的旁通阀。送汽时，送汽阀门应缓慢开启，避免造成水击，当排汽口排出干净蒸汽为止。

清洗前应将管路上的压力表、滤网、温度计、止回阀、热量表等部件拆下，清洗后再装上。

三、试运行和调试

室内采暖系统的清洗工作结束后，即可进行系统的试运行工作。室内采暖系统试运行的目的是在系统热状态下，检验系统的安装质量和工作情况。此项工作可分为系统充水、系统通热和初调节三个步骤进行。

系统的充水工作由锅炉房开始，一般用补水泵充水。向室内采暖系统充水时，应先将系统的各集气罐排气阀打开，水以缓慢速度充入系统，以利于水中空气逸出，当集气罐排气阀流出水时，关闭排气阀门，补水泵停止工作。待一段时间后（2h左右），再将集气罐排气阀打开，启动补水泵，当系统中残存的空气排除后，将排气阀关闭，补水泵停止工作，此时系统已充满水。

接着，锅炉点火加热水温升至50℃时，循环泵启动，向室内送热水。这时，工作人员应注意系统压力的变化，室内采暖系统入口处供水管上的压力不能超过散热器的工作压力。还要注意检查管道、散热器和阀门有无渗漏和破坏的情况，如有故障，应及时排除。

上述情况正常，可进行系统的初调节工作。热水采暖系统的初调节方法是：通过调整用户入口的调压板或阀门，使供水管压力表上的读数与入口要求的压力保持一致，再通过改变各立管上阀门的开度来调节通过各立管散热器的流量，一般距入口最远的立管阀门开度最大，越靠近入口的立管阀门开度越小。蒸汽采暖系统初调节的方法是：首先通过调整热用户入口的减压阀，使进入室内的蒸汽压力符合要求。再改变各立管上阀门的开度来调节通过各立管散热器的蒸汽流量，以达到均衡采暖的目的。

四、采暖系统的验收

室内供暖系统应按分项、分部或单位工程验收。单位工程验收时应有施工、设计、建设、监理单位参加并做好验收记录。单位工程的竣工验收应在分项、分部工程验收的基础上进行。各分项、分部工程的施工安装均应符合设计要求及采暖施工及验收规范中的规定。设计变更要有凭据，各项试验应有记录，质量是否合格要有检查。交工验收时，由施工单位提供下列技术文件：

（1）全套施工图、竣工图及设计变更文件；

（2）设备、制品和主要材料的合格证或试验记录；

（3）隐蔽工程验收记录和中间试验记录；

（4）设备试运转记录；

（5）水压试验记录；

（6）通水冲洗记录；

（7）质量检查评定记录；

（8）工程检查事故处理记录。

质量合格，文件齐备，试运转正常的系统，才能办理竣工验收手续。上述资料应一并存档，为今后的设计提供参考，为运行管理和维修提供依据。

思考题与习题

1. 安装供热管道支架需注意什么问题？
2. 什么是固定支架？什么是活动支架？各在什么情况下使用？
3. 管道支架安装时有何要求？
4. 采暖干管、横管、立管、支管安装有何要求？
5. 热水采暖系统入口装置有哪几种？各是什么？

6. 带热计量表的热力入口装置有哪些仪表和附件？
7. 室内采暖系统常用的排气装置有哪些？如何安装？
8. 低温热水地板辐射采暖系统有何优点？
9. 低温热水地板辐射采暖的施工程序是什么？
10. 采暖系统水压试验的试验压力如何确定？怎样检验？
11. 系统清洗的目的是什么？如何进行？

第四章　室内给排水系统的安装

第一节　室内给水系统的安装

一、室内给水系统的分类

根据给水性质和要求不同，室内给水系统可分为以下几类：

1. 生活给水系统

生活给水系统是指专供膳食饮用、洗脸、冲洗和其他生活上的用水系统。这类水的水质应符合饮用水质标准，主要设在居住建筑或公共建筑内。

2. 生产给水系统

生产给水系统是指专供生产设备用水，如锅炉用水、冷却用水、食品工业、纺织印染及造纸等用水。对于这些工业生产用水的水质要求，主要根据生产的性质、生产工艺过程的条件所要求的水质、水压、水量的不同来决定。比如在生产用水量很大的工业企业内，常常设循环给水系统。电子工业生产要求水质纯净，要求供应纯水，常设纯水站房。

3. 消防给水系统

消防给水指专供消防龙头和特殊消防装置的用水。这类用水对水质的要求不高，但必须保证有足够的水压和水量。

4. 混合供水系统

混合供水指根据建筑场的用水性质，将上述单一的几种供水系统组合在一起的。如：生活-生产、生产-消防、生活-消防、生产-生活-消防给水系统。

二、室内给水系统的组成

室内给水系统，一般由以下几部分组成，如图 4-1 所示。

1. 引入管

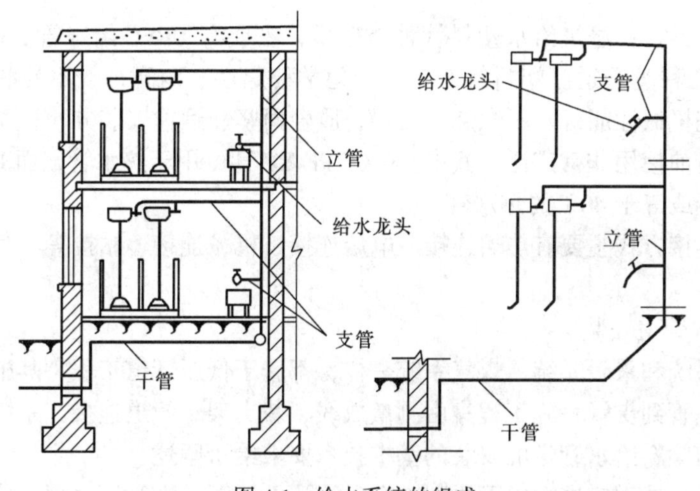

图 4-1　给水系统的组成

用于连接室内给水系统和室外给水管网的一条或几条管道叫做引入管，也称做进户管。

2. 水表节点

水表节点是指一幢建筑物的引入管与外网连接段（包括水表）和每户引入管上水表连接处阀门和泄水管等的总称。

3. 管道系统

管道系统是指系统中的水平干管、立管和支管等。干管就是室内给水管道的主线；立管是指由干管通往各楼层的管线；支管是指从立管（或干管）接往各用水点的管线。

4. 给水附件

给水附件是指给水管道上装设的阀门、止回阀、水龙头、水表、消火栓等，可用来控制和分配水量。

此外，根据建筑物的性质、高度、消防设施和生产工艺上的要求及外网压力的大小等因素，室内给水系统常附设一些其他设备，如水泵、水箱、水塔等，它们统称为升压、储水设备。

三、室内给水管道安装

室内给水管道的安装，一般按引入管、干管、立管、支管的顺序施工，室内给水管道的安装项目应待土建工程基本完成后进行，但管道穿墙和基础的打洞，裁卡子，应配合土建预留、预埋。

1. 室内给水管道常用管材及连接

(1) 镀锌钢管（白铁管）：即在焊接钢管表面镀上一层锌，其材质软，易于套丝，切割、连接。

镀锌钢管在连接时为了不破坏表面镀锌层一般不焊接，而采用螺纹连接，直径较大的镀锌管可采用法兰或卡套式专用管件连接。但与法兰焊接处应二次镀锌。

(2) 铝塑复合管：是一种外为高密度聚乙稀或交联聚乙稀，中间夹以铝板的管材。它集金属与塑料的优点于一体，具有强度高、可弯曲、延伸率大、耐高温、高压、耐腐蚀、不结垢 、无毒、重量轻、安装方便、使用寿命长的特点。铝塑复合管连接应使用专用配套管件。

(3) 给水塑料管：建筑给水塑料管种类较多，主要有 UPVC 给水管、PE、PE-X、PE-RT 建筑给水聚乙稀类管道。塑料管有良好的化学稳定性、耐腐蚀、不受酸、碱、盐、油类等侵蚀；物理机械性能好、不燃烧、无毒、质轻而坚、运输安装方便；管壁光滑、水力阻力小。所以目前使用非常广泛。其中 PE-X、PE-RT 管可用于热水管，而 PE、UPVC 管不得用于温度大于或等于 40℃的热水管。

塑料管的连接方式主要有热熔连接、电熔连接、机械连接、粘接等。其连接方式与适用范围详见表 4-1。

2. 室内给水管道安装

室内给水系统和采暖系统、煤气系统一样，都属于低压管道工程，其施工顺序也是主干管、干管、立管到支管；施工程序由测量放线、栽支架、管道连接、系统强度检验等组成。下面就室内塑料给水管道的安装的基本技术要求给予阐述。

(1) 管道交叉处理应遵循以下原则：有压管让无压管、小管让大管；分支管路让主干管路、垂直管路让水平管路。

塑料管连接方式 **表 4-1**

序号	管件结构及连接方式		材料	适用范围
1	热熔连接	热熔对接连接 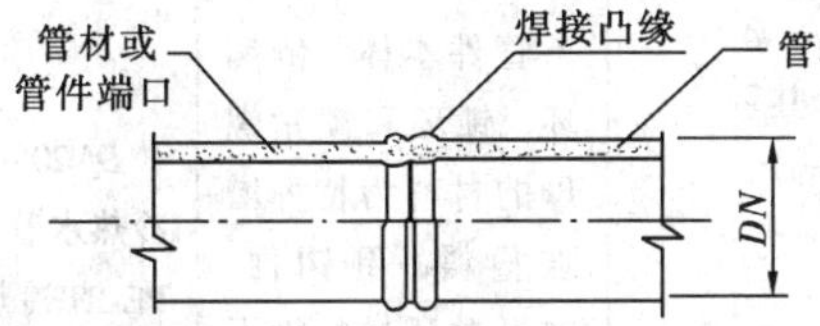	管件由与管材材料相同的 PE 或 PE-RT 注塑成型	$DN \geqslant 63$mm 的 PE 冷水管、PE-RT 冷热水管
		热熔承插连接 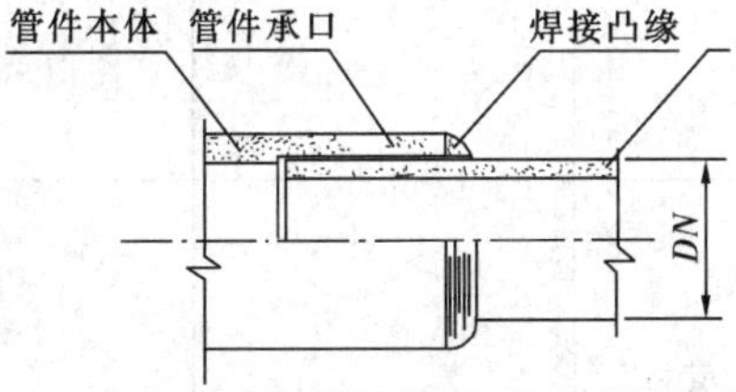	管件由与管材质相同的 PE 或 PE-RT 注塑成型	$DN \leqslant 63$mm 的 PE 冷水管、PE-RT 冷热水管
2	电熔连接	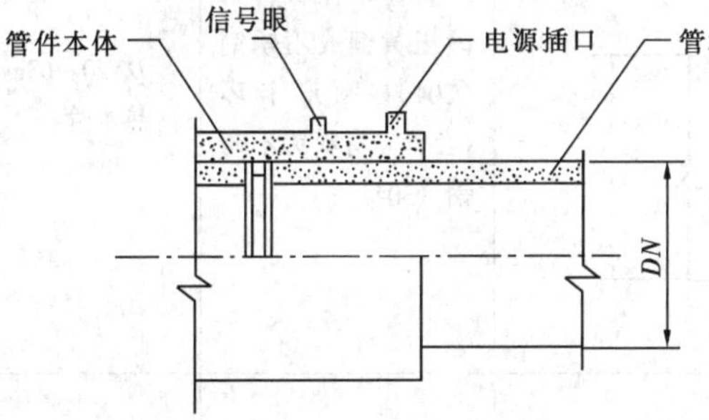	管件由与管材材质相同的 PE 或 PE-RT 注塑成型	$DN \leqslant 160$mm 的 PE 冷水管、PE-RT 冷热水管
3	机械式连接	卡套式连接（1） 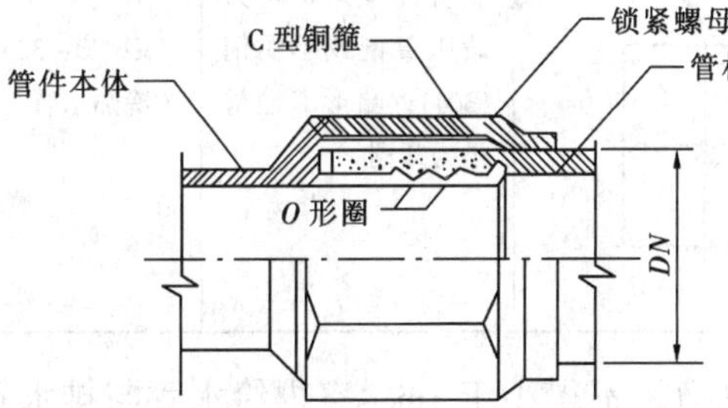	管件本体和锁紧螺母的材料为锻压黄铜	DN20 ~ 32mm 的 PEX 冷热水管
		卡套式连接（2） 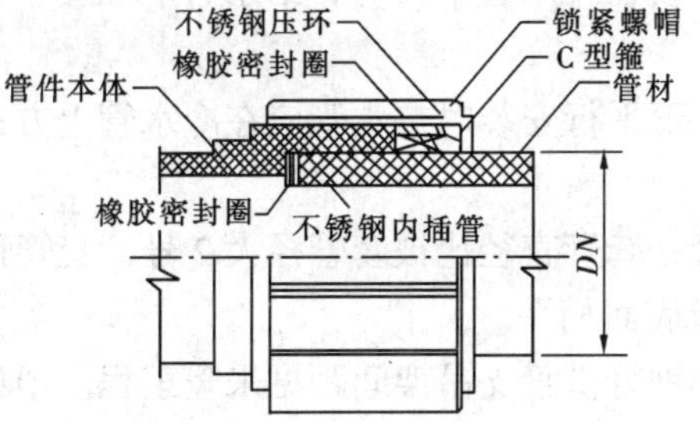	管件本体和锁紧螺母的材料为特种增强塑料，内插衬套材料为不锈钢（304）	DN20 ~ 32mm 的 PE-X 冷热水管、PE 冷水管、PE-RT 冷热水管

续表

序号	管件结构及连接方式		材　　料	适用范围
3	机械式连接	卡套式连接（3） 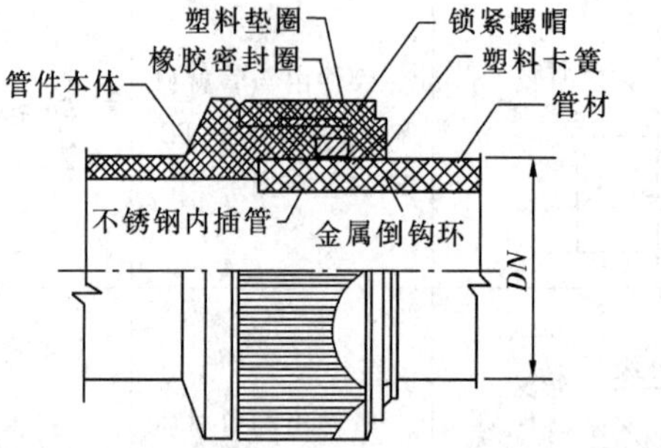	管件本体、倒钩环、锁环和锁紧螺母的材料为特种增强塑料，倒钩件、内挺衬套材料为不锈钢（304）	*DN*20～32mm 的 PE-X 冷热水管、PE 冷水管、PE-RT 冷热水管
		卡压式连接(1) 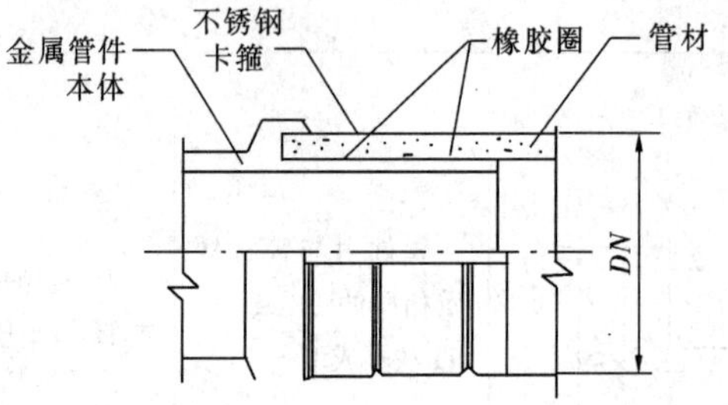	管体本体材料为锻压黄铜或不锈钢（304）；圆形卡环（套管）材料为不锈钢（304）	*DN*20～63mm 的 PE-X 冷热水管
		卡压式连接(2) 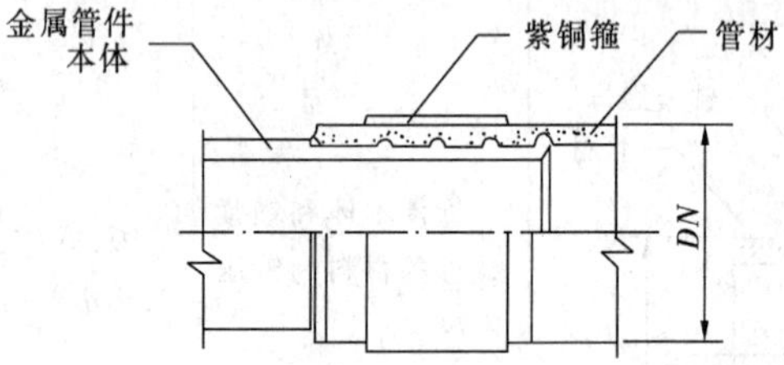	管件本体材料为锻压黄铜或不锈钢（304）；圆形卡箍材料为紫铜	*DN*20～32mm 的 PE－X 冷热水管

（2）给水引入管与排水排出管的水平净距不得小于 1m。室内给水管与排水管道平行敷设时，两管间的最小水平净距不得小于 0.5m；交叉铺设时，垂直净距不得小于 0.15m。给水管应铺在排水管上面，若给水管必须设在排水管下面时，给水管应加套管，其长度不得小于排水管径的 3 倍。

（3）冷、热水管道同时安装时，上、下平行安装时热水管应在冷水管上方；垂直平行安装时热水管应在冷水管左侧。

（4）管道穿越楼板应做钢或塑料套管，套管直径比被套管径大 2 号，套管顶部高出地面 20mm，有水房间为 50mm，底部与楼板底面相平。

（5）管道支、吊架安装应平整牢固。钢管横管支吊架间距见采暖工程。塑料管及复合管道的支架间距见表4-2所示。当采用金属制作的管道支架，用于塑料管和复合管时，应在管道与支架间加衬非金属垫片。

（6）给水水平管道应有0.002～0.005的坡度，坡向集水装置。

塑料管及复合管管道支架的最大间距 **表4-2**

管径（mm）			12	14	16	18	20	25	32	40	50	63	75	90	110
最大间距（m）	立管		0.5	0.6	0.7	0.8	0.9	1.0	1.1	1.3	1.6	1.8	2.0	2.2	2.4
	水平管	冷水管	0.4	0.4	0.5	0.5	0.6	0.7	0.8	0.9	1.0	1.1	1.2	1.35	1.55
		热水管	0.2	0.2	0.25	0.3	0.3	0.35	0.4	0.5	0.6	0.7	0.8		

（7）塑料管道与管道附件连接应采用带管螺纹的金属材质的管件，不得直接在塑料管材上车制螺纹。

（8）室内给水管管径小于或等于50mm宜采用截止阀；管径大于50mm宜采用闸阀。

（9）给水管道和阀门安装的允许偏差见表4-3。

给水管道和阀门安装的允许偏差 **表4-3**

项次	项目			允许偏差（mm）	检验方法
1	水平管道纵横弯曲	钢管	每米 全长25m以上	1 ≯25	用水平尺、直尺、拉线和尺量检查
		塑料管复合管	每米 全长25m以上	1.5 ≯25	
		铸铁管	每米 全长25m以上	2 ≯25	
2	立管垂直度	钢管	每米 5m以上	3 ≯8	吊线和尺量检查
		塑料管复合管	每米 5m以上	2 ≯8	
		铸铁管	每米 5m以上	3 ≯10	
3	成排管段和成排阀门		在同一平面上间距	3	尺量检查

3. 水表的安装

为计量用水量，在用水单位的供水总管或建筑物引入管上应设有水表。为节约用水及收纳水费，在居住房屋内，也应安装室内的分户水表。

目前，在室内给水系统中，广泛采用流速式水表。流速式水表按翼轮构造不同，可分为旋翼式和螺翼式两种。旋翼式的翼轮转轴与水流方向垂直，水流阻力较大，多为小口径水表，适用于测量小流量；螺翼式的翼轮转轴与水流方向平行，阻力较小，适用于大口径，测量大流量。

一般情况下，管道公称直径小于或等于50mm时，采用旋翼式水表，公称直径大于50mm时应采用螺翼式水表。在旋翼式的干式和湿式水表中，应优先采用湿式水表。当通过的流量变化较大时，应采用复式水表。

水表安装要求和注意事项：

（1）水表应安装在便于检修和读数、不受曝晒、冻结、污染和机械损伤的地方。

（2）螺翼式水表的上游侧，应保证长度为8～10倍水表公称直径的直管段，其他类型水表前后直线管段的长度，应不小于300mm或符合产品标准规定的要求。

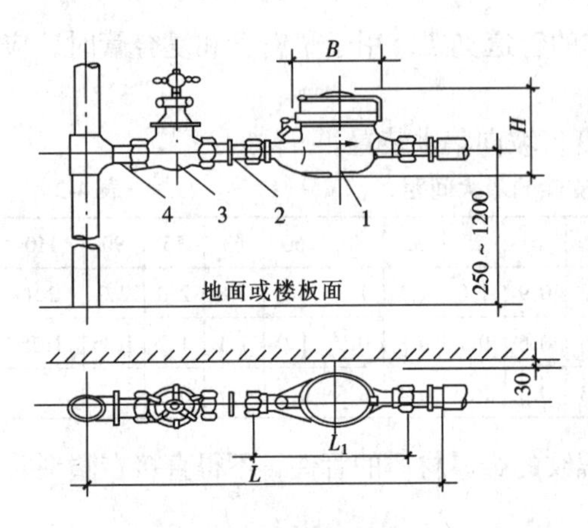

图 4-2 旋翼式冷热水表安装图（*DN*15～40mm）

1—水表；2—补心；3—铜阀；4—短管

注：1. 水表口径与阀门口径相同时可取消补心。

2. 装表前须排净管内杂物，以防堵塞。

3. 水表必须水平安装，箭头方向与水流方向一致，并应安装在管理方便，不致冻结、不受污染、不易损坏的地方。

4. 冷水表介质温度＜40℃，热水表介质温度＜100℃，工作压力均为 1.0MPa。

(3) 注意水表安装方向，必须使进水方向与表上标志方向一致。旋翼式水表和垂直螺翼式水表应水平安装，水平螺翼式和容积式水表可根据实际情况确定水平、倾斜或垂直安装；垂直安装时，水流方向必须自下而上。

(4) 对于生活、生产、消防合一的给水系统，如只有一条引入管时，应绕水表安装旁通管。

(5) 水表前后和旁通管上均应装设检修阀门，水表与水表后阀门间应装设泄水装置。为减少水头损失并保证表前管内水流的直线流动，表前检修阀门宜采用闸阀。住宅中的分户水表，其表后检修阀门及专用泄水装置可不设。

(6) 当水表可能发生反转而影响计量和损坏水表时，应在水表后设止回阀。

(7) 明装在室内的分户水表，表外壳距墙表面净距为 10～30mm。旋翼式冷热水表安装图见图 4-2，安装尺寸见表 4-4。

旋翼式冷热水表安装尺寸 **表 4-4**

公称直径	冷水表				热水表			
DN	*B*	L_1	*L*	*H*	*B*	L_1	*L*	*H*
15	95.5	165	≥470	105.5	95	165	≥470	107
20	95.5	195	≥542	107.5	95	195	≥542	108.5
25	100	225	≥566	116.5	100	225	≥566	115.5
40	120	245	≥653	151	120	245	≥653	150.5

第二节 室内消防系统及设备的安装

根据国家有关消防规定，应在建筑物中安装独立的或联合的消防给水系统，以保障人民生命财产的安全。

一、室内消防系统的形式和组成

1. 室内消火栓灭火系统

室内消火栓灭火系统，按建筑高度，分为低层建筑室内消火栓给水系统和高层建筑室内消火栓给水系统。

(1) 低层建筑室内消火栓给水系统 也称为普通消防系统，适用于住宅建筑层数不超过 9 层，高度不超过 24m 的其他民用建筑等，应设置消火栓灭火系统。

低层建筑室内消火栓给水系统的类型，取决于室外管网的水压，建筑物高度及其周围环境。根据是否设置水箱和消防水泵的要求，又可分为无加压泵、无水箱的室内消防给水系统，如图 4-3 所示；设水箱的室内消防给水系统，如图 4-4 所示；设消防水泵和消防水箱的室内消火栓给水系统，如图 4-5 所示。

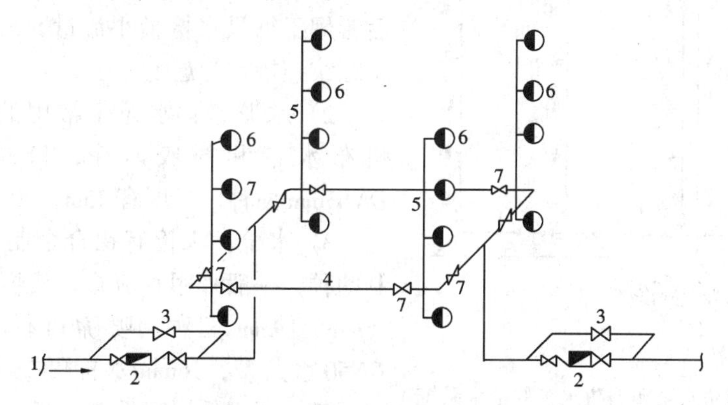

图 4-3 室内消火栓给水系统

1—来自室外管道的水源；2—水表；3—水表旁通管及其上阀门；4—输水管；5—竖管；6—室内消火栓；7—消防阀门

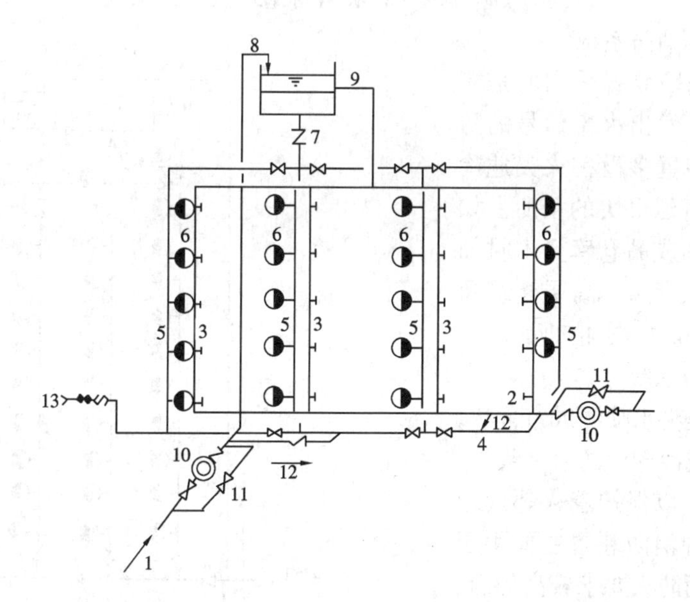

图 4-4 设有水箱的室内消火栓给水系统

1—进水管；2—生产、生活管道；3—生产、生活给水竖管；4—消防输水管；5—消防竖管；6—消火栓；7—单向阀；8—水箱进水管；9—生产、生活出水管；10—水表；11—旁通管及阀门；12—连通管上单向阀；13—消防水泵接合器

(2) 高层建筑室内消火栓给水系统　建筑层数超过 9 层的住宅，建筑高度超过 24m 的公共建筑，建筑高度超过 24m 且建筑层数不少于二层的工业建筑，其室内设置的消火栓系统，称为高层建筑室内消火栓系统。如图 4-6 所示。

室内消火栓装置由下列几部分组成：

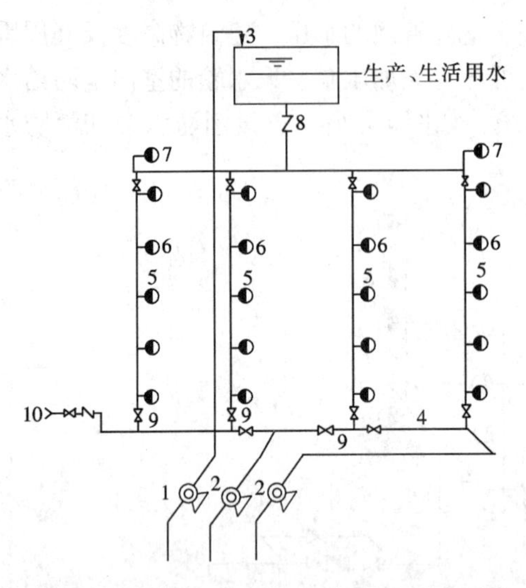

图 4-5 设有消防水泵和消防水箱的给水系统
1—生产、生活水泵；2—消防水泵；3—水箱进水管；4—消防管网输水管；5—消防竖管；6—消火栓；7—屋顶消火栓；8—水箱出水管单向阀；9—常开消防阀门；10—消防水泵接合器

1）消火栓：消火栓有单阀和双阀之分，单阀消火栓又分为双出口和单出口，双阀消火栓为双出口。栓口直径有 *DN*50 和 *DN*65 两种，前者用于每只水枪最小流量为 2.5～5.0L/s，后者用于每只水枪最小流量＞5.0L/s。消火栓用螺纹连接在管道上。

2）水龙带：水龙带常用的有麻质水带、帆布水带和衬胶水带，口径有 *DN*50 和 *DN*65mm 两种，长度有 15m、20m、25m 三种。

3）水枪：水枪有铝合金制和硬质聚乙烯制两种，一般采用直流式，喷嘴口径有 13mm、16mm、19mm 三种。喷嘴口径 13mm 水枪配 *DN*50 水龙带，16mm 水枪可配 *DN*50 和 *DN*65 水龙带，用于低层建筑内。19mm 水枪配 *DN*65 水龙带，用于高层建筑中。

水枪与水龙带及水龙带与消防火栓之间均采用内扣式快速接头连接。

2. 自动喷洒消防系统

自动喷洒消防装置采用的是能自动喷水灭火并发出火警信号的防火器具。这种装置多设在火灾危险性较大、起火蔓延很快的场所。如棉纺厂原材料和成品仓库、木材加工车间、大面积商店、高层建筑及大剧院的舞台等。如图 4-7 所示。

3. 水幕消防系统

水幕消防是将水喷洒成帘幕状，用于隔绝火源或冷却、防火、绝物，防止火势蔓延，以保护着火邻近地区的安全。这种消防装置主要用于耐火性能较差而防火要求较高的门、窗、孔洞等处，防止火势窜入相邻的房间。消防水幕系统一般由水幕喷头、控制阀、探测系统、报警系统和管道等组成。如图 4-8 所示。

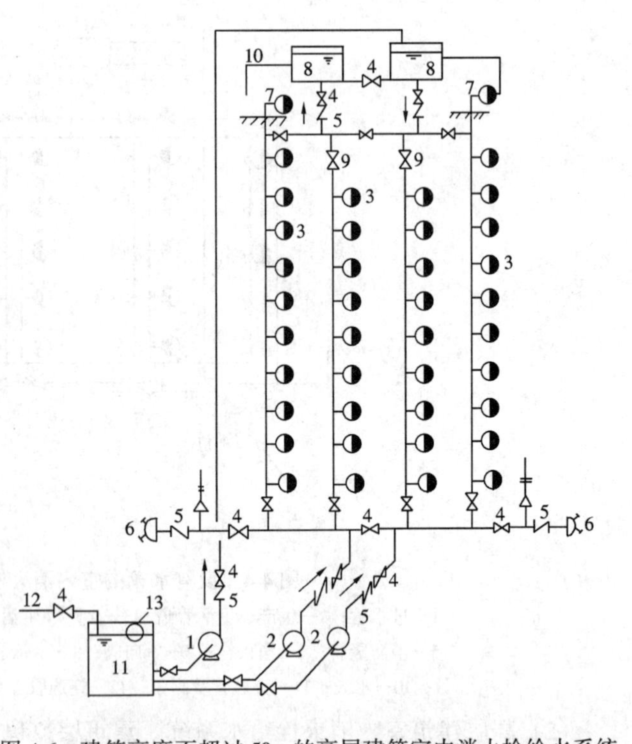

图 4-6 建筑高度不超过 50m 的高层建筑室内消火栓给水系统
1—生产、生活水泵；2—消防水泵；3—消火栓；4—闸阀；5—单向阀；6—水泵接合器；7—屋顶消火栓；8—水箱；9—闸阀；10—生活出水管；11—消防水池；12—水池进水管；13—浮球阀

二、室内消防系统的安装

1. 室内消火栓给水系统的安装

（1）室内消防给水系统施工安装原则要求

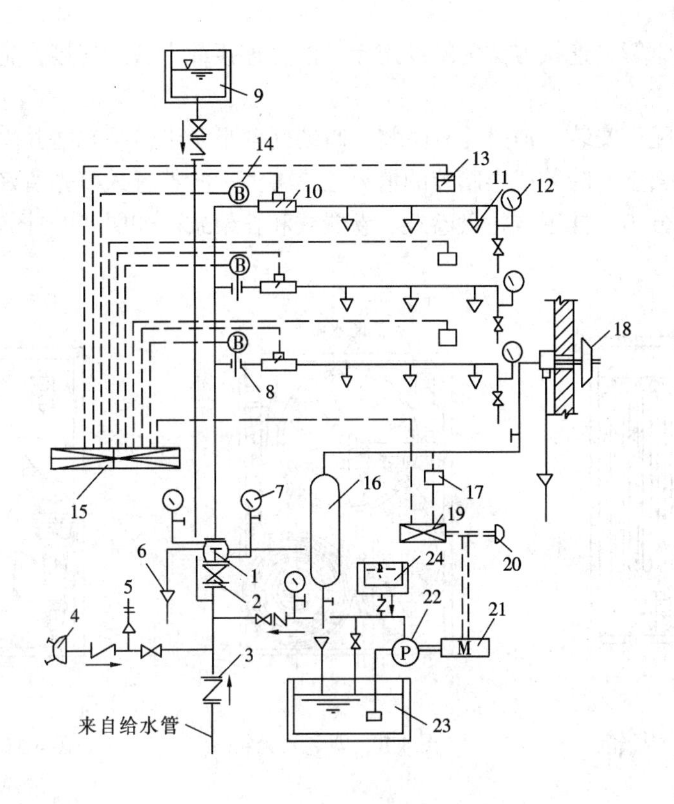

图 4-7 湿式自动喷水灭水系统

1—湿式报警阀；2—闸阀；3—单向阀；4—水泵接合器；6—排水漏斗；7—压力表；8—节流孔板；9—高位水箱；10—水流报警器；11—闭式喷水头；12—压力表；13—感烟探测器；14—火灾报警装置；15—火灾收信机；16—延迟器；17—压力继电器；18—水力报警器；19—电气自控箱；20—按钮；21—电动机；22—水泵；23—蓄水池；24—水泵充水箱

1）消火栓给水系统的施工安装，必须由消防监督机构审查批准的施工单位承担。

2）消火栓给水系统的施工安装，必须按消防监督机构审批的设计图纸和技术文件进行，未经消防监督机构批准，不得随意修改。

3）消火栓给水系统的施工单位，应做好系统施工安装记录、系统试压记录、系统冲洗记录（各种记录内容应征求消防监督机构的同意），并在竣工时提交下列文件：

①竣工图和征求消防监督机构同意后变更设计的文字记录；

②系统施工安装记录、隐蔽工程验收记录、系统试压记录和系统冲洗记录；

③竣工报告；

④消防水泵、稳压泵、消防水泵接合器、管道泵、启动按钮等出厂时已装配调试完善的部分，不应随意拆卸。

（2）消火栓系统管道安装　消火栓系统管

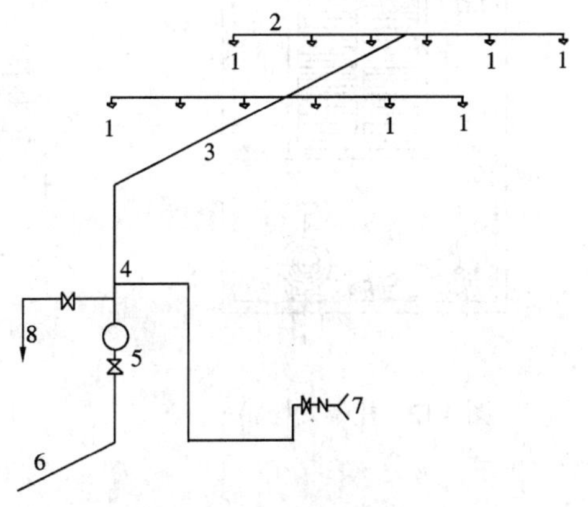

图 4-8 消防水幕系统

1—水幕喷头；2—分配支管；3—配水管；4—主管；5—控制阀（雨淋阀）；6—供水管；7—水泵接合器；8—放水管

道一般采用镀锌钢管，连接方法为螺纹连接、法兰连接或卡套式连接，施工顺序和程序同室内给水管道。

（3）消火栓配件安装　消火栓有明装、暗装（含半明半暗装）之分。明装消火栓是将消火栓箱设在墙面上。暗装或半暗装的消火栓是将消火栓箱置入事先留好的墙洞内。按水龙带安置方式又分为：挂置式、盘卷式、卷置式和托架式。如图 4-9 ~ 图 4-12 所示。

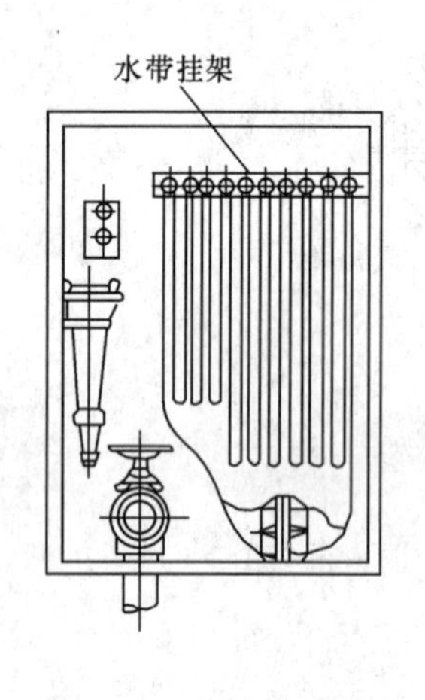

图 4-9　挂置式栓箱

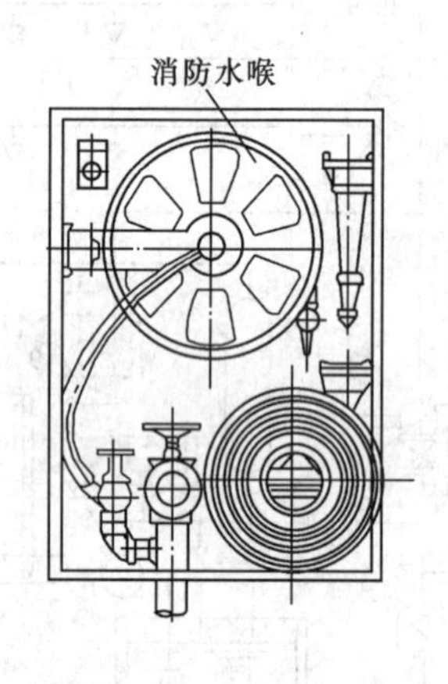

图 4-10　盘卷式栓箱

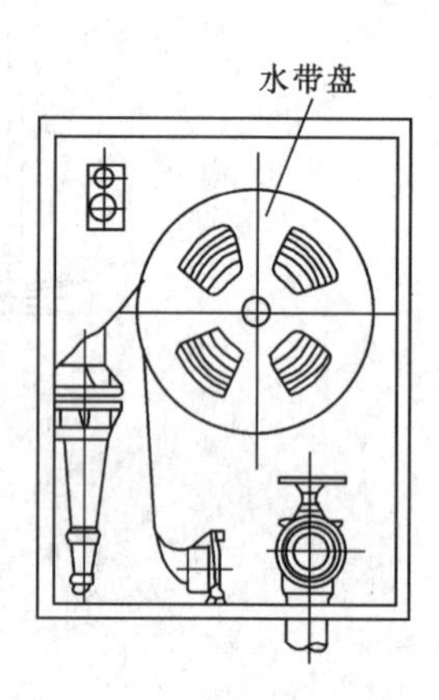

图 4-11　卷置式栓箱（配置消防水喉）

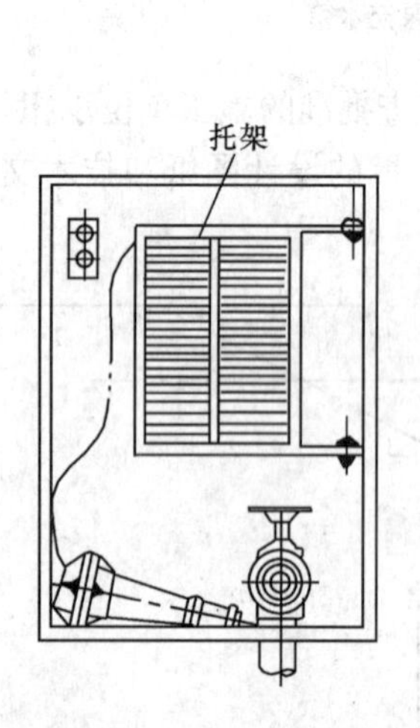

图 4-12　托架式栓箱

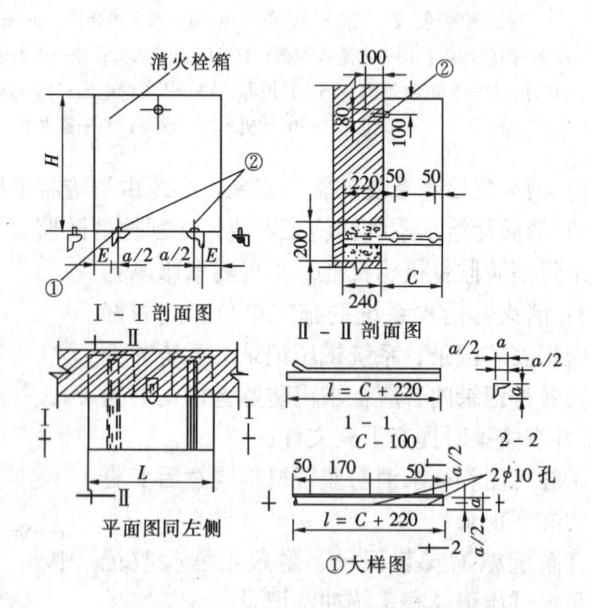

图 4-13　明装于砖墙上的消火栓箱安装固定图

说明：砖墙留洞或凿孔处用 C15 混凝土填塞

1）先将消火栓箱按设计要求的标高，固定在墙面上或墙洞内，要求横平竖直固定牢靠。对暗装的消火栓，需将消火栓的箱门，预留在装饰墙面的外部。消火栓箱的安装应符合图中规定，如图 4-13 ~ 图 4-15 及表 4-5 ~ 表 4-7 所示。

尺 寸 表 **表 4-5**

消火栓箱型尺寸 $L \times H$	650×800	700×1100	1100×700
E	50	50	250

材 料 表 **表 4-6**

序 号	箱 厚 C	支承角钢		重 量	规 格	套	重量（kg）
		规 格	件 数				
1	200	└40×4 l = 420	2	2.03	M6 长 100	5	0.14
2	240	└50×5 l = 460	2	3.47	M6 长 100	5	0.14
3	320	└50×5 l = 540	2	4.01	M8 长 100	5	0.30

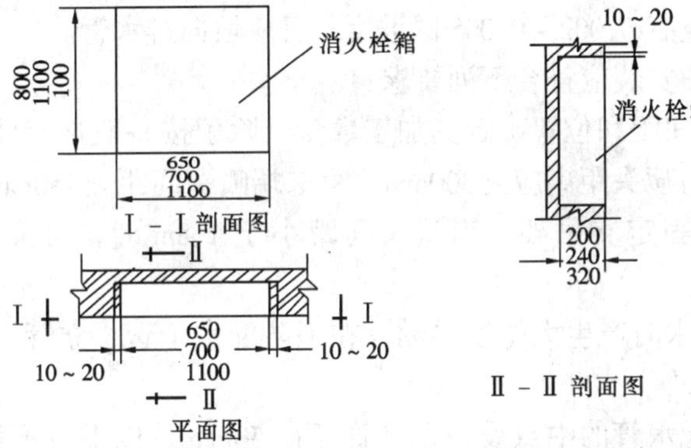

图 4-14 暗装于砖墙上的消火栓箱安装固定图

说明：箱体与墙体间应用木楔子填塞，使箱体稳固后再用 M5 水泥砂浆填充抹干

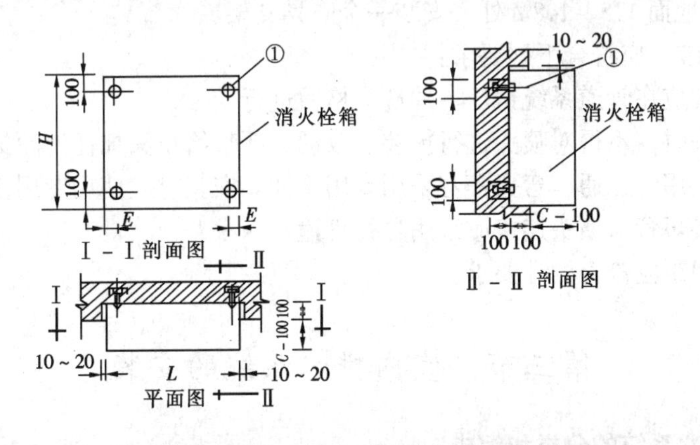

图 4-15 半明装于砖墙上的消火栓安装固定图

注：箱体与墙体间应用 M5 水泥砂浆填充抹平

材 料 表 **表 4-7**

序号	箱厚 C	螺 栓		
		规格	套	重量（kg）
1	200	M6 长 100	4	0.11
2	240	M8 长 100	4	0.21
3	320	M8 长 100	4	0.24

2）对单出口的消火栓、水平支管应从箱的端部经箱底由下而上引入，对双出口的消火栓，其水平支管可从箱的中部，经箱底由下而上引入，其双栓出口方向与墙面成 45°角。其安装应符合下列规定：

①栓口应朝外，并不应安装在门轴侧。

②栓口中心距地面为 1.1m，允许偏差 ± 20mm。

③阀门中心距箱侧面为 140mm，距箱后内表面为 100mm，允许偏差 ± 5mm。

④消火栓箱体安装的垂直度允许偏差为 ± 3mm。

3）将按设计长度截好的水龙带与水枪快速接头采用 16 号铜线绑扎牢固，并将水龙带整齐的折挂或盘卷在消火栓箱内的支架上。

4）消火栓箱安装操作时，先取下箱内水枪、消防水带等部件。安装时，严禁用钢钎撬、手锤打的方法，硬将消火栓箱塞进预留孔洞中去。

2. 自动喷水灭火系统和水幕消防系统安装

（1）自动喷水灭火系统管网安装，管子宜采用镀锌钢管，当管径小于或等于 100mm 时，应用螺纹连接；其他可用焊接、法兰连接或卡套式专用管件连接。

（2）系统的管道应有 0.002 ~ 0.005 的坡度，且应坡向排水管。

（3）吊架、支架的安装应符合下列要求：

1）按支架的规定间距和位置确定其加工数量，除了按一般规定外，自动喷水灭火系统中规定：支架位置与喷头距离应 ≮ 300mm，距末端喷头间距 ≮ 750mm，在喷头之间每段配水管上至少装一个固定支吊架。当喷头间距小于 1.8m 时，可隔段设置，支架间距 ≯ 3.6m。

2）为防止喷头喷水时产生大幅度晃动，在消防配水干管、立管、干支管、支管上应安装防晃支吊架。

防晃支架设置：配水管的中点设一个（管径在 50mm 及以下可不设置）；配水干管及配水管、支管的长度超过 15m、*DN* ≥ 50mm 时，最少设一个，管道转弯处（包括三通、四通）设一个；竖直安装的配水干管在其始端、终端设防晃支架用管卡固定管道。在高层建筑中每隔一层距地面 1.5 ~ 1.8m 处，安装一个防晃支架。

（4）喷头安装　应符合下列要求：

1）喷头安装应在管道系统试压、冲洗合格后进行。

2）安装喷头时，不得对喷头进行拆装、改动，严禁给喷头加任何涂抹层。

3）安装喷头用的三通，弯头等宜采用专用管件。安装时应使用专用扳手。

4）喷头连接短管与喷头连接应采用异径管箍。

5）喷头的间距应符合设计要求。

第三节　室内排水系统的安装

一、室内排水系统的分类和组成

1. 排水系统的分类

室内排水系统根据污水性质可分为以下三类：

（1）生活污水排水系统　指排放人们日常生活中盥洗污水和粪便污水的排水系统。污水性质单一稳定。

（2）工业废水排水系统　指排放生产车间的工业用水和工艺用水的排水系统。污水性质较为复杂多变。如：有的比较清洁可循环使用，有的含有酸、碱、盐或有害有毒物质，有的含有油脂，有的含有有害元素等。这类污水需经处理后才能排入室外排水管网。

(3) 雨、雪水排水系统　指专门用来收集、排除雨水雪水的排水系统，性质单一，排量随雪、雨、气候变化而定，一般建筑物的屋面及道路均设置这种排水系统。

生活污水、生产废水和雨、雪水，如分别设置管道排出，称为室内排水系统分流制；若将其中两类或三类污、废水用一条管道排出，称为室内排水系统合流制。

2. 室内排水系统的组成

室内排水系统由污（废）水收集器（卫生器具等）和排水管网两大部分组成。排水管网包括了卫生器具支管、排水支管、排水立管、排出管、通气管和清通装置组成。如图4-16所示。

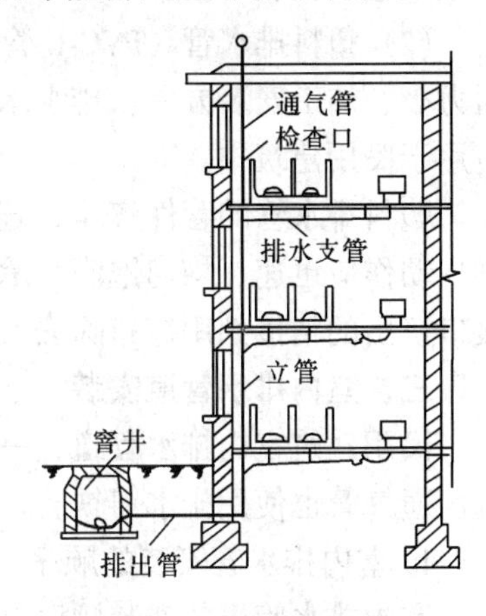

图 4-16　室内排水系统图

(1) 污废水收集器：指各种产生和收集污水的设备、卫生器具和地漏、雨水斗等。

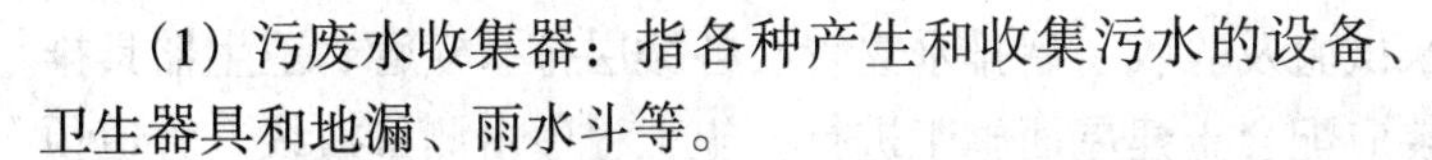

(2) 卫生器具排水管：指连接一个卫生器具的排水管，包括存水弯。

(3) 排水支管：指将各卫生器具排水管汇集并排送到立管中去的水平支管。

(4) 排水立管：排水立管即汇集各层排水支管污水并排送至排出管的立管，但不包括通气管部分。排水立管一般靠墙角明装，或置于管道竖井中。

(5) 通气管和辅助通气管：通气管是指最高层卫生器具以上并延伸到屋顶以上的一段立管。如建筑物层数较多或者在同一排水支管上的卫生器具的数目较多，同时使用放水的机会就多，在这种情况下，应设置辅助通气管和辅助通气立管。如图 4-17 所示。通气管或辅助通气管的作用是使室内、外排水管道与大气相通，使排水管道中的臭气和有害气体排到大气中去。同时，还能防止存水弯的水封被破坏，保证排水管道中的水流畅通。

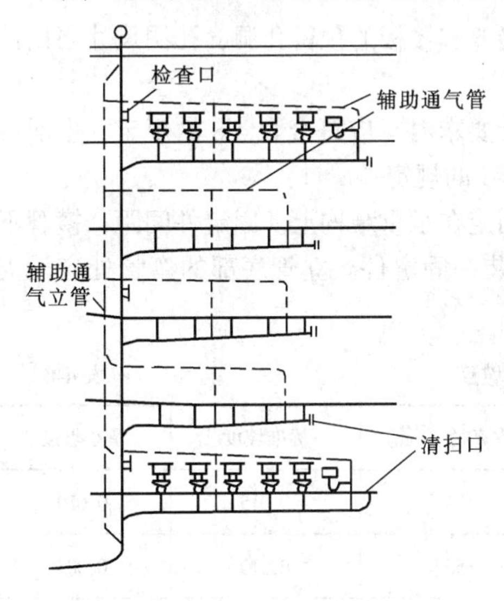

图 4-17　辅助通气管连接示意图

(6) 排出管：排出管指排水立管与室外第一座检查井之间的连接管。

(7) 清通设备：清通设备是指为清通室内排水管道，在横管上设置的清扫口或立管检查口。

二、室内排水管道常用的管材和连接方法

(1) 排水铸铁管：排水铸铁管是用灰口铸铁浇铸而成。用于排除生活污水、雨水和生产污水等重力流的管道。接口形式为承插连接。常用的接口填料为石棉水泥接口、水泥接口或柔性胶圈接口等。

排水铸铁管的特点是：耐腐蚀、经久耐用。但质脆、承压能力低、不能承受动荷载。

而且笨重、安装不便。

（2）塑料排水管（PVC-U 管）：PVC-U 排水管的特点是耐腐蚀、重量轻、通水能力强、阻力小、加工安装方便。排水水温不大于 40℃，瞬时排水温度不大于 80℃。所以被广泛应用于民用建筑中。

塑料排水管的管件齐全，连接采用胶粘剂承插粘接。在进行接口粘接时，涂刷粘结剂，动作应迅速、均匀饱满，承插口结合面都要涂刷，涂刷后立即插接，并加以挤压，把接口挤出的粘接剂用抹布除去，然后进行养护。

三、室内排水管道安装

民用建筑室内排水管道，一般使用排水塑料管，但在北方地区排水管道埋地部分和出屋面通气管也使用排水铸铁管，其余均使用排水塑料管。

1. 室内排水管安装的顺序

室内排水管道的安装顺序是：先地下，后地上；先排出管、底层埋地排水横管、底层器具排水短管、隐蔽排水管灌水试验及验收，后排水立管、各楼层排水横管、卫生器具排水短管及附件等。通气管的安装应配合土建屋面施工进行。施工程序由测量放线、管道预制、养护、栽支架、管道安装最后到闭水试验和验收。

2. 室内排水管道的安装要求

（1）在施工过程中，应配合土建作管道穿越墙壁和楼板的预留孔洞，孔洞尺寸当设计未规定时，可比管子外径大 50～100mm。

（2）生活污水的铸铁排水横管的坡度如无设计要求时，应符合表 4-8 的规定。生活污水塑料排水管的坡度如无设计要求时，应符合表 4-9 的规定。

（3）金属排水管道上的支、吊架、卡箍均应固定在承重结构上。固定件间距：横管不得大于 2m；楼层高度小于或等于 4m 时，每层安装一固定件。立管底部的弯管处应设支墩。

铸铁排水横管的坡度 **表 4-8**

公称直径（mm）	标准坡度	最小坡度	公称直径（mm）	标准坡度	最小坡度
50	0.035	0.025	125	0.015	0.010
75	0.025	0.015	150	0.010	0.007
100	0.020	0.012	200	0.008	0.005

塑料排水横管的坡度 **表 4-9**

公称直径（mm）	标准坡度	最小坡度	公称直径（mm）	标准坡度	最小坡度
50	0.025	0.012	125	0.010	0.005
75	0.015	0.008	160	0.007	0.004
110	0.012	0.006			

（4）排水塑料管道支、吊架间距应符合表 4-10 规定。

排水塑料管道支、吊架最大间距（单位：m）　　表 4-10

管径（mm）	50	75	110	125	160
立　管	1.2	1.5	2.0	2.0	2.0
横　管	0.5	0.75	1.10	1.30	1.60

（5）立管上应每隔一层设置一个检查口，但在最底层和有卫生器具的最高层必须设置。检查口中心高度距所在地面为 1m，允许偏差为 20mm。在连接 2 个及 2 个以上大便器或 3 个及 3 个以上卫生器具的污水横管上应设清扫口。在转角小于 135°的污水横管上，应设置检查口或清扫口。清扫口、检查口安装如图 4-18、图 4-19 所示。

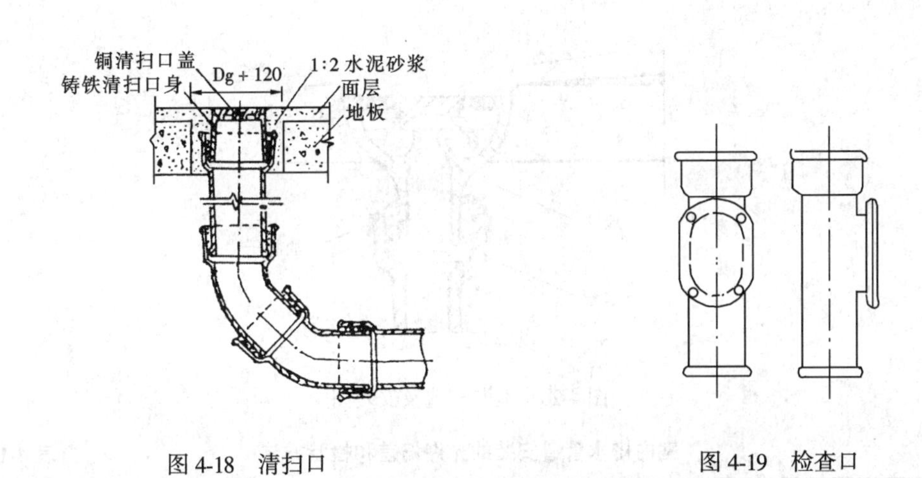

图 4-18　清扫口　　图 4-19　检查口

（6）室内水平管道与水平管道、水平管道与立管的连接，应采用 45°三通成 45°四通或 90°斜三通或斜四通。立管与排出管端部的连接，应采用两个 45°弯头或曲率半径不小于 4 倍管径的 90°弯头。

（7）排水管道不得穿过烟道、风道、沉降缝、伸缩缝和起居室。

（8）通气立管应高出层面 300mm，且必须大于最大积雪厚度。在经常有人停留的平屋顶上，通气立管应高出层面 2m。

（9）排水塑料管必须按设计要求位置装设伸缩节，设计无要求时，伸缩节间距不得大于 4m。且应装设在靠近水流汇合处。

（10）隐蔽或埋地的排水管道在隐蔽前必须做灌水试验，其灌水高度不低于底层卫生器具的上边缘或底层地面高度。满水 15min 水面下降后，再灌满水后观察 5min，液面不下降且不渗不漏为合格。

（11）排水主立管及水平干管管道安装完后均应做通球试验，通球球径不小于排水管道管径的 2/3。

（12）地漏的安装要求：地漏水封高度不得小于 50mm，如图 4-20 所示。安装时，应平整、牢固，其箅子顶面应比地面低 5～10mm，周边无渗漏。

（13）室内排水管道安装的允许偏差见表 4-11 所示。

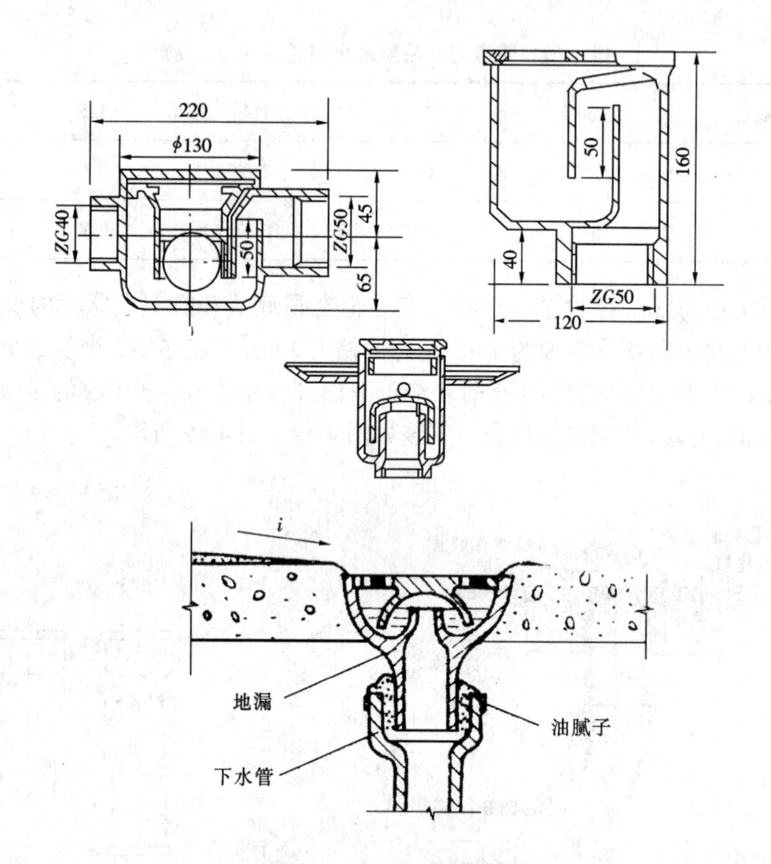

图 4-20 地漏构造及安装图

室内排水管道安装的允许偏差和检验方法 **表 4-11**

序 号	项 目			允许偏差	检 验 方 法
1	水平管道纵横方向弯曲	铸铁管	每 米	不大于 1	用水平尺、直尺、拉线检查
			全长（25m 以上）	≯25	
		塑料管	每 米	1.5	
			全长（25m 以上）	≯38	
		其他非金属管道	每 米	3	
			全长（25m 以上）	≯75	
2	立管垂直度	铸铁管	每 米	3	吊线和尺量检查
			全长（25m 以上）	≯15	
		塑料管	每 米	3	
			全长（25m 以上）	≯15	

第四节 卫生器具的安装

卫生器具是供人们洗涤及收集排除日常生活、生产中所产生的污水、废水的设备。

卫生器具种类繁多，按其用途可分为三类：

(1) 便溺用卫生器具：包括大便器、小便器、大便槽和小便槽等。

(2) 盥洗、沐浴用卫生器具：包括洗脸盆、盥洗槽、浴盆、淋浴器、妇女卫生盆等。

(3) 洗涤用卫生器具：包括洗涤盆、污水盆、化验盆、地漏等。

卫生器具应表面光滑、易于清洗、耐腐蚀、耐冷热、不渗水、具有一定强度。通常由陶瓷、搪瓷、生铁、塑料、不锈钢、玻璃钢、玻璃、水磨石等材料制成。

一、卫生器具安装前的质量检查

安装前，应对卫生器具及其附件（如配水龙头、冲洗洁具、存水弯等）进行质量检查。质量检查包括：器具外形的端正与否、瓷质的粗糙与细腻程度、色泽的一致与否、瓷体有无破损、各部分构造上的允许尺寸是否超过公差值等。

质量检查的方法是：

(1) 外观检查：表面有无缺陷；

(2) 敲击检查：轻轻敲打，声音实而清脆是未受损伤的，声音沙哑是受损伤破裂的；

(3) 丈量检查：用钢卷尺细心量测主要尺寸；

(4) 通球检查：对圆形孔洞可做通球检查，检查用球的直径为孔洞直径的0.8倍。

(5) 盛水试验：盛水试验目的是检验卫生器具是否渗漏，盛水高度如下：

大小便冲洗槽、水泥拖布池、盥洗槽等，充水深度为槽深的1/2。坐、蹲式大便器的冲洗水箱，充水至控制水位。洗脸盆、洗涤盆、浴盆等，充水至溢水口处。蹲式大便器，充水至边沿深5mm。

二、卫生器具的安装要求

卫生器具在安装上应做到：准确、牢固、不漏、美观、适用、方便。

1. 安装的准确性

卫生器具安装的标高、位置等应做到准确无误，这样才能保证质量，发挥其良好的性能，同时又能起到装饰上的美观效果。

卫生器具的安装位置由设计确定，当只有卫生器具的大致位置而无具体尺寸时，就需现场定位。定位时要考虑使用方便、舒适、易检修等因素，特别注意器具排水支管中心位置的准确性。

在确定卫生器具的平面位置时，一般可参照以下有关数据：成组大便器之间的间距为900mm，小便器之间的间距为700mm，盥洗槽水嘴之间的间距为700mm。器具的安装位置应考虑到排水口集中于一侧，便于管道布置，同时要注意门的开启方向不得碰撞器具和影响使用。

在设计图纸无明确要求时，卫生器具的安装高度可参照表4-12的规定。卫生器具给水配件的安装高度，如设计无高度要求时，应符合表4-13的规定。

卫生器具的安装高度 **表4-12**

序号	卫生器具名称	卫生器具边缘离地面高度（mm）	
		居住和公共建筑	幼儿园
1	架空式污水盆（池）（至上边缘）	800	800
2	落地式污水盆（地）（至上边缘）	500	500
3	洗涤盆（池）（至上边缘）	800	800

续表

序 号	卫生器具名称	卫生器具边缘离地面高度（mm）	
		居住和公共建筑	幼儿园
4	洗手盆（至上边缘）	800	500
5	洗脸盆（至上边缘）	800	500
6	盥洗槽（至上边缘）	800	500
7	浴盆（至上边缘）	550~600	—
8	蹲、坐式大便器（从台阶面至高水箱底）	1800	1800
9	蹲式大便器（从台阶面至低水箱底）	900	900
10	坐式大便器（至低水箱底） 外露排出管式 虹吸喷射式	 510 470	 — 370
11	坐式大便器（至上边缘） 外露排出管式 虹吸喷射式	 400 380	 — —
12	大便槽（从台阶面至冲洗水箱底）	不低于2000	—
13	立式小便器（至受水部分上边缘）	100	—
14	挂式小便器（至受水部分上边缘）	600	450
15	小便槽（至台阶面）	200	150
16	化验盆（至上边缘）	800	—
17	妇女卫生盆（至上边缘）	360	—

卫生器具给水配件的安装高度 **表 4-13**

项 次	卫生器具给水配件名称	给水配件中心距地面高度（mm）	冷热水龙头距离（mm）
1	架空式污水盆（池）水龙头	1000	—
2	落地式污水盆（池）水龙头	800	—
3	洗涤盆（池）水龙头	1000	150
4	住宅集中给水龙头	1000	—
5	洗手盆 水龙头	1000	—
6	洗涤盆上配水水龙头 下配水水龙头 冷热水上下并行，其中热水龙头 角阀（下配水）	1000 800 1100 450	150 150 — —
7	盥洗槽水龙头 冷热水上下并行，其中热水龙头	1000 1100	
8	浴盆水龙头（上配水） 冷热水上下并行，其中热水龙头	670 770	
9	淋浴器截止阀 莲蓬头下沿	1150 2100	

续表

项　次	卫生器具给水配件名称	给水配件中心距地面高度（mm）	冷热水龙头距离（mm）
10	蹲式大便器（从台阶面算起）		—
	高水箱角阀或截止阀	2040	—
	低水箱角阀	250	—
	手动自闭式冲洗阀	600	—
	脚踏式自动冲洗阀（从地面算起）	150	—
	拉管式冲洗阀（从地面算起）	1600	—
	带防污助冲器阀门（从地面算起）	900	—
11	坐式大便器		
	水箱角阀及截止阀	2040	—
	低水箱角阀	150	—
12	大便槽冲洗水箱截止阀（从台阶面算起）	不低于2400	—
13	立式小便器角阀	1130	—
14	挂式小便器角阀及截止阀	1050	—
15	小便槽多孔冲洗管	1100	—
16	实验室化验龙头	1000	—
17	妇女卫生盆混合阀	360	—

注：装设在幼儿园内的洗手盆、洗脸盆和盥洗槽水龙头中心距地面安装高度，应减少为700mm；其他卫生器具给水配件的安装高度，应按卫生器具的实际尺寸相应减少。

2. 安装的稳固性

卫生器具安装要水平勿斜、稳固不摇晃。卫生器具安装稳固主要取决于器具的支架、支柱等的安装，因此要特别注意支撑器具的支架、支座安装的准确性和稳固性。

3. 安装的美观性

卫生器具安装好后，客观上成为室内一种陈设物，在发挥其实用价值的同时，又具有满足室内美观的要求。因此，在安装过程中，应随时用水平尺、线坠等工具对器具安装部分进行严格检验和校正，从而保证卫生器具安装的平直、端正、达到美观的目的。器具给水配件及卫生器具安装允许误差见表4-14和表4-15。

器具给水配件安装允许偏差　　表4-14

序号	项　　目	允许偏差（mm）
1	大便器高、低水箱角阀及截止阀	±10
2	水龙头	±10
3	淋浴器莲蓬头下沿	±15
4	浴盆软管淋浴器挂钩	±20

卫生器具安装允许偏差　表4-15

序号	项　　目		允许偏差（mm）
1	坐　标	单独器具	±10
		成排器具	±5
2	标　高	单独器具	±15
		成排器具	±10
3	器具水平度		±2
4	器具垂直度		±3

4. 安装的严密性

卫生器具安装好后，在使用过程中必须严密不漏水。要保证其严密性，应在安装过程中注意两个方面：第一，和给水管道系统的连接处，如洗脸盆、冲洗水箱的设备孔洞和给水配件（水嘴、浮球阀、淋浴器等）连接时应加橡皮软垫，并压挤紧密，不得漏水；第二，器具下水管接口连接处（如排水栓和器具下水孔，便器和排水短管等之间），应压紧橡胶垫圈或填好油灰以防漏水。

5. 安装的可拆卸性

卫生器具在使用过程中可能会因碰撞破损而需要更换，因此，卫生器具在安装时要考虑到器具的可拆卸性。具体措施是：卫生器具和给水支管相连处，给水支管必须在与器具的最近连接处设置可拆卸的零件。器具和排水短管、存水弯的连接，均应采用便于拆除的油灰填塞。而且在存水弯上或排水栓处均应设置可拆卸的零件连接。

三、卫生器具的安装

卫生器具的安装，包括两个方面：一是在土建结构上的固定安装；二是与给水和排水管道连接口的连接。

1. 在土建结构上的安装固定

在土建结构上的安装，有两种情况，一是砌筑在土建结构上，如小便槽、浴缸等砌筑在楼板上。二是通过支架固定在土建结构上，如洗脸盆、化验盆通过这支架固定在墙壁上。

(1) 安装在土建结构或基座上的卫生器具。如图 4-21 所示，坐式大便器安装在楼板上。这一类卫生器具安装，关键是位置、标高、尺寸要准确。安装时注意与土建施工、尤其是和装饰施工相配合，器具安放应平稳、牢固。在保证卫生器具相关位置尺寸的同时，注意与给、排水管道的连接关系。

(2) 安装在支架上的卫生器具，如图 4-22 所示。这类器具安装包括支架在土建结构上的安装、卫生器具在支架上的安装等两个方面的内容。卫生器具的位置、标高等尺寸，取决于支架的安装条件。卫生器具的平稳条件，取决于支架的安装质量和牢固性。因此安装时，首先抓好支架安装质量。支架与土建结构的连接有膨胀螺栓连接固定与埋置木砖用木螺丝固定两种方法。采用木砖安装时，木砖应进行防腐处理，且埋置木砖一定要坚固。卫生器具在支架上的安装要求平稳，其水平度、垂直度满足质量标准要求。卫生器具与支架间的固定连接，应根据材质选用合适的连接件和垫片材料，一般是连接件与瓷质器具接触面上应使用铅垫片，钢支架接触面上应采用弹簧垫圈。

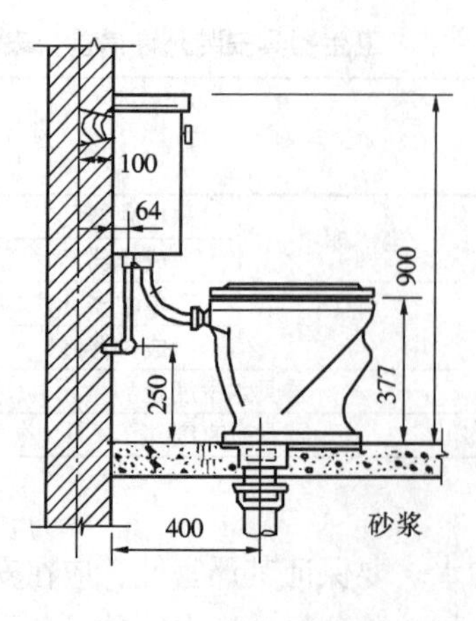

图 4-21　大便器安装

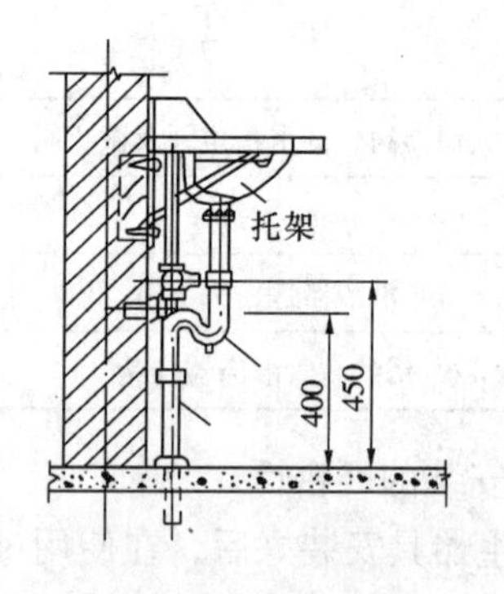

图 4-22　洗脸盆安装

2. 与管道的接口连接

卫生器具与管道的接口连接，亦可分为两种情况：一种是借助排水栓和管道连接；另一种是卫生器具的排出口直接与排水管相接。

（1）借助排水栓与排水管的连接　这种连接形式，包括排水栓与卫生器具间的连接和排水栓与排水管之间的连接，关键是排水栓与卫生器具间的连接。

排水栓与卫生器具间的连接，也有两种情况。一种是排水栓与混凝土制成的盥洗池、槽之间的连接。如图 4-23 所示的盥洗槽安装。这类器具的安装方法是当盥洗槽土建施工完毕后，将排水栓先与管道连接妥当后，再采用二次灌浆的方法，将排水栓和盥洗槽浇注在一起。

另一种是排水栓与成品卫生器具之间连接。如图 4-24 所示的与浴盆之间的连接，即将排水栓安装到卫生器具的排水口上，安装固定主要是靠上下压盖和锁紧螺母将排水栓固定安装在排出口上。安装时，上下压盖与器壁接触面间垫上软橡胶板垫，锁紧螺母时，注意保持排水栓垂直于器壁表面。

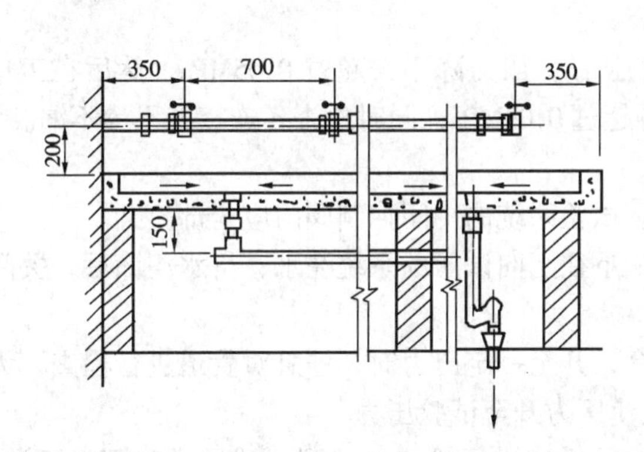

图 4-23　排水栓与混凝土连接

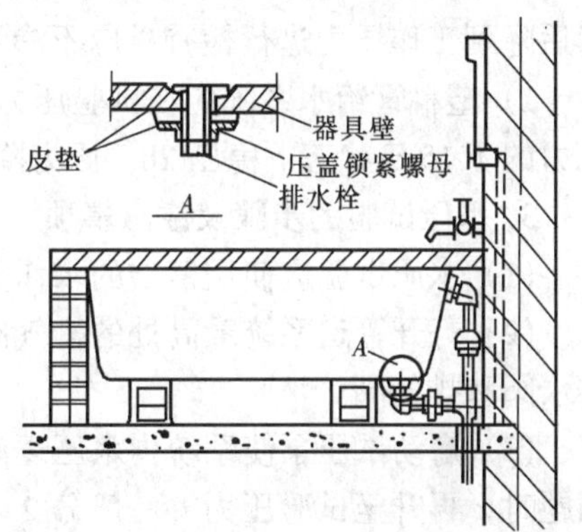

图 4-24　排水栓与卫生器具连接

排水栓与排水管之间的连接，属于管道安装中的碰头连接，中间需采用碰头连接件，如活接或长丝根母等。如图 4-24 中的排水栓与下水管的连接。因浴盆有两个排水口，即一个溢流口和一个排水口。所以用两个排水栓，借助两个活接头通过两组短管连接到下水管道上的存水弯上。

（2）卫生器具排出管直接与下水管连接　这种连接方式，常用在大便器与存水弯、地漏与排水支管之间，由于条件有限，一般无法打口和粘接，接口材料采用油灰。安装时，排出管承口内先抹好油灰，然后将卫生器具排出管插入，调整好卫生器具的位置后，再将接口缝隙中的油灰抹平。

第五节　室内给排水系统的试验与验收

室内给排水系统安装完毕，应进行质量检查，并根据设计或规范要求对系统进行试压、清洗、灌水、通水、通球等试验和调试，最后交付使用。

一、系统压力试验

室内给水管道安装完应进行水压试验。试压的目的，一是检查管道及接口强度，二是检查接口的严密性。试压前应做好以下工作：

1. 水压试验前的准备工作

（1）室内给水系统水压试验，应在支架、管卡固定后进行。

（2）各接口处未作防腐，防结露和保温，以便外观检查。

（3）水压试验时，系统或管路最高点应设排气阀，最低点应设泄水阀。

（4）水压试验时各种卫生器具均未安装水嘴、阀门。

（5）水压试验所用的压力表已检验准确，测试精度符合规定。

（6）水压试验可使用手动或电动试压泵，试压泵应与试压管道连接稳妥。

2. 水压试验标准及检验方法

（1）水压试压标准　室内给水管道的水压试验，必须符合设计要求，当设计未注明时，各种材质的给水管道系统试验压力均为工作压力的 1.5 倍，但不得小于 0.6MPa。

（2）检验方法：

1）金属及复合管给水管道系统在试验压力下观测 10min，压力降不应大于 0.02MPa，然后降到工作压力进行检查，应不渗不漏。

2）塑料管给水系统应在试验压力下稳压 1h，压力降不得超过 0.05MPa，然后在工作压力的 1.15 倍状态下稳压 2h，压力降不得超过 0.03MPa，同时检查各连接处不渗不漏。

3. 水压试验的步骤及注意事项

（1）水压试验应使用清洁的水作介质。试验系统的中间控制阀门应全部打开。

（2）打开管道系统最高处的排气阀，从下往上向试压的系统注水，待水灌满后，关闭进水阀和排气阀。

（3）启动试压泵使系统内水压逐渐升高，开至一定压力时，停泵对管道进行检查，无问题时，再升至试验压力。一般分 2~4 次使压力升至试验压力。

（4）当压力升至试验压力时，按上述检验方法进行检查，达到上述要求且不渗不漏，即可认为强度试验合格。

（5）位差较大的给水系统，特别是高层和多层建筑的给水系统，在试压时要考虑静压影响，试验压力以最高点为准，但最低点压力不得超过管道附件及阀门的承压能力。

（6）试压过程中如发现接口处渗漏，及时作上记号，泄压后进行修理，再重新试压，直至合格为止。

（7）给水管道系统试压合格后，应及时将系统的水泄掉，防止积水冬季冻结而破坏管道。

二、管道的灌水试验

室内排水管道，一般均为无压力管道。因此，只试水不加压力，常称做闭水（灌水）试验。

室内暗装或埋地排水管道，应在隐蔽或覆土之前做闭水试验，其灌水高度不应低于底层地面高度。检验的标准是以满水 15min 液面下降后，再灌满并延续 5min，液面不下降为合格。室内雨水管道安装完毕，也应做灌水试验，灌水高度必须到每根立管最上部雨水漏斗。灌水试验持续时间为 1h，且不渗不漏。

三、室内排水管道的通水、通球试验

1. 通水试验

排水管道安装完毕后，要先进行通水试验。试验采用自上而下灌水方法，以灌水时能顺利流下不堵为合格。可用木槌敲击管道疏通，并采用敲击听音的方法判断堵塞位置，然后进行清理。

2. 通球试验

通水试验合格后，即可进行通球试验。试验方法是：从排水立管顶端投入橡胶球，观察球在管内通过情况，必要时可灌入一些水，使球能顺利通过流出为合格。通球如遇堵塞，应查明位置，进行疏通，直至球通过无阻为合格。通球用的橡胶球直径，按表 4-16 中规定选用。

胶球直径选用表（mm）　　表 4-16

管　径	150	100	75
胶球直径	100	70	50

四、排水管道的试漏

1. 试漏用工器具

橡胶囊：*DN*75、*DN*100、*DN*150 三种规格。

胶管：长 10m，可采用氧气带或乙烯胶带。

压力表：Y－60 型，0.16～0.25MPa 一个。

打气筒：普通自行车打气筒一个。

2. 试漏

试漏一般利用检查口分层进行，试漏试验装置如图 4-25 所示。胶囊装置位置以试验层水平管与立管连接三通以下 50cm 左右比较合适。操作步骤如下：

(1) 打开检查口，由检查口把胶囊慢慢送入管内至预定位置，然后用气筒向胶囊内充气，边充气边观看压力表的升压值，当表压升至 0.07MPa 时即可（压力不大于 0.12MPa）；

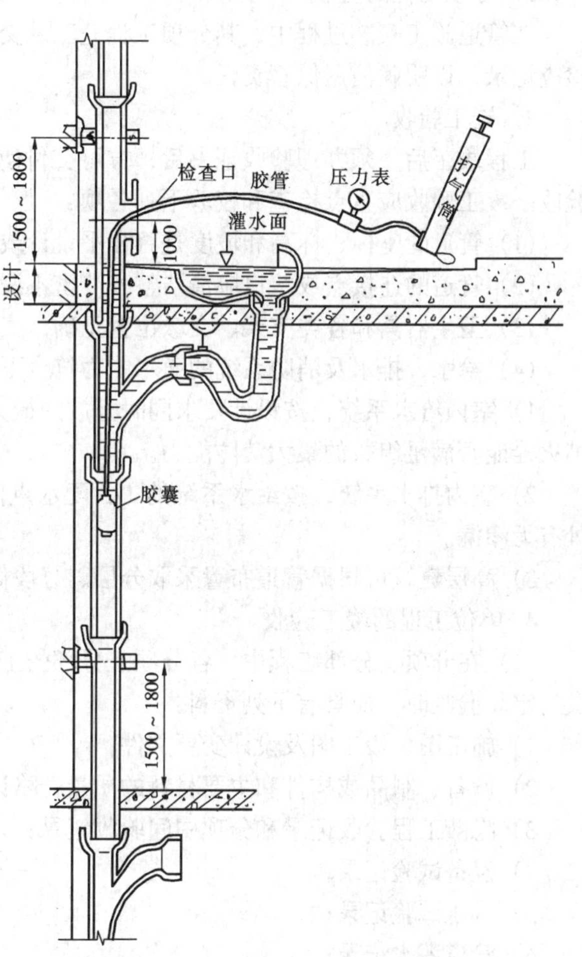

图 4-25　室内排水管灌水试验

(2) 由检查口向管内灌水，同时观察卫生设备中水位上升情况，至规定试漏水位时停止灌水；

(3) 停止灌水时，开始观察 30 min，水位无变化，各接口无渗漏现象为合格。

五、给水排水工程验收

给水排水工程，应按分项、分部或单位工程验收。分项、分部工程应由施工单位会同建设单位、监理单位共同验收，单位工程应由主管单位组织施工、设计、建设、监理和有关单位联合验收。并应做好记录、签署文件、立卷归档。

分项、分部工程的验收，应根据工程施工的特点，可分为隐蔽工程的验收，分项中间验收和竣工验收。

1．隐蔽工程验收

所谓隐蔽工程是指下道工序作完能将上道工序掩盖，并且是否符合质量要求无法再进行复查的工程部位，如暗装的或埋地的给、排水管道，均属隐蔽工程。在隐蔽前，应由施工单位组织有关人员进行检查验收，并填写好隐蔽工程的检查记录，纳入工程档案。

2．分项工程的验收

在管道施工安装过程中，其分项工程完工、交付使用时，应办理中间验收手续，作好检查记录，以明确使用保管责任。

3．竣工验收

工程竣工后，须办理验收证书后，方可交付使用，对办理过验收手续的部分不再重新验收。竣工验收应重点检查和校验下列各项：

(1) 管道的座标、标高和坡度是否合乎设计或规范要求；

(2) 管道的连接点或接口应清洁整齐严密不漏；

(3) 卫生器具和各类支架、支墩位置正确，安装稳定牢固；

(4) 给水、排水及消防系统的通水能力符合下列要求：

1) 室内给水系统，按设计要求同时开放的最大数量的配水点是否全部达到额定流量。消火栓能否满足组数的最大消防能力。

2) 室内排水系统，按给水系统的1/3配水点同时开放，检查排水点是否通畅，接口处有无渗漏。

3) 高层建筑可根据管道布置采取分层、分段做通水试验。

4. 单位工程的竣工验收

(1) 在分项、分部工程中，各分项、分部的工程质量，均应符合设计要求和规范的有关规定。验收时，应具有下列资料：

1) 施工图、竣工图及设计变更文件；

2) 设备、制品或构件和主要材料的质量合格证明书或试验记录；

3) 隐蔽工程验收记录和分项中间验收记录；

4) 设备试验记录；

5) 水压试验记录；

6) 管道灌水记录；

7) 通水、通球记录；

8) 管道冲洗记录；

9) 工程质量事故处理记录；

10) 分项、分部、单位工程质量检验评定记录。

上述资料是保证各项工程合理使用，并在维修、扩建时是不可缺少的。资料必须经各级有关技术人员审定，应如实反映情况，不得擅自伪造、修改和事后补办。

(2) 工程交工时，为了总结经验及积累工程施工资料，施工单位一般应保存下述技术资料：

1）施工组织设计和施工经验总结；

2）新技术、新工艺和新材料的施工方法及施工操作的总结；

3）重大质量事故情况，原因及处理记录；

4）有关重要的技术决定；

5）施工日记及施工管理的经验总结。

思考题与习题

1. 给水塑料管有哪几种？如何连接？

2. 室内给水系统的安装程序是怎样的？

3. 室内给水管道安装是有何要求？

4. 水表在安装时应注意什么？

5. 室内消火栓装置有哪几部分组成？

6. 室内消防给水系统的施工安装原则是什么？

7. 塑料排水管的特点是什么？如何进行连接？

8. 室内排水管道安装有何要求？

9. 卫生器具安装前如何进行质量检查？

10. 水压试验的步骤和注意事项是什么？

11. 室内排水管道的灌水、通水、通球试验如何进行？

第五章　室外管道的安装

第一节　室外供热管道的安装

一、室外供热管道的布置

室外供热管道的平面布置，应在保证供热管道安全可靠的运行前提下，尽量节省投资。其布置形式分为树枝状和环状两种，如图 5-1。树枝状的优点：造价低、运行管理方便；缺点：当局部出现故障时，其后的用户供热被停止。适用于对热能供应要求不严的场合。环状避免了树枝状的缺点，但投资大，一般较少采用。

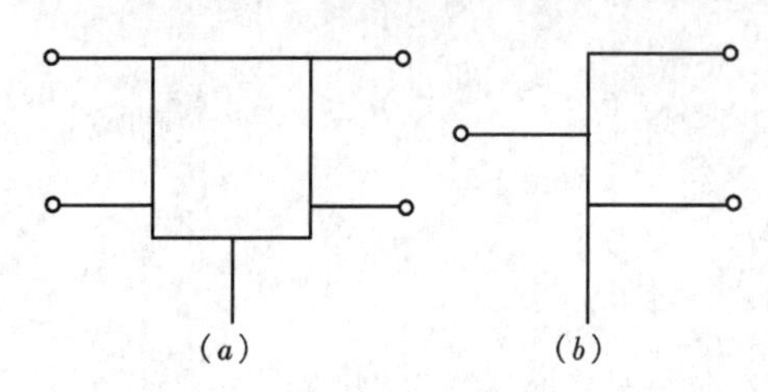

图 5-1　室外供热管道的布置形式
(a) 环状；(b) 树枝状

室外供热管道的敷设形式分为地上（架空）和地下两种。

1. 地上架空敷设

地上架空敷设是将管道安装在地上的独立支架或墙、柱的托架上。

这种敷设的优点：不受地下水位的影响，施工时土方量小，便于维修。缺点：占地面积大，热损耗大，保温层易损坏，影响美观。

按支架的高度不同可分为低、中、高支架三种敷设形式。

(1) 低支架敷设：如图 5-2 所示，这种敷设形式是管底（保温层底皮）与地面保持 0.5 ~ 1m 的净距。

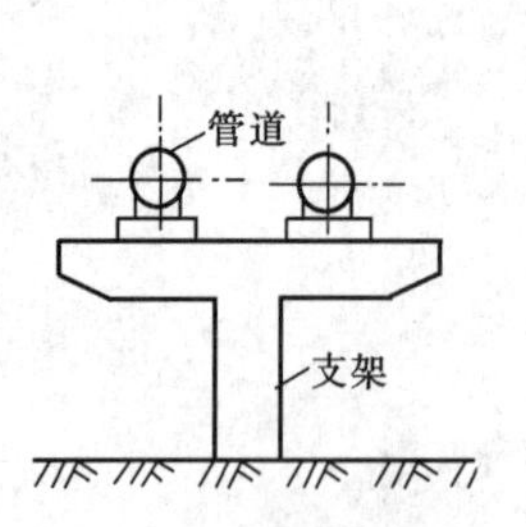

图 5-2　低支架敷设

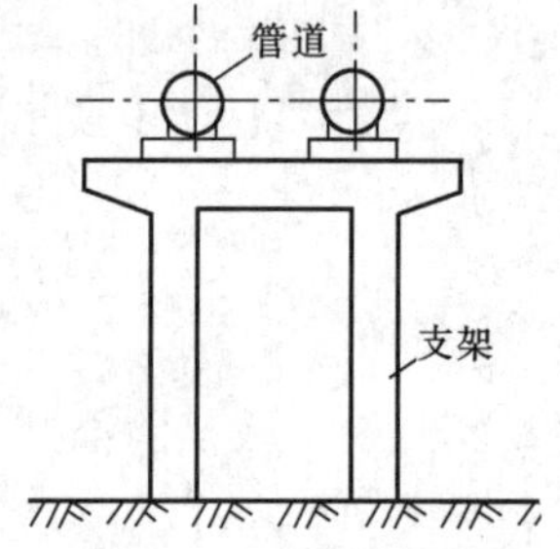

图 5-3　中、高支架敷设

(2) 中支架敷设：如图 5-3 所示，这种敷设形式适用于有行人和大车通行处，其管底与地面的净距为 2.5 ~ 4m。

(3) 高支架敷设：如图 5-3 所示，这种敷设形式适用于交通要道或跨越公路、铁路，其净高：跨越公路时为 4m，跨越铁路时为 6m。

2. 地下敷设

在城市，由于规划和美观的要求，不允许地上架空敷设时可采取地下敷设。

地下敷设分为地沟和直埋敷设两种，通常采用地沟敷设。地沟敷设又分为，通行、半通行和不通行地沟三种。

(1) 通行地沟敷设：如图 5-4 所示，适用于厂区主要干线，管道根数多（一般超过 6 根）及城市主要街道下。为了检修人员能在沟内自由行走，地沟的人行道宽 > 0.7m，高 ≥1.8m。

(2) 半通行地沟敷设：如图 5-5 所示，适用于 2 ~ 3 根管道且不经常维修的干线。高度能使维修人员在沟内弯腰行走，一般净高为 1.4m，通道净宽为 0.6 ~ 0.7m。

(3) 不通行地沟敷设：如图 5-6 所示，适用于通常不需要维修，且管线根数在两条之内的支线。两管保温层外皮间距 > 100mm，保温层外皮距沟底 120mm，距沟壁和沟盖下缘 > 100mm。

(4) 直埋敷设：如图 5-7 所示，直埋敷设是将管道直接埋在地下土层中。一般用于地下水位较低的情况，其热损耗大，防水也难处理。除了原油输送管道的蒸汽伴热管采用此种敷设形式外，均不采用直埋敷设。

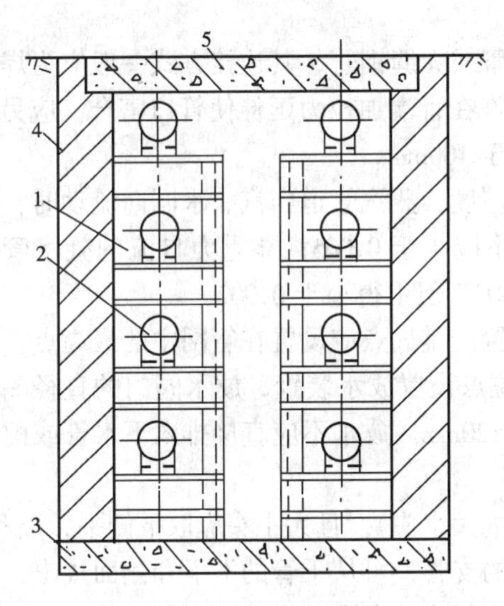

图 5-4 通行地沟敷设

1—支架；2—管道；3—沟底；
4—沟壁；5—沟盖

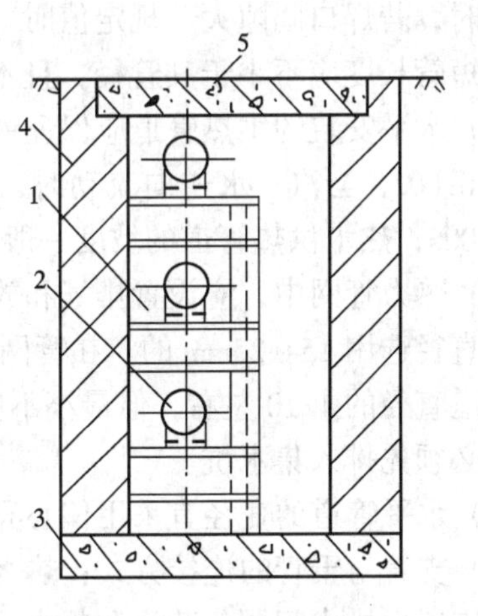

图 5-5 半通行地沟敷设

1—支架；2—管道；3—沟底
4—沟壁；5—沟盖

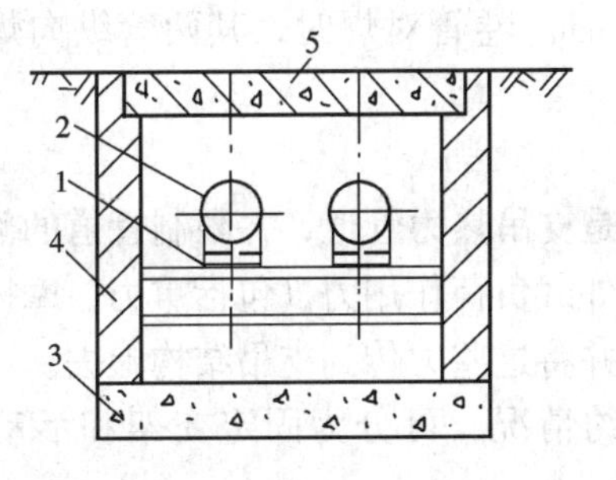

图 5-6 不通行地沟敷设

1—支架；2—管道；3—沟底；
4—沟壁；5—沟盖

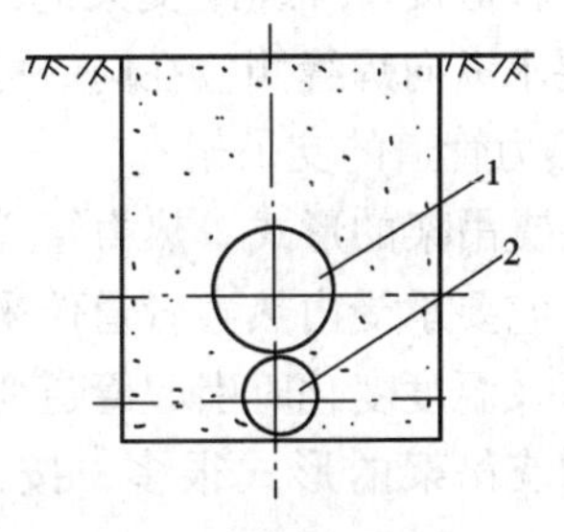

图 5-7 无地沟敷设

1—原油管道；
2—蒸汽伴热管

二、室外供热管道的安装

集中供热或区域供热是指以热电厂或区域锅炉房为热源，经热力管网将热媒（水蒸气或热水）输送给一个或几个区域的工业及民用热用户的热能供应方式。集中供热或区域供热系统是由热源、热力管网和热用户系统三个部分组成的。由于集中供热和区域供热，具有高效能、低热耗、减少环境污染等优点，其供热规模、供热半径不断增大，热力管网的建设投资愈来愈大，一般占整个供热工程总投资的50%以上。比如，由热电站或中心锅炉房到用户的热媒，往往要经过几公里或几十公里的长距离管道输送，而且其管道管径一般较大，热媒的压力较大，温度也较高，因此对于室外热力管道的施工安装、质量等都有严格的要求，任务也较艰巨。

1. 室外热力管网安装的一般要求

室外热力管网安装时，应符合下列规定要求：

（1）热水或蒸汽管，应敷设在载热介质前进方向的右侧。回水或凝结水水管敷设在左侧。

（2）室外供热管道常用的管材为焊接钢管或无缝钢管，其连接方式一般应为焊接。对口焊接时，若焊口间隙大于规定值时，不允许在管端加拉力延伸使管口密合，应另加一段短管，短管长度应不小于其管径，且不得小于100mm。

（3）水平安装的供热管道应保证一定的坡度：蒸汽管道当汽、水同向流动时，坡度不应小于0.002，当汽、水逆向流动时，坡度不应小于0.005；靠重力自流的凝水管，坡度至少0.005；热水供热管道的坡度一般为0.003，但不得小于0.002。

（4）热力管网中，应设置排气和放水装置。排气点应设置在管网中的最高点，一般排气阀门直径选用15~25mm的。在管网的低位点设置放水装置，放水阀门的直径一般选用热水管道直径的1/10左右，但最小不应小于20mm。放水不应直接排入下水管或雨水管道内，而必须先排入集水坑。

（5）水平管道的变径宜采用偏心异径管（大小头），且大小头应取下侧平，以利排水。

（6）支管与干管的连接方式：热水管道的支管，可从干管的上下和侧面接出，从下面接出时应考虑排水问题；蒸汽和凝水管道，支管宜从干管的上、下和侧面接出。

（7）管道上方形补偿器两侧的第一个支架应为活动支架，设置在距补偿器弯头起弯点0.5~1m处，不得设置成导向支架或固定支架。

（8）管道上 $DN \geqslant 300$mm 的阀门，应设置单独支撑。

（9）管道接口焊缝距支架的净距不小于150mm。卷管对焊时，其两管纵向焊缝应错开，并要求纵向焊缝侧应在同一可视方向上。

2. 热力管道的支吊架

（1）支吊架的形式　热力管道支吊架的作用是支吊热力管道，并限制管道的侧向变形和位移。它要承受由热力管道传来的管内压力、外载负荷作用力（包括重力、摩擦力、风力等）以及温度变化时引起管道变形的弹性力，并将这些力传到支吊结构上去。

管道支吊架的形式很多，按照对管道的制约情况，可分为固定支架和活动支架两类。

1）活动支架　热力管道活动支架的作用是直接承受热力管道及其保温结构的重量，并使管道在温度的作用下能沿管轴向自由伸缩。活动支架的结构型式有：滑动支架、滚动支架、悬吊支架及导向支架等四种。

①滑动支架：滑动支架分为低位滑动支架和高位滑动支架两种。低位的滑动支架如图5-8所示。它是用一定规格的槽钢段焊在管道下面作为支座，并利用此支座在混凝土底座上往复滑动。图5-9是另一种低位滑动支架，它是用一段弧形板代替上面的槽钢段焊在管道下面作为支座，故又称为弧形板滑动支架。高位滑动支架的结构型式类似图5-8，只不过其托架高度高于保温层厚度，克服了低位滑动支架在支座周围不能保温的缺陷，因而管道热损失较小。图5-10曲面槽滑动支架和图5-11 T型托架滑动支架，均为高位滑动支架。

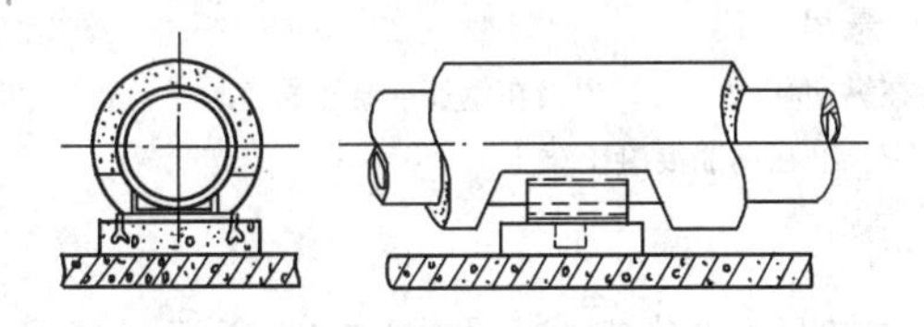

图5-8 低位滑动支架

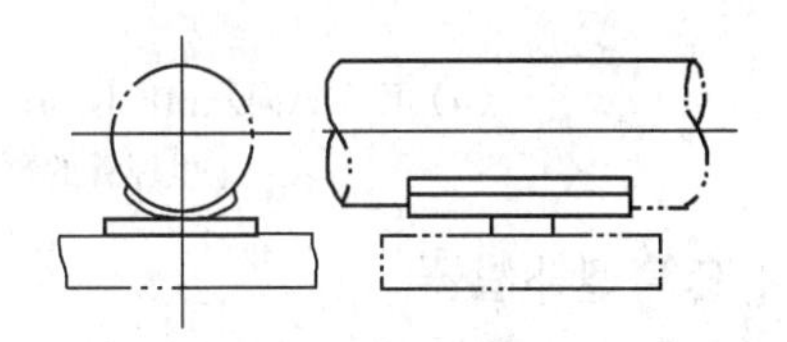

图5-9 弧形板滑动支架

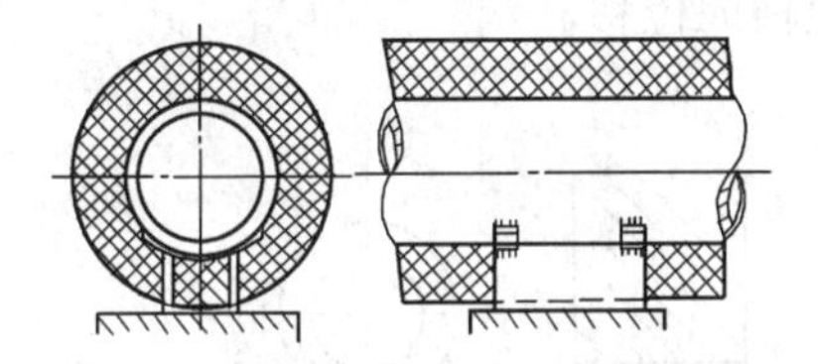

图5-10 曲面槽滑动支架

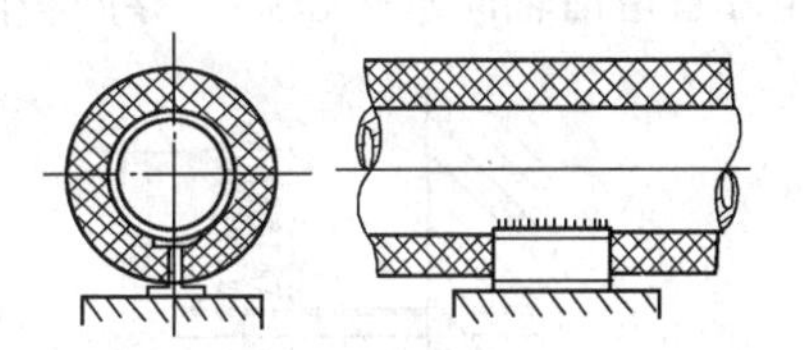

图5-11 T型托架滑动支架

②滚动支架：滚动支架利用滚子的转动来减小管子移动时的摩擦力。其结构型式有滚轴支架（见图5-12）和滚柱支架（见图5-13）两种，结构较为复杂。一般只用于介质温度较高、管径较大的架空敷设的管道上。地下敷设，特别是不通行地沟敷设时，不宜采用滚动支架，这是因为滚动支架由于锈蚀不能转动时，会影响管道自由伸缩。

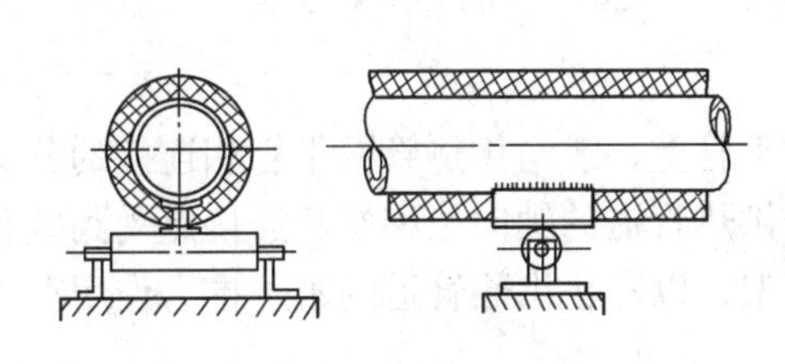

图5-12 滚轴支架

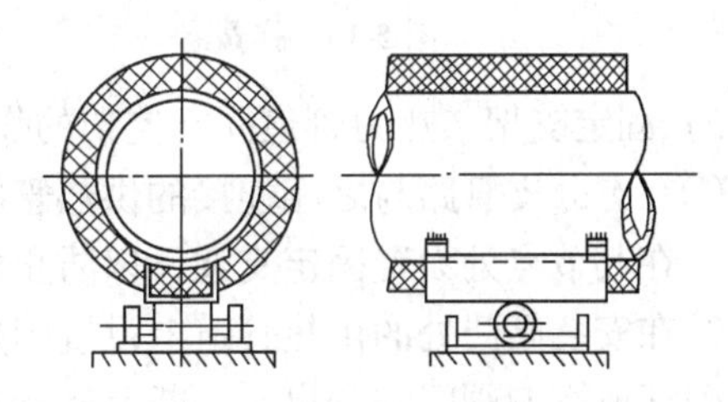

图5-13 滚柱支架

③悬吊支架：悬吊支架（吊架）结构简单，图5-14为几种常见的悬吊支架图。在热力管道有垂直位移的地方，常装设弹簧吊架，如图5-15所示。

设置悬吊支架时，应将它支承在可靠的结构上，应尽量生根在土建结构的梁、柱、钢架或砖墙上。悬吊支架的生根结构，一般采用插墙支承或与土建结构预埋件相焊接的方式。如无预埋件时，可采用梁箍或槽钢夹柱的方式。

由于管道各段的温度形变量不同，悬吊支架的偏移角度不同，致使各悬吊支架受力不均，引起供热管发生扭曲。为减少供热管道产生扭曲，应尽量选用较长的吊杆。

安装悬吊支架的供热管道上，应选用能承受扭曲的补偿器，如方形补偿器等，而不得

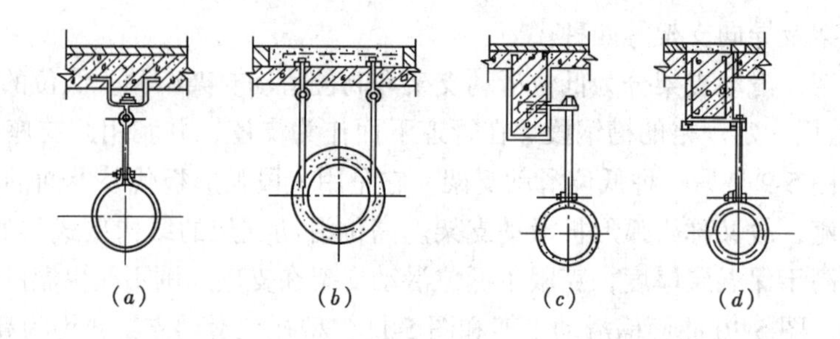

图 5-14　悬吊支架

(a) 可在纵向及横向移动；(b) 只能在纵向移动；(c) 焊接在钢筋混凝土构件里埋置的预埋件上；(d) 箍在钢筋混凝土梁上

采用套筒型补偿器。

④导向支架：导向支架由导向板和滑动支架两部分组成，如图 5-16 所示。通常装在补偿器的两侧，其作用是使管道在支架上滑动时不致偏离管子中心线，即在水平供热管道上只允许管道沿轴向水平位移，导向板防止管道横向位移。

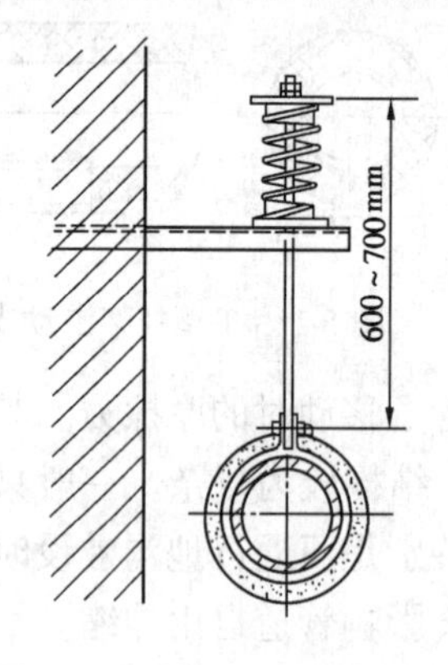

图 5-15　弹簧悬

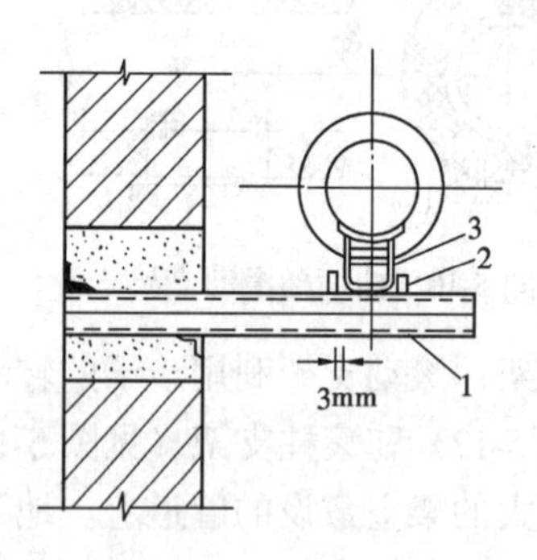

图 5-16　导向支架

1—支梁，2—导向板，3—支座

2）固定支架　热力管道固定支架的作用：

①在有分支管路与之相连接的供热管网的干管上，或与供热管网干管相连接的分支管路上，在其节点处设置固定支架，以防止由于供热管道的轴向位移使其连接点受到破坏。

②在安装阀门处的供热管道上设置固定支架，以防止供热管道的水平推力作用在阀门上，破坏或影响阀门的开启、关断及其严密性。

③在各补偿器的中间设置固定支架，均匀分配供热管道的热伸长量，保证热补偿器安全可靠地工作。因为固定支架不但承受活动支架摩擦反力、补偿器反力等很大的轴向作用力，而且要承受管道内部压力的反力，所以，固定支架的结构一般应经设计计算确定。

在供热工程中，最常用的是金属结构的固定支架，采用焊接或螺栓连接的方法将供热管道固定在固定支架上。金属结构的固定支架形式很多，常用的有夹环式固定支架（见图 5-17）、焊接角钢固定支架（见图 5-18）、焊槽钢的固定支架（见图 5-19）和挡板式固定支架（见图 5-20）。

夹环式固定支架和焊接角钢固定支架，常用在管径较小，轴向推力也较小的供热管道上，与弧形板低位活动支架配合使用。

槽钢形活动支架的底面钢板与支承钢板相焊接，就成为固定支架。它所承受的轴向推力一般不超过50kN，轴向推力超过50kN的固定支架，应采取挡板式固定支架。

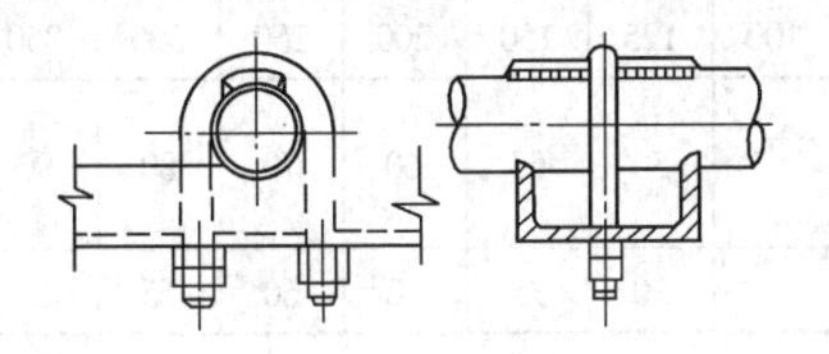

图5-17　夹环式固定支架

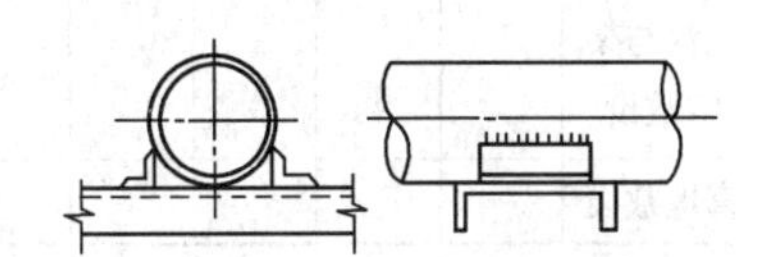

图5-18　焊接角钢固定支架

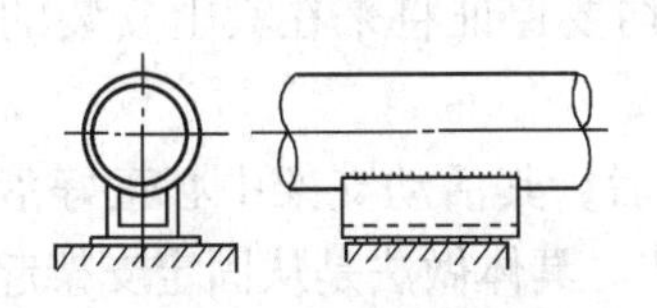

图5-19　焊槽钢的固定支架

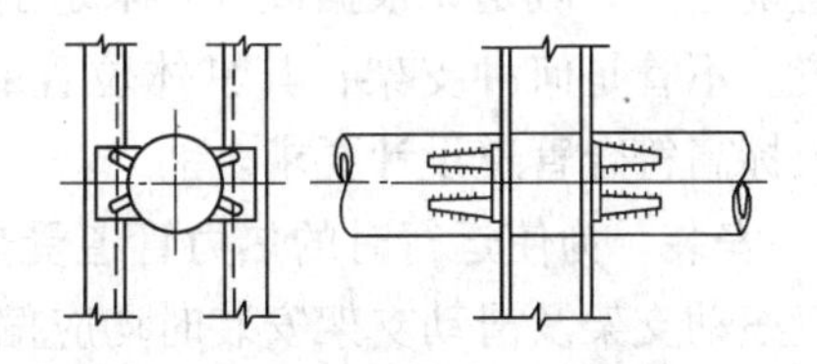

图5-20　挡板式固定支架

（2）支架的设置　管道支吊架形式的确定要根据对管道所处位置点上的约束性质来进行。若管道约束点不允许有位移，则应设置固定支架；若管道约束点处无垂直位移或垂直位移很小，则可设置活动支架。

活动支架的间距是由供热管道的允许跨距来决定的。而供热管道允许跨距的大小，决定于管材的强度、管子的刚度、外荷载的大小、管道敷设的坡度以及供热管道允许的最大挠度。供热管道允许跨距的确定，通常按强度及刚度两方面条件来计算，选取其中较小值作为供热管道活动支架的间距。表5-1为供热管道活动支架间距表。

活动支架间距表（m）　　**表5-1**

公称直径 DN（mm）			40	50	65	80	100	125	150	200	250	300	350	400	450
活动支架间距	保温	架空敷设	3.5	4.0	5.0	5.0	6.5	7.5	7.5	10.0	12.0	12.0	12.0	13.0	14.0
		地沟敷设	2.5	3.0	3.5	4.0	4.5	5.5	5.5	7.0	8.0	8.5	8.5	9.0	9.0
	不保温	架空敷设	6.0	6.5	8.5	8.5	11.5	12.0	12.0	14.0	16.0	16.0	16.0	17.0	17.0
		地沟敷设	5.5	6.0	6.5	7.0	7.5	8.0	8.0	10.0	11.0	11.0	11.0	11.5	12.0

地沟敷设的供热管道活动支架间距，表中所列数值较架空敷设的值小，这是因为在地沟中，当个别活动支架下沉时，会使供热管道间距增大，弯曲应力增大，而又不能及时发现，及时检修。因此，从安全角度考虑，地沟内活动支架的间距应适当减小。

固定支架间的最大允许距离与所采用的热补偿器的形式及供热管道的敷设方式有关，通常参照表5-2选定。

固定支架最大间距表（m）　　**表5-2**

补偿器类型	敷设方式	公称直径 DN（mm）													
		25	32	40	50	65	80	100	125	150	200	250	300	350	400
方形补偿器	地沟与架空敷设	30	35	45	50	55	60	65	70	80	90	100	115	130	145
	直埋敷设			45	50	55	60	65	70	70	90	90	110	110	110

续表

补偿器类型	敷设方式	公称直径 DN（mm）													
		25	32	40	50	65	80	100	125	150	200	250	300	350	400
套筒型补偿器	地沟与架空敷设								50	55	60	70	80	90	100
	直埋敷设								30	35	50	60	65	65	70

（3）支吊架的安装　支吊架安装是管道安装工程中的主要工序之一，其位置需按管道的安装位置确定。一般是先根据设计要求定出固定支架和补偿器的位置，然后确定出活动支架的位置。不管是何种支架，其具体位置的确定均要保证将来在其上安装的管道的位置、坡向及标高符合管道设计要求。

1）偏心安装　为使运行时的热力管道受热膨胀后，其活动支架中心正好落在管架中心上，一般滚动支架及滑动支架安装时均应偏心安装。具体做法是从固定支架起向补偿器方向顺次计算出每个活动支架所经受的热伸长量，此热伸长量即为该计算活动支架的安装偏心值。因为每个活动支架距固定支架的间距不同，故每个活动支架的安装偏心值不同。除对于安装偏心值有严格要求的管道工程外，一般管道工程常取 50mm 作为每个活动支架的偏心值，以简化安装，提高安装速度。安装滚动支架时，将滚柱及支座逆热膨胀方向偏离支承板中心线一偏心值；安装滑动支架时，将支座逆热膨胀方向偏离支承板中心线一偏心值，如图 5-21 和图 5-22 所示。

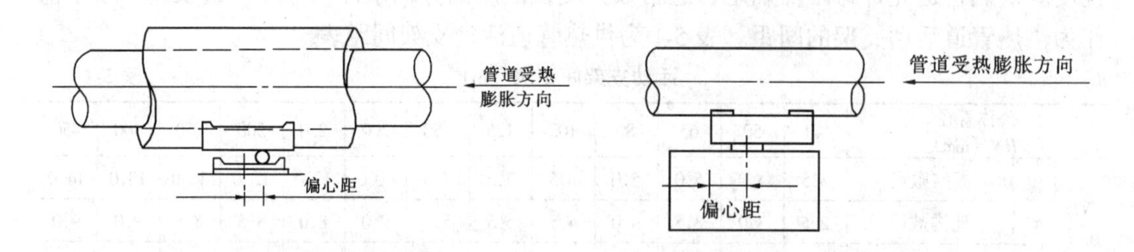

图 5-21　滚动支架的偏心安装　　图 5-22　滑动支架的偏心安装

2）埋设法安装　管道支架若需埋墙，一般埋入墙内的型钢长度不少于 150mm，并应开脚，如图 5-23 所示。埋设前先清除打洞或预留孔洞内的碎砖和砂灰，并用水将洞浇湿。再用 150 号细石混凝土将洞内的支架型钢横梁部分塞牢，堵塞密实饱满，且墙洞口要凹进去 5mm 左右，以便抹灰。当堵塞的混凝土强度达到有效强度的 75％以上时方可进行管道安装。

3）焊接法安装　钢筋混凝土构件上的支架，通常是由管道施工人员向土建施工人员提供各支架的位置，由土建施工预埋钢板。钢模板拆除后应将钢板表面的砂浆或油污清除干净，然后按要求把支架横梁焊接在预埋钢板上。如图 5-24 所示。

4）抱柱法安装　管道沿柱子敷设时，可采用抱柱式支架，见图 5-25。安装时，先清除支架处柱表面粉层，在柱子安装高度上标出安装水平线后，支架便可依线装设。要求安装时，其上的螺栓一定要拧紧，保证支架受力后不松动。

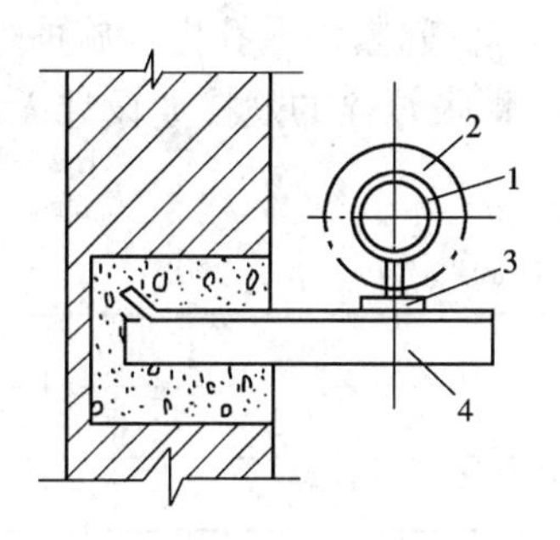

图 5-23　埋入墙内的支架

1—管子；2—保温层；
3—支架；4—支架横梁

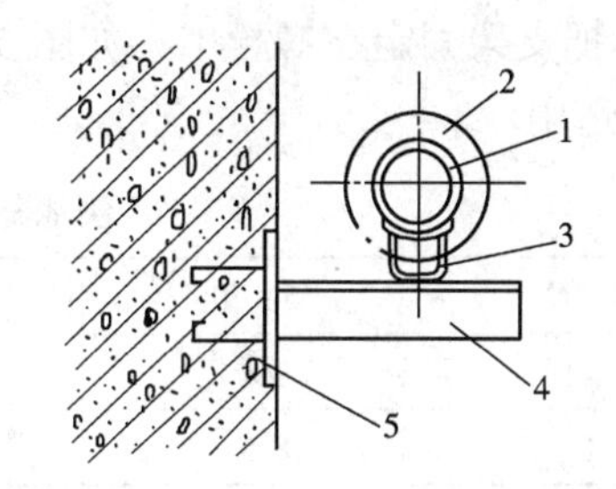

图 5-24　焊于预埋钢板上的支架

1—管子；2—保温层；3—支架；
4—支架横梁；5—预埋钢板

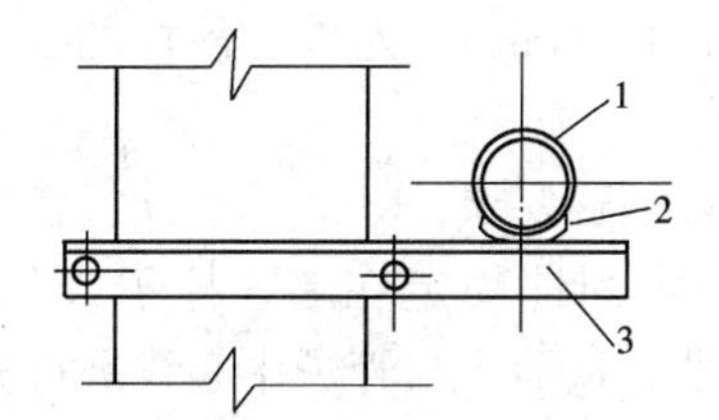

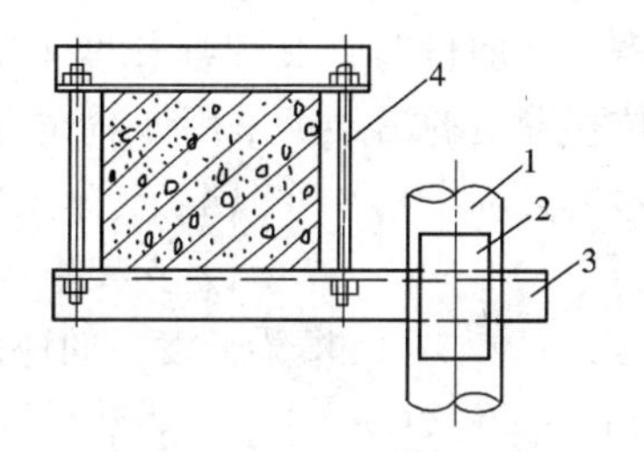

图 5-25　抱柱式支架

1—管子，2—弧形板管座，3—支架横梁，4—双头螺栓

5）锚固法安装　在没有预留孔洞和预埋钢板的砖或混凝土结构上，可用射钉或膨胀螺栓安装支架，但管径不得大于 150mm。

用射钉安装支架，先在安装位置画出射钉点，然后用射钉枪将外螺纹射钉射入构件内，再用螺母将支架固定在射钉上，如图 5-26 所示。

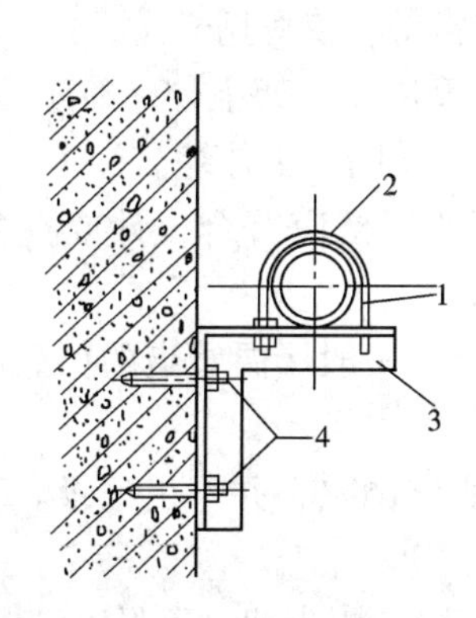

图 5-26　用射钉安装的支架

1—管子；2—管卡；
3—支架；4—射钉

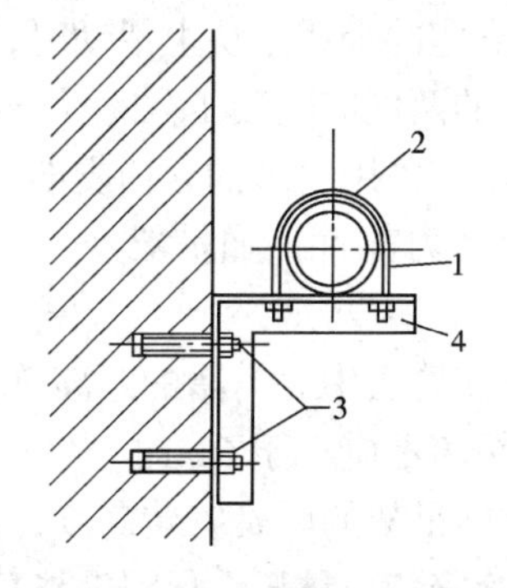

图 5-27　用膨胀螺栓固定的支架

1—管子；2—管卡；
3—支架；4—膨胀螺栓

用膨胀螺栓安装支架，先标定出膨胀螺栓的栽埋位置，然后用电钻或电锤进行钻孔，孔的直径与膨胀螺栓套管外径相同，孔深为套管长度加 15mm，清除孔内碎渣后，将套管套在螺栓上，带上螺母一起钉入孔内，至螺母接触孔口为止。随后用扳手拧紧螺母，使螺

栓的锥形尾部把开口的套管尾部胀开，螺栓便和套管一起紧固在孔内。旋掉螺母，装上支架后用螺母把支架固定在螺栓上，如图5-27所示。膨胀螺栓的规格如设计无明确规定时，可按表5-3选用。

膨胀螺栓选用表（mm） 表5-3

管道公称直径	15~70	80~100	125	150
膨胀螺栓规格	M8	M10	M12	M14
钻头直径	8.5	10.5	12.5	14.5

6）吊架安装　吊架安装时，其预留孔洞或预埋件等，应按设计及安装要求向土建提出。无热位移管道的吊架，其吊杆应垂直安装；有热位移管道的吊架，其吊杆应向管道热位移的反方向倾斜安装，吊环水平偏移距离为该处管道全部热位移量的一半，如图5-28所示。吊杆需焊接加长时，其焊缝长度不应小于100mm。另外，吊杆的长度应具备调节性，对有热位移管道的吊架可采用弹簧式吊架。

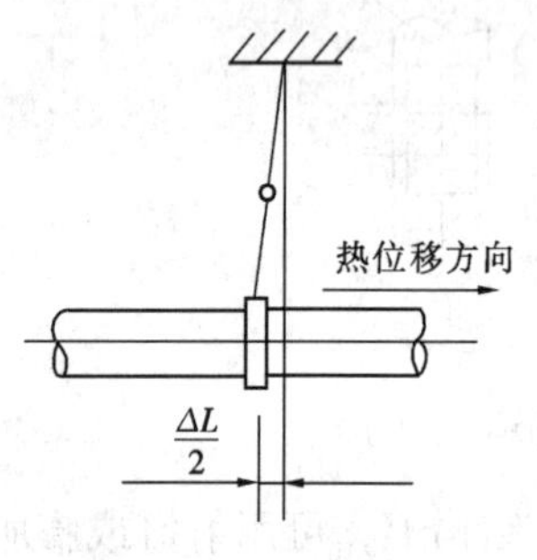

图5-28　吊架倾斜安装

(4) 支吊架安装一般要求：

1）支架横梁应牢固地固定在墙、柱子或其他结构物上，横梁长度方向应水平，顶面应与管子中心线平行。

2）无热位移的管道吊架的吊杆应垂直于管子，吊杆的长度要能调节。两根热位移方向相反或位移值不等的管道，除设计有规定外，不得使用同一杆件。

3）固定支架承受着管道内压力的反力及补偿器的反力，因此固定支架必须严格安装在设计规定的位置，并应使管子牢固地固定在支架上。在无补偿装置、有位移的直管段上，不得安装一个以上的固定支架。

4）活动支架不应妨碍管道由于热膨胀所引起的移动。保温层不得妨碍热位移。管道在支架横梁或支座的金属垫块上滑动时，支架不应偏斜或使滑托卡住。

5）补偿器的两侧应安装1~2个导向支架，使管道在支架上伸缩时不至偏移中心线。在保温管道中不宜采用过多的导向支架，以免妨碍管道的自由伸缩。

6）支架的受力部件，如横梁、吊杆及螺栓等的规格应符合设计或有关标准图的规定。

7）支架应使管道中心离墙的距离符合设计要求，一般保温管道的保温层表面离墙或柱子表面的净距离不应小于60mm。

8）弹簧支、吊架的弹簧安装高度，应按设计要求调整，并作出记录。弹簧的临时固定件，应待系统安装、试压、保温完毕后方可拆除。

9）铸铁、铅、铝用大口径管道上的阀门，应设置专用支架、不得以管道承重。

另外，管道支架的形式多种多样，安装要求也不尽一致。支吊架安装时，除满足上面的基本要求外，还需满足设计要求及《采暖通风国家标准图集》（N 112、T 607）和《动力设施国家标准图集》（R 402）中对支吊架安装的具体要求。

(5) 室外架空管道的安装　架空管道支架应在管路敷设前由土建部门做好。若是钢筋混凝土支架，要求必须达到一定的养护强度后方可进行管道安装。在安装管道前，必须先对支架的稳固性、中心线和标高进行严格的检查。应用经纬仪测定各支架的位置及标高，检验是否符合设计图纸的要求。各支架的中心线应为一直线，不许出现折线情况。一般管道是有坡度的，故应检查各支架的标高，不允许由于支架标高的错误而造成管道的反向坡度。

在安装架空管道时，为工作的方便和安全，必须在支架的两侧架设脚手架。脚手架的高度以操作时方便为准，一般脚手架平台的高度比管道中心标高低 lm 左右，以便工人通行操作和堆放一定数量的保温材料。根据管径及管数，设置单侧或双侧脚手架，如图 5-29 所示。

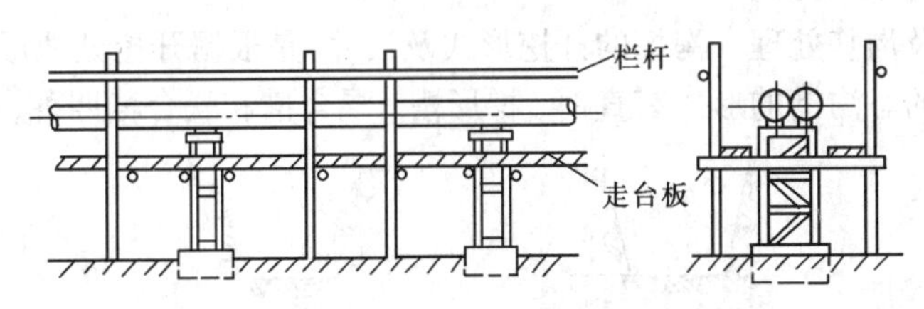

图 5-29 架空支架及安装脚手架

为减少架空支架上的高空作业量及加快工程进度，提高焊接质量等。一般情况下，根据施工图纸把适量的管子、管件和阀门等，在地面上进行预制组装，然后再分段进行吊装就位，最后进行段与段间的连接。然后检查滑动支架的安装满足要求否，若偏差较大，应修正后将其焊在管道上。

架空管道的吊装，多采用起重机械进行，如汽车式起重机、履带式起重机，或用桅杆及卷扬机等。吊装管道时，应严格按照操作规程进行，注意安全施工。

管道安装经检查符合要求并经水压试验合格后，就可进行防腐保温工作。

(6) 室外地下敷设管道安装　供热管道的地下敷设，分为地沟敷设和直埋敷设两种。其中地沟敷设，又分为通行地沟敷设、半通行地沟敷设和不通行地沟敷设。

1) 通行地沟和半通行地沟内管道的安装　这两种地沟内的管道可以装设在地沟内一侧或两侧，管道支架一般都采用钢支架。安装支架，一般在土建浇筑地沟基础和砌筑沟墙前，根据支架的间距及管道的坡度，确定出支架的具体位置、标高，向土建施工人员提出预留安装支架孔洞的具体要求。若每个支架上安放的管子超过一根，则应按支架间最小间距来预埋或预留孔洞。

管道安装前，须检查支架的牢固性和标高。然后根据管道保温层表面与沟墙间的净距要求（见表 5-4），在支架上标出管道的中心线，就可将管道就位。若同一地沟内设置成多层管道，则最好将下层的管子安装、试压、保温完成后，再逐层向上面进行安装。

地沟敷设有关尺寸（m）　　**表 5-4**

地沟类型	地沟净高	人行通道宽	管道保温表面与沟壁净距	管道保温表面与沟顶净距	管道保温表面与沟底净距	管道保温表面间净距
通行地沟	≥1.8	≥0.7	0.1~0.15	0.2~0.3	0.1~0.2	≥0.15
半通行地沟	≥1.2	≥0.6	0.1~0.15	0.2~0.3	0.1~0.2	≥0.15
不通行地沟			0.15	0.05~0.1	0.1~0.3	0.2~0.3

地沟内部管道的安装，通常也是先在地面上开好坡口、分段组装后再就位于管沟内各支架上。

2）不通行地沟内管道安装　在不通行地沟内，管道只设成一层，且管道均安装在混凝土支墩上。支墩间距即为管道支架间距，其高度应根据支架高度和保温厚度确定。支墩可在浇筑地沟基础时一并筑出，且其表面须预埋支撑钢板。要求供、回水管的支墩应错开布置。

因不通行地沟内的操作空间较狭小，故管道安装一般在地沟基础层打好后立即进行，待水压试验合格、防腐保温做完后，再砌筑墙和封顶。

3）直埋敷设管道的安装

①沟槽开挖及沟基处理　沟槽的开挖形式及尺寸，是根据开挖处地形、土质、地下水位、管数及埋深确定的。沟槽的形式有直槽、梯形槽、混合槽和联合槽四种，如图 5-30 所示。

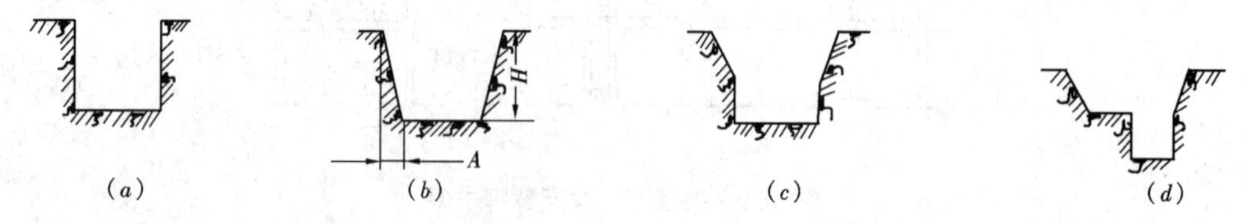

图 5-30　沟槽断面形式

(*a*) 直槽；(*b*) 梯形槽；(*c*) 混合槽；(*d*) 联合槽

直埋热力管道多采用梯形沟槽。梯形槽的沟深不超过 5m，其边坡的大小与土质有关。施工时，可参考表 5-5 所列数据选取。沟槽开挖时应不破坏槽底处的原土层。

梯形槽边坡　　**表 5-5**

土的类别	边坡 ($H:A$)		土的类别	边坡 ($H:A$)	
	槽深 < 3m	槽深 3 ~ 5m		槽深 < 3m	槽深 3 ~ 5m
砂　土	1:0.75	1:1.00	黏　土	1:0.25	1，0.33
亚砂土	1:0.67	1:0.67			
亚黏土	1:0.33	1：0.50	干黄土	1，0.20	1:0.25

因为管道直接坐落在土壤上，沟底管基的处理极为重要。原土层沟底，若土质坚实，可直接座管，若土质较松软，应进行夯实。砾石沟底，应挖出 200mm，用好土回填并夯实。因雨或地下水位与沟底较近，使沟底原土层受到扰动时，一般应铺 100 ~ 200mm 厚碎石或卵石垫层，石上再铺 100 ~ 150mm 厚的砂子作为砂枕层。沟基处理时，应注意设计中对坡度、坡向的要求。

②热力管道下管施工　直埋热力管道保温层的做法有工厂预制法、现场浇灌法和沟槽填充法三种。

第一种做法，即保温管在工厂已预制好，然后运至施工现场下管施工。下管前，根据吊装设备的能力，预先把 2 ~ 4 根管子在地面上先组焊在一起，敞口处开好坡口，并在保温管外面包一层塑料保护膜；同时在沟内管道的接口处挖出操作坑，坑深为管底以下 200mm，坑处沟壁距保温管外壁不小于 200mm。吊管时，不得以绳索直接接保温管外壳，应用宽度约 150mm 的编织带兜托管子。起吊时要慢，放管时要轻。此外，下管时还要考虑固定支墩的浇灌。

后两种做法都是先将管道组焊后吊装至沟槽内，并临时用支墩支撑牢，连接并经试压

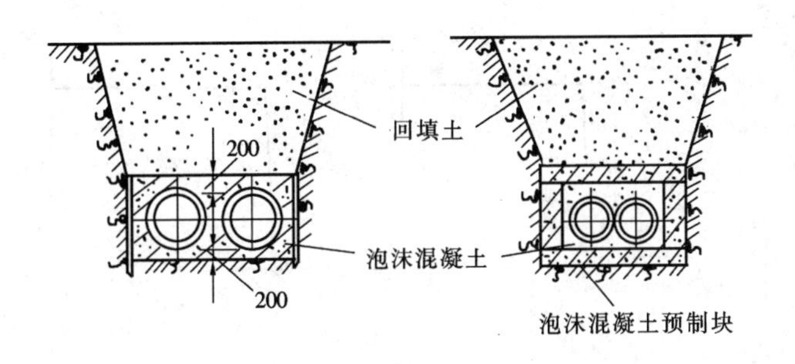

图 5-31　无地沟敷设管道

合格后，然后进行现场浇灌或沟槽填充。若采用现场浇灌法，则采用聚氨基甲酸酯硬质泡沫塑料或聚异氰脲酸酯硬质泡沫塑料等，一段段地进行现场浇灌保温，然后按要求将保温层与沟底间孔隙填充砂层后，除去临时支撑，并将此处用同样的保温材料保温。若采用沟槽填充法，则将符合要求的保温材料，调成泥状直接填充至管道与沟周围的空隙之间，且管顶的厚度应符合设计要求，最后是回填土处理，如图 5-31 所示。

③管道连接、焊口检查及接口保温　管道就位后，即可进行焊接，然后按设计要求进行焊口检验，合格后可做接口保温工作。注意接口保温前，应先将接口需保温的地方用钢刷和砂布打磨干净，然后采用与保温管道相同的保温材料将接口处保温，且与保温管道的保温材料间不留缝隙。

如果设计要求必须做水压试验，可在接口保温之前，焊口检验之后进行试压，合格后再做接口保温。

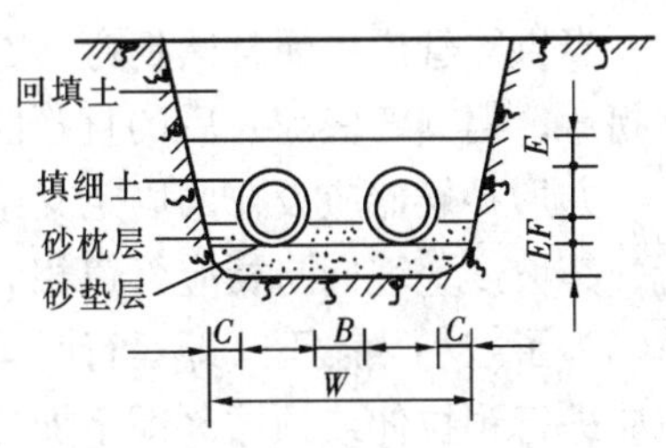

图 5-32　管道直埋断面形式

④沟槽的回填　回填时，最好先铺 70mm 厚的粗砂枕层，然后用细土填至管顶以上 100mm 处，再用厚土回填，图 5-32 所示。要求回填土中不得含有 30mm 以上的砖或石块，且不能用淤泥土和湿粘土回填。当填至管顶以上 0.5m 时，应夯实后再填，每回填 0.2～0.3m，夯击三遍，直到地面。回填后沟槽上的土面应略呈拱形，拱高一般取 150mm，$B \geqslant 20$mm，$C \geqslant 150$mm，$E = 100$mm，$F = 75$mm。

第二节　管道补偿器安装

一、补偿器的作用

补偿器也称为伸缩器，其作用是吸收管道因热胀而伸长的长度；补偿因冷缩而回缩的长度。

二、补偿器的种类

补偿器分为自然和人工补偿器两种。自然补偿器是供热管道中的自然拐弯，分为 Z 形如图 5-33（*a*）、*L* 形如图 5-33（*b*）两种，人工补偿器有方形和套筒式补偿器两种。供热管道常采用方形补偿器，如图 5-34，其优点为管道系统运行时，这种补偿器安全可靠，且平时不需要维修。缺点为占地面积较大。

三、方型补偿器的制作

制作方形补偿器时尽量用一根管煨制而成，若使用 2～3 根管煨制时，其接口（焊口）

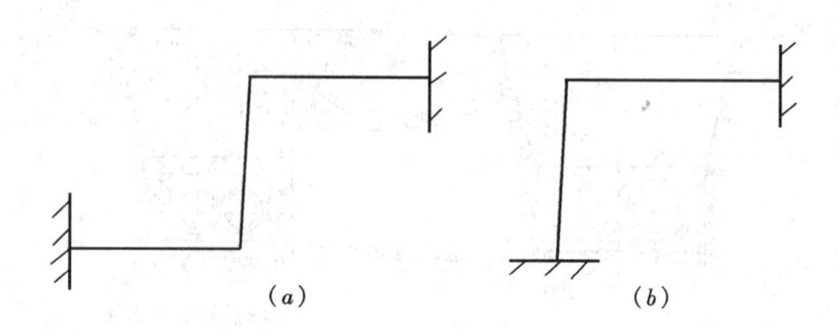

图 5-33　自然补偿器

应设在垂直臂的中点。管子的材质应优于或相同于相应管道的管材材质，管子的壁厚，宜厚于相应管道的管材壁厚。组对时，应在平台上进行，四个弯头均为90°，且在一个平面上。

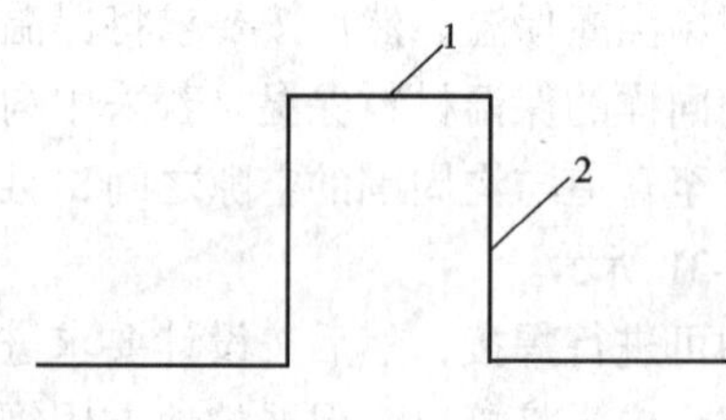

图 5-34　方形补偿器
1—水平臂；2—垂直臂

四、方形补偿器的安装

一般情况下，供热管道自始至终并非所有管段都需要安装方形补偿器。实际工程中，有的管段需要安装方形补偿器；有的管段可不必安装方形补偿器。

当供热管道中有自然拐弯(即有 Z 形、L 形自然补偿器)时，其弯头前、后的直管段又较短，可不设方形补偿器。

当供热管道中无自然拐弯（Z 形，L 形自然补偿器）时，应设方形补偿器，或者有自然拐弯，但其弯头前、后的直管段较长，也应在直管段上装设方形补偿器。

方形补偿器应设在两固定支架之间直管段的中点，间距见相关手册表。安装时水平放置，其坡度、坡向与相应管道相同。

为了减小热态下（即运行时）补偿器的弯曲应力，提高其补偿能力，安装方形补偿器时应进行预拉伸或预撑（即不加热进行冷拉或冷撑)。

预拉伸（或预撑）量为补偿管段（即两固定支架之间管段）热延伸量 1/2。

$$\Delta L = \alpha L(t_2 - t_1)$$

式中　ΔL——管段的热延伸量；

α——管材的线膨胀系数；对于碳素钢管约为0.012mm/(m·℃)；

L——两固定支架之间的管段长度；

t_2——管道内输送介质的最高温度；

t_1——管道安装时的环境温度。

预拉伸的方法：通常采用拉管器、手拉葫芦，如图 5-35，也可采用千斤顶进行预撑。

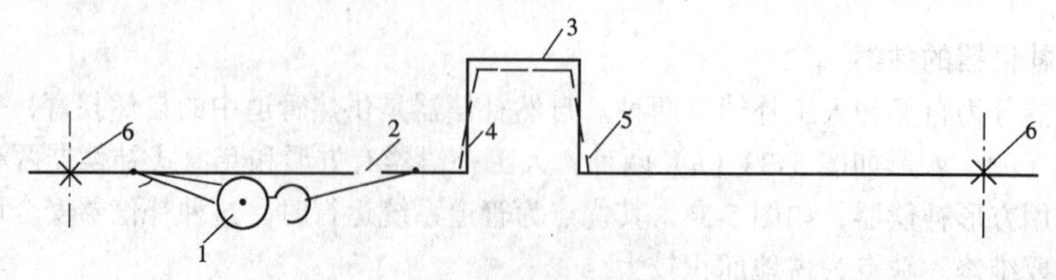

图 5-35　方形补偿器的预拉伸
1—手拉葫芦；2—拉伸口；3—方形补偿器；4—制作态；5—拉伸态；6—固定支架

预拉伸时，先将方形补偿器的一端与管道焊接；另一端作为拉伸口，待拉伸量合适之后再将该口焊接。

第三节　室外给排水管道安装

一、室外给水管道安装

室外给水管道的敷设形式分为埋地和架空两种，其中多采用埋地敷设。

常用的管材有钢管和给水铸铁管两种，其中多采用承插式（高压）给水铸铁管。

承插式给水铸铁管的接口填料通常为两层：

第一层，对于生产给水可采用白麻、油麻、石棉绳、胶圈等，对于生活给水一般采用白麻或胶圈。若采用油麻，需先进行蒸汽消毒，否则油麻容易污染，细菌繁殖，造成水质不卫生或给通水前的消毒处理带来麻烦。不得采用石棉绳，否则通水时，石棉绳填料受到水流的冲击，石棉碎渣将落入管内的水中，不符合卫生要求。

第二层，采用石棉水泥、自应力水泥砂浆、青铅等。其中多采用石棉水泥，青铅较贵且有毒，除管道穿越铁路时的前、后 1～2 个接口和抢修时个别的接口外，一般均不用青铅。

1. 室外给水管道埋地敷设施工程序

（1）管沟的放线与开挖：

1）设置中心桩　根据施工图纸测出管道的中心线，在其起点、终点、分支点、变坡点、转弯点的中心钉上木桩。

2）设置龙门板　在各中心桩处测出其标高并设置龙门板，龙门板以水平尺找平，且标出开挖深度以备开挖中检查。板顶面钉三颗钉，中间一颗为管沟中心线；其余两颗为边线，在两边线钉上各拉一细绳，沿绳撒上石灰即为管沟开挖的边线。

3）沟槽的形式　通常分为直槽、梯形槽、混合槽三种，如图 5-30。

4）沟槽的开挖　采用机械或人工开挖，挖出的土放于沟边一侧，距沟边 0.5m 以上。

5）沟底的处理　沟底要平、坡度、坡向符合设计要求，坚实；松土应夯实，砾石沟底应挖出 200mm，用好土回填且夯实。

（2）铺管　铺管之前要根据施工图检查管沟的坐标、沟底标高等，无误后方可铺管。

1）检查管材　管材应符合设计要求，无裂纹、砂眼等缺陷。检查地点宜在管材堆放场。

2）清理承插口　给水承插铸铁管出厂之前内外表面涂刷的沥青漆，影响接口的质量，应将承口内侧和插口外侧的沥青除掉。其方法一般是采用喷灯或氧乙炔割枪烧掉，再用钢丝刷、棉纱将灰尘除净。

3）运管及排放　将检查合格并清理承插口的管材，以汽车（大口径给水铸铁管尚需 3t 汽车吊）运至施工现场，一根接一根排放于沟边（未堆放土的一侧），使承口向着来水方向（管子不宜在沟边成堆放置，否则向沟内下放管子时将造成二次搬运）。

4）铺管与对口　以吊车（或人工）的方法将放在沟边的管子逐根放入沟底；使插口插入承口内，通常不插到底，留 3～5mm 的间隙；然后用三块楔铁调整承插口的环形间隙，使之均匀。

管道铺完后应找平、正。为防止捻口时管道位移，在其始端、分支、拐弯处以道木顶住，每节管的中部培400mm左右厚的土，如图5-36。

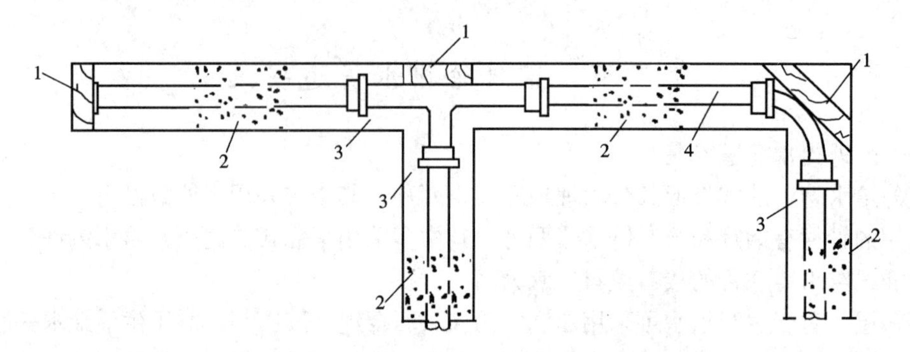

图5-36 道木及培土位置

1—道木；2—培土；3—管沟；4—给水铸铁管道

(3) 捻麻与捻石棉水泥：

1) 捻麻 将白麻先扭成辫子，直径约为承插口环形间隙的1.5倍，然后以捻凿逐圈塞入接口内并打实，打实后占承口深1/3为宜。

2) 捻石棉水泥 首先配料，石棉与水泥的配比（质量比）为四级石棉绒:525号水泥＝3:7。然后拌料，将石棉绒扯松散，与水泥干拌均匀，再加适量的水，标准为手捏成团，扔到地上即散。每次拌料不宜多，随用随拌，以免浪费（拌料超过40min将出现凝粒）。

拌完料立即捻口，方法是先将拌料填满接口，再以捻凿捣实，3kg榔头敲击捻凿。依此，将拌料逐层填满接口并捻实，捻好后应凹入承口内1～2mm，如图5-37。

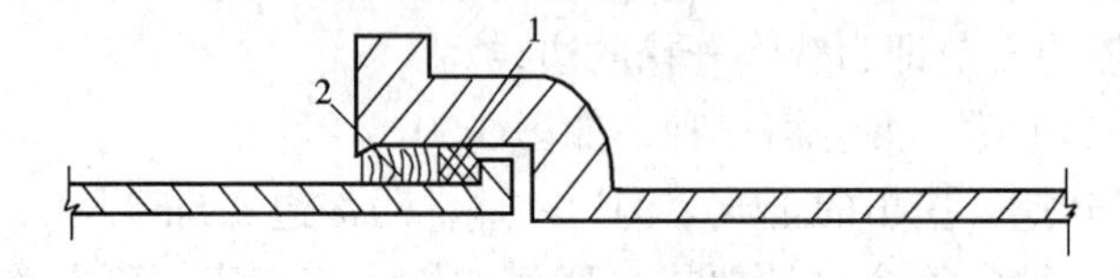

图5-37 石棉水泥捻口

1—白麻；2—石棉水泥

(4) 接口的养护 养护就是使石棉水泥接口在一段时间内保持湿润、温暖，以达到水泥标号的强度。养护方法：通常在接口上涂泥、盖草袋定期浇水。春、秋季每天＞2次，夏季每天＞4次；冬季不浇水，管道施工完后管顶覆土约400mm，两端封堵。养护时间越长越好，通常7d即可。

(5) 阀门井及阀门安装 室外埋地给水管道上的阀门均应设在阀门井内。阀门井有混凝土（预制）和砖砌两种。井盖有混凝土、钢、铸铁制的三种。井和井盖的形式分为圆形和矩形两种，其中多采用圆形阀门井及其井盖。

1) 阀门井安装 通常井底为现浇混凝土，安装混凝土预制的井圈（或砌筑井壁）时要垂直，井底和井的上口标高以及截面尺寸要符合设计要求。

2) 阀门安装 阀门通常为法兰式闸阀，阀门前后采用承盘或插盘铸铁给水短管。安装时阀门手轮垂直向上，两法兰之间加3～4mm厚的胶皮垫，以“十字对称法”拧紧螺帽，螺帽外余1～5扣（一般余2扣），且螺帽位于法兰的同一侧。

(6) 室外消火栓安装 室外消火栓的安装形式，分为地上和地下两种。前者装于地上；后者装于地下消火栓井内，如图5-38。通常消火栓的进水口为 $DN100$；出水口有两个：*DN*100 和 *DN*65。

（7）管道的水压试验　管道接口养护期满即可进行水压试验。水压试验时，室外气温通常应在 3℃以上（冬天负温不宜水压试验）。

（8）管道的防腐　给水铸铁管出厂之前其表面已涂刷沥青漆，一般不再刷漆。但在清理接口时将管子的插口端附近、承口外侧的沥青烧掉了，应补刷沥青漆；吊、运管时被钢丝绳损伤的部位也应补刷沥青漆。

若采用钢制三通、弯头等管件时，一般应做正常防腐。

（9）回填土　室外埋地给水管道试压、防腐之后可进行回填土。在回填土之前应进行全面检查，确认无误之后方可回填土。

回填土内不得有石块，要具有最佳含水量。分层回填并夯实，每层宜 100～200mm；最后一层应高出周围地面 30～50mm。

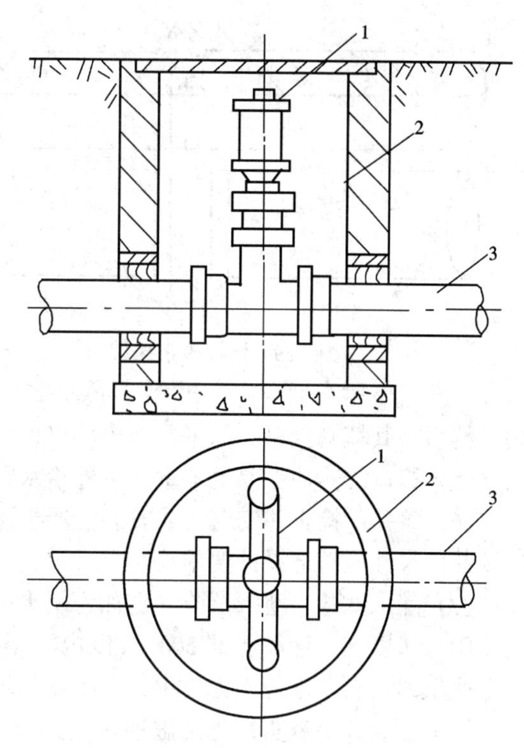

图 5-38　室外地下消火栓
1—室外消火栓；2—消火栓井；3—室外给水管道

2. 室外给水管道架空敷设

架空敷设的室外给水管道，常采用承插式高压给水铸铁管（较少采用钢管）。

主要施工程序：安装管架（墩）→铺设管道→水压试验→防腐。其安装时的方法步骤和要求与室外给水管道埋地敷设基本相同。

二、室外排水管道安装

1. 室外排水管道的特点

室外排水管道突出的特点：一是流量大，二是管径大，三是不使用管件。

2. 常用管材

污水、雨（雪）水管道多采用混凝土或钢筋混凝土管。其中雨（雪）水管道有的以条石砌成管渠；含有腐蚀性介质的生产（工业）污水通常采用陶土管（带釉）。

3. 排水管道安装

室外排水管道的敷设形式，通常为直接埋地。其安装程序为：

（1）管沟的放线与开挖　参见本章“室外给水管道埋地敷设施工程序”。

（2）修筑管基　首先检查管沟的坐标，沟底标高、坡度坡向及检查井位置等，应符合设计要求。沟底土质良好，确保管道安装后不下沉。然后修筑管基，管基通常为现浇混凝土，其厚度及坡度、坡向要符合设计要求。

（3）铺管：

1）检查管材：混凝土（或钢筋混凝土）管的规格要符合设计要求，不得有裂纹、破损和蜂窝麻面等缺陷。

2）清理管口：将每节管的两端接口以棉纱、清水擦洗干净。

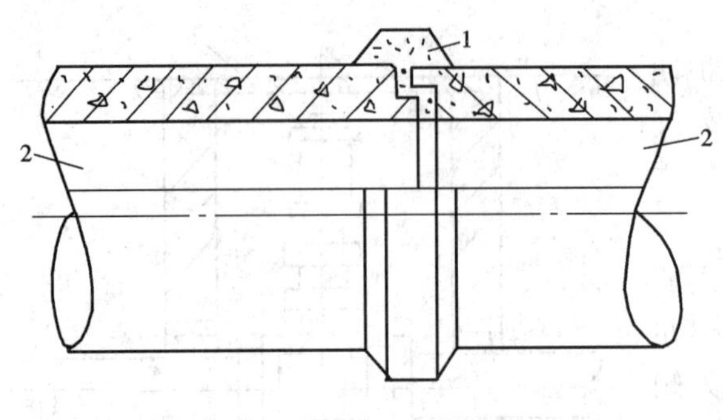

图 5-39　水泥砂浆抹口
1—水泥砂浆；2—钢筋混凝土管

3）铺管：将沟边的管子以吊车（或人工）逐根放入沟内的管基上，使接口对正。然后通过直管段上首、尾两检查井的中心点拉一粉线，该粉线即为管中心线，据此线来调整管子，使管道平直；并以水平尺检测其坡度、坡向，使之符合设计要求。

（4）抹口　通常采用水泥砂浆为填料，其配比（质量比）为 525 号水泥∶河砂 = 1∶2.5 ~ 3，加适量的水拌匀。然后将其填满接口、抹平并凸出接口，如图 5-39。

（5）接口的养护　参见本章“室外给水管道埋地敷设施工程序”。

（6）筑井　检查井砌筑（或安装混凝土预制井圈）时，井壁要垂直；井底、上口标高以及截面尺寸应符合设计要求。

（7）灌水试验　灌水试验（也称为闭水试验）应在管道覆土前进行。

（8）回填土　管顶上部 500mm 以内不得回填直径约 100mm 的石块和冻土块；500mm 以上回填的块石及冻土不得集中；用机械回填时，机械不得在管沟上行驶。

回填土应分层夯实，每层虚铺厚度：机械夯实为 300mm 以内；人工夯实为 200mm 以内。管道接口处必须仔细夯实。

第四节　室外管道的试压、清洗和验收

一、热力管道试压、清洗和验收

1. 热力管道试压

热力管道安装完后，必须进行其强度与严密性的试验。强度试验用试验压力试验管道，严密性试验用工作压力试验管道。热力管道一般采用水压试验。寒冷地区冬季试压也可以用气压进行试验。

（1）热力管道强度试验　由于热力管道的直径较大，距离较长。一般试验时都是分段进行的。强度试验的试验压力为工作压力的 1.5 倍，但不得小于 0.6MPa。

试验前，应将管道中的阀门全部打开，试验段与非试验段管道应隔断，管道敞口处要用盲板封堵严密：与室内管道连接处，应在从干线接出的支线上的第一个法兰中插入盲板。

经充水排气后关闭排气阀，若各接口无漏水现象就可缓慢加压。先升压至 1/4 试验压力，全面检查管道，无渗漏时继续升压。当压力升至试验压力时，停止加压并观测 10min，若压力降不大于 0.05MPa，可认为系统强度试验合格。另外，管网上用的预制三通、弯头等零件，在加工厂用 2 倍的工作压力试验，闸阀在安装前用 1.5 倍工作压力试验。

（2）热力管道的严密性试验　严密性试验一般伴随强度试验进行，强度试验合格后将水压降至工作压力，用质量不大于 1.5kg 的圆头铁锤，在距焊缝 15 ~ 20mm 处沿焊缝方

向轻轻敲击，各接口若无渗漏则管道系统严密性试验合格。

当室外温度在0～－10℃间仍采用水压试验时，水的温度应为50℃左右的热水。试验完毕后应立即将管内存水排放干净。有条件时最好用压缩空气冲净。还应指出的是，对于架空敷设热力管道的试压，其手压泵及压力表如在地面上，则其试验压力应加上管道标高至压力表的水静压力。

2. 热力管道清洗

热力管道的清洗应在试压合格后，用水或蒸汽进行。

（1）清洗前的准备：

1）应将减压器、疏水器、流量计和流量孔板、滤网、调节阀芯、止回阀芯及温度计的插入管等拆下。

2）把不应与管道同时清洗的设备、容器及仪表管等与需清洗的管道隔开。

3）支架的牢固程度能承受清洗时的冲击力，必要时应予以加固。

4）排水管道应在水流末端的低点接至排水量可满足需要的排水井或其他允许排放的地点。排水管的截面积应按设计或根据水力计算确定，并能将脏物排出。

5）蒸汽吹洗用排汽管的管径应按设计或根据计算确定并能将脏物排出，管口的朝向、高度、倾角等应认真计算，排汽管应简短，端部应有牢固的支撑。

6）设备和容器应有单独的排水口，在清洗过程中管道中的脏物不得进入设备，设备中的脏物应单独排泄。

（2）热力管道水力清洗：

1）清洗应按主干线、支干线的次序分别进行，清洗前应充水浸泡管道。

2）小口径管道中的脏物，在一般情况下不宜进入大口径管道中。

3）在清洗用水量可以满足需要时，尽量扩大直接排水清洗的范围。

4）水力冲洗应连续进行并尽量加大管道内的流量，一般情况下管内的平均流速不应低于1.0m/s。

5）对于大口径管道，当冲洗水量不能满足要求时，宜采用密闭循环的水力清洗方式，管内流速应达到或接近管道正常运行时的流速。在循环清洗的水质较脏时，应更换循环水继续进行清洗。循环清洗的装置应在清洗方案中考虑和确定。

6）管网清洗的合格标准：应以排水中全固形物的含量接近或等于清洗用水中全固形物的含量为合格；当设计无明确规定时入口水与排水的透明度相同即为合格。

（3）热力管道蒸汽吹洗　输送蒸汽的管道宜用蒸汽吹洗。蒸汽吹洗按下列要求进行：

1）吹洗前，应缓慢升温暖管，恒温1h后进行吹洗。

2）吹洗用蒸汽的压力和流量应按计算确定。一般情况下，吹洗压力应不大于管道工作压力的75%。

3）吹洗次数一般为2～3次，每次的间隔时间为2～4h。

4）蒸汽吹洗的检查方法：将刨光的洁净木板置于排汽口前方，板上无铁锈、脏物即为合格。清洗合格的管网应按技术要求恢复拆下来的设施及部件，并应填写供热管网清洗记录。

二、室外给水管道试压、清洗和验收

1. 室外给水管道试压

（1）试压条件要求：

1）给水管道试压一般采用水介质进行试压，在冬季或缺水时，也可用气压试验。

2）在回填管沟前，分段进行试压。回填管沟和完成管段各项工作后，进行最后试压。试验时，管道全线长度 > 1000m 应分段进行；管道全长 < 1000m 可一次试压。试验压力标准为工作压力加 0.5MPa，但不超过 1MPa（通常高压给水铸铁管道为 P_{s1}）。并应在管件支墩达到要求强度后方可进行，否则应作临时支撑。未做支墩处应做临时后背。

3）凡在使用中易于检查的地下管道允许进行一次性试压。铺设后必须立即回填的局部地下管道，可不作预先试压。焊接接口的地下钢管的各管段，允许在向沟边作预先试压。

4）埋于地下的管道经检查管基合格后，管身上部的回填土应回填不小于 500mm 厚以后方可进行试压（管道接口工作坑除外）。

（2）试压操作程序要求：

1）试压之前，按标准工艺量尺、下料、制作、安装堵板和管道末端支撑。将管道的始、末端设置堵板、在堵板，弯头和三通等处以道木顶住。并从水源开始，铺设和连接好试压给水管，安装给水管上的阀门、试压水泵，试压泵的前后阀门。在管道的高点设放气阀，低点设放水阀。管道较长时，在其始、末端各设压力表一块；管道较短时，只在试压泵附近设压力表一块。将试压泵（一般使用手压泵）与被试压管道连接上，并安装好临时上水管道，向被试压管道内充水至满，先不升压再养护 24h，如图 5-40。

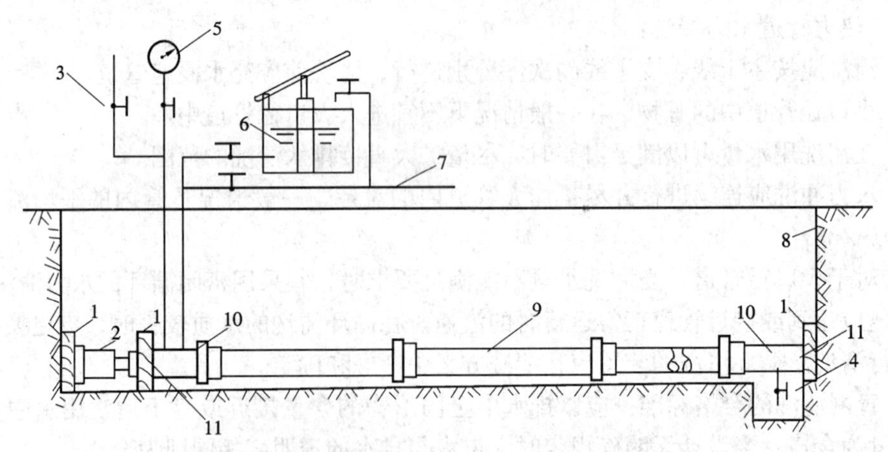

图 5-40　给水角铁管道水压试验前的准备工作

1—道木；2—千斤顶；3—放空气阀；4—放水阀；5—压力表；6—手压泵；
7—临时上水管道；8—沟壁；9—被试压管道；10—钢短管；11—钢堵板

2）非焊接或螺纹连接管道，在接口后须经过养护期达到强度以后方可进行充水。充水后应把管内空气全部排尽。

3）空气排尽后，将检查阀门关闭好，以手压泵向被试压管道内压水，升压要缓慢。当升压至 0.5MPa 时暂停，作初步检查；无问题时，徐徐升压至试验压力 p_{s1}，在此压力下恒压 10min，若压力无下降或压力降不超过 0.05MPa，管道、附件和接口等未发生漏裂，然后将压力降至工作压力，再进行外观全面检查，以接口不漏为合格（工作压力由项目设计要求确定）。试压时自始至终升压要缓慢且无较大的振动。

4）试压过程中通过全部检查，若发现接口渗漏，应标记好明显记号，然后将压力降为零。制定补修措施，经补修后再重新试验，直至合格。试压完毕应打开放（泄）水阀，将被试压管道内的水全部放净，以防冻坏管道。

5）试压时要注意安全，管道水压试验具有危险性，因此要划定危险区，严禁闲人进入该区。操作人员应远离堵板、三通、弯头等处，以防因管沟浅或沟壁后座墙不够力，试压过程中将堵板冲出打伤人。

6）管道试压合格后，应立即办理验收手续并填写好试压报告方可组织回填。

（3）各类管材的给水管道试验压力

见表5-6中的规定值。

给水管道水压试验压力 **表5-6**

管材名称	工作压力（P）（MPa）	试验压力（Ps）（MPa）	管材名称	工作压力（P）（MPa）	试验压力（Ps）（MPa）
碳素钢管		$P+0.49 \nless 0.88$	预、自应力钢筋混凝土管和钢筋混凝土管	$P \leqslant 0.6$	$1.5P$
铸铁管	$P \leqslant 0.6$	$2P$		$P>0.6$	$P+0.29$
	$P>0.5$	$P+0.5$			

2. 室外排水管道的验收

（1）试验前的准备工作　将被试验管段的上、下游检查井内管端以钢制堵板封堵。在上游检查井旁设一试验用的水箱，水箱内试验水位的高度：对于敷设在干燥土层内的管道应高出上游井管顶4m。试验水箱底与上游井内管端堵板以管子连接；下游井内管端堵板下侧接泄水管，并挖好排水沟。

（2）试验过程　先由水箱向被试验管段内充水至满，浸泡1～2昼夜再进行试验。试验开始时，先量好水位；然后观察各接口是否渗漏，观察时间不少于30min，渗出水量不应大于表5-7的规定。试验完毕应将水及时排出。

在湿土壤内敷设的管道，检查地下水渗入管道内的水量。当地下水位超过管顶2～4m时，渗入管内的水量不应大于表5-7的规定；当地下水位超过管顶4m以上时，每增加1m水头，允许增加渗入水量的10%；当地下水位高出管顶2m以内时，可按干燥土层做渗出水量试验。

排水管道在一昼夜内允许渗出或渗入的水量 **表5-7**

管道种类	允许渗水量[$m^3/(d.km)$]											
	管　径（mm）											
	150	200	300	400	500	600	700	800	900	1000	1500	2000
混凝土管	7	20	28	32	36	40	44	48	53	58	93	148
钢筋混凝土管	7	20	28	32	36	40	44	48	53	58	93	148
陶土管	7	12	18	21	23	23						

排出带有腐蚀性污水的管道，不允许渗漏。

雨水管道以及与雨水性质近似的管道，除大孔性土壤和水源地区外，可不做闭水试验。

第六章　起重吊装搬运基本知识

第一节　起重吊装搬运的基本知识

一、起重吊装搬运的基本概念

在暖卫与通风工程施工中，起重吊装与搬运工作，是施工过程中不可缺少的一项重要工作。例如风机、除尘设备和空调机组的搬运和吊装，锅炉设备的吊装就位，大直径管道的装卸、搬运与安装等，都离不开起重吊装搬运工作。

对于不同重量的各种设备，在移动和起吊过程中，都必须使用适当的起重吊装运输机具，采用相应的起重吊装运输方法。起重吊装就是把所要安装的设备，从地面起吊（或推举）到空中，再放到设备预定安装的位置上的过程；搬运是把设备沿着地面水平地或有较小坡度的移动过程。也就是说，把设备进行垂直运输或水平运输，称为设备的起重吊装和搬运。

起重吊装与搬运工作，是一项应用广泛、操作复杂、安全要求较高及技术性较强的工作。为了做好此项工作，对于从事水暖与通风专业的施工技术人员，必须具备与本专业有关的一些起重吊装与搬运的基本知识。应熟悉起重吊装与搬运常用的一些绳索附件、吊具及各种常用机具的构造、性能与操作方法，掌握起重吊装搬运的常用方法和基本操作要领，了解起重吊装搬运的一般操作规程和安全技术规程，以满足工作的需要。

二、起重吊装搬运的基本操作方法

起重吊装与搬运工作，可分为机械与人工两大类。机械起重吊装与搬运，主要是利用各种起重吊装机械和运输机械来进行操作的；人工起重吊装与搬运，则主要是由有经验的起重工人使用各种工具和简单机械设备来进行操作，以完成设备的起重吊装与搬运工作。不论是机械还是人工作业，其基本操作方法归纳起来有：扛、抬、拉、撬、拨、滑、滚、顶、垫、落、转、卷、捆、吊、测等几种。

1. 扛、抬、拉、撬、拨

(1) 扛和抬　对重量较轻的设备或构件，由于通行道路有障碍或存放地点狭窄等原因，不便使用机具运输时，一般采用人抬肩扛的方法进行。小件由单人肩扛，大件则由2人、4人、6人、8人或10人等共同肩抬。搬抬时不论有多少人，都要步调一致，由专人统一指挥，脚步要同起同落，不可迈大步，否则很容易发生事故。

(2) 拉　对于小件设备或构件，当搬运距离比较远时，可采用人力小车进行搬运，不但可以节省劳力，而且可节省劳动时间，提高劳动效率。

(3) 撬　就是利用杠杆的工作原理，用撬杠将设备、重物撬起。一般用于重量较轻、起升高度不大的作业中。例如在设备下安放或抽出垫木、千斤顶、滚杠等。撬的时候可用一根撬杠操作，也可用几根撬杠同时操作。

撬杠可用工具钢或圆钢打制而成。如遇设备的起升高度较大时，也可用圆木、方木或钢管等撬起设备。

(4) 拨　就是利用撬杠拨动设备。将撬杠插在设备下面，下压撬杠尾部使设备离地左右移动，称为迈；将撬杠插在设备下面，扛抬撬杠尾部，使设备向后滑动，称为拨。操作时可采用一根撬杠或几根撬杠同时使用，直到将设备移到需要的位置为止。

2. 滑、滚、顶、垫、落

(1) 滑　就是将设备放在滑道上，用卷扬机或人力牵引，使设备移动较大的距离。为了减少滑动摩擦力，通常是使用两条平行的钢轨（或型钢）作滑道，在设备下面安上钢排子或滑板，使其在钢轨道上滑行。

(2) 滚　就是在设备下安装好钢排或木排（也称上走道板或上滚道），下面放置下走板（下滚道）和滚杠，使设备随走板之间滚杠的滚动移动。由于滚动比滑动摩擦力小，此种方法比较省力，应用较多。

钢排或木排通称排子，多采用槽钢或方木做成船形，用作滚动时的上走道。下走道多采用方木或木板，也有钢制的。滚杠多采用厚壁钢管制作，也有采用结实的木杠。

滚运时，设备的走向完全依靠滚杠的方向来拉制的。滚杠与走板垂直时，设备为直线移动。滚杠向右偏移，设备向右移动；滚杠向左偏移时，设备向左移动。具体计算方法将在本章第七节中详述。图 6-1 为滚杠滚运设备图。

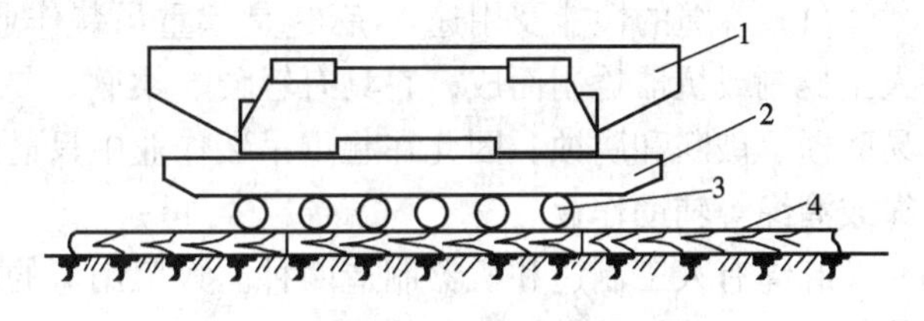

图 6-1　用滚杠滚运设备

1—设备；2—排子；3—滚杠；4—走道

(3) 顶、垫、落　顶就是利用千斤顶把设备顶起来，是一种简便、安全、可靠、省力的起重方法。可采用一台或多台千斤顶同时使用。垫就是将设备用枕木或方木支承起来，多与顶同时配合操作。落就是将吊起或顶起的设备从较高处落到较低的位置，这也是起重作业中常用的操作方法。

3. 转、卷、捆、吊、测

(1) 转、卷　转就是将设备就地在平面内旋转一个需要的角度。通常可采用起吊机具将设备吊离地面，旋转一定角度后再放下来，也可将设备放置在临时转盘上来转动设备，或者采用滚转的方式达到转动一定角度的要求。

卷是利用绳索将圆柱形设备或管道卷落或卷升到一定位置的吊运方法。如图 6-2 所示，长管道的搬运是先将绳子套好后，一端固定在地锚上(或用脚踩)，拉动另一端，使管道顺着边坡往上翻滚。一般是用两根绳子同时往上卷。在室外铸铁管道的施工中，常用卷的逆方法将管道放落在地沟内。

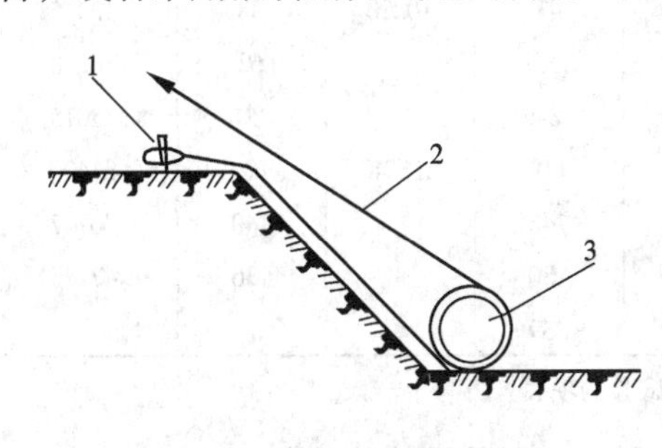

图 6-2　用卷的方法搬运管道

1—地锚；2—拉绳；3—铸铁管

(2) 捆、吊、测　捆就是利用绳索将需要吊装或固定的设备及其他机具捆绑起来。是起重吊装作业中一项重要的操作方法，其具体捆绑方法将在第二节中详述。

吊就是用桅杆、滑轮组及卷扬机等起重机具或其他起重机械，将设备或重物吊起来。

在整个起重过程中，起吊是最为关键的一项工作，其特点是起重量及起升高度都比较大，安全要求较高，在设备吊装中应用最广。

测就是对起吊的设备进行测量与计算，以确定其重量、重心和捆绑位置，是制定起吊方案，确保起吊安全不可缺少的吊前准备工作。

以上所述为常见的一些操作方法，使用时可根据具体情况选择适当方法。对于主要的一些操作方法和计算方法，将在随后的有关章节中详述。

第二节　常用索具及附件

一、绳索及附件

绳索及附件在起重工作中是用来捆绑、搬运和提升设备的，通称为索具。常用的有：麻绳、尼龙绳、钢丝绳、吊索、绳扣和绳夹等。

1. 麻绳及尼龙绳

(1) 麻绳的性能及用途　麻绳是起重吊装作业中常用的一种绳索，是由植物纤维经人工捻制或机器捻制而成，它具有轻便、柔软、易捆绑、价格便宜等优点。但强度较低，易磨损、破断和腐蚀。因此在起重吊装作业中只适用于吊装小型设备及管道，或用作缆风绳或溜绳等辅助作业。

麻绳有人工制造和机器制造两种。人工制造的麻绳质量较差，因此不宜在起重作业中使用，而常使用的是机器制造的麻绳。

麻绳的种类较多，按使用的原料不同可分为：用龙舌兰麻制成的白棕绳，用大麻制成的线麻绳，用龙舌兰麻和萱麻各半再掺入10%大麻制成的混合绳三种。其技术性能见表6-1，使用时可根据具体情况选用。

机制麻绳技术规格　　**表 6-1**

直径		延伸率(%)	股组织经(系)数	白棕绳		混合绳		线麻绳	
(mm)	(in)			重量(kg)	破断力(N)	重量(kg)	破断力(N)	重量(kg)	破断力(N)
10	3/8″		3×3	15	3040	16	3990	20	
13	1/2″		5×3	23	4410	30	5785	26	8650
16	5/8″		8×3	42	9500	47	10200	38	12415
19	3/4″	14	10×3	50	13789	65		62	16280
22	7/8″	22	14×3	72	14700	84		80	18015
25	1″	29	20×3	100	21560	118	216140	109	31400
28	1′/8″	33	23×3	120	20460	146		140	40747
32	1′/4″	25	32×3	163		180		136	47778
38	1′/2″	22	42×3	212		239			

注：表中所列重量为每盘218m的重量，未填写数字者为未做试验的项目。

在已知麻绳的破断力后，即可计算出麻绳的许用拉力。其计算公式如下：

$$P=\frac{P_{\mathrm{P}}}{K} \tag{6-1}$$

式中　P——麻绳的许用拉力（N）；

P_{P}——麻绳的破断拉力（N）；

K——麻绳的安全使用系数，一般人工操作时取 $K=5$。

当施工现场缺少麻绳资料时，可采用下列经验公式估算麻绳的许用拉力；

$$P=8d^2 \tag{6-2}$$

式中 P——麻绳的许用拉力（N）；

d——麻绳的直径（mm）。

【例 6-1】 某施工现场有一根规格为 10×3 直径为 19mm 的线麻绳，试采用查表计算法和经验估算法计算其许用拉力，并进行比较说明。

【解】 用查表计算法

$$P=\frac{P_{\mathrm{P}}}{K}$$

由表 6-1 查得 $d=19\mathrm{mm}$ 的线麻绳破断拉力为 16280N，取 $K=5$，代入上式

$$P=\frac{P_{\mathrm{P}}}{K}=16280\div5=3256\mathrm{N}$$

用经验公式估算法

$$P=8d^2=8\times19^2=2888\mathrm{N}$$

计算结果比较，采用经验公式估算所得数值小于由试验破断力计算出来的数值，但差值不大。由此可见，采用经验公式估算麻绳的许用拉力，可以满足现场需要，并可保证不超负荷使用。在施工现场，也有根据物体的重量或拉力的大小选购麻绳的。其计算方法可用经验公式计算出麻绳的直径。

由于麻绳容易磨损和腐烂，在使用前必须经过认真检查。对表面磨损不大的可降级使用，局部损伤严重的可截去损伤部分，插接后继续使用，断丝的禁止使用。使用后的麻绳应妥善保存，防止潮湿和油污及化学物品的腐蚀。

（2）尼龙绳　尼龙绳和涤纶绳质轻、柔软、耐油、耐虫蛀、耐各种酸类的腐蚀，并具有弹性可减少冲击力，而且具有较强的抗水性能。常用于软金属制品、加工精度较高的设备零部件和表面不许损伤的设备起运与吊装。也是起重吊装作业中常用的绳索之一。但尼龙绳易燃，打结易脱扣，因此在吊装工作中使用时应慎重。

2. 钢丝绳

钢丝绳又称钢索或绳索，是由高强度碳素钢丝捻制而成的。具有自重轻、强度高、耐疲劳、耐磨损、断面相等、韧性好、弹性大能承受冲击荷载，破断前有断丝的预兆，工作可靠，在高速下运转平稳无噪声等优点。因此在起重吊装作业中广泛使用。但由于钢性较大，不易弯曲，不易打结，使用时要增大卷筒和滑轮的直径，因而相应地增加了卷筒和滑轮的尺寸和重量。

（1）钢丝绳的分类　钢丝绳的种类很多，通常可根据钢丝绳的股数、捻制方向、结构形式、韧性、强度及表面外观情况等进行分类。

最常用的钢丝绳为普通结构的钢丝绳，是由强度为 $1400\sim2000\mathrm{N/cm^2}$，直径 $0.4\sim3\mathrm{mm}$ 的高强度钢丝捻制成钢丝绳股，称为子绳，再由子绳绕浸油的植物纤维绳芯捻成钢丝绳。如 6×19+1 钢丝绳，是由子绳 6 股，每股有 19 根高强度的钢丝组成，1 是指有一根绳芯。绳芯是由棉、麻、石棉等浸油纤维制成。

按钢丝绳的捻制方向和方法可分为：

1）交互捻钢丝绳　又称为交绕钢丝绳，它的特征是子绳的钢丝捻绕方向和子绳间的捻绕方向相反。可分为右交互捻和左交互捻，即钢丝左捻子绳右捻或钢丝右捻子绳左捻。这种钢丝绳子绳的钢丝和子绳间，由于弹性力所产生的扭转变形相反，具有互相抵消作用，不易自行松散，故在起重机械和吊装作业中应用最广。它的缺点是挠性小，表面不平滑，与滑轮和卷筒的接触面积小，因而磨损较快。见图6-3中（*a*）所示。

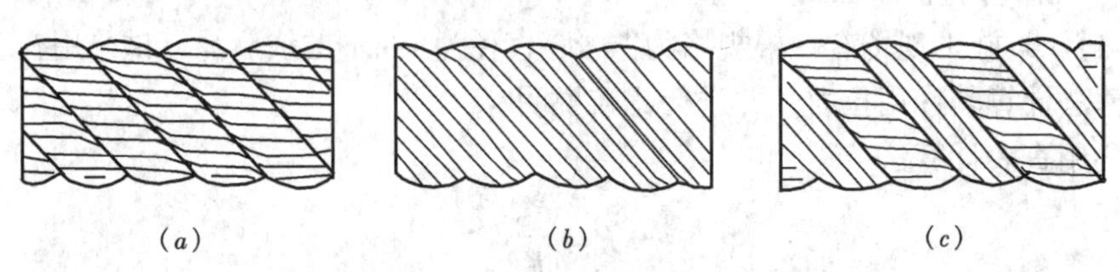

图6-3　钢丝绳捻制形式

（*a*）交互捻；（*b*）同向捻；（*c*）混合捻

2）同向捻钢丝绳　又称顺绕钢丝绳。它的特征是绳中子绳的钢丝捻绕方向和子绳间的捻绕方向相同。可分为右向捻或左向捻。它具有较大的挠性，易弯曲，且表面平滑，钢丝的磨损较小，但使用时有自行扭转和松散的缺点，因此不常采用。如图6-3（*b*）所示。

3）混合捻钢丝绳　又称混绕钢丝绳。这种钢丝绳的相邻两股子绳的钢丝捻制方向相反，是交互捻和同向捻的混合，具有上述两种钢丝绳的优点，不易自行松散和扭结，如图6-3（*c*）所示。但这种钢丝绳制造困难，价格较高，在起重吊装作业中应用也较少。

另外根据钢丝绳的构造不同，还可以分为点接触绳、线接触绳和面接触绳三种。点接触钢丝绳称普通式钢丝绳，这种钢丝绳的钢丝直径均相等，各层钢丝的螺距不相等，在相互交叉点上接触，如图6-4（*a*）所示；线接触钢丝绳又称复合式钢丝绳，子绳中的钢丝直径不尽相等，绕捻时各层钢丝螺距相等，内外层钢丝在一条螺旋线上相互接触，比点接触钢丝绳耐磨性高，承载能力大，挠性也较好，且可选用较小直径的滑轮与卷筒，因此在起重机械上，现已确定为必采用的钢丝绳，如图6-4（*b*）所示；面接触钢丝绳又称封闭式钢丝绳，是由外层的异形钢丝包一束直径相等的钢丝，采用特殊方法捻制而成，如图6-4（*c*）所示。性能优于线接触钢丝绳，但制造工艺复杂，价格昂贵，则较少使用。

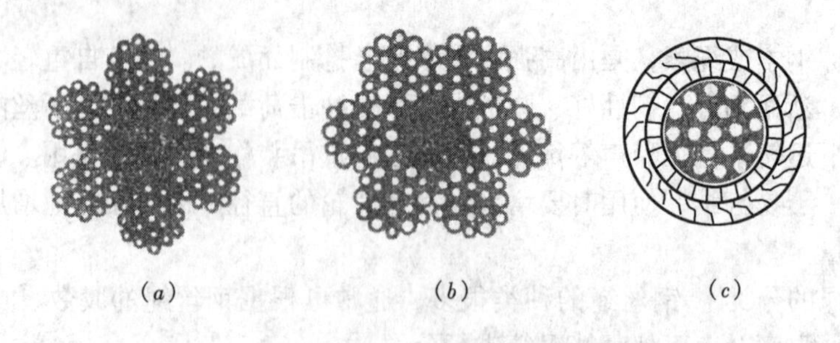

图6-4　钢丝绳按结构分类

（*a*）点接触；（*b*）线接触；（*c*）面接触

(2) 钢丝绳的选择与计算　在起重吊装作业中，钢丝绳是使用最为广泛的一种绳索。为了确保工程施工的安全与可靠，在施工前必须对钢丝绳进行认真的选择和计算。选择是根据用途确定钢丝绳的类型和结构形式。计算则是确定所选用的钢丝绳直径和受力。因此，钢丝绳的选用需分为选择和计算两个步骤进行。

1）钢丝绳的选择　在施工过程中，钢丝绳有着各种不同的用途，使用的场合和使用的条件也不相同，因此在选择钢丝绳时，首先要根据钢丝绳的结构特点和不同场合下的使用条件和要求，合理的选择适合的钢丝绳，从而确定钢丝绳的类型和结构形式。

在施工的起重吊装作业中，常使用国产的普通结构钢丝绳。选用时应了解其性能和特点，特别是钢丝绳的绳芯和子绳中的钢丝数。带有浸油植物纤维绳芯的钢丝绳比较柔软，容易弯曲，绳芯中的油质对钢丝绳起润滑和防锈的作用，但不耐高温和挤压。带石棉绳芯的钢丝绳则能够耐高温。在直径相同的情况下，子绳中的钢丝数越多，则钢丝的直径越细，钢丝绳就越柔软、越不耐磨；相反，子绳中的钢丝数越少，则钢丝直径越粗，钢丝绳就越硬，也越耐磨。表 6-2 为国产常用的各种普通结构钢丝绳的主要用途，供选用时参考。

各种常用的普通钢丝绳的主要用途　表 6-2

钢丝绳结构	钢丝绳的主要用途	钢丝绳结构	钢丝绳的主要用途
6×7+1	无极绳缆车、钢丝绳皮带运输机、索道牵引，斜井卷扬	6×61+1	重型起重机械
6×19+1	绞车、绞磨、滑轮组、索道牵引缆风绳	6×12+7	捆绑
		6×24+7	拖船、货网，浮运木材
6×37+1	绞车、绞磨、滑轮组，索道承载	6×30+7	拖船、货网、浮运木材
7×7	船舶张拉桅杆，竖井、吊桥	8×37+1	起重机械、打捞沉船
7×19	船舶张拉桅杆、吊桥	8×7+1	矿井提升、索道承载及要求钢丝绳不旋转的用途
8×19+1	电梯、起重机械		

2）钢丝绳的计算　钢丝绳工作时的受力情况是很复杂的。当钢丝绳承受拉伸并且弯曲时，各钢丝中产生的应力是复合应力，包括拉应力、弯曲应力、挤压应力和扭应力等。其应力的大小，除与外力大小有关外，还与钢丝和绳股的数目与直径、捻绕方向及方式、绕捻角的大小、捻绕的紧密程度以及绳芯的材料等多种因素有关，因此很难得出准确的计算数据。而且在复合应力中，挤压应力和扭应力相对比较都很小，因此，通常在计算钢丝绳的应力时，只考虑拉应力和弯曲应力。

在吊装过程中，钢丝绳经常会受到冲击力，而这种冲击力又大大超过了起吊物体本身的重量，因此，为确保起重吊装工作的安全可靠，规定了不同工作条件下钢丝绳的安全系数，在计算时应根据不同的工作条件进行选择。此外，钢丝绳弯曲时所受的弯曲应力则与设备的弯曲半径有关，在选择计算时，还应考虑滑轮或卷筒的最小直径与钢丝绳直径的比例关系，并正确地选择滑轮和卷筒的直径，以减小弯曲应力，计算时可不再考虑弯曲应力。钢丝绳的安全系数和卷筒或滑轮的最小直径参数见表 6-3。

钢丝绳的安全系数和滑轮或卷筒的最小直径　表 6-3

工作条件		钢丝绳的安全系数	滑轮或卷筒的最小直径 D
缆风绳		3～3.5	
人力驱动		4.5	$\geqslant 16d$
机械驱动	轻型	5	$\geqslant 20d$
	中型	5.5	$\geqslant 25d$
	重型	6	$\geqslant 30d$
起重吊索		5～10	$\geqslant 30d$
载人电梯		15	$\geqslant 30d$

注：d—钢丝绳的直径。

① 钢丝绳的破断拉力计算　钢丝绳的破断拉力是保证安全吊装的一个重要数据，一般由制造厂提供，也可由试验求得。试验时先用拉力试验求出单根钢丝的破断拉力，计算出钢丝绳破断拉力总和，然后再计算出钢丝绳的实际破断拉力。由于钢丝绳捻制结构的影响，实际破断拉力小于钢丝的破断拉力总和，一般钢丝绳的破断拉力仅为各根钢丝破断拉力总和的85%左右。其计算公式如下：

$$P_{\mathrm{p}} = P\phi \tag{6-3}$$

式中　P_{p}——钢丝绳的破断拉力（N）；

P——钢丝破断拉力总和（N）；

ϕ——折减系数，由表6-4选取。

当施工现场缺少破断拉力数据时，可以按表6-5中所列经验公式近似估算。

钢丝绳捻制折减系数　　**表6-4**

钢丝绳结构						ϕ
1×7	1×19					0.9
6×7	6×12	7×7				0.88
1×37	6×19	7×19	6×24	6×30	8×19	0.85
6×37	8×37	18×19				0.82
6×61	7×34					0.8

②钢丝绳的许用拉力计算　在起重吊装作业中，为保证钢丝绳在复杂的受力状态下能安全工作，在选用钢丝绳时，必须考虑其承载能力有足够的储备量，以计算出钢丝绳在不同的工作条件下的许用拉力。其计算公式如下：

钢丝绳破断拉力估算表　　**表6-5**

钢丝绳结构					破断拉力（N）	破断拉力（N）
7×7	7×19				$55 \times a^2$	$542 \times d^2$
6×7	6×12	6×19	6×37	6×61	$44 \times a^2$	$434 \times d^2$
6×24	6×30				$37 \times a^2$	$365 \times d^2$

注：表中 a—钢丝绳圆周长，mm；d—钢丝绳直径，mm。

$$S = \frac{P_{\mathrm{P}}}{K} \tag{6-4}$$

式中　S——钢丝绳的许用拉力（N）；

P_{P}——钢丝绳的破断拉力（N）；

K——安全系数，由表6-3选取。

根据上述钢丝绳破断拉力和许用拉力的计算，可以确定出不同直径的常用钢丝绳的许用应力，选择时就可以根据实际拉力的大小，选出所需钢丝绳的结构形式和直径。

（3）钢丝绳的使用与保养

1）使用注意事项及保养

① 钢丝绳在使用时应平稳运行，不得有冲击荷载，不准超负荷运行。如发现绳芯有油挤出时，应立即停止工作，查明负荷过大的原因，待隐患消除后再继续工作。

② 使用钢丝绳时，不得使钢丝绳发生锐角曲折或套环，不得被夹、砸及压成扁平状。

③ 穿钢丝绳的滑轮边缘不应有毛刺和破裂现象，以免损坏钢丝绳。

④ 钢丝绳与设备构件或建筑物的棱角接触时，应垫以木板防护。

⑤ 在起重吊装作业中，应防止钢丝绳与电焊线或其他电线接触，以免发生触电或电弧打坏钢丝绳。

⑥ 整根钢丝绳一般不应随意切断，如确需切断时，应先将切口两侧用软铁丝扎好，其缠绕长度为钢丝绳直径的 2 到 3 倍，切断时可用特制的铡刀、钢锯、錾子或氧—乙炔焰切断。端部也可用低熔点金属焊实（锡焊），以免绳头松散。

⑦ 钢丝绳存放，应卷成盘平放在干燥库房内的木板上，经常保持清洁并定期涂抹特制无水分的防锈油。

⑧ 经常使用的钢丝绳，每隔半年应进行一次强度检查，经试验在两倍许用拉力下，20min 内钢丝绳仍保持完好状态即为检查合格。

2）钢丝绳的报废标准　钢丝绳在长期使用过程中，由于反复受力产生疲劳，加之摩擦损伤及自然风化和化学腐蚀等原因，会使钢丝绳强度降低产生裂断。因此，为了确保安全生产，当钢丝绳强度降低到一定限度时，应予以报废不得再用。

常用检验和鉴别报废标准的方法如下：

① 直径减小：钢丝绳直径磨损不超过 30% 时，允许降低拉力继续使用，若超过 30%，应按报废处理。

② 表面腐蚀：钢丝绳经长期使用受自然和化学腐蚀，若整根钢丝绳的表面麻面明显可见时，则钢丝绳应予报废。

③ 结构破坏：钢丝绳在使用中，当整根钢丝绳的纤维芯被挤出或子绳断裂时，则不准再用，应予以报废。当每一个捻距内断裂的钢丝数超过表 6-6 中规定时，钢丝绳应予报废。

钢丝绳报废标准　　**表 6-6**

安全系数 K	钢丝绳结构					
	6×19		6×37		6×61	
	交互捻	同向捻	交互捻	同向捻	交互捻	同向捻
<6	12	6	22	11	38	18
6~7	14	7	36	13	38	19
>7	16	8	40	15	40	20

注：一个捻距是指每股子绳缠绕一周相应位置的距离。

3. 吊索

吊索是用钢丝绳插制而成的绳扣，一般称为吊索，也有叫千斤绳、带子绳、绳套、拴绳和吊带的。常用来捆绑设备并挂吊在吊钩上，或用来固定滑轮、卷扬机等吊装机具。

吊索按结构形式可分为封闭式和开口式两种。如图 6-5 所示，其长度和钢丝绳的直径，可根据不同的工作条件和需要来选择。

吊索的使用方法较多，常用的有以下几种：

(1) 兜拴法　这是环式吊索最常用最简单的一种用法，其特点是拴拆方便，适用于起吊包装物体和块状设备等。如图 6-6 所示。

(2) 套拴法　适用于一次起吊几个包装块物体，可避免起吊途中物体散落。但在起吊前应进行试吊，以调整吊索位置，保持起吊物体的平衡。如图 6-7 所示。

(3) 八字拴法　八字拴法适用于平吊长形物体，如图 6-8 所示。为了防止起吊中打滑，可多绕几圈，且所使用的两根环式吊索长度应相等，以免失去平衡。

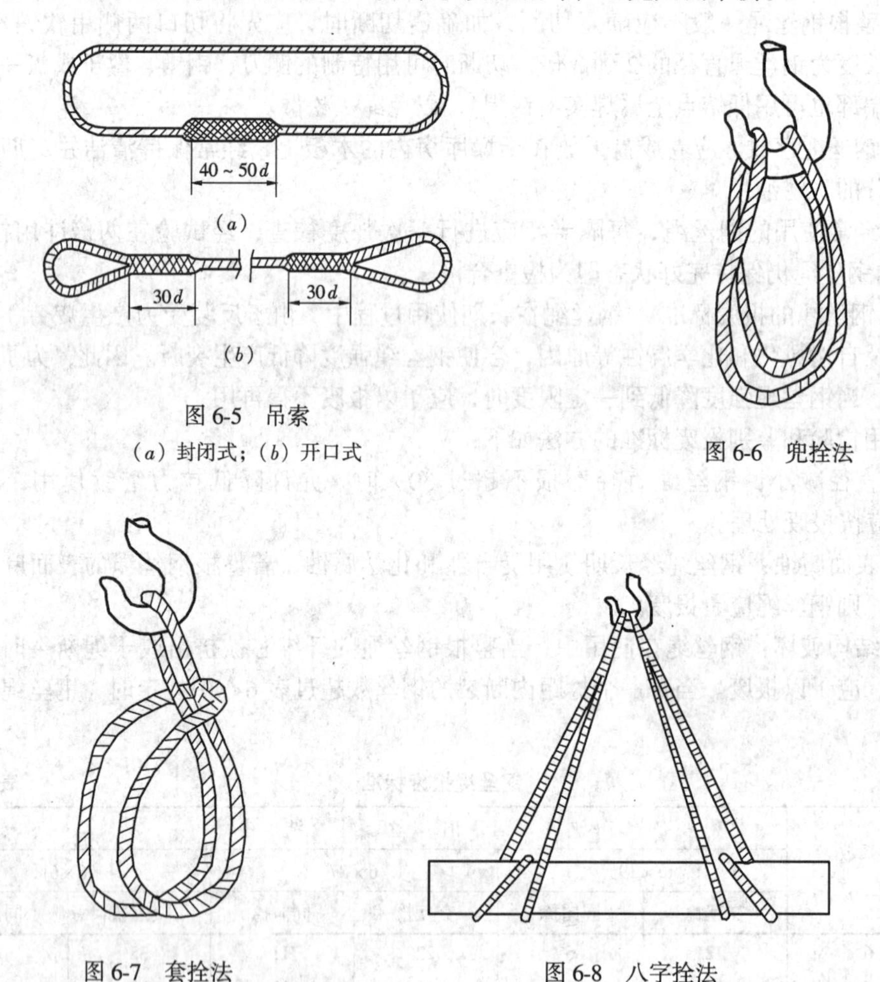

图 6-5　吊索
(a) 封闭式；(b) 开口式

图 6-6　兜拴法

图 6-7　套拴法

图 6-8　八字拴法

(4) 吊索与卡环配合使用。

上述三种拴法是使用环式吊索的方法，在使用开口式吊索时，多与卡环配合使用，即常用卡环与开口式吊索端头套接，如图 6-9 所示。使用时根据情况采用不同的、灵活多变的方法。

4. 夹具及其他附件

在起重吊装作业中，用钢丝绳捆绑和连接设备或拉紧绳索，必须使用特制的一些夹具和附件将钢丝绳固结和连接起来，这些夹具和附件在起重吊装作业中起着重要的组合连接的作用。

(1) 绳夹　绳夹是用于固结钢丝绳末端的钢丝绳卡，又称绳卡子、夹头或扎头等。常用的绳夹有骑马式绳夹、马鞍式绳夹和抱合式绳夹三种。此外也有使用楔形绳夹的。

1) 马鞍式绳夹也称 U 形绳卡，构造比较简单，如图 6-10 所示。使用时也可以自制，由承压板和U形螺栓组成。

2）抱合式绳夹也称L形绳卡，由于没有承压板，使用时容易损坏钢丝绳，故较少使用，如图6-11所示。

3）骑马式绳夹也称臼齿式夹头或扎头，由工厂制造，与前两种绳卡比较，固定作用更为安全可靠，故应用较广。其构造如图6-12所示。

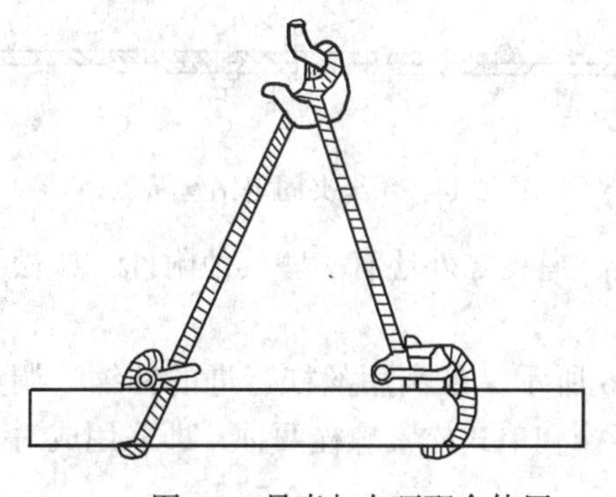

图6-9　吊索与卡环配合使用

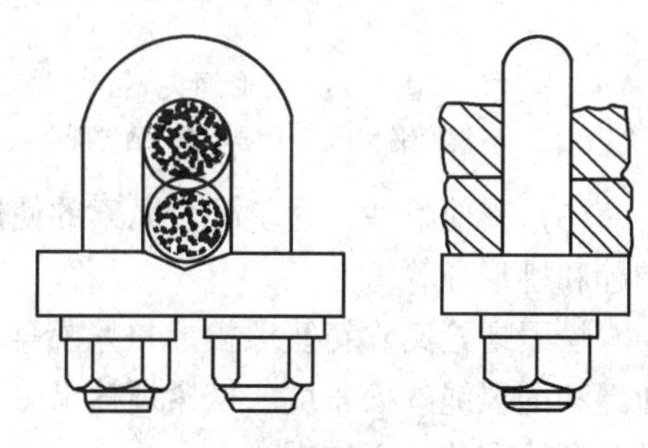

图6-10　马鞍式绳夹

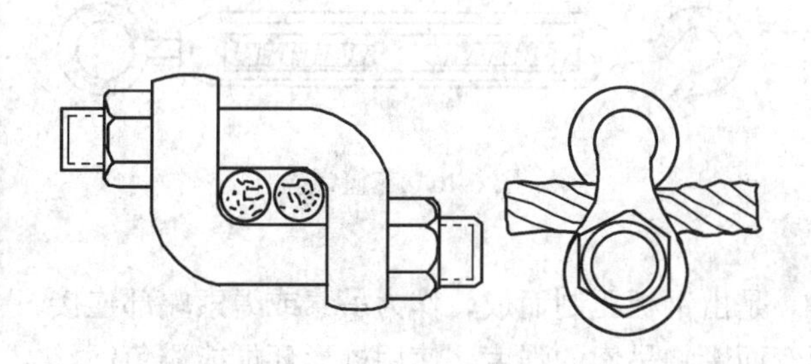

图6-11　抱合式绳夹

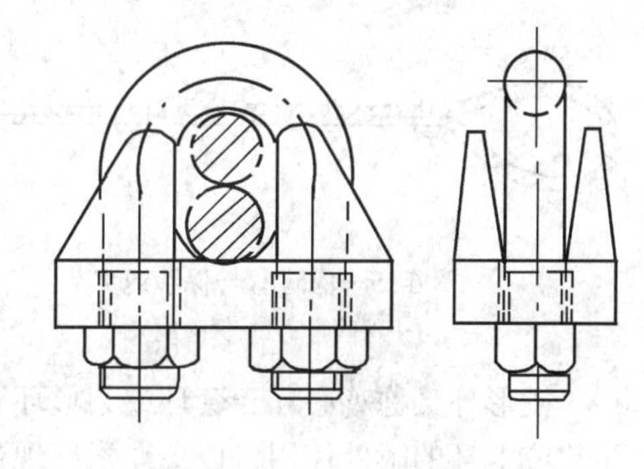

图6-12　骑马式绳夹

楔形绳夹不常使用，只是在钢丝绳长度需经常改变时使用，如图6-13所示。是将钢丝绳一端绕过带槽的楔子，装入楔形钢套内，当钢丝绳受力时，则夹子就越拉越紧。

(2) 绳夹使用　用绳夹固结钢丝绳时，常使用几只绳夹将钢丝绳夹紧，其绳夹的规格应与钢丝绳的直径相配套，数量及间距应按表6-7选用。一般绳夹间的距离应大于钢丝绳直径的6倍，绳夹数最少不得少于3个，第一个绳夹距钢丝绳端头以140~160mm为宜。

绳夹使用标准表　　**表6-7**

钢丝绳直径	8	13	15	17.5	19.5	21.5	24	28	34.5	37
绳夹数量	3	3	3	3	4	4	5	5	7	8
绳夹间距	100	100	100	120	120	140	150	180	210	230

用绳夹夹紧钢丝绳头时，绳夹的U形弯应与绳头接触，若两条钢丝绳搭接时，U形弯则可交错放置，如图6-14所示。使用绳夹时，螺栓一定要拧紧，以将钢丝绳压扁至1/3为宜。当钢丝绳受力后应立即检查绳夹是否松动，并对绳夹进行二次拧紧。对于重要设备起吊，为了便于检查，可在绳头尾部加一个保险绳夹，留出保险弯，以便起吊过程中检查

绳夹是否已走动。如图 6-15 所示。

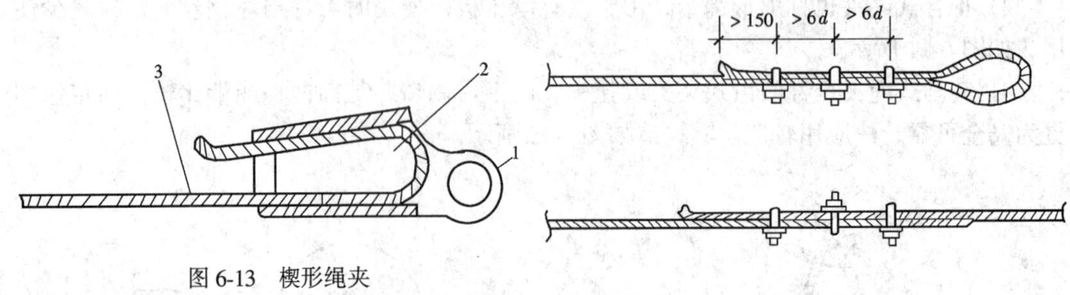

图 6-13　楔形绳夹

1—楔形钢套；2—钢楔；3—钢丝绳

图 6-14　用绳夹固定钢丝绳

(3) 其他附件　为了配合绳索的使用，除吊索、绳夹之外还有一些其他附件，如松紧螺栓和桃形环等。

松紧螺栓又称花篮螺栓、拉紧器等，如图 6-16 所示。是利用丝杠行进的伸缩，调整拉绳和缆风绳的松紧度。松紧螺栓又分复式松紧螺栓和单式松紧螺栓两种，即采用成对正反扣螺栓和单一正扣螺栓。

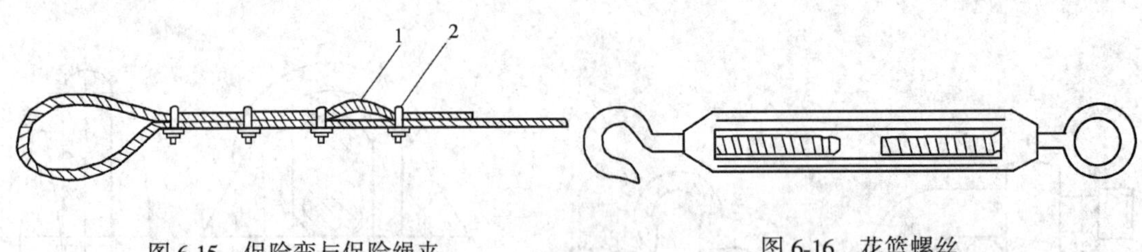

图 6-15　保险弯与保险绳夹

1—保险弯；2—保险绳夹

图 6-16　花篮螺丝

桃形环又称鸡心环、套环或梨形环等。是由钢板压制而成，作为吊索或绳索端部连接吊钩或卡环的附件使用，以免绳索出现死弯而影响吊索的强度。使用桃形环虽能避免钢丝绳强度过分降低，但由于套环直径较小，因而钢丝绳的强度仍会降低 5%～20%。用法如图 6-17 所示。

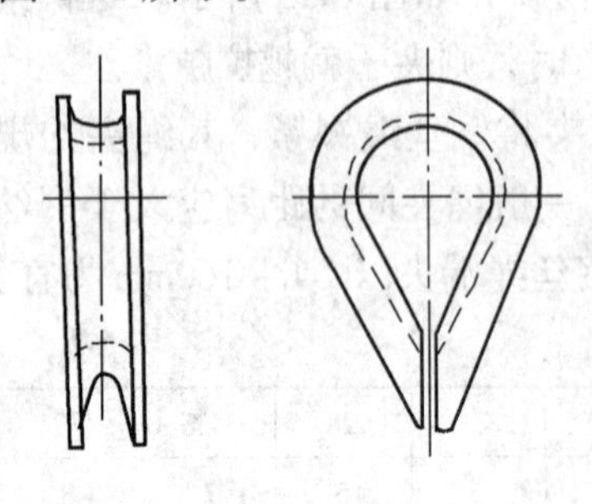

图 6-17　桃形环

5. 绳扣

在起重吊装作业中，钢丝绳需要打结成各种绳扣进行连接和固定。绳扣的质量好坏直接影响着起重吊装作业的安全，因此要求打结的绳扣在受力后不松动、不脱扣，结扣和解扣方法简便，绕圈较少，弯转缓和，尽量减少对绳子的损伤。

绳扣的种类繁多，在不同的使用场合有不同的打结方法，这里仅就最常使用的钢丝绳扣简述如下。

(1) 平扣　平扣是用于两根绳索连接的普通绳扣。其优点是使用方便，不会因受力而变形甚至发生滑脱现象。平扣可分为直扣、环扣和节扣等，打结方法如图 6-18 所示。

(2) 环扣　环扣是用来抬吊设备的绳扣，分为猪蹄扣和琵琶扣两种。当悬吊表面圆滑的设备时多采用猪蹄扣，用于固定滑轮组的起重钢丝绳头时则采用琵琶扣。这种结扣方

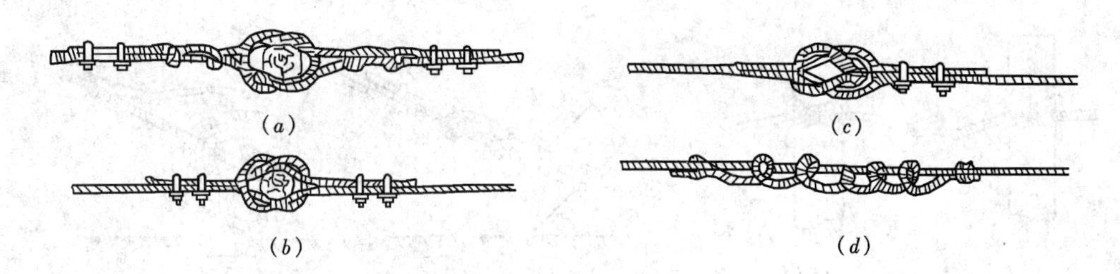

图 6-18 钢丝绳平扣

(a) 直节扣；(b) 直扣；(c) 索环扣；(d) 节扣

法，扣得紧又容易解，其结法如图 6-19 所示。

(3) 背扣　又称管子扣或拖杆扣，是用于提升或拖拉圆木、管子等轻而细长的物体。这种绳扣越拖越紧，牢固可靠，结扣和解扣都很方便。图 6-20 所示为常见的背扣和倒背扣的结法。

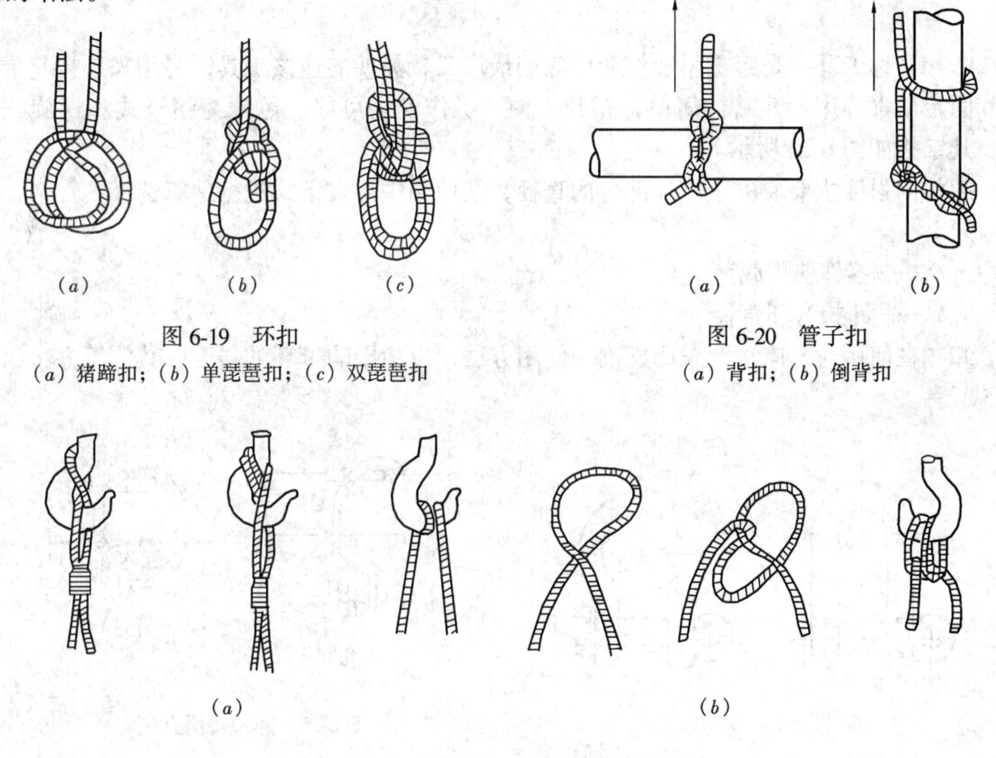

图 6-19 环扣

(a) 猪蹄扣；(b) 单琵琶扣；(c) 双琵琶扣

图 6-20 管子扣

(a) 背扣；(b) 倒背扣

图 6-21 吊钩扣

(a) 普通吊钩扣；(b) 双挂吊钩扣

(4) 吊钩扣　吊钩扣是用于绳索与起重设备的吊钩连接。分普通吊钩扣和双挂吊钩扣，如图 6-21 所示。

(5) 桅杆缆风绳扣　在桅杆顶部系结缆风绳时，绳的两头各为一根缆风绳，多采用梯子扣或鲁班扣。当两端受力后，绳扣越拉越紧，不易脱扣。梯子扣又称丁香扣或单十字扣，鲁班扣又称双十字扣。结扣方法如图 6-22 所示。

(6) 地锚扣　地锚扣主要用于把缆风绳拴在地锚的柱桩上，常用的两种打结方法如图 6-23 所示；打完结后，绳头可用小麻绳捆扎或用绳卡固定。

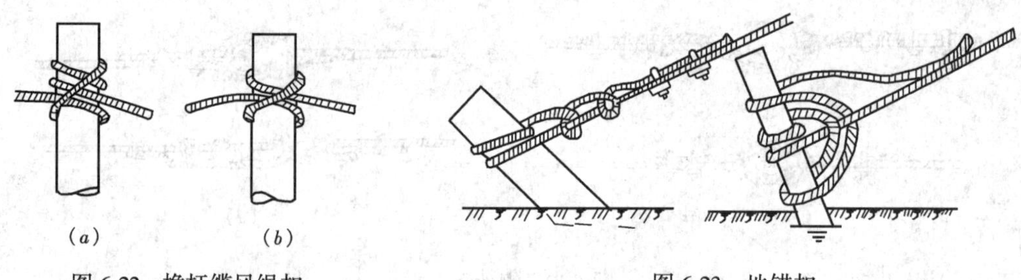

图 6-22　桅杆缆风绳扣

（a）鲁班扣；（b）梯子扣

图 6-23　地锚扣

二、吊具

在起重吊装作业中，为了便于物体的吊挂，需采用各种型式的吊具。常用的吊具有卸扣、吊钩、吊环和平衡梁等几种。其中平衡梁是用于特殊情况下吊装使用的吊具，其他三种则是一般吊装工程常用的吊具。

1. 卸扣

卸扣又称卡环，是起重吊装作业中应用最广又较灵便的连接工具，是用来连接起重滑轮和固定吊索等用。其结构简单，扣卸方便，操作安全可靠。可分为销子式和螺旋式两种，其结构如图 6-24 所示。

卸扣的强度主要取决于弯环部分的直径，在使用中可按下式进行估算选择：

$$Q = 60d^2 \tag{6-5}$$

式中　Q——容许使用载荷（N）；

d——卸扣弯环直径（mm）。

卸扣在使用时，应注意采用正确的使用方法，以免影响卡环的强度。其使用方法如图 6-25 所示。

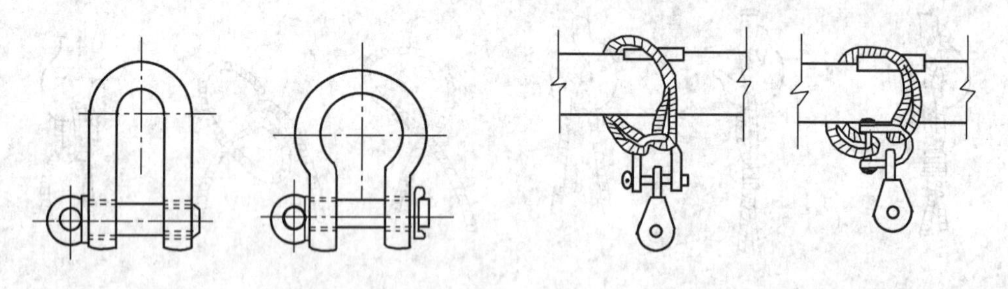

图 6-24　卸扣

图 6-25　卸扣使用方法

2. 吊钩

吊钩是起重机械和滑轮上配置的一种吊挂工具，分单面钩和双面钩两种，结构如图 6-26所示。单面钩是最常用的一种吊钩，结构简单，使用方便，双面钩则受力均匀，起重量大。钩体采用优质钢材锻造或冲压而成，表面应光滑、无裂纹、刻痕、锐角、接缝等现象。使用前应进行严格检查，如发现缺陷或磨损量超过 10% 时，可停止使用或降低载荷使用。

3. 吊环

吊环是一种闭式环形吊具。受力情况优于吊钩，且无脱钩的危险，但穿挂吊索不太方便，故普通吊装作业较少使用。其结构如图 6-27 所示。

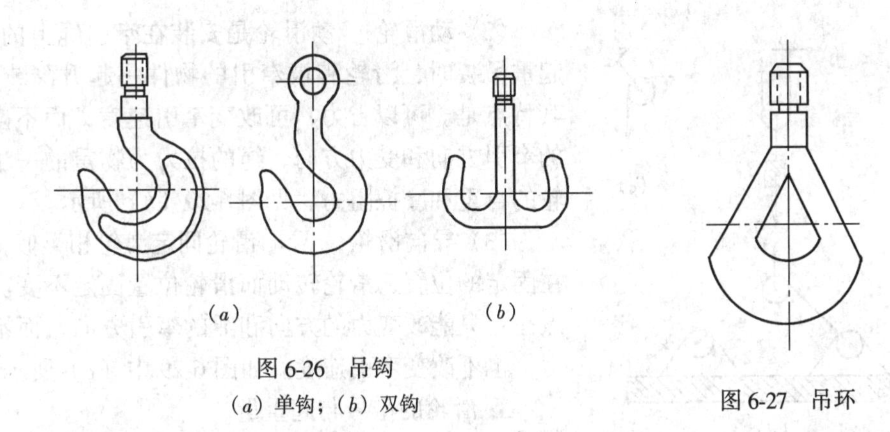

图 6-26　吊钩
（*a*）单钩；（*b*）双钩

图 6-27　吊环

第三节　滑 轮 与 滑 轮 组

一、滑轮

滑轮又称滑车或滑子，是一种结构简单，携带方便，具有改变牵引方向、省力等特点的起重工具。在起重与吊装作业中，广泛使用滑轮和卷扬机或绞磨配合，进行各种起重吊装与搬运工作。

1. 滑轮的构造与分类

(1) 构造　滑轮是由吊钩、拉杆、夹板、中央枢轴和滑轮等主要部件组成。图 6-28 所示为单轮开口滑轮的构造图。

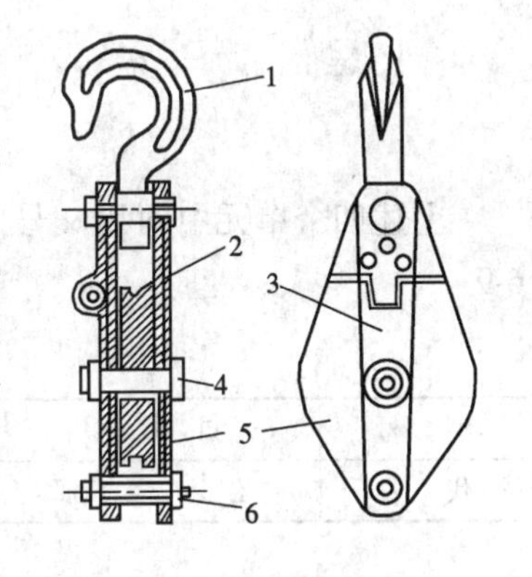

图 6-28　滑轮
1—吊钩；2—滑轮；3—拉杆；4—中央枢轴；5—夹板；6—横拉杆

滑轮的拉杆是由优质钢板制成，和中央枢轴同为主要受力部件，滑轮在中央枢轴上可以自由转动，为了减少摩擦，延长轴与轮的使用寿命，可在滑轮孔内装上铜制滑动衬套或滚动轴承，滑轮的外缘加工成半圆形的钢丝绳导向槽，为了防止钢丝绳跑出滑轮槽外，卡入滑轮与拉杆之间，在滑轮两侧装有夹板保护。

(2) 分类　滑轮有多种分类方法：如按滑轮的制作材料来分，有木制滑轮、尼龙滑轮和金属滑轮，按滑轮的作用来分，有定滑轮、动滑动、导向滑轮和平衡滑轮，按滑轮的数量来分，有单轮、双轮、3 轮……至 8 轮等多种；按结构形式来分，有吊钩型、吊环型、开口型等。

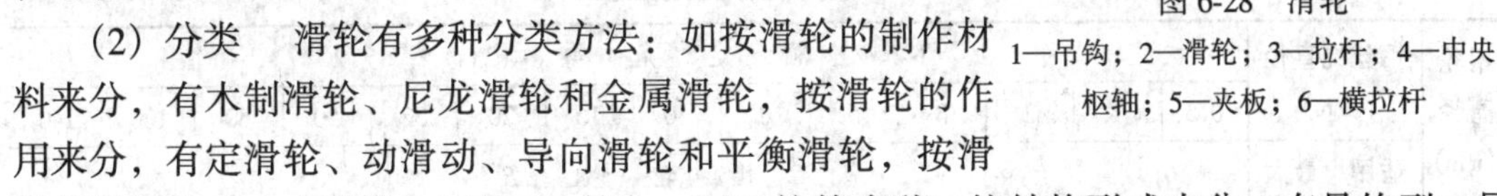

2. 滑轮的应用

在起重与吊装作业中，根据不同的需要选择不同作用的滑轮，其用途和特点如下：

(1) 定滑轮　定滑轮是安装在固定位置的滑轮，起重吊装时，是用来支持绳索运动的，轮子转动而滑轮的位置不变。其特点是，可改变绳索的牵引方向和力的方向，而不改变绳索的牵引速度，也不省力，绳子的拉力等于物重及滑轮的摩擦阻力之和。如图 6-29（*a*）所示。

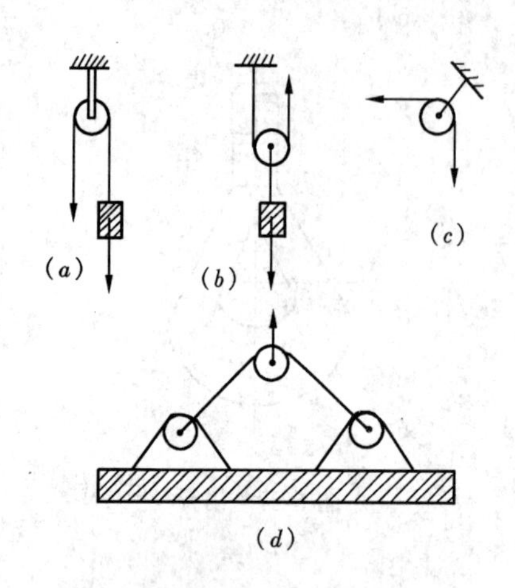

图 6-29　滑轮的使用
（a）定滑轮；（b）动滑轮；
（c）导向滑轮；（d）平衡滑轮

（2）动滑轮　动滑轮是安装在牵引绳上的滑轮，起重吊装时，滑轮和被牵引的物件一起升降或移动。其特点是。可以省力，可改变牵引速度，而不改变绳的牵引方向和受力方向，绳的拉力为物重的一半加滑轮的自重和摩擦阻力。见图 6-29（*b*）所示。

（3）导向滑轮　导向滑轮同定滑轮相类似，安装在固定的位置，滑轮转动而滑轮位置固定不变。其特点是：只能改变力的方向和绳的牵引方向，而不能省力，也不改变牵引速度。如图 6-29 中（*c*）所示。

3. 滑轮的型号与起重量

（1）型号　现行原一机部颁布的 JB-1204-H 系列滑轮，是通用的起重滑轮，适用于工矿企业、建筑施工及设备安装等部门。本系列有 14 种吨位，11 种滑轮直径，17 种结构类型，共 103 个规格。其型号表示方法如下：

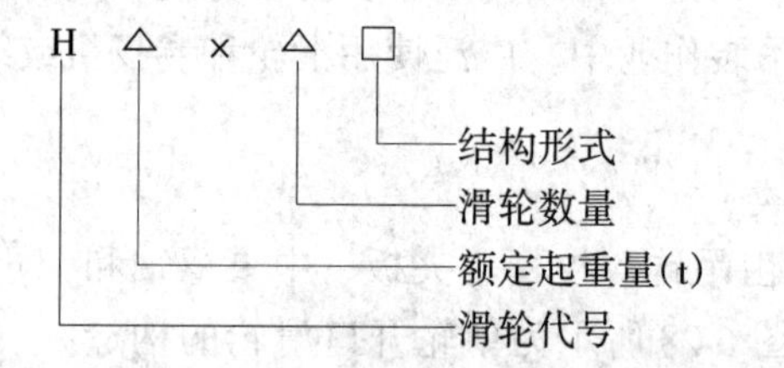

上述四个单元中间用 × 号隔开，其结构形式、滑轮数量及额定起重量见表 6-8 与表 6-9。

滑轮结构形式代号　　表 6-8

型　号	开　口	闭　口	销形开口	桃形开口	吊　钩	吊　环	链　环	吊　梁
代　号	K	不加 K	KA	KB	G	D	L	W

H 系列滑轮额定起重量　　表 6-9

滑轮直径 (mm)	钢丝绳直径 (mm)		额定起重量 (t)													
	适用	最大	0.5	1	2	3	5	8	10	16	20	32	50	80	100	140
			滑轮数 *R*													
70	5.7	7.7	1	2												
85	7.7	11		1	2	3										
115	11	14			1	2	3	4								
135	12.5	15.5				1	2	3	4							
165	15.5	18.5					1	2	3	4	5					
185	17	20							2	3	4	6				
210	20	23.5						1			3	5				
245	23.5	25							1	2		4	6			
280	26.5	28									2	3	5	7		
320	30.5	32.5								1			4	6	8	
360	32.5	35									1	2	3	5	6	8

（2）起重量　滑轮的起重量，通常指的是滑轮的额定起重量。从表 6-9 中可以看出，起重量与滑轮的数量及直径大小有关，即滑轮数越多，直径越大，其额定起重量也就越大，反之则小。一般滑轮的额定起重量都标在滑轮夹板上的铭牌上，使用时应按规定的起重量使用，并配用相应直径的钢丝绳。对于起重量不明的滑轮，可根据轮轴的剪切应力和轴对拉杆的挤压应力进行估算，取其中较小值作为估算起重量。

在施工现场无计算条件的情况下，常使用经验公式来估算滑轮的安全起重量。其计算公式如下：

$$Q = 0.1nD^2 \tag{6-6}$$

式中　Q——滑轮的安全起重量（kg）；

D——滑轮的直径（mm）；

n——滑轮的个数。

利用上式计算出的滑轮起重量，比其额定起重量要小，一般是原额定起重量的 54%～72%，故称之为安全起重量。

二、滑轮组

滑轮组是由一定数量的定滑轮和动滑轮，通过绳索穿绕而组成的组合体，多用于设备的起吊和水平运输。其组合形式可根据具体情况而确定。

1. 滑轮组的分类

滑轮组按使用目的，可分为省力滑轮组和增速滑轮组两类：

省力滑轮组如图 6-30 所示，牵引设备的牵引力，与通过动滑轮的绳索数 m 有关，其牵引力应为重物的 m 分之一，而牵引绳的速度则为重物起吊速度的 m 倍。其特点是：可以省力、也可以改变力的方向，但起吊速度减慢，起吊时间增加。常用的省力滑轮组中有单联滑轮组和双联滑轮组两种：单联滑轮组是由一个牵引绳头和一个牵引设备组成，双联滑轮组则是有两个牵引绳头，分别引向两个卷扬机，也可引向一个卷扬机。双联滑轮组中的平衡滑轮，是用来调节两个滑轮组运转时受力不均引起的不平衡现象，当两个牵引设备的牵引力和速度相等时，平衡滑轮则不转动。

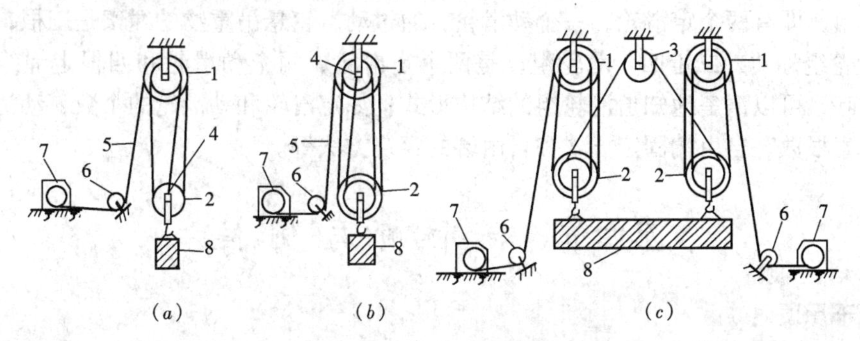

图 6-30　省力滑轮组

（a）、（b）单联滑轮组；（c）双联滑轮组

1—定滑轮；2—动滑轮；3—平衡滑轮；4—固定端；5—跑绳；

6—导向滑轮；7—牵引设备；8—重物

增速滑轮组与省力滑轮组相反，是将重物固定在绳索一端，牵引力作用在动滑轮的吊钩上，可以达到增加起吊速度的目的。这种滑轮组虽然能增速，可缩短起吊时间，但牵引力增大较多，因此，在生产实践中很少使用。

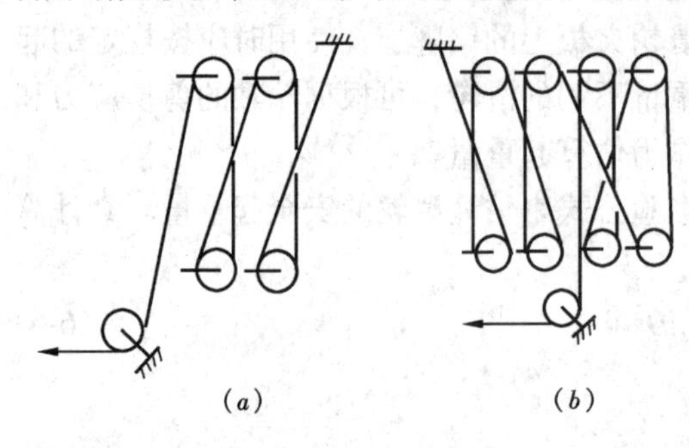

图 6-31　钢丝绳的穿绕
(a) 顺穿法；(b) 花穿法

2. 滑轮组的固定与穿绳

在施工过程中，通常是先将定滑轮固定，然后进行绳索的穿绕。绳索被固定的一端叫做固定端或称死头，受力的一端叫做自由端或称为跑绳。省力型滑轮组的固定端，一般固定在定滑轮上，也可固定在动滑轮上，自由端一般都是引向绞磨或卷扬机等牵引设备。

滑轮组中绳索的穿绕方法有顺穿法和花穿法两种，如图 6-31 所示。

顺穿法是一种比较简单的穿绕方法，也称为普通穿法。其穿法是将固定端固定后，绳索的另一头从边上第一个滑轮开始穿绕，按顺序穿过动滑轮和定滑轮，最后绕过导向滑轮引向牵引设备。如图 6-31（a）所示。从绳索受力分析来看，固定端受力最小，每绕过一个滑轮就增加一个滑轮的摩擦阻力，自由端的受力最大，因此当牵引速度过大时，常会出现歪斜或不平衡现象，故一般只适用于低速运行及动滑轮数少于 5 个的滑轮组。

花穿法是一种比较复杂的穿绳方法，自由端是从滑轮组中间穿入的，两边的滑轮旋转方向相反，滑轮组的受力均匀，起吊平稳，但绳索在滑轮槽中的偏角过大，使绳索与滑轮之间的摩擦力增大，以致绳索磨损和滑轮边缘破裂。花穿法主要用在滑轮组滑轮数较多，起吊重量较大的大型设备，其穿法如图 6-31（b）所示。

在施工现场，为了方便表示滑轮组的穿绳结构，常用定滑轮数、动滑轮数和悬吊重物的动滑轮上的绳索数合在一起称滑轮组。动滑轮上的绳索数也称绳索分支数，在起重与吊装的技术术语中称做走绳，几根走绳就称做“走几”。图 6-30（a）滑轮组称为“二一走三”滑轮组，即有两个定滑轮、一个动滑轮，通过动滑轮悬吊重物的绳索是三根，图 6-30（b）中滑轮组称“二二走四”滑轮组，是两个定滑轮、两个动滑轮和四根走绳组成。通过这种称呼，可以清楚地知道滑轮组的结构形式：如定滑轮和动滑轮的个数，动滑轮悬吊重物的绳索根数，自由端固定方式和自由端的穿绕方法等。

第四节　千 斤 顶 与 倒 链

一、千斤顶

千斤顶又称举重器、顶重器等，是一种常用的起重机械。其结构简单，携带方便，工作可靠，能用很小的力把较重的设备准确地升降和移动一定的距离，因而被广泛使用。另外还可以用来作为调直、弯曲等多种功能的使用工具。但因其工作行程不大，当需要把物件顶升到较高的高度时，要和枕木承顶配合，分多次顶升才能完成。

千斤顶按结构形式可分为齿条式、螺旋式和液压式三种，按驱动方式又可分为人力驱动和电力驱动两种。现就常用的人力驱动的千斤顶分述如下：

1. 齿条式千斤顶

齿条式千斤顶，又称齿杆式千斤顶、牙条式千斤顶或起道机。其结构如图 6-32 所示，是由外壳、齿条、齿轮和手柄等主要部件组成。起重能力较小，一般为 3～6t，最大不超过 15t。其特点是起升快，下落方便，既能以头部顶升，又能用钩脚提升，自重较轻，且携带方便。多用于筑路工程中，故称为起道机。

2. 螺旋式千斤顶

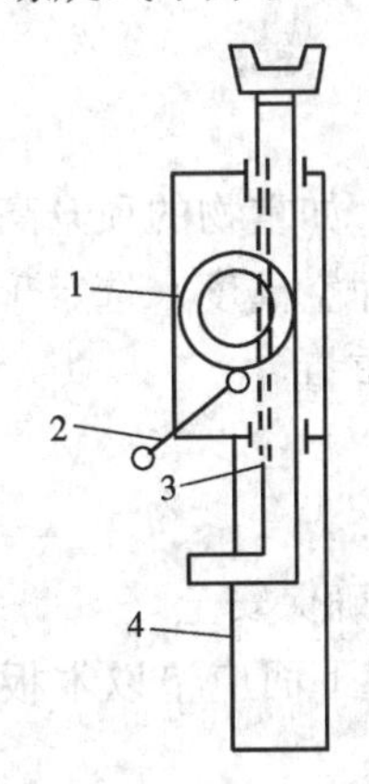

图 6-32　齿条式千斤顶

1—齿轮；2—手柄；3—齿条；4—外壳

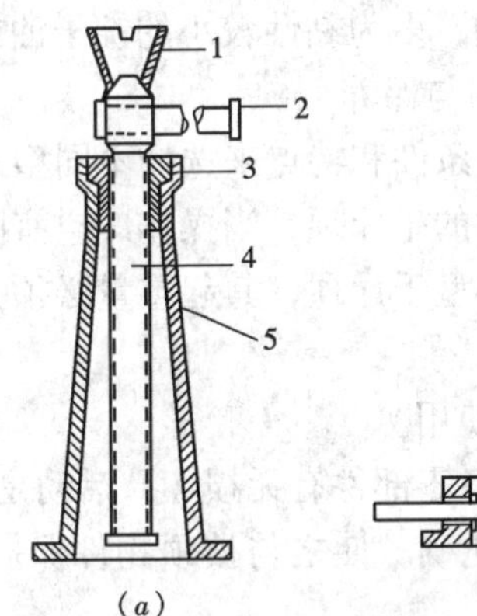

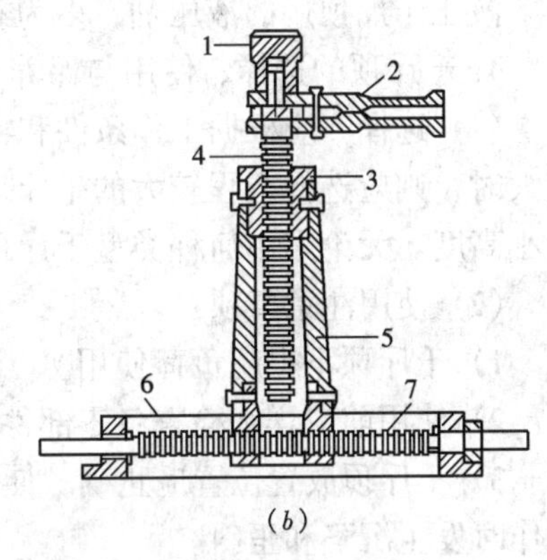

图 6-33　螺旋式千斤顶

1—顶头；2—棘轮手柄；3—螺母；4—螺杆；5—外壳；6—底座；7—水平螺杆

螺旋式千斤顶，又称丝杠式千斤顶。它是由螺杆、螺母、框架、手柄和顶头等主要部件组成，如图 6-33 所示。分为固定式和移动式两种。螺旋式千斤顶工作时，是利用螺杆的旋转使重物随螺杆上升或下降。常用的 LQ 型螺旋千斤顶，起重能力一般为 50～500kN，起重高度为 130～400mm，自身重量为 75～109kg。其特点是起升高度较大，提升速度快，可垂直起升也可水平方向操作，价格便宜，且螺旋角小于摩擦角，物件被顶升后有自锁能力，重物不会自动下滑，但效率较低（$\eta=0.3\sim0.4$）。

固定式螺旋千斤顶，在顶起重物而未卸重时，不能做任何平面位移，移动式螺旋千斤顶，是将千斤顶安装在带有水平螺杆的滑座上，重物顶起后还能沿着水平螺杆的方向移动，如图 6-33（*b*）所示。

3. 液压式千斤顶

（1）液压千斤顶的特点　液压千斤顶，比齿条式和螺旋式千斤顶应用更为广泛。其优点是承载能力较大，结构紧凑，工作平稳，操作简单省力，具有自锁能力，且工作安全可靠，效率较高（$\eta=0.75\sim0.8$）。

常用 YQ 型油压千斤顶的起重量，一般为 50～3200kN，目前最大的起重量可达到 7500kN。但起重高度较小，一般为 160～200mm，且起升速度也较慢。

（2）液压千斤顶的构造及工作原理　液压千斤顶是由起重活塞、活塞缸、贮液室、液泵、进液阀、出液阀和回液阀等主要部件构成。如图 6-34 所示。

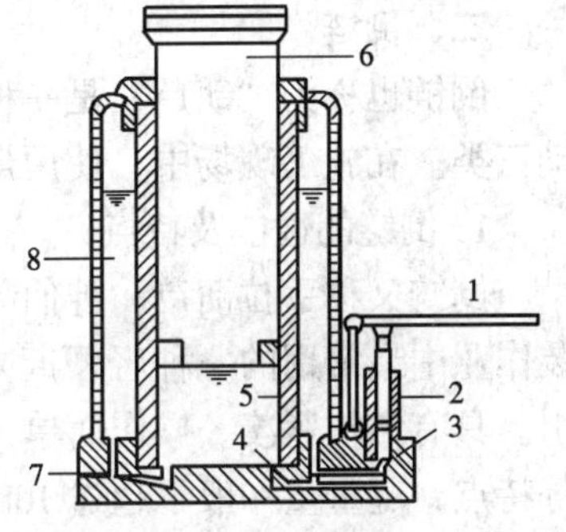

图 6-34　液压千斤顶

1—手柄；2—液泵；3—进液阀；4—出液阀；5—活塞缸；6—活塞；7—回液阀；8—贮液室

液压千斤顶的工作原理和油压机相似。操作时，先用手柄将回液阀7关闭，然后向上提起手柄1，使液泵2的活塞上升，此时单向进液阀3打开，出液阀4关闭，贮液室8中的油液通过进液阀3进入油泵，将手柄1向下压时液泵2的活塞即下压，油液压力使单向进液阀3关闭，使出液阀打开，液泵中的油液即被压入活塞缸5中，推动活塞6上升，将重物顶起。工作完毕，打开回液阀7，活塞缸中的油液即流回贮液室8中，活塞6则自行下降。

液压千斤顶用的液压剂，多为黏性较小的锭子油或变压器油。

4. 千斤顶的选择、使用与保养

（1）选择　应根据工作条件和特点来选择不同型式的千斤顶。如重物的顶升高度要求较大时，则应选择行程较大的千斤顶，当操作净空有限时，则由净空高度来选定千斤顶的最小高度。无论采用何种类型千斤顶，其起重量必须大于重物的重量。

（2）使用注意事项：

1）千斤顶不得超负荷使用。

2）使用前应详细检查各零部件有无损坏，活动是否灵活，以确保安全。

3）千斤顶放置位置应正确，使之与被顶物件保持垂直，底座下面应垫以木板，以免工作时发生沉陷和歪斜。

4）重物与顶头之间应垫以木板防止滑动。

5）千斤顶的顶升高度不得超过规定长度，如无标志时，其顶升高度不应超过螺杆或活塞总高的3/4。

6）在操作时，不得随意加长千斤顶的手柄，且应均匀用力，平稳起升。

7）顶升时，应随重物的上升及时在重物下垫保险木垫，以防止千斤顶倾斜或回油而引起重物突然下降，造成事故。

8）同时使用几台千斤顶来顶升一件重物时，宜选用同一型号的千斤顶，并应统一步调，统一起升速度，避免重物倾斜或个别千斤顶超载。

（3）千斤顶的保养　千斤顶在使用前应进行清洗和检查，并保证液压剂的清洁，防止单向阀回油，平时应定期涂油清洗，并存放在干燥无尘的地方，下垫木板防潮，上部用油毡纸或塑料布盖好。

二、倒链

倒链也称为“葫芦”是一种常用的起重吊装机具，按驱动方式可分为手动、气动和电动三类。在施工现场中，使用最为普遍的是手动。

1. 倒链的性能及特点

倒链又称手拉葫芦、神仙葫芦、斤不落、手动葫芦、手动链式起重机等，是起重与吊装作业中最常用的一种轻便起重吊装机具。它适用于小型设备和重物的短距离吊装和牵引。具有结构紧凑、操作简单、体积小、重量轻、携带方便、用力小、效率高及使用平稳等特点，起重量一般不超过10t，最大的也可以达到20t，起吊高度为2.5～5m，特制的可达12m，由1～2人即可操作，其提升速度将随着起重量的增加而相对减慢，一般1～10t的HS型手拉葫芦，起重速度为0.1～0.6m/min即可垂直起吊，也可以水平或倾斜使用。

2. 分类与构造

倒链的种类较多，按其操作方法，可分为手拉和手扳两种，按结构型式又可分为链条式和钢丝绳式两种。

钢丝绳式因其起重量较小，在起重作业中较少使用，但起吊高度可任意延长，在高层建筑的外装修工程中则应用较广。

链条式按传动方式又可分为齿轮传动和蜗杆传动两种。

（1）蜗杆式倒链　蜗杆式手拉倒链的构造与操作过程，如图 6-35 所示。其起重量一般为 0.5 ~ 10t，起升高度可达 10m。由于其传动比较大，机械效率则较低，且因体积较大，零件也易磨损，故目前已很少使用。

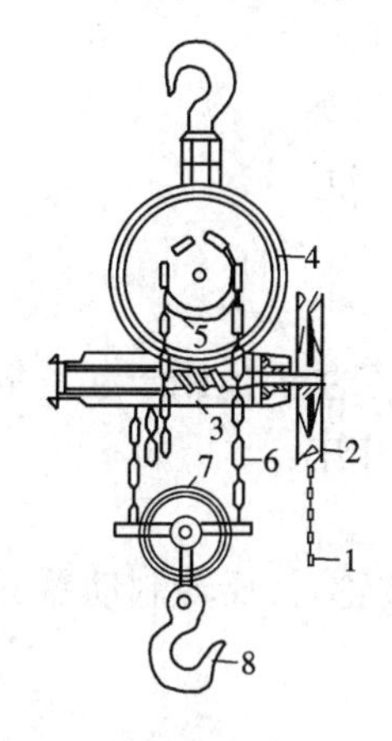

图 6-35　蜗杆式手拉倒链

1—牵引链条；2—牵引链轮；3—蜗杆；4—蜗轮；5—主动链轮；6—起重链条；7—动滑轮；8—吊钩

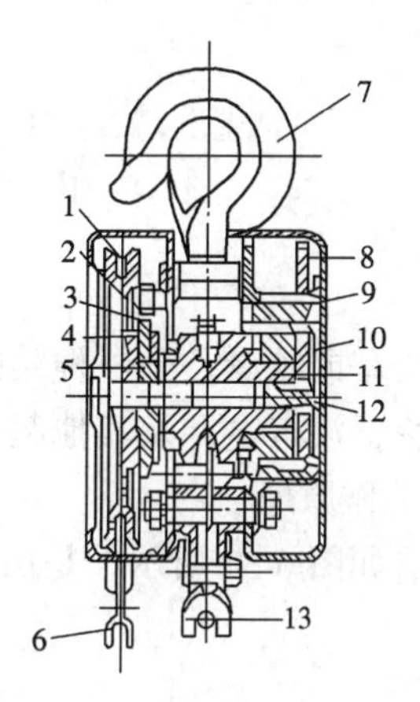

图 6-36　HS 型齿轮式手拉倒链

1—棘爪；2—手链轮；3—棘轮；4—摩擦片；5—制动器座；6—手拉链条；7—挂钩；8—片齿轮；9—四齿短轴；10—花键孔齿轮；11—起重键轮；12—五齿长轴；13—起重链条

（2）齿轮式手拉倒链　齿轮传动的手拉倒链，应用较为广泛，其型号有 HS 型、WA 型和 SBL 垂等几种。其中 HS 型制造较多，使用普遍，颇受用户的欢迎。如图 6-36 所示。其结构紧凑，自重较轻，效率高达 90%，起重量为 0.5 ~ 20t，操作灵活稳定且省力。HS 型系列倒链共有 11 种规格，其技术性能见表 6-10。

HS 型倒链的技术性能　　表 6-10

型　号	HS $\frac{1}{2}$	HS1	HS1 $\frac{1}{2}$	HS2	HS2 $\frac{1}{2}$	HS3	HS5	HS7 $\frac{1}{2}$	HS10	HS15	HS20
起重量（t）	0.5	1	1.5	2	2.5	3	5	7.5	10	15	20
起升高度（m）	2.5	2.5	2.5	2.5	2.5	3	3	3	3	3	3
手拉力（N）	195	310	350	320	390	350	390	395	400	415	400
净重（kg）	9.5	10	15	14	25	21	36	48	68	105	150

3. 使用注意事项

（1）使用前应详细检查各部件是否良好，传动部分是否灵活，并注意观察其铭牌注明的起重性能。

(2) 不得超载使用，以免损坏倒链发生坠落事故。

(3) 操作时，必须将倒链挂牢，缓慢升吊重物，待重物离地后，停止起吊进行检查，确定安全无误时，方可继续操作。

(4) 使用中，拉链子的速度要均匀，不要过猛过快，注意防止拉链脱槽。

(5) 倒链不宜在作用荷载下长时间停放，必要时应将手拉链拴在起重链上，以防自锁失灵发生事故。

(6) 传动部分应经常注油润滑，以减少磨损，但切勿将润滑油渗进摩擦胶木片中，以防止自锁失灵。

第五节 绞 磨 与 卷 扬 机

一、绞磨

绞磨也称绞车或绞盘，是一种结构简单的人工卷扬机具。主要适用于起重量不大，起重速度要求不快，没有电源及其他起重机械的吊装或搬运工作中。

1. 构造及工作原理

绞磨的构造如图 6-37 所示，是由磨轴、磨杆、卷筒（鼓轮）、反转制动器、磨架等主要部件构成。

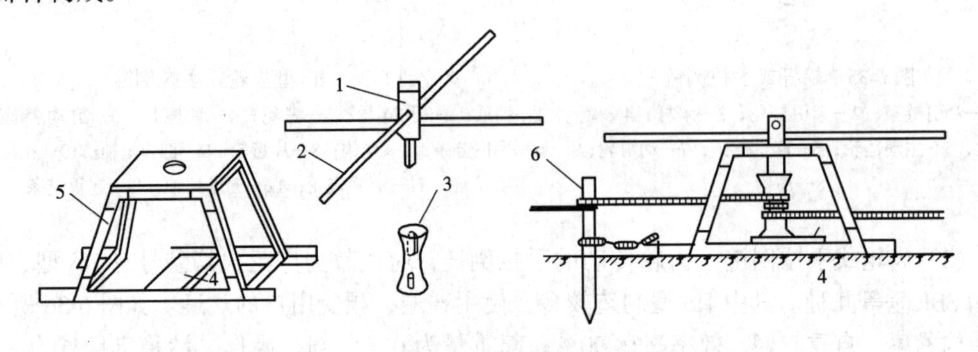

图 6-37 绞磨

1—磨轴；2—磨杆；3—卷筒；4—制动器；5—磨架；6—地锚

工作时，将钢丝绳的受力端头在卷筒上由上向下绕 4 ~ 6 圈，然后用人拉紧在卷筒上绕出的钢丝绳头，当用力推动磨杆使卷筒转动时，拉紧的钢丝绳和卷筒的磨擦力，使钢丝绳随卷筒的转动而卷出，拉绳人不断拉紧绳头并随时倒出，如此连续不断地工作，以进行设备的牵引或提升。

绞磨的结构简单，工作平稳，使用方便，适应性强，但使用的人力较多，且劳动强度较大。

2. 牵引力的计算

根据力矩平衡原理，绞磨的牵引力可按下式计算：

$$P = \frac{npR}{Kr} \tag{6-7}$$

式中 P——绞磨的牵引力 (N)；

n——推绞磨的人数；

p——每人的平均推力（N）；

R——推力作用点至磨轴中心距离（m）；

K——绞磨的阻力系数，一般取1.2；

r——卷筒的平均半径（m）。

由上式可以看出，推绞磨的人越多，磨杆越长，则牵引力就越大，但磨杆加长，推磨人走的路线增长，卷筒转速减小，则牵引速度就减慢。

3. 使用注意事项

（1）使用绞磨时，首先要平整场地，将绞磨用地锚牢固地拉住，磨架不得产生倾斜和悬空现象。

（2）绞磨前的第一个导向滑轮与绞磨卷筒中心，基本上应在同一个水平线上。

（3）绞磨上应有防止倒转的制动装置，且使用灵活，以防反转伤人发生事故。

（4）绞磨工作时，如发现有夹绳现象，应停止工作进行检查，待故障排除后，方可继续工作。

（5）绞磨是由多人操作，推绞磨时应有专人指挥，统一行动，统一步调，不允许嬉笑打闹。

（6）负责拉绳的人，应随时将钢丝绳拉紧，并将钢丝绳及时盘好，停止工作时，应将钢丝绳固定在地锚上，为确保安全，可在绞磨后方设一木桩，将钢丝绳在木桩上绕一圈后，再由人力拉紧。

二、卷扬机

卷扬机亦称绞车，是起重与吊装作业中常用的主要设备。它具有结构简单、制造容易、使用方便、操作灵活等特点。按驱动的方式可分为手动卷扬机和电动卷扬机两种。

1. 手动卷扬机

手动卷扬机又称手摇绞车。它的结构比较简单，容易操作，便于搬运，一般用于施工条件较差和偏僻无电源地区。

手动卷扬机的构造，如图6-38所示。主要由机架、卷筒、传动齿轮、摩擦制动器、止动棘轮和手柄等组成。起重量一般为0.5～10t，设有1～2个手摇手柄，可由1～4人操作，每个人作用在手柄上的力为150 N左右。

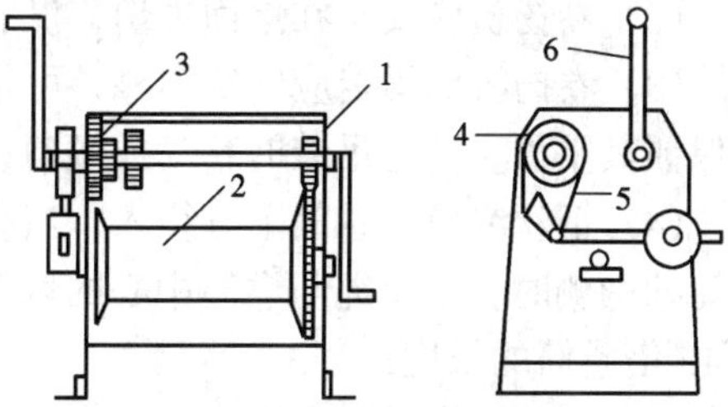

图6-38　手动卷扬机

1—机架；2—卷筒；3—传动齿轮；4—棘轮装置；5—磨擦制动器；6—手摇柄

2. 电动卷扬机

（1）分类　电动卷扬机的分类方法及种类较多：如按卷筒数目分，可分为单筒卷扬机和双筒卷扬机两种，按牵引速度分，可分为快速（30～130m/min）卷扬机和慢速（7～13m/min）卷扬机，按工作原理分，可分为可逆式电动卷扬机和摩擦式电动卷扬机等。

卷扬机型号的编制，已由《建筑机械产品型号编制方法》（JJ 295—85）中作出规定，其表示方法如下。

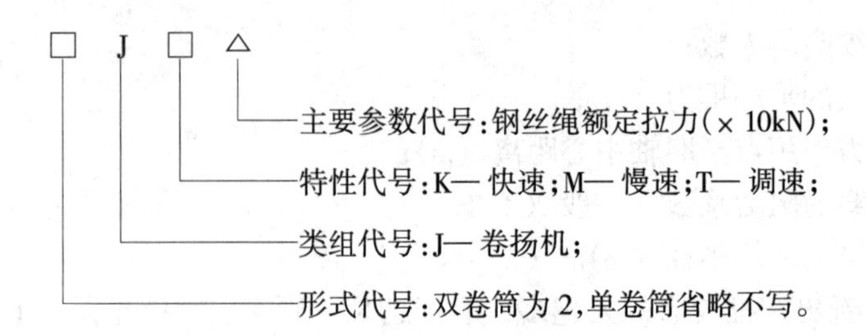

(2) 构造及工作原因　在设备安装工程施工中，最常用的是单筒可逆式电动卷扬机。其构造如图6-39所示，是由机座、卷筒、减速器、电动机、电磁式闸瓦制动器和鼓型控制器等主要部件组成。工作时由电动机带动减速器转动，再由减速器带动卷筒旋转，使钢丝绳缠绕在卷筒上，只要操作鼓型控制器切换电路，就可使卷筒正转或反转，实现重物的上升和下降，停止时，电磁式闸瓦制动器抱紧转轴，使重物停止不动，以保证吊装工作的安全可靠。

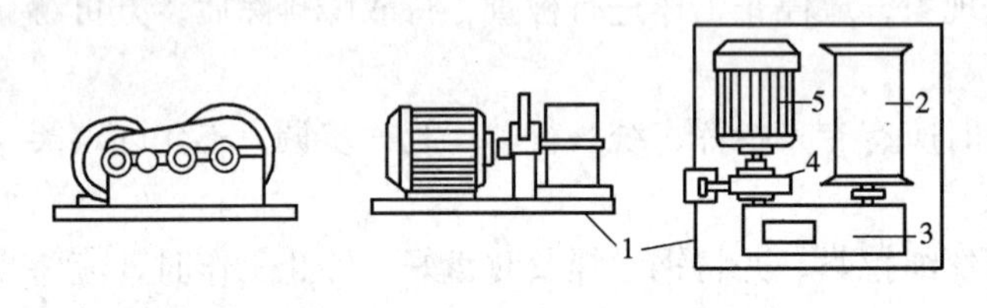

图6-39　可逆式电动卷扬机

1—机座；2—卷筒；3—减速器；4—电磁闸瓦制动器；5—电动机

(3) 选择　电动卷扬机的牵引力大，操作简便，运行安全平稳。常用电动卷扬机的牵引力，一般为5~100kN。特殊用途的卷扬机牵引力，可达到几千kN。在选择卷扬机时，应考虑以下几点：

1) 所需卷扬机牵引力的大小；

2) 卷扬机钢丝绳牵引速度的快慢；

3) 卷扬机卷筒所能缠绕钢丝绳的容量。

3. 卷扬机的使用与维护

(1) 卷扬机不得超负荷使用；

(2) 卷扬机应安装在地面平坦，没有障碍物，便于操作者和指挥者观察的地方；

(3) 卷扬机的固定应坚实牢靠，可根据施工现场的条件，固定在建筑物上或地锚上，并保证其平稳，防止吊装时移动或倾斜；

(4) 钢丝绳应从卷筒下方绕入，当绕到卷筒中心时，应与卷筒的中心线垂直，当绕到卷筒的两侧时，钢丝绳与卷筒中心的偏斜角应不大于2°，即卷筒距导向滑轮的距离，应大于15倍卷筒的长度；

(5) 钢丝绳在卷筒上固定应牢固，工作时，钢丝绳在卷筒上的留余量不应少于3圈；

(6) 操作人员应经过专门训练，熟悉机械的构造和性能，精通吊装指挥信号，能熟练地操作机械，并做到慢起慢落，安全运行；

(7) 卷扬机露天安装时，应搭设雨棚，并在卷扬机下垫以木板，以达到防雨、防潮、防晒等保护设备的目的；

(8) 卷扬机在使用前，应严格检查各部件的转动是否正常，制动装置是否安全可靠，减速器及其他部位润滑油是否缺少，以保证正常运转；

(9) 卷扬机的电气设备应有接地装置，电气开关等操作装置应配有保护罩，以保证人身的安全。

第六节　地 锚 与 缆 风 绳

一、地锚

地锚又称地龙、锚碇或锚桩。是用来固定卷扬机、绞磨、导向滑轮、缆风绳、溜绳、起重机械或桅杆的平衡绳索等。按地锚的形式，可分为坑式（卧式）地锚、桩式（立式）地锚和活动地锚三大类。设置和使用地锚时，可根据具体情况设置永久性或临时性地锚。在设备安装工程中，多为临时性的起重吊装作业，一般都使用临时性地锚，或者利用附近的建筑物、树木及设备等做为地锚来使用。

1. 坑式地锚

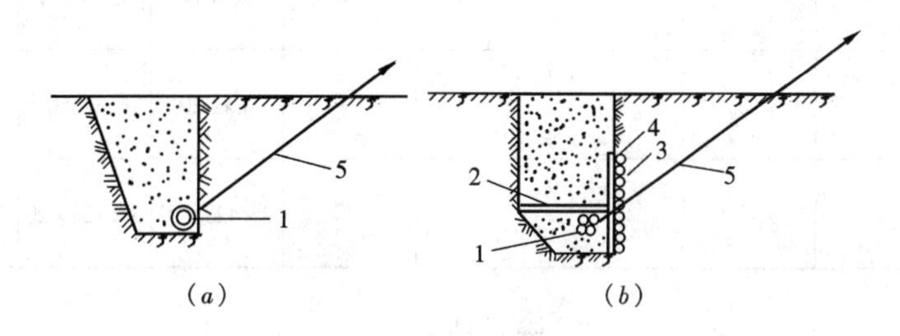

图 6-40　坑式地锚

（a）无挡木地锚；（b）有压板、挡板及挡木立柱的地锚

1—横木；2—压板；3—挡板；4—挡木立柱；5—缆索

坑式地锚也叫卧式地锚或卧龙，是把木料横着放入地坑内做为锚锭，将缆索捆在横木的中间一点或两点上拉出地面，然后用土壤或碎沙石将地坑回填夯实。

坑式地锚挖坑较深，劳动强度大，施工要求高，但承载能力大，安全可靠，因此被广泛采用。其承载能力一般为 30～500kN。

坑式地锚分为有挡木地锚和无挡木地锚两种，如图 6-40 所示。图中（a）为无挡木坑锚，（b）为有压板、挡板和挡木立柱的坑锚。当地锚受力不大时，可不必设挡木和压板，而只设挡木立柱即可。其横木、挡木及压板等，多使用圆木，此外为了节省木料，也有采用钢管或钢筋混凝土梁代替圆木。

混凝土地锚也属于坑式地锚的一种，只不过是挖坑较浅，如图 6-41 所示。主要是靠混凝土的自重来平衡作用力。一般施工现场很少使用，从经济角度来考虑，只是在使用时间较长或作为永久性固定地锚时使用。

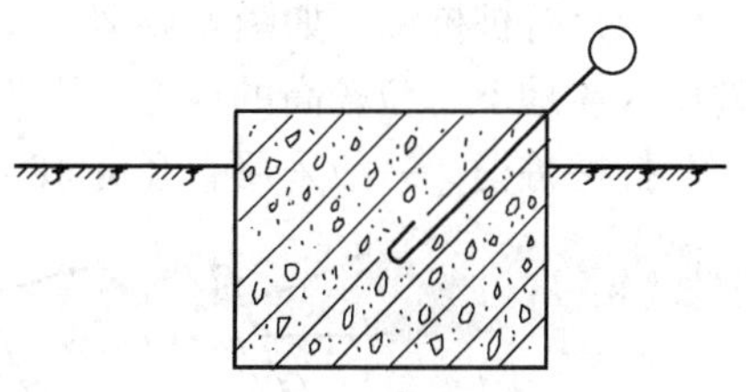

图 6-41　混凝土地锚

坑式地锚的埋设深度、木料的尺寸和数量等，主要取决于作用荷载的大小，以及土壤的承压强度。其埋设深度一般为 1.5～3.5m；当作用荷载大于 75kN 时。应在横木上增加压板，以增强在垂直分力作用下的稳定性，当作用荷载大于 150kN 时，还应增设挡板和挡木立柱，以减小对土壤的压力，此时其缆索（也叫生根钢丝绳）可用钢拉杆代替。具体规格数据可参阅表 6-11 进行选用。

埋设坑式地锚时，如果遇到土质较差时，可加大地坑，并增设枕木或圆木，将其捆绑牢固再回填砂石，以增大地锚的抗拉强度。

坑式地锚的数据 **表 6-11**

作用载荷（kN）	30	50	75	100	150	200	300	400
缆风绳与地面夹角口	30°	30°	30°	30°	30°	30°	30°	30°
横置木料（$d=24$cm）$n\times L$（cm）	2×250	3×260	3×320	3×320	3×320	3×350	3×400	3×400
埋深 H（m）	1.7	1.7	1.8	2.2	2.5	2.75	2.75	3.50
横木上系绳点	1	1	1	1	2	2	2	2
压板（密排 $d=10$cm 圆木）长×宽（cm）			320×80	320×80	320×140	350×140	400×150	400×150
挡板（$d=20$cm）$n\times L$（cm）					4×320	4×350	5×400	5×400
挡板立柱 $n\times L\times d$（cm）					2×120×20	2×120×20	3×150×22	3×150×2

2. 桩式地锚

桩式地锚又称立式地锚。根据设置的方式不同，桩式地锚又可分为埋设桩锚、打桩桩锚和岩石桩锚三种。

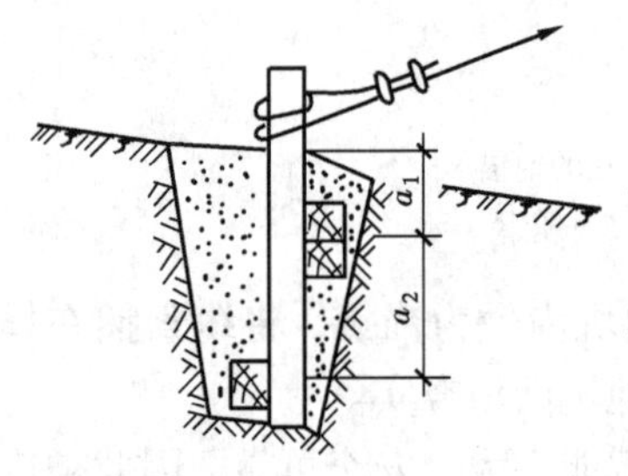

图 6-42 埋设桩锚

（1）埋设桩锚 又称立龙或站龙，如图 6-42 所示。是将圆木倾斜立放在预先挖好的深坑中，在下部的后侧设下挡木，上部前侧设上挡木，将斜放的立木桩卡住，然后用土填埋夯实。圆木立桩也可用方木、钢管和型钢来代替，挡木采用方木或圆木均可，其长度根据作用荷载大小而定，桩木应略向后倾斜 10°～15°左右，露出地面为 0.4～1m，坑深一般不小于 1.5m，填埋土应夯实并略高于自然地坪，以防雨水浸入坑内。

用枕木做成的立式桩锚，其承载能力一般为 30～100kN，具体数据如表 6-12 所列，使用时可作为参考。

(2) 打桩桩锚 如图 6-43 所示，是将圆木打入土中作为地锚使用的桩锚。适用于有地面水或地下水位较高的地方，因不便于挖地坑，而采用打入的方法。

打桩桩锚，一般采用直径为 18～33cm 的松木（或枕木、钢管和型钢）向后倾斜打入

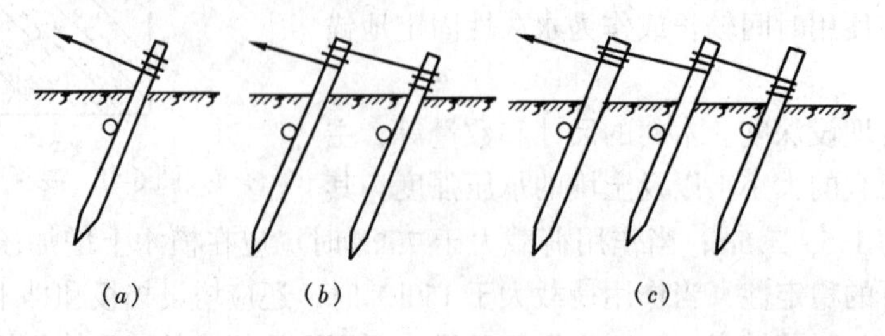

图 6-43 打桩桩锚

（*a*）单桩；（*b*）双桩；（*c*）三桩

土中，倾斜角度为10°~15°左右，桩长为1.8~2.2m，打入土中深度为1.2~1.6m，缆索拴结在距地面不到0.3m处。有时为了增加对土的承压面积，可在桩的前方距地面0.4m处，埋一根长1m直径与桩木相近的挡木。

枕木桩锚的数据 **表6-12**

作用荷载（kN）	立柱根数	上挡木根数	下挡木根数	a_1（cm）	a_2（cm）	土壤承压力（MPa）
30	2	2	1	50	120	0.2
50	2	3	1	50	120	0.2
100	6	5	2	60	120	0.23

当荷载较大时，也可将两根或三根打桩桩锚，用绳索连在一起使用，组成双联或三联桩锚，前后两桩锚之间的间距为0.9m左右，地面上露出长度一般不小于0.6m。表6-13为不加挡木的打桩桩锚的各种规格，可供选择使用。选择时应考虑使用条件，使用前应试拉。

打桩桩锚规格 **表6-13**

木桩根数		单桩			双联桩			三联桩		
允许拉力（kN）		10	15	20	30	40	50	60	80	100
木桩直径（cm）	第一根	18	20	22	22	25	26	28	30	33
	第二根				20	22	24	22	25	28
	第三根							20	22	24
土壤允许耐压力（kPa）		150	200	280	150	200	280	160	200	280

注：木桩打入地下按1.5m计算。

(3) 岩石桩锚　在不能挖坑和打桩的岩石地区，可采用岩石地锚，如图6-44所示。其做法是在地锚位置上，采用电钻、风钻在岩石上打眼，埋入钢筋或地脚螺栓，浇灌混凝土固定，故称为岩石桩锚或炮眼桩锚。

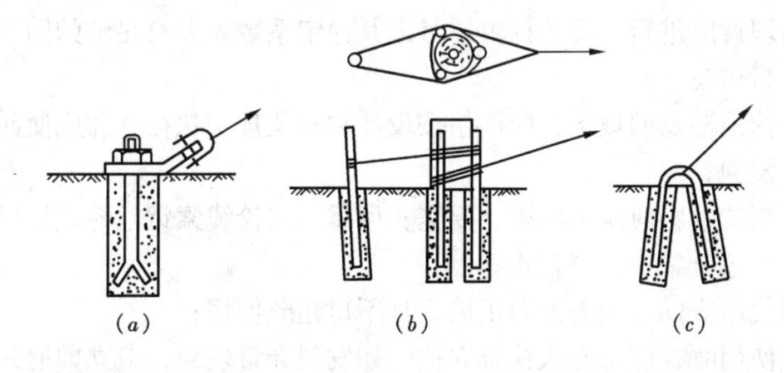

图6-44　岩石桩锚

(a) 单桩；(b) 4桩；(c) U形柱

岩石桩锚的打眼深度为1.2~1.8m，直径为40~60mm，锚桩钢筋采用螺纹钢较好，如果采用圆钢作锚桩，则下端应开鱼尾口，并塞一相应的楔铁。单根锚桩露在岩石外面的端头，可加工成螺纹或圆环与缆索连接。

根据受力大小和岩石的质量情况，可选用单根、多根或u形锚桩。采用直径为28mm螺纹钢筋，埋深1.5m的单根岩石桩锚，可承载30kN的拉力。若采用4根锚桩组合在一起，就可承载120kN的拉力。如图6-44中（b）所示，在前3根钢钎中间设置一个直径约30cm的圆木，并用钢丝绳将钢钎和圆木紧紧捆绑成一体，以增加其承载能力。也可采用孔深1m、间距20cm、孔径40cm的两个眼，插入直径为32mm的螺纹钢制成的U形锚栓，并浇灌细石混凝土捣实，达到养护期即可使用。

3. 活动地锚

活动地锚是不需要深埋固定，容易拆装和便于转移的一种地锚。如图6-45所示，分为重压式和半埋式两种。

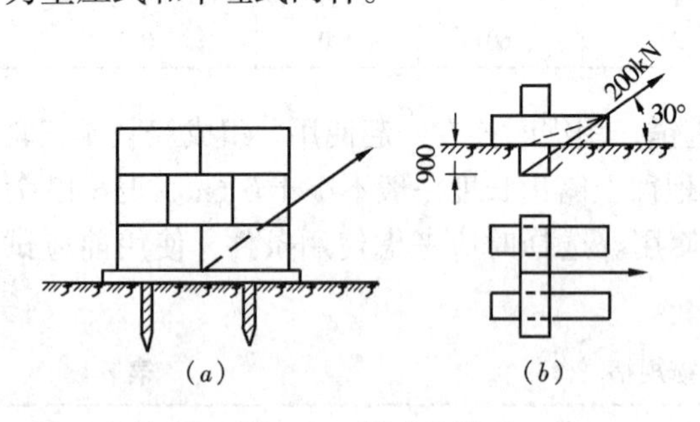

图6-45 活动地锚
（a）重压式；（b）半埋式

重压式地锚又称积木式地锚。其结构是在钢板底板上压一定的重量，如钢锭、混凝土块或石块。为了增加水平方向的稳定性，也可在底板下面焊上棘爪或插板。图6-45（a）所示为焊有插板的重压式活动地锚。

半埋式活动地锚，是用工具式混凝土块堆叠组合而成。每块混凝土块的尺寸为0.9m×0.9m×4m，重量为75kN，是由钢筋网和混凝土浇注而成，每块约耗用0.5t钢筋和3.3m^3混凝土。图6-45（b）是组合最简单的半埋式地锚。组合方式是将一块混凝土块横埋到地下，其表面与地面取平，在上面两端竖直压两块混凝土块，缆索从横埋混凝土块中间拉出，可承受150kN的拉力。为增加承载能力，可把几块混凝土块埋地，上面压的块数，可根据所承受的荷载来确定。可承受的荷载达150~800kN。

活动地锚施工方便，便于拆装移位，可采用机械化施工，减轻劳动强度，但需要的投资较大，无机械化施工条件时则不便使用。

4. 埋设与使用地锚的注意事项

(1) 地锚的埋设应进行必要的计算，考虑其稳定系数，要有足够的固定力，重要的地锚在使用前应进行试拉；

(2) 地锚开挖地槽及回填土，应严格按设计和有关规定执行，并应使回填土高出周围地面，防止积水浸泡；

(3) 地锚使用的木料应认真检查，要坚实可靠，在拴缆索钢丝绳或拉杆的地方，应垫以铁皮，防止应力过分集中而损伤木料；

(4) 地锚的使用应保证受力方向正确，且不得超载使用；

(5) 地锚在使用时，应有专人检查守护，如发现异常现象，应立即通知指挥人员停止起吊工作，待处理后再使用；

(6) 地锚埋设后，应挂上铭牌，注明埋设日期、地锚类型、作用荷载和严禁在地锚周围取土等内容；

(7) 使用建筑物做临时地锚时，应进行估算和试拉，以确保安全。

二、缆风绳

缆风绳又称拖拉绳或缆索，主要是用来固定各种起重桅杆，使其保持相对的空间位置。缆风绳常采用6×19+1钢丝绳。

1. 缆风绳的布置

缆风绳是由桅杆的上端引向地锚，与地面之间的夹角称为缆风绳的仰角，用 β 表示。在缆风绳布置中，如场地允许时，缆风绳多采用相同的水平仰角，各地锚到桅杆底座的距离相等。对于独立桅杆，若竖直起吊，缆风绳在平面 360°范围内均匀对称布置，如图 6-46 中（a）所示，若桅杆倾斜起吊时，则在桅杆倾倒方向相反的一侧要多布置缆风绳，其担负桅杆受载后起主要平衡作用的缆风绳称为主缆风绳，其余缆风绳为辅助缆风绳，如图 6-46 中（b）所示。

室内的桅杆，由于场地限制或结构要求，各锚点不能设在同一圆周上，则可根据具体情况合理设置，如图 6-46 中（c）所示。

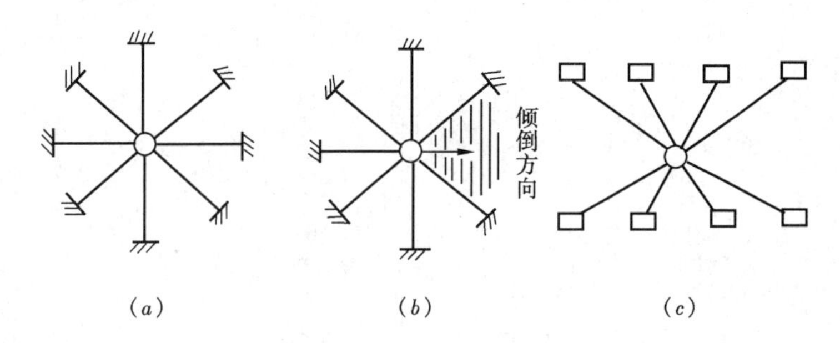

图 6-46　独立桅杆缆风绳布置

缆风绳的数量，可根据桅杆的种类和需要而定：独立桅杆采用 4～8 根，双桅杆中的每根桅杆 4～8 根，回转桅杆一般为 8 根。

缆风绳的仰角 β 一般取 30°左右，不宜超过 45°，否则会加大桅杆和地锚的受力，增大缆风绳的直径，对吊装不利，但缆风绳仰角过小则缆风绳的长度增加，占用场地过大，会影响其他工种的施工。

2. 缆风绳初拉力的确定

缆风绳的初拉力也称预紧力。初拉力的大小对桅杆的受力和头部偏移量有直接的影响，既要减少缆风绳对桅杆的压力，又要使桅杆顶部的偏移量不大，就要合理确定缆风绳的初拉力。初拉力的确定有不同的方法，一般可按钢丝绳的直径 d 来决定：

当 $d \leqslant 22\text{mm}$，初拉力 $T_0 = 10\text{kN}$；

当 $22\text{mm} < d \leqslant 37\text{mm}$，$T_0 = 30\text{kN}$；

当 $d > 37\text{mm}$，$T_0 = 50\text{kN}$。

3. 主缆风绳的受力计算

在桅杆吊装设备时，即使是直立的桅杆也会有偏倒。因此各缆风绳的受力是不一样的，主缆风绳除承受初拉力 T_0 外，还承受由重物和起重滑轮组重量的作用所引起的拉力 T_1。在计算时，为了保证安全可靠，多采用主缆风绳法进行计算。主缆风绳由重物和起重滑轮组重量的作用所引起的拉力，可按下式计算：

$$T_1 = 9.8\frac{K(Q+q)\sin\alpha}{\sin(90° - \alpha - \beta)} \tag{6-8}$$

式中　T_1——重物和滑轮组重量所引起的拉力（N）；

K——垂直吊装时动载荷系数，取 $K = 1.10$；

Q——重物的重量（kg）；

q——起重滑轮组的重量（kg）；

α——桅杆与垂直线的夹角；

β——缆风绳与地面的夹角。

缆风绳的总拉力，可按下式计算：

$$T = T_0 + T_1 \tag{6-9}$$

根据缆风绳总拉力和相应的安全系数，即可选择缆风绳的直径，同时可选择地锚。

第七章　锅炉及附属设备的安装

锅炉是供热工程的产热设备，且在一定的温度和压力下运行，其产品制造及安装质量、运行操作及管理水平都直接影响设备运行的安全性、稳定性及经济性。

锅炉安装有整体快装、现场组装、散装等方式。锅炉安装工程应由经资质审查批准，符合安装范围的专业施工单位进行安装。为保证锅炉的安装质量，国家和制造厂对锅炉安装的质量都有明确的规范，供锅炉监督和安装工作参照。安装单位安装时除应按设计要求，并参照锅炉制造厂有关技术文件施工外，对于锅炉额定工作压力不大于1.25MPa、蒸发量不大于10t/h、热水温度不超过130℃的采暖和热水供应的整体锅炉，应遵照《建筑给水排水及采暖工程施工质量验收规范》（GB 50242—2002）的规定。对于工作压力不大于2.5MPa，蒸发量不大于35t/h的现场组装或散装锅炉，可遵照《机械设备安装工程施工及验收通用规范》（GB 50231—98）及《工业锅炉安装工程施工及验收规范》（GB 50273—98）的有关规定进行施工。锅炉本体及其附属设备管道的安装，应遵照《工业金属管道工程施工及验收规范》（GB 50235—97）的规定进行。

整体快装锅炉的安装工艺较为简单，本章将重点介绍现场散装锅炉的安装技术。其安装的工艺流程如下：

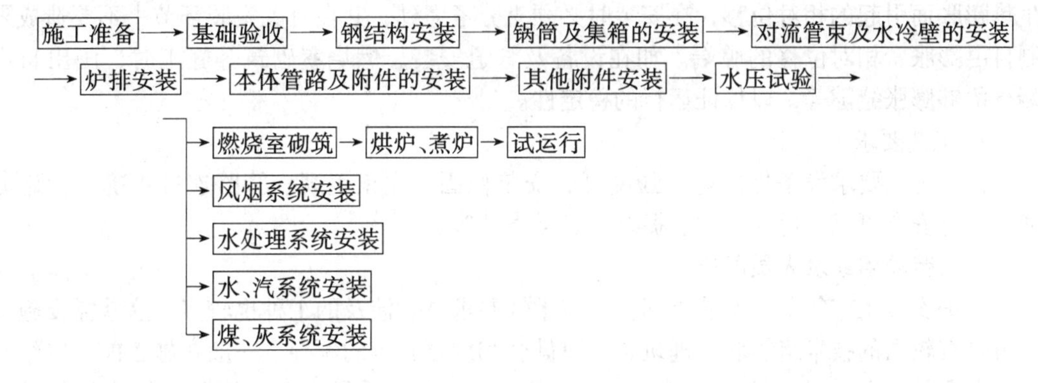

第一节　施工安装前的准备工作

承装锅炉的安装单位，须经当地锅炉安全监察部门审查批准，并持有许可证后，才有资格进行锅炉安装。锅炉安装前，须编制施工组织设计（施工方案），并将其连同锅炉房平面及设备布置图等有关技术资料，送交当地锅炉安全监察机构，经审批同意后方可进行施工，施工单位应充分做好施工准备工作。

一、技术准备

所谓技术准备，就是指施工单位在施工前，组织有关技术人员在技术负责人的主持下，熟悉施工图纸、查阅技术资料和施工验收规范等技术性准备工作。同时进行现场调查，了解土建进度和与安装工作有关的问题，设备到场情况，建设单位的协作能力等。然后根据各方面的情况编制施工设计，全面规划施工活动。一般情况下，施工设计应包括：施工进度计划、施工技术措施、施工活动平面图、质量与安全措施、材料设备计划和劳动力计划等，形成一套完整的技术性文件，用以指导施工过程的各项工作。

锅炉安装，是一项比较复杂的技术性工作，其安装的基本技术要求如下：

1. 准确性

准确性指锅炉本体各个组成部件在产品检验、校正、组合、安装全过程中，其尺寸、形状、安装位置（垂直、水平、标高、中心距等），均应反复检测、调整，使其偏差严格控制在规范规定的允许偏差范围内。否则，超过允许偏差范围的安装结果，在热运行状态下将产生超过设计负荷的热应力，造成设备和管路的意外变形，这是锅炉投入运行后产生运行事故最严重的隐患之一。

2. 严密性

严密性指锅炉本体及其辅助系统在安装后的严密程度，也是保证锅炉运行安全可靠的重要环节。为此，在安装全过程中必须采取多方面的技术措施，以取得安装的严密效果。如对设备和安装用料的严格质量检验；确保螺纹、法兰、焊接、胀接的接口质量；确保燃烧室砌筑的质量；严格进行安装后的水压试验，系统试验，漏风、渗油、通水试验；严格机械设备安装后的单机试运转，机组的蒸汽严密性试验等，并使这些检验、试验、试运转、试运行记录和验收记录作为交工验收的技术资料。

3. 热胀性

锅炉安装在常温下进行，投入运行后，在高温运行中锅炉本体、各部件和管道将要产生热膨胀而引起的相对位移，在安装时必须充分考虑到，并在有关安装环节中不要造成限制自由膨胀、相对位移的弊端。如在设备及管道安装、燃烧室砌筑等施工时，画出自由端，留够膨胀缝隙等，以保证运行的稳定性。

4. 工艺要求

在工艺上要求设备性能好、强度高、安装稳固、端正美观、管路连接正确、检修方便、运行安全可靠、运转正常、振动小、噪声低等。

二、劳动组织及人员配备

锅炉安装工艺复杂、安装周期长、技术性要求高、涉及的工种也较多，这就需要施工队伍要有较强的技术组织和管理班子，以健全和加强施工的领导。一般在施工前，应组成由工程项目负责人、工长、技术员、材料员、机械员、质量安全员等参加的施工领导小组，并按管道工、钳工、焊工、起重工、筑炉工等不同工种，组成不同的专业组或混合班组，其人员数量、技术等级标准等应配置合理，以满足施工需要。组合后的施工领导小组及施工班组，均应分工明确、各尽其责，并且密切配合。合理的劳动组织，对提高施工管理水平，提高工效和降低工程成本是十分重要的。

三、材料及设备的准备

安装工作必须有足够的物质保证，及时供应材料和设备，是正常开展锅炉安装工作的必要条件，否则会因停工待料拖延工期，给甲乙双方造成经济损失。设备、材料的供应应按施工组织设计的相应计划进行，并可按施工进度计划在保证连续施工的情况下，分期分批地供应到现场。

凡由建设单位供应的设备，均需按厂家提供的装箱清单会同建设单位进行开箱清点检查、逐件验收，并办理好交接手续。如有遗失和损坏现象，应作记录，并商定解决办法。设备验收后应妥善保管，不能入库的大型设备，可采取防雨、防潮措施露天保管。

四、施工机具准备

施工需用的机具，应按施工方法不同而定。锅炉安装所用机具主要有如下几种：

(1) 量测工具：水准仪、经纬仪、游标卡尺、内径百分表、热电偶温度计、硬度计、垂球、水平仪、水平尺、钢板尺、钢卷尺、塞尺等；

(2) 管工机具：电焊机、气焊工具、砂轮切割机、砂轮机、手电钻、冲击钻、试压泵等；

(3) 胀管机具：磨管机、电动胀管机或手动胀管器、退火用化铅槽等；

(4) 吊装机具：卷扬机或绞磨、千斤顶、独立桅杆、倒链、滑轮、钢丝绳、大绳、索具等；

(5) 安全工具：排风扇或鼓风机、12V 行灯变压器及灯具等；

对于以上通用设备和机具，应按所需规格和台数运入现场，放置在施工平面图规定的位置。不常用的起重运输设备，如吊车、汽车等，也应拟订使用计划，以便使用时及时调用；需要加工的工具，尽早绘制图纸交给加工厂进行加工。

五、施工现场的布置

施工现场，需根据设计的施工活动平面图，结合现场的实际情况，考虑生产和生活方便，修建临时设施和布置施工设备。

材料库房应修建在地势较高、交通方便的地方；库外有宽敞的材料和设备堆放场地，并有防雨、防潮设施；库内设有货架，材料、工具应分门别类放置，对小型精密件，应设小室单独保管。库内应有严密的防火、防盗措施，并设专人保管。

施工设施，应按施工顺序排列。校管平台宜设在管子堆放场附近，用厚度约 12mm 的钢板铺设平台面，下面垫以型钢或枕木校平后点焊即可。校管平台的面积，以能满足校正最长和最宽的弯管为准，高度以操作方便为原则。退火炉宜设在管子堆放场与锅炉房之间，以减少运管路程。退火炉旁边，应预先搭好排列管子的管架，附近备有装满干石棉灰的池子，退火时刻一到，取出管子插入石棉灰内缓慢冷却。打磨管子的机械和工作台，可设在锅炉房内，在不影响锅炉安装操作的情况下，宜设在锅炉附近，以便配管时随时修正管端。经打磨以后管子的堆放地点，应选择平整、干燥的地方，将管子打磨端涂上工业凡士林油，用标有管径尺寸的牛皮纸包绕保护，管身上标明编号分类堆放，待胀管时按管孔选配表对号选用。

其他施工设施、生活设施也应按方便工作、减少路程、安全防火的原则，统筹规划，妥善布置。施工现场应平整，主要运输道路应畅通，供水、供电的临时管线也应准备完善。

第二节 设备基础的施工验收与划线

设备基础是用来支撑设备重量，并吸收其振动的构筑物。设备基础一般都是由土建单位施工的，但有的基础，如小型水泵及容器的基础，安装单位也可按照基础的施工规范要求自行浇筑。基础施工完毕后，安装单位在安装设备前，应会同基础施工单位和建设单位，按照施工验收规范的质量标准对基础进行验收，验收合格后才能进行设备的安装工作。因此，在设备安装前，基础的施工工序为：基础的放线定位、基础混凝土的施工和基础的验收。

一、基础的放线定位

基础的放线定位就是确定设备的安装位置，是和支基础混凝土模板同时进行的。设备的安装位置是由设计确定的，放线时，就以设备平面布置图上标定的尺寸为准，然后在设备间内找到平面图上所给定的尺寸基准，一般多选择纵、横两方向的墙面作为基准面，用皮尺或钢卷尺定出设备的中心线位置，即混凝土基础的中心线，再以中心线为准，按设备基础的外形轮廓尺寸支好模板。

对有部分基础埋于地下的，应先进行挖土方，达到基础深度后，对于土质软弱的场合，还应对地基进行夯实，再按基础外形尺寸支好模板。支好模板后，还应认真进行尺寸的校核。对于多台设备的安装，应一次将基础模板支好。

二、基础的施工

基础的施工采用浇灌法，就是将搅拌好的混凝土砂浆浇灌于支好的模板内并捣实。浇筑混凝土时，对需预埋地脚螺栓和预埋铁件的，应按地脚螺栓和铁件的位置及标高将其摆放好，需预留地脚螺栓孔的，按地脚螺栓孔的位置和深度，摆好100mm×100mm的方木，预留地脚螺栓孔，并注意在混凝土硬化时拔出。预留地脚螺栓孔的基础浇灌后，上表面不用抹平，即将混凝土的粗糙表面原样保留，待设备就位，经二次灌浆后再用细石混凝土连同基础一道抹平压光。

基础混凝土浇灌后，常温下养护48h即可拆模，继续养护至混凝土强度达到设计要求的75%以上时，方可进行设备安装。

三、基础的验收

基础的验收主要是为了检查基础的施工质量，校核基础的外形尺寸、中心线偏差以及地脚螺栓孔的位置和深度等。基础验收的同时还要进行划线，经过划线证明基础的施工能满足安装要求时，才能验收。

基础的验收应按照《混凝土结构工程施工质量验收规范》(GB 50204—2002) 有关规定进行。验收时，首先查阅基础混凝土的配比资料，检查基础施工标号是否符合设计要求；其次进行外观检查，外观质量应无蜂窝、露石、露筋、裂纹等缺陷；用小锤轻轻敲击，声音应清脆而且无脱落现象；用尺量测基础外形尺寸，用水准仪检测基础标高，并经过在基础面上的划线检查，其施工允许偏差应符合表7-1的规定。

设备基础检查验收时要填写验收记录，其表格形式见表7-2，填写时应注意以下几点：

(1) 设备位置编号：设备基础要逐台检查验收，同样规格型号的设备可能有几台，所以同型号的设备基础要用“设备位置编号”来区别，当设备图纸上没有设备编号时，在竣工图纸上，应对设备进行自行编号。

(2) 验收日期：在设备安装前，由建设单位、施工基础的土建单位和设备安装单位共同对设备基础进行检查验收的日期。

(3) 实测偏差：检查验收时按设计图纸进行实测，实测与设计的差值为实测偏差，将实测偏差与允许偏差进行对照比较。

（4）预留地脚螺栓孔：“中心位置”按设计图纸或按设备基础实际尺寸检查，“深度”按技术规定或按设备自带螺栓长度检查。

（5）基础混凝土强度：“设计强度”和“试验强度”应分别按设计要求和试验得出的结果进行填写，“试验日期”指混凝土强度试验报告中的试验日期，并将试验报告（或复印件）附在此检查验收记录之后。

（6）试验意见：综合表中 1～5 项检查结果，指出结论性意见，若指出存在的问题和处理意见。

混凝土设备基础的允许偏差 **表 7-1**

项次	项目	允许偏差(mm)
1	坐标(纵、横轴线)	±20
2	不同平面的标高	－20
3	平面外形尺寸 凸台上平面外形尺寸 凹穴尺寸	±20 －20 ＋20
4	平面的水平度 每　米 全　长	 5 10
5	垂直度 每　米 全　长	 5 10

项次	项目	允许偏差(mm)
6	预埋地脚螺栓 标　高 中心距(在根部和顶部量测)	 ＋20 ±2
7	预埋地脚螺栓孔 中心位置 深　度 孔壁铅垂度	 ±10 ＋20 10
8	预埋活动地脚螺栓锚板 标　高 中心位置 不水平度(带槽的锚板) 不水平度(带螺纹孔的锚板)	 ＋20 5 5 2

四、锅炉基础的划线

锅炉基础的划线是将锅炉、钢架立柱的具体安装位置弹画在基础上，以作为锅炉安装工作的基准，见图 7-1 所示。

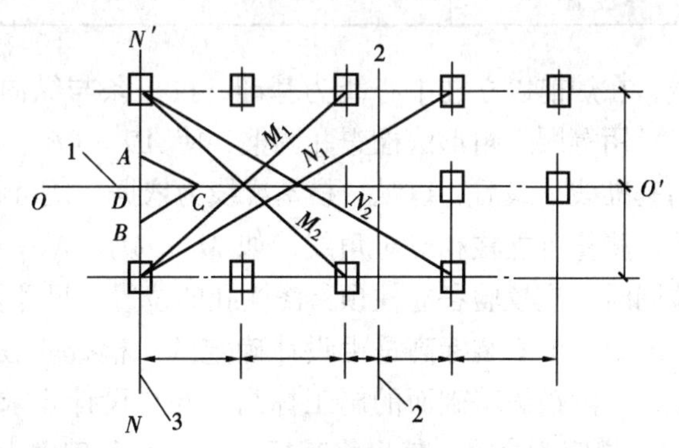

图 7-1　锅炉基础上画线

1—锅炉纵向安装中心线；2—横向中心线；3—炉前横向基准线

基础划线应画出：①锅炉的纵、横向安装中心线（*O-O′*线和 2-2 线）；②炉前横向安装基准线（*N-N′*线）；③各钢架立柱安装中心线及底板安装轮廓线（十字中心线及方块轮廓轮）；④基础面或侧面的标高基准点。

各画线必须对照设计图纸，以土建施工的建筑物实体面（如墙面）为基准进行，画线应经反复检测，使之准确无误。画线方法如下：

锅炉安装的平面位置用其纵、横中心线确定。画线时，按土建施工后的基础纵向中心线拉一条细钢丝，如图 7-1 中的 *O—O′*，线，自 *O—O′*，线向锅炉房侧墙面量尺，最少量测两点，如量得尺寸与设计标定尺寸相同，或偏差不超过表7-1的允许偏差规定，则 *O—O′*线即可作为锅炉的安装中心线，随后将其弹画在基础上；然后再做炉前横向基准

设备基础检查验收记录　　　　**表 7-2**

工程名称				施工图号	
设备名称				设备位置编号	
设备型号				验收日期	
项次	项　　目		允许偏差（mm）	实测偏差（mm）	附　　注
1	基　础 坐标位置	纵轴线	±20		
		横轴线			
2	基　础 上平面	设备底座（支承座）	±0		
		电机座（其他）	−20		
3	基础上平面外形尺寸		±20		
4	预留地脚 螺栓孔	中心位置	±10		
		深　　度	+20 0		
		孔壁垂直度	10		
5	基　础 混凝土强度	设计强度			
		试验强度			
		试验日期			
验收意见					
建设单位		施工单位		安装单位	
检 查 人		检 查 人		检 查 人	

线，在炉前以立柱中心线为基准，拉一条与纵向中心线相垂直的细钢线，作为横向基准线，用等腰三角形法检查并调整，使 $AD = DB$、$AC = BC$，调整后的 $N—N'$线即为炉前横向基准线；最后，以纵、横基准线为依据，便可画出全部立柱中心线位置，再如图 7-1 所示，测量各立柱相应对角线，如 $M_1 = M_2$、$N_1 = N_2$、……则表明立柱定位无误；立柱定位同时，应校验各立柱预留浇注孔的位置、尺寸及深度的施工偏差情况。

锅炉的安装标高是由设计确定的。检查验收时以土建设计地坪标高（±0.00）为基准，检测锅炉基础面的施工标高，并与设计要求的基础面标高相比较，如偏差不超过表 7-1的规定为合格。然后将其标高标注在基础面上，或在基础侧壁的不同点处，标出几个略加调整的标高，作为安装时测量各个部位的基准标高。为便于测定锅炉周围各钢柱的安装高度，也可在钢柱附近的结构物上，在设计地坪以上 1.0m 的高度处设一个辅助标高，作为测量钢架标高的依据。各基准点标高的标注，均应用水准仪准确定出。

已测定的锅炉纵向中心线、横向基准线和标高基准点，是锅炉安装测量的依据，因此，这三条基准线的标志，要划得鲜明、准确，并不易脱落。

锅炉的基础，在经过划线检查后，如基础的外形尺寸、标高及中心线偏差均在允许偏差范围内，且锅炉钢架中心线位置正确、炉墙外轮廓线不超出基础界线时，则可对基础进行签字验收。

第三节　锅炉钢架与平台的安装

钢架是锅炉的骨架。锅炉除炉排和砌体外，大部分重量是依靠钢架支撑着的，同时也决定着炉墙的外形尺寸，因此应注意钢架的安装质量。

钢架由立柱、横梁及加固件等组成。立柱通过立柱底板焊接于基础预埋钢板上，或插入基础预留的立柱浇注孔中，用二次浇灌法固定。横梁架设于立柱的支承件上，用螺栓或焊接与立柱连接。锅炉钢架构件由锅炉厂供应，由于运输和保管不善等原因，可能造成构件变形和遗失。因此，钢架组装前，必须对钢架进行认真的清点验收、检查与校正。

一、钢架和平台构件的检查与校正

锅炉钢架和平台构件应按图纸及设备装箱清单，进行数量的清点及质量的检查，其加工制造或运输损伤引起的变形偏差不应超过表7-3的规定，凡超过允许偏差的构件，均应进行校正。

钢架安装前的允许偏差　　**表7-3**

项	目	允许偏差（mm）	项	目	允许偏差（mm）
柱子的长度（m）	≤8	0 -4			-6
	>8	+2 -6		3~5	0 -8
梁的长度（m）	≤1	0 -4		>5	0 -10
	1~3	0	柱子、梁的直线度		长度的1/1000， 且不大于10

1. 型钢构件的检查

立柱和横梁的变曲度用拉线法检查，如图7-2所示。在构件两端焊接的钢筋柱上拉钢线，使$f_m=f'_m$，尺量各测点处型钢面至拉线的距离，如量测尺寸f_a、f_b、f_c…相等，则构件平直，如不相等，取其最大的差值，即量尺的最大值减去最小值，即为构件全长的最大弯曲度，取构件1m长度范围内测距的差值，即为构件每米长度的弯曲度偏差值。

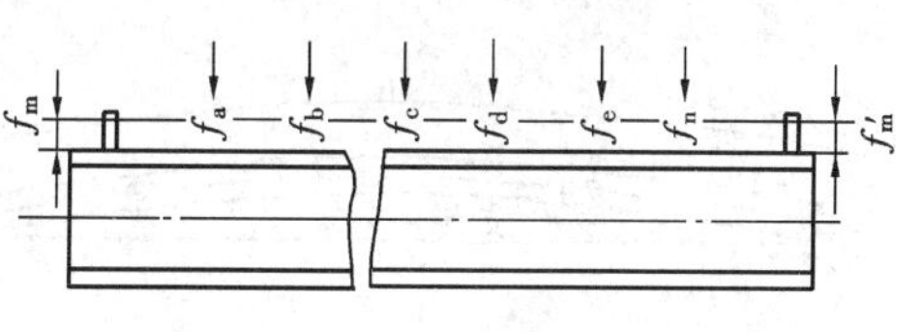

图7-2　拉线法检查构件的弯曲度

立柱和横梁的扭曲度检查方法如图7-3所示，在构件四个边角处焊接的钢筋柱上对角拉钢线，使各挂线高度相等，如对角钢线中点恰好重合时，则构件无扭曲，否则，在构件中点处量测两挂线的间隙值上，即为构件的扭曲度偏差值。

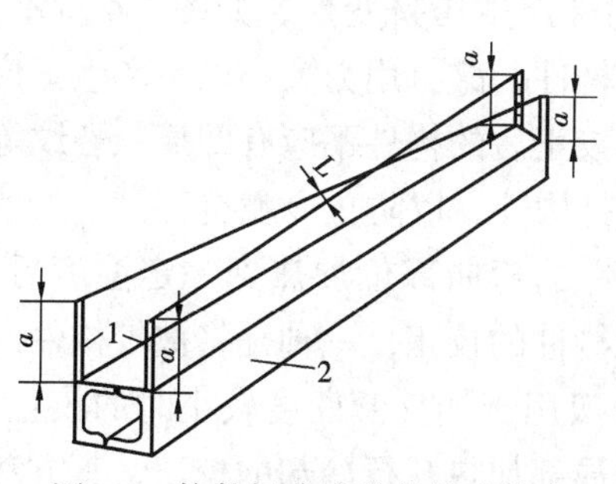

图7-3　构件扭曲度的拉线法检查
1—钢筋柱；2—构件

构件的长度偏差用尺量检查。立柱上焊有横梁托架时，应检查托架的位置、方向，不符合要求的应割掉重新定位焊接。构件的焊接应严格检查，使焊接质量符合标准。螺栓连接的螺孔孔径、位置、孔距用尺量检查，螺孔中心距的量尺应量两孔对应边缘，以减少量尺误差。

构件的外观应无严重锈蚀、重皮、裂纹、凹陷等缺陷。构件所有检查项目均应做好记录，填写《锅炉钢结构检查记录》，以便最终评价构件的合格程度，确定需要校正的构件数量及校正值。

2. 型钢构件的校正

型钢构件的校正有冷校正、加热校正和加热与安装结构校正等方法。校正前应认真分析检查记录，确定合理的校正方法，避免因校正不当，造成新的变形和意外的损伤。

(1) 弯曲的校正

1) 冷校正：冷校正是在常温下施加外力的校正。由于冷校正施力大，受施力机具能力限制，不适于构件断面尺寸大、变形大的情况。

机械冷校正是在特制的校正架上进行，如图 7-4 所示。校正时，构件的凸起部分朝上，在最大变形的拐点处通过千斤顶施加压力。当校正局部变形时，需先找到变形的拐点，如图 7-5 的 A、B、C 点，采用短跨施力法在拐点处施力并选好支点，即校正 C 点弯曲度时，以 A、B 点为支点，以 C 点为旋点，校正 A、B 点弯曲度时，将构件翻转 180°，分别以 C、D 点和 C、E 点为支点，分别以 A、B 点为施力点施力校正，最后复查构件整体弯曲度。对 D、E 两点位置的选择，应使 $a = b$、$b = c$。

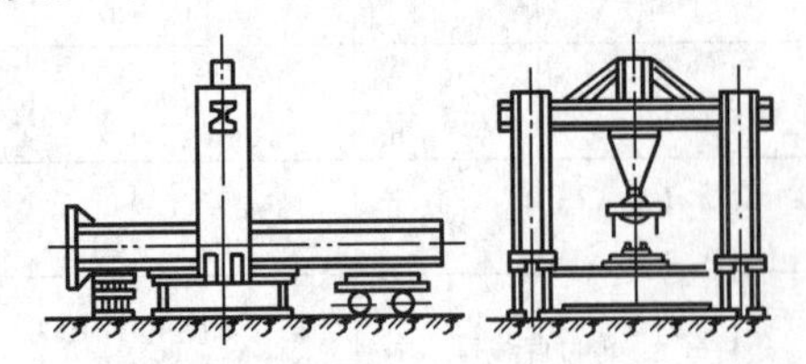

图 7-4　龙门式校正架校正立柱

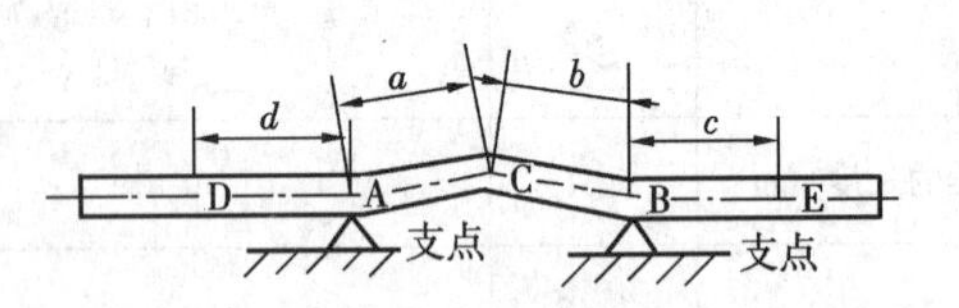

图 7-5　局部变形校正方法示意

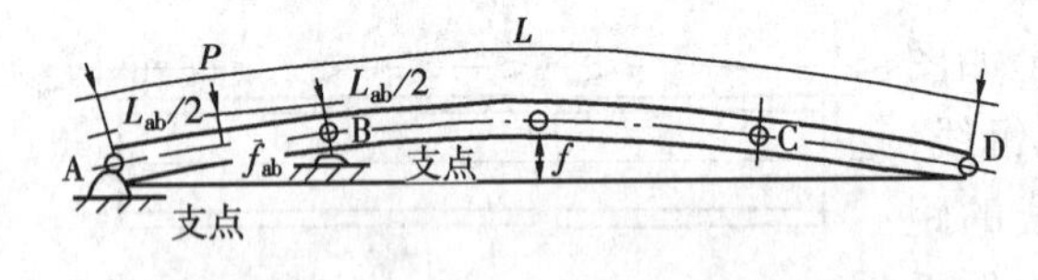

图 7-6　整体均匀变形校正法示意

当构件整体均匀变形时，可采用分段施力法校正。如图 7-6 所示，当 $L <$ 5m 时，取一个施力点校正、不用分段；当 5m $< L <$ 10m 时，取两个施力点校正；当 10m $< L <$ 15m 时，取三个施力点校正。

冷校正的施力一般用千斤顶，其作用力通过构件重心轴线使构件校正平直。冷校正时应在构件承力面与千斤顶之间垫以铁垫或木垫，以免构件产生压挤变形，如图 7-4 所示。在校正施力时，为了加速构件的变形，还可用手锤敲打构件，敲打用力大小以不产生锤痕为准。冷校正应逐渐进行，防止校正过度而反向施力。校正后的构件不应有凹痕、裂纹等缺陷。在环境温度低于 -25℃时，冷校正严禁用手锤敲打构件，以防止冷脆裂。

2) 热校正：热校正有两种方法。一种是将被校构件的弯曲部位加热到一定温度后，再施加外力校正，称为加力热校正，适用于弯曲度较大构件的校正；一种是将被校构件的弯曲部位加热到一定温度后，使其自行冷却的校正，一般用于构件弯曲度较小时的校正，锅炉钢架立柱和横梁的变形一般都不大，故常采用这种局部加热自行冷却的校正，其方法如下。

先将构件吊放在平台上，使其弯曲面朝上，根据弯曲情况初步定出加热位置，即凸面上的第一次加热长度 L_{x1}，如图 7-7 所示。该长度范围内的凸面均为第一次加热区。第一次加热长度根据经验确定，一般变形值 f 大，则 L_{x1} 可适当取大些。然后在构件的两侧面用石笔画出若干个网状三角形，视为侧面第一次加热区，对于立柱，网状三角形的顶点不应超过立柱中心线，对于横梁，网状三角形顶点可画至构件底。图 7-7 为横梁热校正时侧面加热区的画线方法。

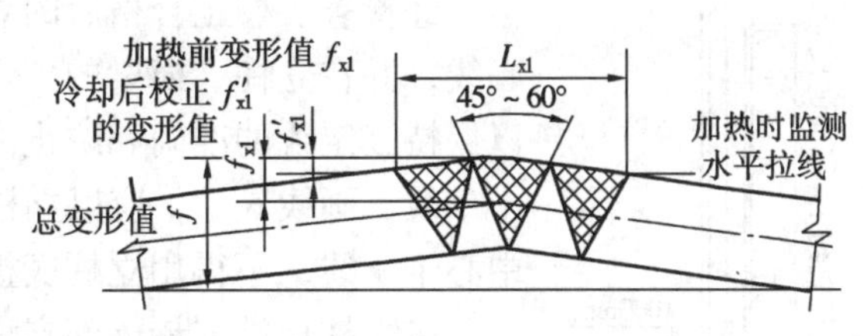

图 7-7　横梁热校正时侧面加热区的画线

加热前，在加热部位的侧面，沿构件长度方向拉一根钢线，用以监视加热过程中构件的变形情况，用 2～4 只焊枪同时加热烘烤，加热温度控制在 600～700℃（暗樱红或樱红色），凸面的烘烤从拐点向两侧移动进行，侧面的烘烤沿网状三角形进行。加热应在构件的三面同时进行，加热速度应平缓均匀。

构件在加热过程中逐渐增大其变形值，当变形值达到原变形值，f'_{x1}（加热前拐点至拉线的垂直间距值）的 1.5～2.0 倍时，停止烘烤加热。当构件在静止空气中冷却后，量测第一次加热校正所得的变形值 f_{x1}，如 f_{x1} 值小于总变形值 f，则计算出第二次加热长度 L_{x2}，找出新的拐点，然后对构件加热部位进行第二次、第三次加热校正，直至校正到 $f=0$ 时为止。第二次加热长度计算式为

$$L_{x2}=(f-f_{x1}/f'_{x1})L_{x1} \tag{7-1}$$

经局部加热校正的构件受热部位，应在冷却后涂上防锈油漆。

当采用加热校正时，构件一定要垫得平稳，加热温度可提高至 750～1000℃，但禁止超过 1000℃，并在升温 250～300℃和 700℃时，禁止施加外力，以避免钢材产生锤压硬化和兰热脆化。

构件的热校正一般用氧-乙炔燃气烘烤，禁止使用含硫、磷过多的燃料加热，防止发生过热、脱碳、渗碳等现象。经过校正后的构件不得有凹陷不平及其他方向的弯曲变形。

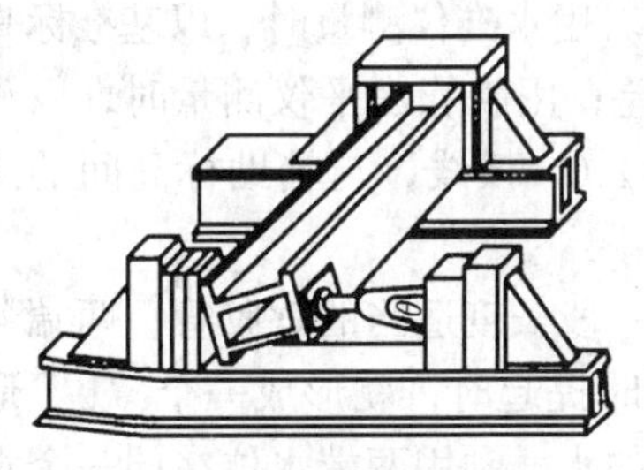

图 7-8　构件扭曲的校正

(2) 扭曲的校正

构件的扭曲最难校正。当构件的扭曲超过其变形的规定值时，可用冷校或热校的方法，在校正架上校正，如图 7-8 所示。校正时，构件的一端固定，另一端用千斤顶强力顶扭，直至校正合格为止。

二、锅炉承重钢架的安装

锅炉承重钢架由立柱、横梁及横梁支座组成，主要用来支承锅筒、受热面管束等的重量及热应力。采用单个构件安装时，是先将立柱单位安装后，再将横梁等构件与之组合，最后连成整体承重钢架，其安装工序为：立柱与横梁的画线、立柱的安装、横梁的安装、校正、立柱底座与基础的固定（焊接或二次浇灌）。

1. 立柱、横梁的画线

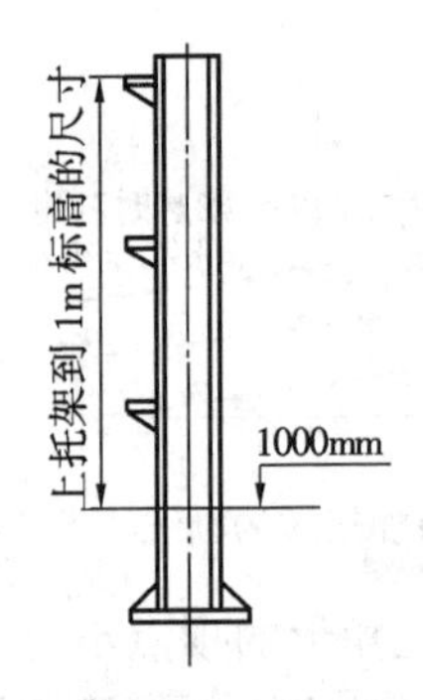

图 7-9　立柱

经检查、校正合格后的立柱、横梁，均应用油漆线弹画其安装中心线，并在立柱、横梁的上、中、下部位的中心线上打上冲孔标记，以保持其定线的准确和防止油漆线磨掉。立柱的底板也应弹画出中心十字线，画线6寸，应以立柱四个面中心线的引下线确定底板的安装中心十字线，不得用立柱底板中心弹画立柱中心线。

按立柱顶端与最上部支承锅筒的上托架设计标高，确定上托架的位置，并焊接好上托架。上托架的标高可比设计标高低 20～40mm，作为立柱底板与上托架面上加垫铁时的调整余地。按立柱上各托架的设计间距及安装方向，画线使各托架定位并逐个焊接牢固，用以支承各加固横梁。从上托架顶面的设计标高下返至设计标高 1m 处，在立柱上弹画出 1m 的设计标高线，作为安装时控制和校正立柱安装标高的基准线，如图 7-9 所示。

2. 立柱的安装

单根立柱的吊装可用独立桅杆，通过钢丝绳、滑轮组由卷扬机牵引吊起；也可在屋架下挂倒链起吊。起吊应轻起轻落，防止碰撞引起立柱变形。立柱就位时，应使底板中心线对准基础上画定的立柱中心线，立柱顶部用事先绑好的缆风绳在墙上固定。立柱就位后，应进行以下校正和调整：

(1) 用撬棍调拨立柱底板，使底板中心线准确地与基础画定的立柱中心线相重合。

(2) 用水准仪或胶管水平仪检测立柱安装标高，超出允许标高偏差的立柱，用厚度不同的垫铁和斜垫铁调整。每组垫铁不超过三块，并应点焊牢固。当间隙较大时，可用型钢焊制垫块，不允许用补浇水泥层的办法代替垫铁。

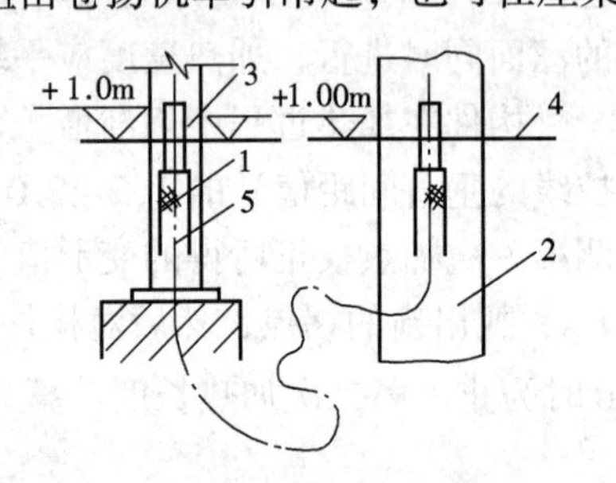

图 7-10　用胶管水平仪检测立柱安装标高

1—立柱；2—墙体；3—立柱上 1m 标高线；4—墙上 1m 标高线；5—胶管水平仪

测量钢柱的标高，可使用水准仪或自制的胶管水平仪。用水准仪测量时，以基准标高点为准，测量各钢柱上的 1.0m 横线与水准仪视线间的高差；用胶管水平仪测量时，以预先标在柱子或墙上的 +1.0m 辅助标高为准，测量钢柱的 1.0m 横线，与辅助标高间的高差。

自制的胶管水平仪，就是一段长度适当的软胶管，两端各插上一根玻璃管。当将两端同时提起时，就形成一个“U”形管。使用时，在管内装上适量的水，利用两端水位在同一个水平面上的原理，进行测量工作，如图 7-10 所示。测量时，先将一端水位对准 +1.0m的辅助标高线，另一端放在立柱 1.0m 横线附近，可看出其高差。当立柱上的 1.0m 横线与辅助标高线同在一个水平面上，说明立柱底板下平面正好在设计的标高线上。如立柱上的横线在水位以上，说明立柱底板下平面过高，相反时，则说明过低，应调整垫铁，使其正好。

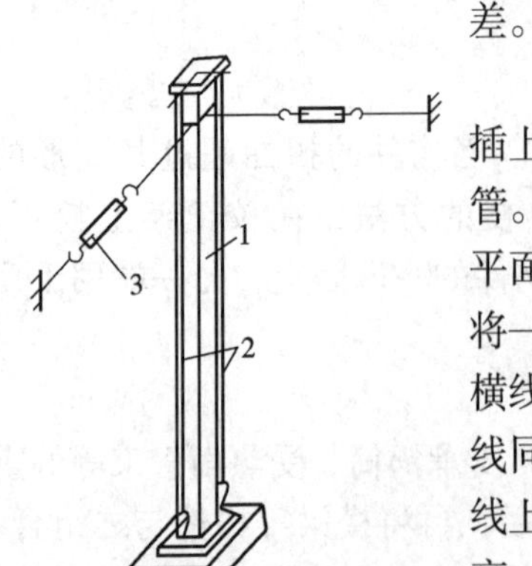

图 7-11　立柱安装垂直度的检测

1—钢立柱；2—垂线；3—拉紧螺栓

(3) 立柱安装垂直度的检测。先在立柱顶端焊上一个直角形钢筋，在立柱互相垂直的两个面上各挂一个垂球，如图 7-11

所示，取立柱两端和中央三点，用钢尺测量垂线与立柱间距离如量测间距相等，则立柱垂直度无偏差，如三处量得尺寸不同，则最大的尺寸差值即为立柱安装的垂直度偏差值，当偏差超过规定值时，可用顶部拉紧螺栓调整。如果钢架较高，垂球摆动时，可将垂球放入装有水的桶内，以稳定垂球，防止摆动。

以上三种调整在实际工作中是同时进行的，各项调整不能顾此失彼，应相互顾及，直至各项指标均达至表 7-4 的要求为止。

3. 横梁的安装

在对应的两立柱安装并调整合格后，应立即安装支承上锅筒的横梁。将横梁吊放到上托架上，调整横梁中心使与立柱中心对准，用水平尺检测横梁安装水平度，必要时在托架上加垫铁找平，并点焊或用螺栓与立柱固定。在相邻两立柱调整合格并安好横梁后，立即用相同方法安装侧面的连接横梁，使已安装并调整合格的四根立柱及其横梁结成整体，以进一步加固稳定。

按此顺序及方法安装，直至钢架安装完毕，结成整体承重钢架。

钢架安装的允许偏差和检测方法 **表 7-4**

项　　目	允许偏差（mm）	检 测 方 法
各柱子的位置	±5	—
任意两柱子间的距离（宜取正偏差）	间距的 1/1000，且不大于 10	—
柱子的 1m 标高线与标高基准点的高度差	±2	以支承锅筒的任一根柱子作为基准，然后用水准仪测定其他柱子
各柱子相互间标高之差	3	—
柱子的垂直度	高度的 1/1000，且不大于 10	—
各柱子相应两对角线的长度之差	长度的 1.5/1000，且不大于 15	在柱脚 1m 标高和柱头处测量
两柱子间在垂直面内两对角线的长度之差	长度的 1/1000，且不大于 10	在柱子的两端测量
支承锅筒的梁的标高	0~5	—
支承锅筒的梁的水平度	长度的 1/1 000，且不大于 3	—
其他梁的标高	±5	—

每组横梁安装完毕后，应用对角线法拉线检测安装位置的准确性；整体钢架安装完毕后，应全面复测立柱、横梁的安装位置、标高，必要时进一步调整，使完全符合表 7-4 的规定。最后，将立柱底板下、横梁下的垫铁组点焊固定。

4. 立柱与基础的固定

当立柱与基础上预埋钢板连接时，用焊接固定，焊接必须将底板四周满焊以使牢固；当立柱立装于基础浇注孔内时，用二次浇灌固定。二次浇灌时，立柱底板与浇灌孔面应有 20~60mm 的间隙，用垫铁支承立柱，以保持二次浇灌后的连接强度。浇灌前，浇灌孔应清洗干净，用木板在底板四周围成小模板，模板上沿即为混凝土浇灌高度，浇灌时应注意捣实，使混凝土填满底板与基础的空隙，在混凝土凝固期内，应注意洒水养护，每昼夜养护不少于3次。冬季进行二次浇灌时应注意防冻，或在混凝土内添加防冻剂，以保证浇灌质量，待混凝土达到一定强度后，再去掉模板。

以上锅炉钢架的安装是分件进行安装的，此种安装方法多用于中、小型锅炉承重钢架的安装对于大型锅炉承重钢架的安装，也可采用预组装的方法。预组装是将立柱、横梁、加固件等预先组装成一定程度的组合件，组合件吊装后，再连接成整体钢架。

锅炉钢架安装后，要填写"钢架组装记录"表，以便记录锅炉钢架各部件组装情况及连接的质量和偏差情况。

锅炉钢架除了承重钢架外，还有外包钢架，外包钢架是用来加固燃烧室砌体的，其安装应在燃烧室砌筑后进行，安装顺序也是先安装立柱后连接横梁（加固梁），在此不再介绍。

三、平台和扶梯的安装

为使锅炉安装施工方便，在不影响其他安装工作的情况下，部分操作平台和扶梯可在承重钢架安装后进行，而影响安装操作部分可留待以后安装。

由于平台、扶梯型钢规格较小，组合件重量一般不大，故多采用组合安装的方式，以加快施工进度。组合件的安装可在场外平台上组装；扶梯立柱应垂直安装，间距应符合设计规定，设计无明确要求时，取1.0~1.2m为宜，立柱间距应分布均匀，转角处应加装一根立柱；栏杆的转角应圆滑美观，不得切焊成直角形，构件的切口棱角、焊口毛刺应打磨光滑；支承平台的构件应牢固，水平端正；平台面钢板应铺得平齐，平台面上的构件不得任意割孔，必须切割时应考虑补强加固，以保证平台结构的强度，平台和扶梯踏步应用防滑钢板。

平台、扶梯安装后，应认真涂刷防腐涂料及规定颜色的面漆。

第四节　锅筒和集箱的安装

锅筒和集箱是锅炉的主要受热面，其安装质量决定锅炉运行的稳定性和安全性，同时也直接影响着与之相连接的受热面管束的安装质量，是锅炉安装的重要环节之一。锅筒和集箱的安装必须在锅炉承重钢架安装完毕，基础的二次浇灌强度达到75%以上时，方可进行。

一、锅筒、集箱的检查与划线

吊装锅筒、集箱前应进行如下检查：

(1) 锅筒、集箱有无运输损伤；内外表面有无裂纹、撞伤、龟裂、分层（重破）等缺陷。

(2) 锅筒、集箱的长度、直径、壁厚等主要尺寸是否与图纸中的相同。

(3) 锅筒椭圆度与弯曲度的检查。椭圆度指锅筒横断面上水平直径与垂直直径的差值允许偏差见表7-5。为量测方便，施工现场多用量测锅筒外径的方法检查其椭圆度，并沿锅筒长度方向，每隔2m量测一次。

锅筒水平、垂直外径的量测方法如图7-12所示。尺量两垂球线距则得锅筒水平外径D_s；用胶管水平仪将量尺点引向便于尺量的位置，将两直尺垂直顶在锅筒上下面上，取

尺上长度 $L_2 = L_3$；在量得玻璃管水面距离 L_I 后，则垂直外径 $D_h = 2L_2$，即椭圆率 = $\frac{D_S - D_h}{D_S} \times 100\%$

当量测的垂直直径与图纸有差值时，应记录下来，在安装锅筒时应使支座的安装标高抬高或降低此差值的一半。

(4) 检查锅筒上管座的数量、位置、直径等是否与图纸相同，管接头处有无伤损变形及焊接质量，管座、管孔和中心距偏差应符合表 7-6 的规定。

(5) 查看锅筒、集箱两端面水平和垂直中心线标记（冲孔或其他标记）是否正确。检查以锅筒上部管座中心为基准，拉线及挂垂直球检查，必要时经调整重新标记，使之作为锅筒安装时找正调整的量测依据。检查后随即在锅筒前后端面上弹画出水平与垂直的中心十字线；在锅筒的两侧面弹画出纵向中心线。

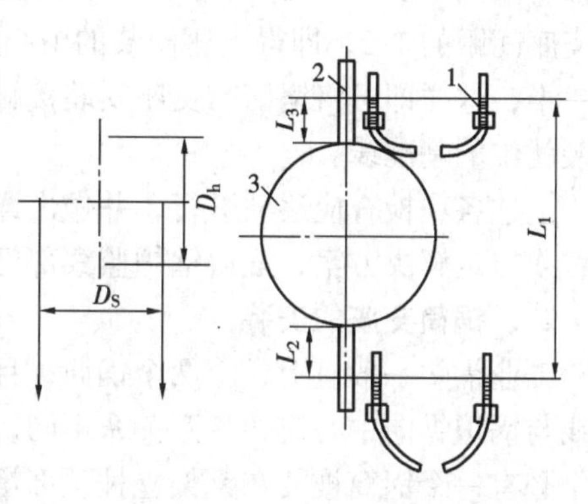

图 7-12 锅筒水平直径与垂直直径的量测
1—胶管水平仪；2—直尺；3—锅筒

锅筒椭圆度的允许偏差 表 7-5

锅筒内径 D_B（mm）	允许偏差（mm）	
	壁厚≤38	壁厚>38
D_B≤1000		
1500≥D_B>1000	5	6
	6	8
1800≥D_B>1500	8	10

锅筒集箱上管座、管孔中心距偏差 表 7-6

管座、管孔中心距（mm）	允许偏差（mm）
≤260	±1
260~500	±1.5
500~1000	±2
1000~3100	±3
3100~6300	±4
>6300	±5

(6) 胀接管孔直径、圆度、圆柱度等的允许偏差不应超过表 7-7 的规定。管孔表面不应有凹痕，边缘毛刺和纵向沟纹，其环向或螺旋状沟纹的深度不应大于 0.5mm，宽度不应大于 1mm，沟纹至管孔边缘距离不应小于 4mm。

胀接管孔的直径与允许偏差 表 7-7

管子公称外径		32	38	42	51	57	60	63.5	70	76	83	89	102
管孔直径		32.3	38.3	42.3	51.3	57.5	60.5	64.0	70.5	76.5	83.6	89.6	102.7
管孔允许偏差	直径	+0.34 0			+0.40 0						+0.46 0		
	圆度	0.14			0.15						0.190		
	圆柱度	0.14			0.15						0.19		

注：管径 $\phi51$ 的管孔可按 $\phi1.5^{+0.4}$加工。

(7) 认真检查锅筒、集箱上所有焊缝的焊接质量，必要时给予补焊。为控制锅筒在横梁支座上的安装位置，应在锅筒底部弹画出与支座接触的十字中心线。画线方法是，连锅筒前后端面上的下冲孔点，弹画出锅筒底部纵向中心线，自锅筒长度的中点向前后端面各量支座间距的1/2，即得支座安装的中心点。但活动支座的一端还应扣除锅筒受热伸长量的一半，这样即可将锅筒与支座安装接触的十字中心线弹画在锅筒的弧形面上，作为锅筒安装就位的基准线。

上述各项检查应逐项进行，并做出详细记录。发现设备问题，需会同建设单位共同解决，或拟定解决方案，征得锅炉监察部门同意后方能施工。

二、锅筒支座的安装

工业锅炉一般有上、下两个锅筒，且两个锅筒多数是相互平行布置的。按照锅筒的轴心线与锅炉纵向中心线的相互关系不同，锅炉有纵置式和横置式之分。但无论怎样布置，其中必有一个锅筒被装在钢架立柱顶部承重横梁上的两个支座托着的；另一个锅筒则是靠管来支承或吊装在承重横梁下。因此，正确安装支座与临时支撑架，是锅筒安装前必须做好的重要工作，也是使锅筒准确就位的必备条件。

1. 锅筒支座的安装

锅筒支座多为带双层滚柱的活动支座，如图7-13所示，其固定框架与承重横梁焊死，以限定支座的位移范围，上滚柱保证锅筒纵向位移，下滚柱保证锅筒的横向位移，支部上部的弧形部分是与锅筒安装的接触面。

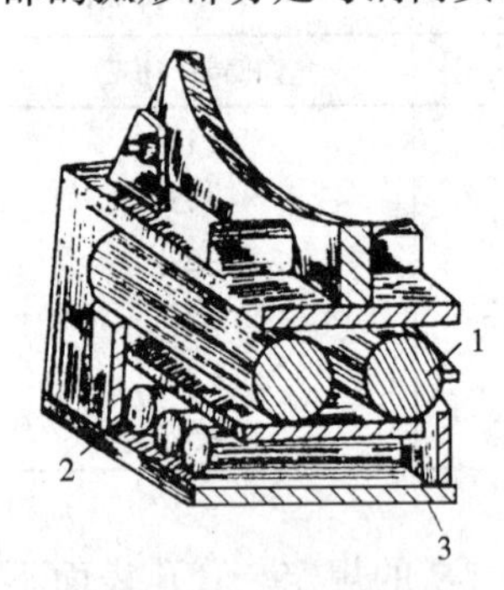

图7-13　锅筒活动支座
1—上滚柱；2—下滚柱；3—底板

(1) 支座安装前的解体清洗、检查

1) 用游标卡尺检查滚柱直径，误差不应大于2mm，圆锥度允许偏差为±0.5mm，同一支座的各滚柱间直径允许偏差为±0.5mm。

2) 将滚柱置于平板上，检查其与平板的接触长度应不小于全长的70%，光面与平板的接触应达到每平方厘米一个点，其他不接触部分应用塞尺检查，间隙不得大于0.5mm。

3) 滚柱上、下两铁板滚动接触面应用涂色法相互研磨，检查其接触点不得少于每平方厘米一个点。

4) 将支座的弧形部位与锅筒表面做吻合性检查，接触长度不得少于圆弧长的80%，最大间隙不得大于2mm，同时不接触部分在圆弧上应均匀分布，不得集中于一个地方，否则应用手提电动砂轮机研磨，使之接触良好。

(2) 支座的组合

1) 在支座底板上弹画出安装十字中心线。

2) 按图纸要求组装支座的零件和垫片，并考虑膨胀的需要，留出足够的间隙。安装上滚柱应偏向锅筒中间，当锅筒受热伸长时，滚柱能处在居中位置。

3) 将上、下两层滚柱之间临时点焊固定，待锅筒安装后再割去点焊处。

4) 支座组合过程中防止杂物进入各活动接触面。滚柱应涂上黄油，组装后应遮盖。

(3) 支座的安装　支座安装前应先在安装支座的横梁上画线，定出支座的前后安装位置线，画线方法如图7-14所示，首先画出横梁中心线 N_1、N_2，自一侧立柱中心线 K_1 向

N_1、N_2 横梁中心线量尺 a，使其等于锅筒纵向中心线与立柱中心线 K_1 的设计距离，得 O、O'两点，连 $O—O'$线并弹画在横梁上，则得锅筒安装的纵向中心线。在 N_1、N_2 横梁中心线上，分别以 $O—O'$线为中点，向两侧各量 1/2 支座底板宽度得四点，连对角两点检测，如 $C_1 = C_2$，则支座定位完毕。

将支座吊放到横梁上，调整支座底板十字中心线，使之对准横梁上已画好的安装位置线，用胶管水平仪检测支座安装的标高及水平度，偏差的调整用支座下的垫铁进行，调整合格后，将支座底板连同垫铁一道与横梁焊接固定。

2. 临时支座的安装

下锅筒吊装前，应准备好临时支座，如图 7-15 所示，由角钢或槽钢制成弧形支座，用螺栓固定于钢架横梁上，支座弧形面应与下锅筒外壁圆弧相吻合。锅筒吊装就位时，临时支座与锅筒外壁接触面处应衬以石棉绳。

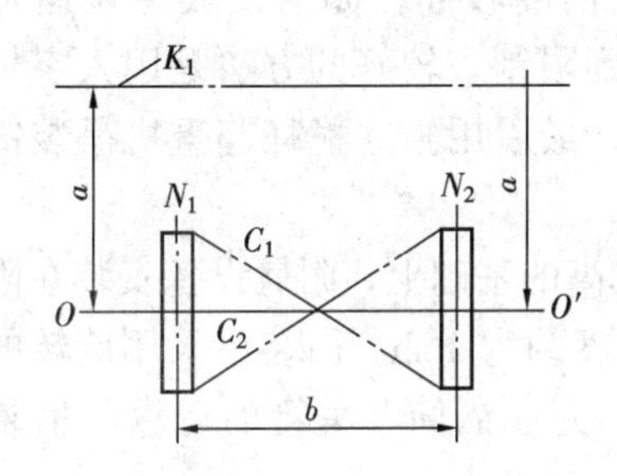

图 7-14　支座安装位置的画线定位
K_1—立柱中心线；N_1、N_2—前、后支承横梁中心线；$O—O'$—锅筒纵向安装中心线；a、b—设计安装距离；C_1、C_2—前、后支座安装位置线

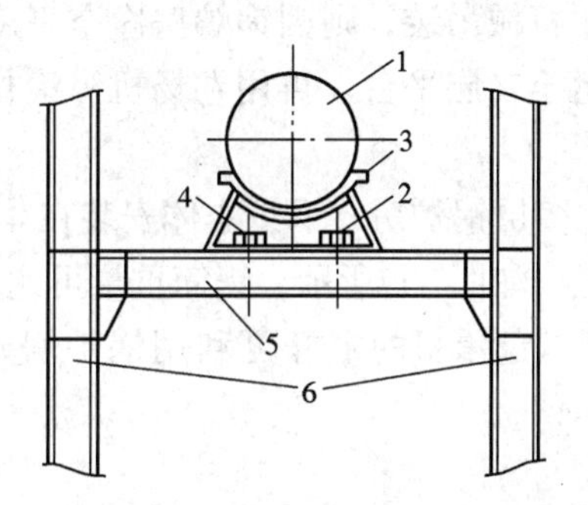

图 7-15　临时支座结构
1—锅筒；2—临时支座；3—石棉绳；4—螺栓；5—横梁；6—立柱

临时支座制造的关键是其净高尺寸，应根据下锅筒的设计安装标高，用胶管水平仪实测并计算得出。

当上、下锅筒及连接管束均已安装完毕后，燃烧室开始砌筑前，方可拆除临时支座。拆除时严禁用锤击敲打，防止振动影响管束连接强度和严密性。

当上、下锅筒采用吊挂于上部承重横梁上时，可不制备临时支座。但应对吊装的吊环、弹簧吊杆、紧固螺栓等进行认真的质量检查。吊环应与下锅筒外壁圆弧接触良好，其局部间隙不得大于 1 mm；吊杆、螺栓等应有足够的强度。

三、锅筒、集箱的运输和吊装

锅炉由出厂到施工现场的运输过程，为避免损坏和遗失部件，应有可靠的安全保护措施，应尽量减少转运和装卸次数。用汽车长途运输更应注意由于绑扎位置不当等原因，可能造成短管弯曲，管孔损坏。锅炉运入现场后，应按施工顺序，将锅筒置于锅炉房附近，加防潮、防雨设施保护。安装时，可在地上铺以木板，底托下放入滚杠，用卷扬机拖入房内。

锅筒的吊装工作，应按施工设计方案进行。为了保证设备和人身安全，要严格按安全操作规程进行工作，任何情况下，不得超负荷使用起重设备和工具；无铭牌的起重机具，要经强度核算证明安全可靠后才能使用，拖运和吊装工作应由起重工担任，其他专业人员应密切配合。

吊装用的机械，尽量利用锅炉房内或施工现场的设备。由于受现场施工条件的限制，锅筒、集箱的搬运和吊装，一般不采用大型吊装机具，而采用电动卷扬机辅助以滚杠等进行水平运输，用桅杆进行吊装工作。按锅炉房的结构情况不同，可有以下几种吊装方案：

（1）单层式锅炉房　锅炉直接安装在地坪基础上，基础高度在 0.5m 以下，锅筒、集箱单件重量在 4t 以下，其水平搬运可由卷扬机辅以滚杠进行，吊装可由独立桅杆进行，整体快装锅炉甚至可以用卷扬机直接靠坡道拉上基础，而不需吊装。在条件许可时，也可在屋面施工前，用吊车将锅炉直接吊装并一次性找正。

（2）双层式锅炉房　锅炉本体安装在标高约 4m 的基础上，炉底带有除灰室，如图 7-16 所示。锅筒重量一般不超过 5t。由于锅筒安装高度较高，如搭设坡道拉运费工费料，若用机械吊装，则因锅炉房净空高度不足而受到限制，较好的方法是用人字桅杆将锅筒吊运至二层平台，再用卷扬机、滚杠搬运到位，最后用独立桅杆起重机吊装锅筒和集箱。

（3）多层锅炉房　锅炉本体安装在 4.5～5.0m 标高的基础上，附属设备安装在附跨各层地坪上，如图7-17所示，锅筒重量可达 7t，吊装高度约为 16m。吊装可采用旋转的悬臂式起重机（起重机的主杆可利用锅炉房建筑骨架），完成锅筒、集箱的运输、吊装和找正。

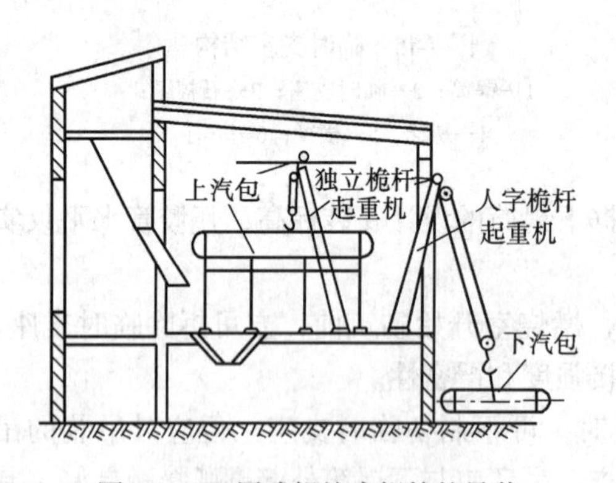

图 7-16　双层式锅炉房锅筒的吊装

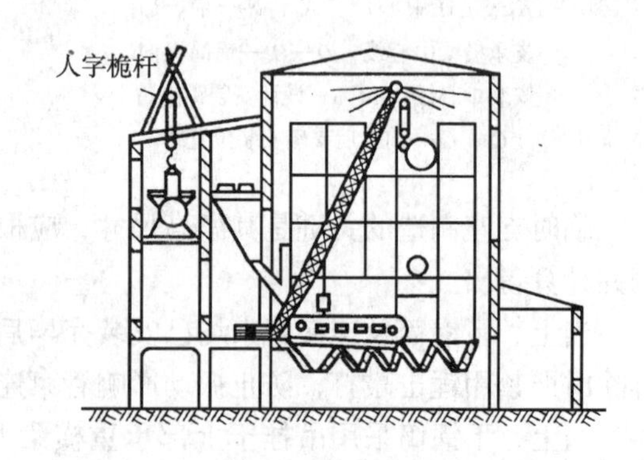

图 7-17　多层锅炉房锅筒的吊装

锅筒、集箱吊装就位的顺序一般为：上锅筒的吊装就位及找正-下锅筒的吊装就位及找正-集箱的吊装及找正。吊装锅筒的方法，可根据钢架结构形式的不同，采用在钢架内或钢架外吊装。锅筒要绑扎得牢固可靠，不能妨碍就位。钢丝绳距短管要有一定距离，以防钢丝绳滑动碰弯短管。严禁利用管孔进行绑扎。为保护锅筒不被损坏，可在绑扎钢丝绳的地方，垫以木板或麻布加以保护。

吊装工作由专人负责指挥，当锅筒吊离地面约 100mm 时，要停车观察一段时间，听声音，并检查，无异常现象时，再继续提升。在锅筒上最少应系一根牵引绳，由专人控制，调整锅筒起吊过程的方位，以防因碰撞造成事故，当锅筒提升到要求高度时，按指挥人员要求的方位，慢慢地落在支座上，锅筒与支座接触面上应垫以直径为25mm的石棉绳。

集箱的搬运和吊装方法同锅筒的吊装。吊装前应进行严格的质量检验，如用拉线法检查其弯曲变形；用尺量法检查其直径及外形尺寸偏差；按与锅筒相同的方法和要求，检查其管孔孔径、椭圆度、中心距偏差等。

集箱安装于支承横梁上，并用U形螺栓固定，如图7-18所示。当集箱就位并经调整合格后，将加固角钢焊接在支承横梁上。

四、锅筒、集箱的找正

锅筒、集箱的安装位置及相对尺寸，如图7-19所示，安装找正与调整，按先上锅筒，再下锅筒，最后是集箱的顺序进行。找正与调整应在设备单体找正与设备之间位置关系两方面进行。

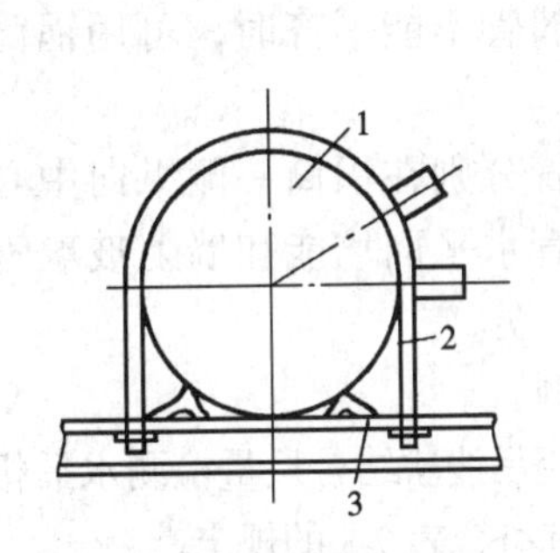

图7-18　集箱的安装

1一集箱；2—U形管卡；3—加固角钢

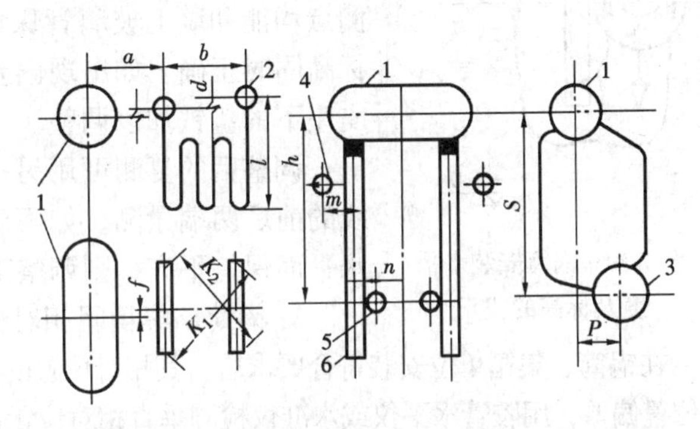

图7-19　锅筒、集箱安装的相互尺寸关系

1—上锅筒；2—过热器集箱；3—下锅筒；4—水冷壁上集箱；5—水冷壁下集箱；6—立柱

锅筒、集箱的安装偏差　　表7-8

项次	项　　目	偏差不应超过（mm）
1	锅筒纵向、横向中心线与立柱中心线水平方向距离偏差	±5
2	锅筒、集箱的标高偏差	±5
3	锅筒、集箱的不水平度：全长	2
4	锅筒间（P、S）、集箱间（b、d、e）、锅筒与相邻过热器间（a、c、f）、上锅筒与上集箱间（h）的轴心线距离偏差	+3
5	过热器集箱与蛇形管最低部的距离（l）偏差	±3
6	过热器集箱间对角线（K_1、K_2）的不等长度	±5
7	过热器集箱间对角线（K_1、K_2）的不等长度	3

1. 锅筒纵、横向位置及垂直度的找正

在锅筒前后两端面上部冲孔点吊垂球，如前后垂球尖端均落于基础画定的的纵向中心线上，则表明锅筒安装的横向位置正确。如出现偏差，可用移动支座板位置的方法调整横向位置偏差；如垂球尖端或垂线与基础上画定的横向基准线的距离，减去垂线与锅筒端面的间隙后，与图纸要求的尺寸相比较，若相等，则表明锅筒安装纵向位置正确，若出现偏差，用将锅筒前后窜动的方法调整纵向位置；如垂线同时与前后锅筒端面上画定的垂直中心线重合，则表明锅筒安装的垂直度正确，若出现偏差，则可用转动锅筒的方法调整使之正确。

2. 锅筒安装水平度及标高的找正

以侧墙上1.0m标高的辅助基准点为准量尺，将锅筒中心安装标高标注在侧墙上，将胶管水平仪的一端玻璃水平面对准墙上锅炉安装标高点，另一端分别在锅筒的前后端面水平线上量测，如图7-20所示，如两测点均能和墙上玻璃管保持水平，则锅筒安装的水平度及安装标高同时正确。如出现偏差使两玻璃管不能平齐时，可用锅筒支座下的垫铁加以调整。

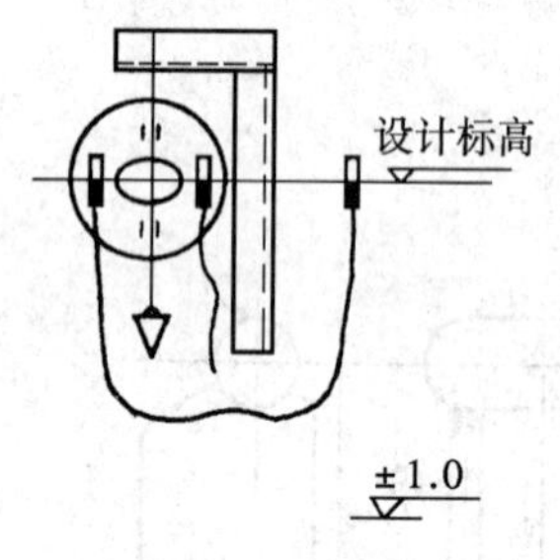

图7-20　锅筒安装水平度及标高的找正

调整后的复测可用另一端玻璃管分别在锅筒一侧纵向中心线的前后两端量测，如两测点玻璃管水平面均能和墙上玻璃管水平面保持平齐，则调整工作正确无误。

3. 锅筒、集箱间相对位置的检测

在锅筒、集箱单位安装符合要求后，其相对位置的检测，可用吊线法结合尺量检测水平相对位置偏差，用胶管水平仪或水准仪检测垂直相对位置偏差，使其符合表7-8的规定。

以上锅筒、集箱的各项找正与调整及相对位置的检测必须同时符合表7-7的规定，锅筒的安装方为合格。

第五节　受热面管束的安装

受热面管束是由多根（排）对流管或水冷壁管组成的对流管束及水冷壁管束，是锅炉的主要受热面。受热面管束的安装有两种型式，即管束与上、下锅筒的连接，管束与锅筒和集箱的连接。

受热面管束安装的一般工序是：管子的检查与校正，胀接管端的退火与打磨，管束的选配与挂装，管子的胀接（或焊接）等。

一、管子的检查与校正

锅炉上的各种弯管，在制造厂已按设计规格、弯型加工好，并随机供货。出厂后由于运输、装卸和保管不善等原因，会出现变形、伤损和缺件的可能，因此在安装前必须对锅炉提供的装箱单进行清点、检查与校正。

(1) 管子表面不应有重皮、裂纹、压扁和严重锈蚀等缺陷。当管子表面有沟纹、麻点等缺陷时，其深度不应超过公称壁厚的10%。

(2) 管子胀接端的外径偏差：*DN*32～40mm的管子，不应超过±0.45mm；*DN*50～100mm的管子，不应超过外径的±10%。外径用游标卡尺量测。

(3) 直管的弯曲度每米不应超过 1mm，全长不应超过 3mm，长度尺寸偏差不应超过 ± 3mm。用拉线法、尺量法检查。

(4) 弯曲管的外形偏差，可在平台上用模板法检查，即在平台上按弯管的设计弯型及外形尺寸，画出 1:1 的样图，在图形的外轮廓焊以短角钢或扁钢围成模板，把管子放入模板框槽内，凡轻易放入的，为弯型合格的管子，否则应经校正后再放入模板检查，弯管的外形偏差如图 7-21 所示。

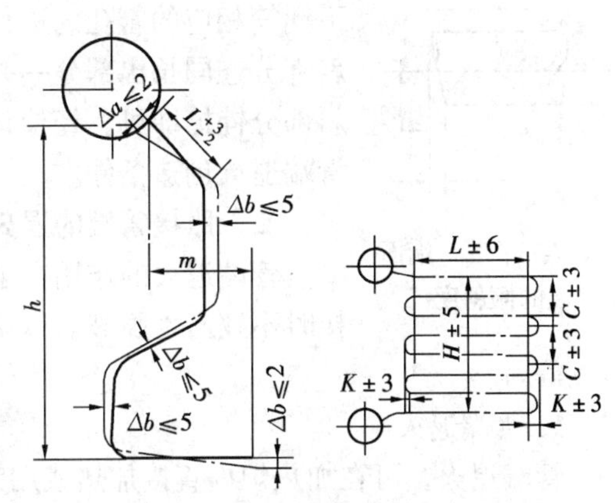

图 7-21　弯曲管的外形偏差

弯管的校正用火焊火焰局部烘烤加热校正，加热温度为 650 ℃（暗红色）以内，加热校正后的管子应埋入干石灰中缓缓冷却。校正后的弯曲管的外形偏差应符合表 7-9 的规定。

弯曲管的外形偏差　　**表 7-9**

项　次	项　　目	偏差不超过（mm）
1	管口偏移（Δa）	2
2	管段偏移（Δb）	5
3	管口间水平方向距离（m）的偏差	± 2
4	管口间铜垂方向距离（n）的偏差	+ 5 − 2

(5) 弯曲管的不平度如图 7-22 所示，并应符合表 7-10 规定。

弯曲管的不平度　　**表 7-10**

长度 L（mm）	≤500	> 500 – 100	> 1000 – 1500	> 1500
不平度 a 不应超过（mm）	3	4	5	6

通　球　直　径　　**表 7-11**

弯管半径	$< 2.5D_w$	$\geq 2.5D_w \sim < 3.5D_w$	$\geq 3.5D_w$
通球直径不应小于	$0.70D_n$	$0.80D_n$	$0.85D_n$

注：D_w—管子公称外径；D_n—管子公称内径。

(6) 试验用球用钢材或硬质木材制成，不应用铅或易产生塑性变形的材料。通球直径应符合表 7-11 的规定。

检查过程中，如发现不符合上述要求的管子，应立即予以校正或修整，经校正或修整仍不能符合要求的管子，应更换新管重新弯制。所更换的新管，材质、规格均与原管相符，不准用未经化验、材质不明的相同规格的管子弯制。管子的椭圆度，如不能满足胀管或焊接要求时，可用胀管器轻轻地校圆，但不能扩大管口和管径，并应在退火之前进行校正。管子的弯曲部分，凡因通球不合格的管子，或有明显压扁的管子均不得使用。在平台检查弯曲管的偏差尺寸，认为合格的第一根管子，应在锅筒上试装一次，证明模板正确后，再继续检查。管口端面倾斜度超出要求的管子，待打磨后胀管前再处理。打磨后的管子，在胀管前先将弯曲放入上、

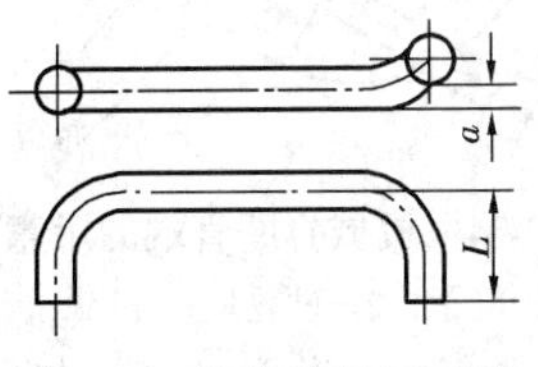

图 7-22　弯曲管的不平度

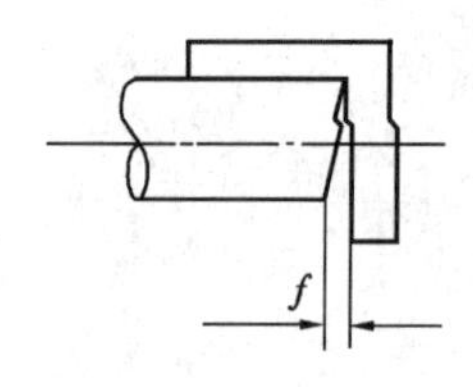

图 7-23 管口端面的倾斜度

下锅筒相应的管孔内进行试量。当管端长于要求时，可将管口端面倾斜部分连同长出部分一并锯掉，如管端不长于要求时，可用平锉将倾斜部分锉掉即可。经校正和检查的管子，应核准数量，分类堆放，为管端退火创造条件。

二、胀接管端的退火与打磨

管端退火的作用在于减小管子的硬度，相对增加其塑性，以使胀接时不致产生脆裂。管端打磨是为了清除管子表面的氧化层、锈斑、沟纹等。

1. 管端退火

管端退火，可在加热炉内直接加热或用铅浴法。目前铅浴法采用较多，用这种方法具有温度均匀、稳定和容易控制的优点，所以被广泛采用。

铅浴法退火需先做一个长方形的化铅槽，深约 400mm，槽底面积根据管子的多少决定。槽底的钢板厚度不少于 12mm，要保证能在灼热状态下承受铅液的重量，否则会产生严重变形，甚至破裂。化铅槽可放在地炉上加热，用热电偶温度计测量铅液温度，将温度控制在 600~650℃范围内。当无热电偶温度计时，可用铝导线插入铅液内检查，待铝线熔化时证明铅液温度已到 650℃。铅液的深度，要经常保持在 200mm 左右，表面盖上一层炉灰或石棉灰，这样即可保温又可防止铅液氧化或飞溅。操作过程严防水滴入化铅槽内，以免铅液爆炸飞溅伤人。

采用炉内加热退火时，要选用木炭或焦炭作退火燃料。

管端在退火前，先将里外脏物处理干净并保持干燥，另一端塞死防止管内空气流动，然后将退火端插入槽内，并垂直于槽底有次序地排列起来，另一端要稳妥地放于管架上以免倾倒。管端退火长度约 150~200mm，加热时间应不少于 10~15min。待退火时间达到要求后，将管子取出立即插入干燥石棉灰或石灰内，缓慢冷却至常温后，再取出分类堆放。

2. 管端打磨

管端打磨在退火后进行，可用人工或机械打磨。打磨长度为锅筒壁厚加 50mm，打磨后的管端应全部露出金属光泽，其壁厚不少于公称厚度的 90%，表面应保持圆滑、无微小棱角及纵向沟纹。

人工打磨时，先将管子垫上麻布夹在龙门压力钳上，用中粗平锉沿圆弧方向，将管端表面的斑点、沟纹、锈层等锉掉，然后用细砂布沿圆弧方向磨光，使管端全部露出金属光泽。打磨时，适当控制打磨厚度，既要磨去管端锈层，又要保护管壁少受损失。

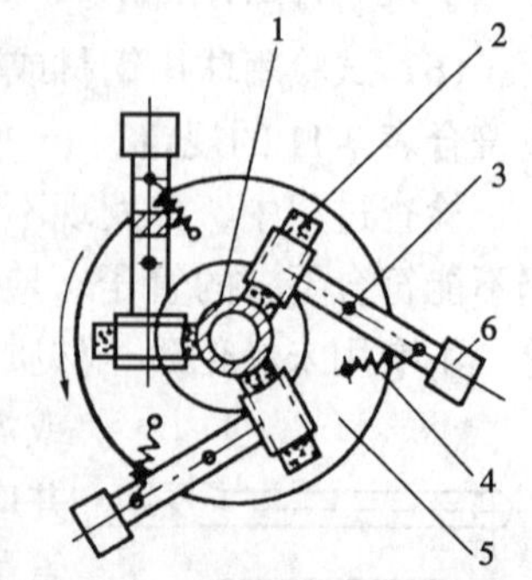

图 7-24 机械打磨管端的示意

1—管子；2—砂轮块；3—轴；4—弹簧；5—磨盘；6—配重块

机械打磨管端时，将管端插入打磨机的磨盘内，露出打磨长度后用夹具将管子固定，按下启动按钮，磨盘旋转即可打磨。如图 7-24 所示，磨盘上装有三块砂轮块，当磨盘转动时，靠离心力的作用，配重块向外运动将砂轮块压紧在管壁上，靠砂轮块旋转进行打磨，当打磨完成后，按下停止按钮即可停车。由于离心力消失，在弹簧拉力作用下，砂轮被拉离管子，打磨的光亮程度靠操作人员鉴别，认为合格即取出。经机械打磨的管端，仍有些锈点，需经人工修磨至符合要求。使用机械打磨，应注意人身安全，磨盘外应加防护罩，以防砂轮飞出伤人。

经打磨的管端表面，仍需保持圆形，不得有小棱角及纵向锉纹。管内壁的浮锈、铅点等污物，需用钢丝刷或刮刀刷刮干净，保证测量内径尺寸正确，减小胀珠磨损。用游标卡尺测量其外径和内径，标注于管端以备选配时应用。如不能及时胀管，打磨后的管端涂上防锈油，用牛皮纸包好，做好记录，并将管身编号后分类堆放。

三、管子的选配与管束的挂装

水冷壁管束一般是由单列多根管组成，其上端与锅筒胀接，下端与集箱焊接。对流管束一般由数列（平行于锅筒纵向中心线方向）多排（垂直于锅筒纵向中心线）管组成，管子上、下端分别与上、下锅筒胀接。管束的安装过程为管孔的清理、管子的选配、挂装及胀接（或焊接）。

1. 管孔的清理

锅筒上的管孔，在管子挂装前应进行处理。首先用汽油或四氯化碳洗净防锈油，检查无缺陷时，可沿圆弧方向将毛刺刮去，然后用砂纸打磨露出金属光泽。如有纵向沟痕，用刮刀轻轻刮去，但不能有明显刮大管孔、椭圆、锥孔等现象。环向或螺旋形沟纹，深度不超过0.5m，宽度不大于1mm，如沟纹距管孔边缘大于4mm时，可不做处理。但是沟纹内的污物必须清除干净，必要时可用放大镜检查沟纹内的洁净程度。打磨后的管端及管孔直径，用游标尺测量互相垂直的两个径，取平均值。并将各管孔孔径记录于锅筒的管孔展开图上。

2. 管子与管孔的选配

为保证胀接质量，根据打磨管端和管孔的记录，进行管子与管孔的选配。选配的原则是将直径大的管子配在大管孔上，直径较小的管子配在较小的管孔上，使全部管端与管孔的间隙都尽可能均匀一致，这样胀管的扩大量相差不大，便于控制胀管率，保证胀管质量。管端与管孔的间隙值，不宜超过表7-12数值。

胀接管孔与管端的最大间隙（mm） **表7-12**

管子公称外径	32~42	51	57	60	63.5	70	76	83	89	102
最大间隙	1.29	1.41	1.47	1.50	1.53	1.60	1.66	1.89	1.95	2.18

选配时，根据锅筒管孔展开图，先选最大的管孔，再根据管端记录选择最大的管子，将管号填入图内，如此选下去至全部选完为止。选配过程，应顾及上、下两个锅筒的管孔都比较合适。

3. 对流管束的挂装

对流管束的挂装就是在管子选配后，将每根管子就位于上、下锅筒相应的管孔中。挂装顺序是：对每列对流管束是由里向外挂装；对每列中的各排对流管，是先挂最前、最后及中间的一根，用此三根做基准管，再分别由中间向前后两端挂装。

在每列基准管挂装后，均应立即检测和调整其安装位置，以保证整体对流管束安装位置的正确。检测基准管时，在锅筒前后端面的中心吊垂球，将锅筒底部的纵向中心线也引至便于量测的位置。以锅筒纵向中心线为基准，量测基准管与锅筒中心的距离，使其等于

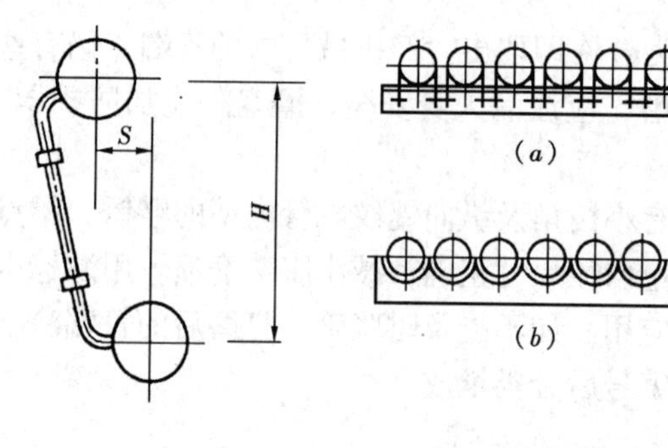

图 7-25 管束挂装的辅助工具
(a) 角与 U 形螺栓；(b) 木制梳形槽板

设计间距，再分别量测前面基准管中心与中间、后面基准管中心的对角线距离，调整到相应的对角线相等，则基准管安装位置正确，此时，应立即用固定胀管器初胀固定。其他各排管子挂装时，应与基准管平齐，且同处一个安装平面上。为提高挂装速度，保证各管子挂装位置准确，可用木制梳形槽控制挂装位置，如图 7-25 所示，或用长角钢上的 U 形螺栓卡住控制挂装位置。

每挂装一根管子时，均应使管端能轻易自由地插入下管孔，切不可施力强行插入，否则应重新校正管子弯型。施力强行插入管孔时，管子和管孔间必然存有接触应力，使胀接在有外力作用下进行，其胀接强度及严密度将难于保证，胀接的偏移，断裂等质量事故也有可能发生。每挂装一根管子后，均应把选配数据记录于管孔展开平面图上相应的管孔处，如管孔直径、管子外径、管子内径等实测数据，以备计算胀管的胀管率。

管子插入后，上、下锅筒里的胀管人，应测定出管端伸出管孔的长度 g，如图 7-26 所示，如伸出量 g 值超过表 7-13 的规定时，则应抽出管子，将多余长度切去。锯管时，管子断面与轴心垂直度应符合图 7-23 的要求。

管端伸出管孔的长度和偏差 **表 7-13**

管子公称外径 (mm)	32 ~ 63.5	70 ~ 102
管端伸出长度 g (mm)	9	10
偏差不应超过 (mm)	± 2	± 2

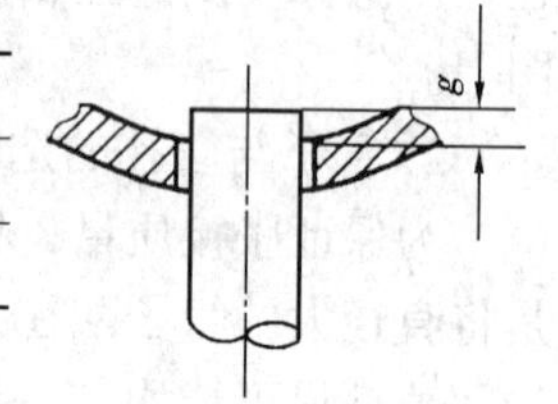

图 7-26 管端伸出管孔长度

当所有对流管束挂装完毕后，即可进行管口的胀接。

四、管子的胀接与焊接

1. 管子的胀接

锅炉胀管工作有两种方法，一种是先用固定胀管器初胀，使管子扩大与管孔消除间隙后，再扩大约 0.2 ~ 0.3mm，然后再用翻边胀管器复胀至终，使管子与管孔间更加紧密，并呈现喇叭口形状，整个胀管工作分两次完成，称为二次胀管法；另一种是自始至终只用翻边胀管器一次完成，不分固定胀和翻边胀，称为一次胀管法。两种胀管法均应达到计算的胀管率后，才能结束胀接。

(1) 胀管器　管子胀接的工具是胀管器，常用的自进式胀管器有固定胀管器和翻边胀管器两种，如图 7-27 所示。两种胀管器均由外壳、胀杆和胀珠组成。

图 7-27 (*a*) 是固定胀管器的构造，在胀管器的外壳上，沿圆周方向相隔 120°有三个槽形孔，每个槽内有一个锥形胀珠，中间插入一根锥形胀杆。因为胀珠的锥度为 1/40 ~ 1/50，胀杆的锥度为 1/20 ~ 1/25，所以在胀管过程中，胀珠与管子内壁的接触线，总是与管子轴线平行的，使管子呈圆柱形扩胀而不会产生锥度。

图 7-27 (*b*) 是翻边胀管器的构造图，这种胀管器较固定胀管器不同的是，在三个胀珠中有一个是两节的，一节直立的是直胀珠的一部分，另一节是倾斜的，能将管口扳成

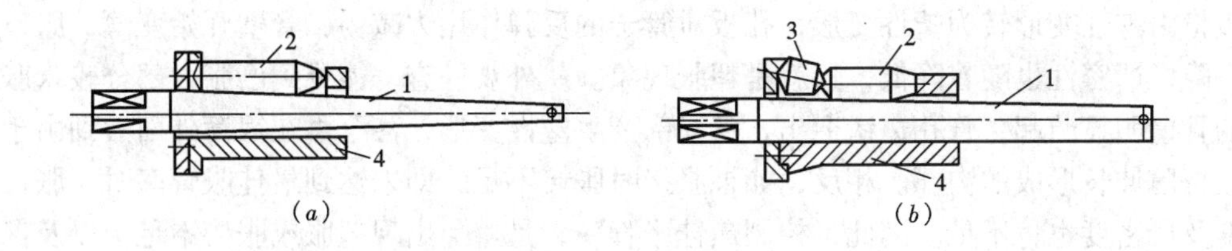

图 7-27　自进式胀管器

(a) 固定胀管器；(b) 翻边胀管器

1—胀杆；2—直胀珠；3—翻边胀珠；4—外壳

12°~15°的斜角，而呈现喇叭状。

(2) 胀管器的检查　胀管器以制造厂随锅炉供货的产品为最佳。如在市场选购时，应根据锅筒厚度和管子公称直径进行选择。并在使用前应进行下列检查：

1) 胀管器的规格，应与被胀管径相适应，并能满足最终扩大内径的需要；

2) 胀杆和胀珠不得弯曲，胀杆的弯曲度偏差不应大于 0.1mm；

3) 胀杆和直胀珠的圆锥度应相配，即直胀珠的圆锥度应为胀杆圆锥度的一半；

4) 各胀珠巢孔的斜度应相等，底面应在同一截面上；

5) 各胀珠在巢孔的内间隙不得过大，其轴向间隙应小于 2mm，翻边胀珠与直胀珠串联时，其轴向总间隙应小于 1 mm；

6) 胀珠不得从巢孔中掉出，且胀杆放入至最大限度时，胀珠应能自由转动。

使用胀管器时，胀杆和胀珠都应涂以适量黄油。每胀完 15~20 个口后，应用煤油清洗一次，重新涂黄油后使用，但应防止油流入管子与管孔的间隙内。对损伤了的胀杆及胀珠应及时更换，不可勉强延续使用。

(3) 胀接原理　胀管方法，是利用金属的塑性变形和弹性变形的性质，将管子胀在锅筒上。因为锅筒的管孔比管子外径稍大一点，当管端插入管孔时，管子与管孔间有一定的间隙。胀管器伸入管端后，用扳把转动胀杆时，胀珠即随胀杆的转动而转动，随着胀杆的伸入，胀珠对管端径向施加压力，使管径渐渐扩大产生塑性变形。当管子外壁与管孔间接触后，压力也开始传到管壁上，使管孔产生弹性变形，而对其所受压力产生反弹力；当胀管程度达到要求取出胀管器后，被胀大的管端外径基本保持不变，而管孔却力图恢复原形，其反弹力将管子牢牢地箍紧，从而形成良好的结合强度与严密度，如图 7-28 所示。

由于终胀后的管子已产生永久变形，即变形超过管材的弹性极限而不可复原。复原应力不复存在，因此，管孔施加于管外壁的反弹力是持久稳定的，它所造成的强度及严密度相应地也是持久稳定。所以胀接质量的好坏，首先是要保证管端有良好的塑性，为此胀管前要对管端进行退火处理，以增加其塑性。另外，当周围环境温度低于 0℃ 时，不宜进行胀管工作，以避免管端产生脆裂现象。如必须进行胀管时，需采取措施将环境温度升高，才能进行胀管。

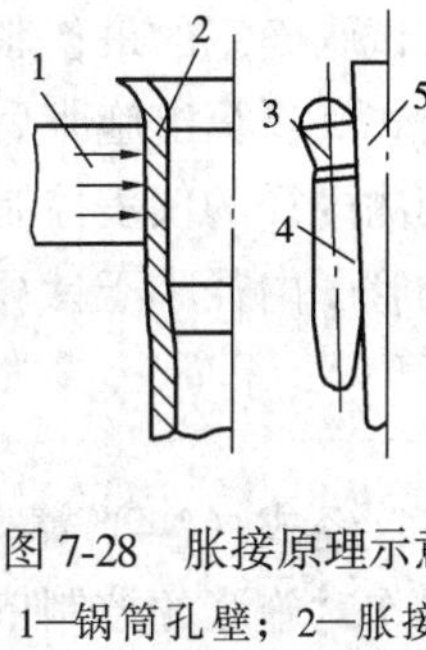

图 7-28　胀接原理示意

1—锅筒孔壁；2—胀接管子；3—翻边胀珠；4—直珠；5—胀杆

(4) 胀管率　胀管率是检查和控制胀管程度的依据。胀管时，施胀的径向压力使管径和管孔扩大，管壁变薄，当胀至最佳胀管率时，管壁与管孔间就达到了最理想的严密性和强度要求。如再继续扩胀，孔板将由弹性变形转为塑性变形，孔板对管子的反弹作用力减弱，管壁开始变薄，胀口强度下降，严密性也随着降低，这就是超胀现象。从外观检查，能见到已胀大部分较未胀部分的管壁明显凸起，管孔边缘突出，已局部产生塑性变形，甚至可在锅筒外面看到由于管口被挤薄伸长形成的沟环。相反，如果胀接时胀接不足，即未达到最佳胀管率时，胀口的强度及严密度也将不足。因此，控制最佳胀管率，是避免出现超胀或胀接不足，以及保证胀口强度和严密的重要措施。

胀管率应按测量管子内径在胀接前后的变化值计算（以下简称内径控制法），或按测量紧靠锅筒外壁处管子胀完后的外径计算（以下简称外径控制法）。

当采用内径控制法时，胀管率 H_n 应控制在 1.3% ~ 2.1% 的范围内；当采用外径控制法时，胀管率 H_w 应控制在 1.0% ~ 1.8% 的范围内，并分别按下列公式计算

$$H_n = (d_1 - d_2 - \delta) \div d_3 \times 100\% \tag{7-2}$$

$$H_w = (d_4 - d_3) \div d_3 \times 100\% \tag{7-3}$$

式中 H_n——采用内径控制法时的胀管率；

H_w——采用外径控制法时的胀管率；

d_1——胀完后的管子实测内径（mm）；

d_2——未胀时的管孔实测内径（mm）；

d_3——未胀时的管子实测直径（mm）；

d_4——胀完后紧靠锅筒外壁处管子实测外径（mm）；

δ——未胀时管孔与管子实测外径之差（mm）。

为确保胀管质量，在正式胀管前应进行试胀工作。通过试胀检查胀管器的质量，同时使胀管操作人员熟悉和掌握胀接材料（管子和管孔）的可塑性能，熟悉胀管操作，积累操作经验。试胀使用的管孔板和管子，应与供货的锅筒和管子相同，由锅炉制造厂提供。

试胀过程中，胀珠与胀杆应能转动灵活，进退自如，胀成的管口形状正确。经过试压和剖面分析，确定最佳胀管率。如用测量终胀外径控制胀管率时，还应测得测管器后胀口外径的缩小量。

(5) 胀管率的控制　为避免胀管时出现超胀或胀接不足的现象，宜在胀管之前就预先按试胀确定的最佳胀管率和管孔展开图中已标注的管孔与管端的实测数据，用胀管率计算公式反复算出施胀后的管子内径（称终胀内径），作为胀口扩大程度的依据。胀管时即可用测内径的仪表控制，不使施胀后的管子内径超过计算值，以防止超胀，也不能使施胀后的管子内径小于计算值，以防止胀接不足的缺陷。终胀内径计算式为

$$d_1 = Hd_3 + d_2 + \delta \tag{7-4}$$

经式 (7-4) 算得的各胀口的 d_1 值，应清楚地标注于管孔展开平面图上，作为胀管操作时施胀的控制依据。

如果终胀内径不容易测得，也可将其换算成终胀外径，以便在锅筒外进行测量，计算如下

$$D_1 = d_3(H + 1) \tag{7-5}$$

式中　D_1——施胀后管子的实测外径（m）。

胀管进行到胀口接近要求时，将调好尺度的游标卡尺，靠在锅筒外胀口根部，待管口胀至终胀外径时，立即停止胀管工作。测量的数据是胀管器的工作状态下测得的，当取出胀管器时，管口立即缩小。为此，游标卡尺的调开尺度，应是终胀外径加缩小量。取出胀管器胀口的缩小量，应在试胀时测得。

在实际胀管过程中，应取得每个胀口的数据，以便计算其胀管率。但可不必将整台锅炉全部管口的胀管率都算出来，允许只选择部分有代表性的胀口进行计算，但计算数量不得少于总胀口数的10%。

(6) 胀管操作　在受热面管束的安装中，一般除基准管采用二次胀接外，其他管子的胀接宜采用一次胀管法，这样可提高胀管速度。工业锅炉供货，随锅炉带的胀管器也只有翻边胀管器，不带固定管器。

胀管时，锅筒里、外部人员，应密切配合，互相联系。外部人员应注意管子窜动和位置变化以及管端扩大程度；内部人员应注意检查管端伸入锅筒的长度是否合格，并防止污物落入管子与管孔间的环形间隙中。胀接过程，遇有管子一端胀接另一端为焊接时，应先焊后胀。同一根管子，应先胀上锅筒后胀下锅筒。胀管时，必须使人孔保持完全开启状态，使空气流通，锅筒内必须有足够的照明亮度。

采用一次胀管法胀管，为避免施胀时应生的应力影响已胀过的相邻胀口质量（主要是引起松弛），应采用反阶胀管操作顺序，即在管列方面按Ⅰ、Ⅱ、Ⅲ…的顺序，在管排方面按1、2、3…的顺序进行胀管操作，并应将此操作顺序编号标注于管孔展开平面图上，如图7-29所示。

(7) 胀管的质量要求：

1) 管端伸出管孔的长度 g 值不应超过表7-13的规定范围。

2) 管口翻边角度为12°~15°，并在伸入管孔内0~2mm处开始翻边倾斜，如图7-30所示。

3) 翻边根部开始倾斜处应紧贴管口壁。翻边管口不得有裂纹。

4) 胀完后的管口应平滑光亮，不应有超胀或偏胀（单边）现象，胀管率采用内径控制法时应控制在1.3%~2.1%范围内；采用外径控制法时应控制在1.0%~1.8%的范围内。

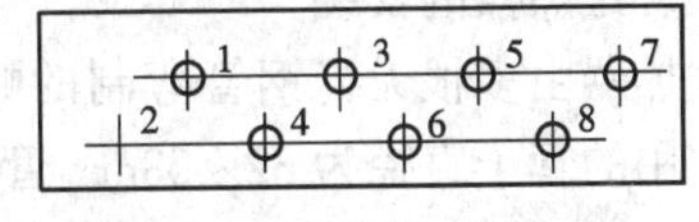

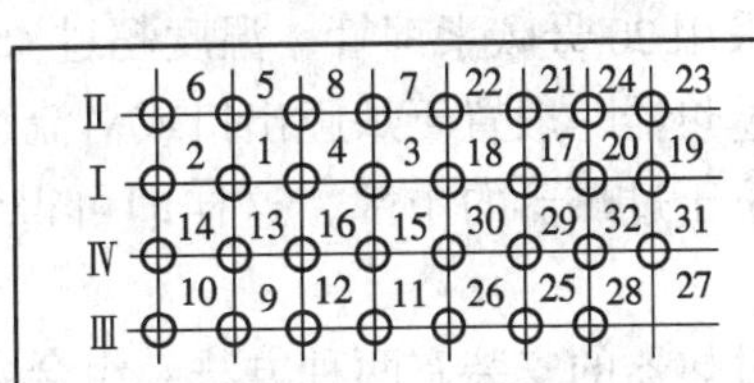

图7-29　反阶式胀管顺序

5) 胀口应有足够的强度和严密性，水压试验不应有渗漏现象。试验漏水的胀口，应在放水后随即进行补胀，但补胀次数不宜多于两次。

2. 管子的焊接

受热面管子及锅炉本体范围内的管道焊接工作，应按《锅炉受压元件焊接技术条件》和《锅炉受压元件焊接接头机械性能检验方法》有关规定进行。施焊的焊工必须由经考试合格持证的焊工担任。

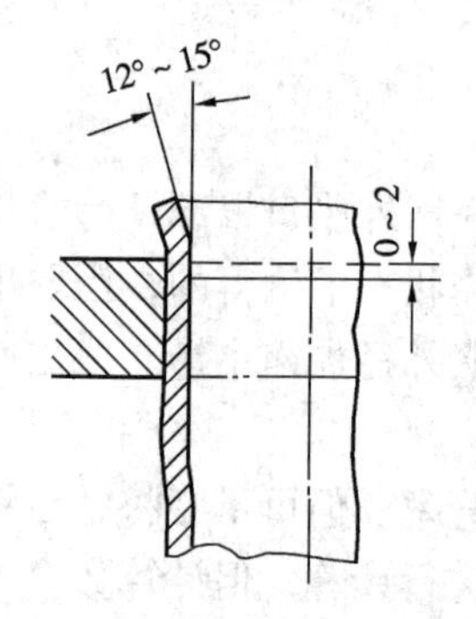

图 7-30　管口板边斜度

管子的对接焊缝应在管子的直线部分，焊缝到弯曲起点的距离不应小于 50mm；管子上焊缝的数量平均每 200mm 不超过一个焊口，且同一根管子上焊缝的间距不应小于 300mm。

焊接管口端面原倾斜度 f 应严格用钢角尺检测，如图 7-23 所示，合格范围为：$D \leqslant 60$mm 时 $f \leqslant 0.5$mm；60mm < $D \leqslant 108$mm 时，$f < 0.6$mm；108mm < $D \leqslant 159$mm 时，$f \leqslant 1.5$mm；$D > 159$mm 时，$f < 2$mm。

管子对接施焊后应平直，因焊接引起的弯折度 V 如图 7-31 所示，并应符合下列规定：公称外径 $D \leqslant 108$mm 时，$V < 1$mm；$D > 108$mm 时，$V < 2.5$mm。

管子对焊连接后应做通球试验，$DN \leqslant 32$mm 的管子，用直径为管子公称内径 70% 的圆球试验；$DN > 32$mm 的管子，按表 7-11 规定的通球直径试验。

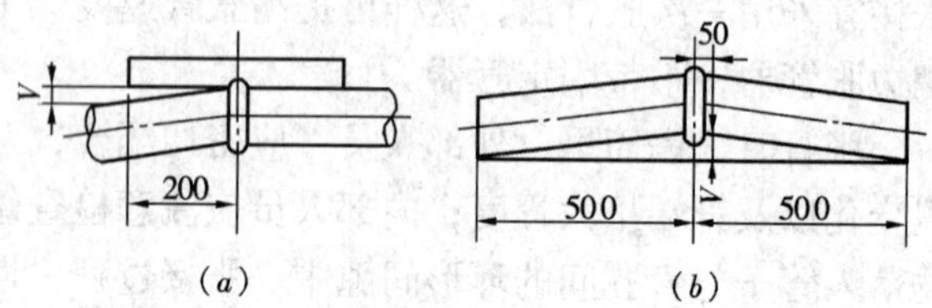

图 7-31　管子焊接后的弯折度
（a）$D \leqslant 108$mm；（b）$D > 108$mm

对组装后缺陷难于处理的焊接管段，应在组装前做单根管段的水压试验，试验压力为工作压力的 1.25 倍，以检验焊缝的焊接质量。

管道上全部所属焊接件均应在水压试验前焊接完毕。

第六节　辅助受热面与本体附件的安装

一、过热器的安装

过热器由多根无缝钢管弯制的蛇形管，管子两端焊接于两个圆形或方形集箱上组成的。常用的管子直径为 32～38mm 管壁厚度为 3～4mm，当管壁受热温度小于或等于 450℃时，采用 20 号碳素钢管，温度超过 450℃时，采用合金钢管。

过热器一般置于炉膛出口或对流管束中间，其布置形式以双逆流式应用较多，即蒸汽入口位于过热器的中部，这样即可得到较高的传热效果，又可减少过热器管子烧坏的根数。

过热器的安装有两种方法，组合安装法是将过热器管子与集箱在地面组合架上组装成整体，用整体吊装安装；单体安装方法是在炉顶吊一根管子和集箱连接一处，逐根吊装，最后组合成过热器整体。组合安装高空作业工作量小，安装进度快、质量易于保证，但应采用可靠的吊装方法，使整体吊装时不会造成损伤及变形。中、小型锅炉过热器安装多采用组合安装法。

1. 过热器的组装

过热器组装前必须将集箱清理干净，检查各管孔有无污物堵塞，所以管座的管孔清理后均应用铁皮封闭；过热器蛇形管应逐根检查与校正（检查及校正方法同对流管，见本章第四节）；安装时应逐根管子做通球试验。

过热器组装时，集箱应先牢固固定（单根炉内安装时，集箱安装位置应找正，使位置正确无误)，先组装集箱前、后、中间三根蛇形管，以此为基准管，基准管经位置检测及找正后点焊固定，然后由中间两侧基准管逐根组装，每装一根管子都使其紧靠于垂直梳形板槽内并点焊固定。组装结束后，经全面检测校正，即可焊接成整体过热器。焊接时，应使焊口间隔施焊，以免热力集中产生热变形。

组装后的过热器，管排的上、下部安装水平夹板使管排相对稳定，如图 7-32 所示。同时在过热器底部安装垂直梳形板，以进一步加固。

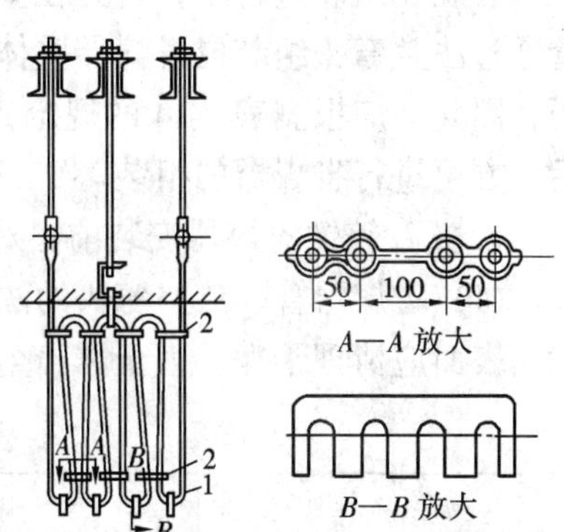

图 7-32　过热器的组装与固定

1—垂直梳形槽板；2—水平夹板

(1) 过热器组装的质量要求：

1) 过热器集箱两端面水平度偏差应不超过 2mm；集箱标高安装偏差为 ± 5mm。

2) 过热器集箱中心与蛇形管底部弯管边缘距离偏差为 ± 5mm；管排高低偏差为 ± 5mm。

3) 过热器各管排间间隙误差为 ± 5mm；管排中个别管子突出不超过 20mm。

4) 过热器边排中心与钢柱中心距离偏差为 ± 5mm。

(2) 过热器组装时的注意事项：

1) 蛇形管与上部集箱焊接时，一定要把管子（或管排）临时吊住或托住，减少焊口处的拉力，以防焊口红热部分的管壁拉薄变形。

2) 对流过热器管排间距小，施焊较困难，组合时应考虑此情况，必要时可单根施焊。

3) 蛇形管排下部弯管的排列应整齐，否则有可能因顶住后水冷壁折烟角上斜面，而影响其膨胀的自由伸缩。

4) 当蛇形管采用合金钢时，应注意严防错用钢种，并且在管子校正加热时，注意加热温度使其符合钢种特性。

5) 蛇形管与集箱集中施焊时，应采用间隔跳焊，防止热力集中产生大的变形；当采用胀接连接时，应符合第四节有关胀接的规定。

2. 过热器的安装

过热器安装应在水冷壁管安装前进行，或与水冷壁管束安装交错进行，以免造成因工作面狭小而无法进行安装的返工事故。

为便于吊装，过热器的组合宜采用在组合架上的垂直组合。过热器整体吊装就位后，应立即检测和校正其与锅炉锅筒、相邻的立柱等的相对位置，使过热器的各部安装尺寸（见图 7-19）符合表 7-8 的规定。

整体过热器的安装与稳固方法由设计确定。图 7-32 为通过三根吊杆的吊挂安装方法，其中两端吊点在过热器集箱中部；中间吊点在过热器蛇形管排中间，经横梁（槽钢）吊挂，三根承力吊杆可最后用螺栓固定于钢架承重横梁上。

二、省煤器的安装

常用的非沸腾式铸铁省煤器由许多外侧带有方形或圆形肋片的铸铁管组成，管长约为 2m，管端带铸铁法兰，管与管间用法兰弯头相连，组成不同受热面积的省煤器整体，用以预热锅炉补给水（或循环的锅炉回水）。

省煤器布置在锅炉尾部烟道内，给水进口在省煤器管组下方，出水口在上方，使水在省煤器内自下而上流动，与烟道内自上而下流动的烟气流向相反，形成逆流式热交换，以产生较好的传热效果。

省煤器组装过程中，首先在基础上安装省煤器支承框架，然后在框架上将单根省煤器管通过法兰弯头组装成省煤器整体。支承框架的安装质量决定着省煤器安装位置的正确与否，因此，应根据表 7-14 的规定，对省煤器支承框架的安装质量进行认真的检测与校正后，方可进行省煤器的组装。

1. 翼片铸铁省煤器安装前，对省煤器管、法兰弯头进行的检查项目

(1) 省煤器管、法兰弯头的法兰密封面应无径向沟槽、裂纹、歪斜、凹坑等缺陷，密封面表面应清理干净，直至露出金属光泽。

省煤器支承框架的安装偏差　　表 7-14

序　号	项　　目	偏差不应超过
1	支承架水平方向位置偏差	±3mm
2	支承架的标高偏差	±5mm
3	支承架纵横向不水平度	1/1000

(2) 用直尺（或法兰尺）检查法兰密封面与省煤器管垂直度；用钢板直尺检测 180°弯头两法兰密封面，应处于同一平面上。

(3) 省煤器管的长度应相等，其不等长度偏差为±11mm。

(4) 检查省煤器管肋片的完整程度，每根管上破损肋片数最多不应超过肋片总数的 10%；省煤器组中有肋片缺陷的管子根数，不应多于省煤器组总管子根数的 10%。

省煤器组装时，应选择长度相近的肋片管组装在一起，使上下左右两管之间的长度误差在±1mm 以内，以保证弯头连接时的严密性，相邻两肋片管的肋片，应按图纸要求相互对准或交错，如图纸无明确要求，则应使其相互对准在同一直线上。组装时，法兰密封面之间应衬以涂有石墨粉的石棉橡胶板，将法兰螺栓自里向外透过垫片上的螺孔穿入，拧紧螺母前，在肋片管方形法兰四周的槽内再充填石棉绳以增加法兰连接的严密性，螺母的拧紧应对角加力，以保证法兰的受力均匀。

省煤器组装的顺序是先连接肋片管（法兰直接连接）使其成为省煤器管组，再用法兰弯头把上下左右的管组连通。在管组组合后，弯管连通前，必须对管组的组装质量进行检测并调整，使符合如下要求：

(1) 管的不水平度偏差不应大于±1mm;

(2) 相邻肋片管的中心距偏差不大于±1mm;

(3) 每组肋片管各端法兰密封面所组成的表面应为垂直面，其偏差不大于 5mm。

2. 法兰弯头的串接

全部肋片管组装并经检测合格后，即可用法兰弯头将肋片管串通，操作时，必须用小号弯头串接水平排列的肋片管，用大号弯头串接垂直排列的肋片管。弯头与管排的串接用法兰连接，方法同上述。但法兰螺栓必须从里向外穿，并用直径为 10mm 的钢筋将上下螺栓点焊牢固，以防拧紧螺母时螺栓转动打滑，如图 7-33 所示。

组装后的省煤器必须根据规范要求，单独进行水压试验，试验压力 $P_s = 1.25P +$

0.5MPa（P 为锅炉工作压力）。

三、空气预热器的安装

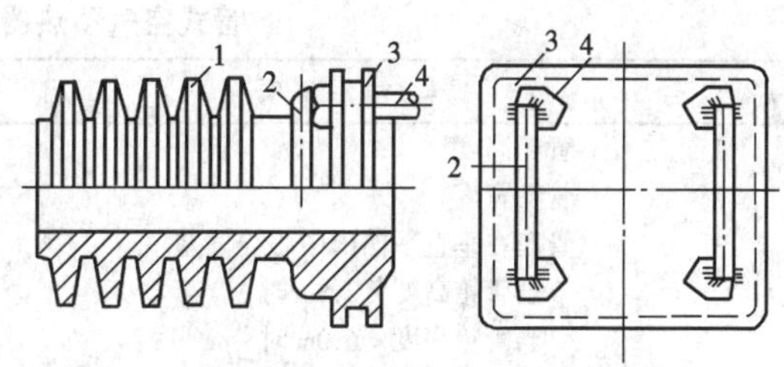

图 7-33　省烟器的法兰连接

1—省煤器；2—圆钢；3—法兰；4—螺栓

常用的管式空气预热器由管径为 40 ~ 51mm，壁厚为 1.5 ~ 2.0mm 的焊接钢管或无缝钢管制成，管子两端焊在上、下管板的管孔上，形成方形管箱。为使空气在预热器内能多次交叉流通，还装有中间管板。空气预热器组置于省煤器后的尾部烟道内，用空气连通罩（转折风道）及导流板组织空气在中间管板隔绝的上、下预热器之间交叉流动，烟气则从预热器管内自上而下流通，如图 7-34 所示。在管箱与管箱之间的连接处，转折风道上还设有膨胀节，以补偿受热后的伸缩，保证空气预热器组的正常运行如图 7-35、7-36 所示。

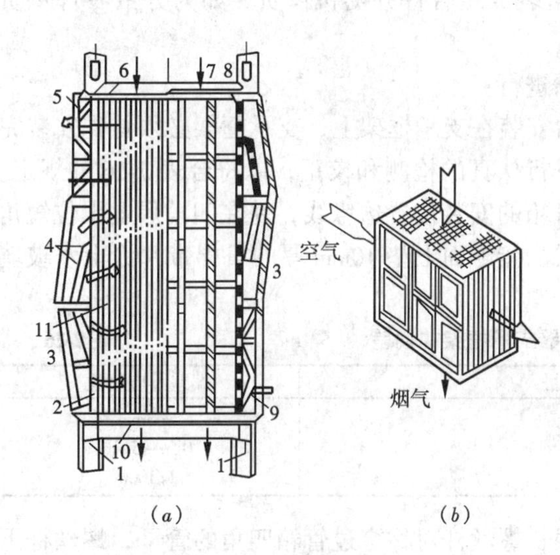

图 7-34　管式空气预热器组的结构

（a）空气预热器组的纵剖面图示；（b）管箱

1—锅炉钢架；2—预热器管子；3—空气连通罩；4—导流板；5—热风道连接法兰；6—上管板；7—预热器墙板；8—膨胀节；9—冷风道连接法兰；10—下管板；11—中间管板

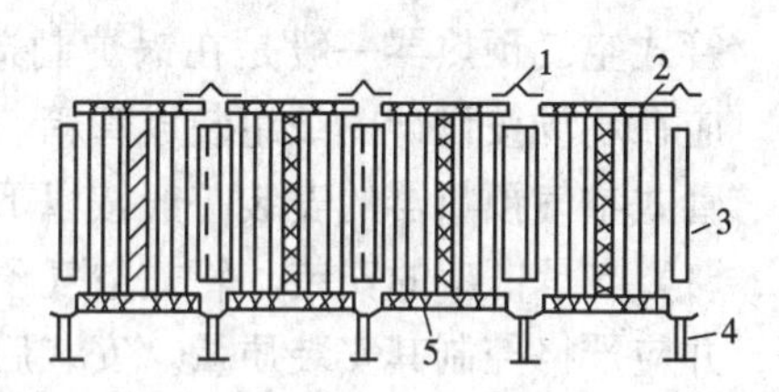

图 7-35　管箱间的连接

1—膨胀节密封板；2—上管板；3—挡板；4—支承架；5—管箱

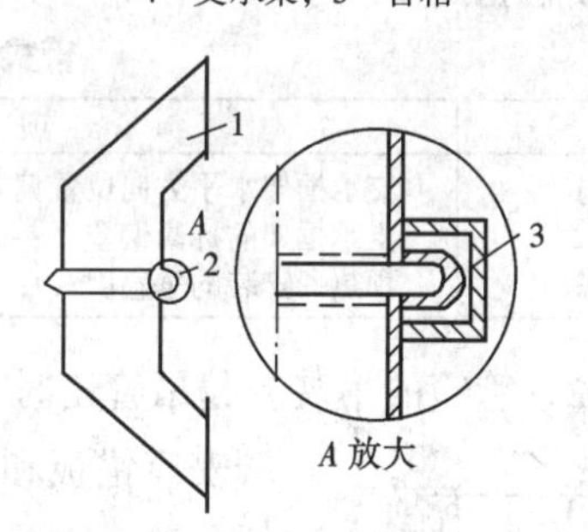

图 7-36　转折风道的安装

1—转折风道；2—膨胀节；3—临时加固板

1. 管式空气预热器安装前的检查

管式空气预热器安装前应检查各管箱的外形尺寸，一般应符合表 7-15 的规定。检查管子与管板的焊缝质量，应无裂纹、砂眼、咬肉等缺陷，管板应作渗油实验，以检验焊缝的严密性，不严密的焊缝应补焊处理。管子内部应用钢丝刷拉扫，或用压缩空气吹扫，以清除污物。

渗油试验的方法是：在管板上涂一层薄的石灰水，干燥后，在管板内部用喷雾器喷洒煤油，油液通过管子与管板间的缝隙到达焊缝里表面，若焊缝有缺陷，干燥的石灰上即因油的渗透出现黑点（砂眼）或印纹（裂纹），用渗油试验检验焊缝质量最为简便可靠。

管式空气预热器外形尺寸偏差　　表 7-15

序　号	项　　目	允许偏差（mm）
1	管箱高度	±8
2	管箱宽度	±5
3	管箱在垂直平面内中心线偏差	
	当管箱高度 < 2.5m 时	±8
	当管箱高度 < 6.0m 时	±12
4	管箱在垂直平面内的对角线差	
	当管箱高度 < 2.5m 时	8
	当管箱高度 < 6.0m 时	12
5	管板弯曲	10
6	中间管板位置与设计偏差	±5
7	管子弯曲度	1.5

2. 管式空气预热器的安装

管式空气预热器一般是在锅炉制造厂组装成组合件并随机供货，如为分散零件供货时，应在现场按设计图纸组装成管箱。

管式空气预热器的安装一般按以下步骤进行：

（1）支承框架的安装。管式空气预热器安装在支承框架上，支承框架必须首先安装完好，并应严格控制其安装质量。安装后应进行认真的检测和校正，以符合表 7-16 的规定。支承框架校正合格后，在支承梁上画出各管箱的安装位置边缘线，并在四角焊上限位短角钢，使管箱就位准确迅速。在管箱与支承梁的接触面上垫 10mm 厚的石棉带并涂上水玻璃以使接触密封。

管式空气预热器支承框架的偏差　　表 7-16

序　号	项　　目	偏差不应超过
1	支承框架水平方向位置偏差	±3mm
2	支承框架的标高偏差	0、-5mm
3	预热器安装的垂直度	1/1000

（2）管箱的吊装。起吊管箱时，用四根长螺丝杆对称穿过管箱四角的管子，螺丝杆下端安有锚板和螺母以托住管箱，上端通过槽钢对焊并钻孔的起重框架，垫上锚板用螺母将钢丝绳拧紧后，即可吊起，如图 7-37 所示。管箱经过检查合格后，方可进行吊装。吊装单个管箱时应缓慢进行，使其就位于支承梁的限位角钢中间，经找正与调整，使管箱安装位置与钢架中心线的距离偏差为 ±5mm，垂直度误差为 ±5mm。管箱垂直度检查的方法是，从管箱上部中心处挂垂球，量测线锤与管子四壁的距离，以测得安装垂直度误差，调整垂直度时，可在管箱与支承梁间加垫铁。

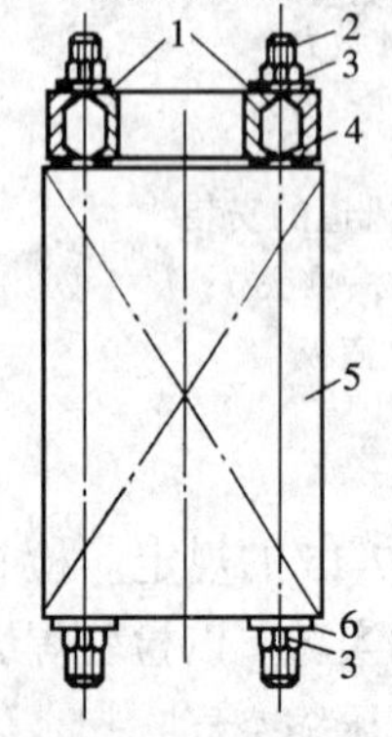

图 7-37　管箱的起吊方法
1—钢丝绳及压紧锚板；2—螺杆；3—螺母；4—框架；5—管箱；6—锚板

（3）同一层管箱经吊装打正后，将相邻管箱的管板用具有伸缩性的“几”形密封板焊接连接在一起，如图 7-35 所示。

（4）烟道装好后，再装每段空气预热器上层管箱与烟道之间的伸缩节。

（5）安装转折风道，转折风道用钢板制作，按设计尺寸先在平台上进行组合，以组合件的形式进行吊装，如图7-36所示。在安装时，转折风道的膨胀节应临时加固，否则起吊时容易拉坏。

（6）安装管箱外壳与锅炉钢架间的膨胀节，如图7-38所示。

（7）防磨套管应与管孔紧密结合，一般以稍加用力即可插入为准，露在管板外面的高度应一致，一般允许偏差为±5mm，见图7-39。

（8）管式空气预热器安装完毕，应检查和清除安装杂物，避免运行时阻塞预热器管子。最后应在堵住出风口的情况下，进行送风实验，以检查安装的严密性。

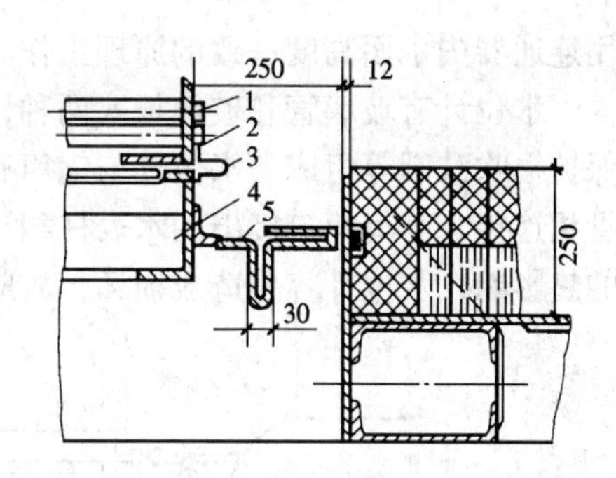

图7-38　管箱外壳与锅炉钢架间的膨胀节

1—预热器管子；2—上管板；3—上管板与外壳间的膨胀节；4—外壳；5—管箱的外壳与锅炉钢架间有膨胀节

四、锅炉本体附件的安装

1. 吹灰器安装

吹灰器以锅炉产生的饱和蒸汽为工质，清除受热面管束间聚积的烟灰，以保证运行的传热效果及延长管束等受热面的使用寿命。

吹灰器有链条式和枪式两种。水冷壁管束的吹灰常用枪式吹灰器；对流管束的吹灰常用链式除灰器，图7-40为链式吹灰器的构造及安装图。吹灰器由蒸汽引入管、吹灰管及控制链轮启动的链轮装置组成。

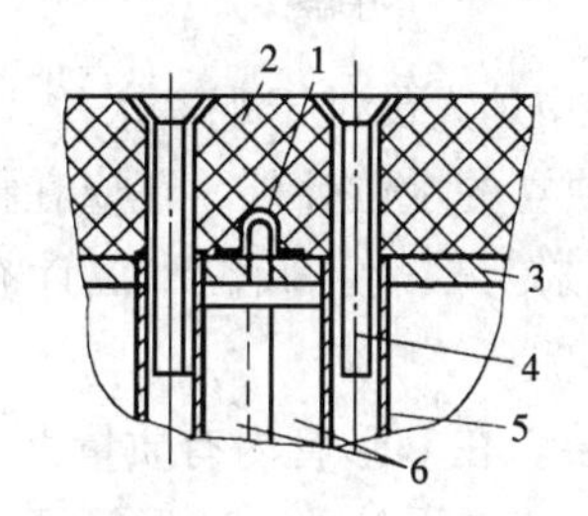

图7-39　管式空气预热器的防磨套管

1—膨胀节；2—耐火塑料；3—上管板；4—防磨套管；5—预热器管子；6—挡板

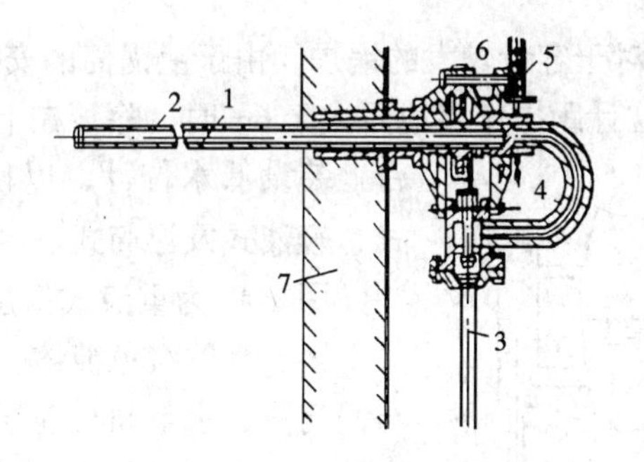

图7-40　链式吹灰器及其安装

1—吹灰管；2—吹灰喷孔；3—蒸汽管；4—弯管；5—链轮；6—齿轮；7—炉墙

吹灰器安装前应检查吹灰管有无弯曲，链轮传动装置的动作是否灵活，确认无缺陷后方可安装。吹灰管水平安装并与烟气流向相垂直，全长不水平度应调整到不超过3mm，吹灰管上的喷孔应处于管排空隙的中间，以保证蒸汽不直接喷射在管子表面上。砌入炉墙内的套管和管座应平整、牢固，周围与墙接触部位应用石棉绳密封，蒸汽应由下部向上接入到吹灰管，以利于凝结水能及时排除，使吹扫蒸汽处于干燥状态。吹灰管用焊接于受热面管子上的管卡固定牢固。链轮传动装置对蒸汽的控制应严密，启、闭链轮则应能打开或关断蒸汽通路。

2. 水位计的安装

水位计（表）是观察炉内水位的仪表，其上、下端分别与锅筒的汽、水空间连通，利用连通器内水面高度一致的原理工作。

水位计有玻璃管和玻璃板式两种，由汽旋塞、水旋塞、平板玻璃（或玻璃管）、金属保护框吹洗阀等组成。水位计与锅筒有三种连接方式即与锅筒壁直接连接、与锅筒的引出管相连接、与锅筒口接出的水表柱相连接。由于采用与锅筒壁直接连接时，受锅筒高温壁的热影响，水位计容易造成损坏，故应用较少，而后两种连接方法则应用较多。

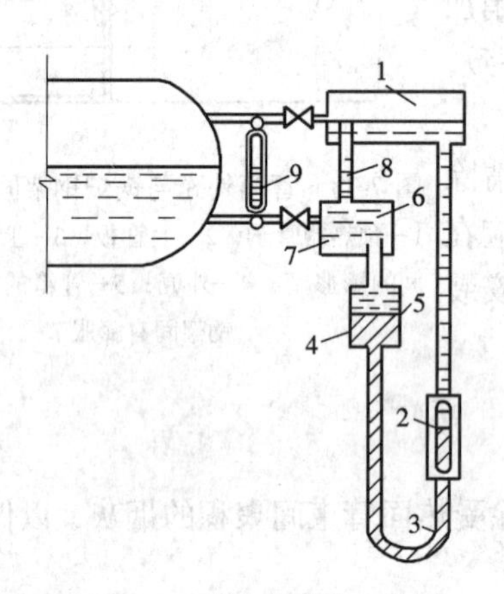

图 7-41 重液式低位水位计

1—冷凝器；2—低位水位指示器；3—浮筒；4—连杆；5—连接管；6—炉水；7—沉淀器；8—溢流管；9—高位水位指示器

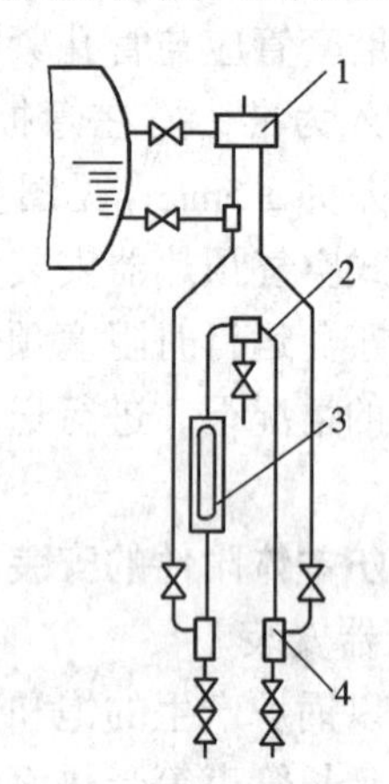

图 7-42 轻液式低位水位计

1—平衡器；2—倒 U 形器；3—U 形管；4—膨胀器

对于容量较大的锅炉，由于上锅筒的安装位置较高，司炉人员难于观察水位，因此，当水位计距操作层地面大于 6m 时，除了在上锅筒上装设独立的水位计外，还应在操作平台上装设低水位计，以便于水位的观察与控制。低位水位计有重液式、轻液式及浮筒式三种形式。

图 7-41 为重液式低位水位计的安装。在 U 形管内有质量大于水而又不溶于水的有色液体，如四氯化碳、三氯甲烷等。U 形管两端分别与锅筒汽、水空间相连通。当锅炉水位下降时，左侧水柱对重液的压力减小，而 U 形管右侧的水柱高度是不变的，此时重液将由右向左移动，反之，锅炉水位升高时，低位水位计指示器上的液面交界面将上升。

图 7-42 为轻液式低位水位计的安装。在倒置的 U 形管内装有质量小于水的煤油和机油的混合液，混合液浮于水面上，当锅炉水位发生变化时，低位水位计指示器上指示的两种液体交界面将产生升、降，即表明锅炉水位的升降。

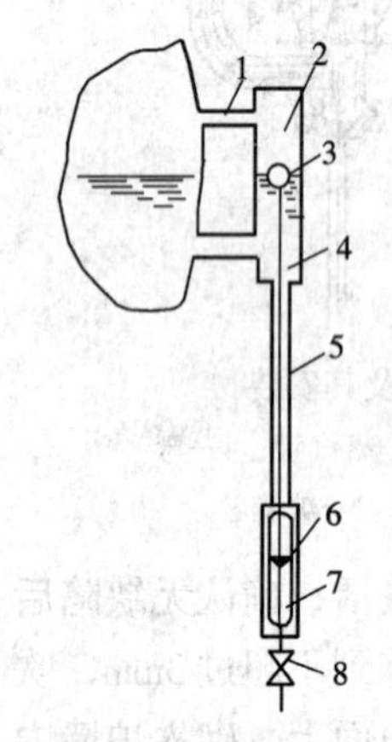

图 7-43 浮筒式低位水位计

1—连接管；2—连通器；3—水位计；4—沉箱；5—重液；6—重锤指针；7—平板玻璃；8—放水阀

图 7-43 为浮筒式低位水位计的安装，它由连通器、连接管、平板玻璃、浮筒、连杆及重锤指针等组成。连通器通过连接管与锅筒连通，连通器内的水位以及水面上的浮筒即为锅筒内的水位，浮筒通过连杆带动的重锤指针在低位水位指示器上指示的位置，也就是锅筒的水位。浮筒式低水位计构造简单，制造容易，且运行可靠。

为使低位水位计的浮筒不致被锅筒内水蒸汽所压坏，在浮筒制造时，可在筒内装一些液体，当浮筒受热后内部液体汽化产生内压力，此内压力与锅筒工质外压力抵消，从而保证浮筒不会产生变形。

3. 安全阀的安装

安全阀是锅炉本体重要附件之一，对保证锅炉安全运行十分重要，其安装质量应引起高度重视。安全阀应直接安装于锅筒相应的接管管座上。省煤器的安全阀则应安装于省煤器进、出水口上的管路上，如图 7-44 所示。

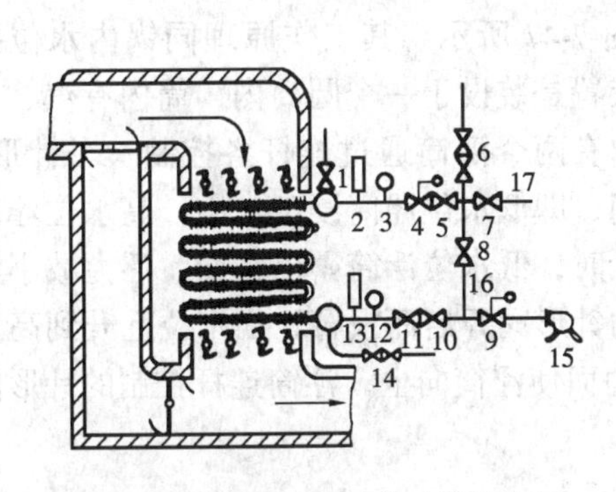

图 7-44 省煤器旁通烟道及附件装置

1—放空气阀；2、13—温度计；3、12—压力表；4、9—安全阀；5、7、8、10—给水截止阀；6、11—给水止回阀；14—放水阀；15—给水泵；16—旁通水管；17—回水管

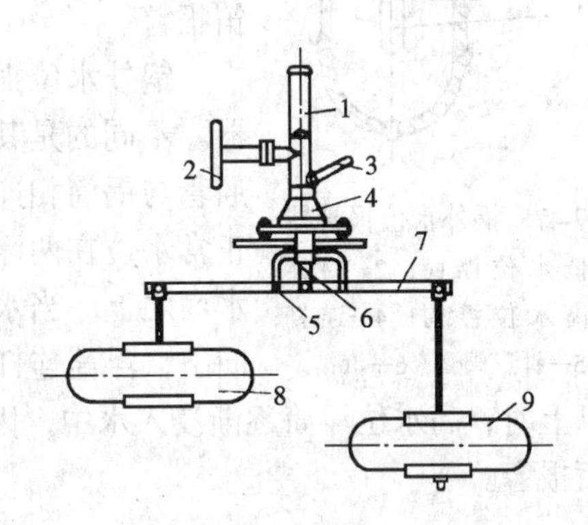

图 7-45 锅内水位报警器

1—警报汽笛；2—停止阀；3—试鸣杆；4—阀座；5—支点；6—阀杆；7—杠杆；8、9—高、低水位浮筒

另外，安全阀的安装，详见本书第三章第二节有关部分。安全阀定压时，应分别按锅炉或省煤器的工作压力为确定定压压力的基准。

4. 水位报警器安装

蒸发量大于 2t/h 的锅炉，除安装水位计外，还应装设水位报警器，以便安全可靠地控制锅炉水位。水位报警器的安装有炉内安装、炉外安装两种型式。

锅内水位报警器由高、低水位浮筒、杠杆、警报汽笛、阀杆和阀座等组成，如图 7-45 所示。阀杆连在杠杆上，以支点为中心两端可上下移动来开启或关闭通向汽笛的阀门。当阀门开启时，蒸汽冲出汽笛鸣响而发出警报。

锅水内水位报警器的原理如图 7-46 所示，当水位正常时，低水位的浮筒完全浸泡在锅水中，高水位的浮筒悬在水面上，此时杠杆所受合力矩为逆时针方向，既阀杆受力是向上的，由于两浮筒重量相同，低水位浮筒还受到水的浮力和阀受到锅内蒸汽压力，因而阀

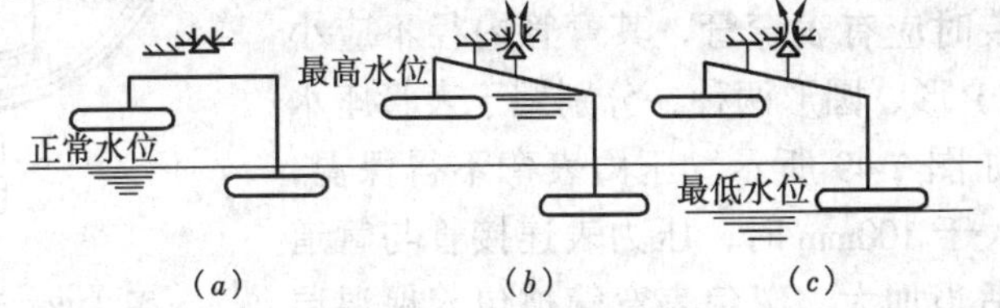

图 7-46 锅内水位报警器工作原理图

(a) 关闭状态；(b) 开启状态；(c) 开启状态

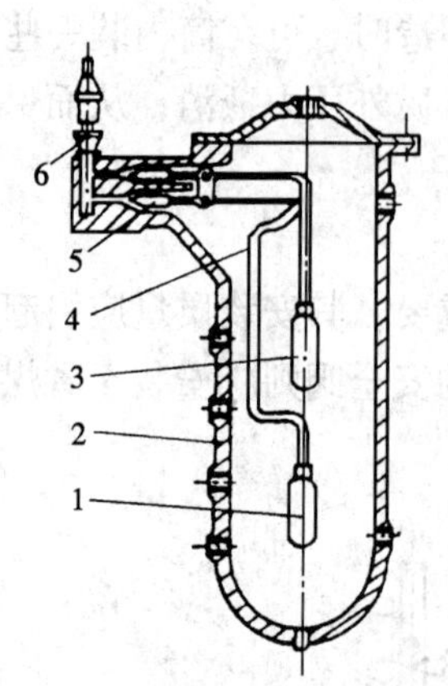

图 7-47　锅外水位报警器
1—低水位浮筒；2—筒体；3—高水位浮筒；4—连杆；5—针形阀瓣；6—汽笛

门处于关闭状态，汽笛不会鸣笛；当锅内水位上升到高水位线时，高水位浮筒也浸泡在锅水内受到浮力，由于低水位浮筒的力臂长，其顺时针方向的力矩将大于高水位浮筒与阀芯所受的锅内蒸汽压力，因而产生逆时针方向的合力矩，杠杆就会顺时方向转动而将阀杆向下拉，阀门开启，蒸汽冲出而发出鸣笛；当锅内水位降至最低水位时，低水位浮筒也随着离开水面，杠杆所受合力矩也做顺时针方向旋转，同样使阀杆下拉阀门开启，从而汽笛鸣笛报警。

锅外水位报警如图 7-47 所示，其工作原理同锅内水位报警器。不同的是其报警装置是装设于一个圆筒内，筒内有汽、水连通管与锅筒相连，筒内有两个浮筒通过连杆各控制一个针形阀。正常水位在两浮筒之间，即低水位浮筒浸于水中，高水位浮筒在水面之上。当水位降低时，低水位浮筒露出水面，浮力减小浮筒向下，浮筒连杆控制的针形阀开启而报警；当水位上升到高水位线以上时，高水位浮筒逐渐浸入水中，因受浮力而使浮筒向上，浮筒连杆控制的针形阀开启而报警。

第七节　仪　表　安　装

本节重点介绍压力表和温度计的安装方法。

一、压力表的安装

压力表用于量测和指示锅炉及管道内介质的压力，常用弹簧管压力表

弹簧管压力表分为测正压的压力表、测正压和负压的压力真空表与测负压的真空表，分别以代号 Y、YZ 和 Z 表示。弹簧管压力表构造，如图 7-48 所示。表 7-17 为 Y 型弹簧管压力表的主要技术参数。在管道上安装压力表的形式如图 7-49 所示。

压力表安装要求：

(1) 安装前应检查压力表有无铅封，无铅封者不能安装。

(2) 压力表应安装在便于观察、方便检修和吹洗的位置，且不受振动、高温和冻结的影响，不应安装在三通、弯头、变径管等附近，以免产生过大的误差，安装地点的环境温度宜在 -4～60℃，相对湿度不大于 80%。

(3) 压力表安装时应有表弯管，其弯管内径不应小于 10mm。表弯管有 P 形、圆形两种，分别用于表管座水平、垂直连接时，如图 7-49 所示。压力表弯不得保温，如管道保温层厚度大于 100mm 时，压力表连接管与管道连接部分的尺寸应适当加大，以免表弯管被包入保温层内。

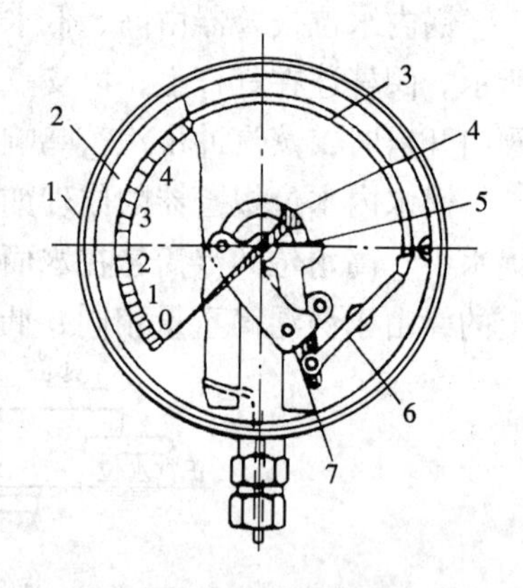

图 7-48　弹簧管压力表
1—表壳；2—表盘；3—弹簧管；4—指针；5—扇形齿轮；6—连杆；7—轴心架

(4) 压力表应垂直安装在直管段上，当安装位置较

高时，压力表可向前倾斜 30℃。

Y 型弹簧管压力表主要技术参数　　表 7-17

型号	表盘直径（mm）	测量范围（MPa）		接头螺纹	精度等级	表厚度（mm）
		下限	上　限			
Y-40	40	0	0.098，0.1568，0.245，0.392，0.588，0.98，1.568，2.45，3.92，5.88	M14×1.5	2.5	35～37
Y-60	60	0	0.1568，0.245，0.392，0.588，0.98，1.568，2.45，3.92，5.88，9.8，15.68，24.5	M14×1.5	1.5 2.5 4	35～37
Y-100	100	0	0.098，0.1568，0.245，0.392，0.588，0.98，1.568，2.45，3.92，5.88，9.8，15.68，24.5，39.2	M20×1.5	1.5 2.5	45～48
Y-150	150	0	0.098，0.1568，0.245，0.392，0.588，0.98，1.568，2.45，3.92，5.88，9.8，15.68，24.5，39.2，58.8	M20×1.5	1.5 2.5	50～51
Y-250	250	0	0.098，0.1568，0.245，0.392，0.588，0.98，1.568，2.45，3.92，5.88	M20×1.5	1 1.5 2.5	

（5）在蒸汽系统中，为校验压力表、冲洗表弯管，应在压力表与表弯管之间安装三通旋塞，以便在吹洗管路或拆修压力表时能切断工质，三通旋塞的操作过程如图 7-50 所示。

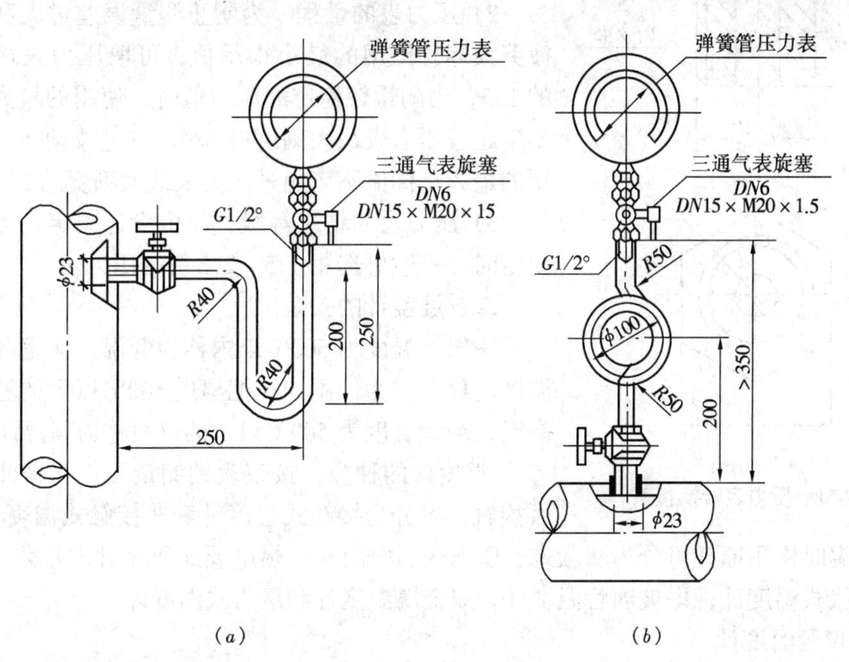

图 7-49　在管道上安装压力表

（a）在垂直管上安装；（b）在水平管上安装

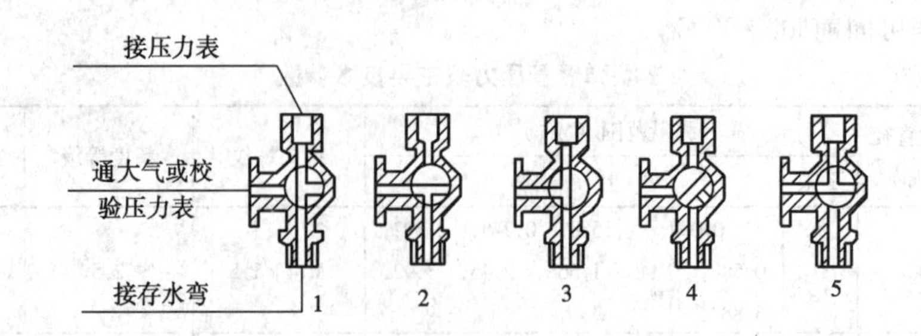

图 7-50　三通旋塞操作过程

1—正常工作时的位置；2—冲洗存水弯管时的位置；3—连接校验压力表时的位置；4—使存水弯管内蓄积凝结水时的位置；5—压力表连通大气时的位置

(6) 在管道上开孔安装压力表时，须在试压前进行。开孔后应去掉毛刺、熔渣，并锉光。

(7) 安装压力表时，如压力表接头螺纹（公制螺纹）与旋塞或阀门的连接螺纹（英制螺纹）不一致时，需在压力表与旋塞之间配制一个如图 7-51 所示的换扣接头。

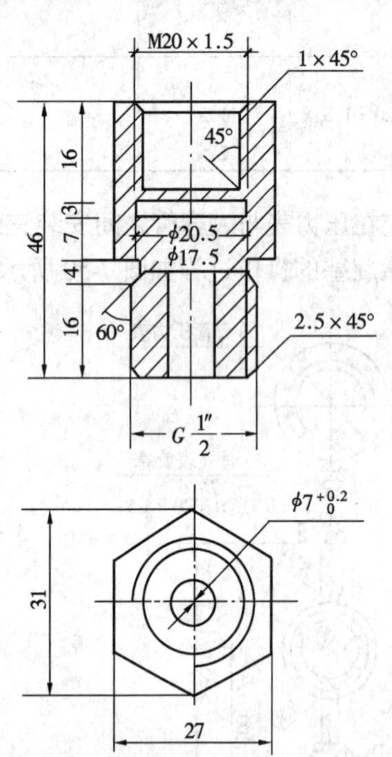

图 7-51　压力表转换接头

(8) 压力表盘、量程和精度的选择应符合以下条件：

1) 压力表的表盘大小与安装高度有关。一般情况下，当压力表的安装高度小于 2m 时，表盘直径不小于 100mm；安装高度为 2 ~ 4m 时，表盘直径不小于 150mm；安装高度 4m 以上时，表盘直径不小于 200mm。

2) 压力表的量程，为防止测量误差过大和弹簧管疲劳损坏，使用的最小指示值，可取压力表最大刻度的 1/3；当测量较稳定的压力值时，使用的最大指示值不应超过压力表最大刻度的 3/4，测量波动压力时，使用的最大指标值不应超过压力表最大刻度的 2/3。

3) 压力表的精度等级，应由设计规定，当设计无规定时，一般可选用 1.5 ~ 2.5 级的压力表。

二、温度计的安装

一般把温度为 500℃以内称为低温，测量此范围内温度的仪表称为低温计；把温度 500℃以上的温度称为高温，测量温度为 500℃以上的仪表称为高温计。

温度计的种类，按仪表的测量元件与被测物体是否接触，可分为接触式温度计和非接触式温度计两类；按仪表测温时作用原理可分为膨胀式、压力式、电阻式、热电偶式和辐射式五类。在工程中常用膨胀式温度计，即玻璃管温度计、双金属温度计和压力式温度计。

1. 玻璃管温度计

玻璃管温度计分为带保护套管、不带保护套管和工业棒式等种类，如图 7-52 所示，其尾部分为直形、90°角形和 135°角形。玻璃管温度计的技术性能和安装长度见表 7-18。

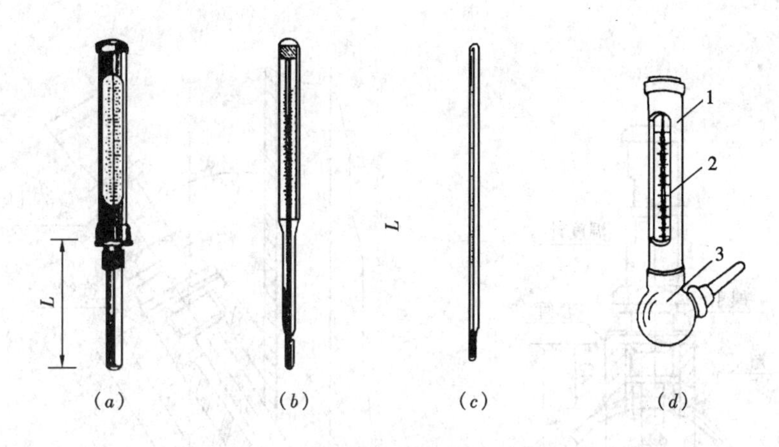

图 7-52 玻璃管温度计

(*a*) 带保护套管；(*b*) 不带保护套管；(*c*) 工业棒式；(*d*) 角式

1—保护壳；2—刻度盘；3—温包

玻璃管温度计技术性能 **表 7-18**

<table>
<tr><th>型号</th><th>尾部型式</th><th>测温范围（℃）</th><th>尾部长度（mm）</th><th>金属保护套管</th></tr>
<tr><td>WNG-11</td><td>直形</td><td rowspan="4">－30～50，0～50，0～100，0～150，0～200，0～250，0～300，0～400，0～500，－100～20，－80～50，－50～50，0～50，0～100</td><td>60、80、100、120、160、200</td><td rowspan="4">一般为 M27×2 也可采用 1/2″、3/4″管螺纹</td></tr>
<tr><td>WNG-12
WNG－13</td><td>90°角形
135°角形</td><td>110、130、150、170、210</td></tr>
<tr><td>WNG-11</td><td>直形</td><td>60、80、100、120、160、200</td></tr>
<tr><td>WNY-11
WNY-13</td><td>90°角形
135°角形</td><td>110、130、150、170、210</td></tr>
</table>

直形温度计在水平、垂直管道上的安装如图 7-53 所示。直形温度计所配用套管型式，应根据所测介质、压力等情况选择。当被测介质温度小于 150℃时，保护套管中应灌机油；当被测介质温度大于或等于 150℃时，保护套管中应填铝粉。直形温度计的安装尺寸见表 7-19。

玻璃温度计的安装要求如下：

(1) 安装在检修与观察方便和不受机械损坏的位置。

(2) 安装时，温包端部应尽可能伸到被测介质管道中心线位置，如图 7-53 所示，且受热端应与介质流向逆向。如果被测介质处于静止状态，则容器内的温度会随测点的位置不同而异，这时，应根据需要来选择温度计的尾部长度和安装点。

直形温度计安装长度选用表（mm） **表 7-19**

管子公称直径 DN		50	65	80	100	125	150	200	250
管子外径 D_w		57	76	89	108	133	159	219	273
L	水平管	60	80	80	100	100	120	160	160
	立管	120	160	160	200	200	200	320	320

(3) 玻璃管温度计与管道或容器连接时，需在安装位置焊接一螺纹与金属套管接头统

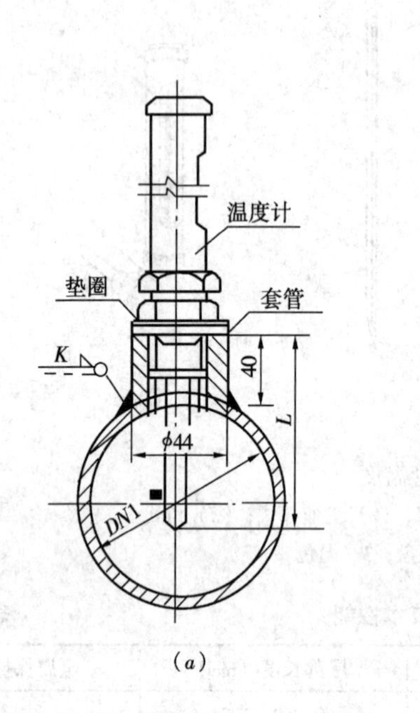

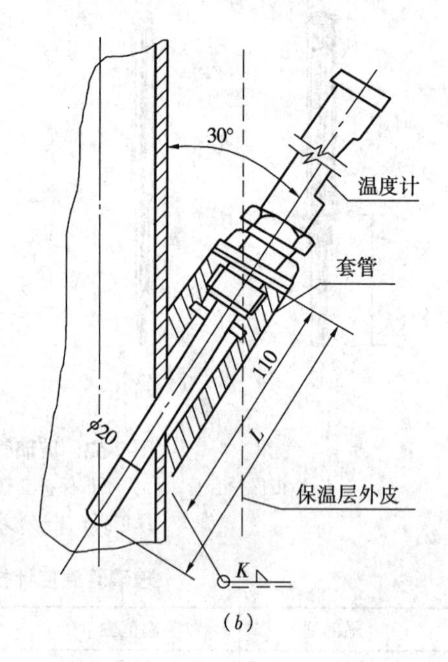

图 7-53　直形温度计安装

(a) 在水平管上安装；(b) 在立管上安装

一的钢制管接头，然后把温度计套管接头拧入管接头内，并用扳手拧紧。

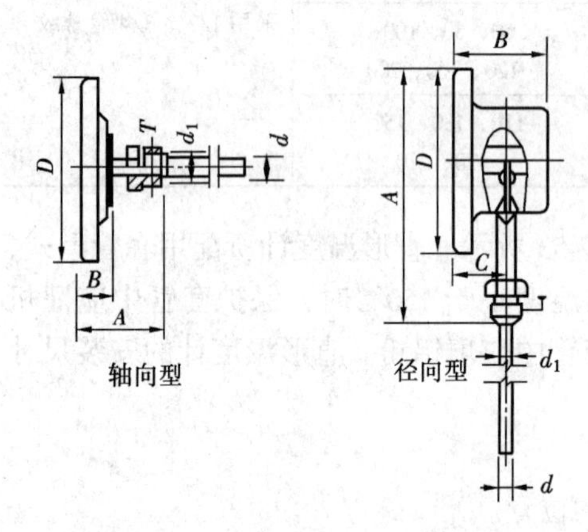

图 7-54　WSS 型双金属温度计

(4) 在有色金属管道上安装温度计时，凡与工艺管道相接触（焊接）以及与被测介质直接接触的部分，保护套管应用与工艺管道同材质的保护套管，以符合生产工艺要求。

2. 双金属温度计

有轴向型、径向型两种，如图 7-54 所示，其性能和安装尺寸见表 7-20、表 7-21。

双金属温度计在水平管道及立管上的安装形式见图 7-55。

3. 压力式温度计

压力式温度计由温包、毛细管和指示仪三部分组成，如图 7-56 所示。压力式温度计适用于生产过程中较远距离的非腐蚀性液体或气体的温度测量，其表面直径、毛细管长度见表 7-22。

WSS 双金属温度计的构造及性能　　　　**表 7-20**

型　　号	外壳直径 D (mm)	测量范围 (℃)	精度等级
301	60	-40～80 0～100 0～150 0～200 0～250 0～300	1.5

续表

型　号	外壳直径 D（mm）	测量范围（℃）	精度等级
401	100	0～50	1.5
411		－40～80	
501	150	0～100	
511		0～150 0～200 0～250 0～300	
501	150	－10～40	1.5
511		－20～100	
401	100	0～100	
501	150		

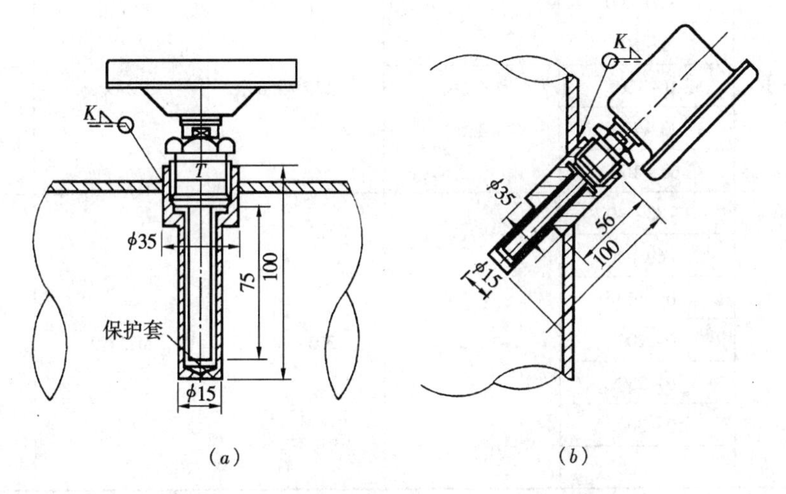

图 7-55　双金属温度计在水平、垂直管道上的安装

（*a*）双金属温度计在水平管道上安装（轴向型）；（*b*）双金属温度计在立管上安装（径向型）

WSS 双金属温度计的安装尺寸　　　　**表 7-21**

型　式	*D*	*A*	*B*	*C*	*T*	*d*	d_1
轴向型	60	52	18	—	M16×1.5	φ6	φ13.5
	100 150	80 80	32 32	— —	M27×2	φ8 φ10	φ24
径向型	100 150	145 150	62 62	44 44	M27×2	φ8 φ10	φ24

压力式温度计表面直径、毛细管长度（mm）　　　　**表 7-22**

表面直径	*D*	D_1	D_2
150	172	160	156
125	145	135	133
100	130	120	118

续表

毛细管长度			
规　　格	毛细管长度	L	L_1
WTZ-280	≥15000	200	300
WTZ-280	<15000	150	250
WTQ-280	≤20000	283	385

压力式温度计技术性能　　　　**表 7-23**

型　　号	测量范围（℃）	精度等级	温包插入深度调节范围（mm）	安装螺纹	耐公称压力 MPa
WTZ-280	-20~60	2.5	170~250	M27×2	1.5
	0~50				
	0~100	1.5			6.3
	20~120				
	60~160				
WTQ-280	-80~40	2.5	305~385	M33×2	1.5
	-60~40				
	0~160				6.3
	0~200				
	0~250				
	0~300				
	0~400				

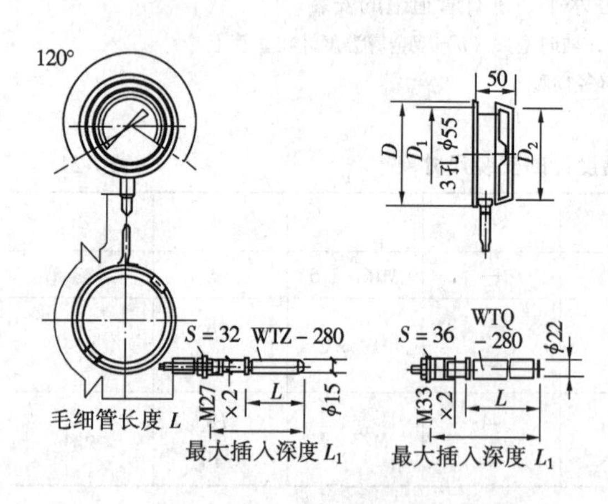

图 7-56　压力式温度计

压力式温度计的工作原理是：当温度变化时，引起封闭系统内的液体或气体压力变化，压力经毛细管传递给指示机构的弹簧管，通过齿轮、杠杆带动指针，指针则指示出被测温度。充气压力式温度计型号为 WTQ，充液压力式温度计型号为 WTZ。压力式温度计技术性能见表 7-23。

压力式温度计的温包安装方法同玻璃管温度计。温包应全部浸入被测介质中，测量时被测介质需经常流动。

压力式温度计的毛细管一般用 $D1.2\text{mm}\times0.42\text{mm}$ 无缝铜管制成，外面用金属丝编织的包皮保护，敷设时应尽量少转弯，毛细管一般为管内或线槽内敷设，也可直接沿墙敷设，每隔 200~300mm 设固定夹固定，多余的毛细管盘好固定在适当位置，毛细管煨弯时弯曲半径不得小于 50mm。压力表应安装在不得有振动的平板上，安装地点的环境温度应在 -10~55℃。

第八节　链条炉排的安装

炉排是锅炉的主要燃烧装置，有固定炉排、手摇活动炉排、振动炉排、往复炉排和链条炉排等。目前广泛使用的有往复炉排及链条炉排。本节将就供暖锅炉常用的链条炉排的安装，进行讨论。

链条炉排是由电动机，通过变速齿轮箱拖动主动轴转动（或由油压传动带动主动轴转动），主动轴上的链轮带动炉排自前向后移动，燃煤自炉前煤斗靠重力落在链条炉排上，经预热、点火、燃烧、氧化、燃烬五个燃烧过程，最后经老鹰铁使灰渣落入灰坑。炉排下设几个风室供给一次风，各风室互不相通，并按不同燃烧阶段，所需不同风量送风，各风室均装有风闸门以控制送风量。链条炉排的主要部件及其装配图见图 7-57。

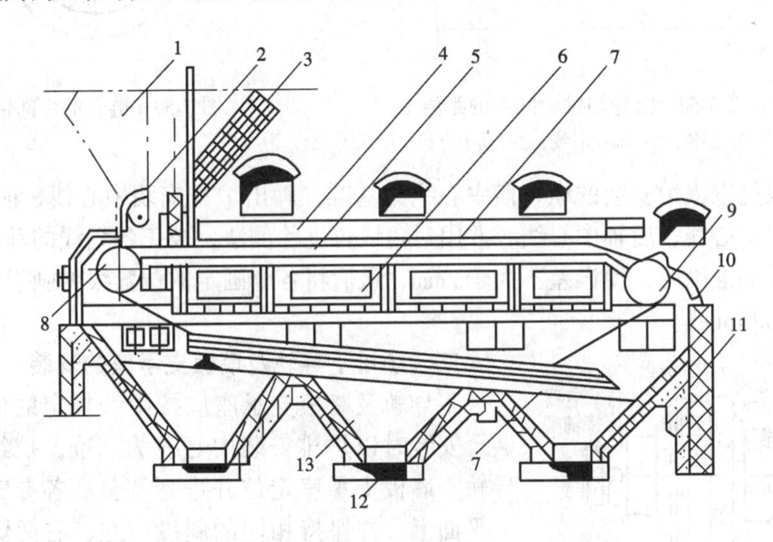

图 7-57　链条炉排的主要部件及其装配图

1—落煤斗；2—弧形挡板；3—煤闸板；4—防焦箱；5—炉排；6—分段送风室；7—炉排支架；8—主动轴；9—从动轴；10—老鹰铁；11—灰渣斗；12—出灰门；13—细灰斗

链条炉排通过基础上有关的预埋钢板、预埋地脚螺栓，安装在由型钢构件和墙板组成的钢骨架上，中间横布风室，墙板前后各装一根轴，前轴和变速齿轮箱连接，靠此主动轴上的链轮推动炉排自前向后移动。链条炉排一般按照如下顺序进行安装：

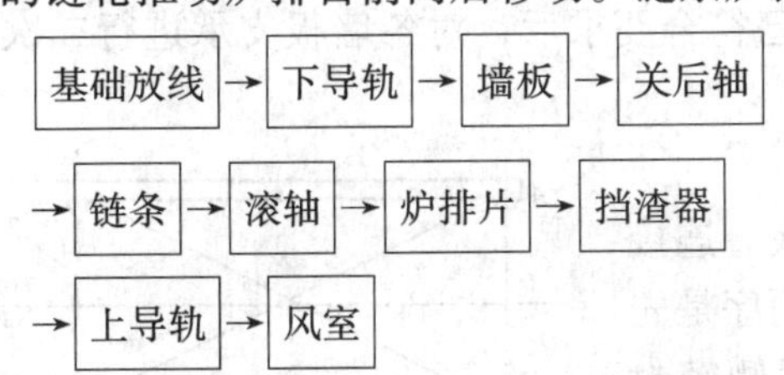

链条炉排组装前的检查　　**表 7-24**

序　号	项　　目	偏差不应超过（mm）
1	型钢构件的长度偏差	±5
2	型钢构件的直线度，每米	1
3	各链轮与轴线中点间的距离（*a*、*b*）偏差	±2
4	同一轴上的任意两链轮，其齿尖前后错位 Δ	3

一、安装前的准备工作

链条炉排安装前的准备工作包括：炉排构件组装前的加工偏差检查及校正，基础画线，并对基础上有关预埋钢板，预埋地脚螺栓及安装孔等进行认真的检查，如存有缺陷应及时消除。炉排构件的加工偏差应符合表 7-24 规定，表 7-24 中的 a、b 值参见图 7-58、7-59，对超过偏差规定的构件应进行校正及修整。

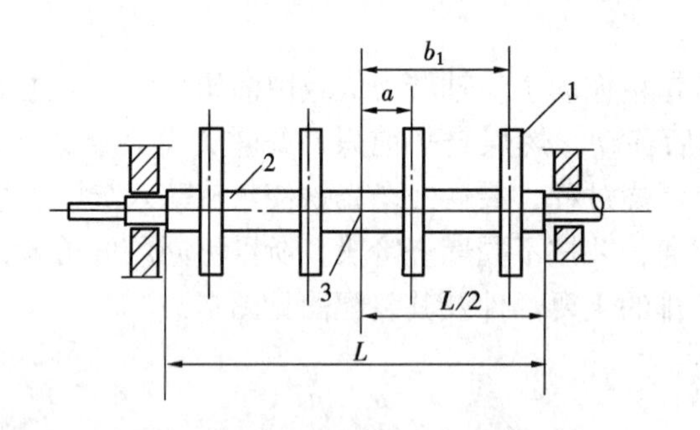

图 7-58　链轮与轴中间点的距离

1—链轮；2—轴中心线；3—轴中点线

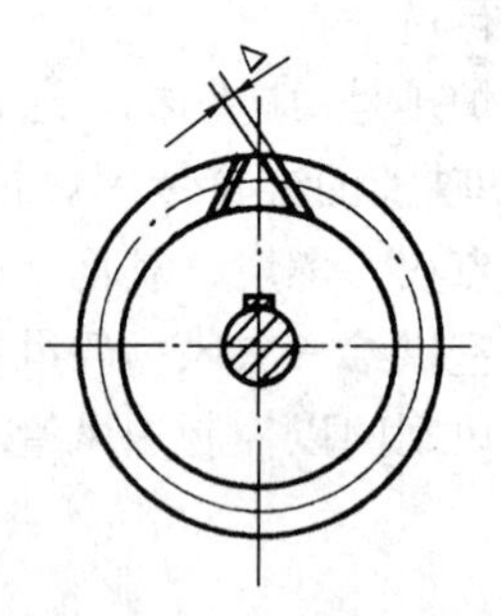

图 7-59　链轮的齿间错位

基础画线是以锅炉安装的纵、横中心线为基准，画出炉排安装中心线、前轴中心线、两侧墙板位置中心线、后轴中心线，并用对角线长度检测法，校正各划线的垂直与水平偏差，复测画线的准确度，使误差不大于 2mm，最后将各个画定的位置线弹画于基础上，作为炉排安装的基准线。

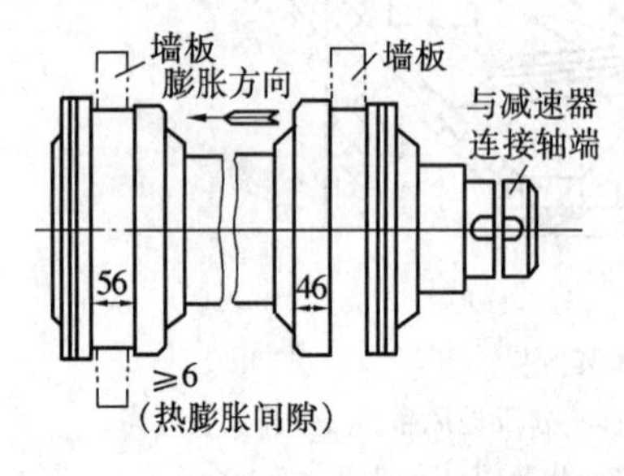

图 7-60　炉排热运行时的膨胀方向

二、炉排下导轨及墙板支承座的安装

下导轨及墙板支承座应按图纸规定的位置进行安装。安装时以炉排安装中心线为基准，拉细钢线使下导轨、墙板支承座定位并进行调整。各导轨应处在同一平面上，并保持相同的斜度；左、右两侧各墙板支承座应保持相同的标高和水平度；定位并调整后，其位置、标高、水平度偏差均不应超过 2mm。

此外，墙板支承座的布置定位，应保持炉排安装后，在长度和宽度方向都能有膨胀的余地。

炉排运行时热膨胀的方向如图 7-60 所示。

经检测，下导轨及墙板支座的安装位置均已符合要求后，对各墙板支承进行二次浇灌，使其与基础牢固固定。

三、炉排架的安装

炉排架是炉排的骨架。它由炉排两侧的墙板、连接梁、上部导轨、分段风室隔板等组成。安装的顺序是先安装墙板、连接梁、隔板，再安装上导轨及两侧密封件。其中，墙板的安装是炉排骨架安装的重点环节。

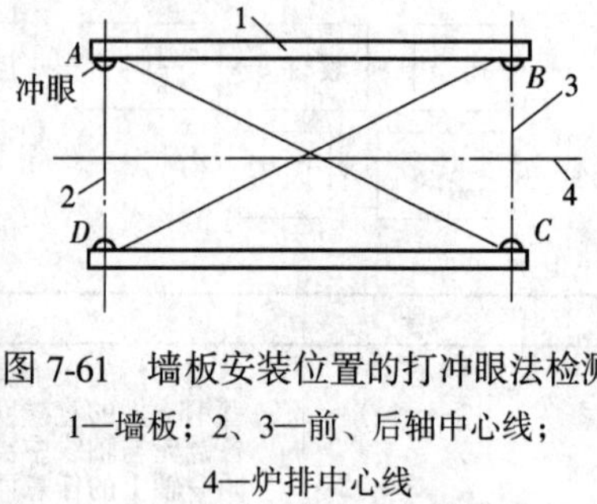

两侧墙板安装后，应以炉排前后轴中心线为准，在墙板顶部打出检测冲眼，量测两侧对角线冲眼的对角线长度，以检测两侧墙板安装位置的正确程度，如图 7-61

图 7-61　墙板安装位置的打冲眼法检测

1—墙板；2、3—前、后轴中心线；4—炉排中心线所示。

墙板与连接梁、隔板之间的结合应紧密，消除缝隙并焊接牢固，墙板及炉排骨架在安装中应严格检测安装标高、垂直度、间距及水平度，使其符合表 7-25 的规定。

四、炉排前、后轴的安装

安装链条炉排的允许偏差 **表 7-25**

序 号	项 目		偏差不应超过（mm）
1	炉排中心位置偏差		2
2	墙板的标高偏差		±5
3	墙板的不铅垂度偏差：全高		3
4	墙板间的距离偏差	跨距≤2m	+3
		跨距＞2m	+5
5	墙板间的两对角线不等长度		5
6	墙板框的纵向位置偏移		5
7	墙板的纵向不水平度		1/1000
	全长		5
8	两侧墙板顶面应同一水平面上其不水平高度		1/1000
9	前轴与后轴轴心线的相对标高差		5
10	前、后轴的水平度		长度的 1/1000

炉排前、后轴安装于两侧墙板的轴承座上，为保证轴安装后转动灵活，运转正常，安装前应对轴承进行拆洗，洗净污垢后并加入润滑脂；用压缩空气吹洗后轴承冷却水管。安装前、后轴时，应注意到炉排长期处于高温下运行的特点，需要留出一定的径向和轴向膨胀间隙，具体做法是，在前、后轴的轴承与墙板支承座的接触处，留有不小于 6mm 的轴向膨胀间隙，如图 7-62 所示。前轴与轴承间应有 0.12～0.58mm 的径向间隙；后轴与轴承间应有 0.53～1.05mm 的径向间隙，如图 7-63 所示。

热胀方向
炉排中心线
热胀方向

图 7-62　链条炉排轴与墙板的轴向间隙

应该指出，在连接前轴（主动轴）与减速器的联轴时，也应在两半个联轴器间留有 6mm 左右的膨胀间隙，否则当轴受热膨胀后会使减速器的蜗杆和蜗轮咬合不良，严重时会因顶轴而损坏设备。但是，所有膨胀间隙都不应过大，否则将造成炉排运转时产生抖动。

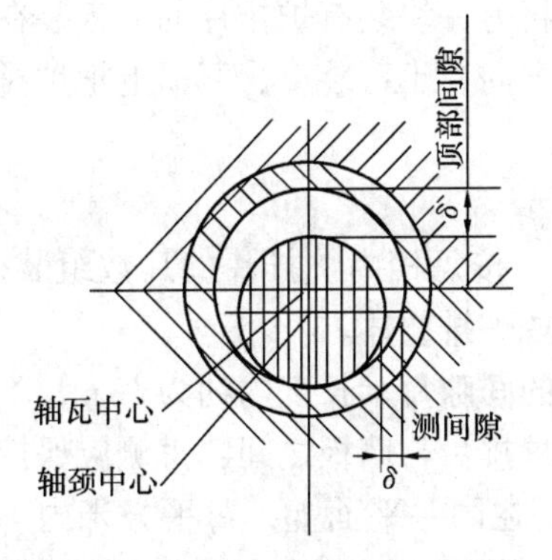

图 7-63　轴与轴承的径向间隙

炉排前、后轴安装的允许偏差见表 7-25。一般讲，前后轴的中心距应是可调的，即前轴固定，后轴可调。安装时应使两轴中心距处于较短的位置，待链条安装后，再调整两轴中心距，同时将链条拉紧，要严格调整前、后轴的平行度，其不平行度偏差不应大于 3mm，对角线不等长度偏差不应大于 5mm，否则炉排运行时。容易跑偏，伸入炉墙的一端应加装套管以保护轴端。安装后的前、后轴，用手盘车应能自由转动。

五、传动链条的安装

每根传动链条是由特制的链节板串装成的。链节在制造时有一定的节距公差，致使串装后链条长度不等，造成运行时传动不均或跑偏。为此，在串装链条前应用特制的样板，对链节板进行检查，将链节节距公差大的和小的分开放置，供串装时选配和调整，使每根链条的串接长度与设计长度的偏差不大于 20mm，挂装链条时，应注意使同一炉排上各根链条的长度力求一致，相对偏差值不大于 8mm。

为了便于将串装好的链条套装在链轮上，应使前、后轴中心距处最小位置，即炉排的松紧度调整到最松状态。套装链条最好用卷扬和牵引的方法，先由炉前向炉后方牵引，待链条套装在后轴上的链轮后，再由炉后向炉前牵引，最后在炉前接头成型。链条套装时，尽量将相对长度最长的链条装在炉排中间，长度稍短且近似相等的装在炉排中间链条的两侧。链条的套装应在上导轨安装并检测合格后进行。

当所有的链条都套装在链轮上以后，随即安装链条间的铸铁辊子（滚轴）、套管和拉杆，作业位置宜选在炉前前轴处，辊子就位不能使用强制手段，以使安装后能自由转动，应调整辊子安装的松紧度使之处于最佳状态，即最紧时辊子与下导轨的间隙不大于 5mm，最松时辊子与下导轨刚刚接触。

辊子装好后，利用炉排松紧调节装置将炉排拉紧，启动减速器进行传动链条的试运转，以检查各根链条的安装和传动情况是否良好，如发现抖动、碰撞、跑偏、卡住等现象，应及时找出原因，采取相应措施予以消除。实践证明，在炉排片安装前对链条安装的试运转是十分关键的，否则，当炉排片一旦安装完毕，链条安装中的某些缺陷将难于发现，且难于消除。为进行链条的试运转，炉排的传动减速装置必须提前安装，并应试运转合格。

六、炉排片的安装

炉排有鳞片式和链带式两种。鳞片式炉排的炉排片在上述链条及辊子安装后组装。链带式炉排没有链条和辊子，是在炉排片组装后，直接用轴传动。

1. 鳞片式炉排片的组装

炉排片的组装在炉排平面上进行。组装顺序是从炉前逐排向炉后组装，组装每一排时是从一边装向另一边，直到组装完毕。一般炉排片是 5 块一组，装于两块炉排片夹板之间。安装时应将一块不带炉排片的夹板先装在链条上，再将另一块装有炉排片的夹板装在链条上。要注意炉排片的安装方向，使其符合图纸及运转方向，不可装反，习惯上把炉排片夹板较长的一端朝着动转的反方向，即可做到方向正确。

2. 链带式炉排片的组装

炉排片的组装一般在炉前搭设的平台上进行。组装时，按每档内炉排片的片数组装，用长销钉联接，组装后用手动葫芦拖入炉膛，逐档镶接形成炉排整体。

炉排片的安装应该平直，间隙均匀。一般炉排片之间的间隙每米长度内约为 6mm，不可过紧或过松，装好后用手摇动，以松动灵活为宜。边部炉排片与墙板之间，每侧应保持 10～12mm 的膨胀空隙，以适应热膨胀需要。整个炉排应处在同一平面上，每平方米内不应有大于 5mm 的凹凸不平现象。为此，炉排片在组装前应做检查，必要时应将铸铁炉排片的毛刺磨平，以消除组装时的缺陷。

炉排与防焦箱的间隙允许偏差为5mm，不得有负公差，炉排各部的销钉、垫圈应按图纸要求装配，不应有漏装、开口销子不开口等安装缺陷。

七、其他附件安装

1. 进风管的安装

各风室的位置应正确；进风管的连接间隙应不超过1mm，以保证风管严密不漏；风管上的调节风阀应启闭灵活。

2. 挡渣器（老鹰铁）的安装

挡渣器之间应留有3mm的间隙；挡渣器伸入耐火墙部分的顶面与墙面间，应留有20mm的间隙，端部与墙间应留有5mm的间隙，以保证挡渣器不被卡住，保持自由活动状态。

3. 加煤斗的安装

加煤斗安装时，煤闸门与煤斗侧板间应有12mm的空隙；煤门与煤斗侧板间应保持5mm的空隙；煤闸门的上、下移动和煤门的转动应灵活轻便。

八、炉排的冷态试运转

链条炉排安装完毕，并与减速箱等传动装置连接后，在燃烧室砌筑前应进行冷态试运转，冷态试运转的连续运转时间应不少于8h，运转速度最少应在两级以上，运转中无杂音、被卡、碰撞、凸起、跑偏等异常现象，则为安装合格。

第九节　锅炉本体水压试验

当锅炉本体、辅助受热面及本体附件均已安装完好（包括焊接在受热面管子上的支铁、螺钉、联接板等），即可进行锅炉本体的水压试验。其目的是检验所有胀口、焊口的质量，以及人孔、手孔等的密封情况。

锅炉本体水压试验是重要的安装环节，应认真进行，并做好试验记录。锅炉本体水压试验应在环境气温高于5℃时进行。当冬季环境气温难于保证5℃时，允许在-5~5℃的条件下进行水压试验，但必须使用热水，试验用热水温度宜在60℃左右，同时应采取防冻措施。

一、水压试验前的准备工作

（1）确定试验范围及各项布置内容。为便于做好准备工作，避免试验的遗漏，减少试验工作差错，水压试验前应经多方面的全面考虑，明确试验范围及各项试验布置内容，画出试验工作流程简图。

图7-64为20t/h锅炉本体水压试验工作流程简图，它表明的试验范围除锅筒、集箱、对流管束、水冷壁管束、过热器及其汽、水管道外，还包括了主汽阀、给水阀、水位计、压力表和受热面管子上焊接的支铁、螺钉、连接板等焊接件。实践表明，这些在施工现场施焊的焊接件如不在试验前焊好并投入水压试验，则试验后施焊的焊接质量若不良，将有可能给锅炉的运行带来隐患。

图中同时明确了试验的各项布置情况，如临时进水、临时放水、排气、试压泵、压力表等的设备位置，以及密封隔绝孔口的位置等。

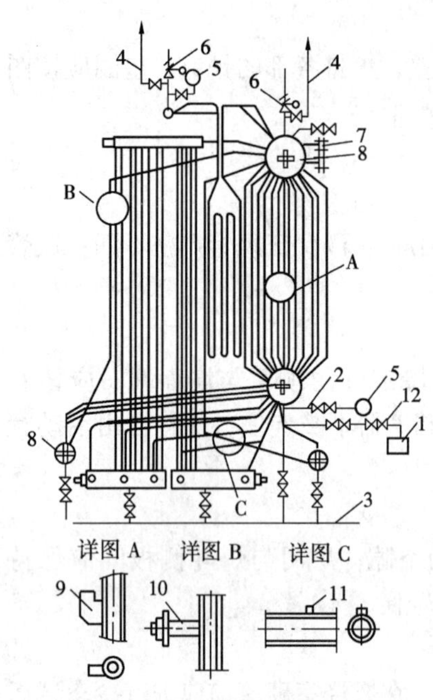

图 7-64 锅炉水压试验流程图

1—试压泵；2—临时进水管；3—临时放水管；4—放气管；5—压力表；6—隔绝的安全网；7—盲板隔绝口；8—封闭的人孔和手孔；9—支铁；10—螺钉；11—连接板；12—阀门

按照试验确定的范围及试验设施内容，在试验前应进行一次全面检查，对未完项目应限期完成。

(2) 检查锅筒、集箱内部，清理杂物，保持洁净；受热面管子已经通球试验合格；密封人孔和手孔（应用临时橡胶板作垫，而不要用锅炉厂带来的石棉橡胶垫圈）。

(3) 为便于检查胀口和焊口，可搭设必须的脚手架，并配备照明，备好手电筒等。

(4) 隔绝上锅筒和过热器集箱上的安全阀，装好临时排气管。

(5) 接通试验进水管，装好试压泵。试压泵应置于锅炉下部，以利于下部进水，顶部排气。锅筒上和省煤器进水管上应最少安装两只试验用压力表，且压力表均应经校验合格。

(6) 检查锅炉阀门、安全阀、排污阀等本体附件及法兰的连接质量，螺栓应完整并无松动现象；用于试验时和管道系统隔绝的阀门，应经校验以保证有可靠的严密性；检查阀门的启闭情况，使排污阀、放水阀处于关闭状态；锅炉顶部排气阀应处于开启状态。

(7) 下锅筒安装用的临时支座，试验前应拆除干净。

(8) 水压试验应有专人指挥，试验前参与试验的操作人员、检查部门的检查人员都应到齐。操作人员应分工明确，各司其职，无关人员均应退出现场。

二、锅炉本体的水压试验

锅炉注水应缓慢进行，用进水阀开度掌握进水时间，一般不少于 1~2h。注水过程中应勤检查，发现漏水应及时停止注水，进行修漏后再继续注水。当锅炉水已满，关闭顶部排气阀，开始均匀升压，并用试压泵控制升压速度，使每分钟不超过 0.15MPa。锅炉水压试验的试验压力应符合表 7-26 的规定。

锅炉水压试验的试验压力 MPa **表 7-26**

序 号	项 目	锅筒工作压力	试验压力	注
1	锅炉本体	<0.59 0.59~1.18 >1.18	$1.5p$ $P+0.29$ $1.25p$	不应小于 0.2
2	过热器	任何压力	与锅炉本体相同	
3	非沸腾式省煤器	任何压力	$1.25P+0.49$	

当压力升至 0.29~0.39MPa 时，应停止升压，全面检查各连接点的严密情况，必要时再次拧紧法兰螺栓。但在拧紧法兰螺栓时应注意安全，防止螺栓螺母脱落，崩出伤人。

当压力缓缓升至工作压力户时，停止升压，检查各胀口、焊口的严密情况，然后继续升压至试验压力，保持 5min，回降至工作压力，关闭进水阀，进行全面仔细检查，达到下列标准则水压试验合格。

(1) 升压至试验压力时，停泵后 5min 内压力降落不超过 0.05MPa。

(2) 保持工作压力下，检查焊缝处应无渗漏；胀口处无水珠下滴或水流状漏水，有水印（指仅有水迹）或泪水（不下流的水珠）的胀口数之和，不超过胀口总数的 3%。

(3) 锅炉受压部件没有肉眼可见的残余变形。

经检查应将泄漏情况在泄漏处或管孔展开平面图上标出，排净试验水后逐个予以处理。对焊口处有水雾、水痕或漏水处，应将缺陷部位铲去重新焊接，不允许采用堆焊方法补焊；胀口漏水应根据具体情况，结合胀接记录进行补胀，补胀次数最多为两次；如因超过胀管率规定值而漏水时，则应换管重新胀接。

经修理后，仍应进行一次水压试验，直到达到合格标准为止。

省煤器的水压试验可单独进行，也可随锅炉本体试验同时进行。由于省煤器压力试验高于锅炉本体试验压力，当同时试验时，可在锅炉本体试验后继续升压试验，但此时必须与锅炉本体部分严密隔绝。

锅炉水压试验合格后，排净试验用水（立式过热器内的积水可用压缩空气吹干），及时办理水压试验的验收手续。

第十节　燃烧室的砌筑

锅炉燃烧室由外围炉墙（外包红砖内衬耐火砖）、内炉墙及烟道拱组成，外围炉墙组成燃烧空间，内炉墙及烟道拱则使烟气有组织地流动。在锅炉水压试验合格，所有砌入燃烧室的安装工作均已结束后，即可开始燃烧室的砌筑。

锅炉燃烧室是承受高温的砌体，要求在高温火焰和烟气的作用下应有良好的耐高温稳定性，且强度高、变形小、热绝缘性能强、耐灰渣腐蚀性能好。由于结构复杂，技术性高，因此，砌筑必须由专业筑炉工完成，而不允许由普通瓦工代替。同时，对砌筑用料的选择、砌筑质量都应严格把关。

一、燃烧室的砌筑用料

燃烧室砌筑工程的所有用料，均应按设计要求选用，同时应符合有关施工及验收规范规定，符合现行材料标准。常用材料有耐火砖、红砖、耐火泥、水泥、细砂、骨料、石灰、黏土及各类石棉制器等。

1. 耐火砖

耐火砖种类繁多，规格尺寸复杂。锅炉燃烧室砌筑用耐火砖为黏土耐火砖，最高使用耐火温度为 1300～1400℃，有普通砖、异型砖、特异型砖几种。

普通耐火砖为直角砖，常用的 T-3 耐火砖尺寸为 230mm × 113mm × 65mm，用于砌筑平直墙体；异型砖有直楔形砖、横楔形砖、拱脚砖等，规格尺寸按设计确定，多用于砌筑拱形烟道及非平直砌体；特异型砖造型按专用图纸加工、烧制而成，用于特殊部位炉墙的砌筑，如和管子接触部位的半圆弧槽型砖、弧形砖、槽形砖等。

锅炉砌筑用各型耐火砖一般由锅炉制造厂配套供应，自行购买的耐火砖应有出厂合格证，其砖型、牌号都应符合设计要求。砌筑前，对所有进场的耐火砖，均应进行数量的清点，外观检查，并应按不同规格，不同砖型分类堆放，妥善保管，防止受雨、受潮，并使其经常处于干燥状态。

各类耐火砖在运输、装卸、保管、取用过程中，均应轻拿轻放，防止碰掉棱角，影响砌筑质量。砌筑耐火砖时不准浇水，个别短缺的异型砖允许在现场加工。

2. 红砖

红砖用于砌筑外包墙体。应选用优质机制红砖，强度等级不应低于100，且要求棱角完整。砌筑时允许适量浇水，用水泥砂浆或混合砂浆砌筑。强度等级为100的水泥砂浆的配制比为，水泥:砂=1:3，水泥的强度等级应不低于400。采用混合砂浆时，其配比是在水泥砂浆的配比中，加入0.2的石灰或黏土即可。

3. 硅藻土砖

硅藻土砖用于轻质炉墙砌筑隔热层。由于该砖体轻易碎，多用纸箱包装，运输及装卸时尤应慎重取放。砌筑时不准浇水，用耐火泥和硅藻土合成的生黏土灰浆砌筑。

4. 耐火泥

燃烧室砌筑耐火砖时应用耐火泥。常用的是黏土质耐火泥，其耐火度及化学成分应同耐火砖相适应。成品耐火泥是由50%~70%黏土熟料和30%~50%耐火生黏土粉混合而成，粒度应控制在1mm以内，必要时应过筛使用。耐火泥在运输过程中严禁包装破裂，防止杂物混入。保管时禁止与水泥、石灰等混杂堆放，并应严格防潮，使用时应按检验确定的配合比准确配料，泥浆的搅拌应在专用的铁锅等器具内进行，盛用泥浆的灰槽也应专用，以防泥土、杂物等混入。调制的泥浆要求熟透、无疙瘩及气泡，并不得任意加水及其他胶结材料。

5. 耐火混凝土

耐火混凝土品种有：砌筑水泥耐火混凝土、磷酸耐火混凝土、水玻璃耐火混凝土等，可按设计要求选用。

二、燃烧室的砌筑

燃烧室的砌筑必须严格按图施工，所用砌筑材料必须符合技术要求及质量标准。

1. 砌筑前的准备工作

(1) 砌筑用料的质量检查

应按照材料质量标准，对燃烧室砌筑用料进行逐一的检查，不符合质量标准的材料不得勉强应用；特别是对耐火砖质量和外形尺寸应进行仔细检查，当尺寸与设计要求不符时，应精选，将合格的、经加工合格的、不合格的分类堆放。个别需加工的耐火砖，可用手工加工，加工时，先用红铅笔画线，再用扁铲和凿子砍凿，最后将砖面磨平；加工量大时可用切砖机、磨砖机进行机械加工，机械加工速度快，质量好，砖型易于保持一致，但应严格按规程操作，并注意操作安全。

(2) 砌筑放线

燃烧室炉墙砌筑前，应将锅炉基础面打扫干净，按锅炉纵向中心线，炉前横向基准线为依据，画出外围炉墙的外轮廓线，并画出耐火砖，外包红砖的砌筑位置线；按设计图纸并对照锅炉管束等的安装情况，画出内炉墙的砌筑位置线；以锅炉基础上的标高基准点为依据，将炉墙、烟道、烟拱等主要部位的标高引画到附近的钢柱上，作为砌筑时挂线的依据。

2. 炉墙的砌筑

炉墙应挂线砌筑，先砌第一层作为基础层，然后逐层向上砌筑。基础层砌筑时，先在基础面上满铺灰浆，用卧立砖砌筑（立砖有更好的抗压力）并用灰浆调整标高和水平度后，即可平砖向上逐层砌筑。各层砖均匀错缝砌筑，顺砌错缝为砖长的1/2，横砌错缝为砖长的1/4，砌体的垂直面和水平面均不能有通缝出现。砌体砌筑应灰浆饱满，灰缝均匀。砌筑用灰浆及其技术见表7-27、7-28。

锅炉砌体常用的灰浆种类及成分 表7-27

序 号	砌体名称	灰 浆 名 称	技 术 条 件
1	耐火砖	黏土质耐火泥	
2	硅藻土砖	黏土质耐火泥 硅藻土－生黏土 硅藻土粉－水泥	（体积比）硅藻土粉:耐火生黏土＝2:1 （体积比）硅藻土粉:水泥＝5:1
3	红砖	水泥砂浆 混合砂浆	40水泥:砂＝1:3 40水泥:砂:石灰＝1:3:0.2

注：混合砂浆配料时，石灰可改为黏土，配比值不变。

锅炉各部位砌体砖缝允许厚度 表7-28

序 号	部位名称	砌体的类别及灰缝厚度（mm）			
		Ⅰ	Ⅱ	Ⅲ	Ⅳ
1	落灰斗			3	
2	燃烧室：无水冷壁 有水冷壁		2	3	
3	前后拱及各类拱门		2		
4	遮焰墙			3	
5	炉 顶			3	
6	省煤器墙			3	
7	烟道：底和墙拱		2	3	

外围炉墙砌筑，在砌耐火砖内墙的同时，也要砌筑红砖或硅藻土砖外墙，并在其间留有膨胀缝。每砌一块砖，应使其对齐挂线，错缝放置，用手压挤和调整位置，垫以木靠尺用木锤敲平打实，挤出来的灰浆要随手刮净同时勾缝。为使墙角位置准确，每层砌筑均应从墙角开始，再向两侧砌筑，墙角所砌每层砖都应用挂线，水平尺随时检测，以作为两侧砌筑的基准。耐火砖内墙砌至5～7层时，必须向外墙伸出115mm长的拉固砖，拉固砖在同一层内应间断设置，且上下层应交错开。

当炉墙砌至一定高度时，应及时检查砌体的水平度和垂直度。水平度的检查用2m长的木直尺靠在墙上检查，尺与墙表面的间隙不得超过5mm；用线坠检查砌体垂直度，每1m高的偏差不超过3mm，全高不超过15mm。当砌至第一烟道（过热器后）时，应在适当高度留测温孔。

砌筑红砖外包墙体时，其砌筑要求与耐火砖内墙相同。当采用黏土砂浆时，其灰缝厚度为5mm；采用水泥石灰浆时为7mm。在适当部位应埋入直径为20mm的短管，其长度与砖墙厚度相同，作为烘炉时的排气孔，烘炉结束后可填堵密封；应注意随内墙都要留出观测孔。

炉墙内外砌体应随砌随勾缝，勾缝应平整、密实、不脱落。砖的加工面不宜朝向炉膛或烟气的流经面；砌筑过程中不得在砌体上砍凿砖；水平、垂直校正时应用木锤敲打，而不应用铁锤敲打，以免影响灰浆强度。砌体的砌筑中断时，留槎应做成阶梯形。砌体砌筑的允许偏差见表 7-29。

燃烧室砌体砌筑的允许偏差 **表 7-29**

序　　号	项　　　目	偏差不应超过（mm）
1	垂直偏差　1. 墙：每米高 全高 2. 基础砖墩：每米高 全高	3 15 3 10
2	表面平整偏差（用 2m 直尺检测） 1. 墙面 2. 挂砖墙面 3. 拱脚砖下的炉墙上表面	 5 7 5

燃烧室外围炉墙的内墙与外包墙之间的膨胀缝、燃烧室内部炉墙的垂直膨胀缝、折烟墙衔接部分的膨胀缝、所有拱（或顶）的边缘与炉墙接触处的膨胀缝，均应按设计要求留好，并使其缝隙均匀平直，所有膨胀缝内均应用直径大于膨胀缝隙宽度的石棉绳封填。垂直膨胀缝内的石棉绳，应在砌筑时同时用砖压挤填入。

在燃烧室内，砌体（包括耐火混凝土）与锅炉本体钢架、部件、管子等接触处，均应特别注意留有砌筑空隙，即膨胀间隙，使锅炉本体各钢质构件受热膨胀时，不致顶在炉墙上。砌体砌筑后，所留砌筑间隙应经量测，一一记录于竣工图上，以备留察。

砌体与钢架立柱、横梁的接触间隙中，应铺垫石棉板；砌体表面与锅筒、受热面管子、集箱穿墙管等之间的砌筑间隙，不应小于表 7-30 的规定，并应在所有这些间隙中填塞石棉绳，以使其有膨胀余地。炉墙拉钩砖的拉钩应按设计位置放置，并应保持水平，不应任意减少其安装数量。水冷壁拉钩处的砌体异型砖表面，不应卡住水冷壁管上的耳板，且不应影响水冷壁管的膨胀。

炉墙表面与锅筒、管子之间的间隙 **表 7-30**

序　　号	项　　　目	偏差不应超过（mm）
1	水冷壁管、对流管束中心与炉墙表面的间隙	+20 −10
2	过热器、省煤器管中心与炉墙表面的间隙	+20 −5
3	锅筒与炉墙表面的间隙	+10 −5
4	集箱穿墙管管壁与炉墙表面的间隙	+10 −0

3. 拱的砌筑

燃烧室炉顶及炉墙上的炉门、检查孔、观测孔等的上部一般为拱形结构，如图 7-65

所示拱由跨度 a、拱高 b、拱弧半径 R、拱心 O 及圆心角口组成，其各组成部分的尺寸数值可以从筑炉图、锅炉安装说明书中查到。当设计无明确规定时，可按跨度 a 的大小选择拱高 b；当 $a \leqslant 1000$mm 时；取 $b = 1/8a$；当 $a > 1000$mm 时，取 $b = 1/6a$。

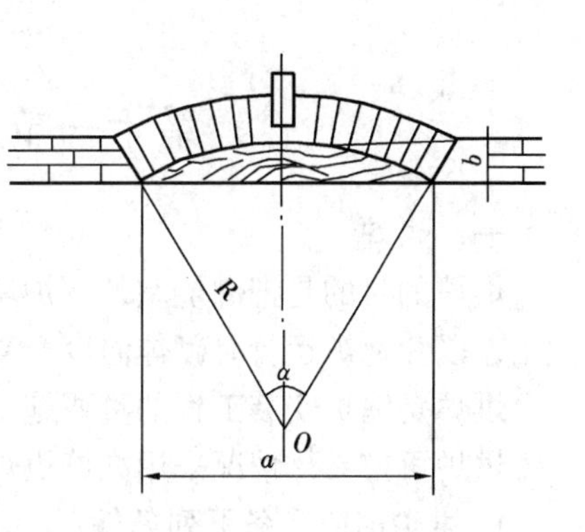

图 7-65　拱的结构

拱弧的砌筑使用楔形砖。拱顶中间的一块砖叫锁砖，锁砖应砌在圆心角的垂直等分线上。为使楔入锁砖时拱的两侧受力均匀，一般用砖为奇数。

弧形的拱是靠拱胎支撑着进行砌筑的。因此，拱胎的制作及设置正确与否，对砌拱的质量有直接的影响。在砌筑拱前，应先设计和制作拱胎，其方法是按拱的设计尺寸放出大样图（1:1），用楔形砖在大样图上试砌，认为可行后即可在拱的设计位置上进行拱胎的制作。

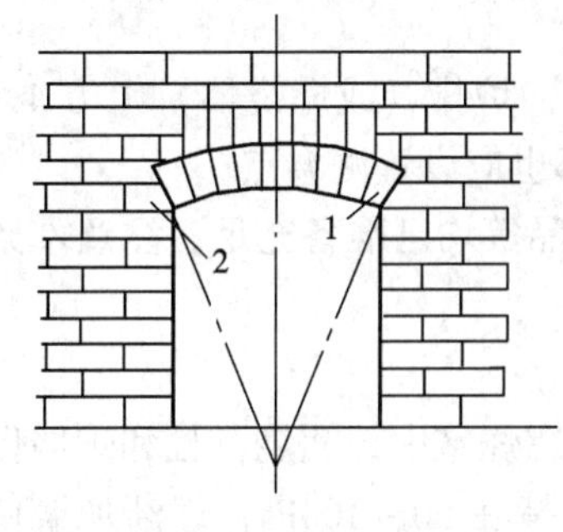

图 7-66　拱与墙体的结合
1—楔形砖；2—异形拱脚砖

砌拱应从两侧开始向中间砌筑，每块楔形砖都砌得灰缝饱满、平整严实，灰缝厚度不超过 2mm，且均应砌于拱心的放射线上。当砌至中心最后一块锁砖时，其楔形缺口应略小于锁砖的厚度，以能插入锁砖的 2/3～3/4 长度为宜，剩下的长度用木锤轻轻打入。两侧的拱脚砖宜用异型砖砌筑，要砌得表面平齐，角度正确，不得在拱脚砖后面砌筑轻质砖或硅藻土砖。拱上方的炉墙可用加工砖沿弧形竖直砌筑，如图 7-66 所示。

4. 耐火混凝土的施工

耐火混凝土应严格按设计及有关建筑施工规范施工。耐火混凝土内的钢筋及埋设件表面不得有污垢，其埋入部分的表面应涂以沥青层，浇灌时应振捣密实。施工后的耐火混凝土表面应平整，不得有蜂窝、麻面、露石、露筋、裂纹等缺陷。施工过程中应注意做好养护工作，养护时间应符合表 7-31 的规定。

耐火混凝土的养护　　**表 7-31**

序　号	品　　种	养护环境	养护温度（℃）	养护时间（d）
1	矾土水泥耐火混凝土	潮湿养护	15～25	≥3
2	磷酸耐火混凝土	干燥环境养护	20～35	3～7
3	水玻璃耐火混凝土	干燥环境养护	15～30	7～14
4	硅酸盐水耐火混凝土	蒸汽养护	60～80	0.5～1
		潮湿养护	15～25	≥7

常用的矾土水泥耐火混凝土的配合比（质量比）为：矾土水泥（400 号）12%～15%、熟料粉料≤15%，细骨料（<5mm）30%～40%、粗骨料（5～15mm）30%～40%，水（外加）9%～11%。其耐温可达 1300～1350℃。

施工时，由于耐火混凝土凝固速度较快，因此宜采用机械搅拌，并应及时浇灌和捣固，一般应在 30～40min 内完成。

第十一节　烘炉、煮炉、试运行

一、烘炉

烘炉的目的是把燃烧室外围炉墙、炉内折烟墙、烟道拱、烟道等所有砌体的水分缓缓烘干，以免锅炉运行时砌体温度升高，水分急剧蒸发而产生裂缝。

烘炉是锅炉安装工程的重要施工工序。

烘炉可按具体情况采用火焰烘炉、热风烘炉、蒸汽烘炉等方法，以火焰烘炉使用较多。

1. 烘炉前应具备下列条件：

(1) 锅炉本体及附件安装完好，试验合格；

(2) 砌筑和保温工作结束，并经检查合格；

(3) 热工仪表校验合格；

(4) 锅炉辅助设备试运转合格；

(5) 炉墙上已装好测量点，测量点应选在炉膛侧墙中部，炉排（或燃烧器）上方 1.5 ~ 2.0m 处。此外，在过热器两侧炉墙中部和省煤器后墙中部也应设置测温点；

(6) 烘炉用木柴及引火物、工具、材料、备品、安全用品等均已准备充足，注意木柴上不得有铁钉，以防炉排卡住。

2. 火焰烘炉的方法

烘炉前先向锅炉注水至正常水位，然后点火，使木柴在燃烧室中部燃烧，且和炉墙保持一定距离，开始时维持小火烘烧，自然通风，炉膛负压保持在 50 ~ 100Pa，逐渐加柴使柴火旺盛，木柴烘烧一般不超三昼夜，以后加煤燃烧烘烤。烘炉过程中温升应平稳，并按过热器后（或相当位置）的烟气温度测定控制温升，第一天温升不超过 50℃，以后每天温升不超过 20℃，后期烟气温度最高不超过 200 ~ 220℃。

烘炉期间，锅炉一直保持不起压，处于无压运行状态。如压力升至 0.1 MPa 时，应打开安全阀排汽；水位保持正常水位，低时应补水；如用生水烘炉每小时应排污两次，如用软水烘炉每小时应排污一次。排污时先注水至最高水位，排污至正常水位。应定期转动炉排，防止炉排过热烧坏。应紧闭炉门、看火门等以保持炉内负压及维持炉温。

烘炉时间长短按锅炉炉型、容量、炉墙结构及施工季节确定。一般小型锅炉为 3 ~ 7d，工业锅炉为 7 ~ 14d，如炉墙特别潮湿应适当延长烘炉时间。

3. 烘炉合格规定

烘炉以达到下列规定之一时为合格：

(1) 用炉墙灰浆试样法时，取燃烧室侧墙中部耐火砖与红砖丁字交叉缝处灰浆试样测定，其含水率应小于 2.5%，或挖出一些炉墙外层砖缝灰浆，用手指碾成粉末后不能重新捏在一起。

(2) 用测温法时，当燃烧室侧墙中部炉排上方 1.5 ~ 2.0m 处测温点，测得红砖外表面向内 100mm 处温度达到 50℃，并维持 48h。

二、煮炉

新装、移装或大修后的锅炉，受热面内表面留有铁锈、油渍和水垢，为保证运行中汽水品质，必须煮炉。

煮炉的原理是：在锅炉中加入碱水，使碱溶液和炉内油垢起皂化反应而生成沉渣，在沸腾炉水作用下脱离锅炉金属壁而沉于底部，最后经排污排出。

煮炉可烘炉结束前2~3d天进行，此期间为烘炉、煮炉同时进行。煮炉时间依锅炉大小、锈垢状况，炉水碱度变化情况确定，一般为24~72h。

煮炉方法为：煮炉前按炉水容积及表7-32规定的加药量，计算出所需药量，在水箱内调成浓度为20%的溶液，搅拌均匀使药品充分溶解，除去杂质物后注入锅筒内（禁止将药物直接投入锅筒）。所用药物一次注入，并注意不使药水进入过热器。操作时穿工作服，戴橡皮手套和眼镜，以加强防护。加热升温使锅炉内产生蒸汽，维持10~12h，此期间可通过安全阀排汽，煮炉后期锅炉压力可保持在工作压力的75%左右，以保证煮炉效果。

煮炉期间应从汽包和下集箱处取炉水水样，监测炉碱度及磷酸根变化情况，一般炉水碱度低于45mmol/L时，应补充加药。取样应平均每小时进行一次。

煮炉时间一到，可逐渐减少给煤量，增加排污和补水次数，使炉温慢慢降低，至停炉冷却排尽炉水，换水并冲洗药物接触过的管道和附件，打开人孔、手孔，清理锅筒内部，并检查管路和阀门。若锅炉、集箱内部无锈迹、油垢，管路和阀门无堵塞，则为煮炉合格。

煮炉时的加药配方 **表7-32**

药品名称	加药量（$kg.m^{-3}$）	
	铁锈较薄	铁锈较厚
氢氧化钠（NaOH）	2~3	3~4
磷酸三钠（$Na_3PO_4.12H_2O$）	2~3	2~3

注：1. 药量按100%的纯度计算。
2. 无磷酸三钠时，可用碳酸钠代替，用量为磷酸三钠的1.5倍。
3. 单独使用碳酸钠煮炉时，每立方米水中加6kg碳酸钠。

三、锅炉试运行

锅炉试运行又称蒸汽严密性试验，是在锅炉正常负荷下，对安装质量的最终检验。

锅炉试运行中，为保持锅炉蒸发量的稳定、水位稳定、压力和温度稳定及蒸汽品质的稳定必须进行必要的调节操作。

1. 水位的调节

（1）注意对水位表的监视，使水位经常在正常水位计液面上下各50mm范围内波动。

（2）水位表至少每班冲洗一次。当发现水位计液面停止波动时，也需进行一次冲洗。

（3）水位计中水位一旦消失，无法判明缺水或满水时，应用“叫水”方法判明情况，在此以前不允许冒然补水或排污。

（4）经常监视锅炉给水压力和温度，当给水采用自动调节时，也应经常监视水位计的变化及蒸汽流量，给水流量是否正常；采用手动上水时，要勤上少上，以免引起汽包水位的急剧变化，造成压力和蒸发量的不稳定。

（5）对于手烧炉，锅炉上水应与加煤错开，加煤时不上水，上水时不加煤，以有助于气压和蒸发量的稳定。

2. 蒸汽压力的调节

（1）锅炉的工作压力应用红线标于压力表盘面上，运行中应根据供汽的具体情况，允许压力有一定的波动范围，如0.05~0.1MPa的上下波动。

（2）在燃烧和给水稳定情况下，气压的变化多由负荷的变化引起，即负荷突然增大，气压会明显降低，反之会明显增高。因此，用汽单位在用汽量急剧变化时，应及时通知锅炉房，以相应调整燃烧状况。

（3）调整燃烧是调节气压使之保持稳定的主要手段。调整燃烧的原则是：按负荷加煤、按加煤量配风，即气压趋于下降时，增加给煤量，且在增加给煤量的同时，先适量增加引风量和鼓风量，以及调节好一、二次风配比，如此，可使燃烧强化，使气压得以保持稳定。反之亦然。

（4）压力表要定期冲洗，防止堵塞。在冲洗表弯管时，要停一会再开表开关，防止蒸汽直接进入压力表。

（5）压力表之间应经常校对。所有压力表每个运行周期应全面校验一次，时间最长一年。

3. 风量的调节

（1）风量的调节要使炉膛上部烟气负压不超过 0~30Pa 的范围，使锅炉完全不漏烟。

（2）应注意锅炉机组各点的负压和各组部件的阻力情况。锅炉本体阻力为省煤器前与炉膛负压的差值。省煤器、空气预热器、除尘器的阻力为该设备前后负压的差值。当烟道和其他各设备阻力增加时，应检查是否由于漏烟、过剩空气增多、受热面破损、漏水、漏汽等原因使烟气体积增大，以找出病根予以根除。

（3）风量的调节是要使炉内保持一个经济合理的过剩空气系数。通常用烟气分析仪测得烟气中二氧化碳 CO_2 含量多少，来反映该系数的大小。锅炉在某一负荷下烟气中 CO_2 含量是由锅炉调整试验确定的。因此，CO_2 含量的有无明显波动可表明燃烧情况的好坏和空气量调节的是否合理。

当烟气中 CO_2 含量比规定值有所增加时，说明炉内空气量不足，过剩空气系数偏小，结果会使不完全燃烧损失增大。当烟气中 CO_2 含量减少时，表明炉内空气量过剩，过剩空气系数偏大，结果会使排烟热损失增大。CO_2 含量的波动值一般应不超过规定值的 ±5%。

如锅炉无 CO_2 自动分析仪表时，则应每月至少用烟气分析器对各部烟气进行一次分析。

（4）风量的调节是否合理，还可用观察火焰颜色来估量。风量合适时，火焰呈亮黄色；风量不足时，火焰呈暗黄、暗红或有绿色火苗；风量过大时，火焰发白刺眼，呈白黄色。

（5）风量调节的是否合适，还可用烟气颜色估量，风量过大烟汽呈白色；风量过小烟气呈黑色；风量适中烟气呈灰白色。

4. 锅炉的排污

为保持锅炉受热面清洁，避免炉水发生泡沫和蒸汽品质变坏，必须对锅炉进行有组织的排污。排污有定期排污和连接排污两种。

定期排污是从各个下汽包或下集箱的最底部排除锅内沉淀物，以改善炉水品质；连续排污一般是从上汽包水面连续排出炉水，因此处炉水含盐量最大，以维持炉水额定含盐量。两种排污管均设一组由两个串联阀门组成的排污阀，炉水先经隔绝阀（直通式截止阀或闸阀）再经调节阀排出。连续排污多用针形调节阀，定期排污多用快开式排污阀。

锅炉运行中的排污应注意如下事项：

（1）排污周期及排污量应由水质监测部门（水处理部门）确定。如无水质监测制度，则每班至少应定期排污一次，每组排污阀排污时间不得超过 30s。

（2）集箱下的排污阀如不大于25mm，汽包下的排污阀如不大于50mm，排污时可不降低锅炉压力和负荷。

（3）排污前和排污后都必须通知司炉长。排污前锅炉水位应调整到稍高于正常水位，排污过程中应严密监视水位，加强补水。

（4）两台锅炉共用一根排污母管时，两台锅炉不能同时排污。若其中一台停炉检修，排污前必须用堵板将两台锅炉的排污管隔开。

（5）排污操作的程序为：先开隔绝阀（快开式），微开调节阀（慢开式），以预热管道，缓缓开启调节阀，此时管内必须无冲击声，否则应立即停止排污，排污完毕先关调节阀，再关隔绝阀，排污阀关闭一段时间后，用手摸排污管测温，以检查排污阀严密程度。按此程序进行定期排污操作，隔绝阀受力好，摩损小不易损坏，在调节阀损坏修理时可不需停炉。

（6）正常停炉前应仔细进行排污。

5. 锅炉受热面的吹灰

锅炉受热面的积灰影响传热效果，降低锅炉水循环的可靠性，降低锅炉效率，故必须定期对各受热面进行吹灰。吹灰操作应注意如下事项：

（1）定期吹灰的间隔时间应视具体情况而定，但至少每班进行一次。辐射受热面不允许积灰和结渣，吹灰次数应较多。

（2）吹灰时应适当增加炉膛负压。吹灰顺序为从炉膛至尾部受热面依次进行，禁止同时开动两支或更多吹灰器，以免吹用蒸汽消耗过多而压力不足。

（3）吹灰前应报告司炉长并得到同意，同时检查吹灰器有无泄漏，启动前要暖管。

（4）吹灰时必须戴好手套、防护眼镜和面罩，开启烟道小门应站在小门一侧，防止烟气伤人。

（5）吹灰蒸汽应保持一定压力，压力不足吹灰效果不佳，浪费蒸汽。

（6）操作转动或移动式吹灰器时，必须左右回转2～3次，每次必须转到终点。转动式吹灰器喷口方向要标注在手轮或转轮上，吹灰终了喷口顺向烟气流动方向，以免喷口内积灰，同时喷口也不要对着炉管，防止漏气损伤炉管。

（7）吹灰终了关闭吹灰管汽阀，打开疏水阀，检查吹灰管是否漏汽。

（8）当无固定式吹灰器时，可用移动式压缩空气吹灰器吹灰。空气枪喷口直径可为20～25mm，空气压力可为0.4～0.6MPa。

（9）锅炉运行不稳定时，禁止吹灰。

6. 链条炉排的运行

为使煤在炉排上稳定燃烧，防止炉排断火和熄火，司炉工必须不断总结操作经验，做到勤看火、勤联系（掌握负荷变动，煤质量变动情况）、勤分析、勤调整，以达到火床稳定，炉膛温度稳定，风压稳定，气压（温度）稳定，负荷稳定。

（1）调整燃烧的主要方法为：调整煤层厚度；调整炉排速度；调整炉排下各风室的风量和总风量；调整二次风；调整引风量。

（2）炉排上煤层厚度除与负荷大小有关外，应视煤质情况确定。一般不粘结烟煤为80～140mm；粘接性烟煤或煤粉较多时，煤层应稍薄；无烟煤、贫煤等煤层应稍厚。

（3）锅炉负荷增加，应相应增加给煤量，操作顺序是：增加引风，再增加送风，最后增加给煤。负荷减小时，操作顺序相反。

(4) 链条炉排一般有五道风闸，从炉前算起，第一风箱只有燃用湿煤时才送风；最后第五风箱应少量送风，因其处在燃烧的燃烬段，少量送风是为了冷却炉排和挡灰装置；中间风箱则应开启，因其处在燃烧段和氧化段，风量应给大。当负荷降低时，不应采用关小炉排下风门的方法，因为那样会使风压增高，此时必须减少总的鼓风量。

(5) 正常的燃烧应是：煤层上火焰密而均匀，煤层平整，燃烧一致，火床上没有发黑发红的地方，不能有火孔和结焦。必要时可用拨火棒拨火消除某些燃烧缺陷。

(6) 任何情况下都不允许燃烧着的煤层延伸到炉前煤闸门附近，并且煤层应在老鹰铁以前燃烬。老鹰铁应保持紧贴炉排，如被灰渣垫起，应及时除去灰渣，使其恢复原位。

(7) 要防止红煤落入灰斗内，就是为了防止烧坏挡渣装置和容易造成炉膛正压现象。必要时可用水熄灭斗中的红煤。

(8) 定期取灰渣、飞灰样品进行分析，测出可燃物含量以确定燃烧的调整是否得当。

(9) 链条炉排运行中应加强监视及维护，如各转动部分的润滑、升温情况（滚动轴承升温不得超过70℃），各处冷却水是否畅通，排水温度是否正常，有无漏水现象，风室和风道有无漏风，各处积灰是否定期清理等。

(10) 运行中或压火期间内，均不得中断送风，以防炉排过热损坏。链条炉排如自动停转，应查明原因，排除故障，否则停炉处理。

7. 省煤器的运行

低压锅炉多采用铸铁肋片式非沸腾省煤器，其运行注意事项如下：

(1) 锅炉升火时应对省煤器采取保护措施，启用旁通烟道或省煤器再循环水管。

(2) 锅炉正常运行后，省煤器出水温度应比工作压力下饱和蒸汽温度至少低40℃，若出水温度较高，应微启旁通烟道挡板，以减少通过省煤器的烟气量。若无旁通烟道，可适当增加锅炉排污，以增大进水量降低出水温度。

(3) 省煤器烟气出口温度应保持在烟气中水蒸气露点温度以上，以防止省煤器外部结露水珠与烟气中二氧化硫、一氧化硫结合，成为亚硫酸而腐蚀省煤器管壁。

(4) 省煤器运行中应经常检查所有法兰连接处的运行状况，发现泄漏应及时维修。

(5) 省煤器前负压明显减小时，表明可能有烟灰堵塞或漏水现象，应立即查明处理。

第十二节 水泵的安装

水泵的种类很多，但就其安装型式来分，可分成两类，即带底座水泵和不带底座水泵。

带底座水泵是指水泵与电动机一起固定于一个底座上，又称整体式水泵，泵与电动机多通过联轴器（靠背轮）传动，传动效率较高；不带底座水泵是指水泵与电动机分别设基础，传动靠皮带间接传动，传动效率低，又称分体式水泵。

工程上所安装使用的水泵，多为带底座的水泵，本节以IS型带混凝土基础底座水泵的安装为例，进行介绍。IS型水泵（不减振）安装如图7-67所示。

水泵安装程序分为基础的放线定位、基础施工、水泵安装、配管安附件、试运转及故障排除。

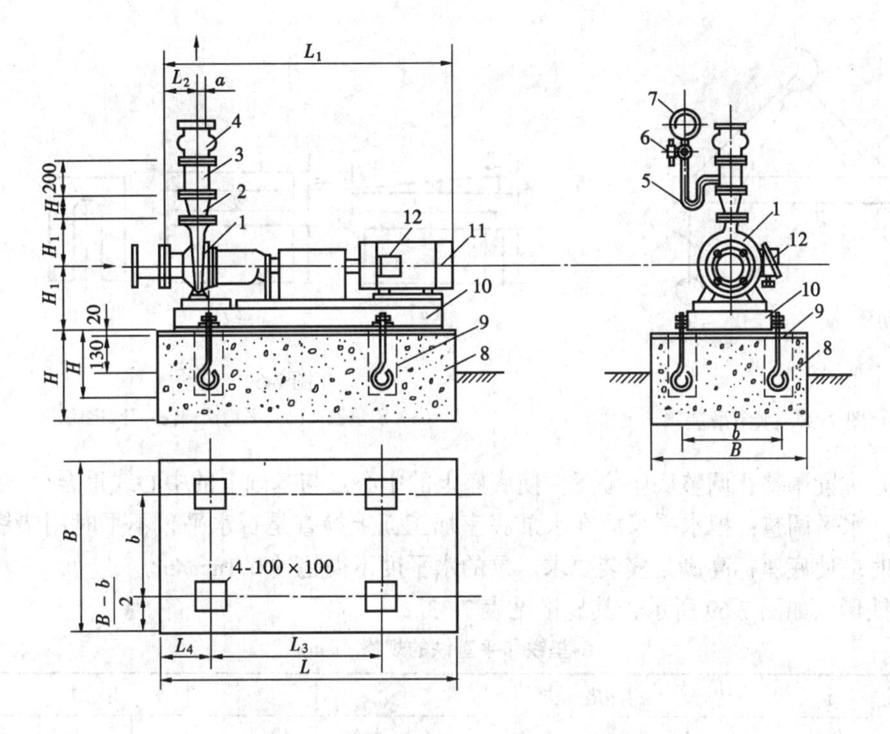

图 7-67　IS 型水泵（不减振）安装

1—水泵；2—吐出锥管；3—短管；4—可曲挠接头；5—表弯管；6—表旋塞；7—压力表；8—混凝土基础；9—地脚螺栓；10—底座；11—电动机；12—接线盒

一、基础的放线定位与施工验收

水泵基础的放线定位与施工验收详见本章第二节。安装时主要检查基础的坐标、高度、平面尺寸和预留地脚螺栓孔位置、大小、深度，同时应检查混凝土的质量。在检查的同时，应按已到货水泵底座尺寸、螺栓孔中心距等尺寸来核对混凝土基础。

水泵基础要求顶面应高于地面 100～150mm，基础平面尺寸比设备底座长度和宽度各大 100～150mm。

二、水泵安装

1. 水泵安装前应对水泵进行以下检查：

（1）按水泵铭牌检查水泵性能参数，即水泵规格型号、电动机型号、功率、转速等。

（2）设备不应有损坏和锈蚀等情况，管口保护物和堵盖应完整。

（3）用手盘车应灵活、无阻滞、卡住现象，无异常声音。

在对水泵进行检查的同时，在设备底座四边画出中心点，并在基础上也弹画出水泵安装纵横中心线。灌浆处的基础表面应凿成麻面，被油沾污的混凝土应凿除。最后把预留孔中的杂物除去。

2. 对铸铁底座上已安装好水泵和电动机的小型水泵机组，可不做拆卸而直接投入安装，其安装程序如下：

（1）吊装就位：将泵连同底座吊起，除去底座底面油污、泥土等脏物，穿入地脚螺栓并把螺母拧满扣，对准预留孔将泵放在基础上，在底座与基础之间放上垫铁。吊装时绳索要系在泵及电动机的吊环上，且绳索应垂直于吊环，如图 7-68 所示。

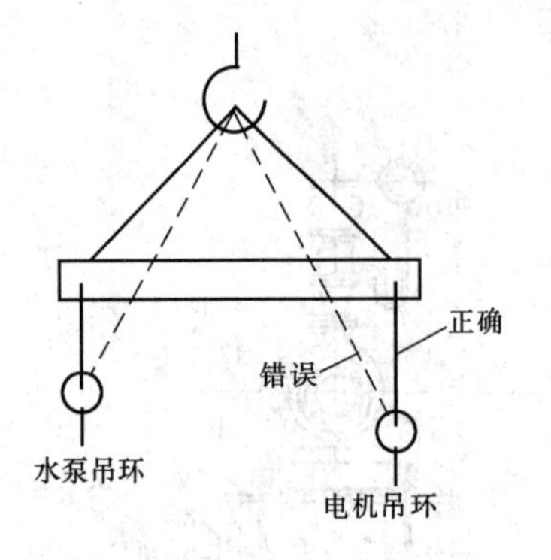

图 7-68　水泵吊装

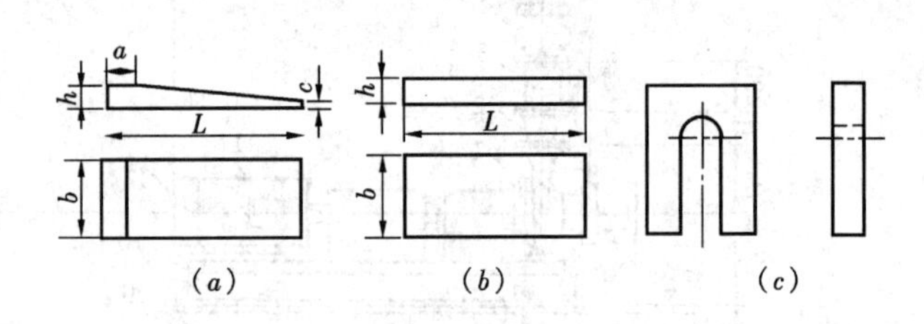

图 7-69　垫铁

(a) 斜垫铁；(b) 平垫铁；(c) 开口垫铁

(2) 位置调整：调整底座位置，使底座上的中心点与基础上的中心线重合。

(3) 水平调整：把水平尺放在水泵底座加工面上检查是否水平，不平时用垫铁找平。找平同时应使底座标高满足安装要求。泵的水平度不得超过 0.1mm/m。

垫铁形状如图 7-69 所示，其规格见表 7-33。

斜垫铁和平垫铁的规格 (mm)　　**表 7-33**

项次	斜垫铁						平垫铁			
	代号	L	b	c	a	材料	代号	L	b	材料
1	斜 1	100	50	3	4	普通碳素钢	平 1	90	60	铸铁或普通碳素钢
2	斜 2	120	60	4	6		平 2	110	70	
3	斜 3	140	70	4	8		平 3	125	85	

注：1. 厚度可按实际需要和材料决定；斜垫铁斜度宜为 1/10；铸铁平垫铁的厚度，最小为 20m。

2. 斜垫铁应与同号子垫铁配合使用。

如设备的负荷由垫铁组承受时，宜使用平垫铁，垫铁的面积应能足够承受设备的负荷，不承受主要负荷的垫铁组，用斜垫铁配平垫铁使用。每一垫铁组应尽量减少垫铁的块数，一般不超过三块，并少用薄垫铁。放置平垫铁时，最厚的放在下面，最薄的放在中间，并将各垫铁相互焊牢，铸铁垫铁可不焊。

(4) 同心度调整：调整的方法是在电动机吊装环中心和泵壳中心两点间拉线、测量，使测线完全落于泵轴的中心位置，调整的方法是机动水泵或电动机与底座的紧固螺栓，微动调整。

水泵和电动机同心度的检测，可用钢角尺检测其径向间隙，也可用塞尺检测其轴向间隙，如图 7-70。把直角尺放在联轴器上，沿轮缘周围移动，若两个联轴器的表面均与角尺相靠紧，则表示联轴器同心，图中 aa' 误差应保持在 3/100mm 以内，且最大值不应超过 0.08mm。图 7-71，是用塞尺在联轴器间的上下左右对称四点测量，若四处间隙相等，则表示两轴同心，图中 bb，的误差值保持在 5/100mm 以下，且不超过 2～4mm。当两个联轴器的径向和轴向均符合要求后，将联轴器的螺栓拧紧。

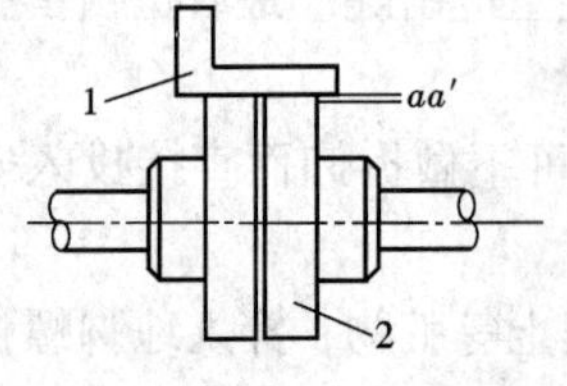

图 7-70　径向间隙的测定

1—直角尺；2—联轴器

(5) 二次浇灌：在水泵就位后的各项调整合格后，将地脚螺栓上的螺母拧好，然后把细石混凝土捣入基础螺栓孔内，浇灌地脚螺栓孔的混凝土应比基础混凝土高一级。

二次浇灌应保证使地脚螺栓与基础结为一体。待混凝土强度达到规定强度的75%后，对底座的水平度和水泵与电动机的同心度再进行一次复测并拧紧地脚螺栓。安装地脚螺栓时，应达到以下要求：

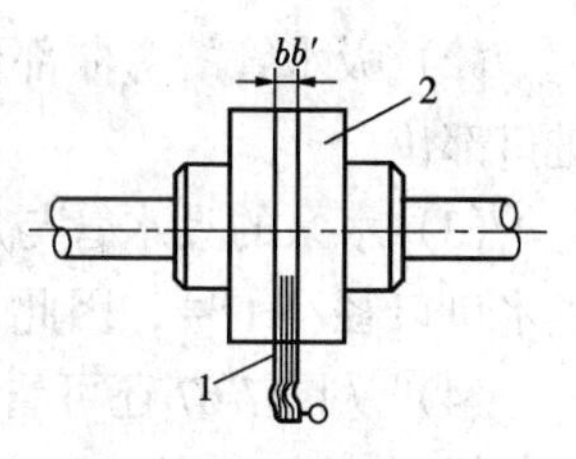

图 7-71　轴向间隙的测定
1—塞尺；2—联轴器

1）地脚螺栓的铅垂度不应超过10/1000；螺栓离孔壁的距离应大于15mm；

2）地脚螺栓底端不应碰孔底；

3）地脚螺栓上的油脂和污垢应清除干净，其螺纹部分应涂油脂；

4）螺母与垫圈间和垫圈与设备底座间的接触均应良好；

5）拧紧螺母后，螺栓必须露出螺母1.5~2个螺距；

6）基础抹面：将底座与基础面之间的缝隙填满砂浆，并和基础面一道用抹子抹平压光。砂浆的配制比为水泥:细砂=1:2。

水泵安装稳固后，应及时填写“水泵安装记录”，如表7-34所示。

水泵安装记录　　表 7-34

<table>
<tr><td colspan="3">工程名称</td><td></td><td>施工图号</td><td></td></tr>
<tr><td colspan="3">水泵型号</td><td></td><td>操作人</td><td></td></tr>
<tr><td colspan="3">水泵位置编号</td><td></td><td>记录日期</td><td></td></tr>
<tr><td colspan="3">项　　目</td><td>允许偏差（mm）</td><td>实测偏差（mm）</td><td>附　注</td></tr>
<tr><td rowspan="3">水　泵</td><td colspan="2">泵体水平度（每1m）</td><td>0.1</td><td></td><td></td></tr>
<tr><td rowspan="2">联轴器</td><td>轴向倾斜</td><td>0.8</td><td></td><td></td></tr>
<tr><td>径向位移</td><td>0.1</td><td></td><td></td></tr>
<tr><td rowspan="3">地脚螺栓</td><td colspan="2">垂直度（每1m）</td><td>10′</td><td></td><td></td></tr>
<tr><td colspan="2">直径 d（mm）</td><td></td><td></td><td></td></tr>
<tr><td colspan="2">长度 L（mm）</td><td></td><td></td><td></td></tr>
<tr><td rowspan="4">垫　铁</td><td colspan="2">材质</td><td></td><td rowspan="4">垫铁平面布置</td><td rowspan="4"></td></tr>
<tr><td colspan="2">种类</td><td></td></tr>
<tr><td colspan="2">规格</td><td></td></tr>
<tr><td colspan="2">每组块数（最多）</td><td></td></tr>
<tr><td>安装说明</td><td colspan="5"></td></tr>
<tr><td colspan="2">建设单位</td><td colspan="2"></td><td>施工单位</td><td></td></tr>
<tr><td colspan="2">检查人</td><td colspan="2"></td><td>检查人</td><td></td></tr>
</table>

三、配管安装附件

水泵管路由吸入管和压出管两部分组成，吸入管上应装闸阀（非自灌式在管端装吸水底阀），压出管上应装止回阀和闸阀，以控制关断水流，调节泵的出水流量和阻止压出管路中的水倒流，这就是俗称的“一泵三阀”。水泵配管的安装要求如下：

(1) 自灌式水泵吸水管路的底阀在安装前应认真检查其是否灵活，且应有足够的淹没深度。

(2) 吸水管的弯曲部位尽可能做得平缓，并尽量减少弯头个数，弯头应避免靠近泵的进口部位。

(3) 水泵的吸水管与压出管管径一般与吸水口口径相同，而水泵本身的压水口要比其进水口口径小1号，因此，压水管一般以锥形变径管和水泵连接，如图7-67所示。

(4) 从图7-67还可看出，水泵与进、出水管的连接多为挠性连接，即通过可挠曲接头与管路连接，以防止泵的震动和噪音沿着管路传播。

(5) 与水泵连接的水平吸水管段，应有0.01~0.02的坡度，使泵体处于吸水管的最高部位，以保证吸水管内不积存空气。

(6) 泵的吸水口与大直径管道连接时，应采用偏心异径管件，且偏心异径管件的斜部在下，以防止存气。

四、试运转及故障排除

水泵的试运行是验收交工的重要工序。实践表明，泵的事故多发生在运行初期。通过试运行及时进行故障的排除。

1. 试运前的检查

水泵试运前，应做全面检查，经检查合格后，方可进行试运转，检查的主要内容如下：

(1) 电动机转向的检查，泵与电动机的转向必须一致。泵的转向可通过泵壳顶部的箭头确定，或通过泵壳外形辨别，这时只要启动电动机就可确认泵与电动机的旋转方向是否一致。如转向不一致，可将电动机的任意两根接线调换一下即可。

(2) 每个润滑部位应先涂注润滑油脂，油脂的规格、数量和质量应符合技术文件的规定。轴箱内的油位应位于油窗的中间。

(3) 检查各部位螺栓是否安装完好，各紧固连接部位不应松动。

(4) 检查管道上的压力表、止回阀、闸阀等附件是否安装正确完好。吸水管上的阀门是否安全，压出管上的阀门是否关闭。

(5) 用手盘车应灵活、正常。

2. 水泵的启动

水泵的启动多为“零流量启动”，即在出口阀门关闭的状态下启动水泵。泵启动时，不应使其一下子达到额定转速，而应做二、三次反复启动和停止的操作后，再慢慢地增加到额定转速，达到额定转速后，应立即打开出口阀，出水正常后再打开压力表表阀。

3. 水泵的运行

水泵在设计负荷下连续试运转不少于8h，并注意以下事项：

(1) 压力、流量、温度和其他要求应符合设备技术文件的规定。

(2) 无不正常的振动和噪声。

(3) 轴箱油量及甩油环工作是否正常，滚动轴承温度不应高于80℃，滑动轴承不应高于70℃。

(4) 泄漏量普通软填料每分钟不超过10~20滴，机械密封每分钟不超过3滴，如渗漏过多，可适当拧紧压盖螺栓。

(5) 运行中流量的调节应通过压出管路上的阀门进行，而不用进水阀门。

(6) 检查备用泵和旁通管上的止回阀是否严密，以免运行中介质回流。

(7) 注意进出口压力、流量、电流等工况。如压力急剧下降，可能吸入管有堵塞或吸入了污物和空气；如压力急剧上升，可能压出管有堵塞；如电流表指针跳动，可能泵内有磨研现象。

(8) 离心泵的停车也应在出口阀全闭的状态下进行。

4. 运行故障与处理

运行故障大致分为泵不出水，流量不足，振动及杂音，消耗功率过大，轴承发热等五个方面，其产生原因及相应的排除故障方法见表 7-35。

泵试运行的常见故障及排除方法 **表 7-35**

序号	故障类型	产生的原因	排除的方法
1	泵不出水	(1) 泵及吸入管启动前未灌满水 (2) 吸入管漏气 (3) 泵转速太低 (4) 底阀阻塞 (5) 吸入高度过大 (6) 泵转向不符 (7) 扬程超过额定值	(1) 再次充水直至充满 (2) 检查吸入管，消除漏气处 (3) 用转速表检查并加以调整 (4) 清理底阀阻塞物 (5) 降低泵的安装高度 (6) 改变电动机接线，使泵正转 (7) 降低扬程至额定值范围
2	流量不足	(1) 管路或底阀淤塞 (2) 填料不紧密或破碎而漏气 (3) 皮带太松打滑，转速低 (4) 吸入管不严密 (5) 出水闸阀未全部开启 (6) 抽吸流体温度过高 (7) 转速降低	(1) 清洗管路、底阀及泵体 (2) 拧紧填料压盖或更换填料 (3) 调节皮带松紧度或更换皮带 (4) 检查泄漏处，消除泄漏 (5) 开启 (6) 适当降低抽吸流体的温度 (7) 检测电压，使供电正常
3	振动和杂声	(1) 泵和电动机不同心 (2) 轴弯曲、轴和轴承摩损大 (3) 流量太大 (4) 吸入管阻力太大 (5) 吸入高程太大	(1) 校正同心度 (2) 校正或更换泵轴及轴承 (3) 关小压出管闸阀，调节出水量 (4) 检查吸水管及底阀，减小阻力 (5) 降低泵的安装高度
4	消耗功率过大	(1) 填料函压得太紧 (2) 叶轮转动部分和泵体摩擦 (3) 泵内部淤塞 (4) 止推轴颈磨损，温度升高 (5) 转速太高，流量扬程不符	(1) 旋松填料压盖螺母 (2) 检查泵轴承间隙，消除摩擦 (3) 检查清洗泵内部 (4) 更换轴承 (5) 调整转速
5	轴承发热	(1) 润滑脂过多或过少 (2) 泵和电机不同心 (3) 滚珠轴承和托架压盖间隙小 (4) 皮带过紧 (5) 润滑油（脂）质量不佳	(1) 过多的减少，不足的补加 (2) 校正同心度 (3) 拆开压盖加垫片，调整间隙值 (4) 调整皮带松紧度 (5) 更换润滑油（脂）

思考题与习题

1. 简述散装锅炉安装程序。

2. 锅炉安装准备工作主要内容有哪些?

3. 设备基础的检查验收的内容和方法是什么?

4. 试述锅炉钢架安装的步骤，安装校正调整的内容及方法。

5. 锅筒安装前应进行哪些检查，检查方法是什么?

6. 锅筒安装的校正和调整内容及方法是什么?

7. 受热面管子的质量检查有哪些方面?

8. 试述管子胀接原理。

9. 胀管器有几种? 如何操作使用?

10. 管子胀口的质量要求是什么?

11. 锅炉辅助受热面、本体附件的安装各有哪些方面?

12. 弹簧管压力表的安装要求有哪些?

13. 玻璃温度计、压力式温度计的安装要求有哪些?

14. 链条炉排主要的组成部件有哪些? 安装顺序如何?

15. 锅炉本体水压试验的压力如何确定? 水压试验合格标准是什么?

16. 烘炉、煮炉的目的是什么? 其合格的标准是什么?

17. 试述水泵的安装程序及技术要求。

18. 说明离心泵试运转的程序及应达到的要求。

19. 某厂散装锅炉，对流管束挂装时测得，打磨后管子外径为50.9mm，内径44.4mm，锅筒上管孔直径为51.7mm，采用翻边胀管器将管子胀在管孔上，测得胀完后管子内径为46mm，求胀管率。

第八章　通风与空调系统的安装

通风工程指一般送、排风和除尘、排毒工程，空调工程是指一般空调、恒温、恒湿与空气洁净工程。本章将对其组成的管道及主要设备的安装技术进行讨论。

第一节　通风工程常用材料与机具

一、通风工程常用材料

1. 金属薄板

金属薄板是制作风管、配件和部件的主要材料，其表面应平整、光滑，厚度一致，允许有紧密的氧化物薄膜，但不能有结疤、划痕、裂缝。通常使用的有普通薄钢板、镀锌钢板、铝板、不锈钢板和塑料复合钢板等。

(1) 普通薄钢板　俗称黑铁皮或屋面铁皮，由碳素钢热轧而成，有良好的机械强度和加工性能，价格比较便宜，在通风工程中使用最为广泛。但其表面易生锈蚀，故在使用前应刷油防腐。

(2) 镀锌钢板　由普通钢板镀锌后制成，俗称白铁皮，其表面锌层有良好的防腐作用，一般不再作油漆防腐处理。常用于输送不受酸雾作用的潮湿环境中的通风、空调系统的风管及配件、部件的制作。

(3) 铝合金板　铝合金板以铝为主，加入一种或几种其他元素（如铜、镁、锰等）制成铝合金。由于铝的强度低，使其用途受到了限制，而铝合金有足够的强度，单位质量较小，塑性及耐腐蚀性能也很好，易于加工成型，且摩擦时不易产生火花，常用于通风工程中的防爆系统。

(4) 不锈钢板　又叫不锈耐酸钢板。在空气、酸及碱性溶液或其他介质中有较高的化学稳定性。在高温下具有耐酸碱腐蚀能力，因而多用于化学工业中输送含有腐蚀性气体的通风系统。不锈钢的钢号较多，其用途也各不相同，施工时应按设计要求选用。

(5) 塑料复合钢板　塑料复合钢板是在普通钢板表面上喷涂一层0.2～0.4mm厚的塑料层。这种复合钢板既有强度大，又有耐腐蚀性能，常用于防尘要求较高的空调系统和温度在－10～70℃以下的耐腐蚀系统的风管制作。其规格可参考普通钢板。

2. 非金属风道材料

(1) 硬聚氯乙烯板　又称硬塑料板。是由硬聚氯乙烯树脂加稳定剂和增塑剂热压加工而成。它在普通酸类、碱类和盐类作用下，有良好的化学稳定性，有一定机械强度、弹性和良好的耐腐蚀性，便于加工成型，在通风风管、部件和风机制造中，得到较广泛应用。

(2) 玻璃钢　目前，在通风与空调工程中，用耐酸（耐碱）合成树脂和玻璃布粘结压制而成的有机玻璃钢风管，已有广泛应用，其显著特点是具有良好的耐酸碱腐蚀性能，且不同规格的风管和法兰一道，可在工厂中加工成整体管段，极大地加快了施工安装速度。

近年来，用硅藻土等无机材料和粘结剂制作的无机玻璃钢风管已经问世，其耐火、耐腐蚀性能也很突出，应用前景广阔。

(3) 其他风管材料　在风道制作中，可因地制宜、就地取材，采用砖、混凝土、矿渣石膏板、木丝板等材料做成不同材质的非金属风道。

3. 各种型钢

通风与空调工程使用大量角钢、扁钢、圆钢及槽钢等型钢材料，制作风管法兰、支吊架和风管部件。

4. 辅助材料

(1) 垫料：

1) 石棉绳　石棉绳由矿物石棉纤维加工编织而成。一般使用直径为 3～5 mm，用于输送介质温度高于 70℃的空气及烟气的风管法兰垫料。

2) 石棉橡胶板　石棉橡胶板由石棉纤维和橡胶等材料合成加工制成，常用厚度为 3～5 mm，多用于输送高温气体风管的垫料。

3) 橡胶板　橡胶板具有良好的弹性，多用于严密性要求较高的除尘或空调系统的垫料。

4) 软聚氯乙烯塑料板　软聚氯乙烯塑料板具有良好的弹性和耐腐蚀性，适用于含有腐蚀性气体风管的垫料。

5) 闭孔海绵橡胶板　闭孔海绵橡胶板是一种新型垫料，其表面光滑，内部有空隙，弹性良好，最适合作输送产生凝结水或含有蒸汽的湿空气风管的垫料。

(2) 螺栓、螺母及铆钉　螺栓、螺母及垫圈用于通风、空调系统中支、吊架的安装及风管法兰的连接。螺栓用直径×长度表示，其中长度指螺栓杆净长度，常用六角螺栓分通丝、半丝。螺母用直径表示，常用螺母规格应与螺栓规格相配套。

铆钉有半圆头、平头和抽芯铆钉三种，用于板材与板材、风管或配件与法兰之间的连接，即铆接用料。

抽芯铆钉又叫拉拔铆钉，由防锈铝合金与钢丝材料制成。使用时用拉铆枪抽出钢钉，铝合金即自行膨胀，形成肩胛，将材料紧密铆接牢固。使用这种铆钉施工方便，工效很高，并可消除手工敲打噪声。

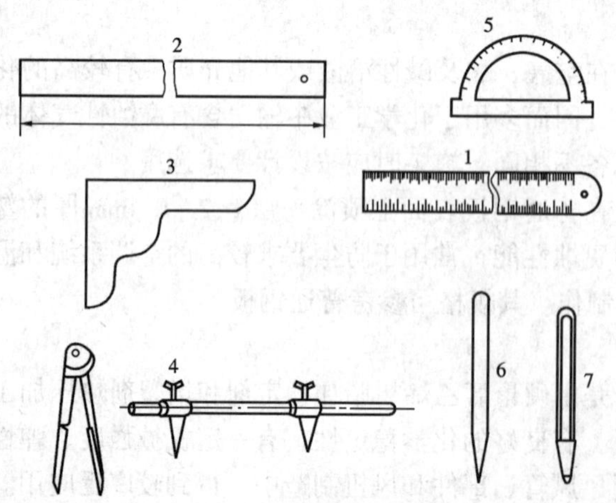

图 8-1　常用划线工具

1—不锈钢钢板尺；2—钢板直尺；3—直角尺；4—划规、地规；5—量角器；6—划针；7—样冲

5. 消耗材料

消耗材料指施工过程中必须使用，但施工后又无其形象存在（未构成工程实体）的材料。如切割、焊接用的氧气、乙炔气、风管法兰加热煨制时用的焦炭、木柴，施工用锯条、破布；锡焊时用的木炭、焊锡、盐酸等材料。

二、通风工程常用机具

1. 常用的划线工具

常用划线工具如图 8-1 所示，它

们包括：

（1）钢板尺　钢板尺用不锈钢板制成，其长度为150mm、300mm、600mm、900mm、1000mm几种，尺面上刻有公制长度单位。用于量测直线长度和划直线。

（2）直角尺　直角尺也称角尺，用薄钢板或不锈钢板制成，用于划垂直线或平行线，并可作为检测两平面是否垂直的量具。

（3）划规　划规用于划较小的圆、圆弧、截取等长线段等，地规用于划较大的圆。划规和地规的尖端应经淬火处理，以保持坚硬和经久耐用。

（4）量角器　用于量测和划分各种角度。

（5）划针　一般由中碳钢制成，用于在板材上划出清晰的线痕。划针的尖部应细而硬。

（6）样冲　样冲多为高碳钢制成，尖端磨成60°角，用来在金属板面上冲点，为圆规划圆或划弧定心，或作为钻孔时的中心点。

（7）曲线板　曲线板用于连接曲面上的各个截取点，划出曲线或弧线。

2. 剪切工具

剪切分为手工剪切和机械剪切。

（1）手工剪切　手工剪切常用的工具有直剪刀、弯剪刀、侧刀剪和手动滚轮剪刀等，可依板材厚度及剪切图形情况适当选用。剪切厚度在1.2mm以下。

（2）机械剪切　常用的剪切机械有：

1）龙门剪板机：适用于板材的直线剪切，剪切宽度为2000mm，厚度为4mm。龙门剪板机由电动机通过皮带轮和齿轮减速，经离合器动作，由偏心连杆带动滑动刀架上的刀片和固定在床身上的下刀片进行剪切。当剪切大批量规格相同的板材时，可不必划线，只要把床身后面的可调挡板调至所需要的尺寸，板材靠紧挡板就可进行剪切。如图8-2所示。

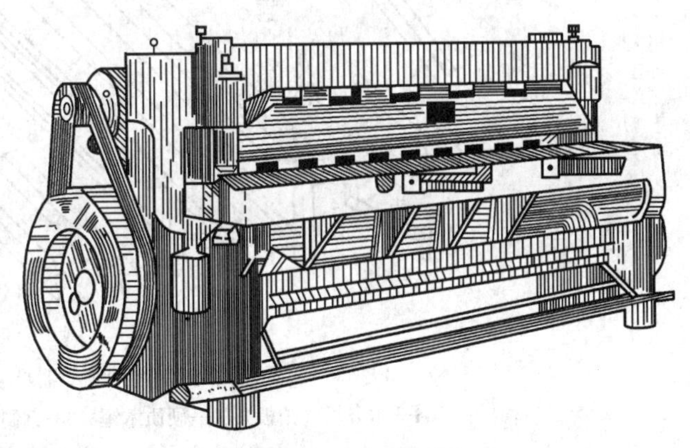

图8-2　龙门剪板机

2）振动式曲线剪板机：适于剪切厚度为2 mm以内的曲线板材，该机能在板材中间直接剪切内圆（孔）。也能剪切直线，但效率较低。它由电动机通过皮带轮带动传动轴旋转，使传动轴端部的偏心轴及连杆带动滑块作上下往复运动，用固定在滑块上的上刀片和固定在床身上的下刀片进行剪切，该机刀片小，振动快，剪切曲线板材最为方便。如图8-3所示。

3）双轮直线剪板机：适用于剪切厚度在2 mm以内的板材，可做直线和曲线剪切，如图8-4所示。使用范围较宽，操作也较灵活，人工操作时手和圆盘刀应保持一定距离，防止发生安全事故。

3. 咬口工具

咬口连接是把需要相互连接的两个板边折成能互相咬合的各种钩形，钩接后压紧折边的连接形式，咬口的方法有手工和机械两种。

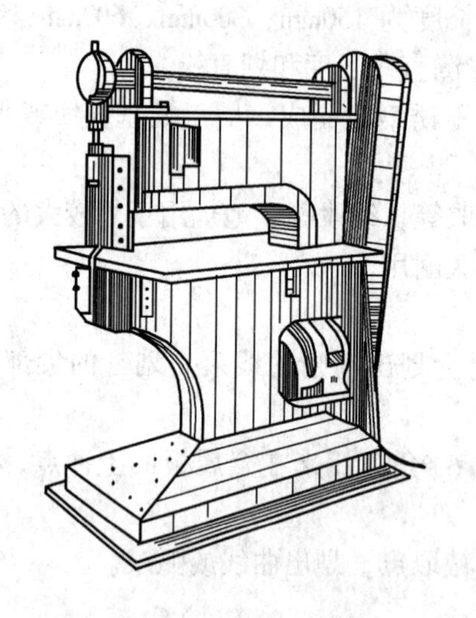

图 8-3　振动式曲线剪板机

图 8-4　双轮剪板机

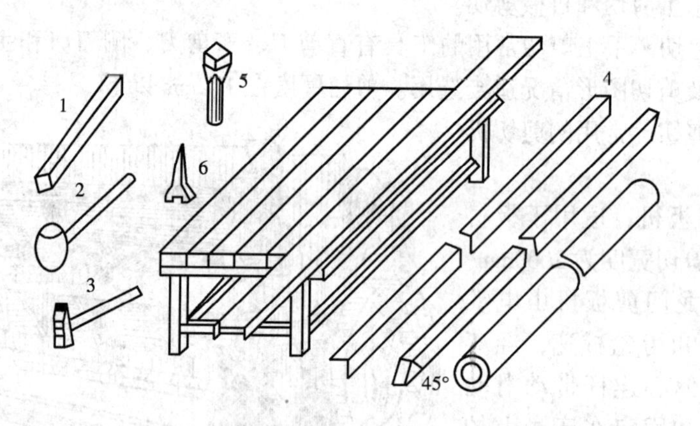

图 8-5　手工咬口工具

1—木方尺（拍板）；2—硬质木锤；3—钢制方锤；4—垫铁；
5—衬铁；6—咬口套

（1）手工咬口使用的工具如图 8-5 示，它们包括：

1）木方尺（拍板），用硬木制成，用来拍打咬口。

2）硬质木锤，用来打紧打实咬口。

3）钢制方锤，用来制作圆风管的单立咬口和咬口修正，矩形风管的角咬口。

4）工作台上固定有槽钢、角钢或方钢，用来作拍制咬口的垫铁；当做圆风管时用钢管固定在工作台上作垫铁。

5）衬铁，它是操作时便于手持的一种垫铁。

6）咬口套，用于压平咬口。

（2）机械咬口使用的机械有：

1）单平咬口折边机：如图 8-6 所示，适用于加工板材厚度为 0.5～1.2mm。

2）矩形弯头联合角咬口折边机：如图 8-7 所示，适用于分四块板材制作矩形弯头或异径矩形弯头的侧面扇形板材的折边。

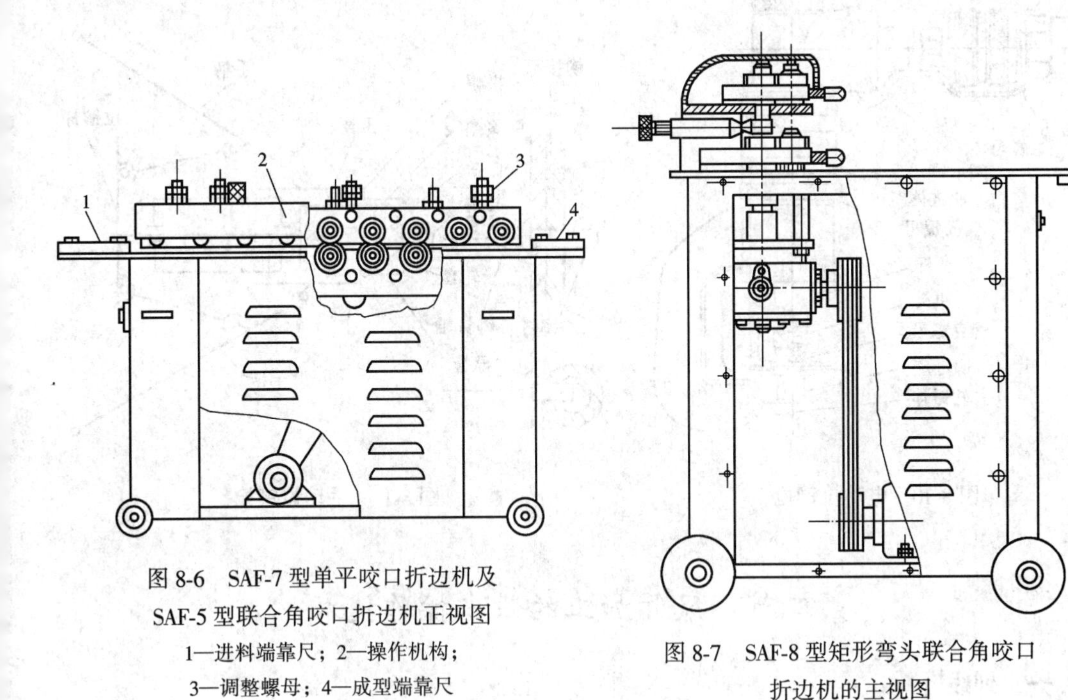

图 8-6　SAF-7 型单平咬口折边机及 SAF-5 型联合角咬口折边机正视图

1—进料端靠尺；2—操作机构；3—调整螺母；4—成型端靠尺

图 8-7　SAF-8 型矩形弯头联合角咬口折边机的主视图

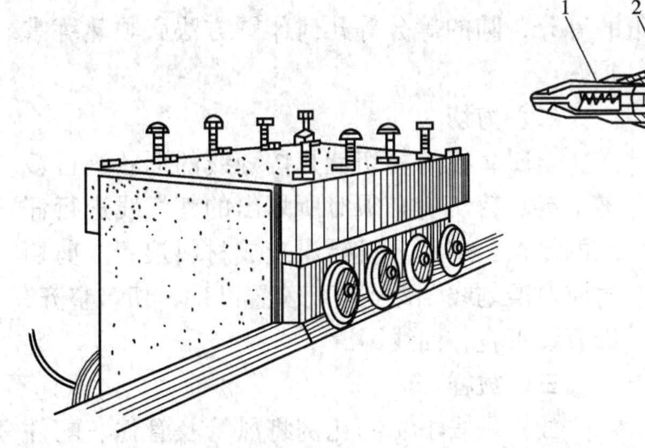

图 8-8　直线多轮咬口机

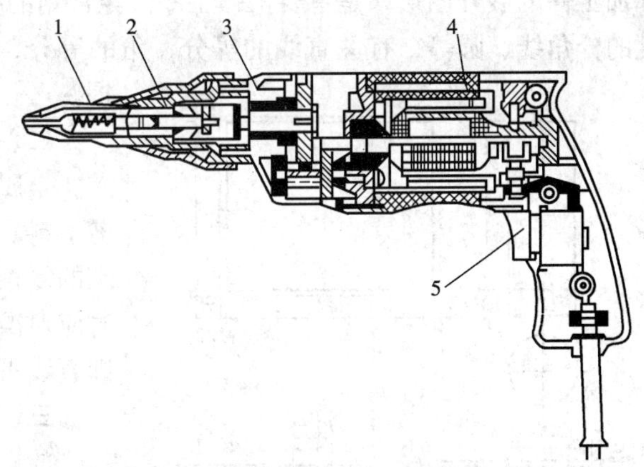

图 8-9　手提电动液压铆接机

1—退钉机构；2—拉伸机构；3—变速箱；4—电动机；5—开关

3）直线多轮咬口机：如图 8-8 所示，适用于厚度为 1.2mm 以内的折边咬口。是由电动机经皮带轮和齿轮减速，带动固定在机身上的槽形不同的滚轮转动，使板边的变形由浅到深，循序渐变，被加工成所需咬口形式。

4．铆接工具

在通风空调工程中，常用的铆接机械有：手提电动液压铆接机（图 8-9）、电动拉铆枪（图 8-10）及手动拉铆枪（图 8-11）等。机械铆接穿孔、铆接一次完成，工效高，省力，操作简便，噪声小。

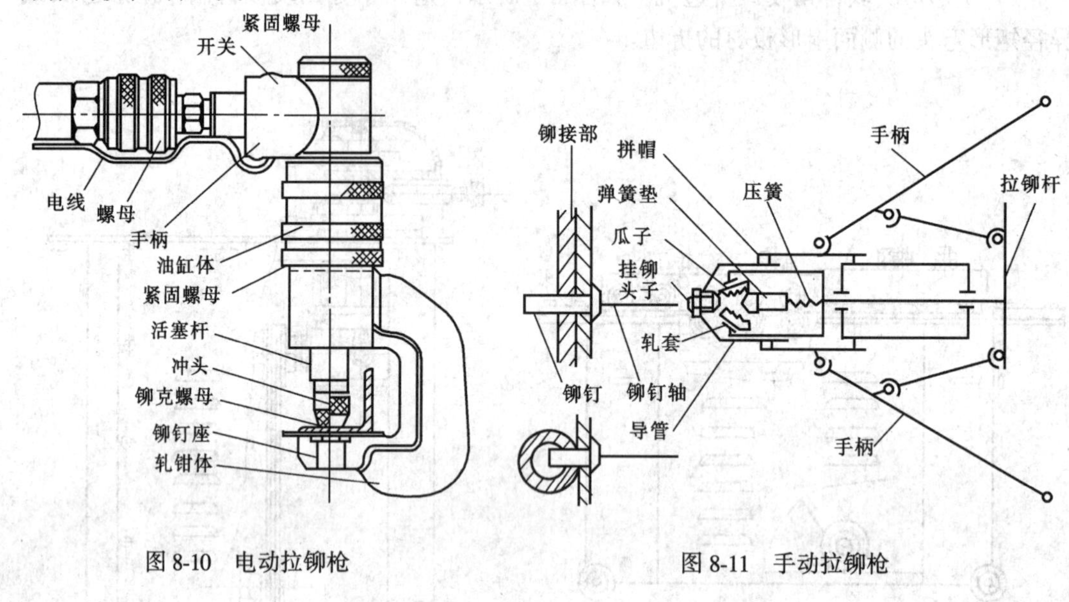

图 8-10 电动拉铆枪　　　　图 8-11 手动拉铆枪

第二节 风管加工的基本操作技术

一、划线

对于用金属薄板加工制作风管时，用几何作图的基本方法，在板面上划出各种线段和加工件的展开图形，是首要操作工序。经常划的线有直线及其平行线、直角线、各种角度的分角线、圆等，有关直线的等分、角的等分、圆的等分等几何作图方法必须熟练掌握。

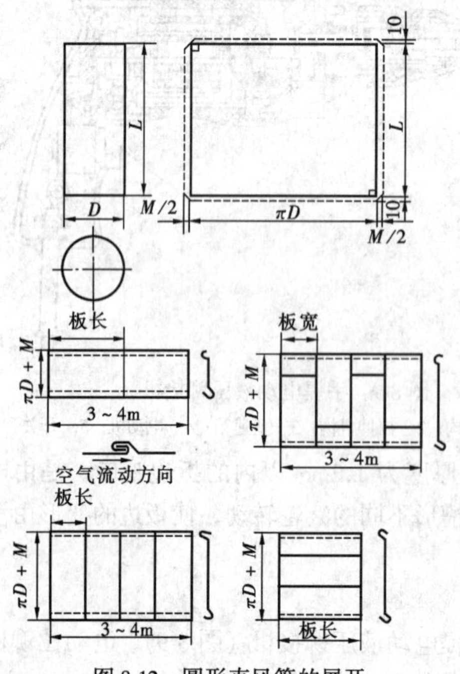

图 8-12 圆形直风管的展开

二、剪切

金属薄板的剪切就是按划线的形状进行裁剪下料。剪切前必须对所划出的剪切线进行仔细的复核，避免下料错误造成材料浪费。剪切时应对准划线，做到剪切位置准确，切口整齐，即直线平直，曲线圆滑。

三、放样

放样是按 1∶1 的比例将风管及管件、配件的展开图形画在板材表面上，以作下料的剪切线。放样是基本操作技术，必须熟练掌握。

1. 直风管的展开放样

风管有圆形和矩形两种。其使用规格已标准化，并在全国范围内通用。

(1) 圆形直风管的展开　圆形直风管的展开是一个矩形，其一边长为 πD，另一边长为 L，其中 D 是圆形风管外径，L 是风管的长度。

如图 8-12 所示。

为了保证风管的加工质量，放样展开时，矩形展开图的四个角必须垂直，对画出的图样可用对角线法进行校验。当风管采用咬口卷合时，还应在图样的外轮廓线外再按板厚画出咬口留量，如图中虚线所示的 M 值。当风管间采用法兰连接时，还应画出风管的翻边量，如图中虚线所示的 10mm 值（法兰连接的风管端部翻边量一般为 10mm）。

当风管直径较大，用单张钢板料不够时，可按图 8-12 所示的方法先将钢板拼接起来，再按展开尺寸下料。

（2）矩形直风管的展开　矩形直风管的展开图也是一个矩形，其一边长度为 $2(A+B)$，另一边为风管长度 L。如图 8-13 所示。放样画线时，对咬口折合的风管同样按板材厚度画出咬口留量 M 及法兰连接时的翻边量（10mm）。

对画出的展开图必须经规方检验，使矩形图样的四个角垂直，以避免风管折合时出现扭曲现象。

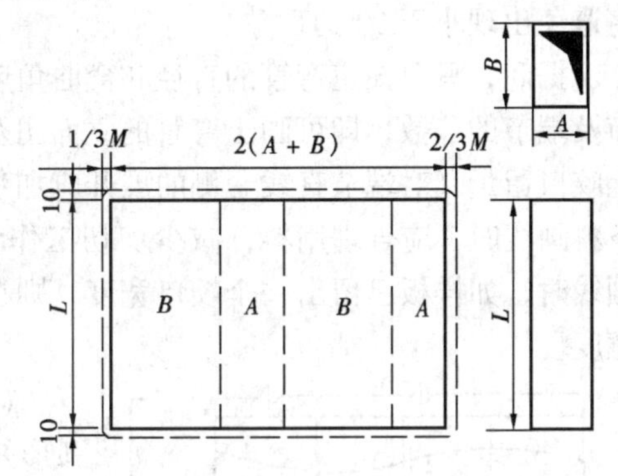

图 8-13　矩形直风管的展开

2. 弯头的展开放样

根据风管的断面形状，弯头有圆形弯头和矩形弯头两种。弯头的尺寸主要取决于风管的断面尺寸、弯曲角度和弯曲半径。

（1）圆形弯头的展开放样　圆形弯头俗称虾米腰，它由两个端节和若干个中间节组成，端节则为中间节的一半。弯曲半径应满足工程需要，且使流动阻力不能太大，加工时省工省料。圆形弯头的弯曲半径和弯头节数应符合表 8-1 的规定。

圆形弯头的弯曲半径和最少节数　　**表 8-1**

弯管直径 D（mm）	弯曲半径 R	弯曲角度及最少节数							
		90°		60°		45°		30°	
		中节	端节	中节	端节	中节	端节	中节	端节
80～220	$R=(1\sim1.5)D$	2	2	1	2	1	2		2
240～450		3	2	2	2	1	2		2
480～800		4	2	2	2	1	2	1	2
850～1400		5	2	3	2	2	2	1	2
1500～2000		8	2	5	2	3	2	2	2

圆形弯管的展开采用平行线展开法。先由弯管直径查表 8-1 确定弯管弯曲半径及节数，画出弯管立面图。如图 8-14 所示。如弯管直径 $D=320$mm，弯曲半径为 $R=1.5D=480$mm，由 3 个中节，2 个端节组成。放样展开时，先将垂直线夹角四等分，过等分线与 R、D 圆弧线的交点分别做切线，内外弧上各切线交点的连线，即为各节间的连接线（如 DC），图中的粗线即弯管的立面图。画展开图时，只要用平行线法将端节展开，取 2 倍的端节展开图，就可得到中间节的展开图。

考虑到弯管咬口连接时，外侧咬口（背部）容易打紧，而内侧咬口（腹部）不易打紧的操作实际困难，画线时应将腹部尺寸减去 2mm（即图中的 h 值），这样加工后的弯管

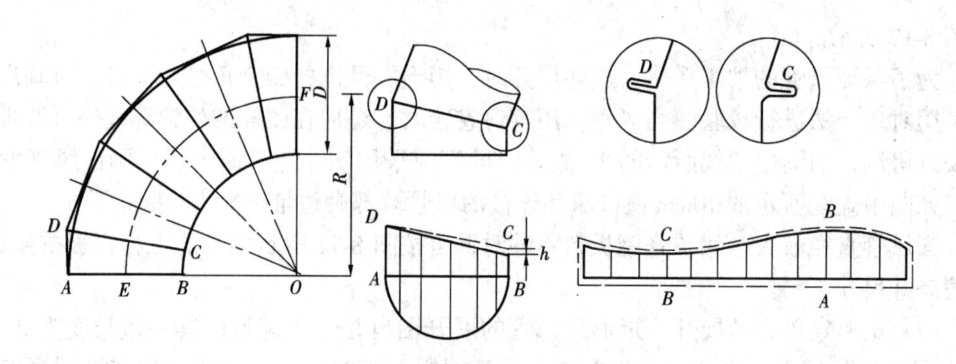

图 8-14　圆形弯管的展开

将避免出现小于 90°的现象。

据此，只要知道弯管的直径和弯曲角度，就可从表 8-1 中查得弯管的弯曲半径、中间节及端节的节数，即可画出弯管的立面图及展开图。画好的端节、中间节展开图，均应加上咬口留量（对端节直线一侧的展开应加法兰翻边留量）后，剪下即可作为下料的样板。下料画线时，应合理用料，减少剪切工作量，常用的方法是套剪，如图 8-15 所示。套剪画线时，如样板已留出一个咬口宽度，则在端节（或中间节）的另一侧还应再留一个咬口宽度。

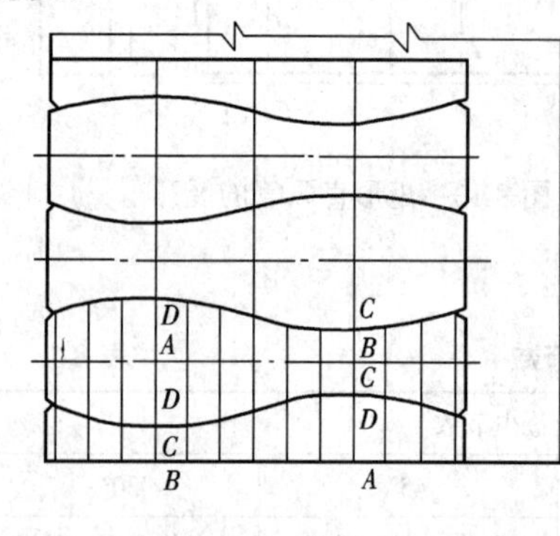

图 8-15　圆弯头的下料

(2) 矩形弯头的展开放样　常用的矩形弯头有内弧形矩形弯头、内外弧形矩形弯头、内斜线矩形弯头。它们主要由两块侧壁、弯头背、弯头里四部分组成，如图 8-16 所示。

对于内外圆弧形弯头，弯头背宽度以 B 表示，展开长度以 L_2 表示，$L_2 = 2\pi R_2/4 = 1.57R_2$，弯头里宽度为 B，展开长度 $L_1 = 2\pi R_1/4 = 1.57R_1$。侧壁宽度以 A 表示，其弯曲半径一般为 $1 \times A$，则弯头里的弯曲半径为 $R_1 = 0.5A$，弯头背的弯曲半径为 $R_2 = 1.5A$（如图 8－16b 所示）。

划线时先用 R_1、R_2 展开侧壁，并应在两弧线侧加上单边咬口留量，在两端头加上法兰翻边量。用弯头背及弯头里的计算展开长度划线，同样应加上咬口留量（应为单边咬口留量的 2 倍）及法兰翻边留量。

对于内弧形弯头，一般取内圆弧半径 $R = 200$mm，则弯头里展开长度 $L_1 = 1.57R = 1.57 \times 200 = 314$mm，弯头背展开长度 $L_2 = 2A + 2R = 2A + 400$mm，其宽度均为 B，如图 8-16所示。划线时按如上尺寸展开划线，并应加上咬口留量及法兰翻边量。

3. 三通的展开放样

三通有圆形和矩形两种。三通由主管和支管两部分组成，且按主管与支管的夹角情况不同，分为斜三通、正三通、Y 形（裤叉）三通等，可根据工程情况选用。

(1) 圆形斜三通的展开放样（见图 8-17）　根据主管大口直径 D，小口直径 D_1，支管直径 d，三通高 H 及主管与支管轴线的夹角 α，先画出三通立面图。在一般通风系统中 $\alpha = 25° \sim 30°$，除尘系统 $\alpha = 15° \sim 20°$。主管和支管边缘之间距离 δ，应能保证安装法兰时

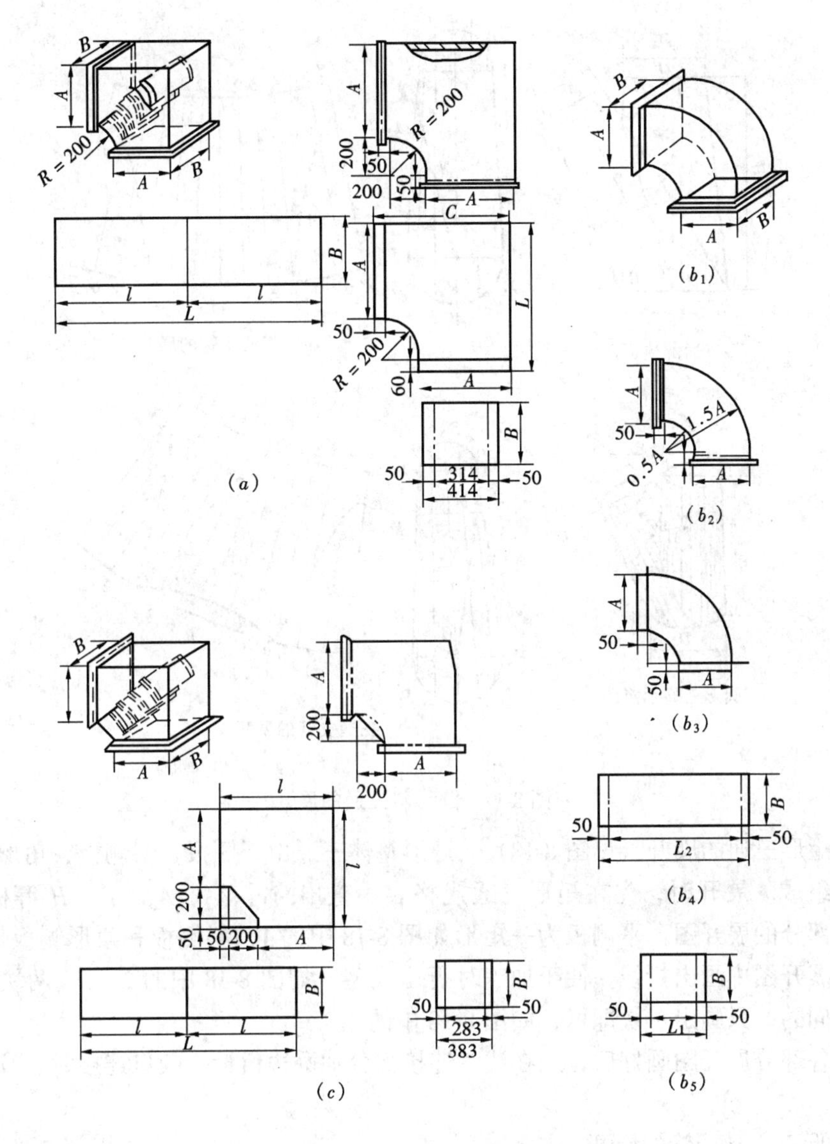

图 8-16 矩形弯头的展开

（a）内弧形矩形弯头；（b）内外弧形矩形弯头；（c）内斜线形矩形弯头

便于操作。一般取 $\delta=80\sim100$mm。

主管部分展开时，先作主管的立面图，在上下口径上各作辅助半圆并分别 6 等分，按顺序编上相应序号，并画出相应的外形素线。把主管先看作大小口径相差较小的圆形异径管，据此画出扇形展开图，并编上序号。在扇形展开图上截取7-K,使等于立面图上 7-K，截取 6-M_1、5-N_1、4-4′使等于立面图上的上口、下口半圆等分点连接线与支管相贯斜线交点的实长线，将各截线交点 KM_1N_14' 连成圆滑的曲线，两侧对称，则得主管部分的展开图。

支管部分的展开图画法基本上和主管部分展开图画法相同，参见图 8-17 下部图形。

三通展开图画好后，应在法兰连接部分加法兰翻边留量。咬口连接时，主管与支管咬接部分应加咬口留量。

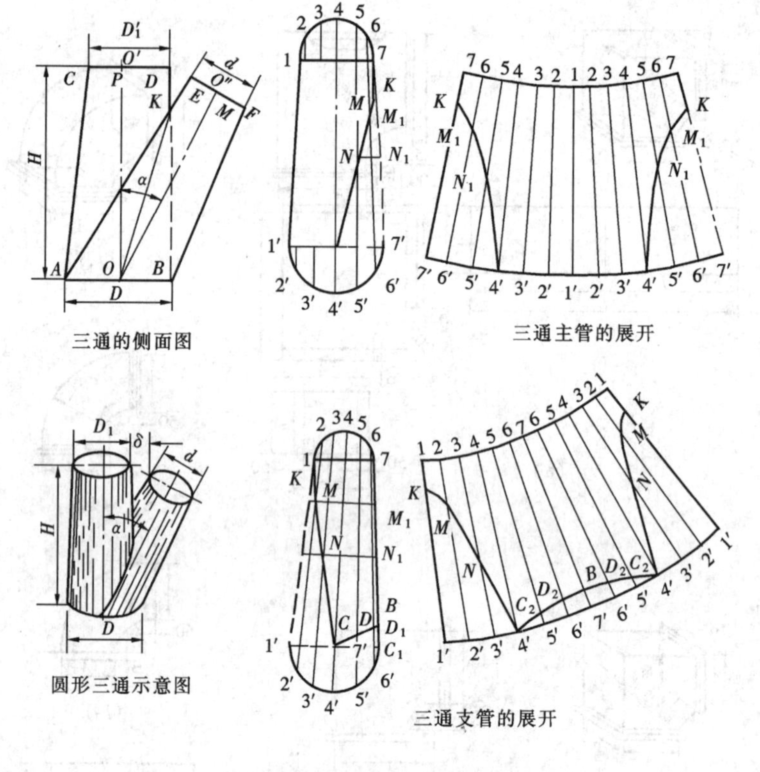

图 8-17　圆形斜三通的展开

(2) 矩形三通的展开（见图 8-18）　矩形整体三通由平侧板、斜侧板、角形侧板和两块平面板组成。展开时，先在矩形三通规格表中查出 A_1、A_2、A_3、B、H 等标准尺寸，再画出各部分的展开图。平侧板为一矩形如图 8-18 中的 1，斜侧板和角形侧板也为矩形，但必须在展开图中画出折线，便于加工时折压成型，如图 8-18 中的 2、3，两块平面板的尺寸是相同的，只画出一块即可，如图 8-18 中的 4。

三通各部分展开图画好后，应在法兰连接部分加翻边留量，咬口连接时，咬接部分加咬口留量。

4. 圆形正心异径管的展开

根据已知大直径 D、小直径 d 及高 h，作出异径管的立面图及平面图。见图 8-19（a）。延长 AC、BD 交于 O 点，以 O 为圆心，分别以 OC、OA 为半径画圆弧。将平面图上的大圆 12 等分，把等分弧段依次丈量到以 OA 为半径的圆弧上，则图形 $A''A'$ 及 $C'C''$ 即为圆形正心异径管的展开图。

当异径管大小直径相差很少，交点 O 将落在很远处而不易划线时，可采用近似的样板法作异径管展开图。如图 8-19（b）所示。在画出的平面图上，把大小圆均做 12 等分，以异径管及 $\pi D/12$、$\pi d/12$ 作出分样图（样板），用小样板在薄板上依次划出 12 块，最后将上下各端点连成 πD、πd 圆弧，并经复核修正以减少误差，则得异径管的展开图。

5. 来回弯管的展开放样

来回弯管由两个小于 90°的弯头组成，其展开方法与弯头的展开方法相同，有圆形来回弯和矩形来回弯两种常用形式。

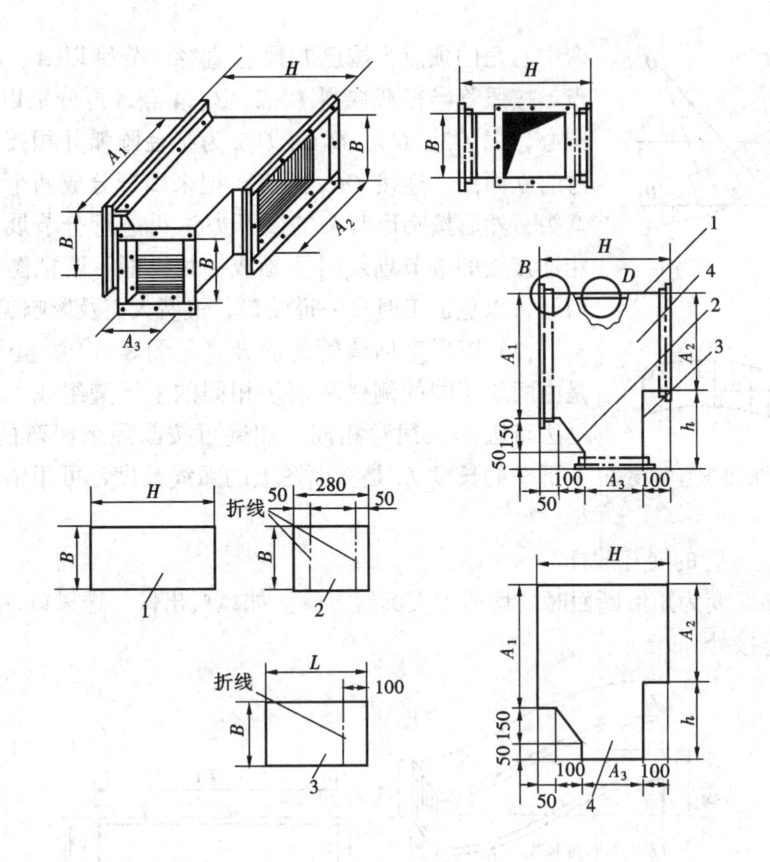

图 8-18　矩形三通的展开

1—平侧板；2—斜侧板；3—角形侧板；4—平面板

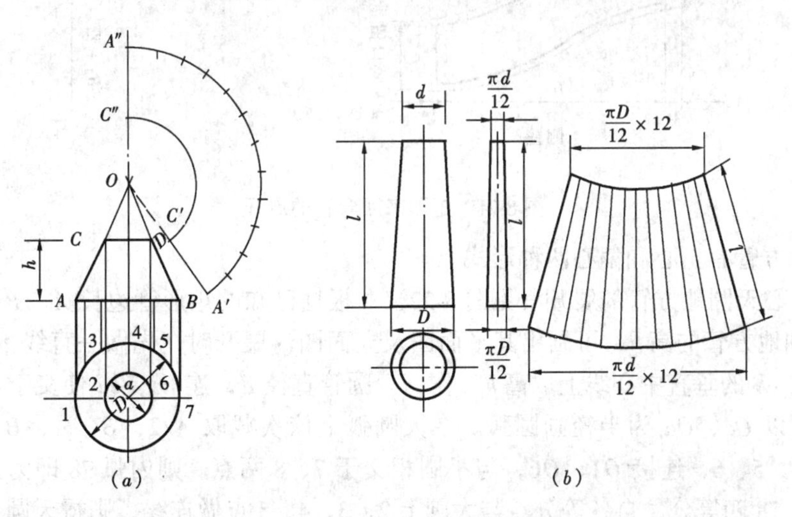

图 8-19　圆形正心异径管的展开

(a) 几何作图法展开；(b) 样板法展开

(1) 圆形来回弯管的展开（见图 8-20）　如以 L 表示来回弯长度，h 表示偏心距。放样时先画出矩形 $ABCD$，使 $BD=h$，$CD=L$。连接 AD 并求出中点 M，分别作 AM、DM 的垂直平分线，与 DB 的延长线交于 O，与 AC 的延长线交于 O_1 点，O 和 O_1 点就是来回

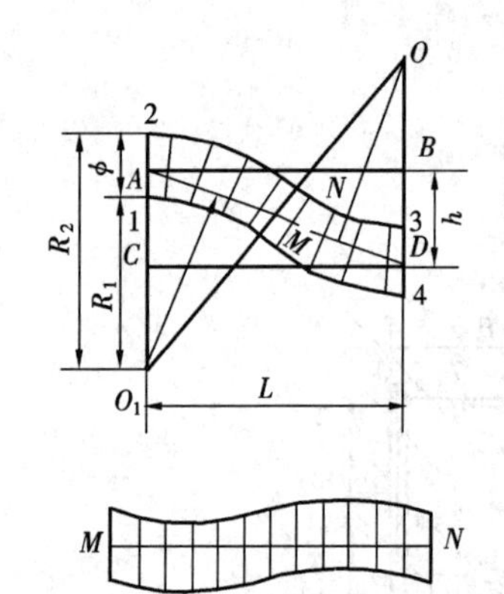

图 8-20 圆形来回弯管的展开

弯中心角的顶点，按已知风管直径，分别以 A、D 两点为中点，按风管半径截取得 1、2、3、4 点，再分别以 O 及 O_1 为圆心，以 $O3$、$O4$、O_11、O_12 为半径画弧并相接，即得来回弯的立面图。连接 OO_1 两点，把来回弯分成两个角度相同的弯头，然后按圆形弯头的展开方法再进行分节展开。两弯头相连接处的端节划线时要画成一块，即不要把图中的 MN 线剪开，以免加工时多一道咬口，浪费人工及影响美观。

(2) 矩形来回弯管的展开（见图 8-21） 矩形来回弯管是由两块相同的侧壁和两块相同的上下壁组成。其立面图的画法与圆形来回弯相同，侧壁可按圆形来回弯的方法展开，上下壁的长度 L_1 是立面图上的弧线长度，可用钢卷尺围绕量得。

6. 天圆地方管的展开放样

凡圆形断面变为矩形断面时，均需用天圆地方管。如风机出口、送风口、排气罩等与圆形风管的连接处。

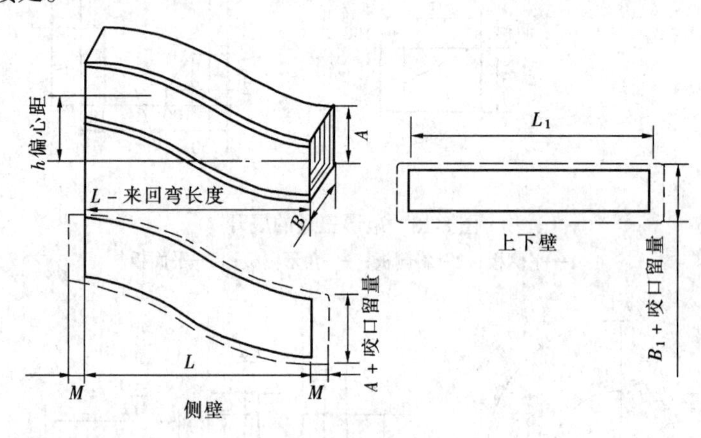

图 8-21 矩形来回弯管的展开

天圆地方管有正心和偏心两种形式。

(1) 正心天圆地方管的展开（见图 8-22） 根据已知的矩形管边长 A、B，圆形管直径 d 及天圆地方管的高 h，可画出其平面图及立面图。展开时，先做一直线 $ab=2(A+B)/\pi$，在 ab 的垂直中心线上取高 h，作 cd = 圆管直径 d，连 ac、bd 使交于 O。以 O 为圆心，分别以 Oc、Oa 为半径画圆弧。在大圆弧上依次截取 $A/2$、B、A、B、$A/2$ 得点 1、2、3、4、5、6，连接 $O1$、$O6$，与小圆相交于 7、8 两点。则内弧 78 即为上口圆管的展开线。将 78 四等分，自各等分点与大圆上 2、3、4、5 点做连线，则得天圆地方管的折边线，连大圆上的 1、2、3、4、5、6 点间的连线，则得天圆地方管矩形管的展开图的一半。

当两半个天圆地方管展开图需用咬口连接时，咬合处应加咬口留量，上下口与法兰连接时，应加上法兰翻边留量。

(2) 偏心天圆地方管的展开（见图 8-23） 根据已知圆口直径 D，矩形口边长、高度

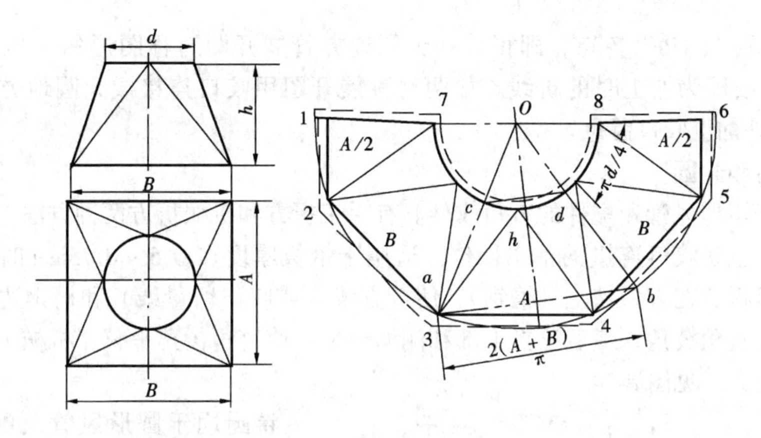

图 8-22　正心天圆地方管的展开

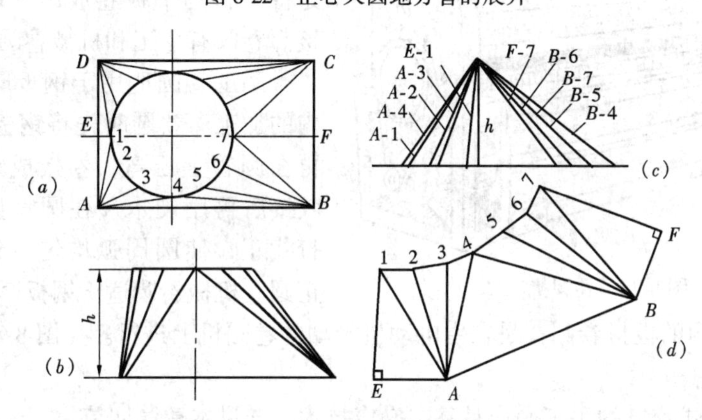

图 8-23　偏心天圆地方管的展开

h 及偏心距，画出偏心天圆地方平面图及立面图。如图 8-23（*a*）、（*b*）。在平面图上将半圆 6 等分，编上序号 1～7，并把各等分点和矩形底边的 *EABF* 连接起来。

利用已知直角三角形两垂直边可求得斜边长的方法，以高 *h* 为共用直角边，求表面各线的实长。如图 8-23 中 *C* 所示。如以 *h*、平面图上 *E*-1 为两直角边可得实长线 *E*-1，以 *h*、*A*-1 为两直角边，可得实长线 *A*-1 等。

最后画展开图。利用三直线之长作三角形的方法，将各实长线组成的三角形画在薄板上。如先做 *EA*、E_1 垂直线，以 *A* 为圆心，以实长线 *A*-1 为半径画弧交于 1，以 1 为圆心，以平面图上 1-2 为半径画弧，以 *A* 为圆心，以实长线 *A*-2 为半径画弧，使两弧交于 2。以 2 为圆心，以平面图上 2-3 为半径画弧，以 *A* 为圆心，以实长线 *A*-3 为半径画弧，两弧交于 3。以 3、*A* 为圆心，分别以 3-4、*A*-4 为半径画弧可交于 4。以 4、*A* 为圆心，分别以 *B*-4 实长线及平面图上的 *A*-*B* 为半径画弧，可相交得 *B* 点，以下以 *B* 为共同圆心，可将 4*BF*7 展开图画出，其方法同上。

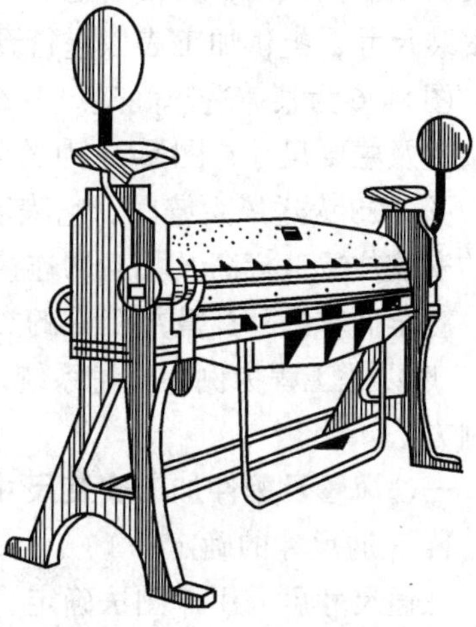

图 8-24　手动扳边机

连接1234567及1*EABF*7各点，即得偏心天圆地方管展开图对称图形的一半。图中*A*-1、*B*-7等各实长线即为加工时的折线。如两对称展开图用咬口连接成天圆地方管时，应在*E*-1、*F*-7线外加上咬口留量。

四、折方和卷圆

折方用于矩形风管和配件的直角成型。有手工折方和机械折方两种方法。

手工折方也是咬口连接的基本操作。适用于钢板厚度在0.5~0.75mm时的加工。折方时，先将钢板放在方垫铁上（槽钢），使折方线（或咬口留量线）和槽钢边对齐，然后用硬木方打成直角棱角，最后敲打上部和侧面修整，使直角棱角平整。机械折方是用手动扳边机等压制方，见图8-24。

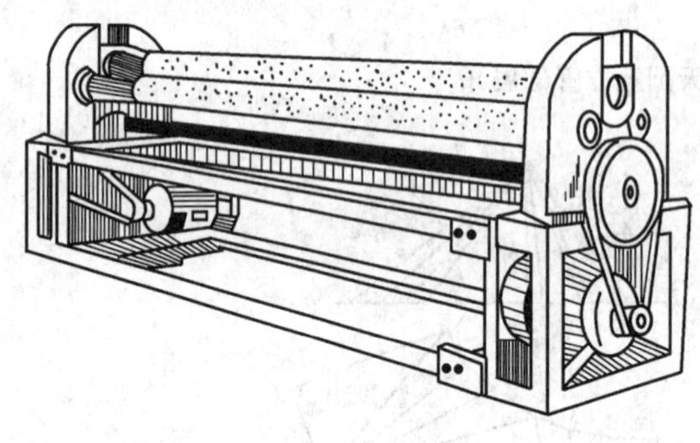

图8-25 卷圆机

卷圆用于圆形风管及配件的成型，是将下料的平板卷成圆形后，再闭合连接。卷圆有手工和机械卷圆两种方法。

手工卷圆适用于钢板厚度在1mm以内的加工。卷圆时先将钢板打出咬口边，再在圆管上压弯，卷接成近似圆形，使咬接后再用硬木尺在圆管垫铁上均匀敲打找正，使圆周弧均匀一致，最后形成正圆。机械卷圆适于钢板厚度2mm以内，板宽2000mm以内的板材卷圆，是在由电动机带动的卷圆机上进行。见图8-25。

五、咬口

各种不同形式咬口的手工操作是基本操作技术。详见本章第四节。

第三节 通风管道加工安装草图的绘制

通风系统加工安装草图是根据设计提供的平面图、剖面图、系统图（轴测投影图）及施工说明、设备材料明细表等设计文件，参照通风工程标准图集、配件制作图表等标准设计资料绘制而成的，其目的是为了确定通风系统各个直管段、配件及部件的具体加工尺寸和安装尺寸，提供加工表以进行预制加工，并作为现场组合安装的依据。

图8-26为某铸造车间送风系统平面图，它表明了系统设备、风管、配件和部件的平面位置及主要尺寸，图8-27为送风系统剖面图，它给出了风机、风管及送风口安装的标高，图8-28为送风系统图，它表明了整个送风系统各组成部分如风机、风管、配件与部件的安装位置、标高及相互的连接关系，是系统的全貌，有助于正确分析和理解平、剖面图，对全面掌握和计算加工件的类型、规格、尺寸、数量十分重要。

现以此工程为例，讨论系统加工件具体加工尺寸的确定方法，以及加工安装草图的绘制方法。

一、风管及配件加工安装尺寸的确定

1. 三通尺寸的确定

三通尺寸可采用作图法确定，即绘制三通侧面图，如图8-29所示。具体画法如下：

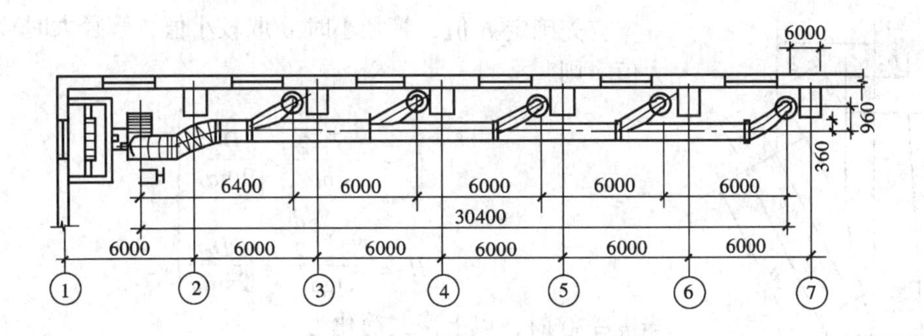

图 8-26　某铸造车间送风系统平面图

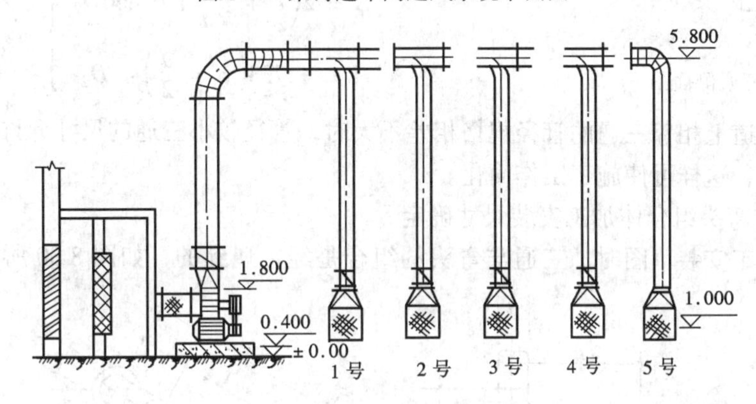

图 8-27　送风系统剖面图

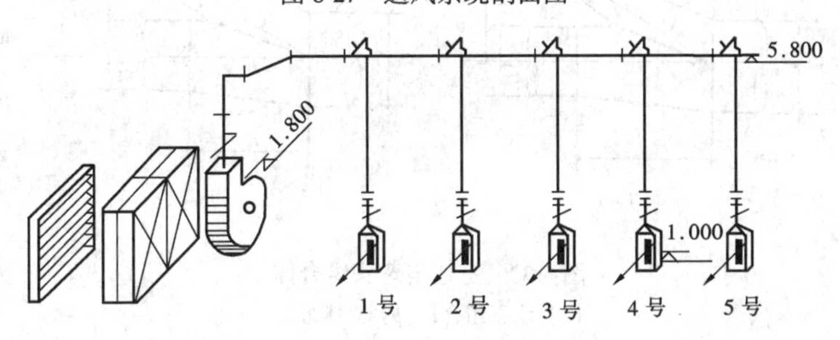

图 8-28　送风管道系统图

按已确定的三通主管与支管轴线夹角 α（通常取用 30°），画出主、支管轴线交于 O，以 O 点为基准在主管轴线上截取主管长度 L，并按主管下口直径 D_1、上口直径 D_2 画出上、下口直径线，再画出上、下口两侧边连线，即得到主管侧面图。由主管上口直径的 b 点向支管轴线画垂直线交于 D 点，以 D 点为中心画支管直径 d 线，再由直径 d 的两边端点，分别向主管下口直径的两边端点作连线，即得到支管的侧面图。最后由主、支管相邻侧边线的交点 C 向 O 点作连线，CO 线就是主管与支管的接口线。至此，得到支管轴线长度 H、主管上口与支管管口之间的净距离 δ。作图时，必须使 δ 值便于法兰连接时的操作（一般取 $\delta = 80 \sim 100$mm）。

绘制三通侧面图的目的，主要是取得主管、支管的轴线长度 L、H，它们是三通的主要加工安装尺寸。

由于用作图法确定三通尺寸比较麻烦，在实际工作中通常采用计算法。

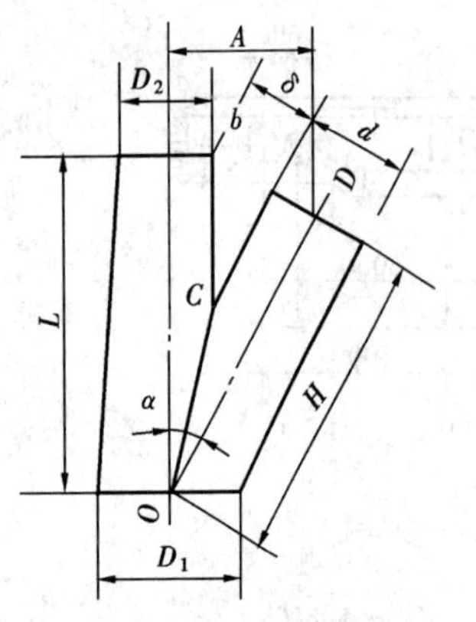

图 8-29　三通侧面图

首先确定 δ 值，管径小时 δ 取较小值，管径大时 δ 取较大值。则

$$\left.\begin{aligned} L &= \frac{\delta + \frac{d}{2}}{\sin\alpha} + \frac{D_2}{2\text{tg}\alpha} \\ H &= \frac{\delta + \frac{d}{2}}{\text{tg}\alpha} + \frac{D_2}{2\sin\alpha} \end{aligned}\right\} \quad (8\text{-}1)$$

当 $\alpha = 30°$时，以上两式简化为

$$\left.\begin{aligned} L &= 2\left(\delta + \frac{d}{2}\right) + 0.866D_2 \\ H &= 1.733\left(\delta + \frac{d}{2}\right) + D_2 \end{aligned}\right\} \quad (8\text{-}2)$$

当一条管道上相邻三通的管径规格相差不大时，管径较小三通的尺寸允许采用管径较大三通的尺寸，这样可使施工工作简化。

2. 三通与弯头组合体加工安装尺寸确定

在绘制加工安装草图时，三通与弯头的组合是经常遇到的，如图 8-30 所示。图中的

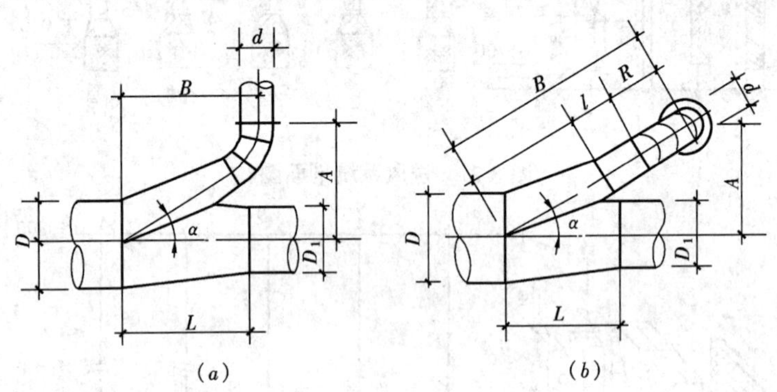

图 8-30　三通与弯头组合体

(a) 水平组合；(b) 立体组合

三通弯头组合体，需确定的安装尺寸为 A、B：

$$\left.\begin{aligned} B &= \frac{H + R\text{tg}\frac{\beta}{2}}{\sin(90 - \alpha)} \\ A &= \frac{H + R\text{tg}\frac{\beta}{2}}{\sin\alpha} + R\text{tg}\frac{\beta}{2} \end{aligned}\right\} \quad (8\text{-}3)$$

式中　H——三通支管轴线长度；

R——弯头弯曲半径；

α——三通主、支管夹角；

β——弯头中心角 $\beta = (90 - \alpha)$。

当 $\alpha = 30°$时，以上两式简化为

$$\left.\begin{aligned} B &= 1.155(H + 0.577R) \\ A &= 2H + 1.731R \end{aligned}\right\} \tag{8-4}$$

图 8-30（b）所示的三通与弯头立体组合时，需确定安装尺寸 A 和 B，进而决定 B 向长度范围内的三通支管与弯头之间，是否需要增加中间短直管 l，该短直管应直接连接在弯头的端节上，而不应再增加接口。也允许采用加长三通支管长度的方法，与弯头端节直接连接而不设中间短直管。

这种组合体通常把 A 值作为已知尺寸，则 B 值为 $A/\sin\alpha$。在确定 A 值时，必须使 $B \geqslant R + H$,则中间短直管长度 l 为

$$l = B - H - R \tag{8-5}$$

如果弯头直接连接在三通支管上，则无中间短直管，此时

$$A = (R + H)\sin\alpha \tag{8-6}$$

3. 弯头与连续弯头组合体尺寸的确定

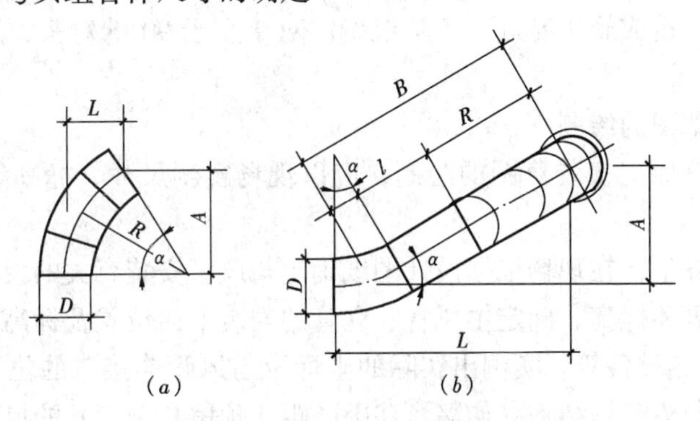

图 8-31　弯头与连续弯头

（a）弯头；（b）连续弯头

图 8-31（a）所示的弯头，安装尺寸 A、L 为

$$A = R\sin\alpha \tag{8-7}$$

$$L = R - R\cos\alpha = R(1 - \cos\alpha) \tag{8-8}$$

当 $\alpha = 90°$时，$A = R$、$L = R$。

图 8-31（b）所示的连续弯头组合体，常用于风管主干管末端由水平方向转向垂直方向处。需确定安装尺寸 A 和 B。其中 A 值通常为已知，则 $B = A/\sin\alpha$。B 值确定后，再进一步计算在两个弯头间是否应增加中间短直管 l，该短直管应直接连接在垂直向下安装的弯头端节上，而不应再增加接口。

在确定 A 值时，应使 $B \geqslant R + C$（$C = R\mathrm{tg}\alpha/2$），中间短直管长度 l 为

$$l = B - R - R\mathrm{tg}\frac{\alpha}{2} = B - R\left(1 - \mathrm{tg}\frac{\alpha}{2}\right) \tag{8-9}$$

4．来回弯尺寸的确定

来回弯管由两个角度相同且小于 90°的弯头组成。有时在两个弯头之间需增加中间短直管，如图

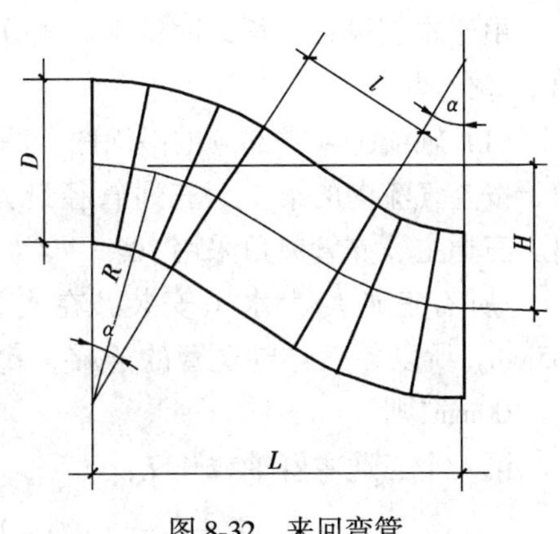

图 8-32　来回弯管

8-32 所示。中间短直管应直接连接于两个弯头的端节上，而不应再增加接口。

来回弯管需确定安装尺寸为 H、L。通常高度 H 值为已知，则

$$L = \frac{H}{\text{tg}\alpha} + 2R\text{tg}\frac{\alpha}{2} \tag{8-10}$$

当没有中间短直管时，H 值必须大于或等于：

$$2R\text{tg}\frac{\alpha}{2}\cdot\sin\alpha\left(\text{即图中 } ab \geqslant 2R\text{tg}\frac{\alpha}{2}\right)$$

则中间短管长度为

$$l = \frac{H}{\sin\alpha} - 2R\text{tg}\frac{\alpha}{2} \tag{8-11}$$

以上介绍的弯头、连续弯头、来回弯管以及三通与弯头组合件中的弯头，当管径相同时，应采用相同的弯曲半径，以便使用一个弯头样板下料。如采用的弯曲半径不相同，必须用多个样板下料，造成施工麻烦，工料浪费。对于小于 90°的弯头，应采用常用角度如 30°、45°、60°等。

二、加工安装草图的绘制

通风与空调系统加工安装草图的绘制，应以现场实测尺寸、标高等数据作为基础资料。

现场实测的任务是，在现场根据设计图纸确定与风管安装有关的设备、空气分布器等安装的平面坐标位置和标高，确定主风管、立管的安装平面位置及标高，对已安装的设备（如风机、除尘、加热设备等）实测出实际的坐标及与风管连接口的位置坐标与标高，以及与风管安装有关的建筑物结构（如墙、柱中心距、预留孔洞等）的尺寸等。

现以某铸造车间送风系统为例，介绍系统加工安装草图的绘制方法。同时假设现场实测尺寸与图 8-26、8-27 所给定的尺寸及标高相同。

1．加工安装平面草图的绘制

加工安装平面草图应在经计算，确定出各系统组成风管、配件平面尺寸的基础上绘制。

本例中风管沿建筑物外墙，自①轴线向⑦轴线安装，主管的中心线是一条平行于外墙轴线的直线。主管中心线与外墙的距离越小，所用风管支架的结构尺寸就越小，工程造价就越低，因此应尽量在布局上缩小风管中心线与外墙的净距离。

由于本例风管较长，故将平面图分为两部分，建筑轴线①～④为第一部分，④～⑦为第二部分。

（1）轴线①～④部分的平面图　图 8-33 为已标出实测尺寸（括号内尺寸）的平面图。由于按空气流向的第一个三通管径最大，因此应按该三通确定风管中心线与外墙的净距离。三通主、支管夹角采用 30°。

所有三通均为水平安装，在支管上设 90°弯头垂直接向各立管，立管直径均为 285mm，所以各三通与立管的连接，都是图 8-30（b）所示的三通与弯头的组合体。取 $d = 100$mm，则

第一个三通主管轴线长 L_5

$$L_5 = 2\times(100 + 285/2) + 0.866\times 495 = 914\text{mm}$$

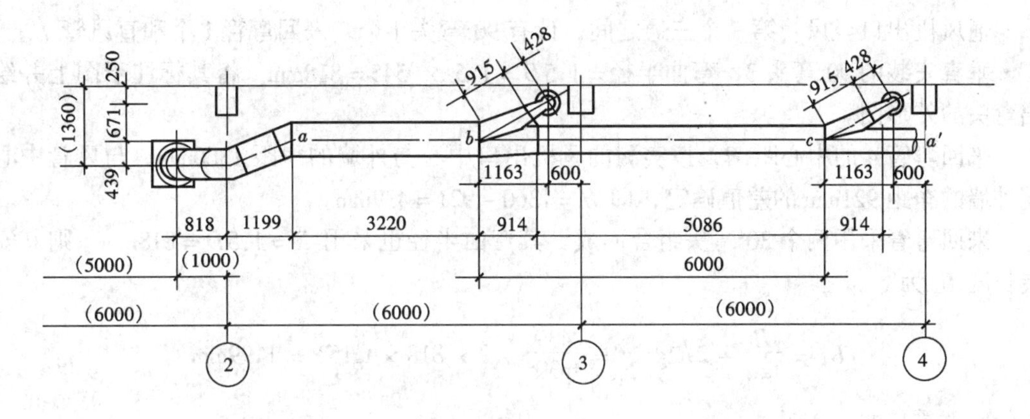

图 8-33　①~④轴线风管加工安装平面草图

第一个三通支管轴线长 H_5

$$H_5 = 1.733 \times (100 + 285/2) + 495 = 915\text{mm}$$

三通支管上垂直向下的 90°弯头的弯曲半径

$$R = 1.5D = 1.5 \times 285 = 428\text{mm}$$

第一个三通与弯头的组合体安装尺寸

$$A_1 = (428 + 915) \times 0.5 = 671\text{mm}$$

$$B_1 = 671 \times 1/0.577 = 1163\text{mm}$$

由于第二个三通 6 与第一个三通 5 管径相差不大，故两个三通与弯头组合体采用相同的尺寸。即 $L_6 = L_5 = 914$mm，$H_6 = H_5 = 915$mm。

立管与外墙的净距为现场实定尺寸为 250mm（在各立管安装位置处，从各柱子中心分别向左侧量 600mm，在外墙面上弹画出立管安装垂直中心线，再按风管的安装标高 +5.8m 画出水平线，两线相交的十字线中心，即为立管安装位置的控制点，安装时使立管中心距此控制点 250mm 即可)，则三通主管（即风管）中心线距外墙的净距为：

$$250 + A_1 = 250 + 671 = 921\text{mm}$$

在平面图上画一条平行于外墙轴线的直线，使其与外墙的净距为 921mm，则此直线 a-a' 即为风管的安装中心线。

由各立管安装坐标中心（上述安装位置十字中心点向外量 250mm 处）分别画出与其夹角为 30°的斜线，与 a-a' 中心线分别相交于 b、c、d、e、f 各点，如实测 $bc = 6000$mm，则 b、c 两点即为第一个和第二个三通底口中心位置，用 bc 长度减去三通安装长度，即为两三通间直管段的长度 L_{15}

$$L_{15} = 6000 - 914 = 5086\text{mm}$$

在 a-a' 线上按三通的平面尺寸画出三通平面图（分别以 b、c 点为三通底口中心），在立管倾斜线上，按计算所得的支管轴线长度 $H_5 = 915$mm，弯头的弯曲半径 $R = 428$mm 分别标示于图上，并画出三通与弯头组合体图形，最后将计算所得各安装尺寸 $A_1 = 671$mm、$B_1 = 1163$mm、$L_5 = L_6 = 914$mm、$L_5 = 5086$mm 全部标注于图上，至此，两三通间的风管加工安装平面草图已绘制完毕。

通风机出口至风管第一个三通之间，计有90°弯头1个，来回弯管1个和直风管 L_{14}。

垂直安装的90°弯头3，弯曲半径 $=1.5D=1.5\times545=818$mm，将其标注于图上并绘出弯头的外形图。

来回弯管4的中心距 H，按实测的风机出口中心与外墙的净距1360mm，与风管中心同外墙的净距921mm的差值确定，即 $H=1360-921=439$mm。

来回弯管采用两个30°弯头组合而成，其弯曲半径也采用 $R=1.5D=818$mm，则其安装长度 L_4 为

$$L_4=\frac{H}{\mathrm{tg}\alpha}+2R\mathrm{tg}\frac{\alpha}{2}=\frac{439}{\mathrm{tg}30^\circ}+2\times818\times\mathrm{tg}15^\circ=1199\mathrm{mm}$$

中间短直管长度 l_4 为

$$l_4=\frac{H}{\sin\alpha}-2R\mathrm{tg}\frac{\alpha}{2}=\frac{439}{\sin30^\circ}-2\times818\times\mathrm{tg}15^\circ=440\mathrm{mm}$$

根据实测尺寸，风机出口中心至轴线③的距离为1000+6000=7000mm，而第一个三通底口中心至轴线③的距离为1163+600=1763mm，故风机出口中心至第一个三通底口中心的距离为7000−1763=5237mm，这样来回弯管至第一个三通底口中心之间的直管段长度 $L_{14}=5237-818-1199=3220$mm。

将如上计算所得各安装尺寸 $R_3=818$mm、$L_4=1199$mm、$L_{14}=3220$mm 全部标注在图上，并绘出弯头3、来回弯管4，直风管 L_{14} 的设计外形图。

(2) 轴线④～⑦部分的平面图　如图8-34所示，轴线④～⑤之间的第三个三通及其与弯头的组合体的加工安装尺寸，采用与第一个三通与弯头组合体相同的尺寸，可直接画出其图形，并标出各个加工安装尺寸。

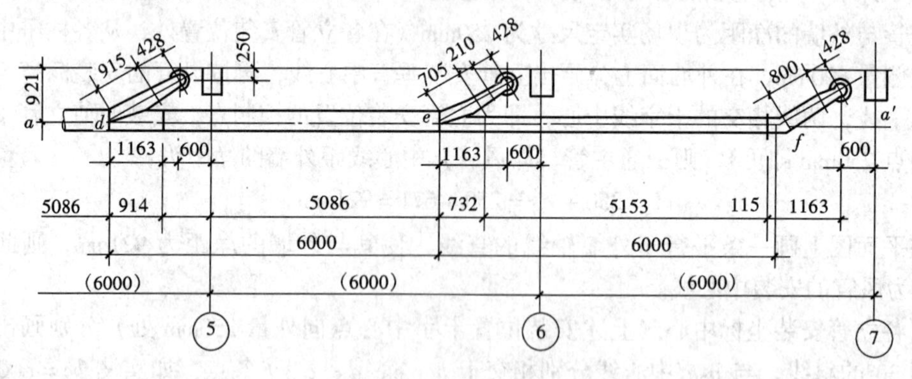

图8-34　轴线④～⑦部分平面图

轴线⑤～⑥之间的第四个三通8，其加工安装尺寸为：

主管轴线长度 $L_8=2(100+285/2)+0.866\times285=732$mm

支管轴线长度 $H_8=1.733\times(100+285/2)+285=705$mm

该三通底口中心至立管中心的斜线长度仍为915+428=1343(mm)，则三通支管与弯头之间的中间短直管长度 $l_8=1343-705-428=210$mm。

将上述计算结果数据尺寸标注于图上，并绘制 d-e 两点间的平面图。

轴线⑥～⑦之间的风管末端，设一个水平安装的30°弯头9（$R_9=428$mm），再沿立管

安装倾斜线设一个垂直安装的90°弯头10（$R_{10}=428$mm）接向最后一根立管，因此，风管末端是连续弯头组合，其加工安装尺寸为：$A=671$mm；$L=1163$mm；$B=1343$mm，90°弯头的平面安装长度 C 为

$$C = R\text{tg}\alpha/2 = 426 \times 0.268 = 115\text{mm}$$

30°弯头与90°弯头之间的中间短管长度为 19 = 1343 − 428 − 115 = 800mm。

将以上计算尺寸标注于平面图上，并绘制 e-f 间的风管图形。至此，风管加工安装平面草图已绘制完毕。

2．垂直风管和配件的加工安装草图

（1）在通风机出口立管上，按气流方向依次设有天圆地方管1、风机启动阀2和一段直风管 L_{13}，直管上部为一个90°弯头，其安装尺寸为 $R_3=818$mm。

天圆地方管1，上下口安装高度 $H_1=600$mm，加工尺寸为 $D545/560\times640$，即上口尺寸按垂直风管直径、下口按通风机出口尺寸确定。

圆形启动阀2，从标准图（图号 T301-5）查得，采用7#启动阀，安装高度 $H_2=400$mm。

垂直直风管14，其管段长度 L_{14} 由水平风管的设计标高（+5.8m）和风机出口安装标高（已实测为+1.8m）确定，即

$$L_{14} = (5800-1800)-600-400-818=2182\text{mm}$$

（2）在空气分布器上方立管上，矩形空气分布器13上方装有圆形蝶阀11，并有一段直风管19与垂直90°弯头10相连接。送风立管共有五根，供五个空气分布器送风，其构造及加工安装尺寸均相同。

矩形空气分布器由标准图（图号 T 206-1）查得为3#，其安装高度 $H_{13}=700$mm。所需天圆地方管⑧为 $D285/250\times500$，安装高度 $H_{(12)}=400$mm。

圆形蝶阀1，其管径规格按送风立管管径确定为 $D=285$mm，查标准图（图号 T302－7）应采用9#蝶阀，其安装高度 $H_{11}=150$mm。

立管直风管 L_{19} 的长度应为：

$$L_{19} = (5800-1000)-700-400-150=3550\text{mm}$$

将以上计算尺寸标注于平面图上，并绘制其系统图形。至此，铸造车间通风系统加工安装草图已绘制完毕。

3．风管及配件加工明细表的编制

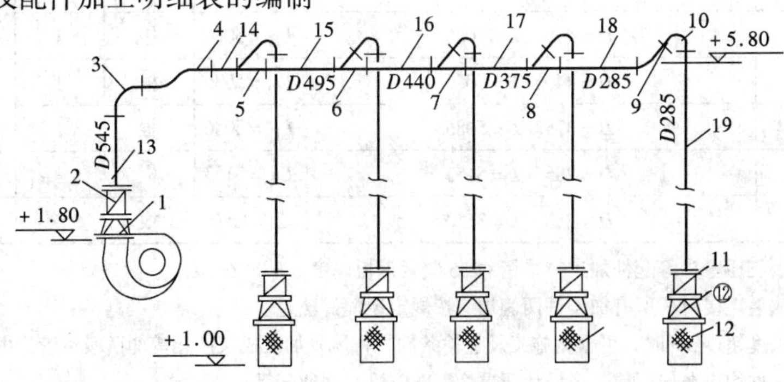

图 8-35　通风管道加工安装系统图

在绘制的通风或空调系统加工安装平面草图、系统图（或立面图）中，除应进行各组成风管、配件的编号，注明详细的加工安装尺寸、标高外，还应编制系统风管及配件的加工明细表，以作为在加工厂集中加工预制的依据。管道加工安装系统图如图8-35。

本实例加工明细表见表 8-2。

某铸造车间通风系统加工明细表　　　表 8-2

编　号	名　称	规格，尺寸（mm）		单位	数量	附　注
		加工尺寸	安装尺寸			
1	天圆地方管	$D545/560 \times 640$　$H = 600$	$H_1 = 600$	个	1	
2	风机启动阀	圆形瓣式 7# $D545$　$H = 400$	$H_2 = 400$	个	1	T301－5
3	弯　头	$D545$　$R = 818$　$\alpha = 90°$	$R_3 = 818$	个	1	
4	来回弯	$D545$　$R = 818$　$\alpha = 30°$ $H = 439$　$L = 1199$　$l = 440$	$L_4 = 1199$ $H_4 = 439$	个	1	
5	分流三通	$D_1 = 545$　$D_2 = 495$　$d = 285$ $\alpha = 30°$　$L = 914$　$H = 915$	$L_5 = 914$ $H_5 = 915$	个	1	
6	分流三通	$D_1 = 495$　$D_2 = 440$　$d = 285$ $\alpha = 30°$　$L = 914$　$H = 915$	$L_6 = 914$ $H_6 = 915$	个	1	
7	分流三通	$D_1 = 440$　$D_2 = 375$　$d = 285$ $\alpha = 30°$　$L = 914$　$H = 915$	$L_7 = 914$ $H_7 = 915$	个	1	
8	分流三通	$D_1 = 375$　$D_2 = 285$　$d = 285$ $\alpha = 30°$　$L = 732$　$H = 705$	$L_8 = 732$ $H_8 = 705$	个	1	
9	弯　头	$D = 285$　$R = 428$　$\alpha = 30°$ 一边端节加短管　$l = 800$	$L_9 = 915$ $C = 115$	个	1	
10	弯　头	$D = 285$　$R = 428$　$\alpha = 30°$ （一边端节加短管　$l = 210$）	$R = 428$	个	5	其中 1 个弯头加短管
11	圆形蝶阀	9#　$D = 285$　$H = 150$	$H_{11} = 150$	个	5	T302-7
12	空气分布器	矩形 3#	$H_{12} = 700$	个	5	T206-1
(12)	天圆地方管	$D285/250 \times 500$ $L = 400$	$H_{(12)} = 400$	个	5	
13	直风管	$D = 545$　$L = 2182$	$L_{13} = 2182$	根	1	
14	直风管	$D = 545$　$L = 3220$	$L_{14} = 3220$	根	1	
15	直风管	$D = 495$　$L = 5086$	$L_{15} = 5086$	根	1	
16	直风管	$D = 440$　$L = 5086$	$L_{16} = 5086$	根	1	
17	直风管	$D = 375$　$L = 5086$	$L_{17} = 5086$	根	1	
18	直风管	$D = 285$　$L = 5153$	$L_{18} = 5153$	根	1	
19	直风管	$D = 285$　$L = 3550$	$L = 3550$	根	5	

注：1. 直风管、三通弯头等配件加工，采用 Q235 碳素钢板厚度 $\delta = 0.76$mm。

2. 当采用法兰连接时，所有加工件两侧均应按规定装配好法兰。

3. 直风管长度超过 5m 时，可根据施工及运输条件，将风管加工成长度相等的两段风管，中间用法兰连接。

4. 所有加工件均应在出厂前，按设计要求涂以防腐涂料并使干燥。

5. 所有加工件均应在加工后，编号出厂，以便于现场安装。

第四节 通风管道的连接与安装

一、通风管道的连接

1. 风管壁厚的选择

在一般送、排风工程、除尘和排毒及空调系统中，可按设计要求选用板材及相应板材的厚度。当设计无明确规定时，施工用料的板材厚度应符合表8-3、表8-4、表8-5、表8-6、表8-7、表8-8的规范规定。

普通（镀锌）钢板风管的板材厚度（mm） **表8-3**

序号	圆形风管直径或矩形风管大边尺寸	钢板厚度	序号	圆形风管直径或矩形风管大边尺寸	钢板厚度
1	400以内	0.5~0.6	3	1100以内	0.75~0.82
2	775以内	0.65~0.7	4	1540以内	1.0

铝板风管厚度 **表8-4**

圆管直径或矩形管大边尺寸（mm）	壁厚（mm）
100~320	1.0
360~830	1.5
700~2000	2.0

不锈钢风管厚度 **表8-5**

圆管直径或矩形管大边尺寸（mm）	壁厚（mm）
100~600	0.5
560~1120	0.75
1250~2000	1.0

玻璃钢风管厚度 **表8-6**

圆管直径或矩形管大边尺寸（mm）	壁厚（mm）
≤200	1.0~1.5
250~400	1.5~2.0
500~630	2.0~2.5
800~1000	2.5~3.0
1250~2000	3.0~3.5

圆形硬聚氯乙烯板风管厚度 **表8-7**

圆风管直径（mm）	板材厚度（mm）	外径允许偏差（mm）
100~320	3	-1
360~630	4	-1
700~1000	5	-2
1120~2000	6	-2

矩形硬聚氯乙烯风管厚度 **表8-8**

矩形风管长边（mm）	板材厚度（mm）	外边长允许偏差（mm）	矩形风管长边（mm）	板材厚度（mm）	外边长允许偏差（mm）
120~320	3	-1	1100~1250	6	-2
400~500	4	-1	1600~2000	8	-2
630~800	5	-2			

2. 风管对口连接

（1）金属风管的对口连接 用金属薄板制作风管时，常用咬口、铆接和焊接等方法进行对口连接。连接有拼接、闭合接和延长接三种情况。拼接是将两张钢板的板边相接以增大面积；闭合接是把板材卷制成风管时对口缝的连接；延长接是把一段段风管连接成管路系统。

1）咬口连接 咬口连接是把需要相互结合的两个板边折成能互相咬合的各种钩形，钩接后压紧折边。这种连接方法不需要其他材料，适用于厚度$\delta \leqslant 1.2$mm的薄钢板、厚度$\delta \leqslant 1.0$mm的不锈钢板和厚度$\delta \leqslant 1.2$mm的铝板。其咬口形式有（见图8-36）：

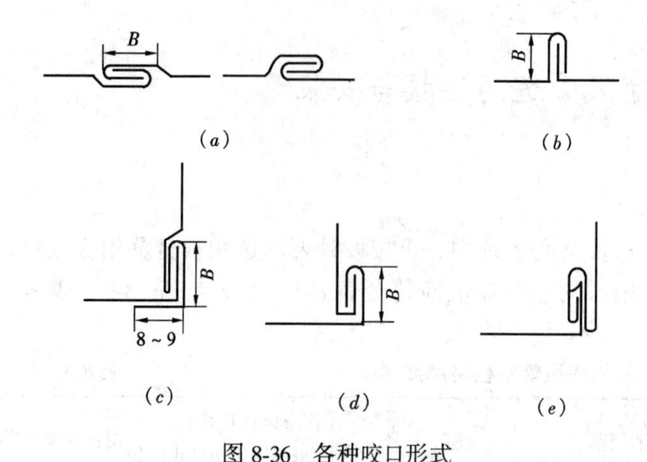

图 8-36 各种咬口形式

(a) 单平咬口；(b) 单立咬口；

(c) 转角咬口；(d) 联合角咬口；(e) 按扣式咬口

①单平咬口。用于板材的拼接缝和圆风管纵向的闭合缝，以及严密性要求不高的制品接缝。

②单立咬口。用于圆风管端头环向接缝，如圆形弯头、圆形来回弯各管节间的接缝。

③转角咬口。用于矩形风管及配件的纵向接缝和矩形弯管、三通的转角缝连接。

④联合角咬口。也叫包角咬口。咬口缝处于矩形管角边上，用途同转角咬口。应用在有曲率的矩形弯管的角缝连接更为合适。

⑤按扣式咬口。适用于矩形风管和配件的转角闭合缝。在加工时，一侧的板边加工成有凸扣的插口，另一侧板边加工成折边带有倒钩状的承口，安装时将插口插入承口即可组合成接缝。这种咬口的特点是咬合紧密，运行可靠。

风管和配件的咬口宽度和板材厚度有关，应符合表 8-9 的规定。

单平咬口、单立咬口折边尺寸（mm） **表 8-9**

咬口形式	咬口宽度	折边尺寸		咬口形式	咬口宽度	折边尺寸	
		第一块钢板	第二块钢板			第一块钢板	第二块钢板
单平咬口	8	7	14	单立咬口	8	7	6
	10	8	17		10	8	7
	12	10	20		12	10	8

划线时咬口留量的大小与咬口宽度 B、重叠层数及使用的机械有关。一般对于单平咬口、单立咬口和转角咬口，在一块板上的咬口留量等于咬口宽度 B，在与其咬合的另一块板上，咬口留量为两倍的咬口宽度 B。对联合角咬口，一块板上的咬口留量为咬口宽度 B，另一块板上为 3 倍的咬口宽度。

手工咬口使用的工具有：硬木拍板，用来平整板料，拍打咬口，其尺寸为 45mm × 35mm × 450mm；硬质木锤，用来打紧打实咬口；钢制小方锤，用来碾打圆形风管单立咬口或咬口合缝以修整；工作台上设置固定的槽钢，作为折方或拍打的垫铁，垫铁必须平直，保持棱角锋利；利用固定在工作台上的圆管，做卷圆和修整圆弧的垫铁；此外还有手持垫铁及咬口套，咬口套用来压平咬口或控制咬口宽度。

咬口加工过程是折边（折方）、折边套合及咬口压实。折边的质量应能保证咬口的平整、严密及牢固，所以要求折边宽度一致，既平且直，否则咬口就扣挂不上，或压实时出现含半咬口和张裂现象。折边宽度应稍小于咬口宽度，因为压实时一部分留量将变为咬口宽度。当咬口宽度为 6 ~ 8 mm 时，折边宽度应比咬口宽度少 1mm，咬口宽度大于等于 10mm 时，折边宽度应比咬口宽度少 2mm。

图 8-37 为单平咬口加工过程，图 8-38 为转角咬口加工过程。

机械咬口。常用的有直线多轮咬口机、圆形弯头联合咬口机、矩形弯头咬口机、合缝机、按扣式咬口机和咬口压实机等。目前已生产的有适用于各种咬口形式的圆形、矩形直管和矩形弯管、三通的咬口机系列产品（如 SAF-3 至 SAF-10 通风机械）。利用咬口机、压实机等机械加工的咬口，成型平整光滑，生产效率高，操作简便，无噪声，大大改善了劳动条件。目前生产的咬口机体积小，搬动方便，既适用于集中预制加工，也适合于施工现场使用。

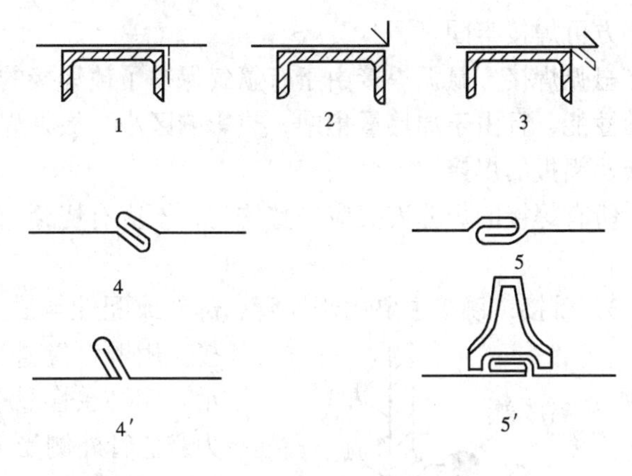

图 8-37　单平咬口加工过程

2）焊接　当普通（镀锌）钢板厚度 $\delta>1.2$mm（或 1mm），不锈钢板厚度 $\delta>0.7$mm，铝板厚度 $\delta>1.5$mm 时，若仍采用咬口连接，则因板材较厚，机械强度高而难于加工，且咬口质量也较差，这时应当采用焊接的方法，以保证连接的严密性。常用的焊接方法有气焊（氧-乙炔焊）、电焊或接触焊，对镀锌钢板则用锡焊加强咬口接缝的严密性。

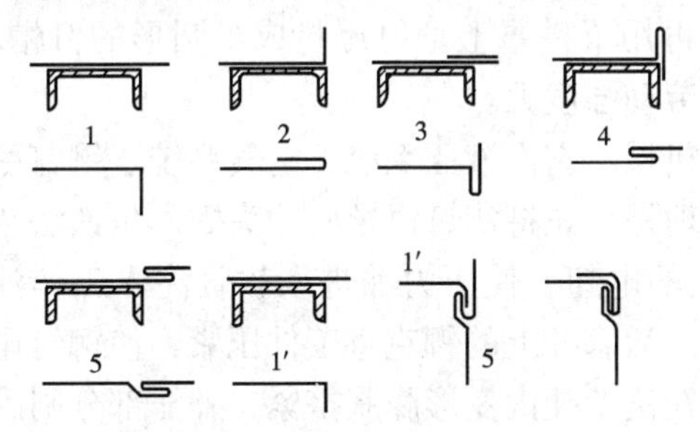

图 8-38　转角咬口加工过程

常用的焊缝形式有对接缝、角缝、搭接缝、搭接角缝、扳边缝、扳边角缝等。如图8-39 所示。板材的拼接缝、横向缝或纵向闭合缝可采用对接焊缝；矩形风管和配件的转角采用角焊缝；矩形风管和配件及较薄板材拼接时，采用搭接缝、扳边角缝和扳边焊缝。

电焊一般用于厚度大于 1.2mm 的薄钢板焊接。其预热时间短，穿透力强，焊接速度快，焊缝变形较小。矩形风管多用电焊焊接。焊接时应除去焊缝周围的铁锈、污物，对接缝时应留出 0.5～1.0mm 的对口间隙，搭接焊时应留出 10mm 左右的搭接量。

气焊用于厚度 0.8～3mm 钢板的焊接。其预热时间较长，加热面积大，焊接后板材变形大，影响风管表面的平整。为克服这一缺点，常采用扳边缝及扳边角缝，先分段点焊好后再进行连续焊接。

风管的拼接缝和闭合缝还可用点焊机或缝焊机进行焊接。

镀锌钢板的锡焊仅作咬口的配合使用，以加强咬口缝的严密度。锡焊用的烙铁或电烙铁、锡焊膏、盐酸或氯化锌等用具和涂料必须齐备，锡焊必须严格进行接缝处的除

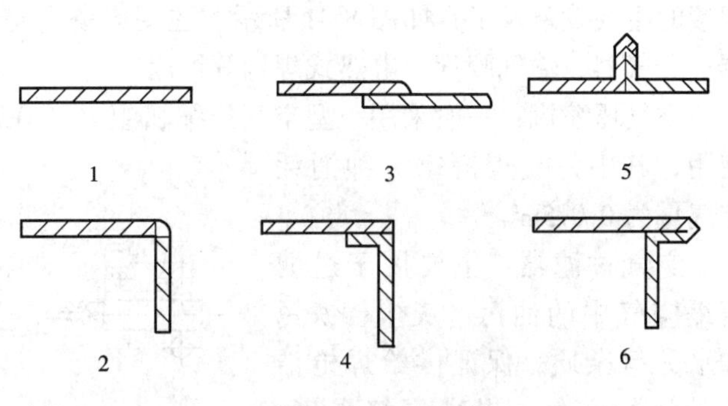

图 8-39　焊缝形式

1—对接焊缝；2—角焊缝；3—搭接焊缝；4—搭接角焊缝；5—扳边焊缝；6—扳边角焊缝

锈，方可焊接牢固。

氩弧焊接。氩弧焊接由于有氩气保护了被焊接的板材，故熔焊接头有很高的强度和耐腐蚀性能，且由于加热量集中，热影响区小，板材焊接后不易发生变形，因此更适于不锈钢板及铝板的焊接。

所有焊接的焊缝表面应平整均匀，不应有烧穿、裂缝、结瘤等缺陷，以符合焊接质量要求。

3）铆接　铆接主要用于风管、部件或配件与法兰的连接。是将要连接的板材翻边搭接，用铆钉穿连并铆合在一起的连接，如图 8-40 所示。铆接在管壁厚度 $d \leqslant 1.5$mm 时，常采用翻边铆接，为避免管外侧受力后产生脱落，铆接部位应在法兰外侧。铆接直径应为板厚的 2 倍，但不得小于 3mm，其净长度 $L = 2\delta + 1.5 \sim 2d$mm。$d$ 为铆钉直径，δ 为连接钢板的厚度，铆钉与铆钉之间的中心距一般为 40～100mm，铆钉孔中心到板边的距离应保持（3～4）d。

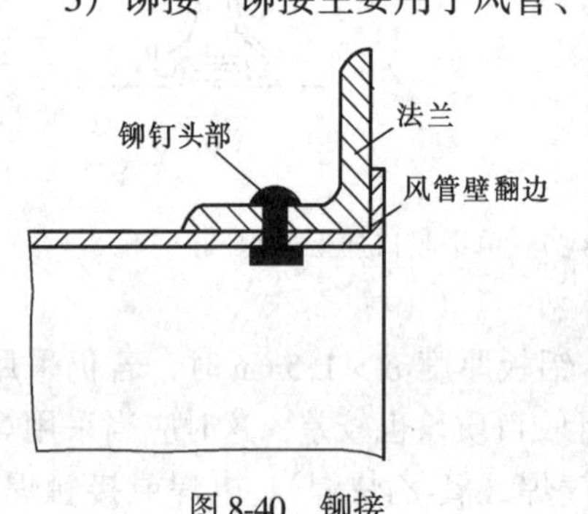

图 8-40　铆接

手工铆接时，先把板材与角钢划好线，以确定铆钉位置，再按铆钉直径用手电钻打铆钉孔，把铆钉自内向外穿过，垫好垫铁，用钢制方锤打堆钉尾，再用罩模罩上把钉尾打成半圆形的钉帽。这种方法工序较多，工效低，锤打噪声大，工人劳动强度大。

手提电动液压铆接钳是一种效果良好的铆接机械。它由液压系统、电气系统、铆钉弓钳三部分组成，见图 8-10。其铆接方法及工作原理是：先将铆钉钳导向冲头插入角铁法兰铆钉孔内，再把铆钉放入磁性座中，按动手钳上的电钮，使压力油进入软管注入工作油罐，罐内活塞迅速伸出使铆钉顶穿铁皮实现冲孔。活塞杆上的铆克将工件压紧，使铆钉尾部与风管壁紧密结合，这时油压加大，又使铆钉在法兰孔内变形膨胀挤紧，外露部分则因塑性变形成为大于孔径的鼓头。铆接完成后，松开按钮，活塞杆复位。整个操作过程平均为 2.2s。使用铆接钳工效高，省力，操作简便，穿孔、铆接一次完成，噪声很小，质量很高。

（2）非金属板材的对口连接

1）硬聚氯乙烯管的连接　当用硬聚氯乙烯板材制作风管时，主要采用热空气焊接法。焊接的主要设备及工具如图 8-41 所示。主要设备有空气压缩机、空气过滤器、调压变压器、分气器、输气胶管、电热式焊枪等组成。

空气压缩机：一般采用小型空气压缩机组（如 0.6m^3/min 的）。它同时可供 8 支焊枪使用，其中每支焊枪每分钟消耗空气量为 0.075m^3。

空气过滤器：主要用于过滤压缩空气中的油污、灰尘、铁锈和水分等杂质，保证供给焊枪洁净的压缩空气，提高焊缝强度，延长焊枪内电热丝的使用寿命。空气过滤器还可以缓冲压缩空气

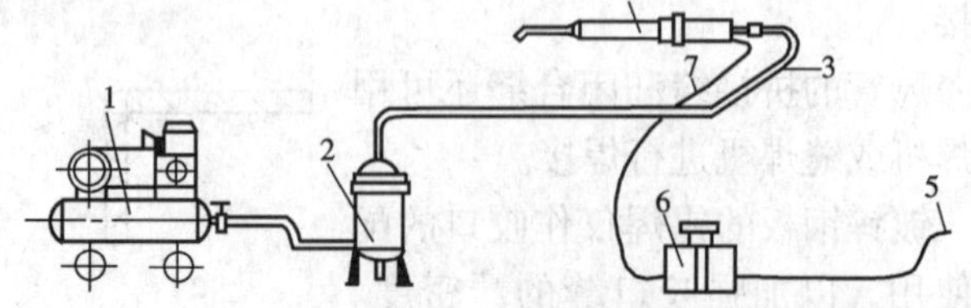

图 8-41　热空气焊接设备示意

1—空气压缩机；2—空气过滤器；3—输气胶管；4—焊枪；5—电源；6—调压变压器；7—电线

的压力。

调压变压器：它的作用是用于调节焊枪内电热丝的电压大小，从而可以调节焊枪喷嘴气体的温度，每台调节器只供一支焊枪使用。焊接时应先给气、后供电，停止焊接时先断电后关压缩空气开关。

分气器：它是能使供气压力稳定和焊枪用气分配均匀的容器。

输气胶管：一般为 10m 长的橡胶软管，要求能承受压缩空气的压力，通常选用氧气带胶管作为向焊枪送压缩空气的胶管。

电热式焊枪：此种焊枪有两种，直柄式和手枪式。前者用于焊接直行方向较便利，后者焊接横行方向较方便。手枪式塑料焊枪的构造如图 8-42 所示。压缩空气自气管进入枪管后，被瓷管内的电热丝加热，从枪嘴喷出。

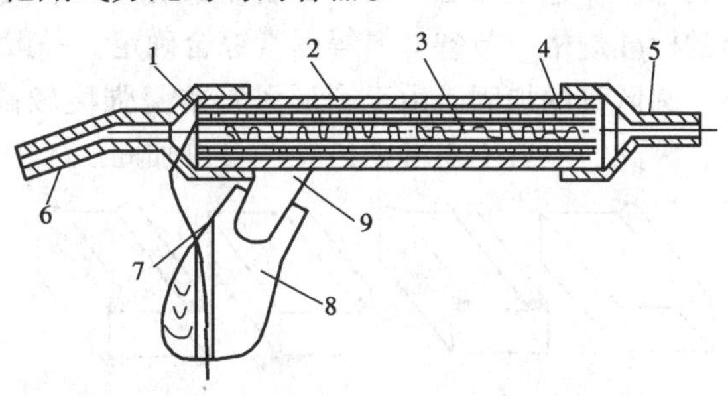

图 8-42　手枪式塑料焊枪

1—接头；2—瓷管；3—电热丝；4—枪管；5—枪嘴；6—气管；7—电线；8—手柄；9—固定板

电热丝的电压一般为 180 ~ 220V，电热丝功率一般为 400 ~ 500W，输入的压缩空气压力为 0.1 ~ 0.2MPa。压缩空气中不允许含有水分和油脂。焊接时，热空气温度以 200 ~ 240℃为佳。热空气从焊枪的喷嘴中吹出，焊件和焊条在热空气作用下呈熔融状态，此时，拿焊条的手对焊条施加压力，使焊条填充入焊缝与焊件熔为一体。在焊接过程中要注意把握好焊接温度，温度过高，焊件与焊条易焦化，过低则不能很好地熔接，使焊缝强度降低。

板材焊接连接的焊缝形式有对接焊、搭接焊、填角焊及对角焊四种，其中以对接焊缝的机械强度最高，如图 8-43 所示。

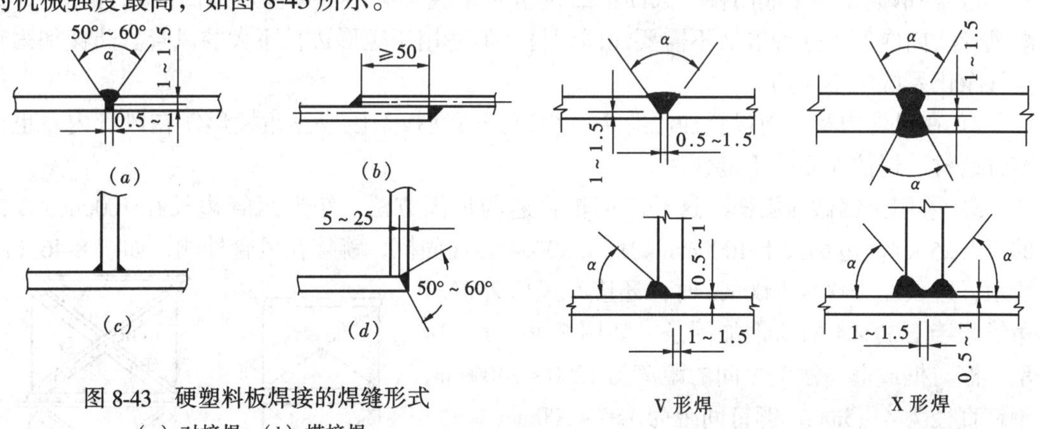

图 8-43　硬塑料板焊接的焊缝形式

(*a*) 对接焊；(*b*) 搭接焊；(*c*) 填角焊；(*d*) 对角焊

图 8-44　硬塑料板焊接的坡口形式

为增大焊接接触面积，提高焊接强度，在采用对接焊时先将塑料板边作成坡口，坡口形式有 V 型和 X 型两种，其焊缝张开角 α 也和焊接强度有关，一般取 $\alpha = 50° \sim 60°$，如图 8-44 所示。

2）玻璃钢板材的连接　玻璃钢风管管段或配件采用法兰连接。为了保证质量，在加工风管或配件时，将风管连同法兰一起加工成型使其连为一体。法兰应与风管或配件轴线相垂直，法兰表面的不平度允许偏差应不大于2mm。

3. 风管的加工与加固

（1）圆形直风管的加工与加固　圆形直风管在下料后经咬口加工、卷圆、咬口打实、正圆等操作过程加工制成。其制作长度应按系统加工安装草图并考虑运输及安装方便、板材的标准规格、节省材料等因素综合确定。一般不宜超过4m，即两张板长的拼接长度。

圆风管的加固。由于圆形风管本身强度较高，加之直风管两端的连接法兰有加固作用，因此，一般不再考虑风管自身的加固。

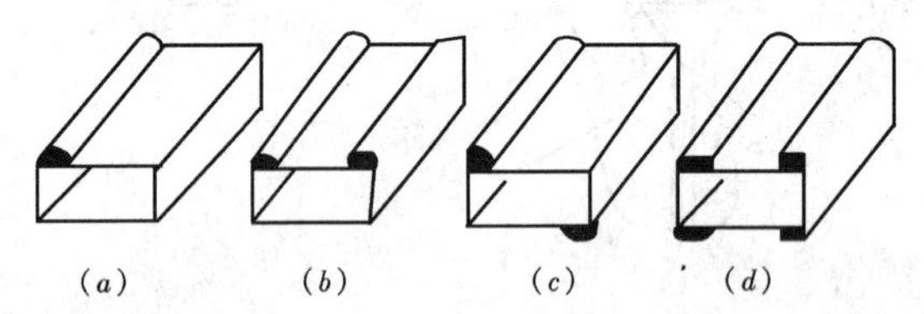

图 8-45　矩形风管的咬口位置

（2）矩形风管的加工与加固　矩形直风管在下料后,即可进行加工制作。当风管周边总长小于板材标准宽度,即用整张钢板宽度折边成型时,可只设一个角咬口,当板材宽度小于风管周长,大于周长一半时,可设两个角咬口,当风管周长很大时,可在风管四个角分别设四个角咬口,如图8-45所示。

风管的折边可用手动扳边机扳成直角，再将咬口咬合打实后即成矩形风管。矩形风管可依工程要求，采用转角咬口、联合角咬口或按扣式咬口等不同咬口形式，制作好的风管应无扭曲、翘角现象。

矩形风管的加固。矩形风管与圆形风管相比，自身强度低，因此，当大边长度大于或等于630mm，管段长度在1.2m以上时，为减少风管在运输和安装中的变形，制作时必须同时加固。

矩形风管的加固方法应根据大边尺寸确定。常用的加固方法有如下三种：

1）将钢板面加工成凸棱，大面上凸棱呈对角线交叉，不保温风道凸向风管外侧，保温风管凸向内侧。这种方法不需要加固钢材。但适用于矩形边长不大的风管。凸棱加固在空气净化系统中不能用。

2）在风管内壁纵向设置加固肋条，用镀锌薄钢板条压成三角棱形铆在风管内，也可节省钢材，但洁净系统不能使用。

3）采用角钢做加固框。这是使用较普遍的加固方法。矩形风管边长在1000mm以内的用∟25×4，边长大于1000mm的用∟30×4做加固框，铆接在风管外侧，如图8-46（*a*）所示；边长在1500～2000mm时，还应在风管外侧对角线铆接∟30×4的角钢加固条，如图8-46（*b*）所示，框与框或框与法兰之间的距离为1200～1400mm，铆钉直径为4～5mm，铆钉间距为150～200mm 。

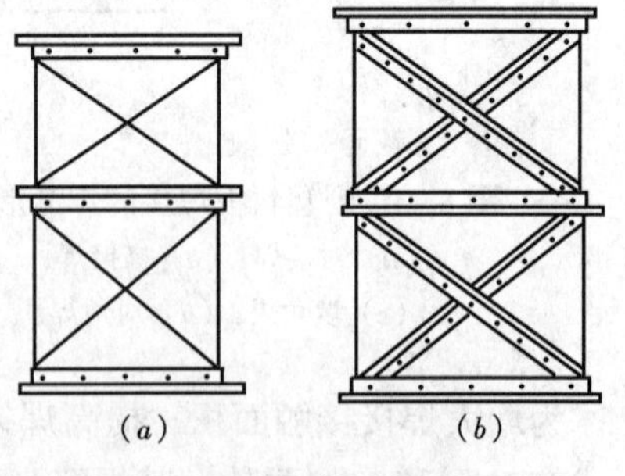

图 8-46　矩形风管的加固
（*a*）边与1000mm以内时；
（*b*）边长1500～2000mm时

4. 其他风管的加工

（1）不锈钢风管的加工　不锈钢钢板含有适量铬、镍成分，因而在板面形成一层非常稳定的钝化保护膜。该板材具有良好的耐高温和耐腐蚀性，有较高塑性和优良的机械性能，常用来做输送腐蚀性气体的风管。

不锈钢钢板加工时不得退火，以免降低其机械强度。焊接时宜用非熔化极（钍化钨）电极的氩弧焊。焊接前，应将焊缝处的污物、油脂等用汽油或丙酮清洗干净。焊接后要清理焊缝处的焊渣，并用钢丝刷刷出光泽，再用10%的硝酸溶液酸洗焊缝，最后用热水冲洗。不锈钢板的焊接还可用电焊、点焊机或缝焊机进行。

不锈钢板划线放样时，应先做出样板贴在板材面上，用红蓝铅笔画线，不可用硬金属划针划线或作辅助线，以免损害板面钝化膜。

不锈钢板板厚 $d<0.75$mm 时，可用咬口连接，$d>0.75$mm 时，采用焊接。其风管的加工方法同上述普通薄钢板。不锈钢风管的法兰最好用不锈钢板剪裁的扁钢加工，风管的支架及法兰螺栓等，最好也用不锈钢材料。当法兰及支架等采用普通碳钢材料时，应涂耐酸涂料，并在风管与支架之间垫上塑料或木制垫块。

(2) 铝板风管的加工　通风工程常用的铝板有纯铝板和经退火处理的铝合金板。纯铝板有优良的耐腐蚀性能，但强度较差。铝合金板的耐腐蚀性不如纯铝板，但其机械强度高。铝板的加工性能良好，当风管壁厚 $d\leqslant 1.5$mm 时，可采用咬口连接，$d>1.5$mm 时，方可采用焊接。焊接以采用氩弧焊最佳。其加工方法同上述普通薄钢板。

铝板与铜、铁等金属接触时，会产生电化学腐蚀，因此应尽可能避免与铜、铁金属接触。但在通风工程中，铝板风道的法兰及支架等仍采用普通碳钢型钢材料时，应采用镀锌型钢或做防腐处理。

(3) 硬聚氯乙烯（塑料）风管的加工　硬聚氯乙烯风管的加工过程是划线-剪切-打坡口-加热-成型（折方或卷圆）-焊接-装配法兰。

硬塑料风管的划线，展开放样方法同薄钢板风管及配件。但在划线时，不能用金属划针划线，而应用红蓝铅笔，以免损伤板面。又由于该板材在加热后再冷却时，会出现收缩现象，故划线下料时要适当地放出余量。

板材的剪切可用剪板机（剪床），也可用圆盘锯或手工钢丝带锯。剪切应在气温15℃以上的环境中进行。如冬季气温较低或板材厚度在5mm以上时，应把板材加热至30℃左右再进行剪切，以免发生脆裂现象。

板材打坡口以提高焊缝强度。坡口的角度和尺寸应均匀一致，可用锉刀、刨子或砂轮机、坡口机进行加工。

板材的加热可用电加热、蒸汽加热和热风加热等方法。一般工地常用电热箱来加热大面积塑料板材。

硬塑料板的焊接用热空气焊接。

硬塑料圆形风管是在展开下料后，将板材加热至100～150℃达到柔软状态后，在胎模上卷制成型（见图8-47），最后将纵向结合缝焊接制成的。板材在加热卷制前，其纵向结合缝处必须将焊接坡口加工完好。

硬塑料矩形风管是用计算下料的大块板料四角折方，最后将纵向结合缝焊接制成的。风管折方应加热，加热可用热空气喷枪烤热。板厚在5mm以上时，可用管式电加热器，通过自动控制温度加热，它是把管式电加热器夹在板面的折方线上，形成窄长的加热区，

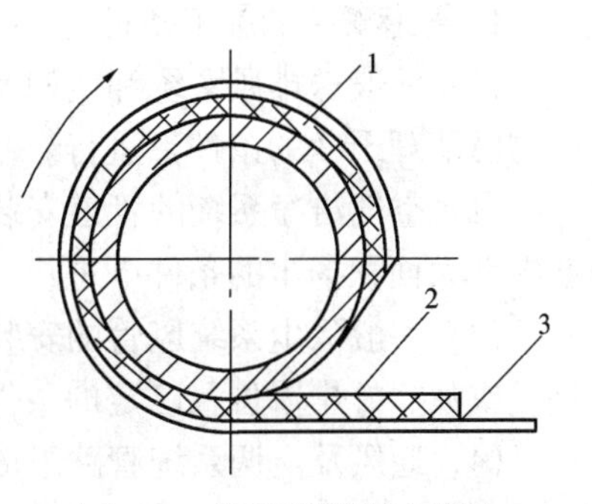

图8-47　塑料板卷管示意图
1—胎模；2—塑料板材；3—铁皮

因而其他部位不受热影响，板料变形很小，这样加热后折角的风管表面色泽光亮，弯角圆滑，管壁平直，制作效率也高。矩形风管在展开放样划线时，应注意不使其纵向结合缝落在矩形风管的四角处，因为四个矩形角处要折方。

圆形、矩形风管在延长连接组合时，其纵向接缝应错开，如图 8-48 所示。风管的延长连接用热空气焊接。焊接前，连接的风管端部应做好坡口，以加强对接焊缝的强度。焊接的加热温度为 210～250℃，选用塑料焊条的材质应与板材材质相同，直径见表 8-10。

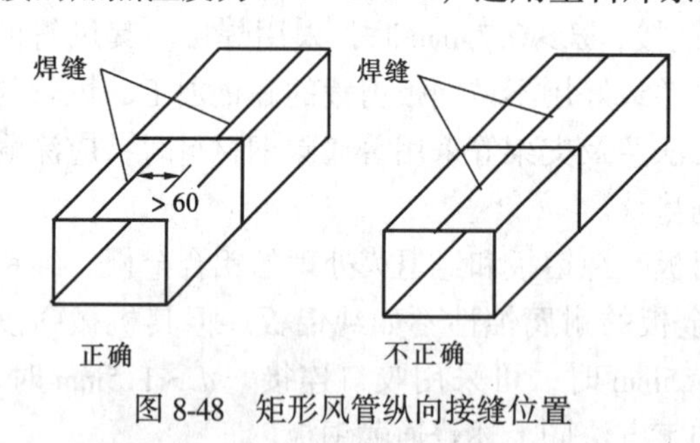

图 8-48 矩形风管纵向接缝位置

塑料焊条选用直径 表 8-10

板材厚度（mm）	焊条直径（mm）
2～6	2
5.5～15	3
16 以上	3.5

硬塑料风管加工选用板材的厚度及加工后允许的误差见表 8-7、表 8-8。

当圆形风管直径或矩形风管大边长度大于 630mm 时，应对硬塑料风管进行加固。加固的方法是利用风管延长连接的法兰加固，以及用扁钢加固圈加固，见图 8-49、表 8-11。

塑料风管加固圈规格及间距 表 8-11

圆形			矩形		
风管直径（mm）	扁钢加固圈（mm）		大边长（mm）	扁钢加固圈（mm）	
	宽×厚（$a\times b$）	间距（L）		宽×厚（$a\times b$）	间距（L）
560～630	－40×8	800	500	－35×8	600
700～800	－40×8	800	650～800	－40×8	800
900～1000	－45×10	800	1000	－45×8	400
1120～1400	－45×10	800	1260	－45×10	400
1600	－50×12	400	1600	－50×12	400
1800～2000	－60×12	400	2000	－60×15	400

二、通风管道的安装

1. 管道安装的施工条件

（1）一般送排风系统和空调系统的管道安装，需在建筑物的屋面做完，安装部位的障碍物已清理干净的条件下进行。

（2）空气洁净系统的管道安装，需在建筑物内部有关部位的地面干净、墙面已抹灰、室内无大面积扬尘的条件下进行。

（3）一般除尘系统风管的安装，需在厂房内与风管有关的工艺设备安装完毕，设备的接管或吸、排尘罩位置已定的条件下进行。

（4）通风及空调系统管路组成的各种风管、部件、配件均已加工完毕，并经质量检查合格。

（5）与土建施工密切配合。应预留的安装孔洞，预埋的支架构件均已完好，并经检查符合设计要求。

(6) 施工准备工作已做好，如施工工具、吊装机械设备、必要的脚手架或升降安装平台已齐备，施工用料已能满足要求。

2. 风管支、吊架的形式及安装

风管常沿墙、柱、楼板或屋架敷设，安装固定于支、吊架上。因此，支架的安装成为风管安装的先头工序，且其安装质量将直接影响风管安装的进程及安装质量。

(1) 风管支架在墙上的安装　沿墙安装的风管常用托架固定，其形式见图 8-50。风管托架横梁一般用角钢制作，当风管直径大于 1000mm 时，托架横梁应用槽钢。支架上固定风管的抱箍用扁钢制成，钻孔后用螺栓和风管托架结为一体。

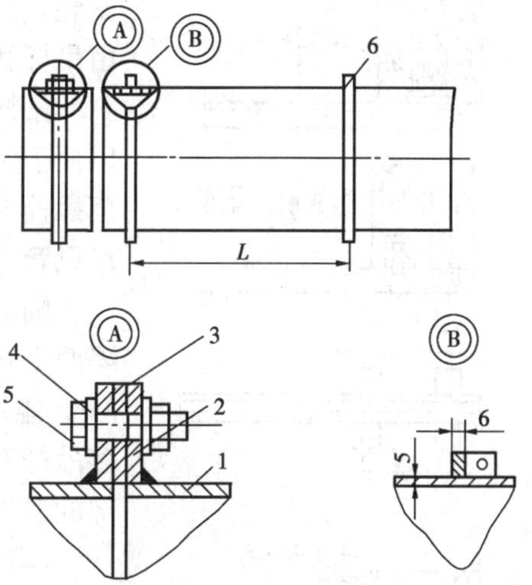

图 8-49　塑料风管的加固

1—风管；2—法兰；3—垫料；4—垫圈；5—螺栓；6—加固圈

托架安装时，圆形风管以管中心标高，矩形风管以管底标高为准，按设计标高定出托架横梁面到地面的安装距离。横梁埋入墙内应不少于 200mm，栽埋要平整、牢固。斜撑角钢与横梁的焊接应使焊缝饱满连接牢固。

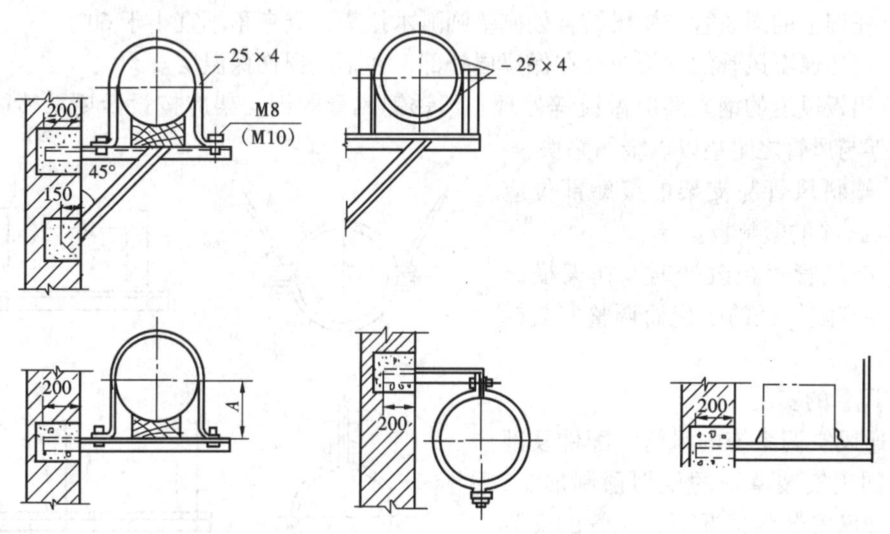

图 8-50　风管在墙上安装的托架

风管安装的托、吊架间距为：对水平安装的风管，直径或大边长小于 400mm 时，支架间距不超过 4m，大于或等于 400mm 时，支架间距不超过 3m；对垂直安装的风管，支架间距不应超过 4m，且每根立管的固定件不应少于 2 个。保温风管的支架间距由设计确定，一般为 2.5~3m。

(2) 风管支架在柱上安装　如图 8-51 所示，风管托架横梁可用预埋钢板或预埋螺栓的方法固定，或用圆钢、角钢等型钢作抱柱式安装，均可使风管安装牢固。

(3) 风管吊架　当风管的安装位置距墙、柱较远，不能采用托架安装时，常用吊架

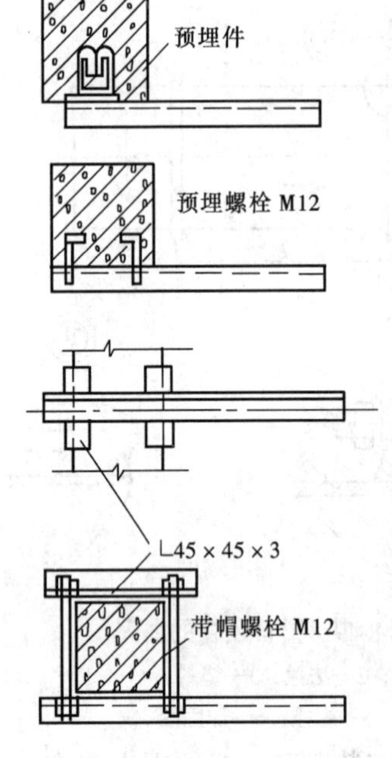

图 8-51　风管沿柱安装的托架

安装。圆形风管的吊架由吊杆和抱箍组成，矩形风管吊架由吊杆和托梁组成。如图 8-52 所示。

吊杆由圆钢制成，端部应加工有 50 ~ 60mm 长的螺纹，以便于调整吊架标高。抱箍由扁钢制成，加工成两半圆形，用螺栓卡接风管。托梁用角钢制成，两端钻孔位置应在矩形风管边缘外 40 ~ 50mm，穿入吊杆后以螺栓固定。

圆形风管在用单吊杆的同时，为防止风管晃动，应每隔两个单吊杆设一个双吊杆，双吊杆的吊装角度宜采用 45°。矩形风管采用双吊杆安装，两矩形风管并行时，采用多吊杆安装。吊杆上部可用螺栓抱箍或电焊固定在风管上部的建筑物结构上，如图 8-53 所示。

（4）垂直风管的安装　垂直风管不受荷载，可利用风管法兰连接吊杆固定，或用扁钢制作的两半圆管卡栽埋于墙上固定，见图 8-54。

（5）风管支架安装的注意事项

1）支架不得设在风口、风阀及检查门处。吊架不得直接吊在风管连接法兰处。

2）托架上的圆风管与横梁结合处应垫圆弧木托座，其夹角不宜小于 60°。

3）矩形保温风管的支架应设在保温层外部，并不应损伤保温层。

4）铝板风道的钢支架应做镀锌处理。不锈钢风管的钢支架应按设计要求喷刷涂料，并在支架与风管之间垫以非金属垫块。

5）塑料风管与支架的接触部位应垫 3 ~ 5mm 厚的塑料板。

6）圆风管直径改变时，托架横梁栽埋应注意随管径的改变而调整安装标高。

3. 风管的安装

在通风空调系统的风管、配件及部件已按加工安装草图的规划预制加工、风管支架已安装的情况下，风管的安装可概括为组合连接和吊装两部分。

（1）风管的组合连接：

1）法兰连接　风管与风管、风管与配件及部件之间的组合连接采用法兰连接，安装及拆卸都比较方便，有利于加快安装速度及维护修理。风管或配件（部件）与法兰的装配可用翻边法、翻边铆接法和焊接法。

当风管与扁钢法兰装配时，可采用

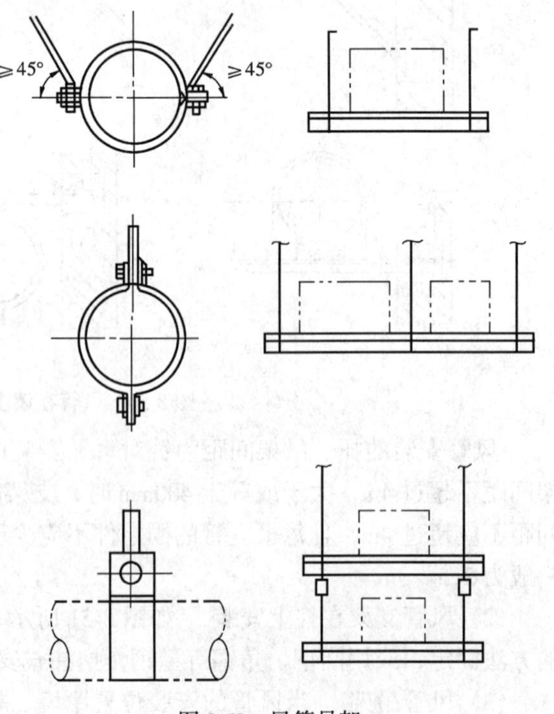

图 8-52　风管吊架

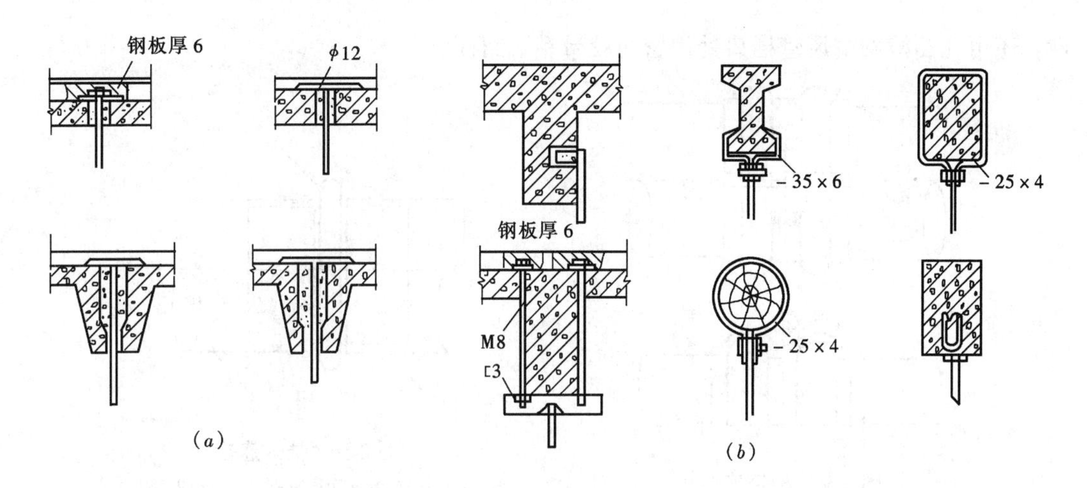

图 8-53　吊架吊杆的固定

（a）楼板及屋面上；（b）梁上及屋架上

6～9mm 的翻边，将法兰套在风管或配件上。翻边量不能太大，以免遮住螺栓孔。

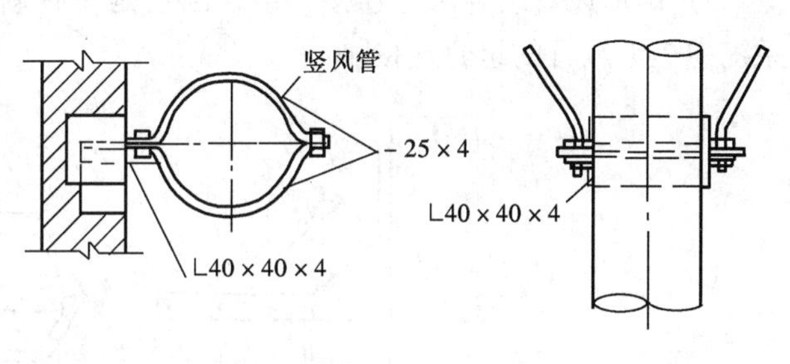

图 8-54　垂直风管的固定

当风管壁厚 $\delta \leqslant 1.2$mm 时，法兰与风管的装配可用直径为 4～5mm 的铆钉铆接，再用小锤将风管翻边（见图 8-40）。

当风管壁厚 $\delta > 1.2$mm 时，风管与角钢法兰的装配宜采用焊接。一种做法是风管翻边后法兰点焊，一种做法是将风管插入法兰 4～5mm 后进行满缝焊接。

法兰对接的接口处应加垫料，以使连接严密。输送一般空气的风管，可用浸过油的厚纸作衬垫。输送含尘空气的风管，可用 3～4mm 厚的橡皮板作衬垫。输送高温空气的风管，可用石棉绳或石棉板作衬垫。输送腐蚀性蒸汽和气体的风管，可用耐酸橡皮或软聚氯乙烯板作衬垫。衬垫不得突入管内，以免增大气流阻力或造成积尘阻塞。

风管组合连接时，先把两法兰对正，能穿入螺栓的螺孔先穿入螺栓并戴上螺母，用别棍插入穿不上螺栓的螺孔中，把两法兰的螺孔别正。当螺孔各螺栓均已穿入后，再对角线均匀用力将各螺栓拧紧。螺栓的穿入方向应一致，拧紧后法兰的垫料厚度应均匀一致且不超过 2mm。

2）圆形风管的无法兰连接　圆风管的无法兰连接在国外是近些年来发展起来的新技术，在国内目前也已采用。其主要特点是节省较多的法兰连接材料。主要用于一般送排风系统和螺旋缝圆风管的连接。

①抱箍连接（见图 8-55）　抱箍连接前先将风管两端轧制出鼓筋，且使管端为大小口。对口时按气流方向把小口插入大口风管内，将两风管端部对接在一起，在外箍带内垫上密封材料（如油浸棉纱或废布条）上紧紧固螺栓即可。

②插入连接（见图 8-56）　插入连接是将带凸棱的连接短管嵌入两风管的结合部，当两端风管紧紧顶住短管凸棱后，在外部用抽芯铆钉或自攻螺丝固定。为保证风管的严密

性，还可在凸棱两端风管插口处用密封胶带粘贴封闭。

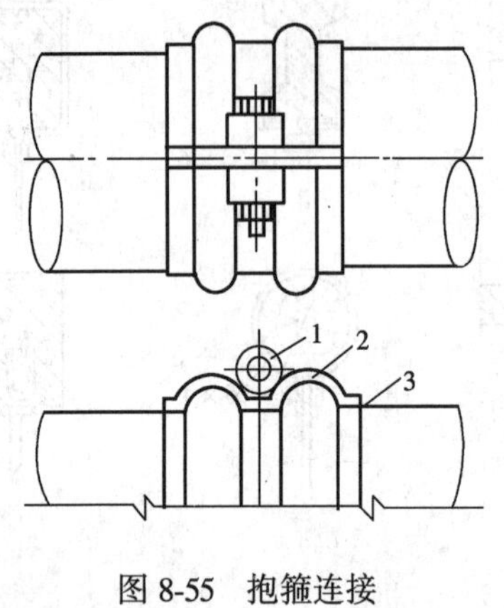

图 8-55 抱箍连接

1—耳环；2—抱箍；3—风管

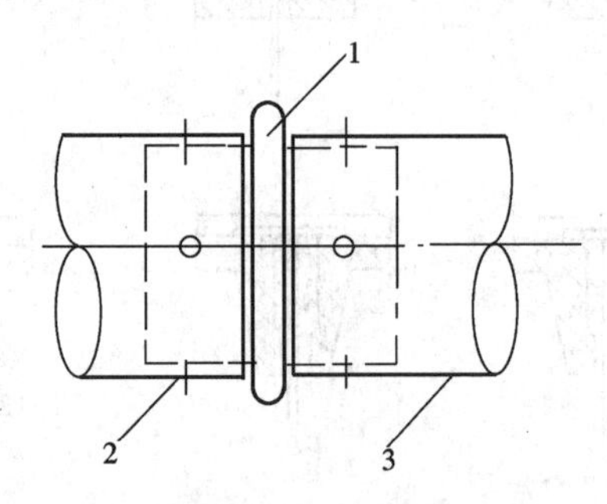

图 8-56 插入连接

1—连接短管；2—自攻螺栓或抽芯铆钉；3—风管

3）矩形风管组合法兰连接　组合法兰是一种新颖的风管连接件，它适用于通风空调系统中矩形风管的组合连接。

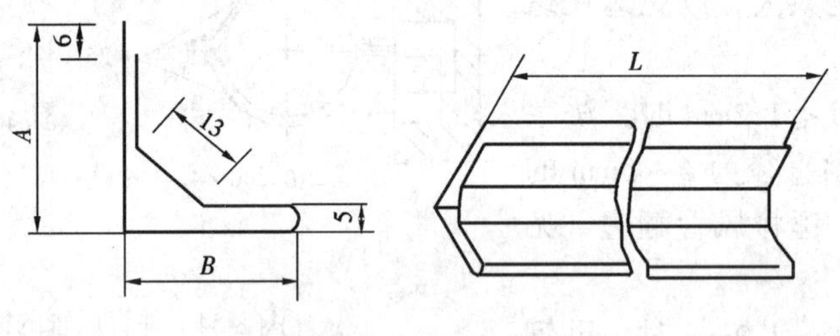

图 8-57 法兰组件

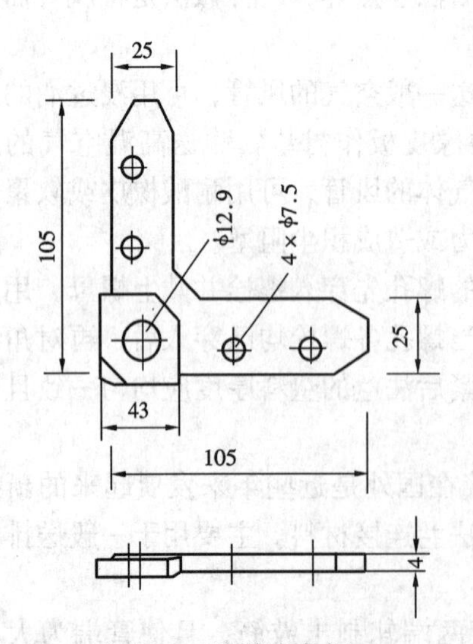

图 8-58 连接扁角钢

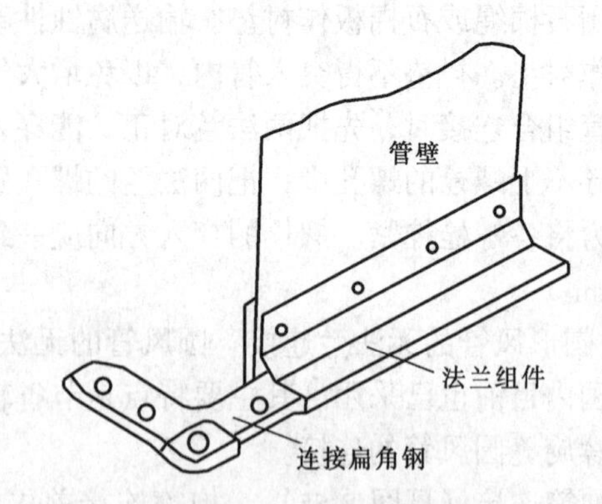

图 8-59 扁角钢的连接

组合法兰由法兰组件和连接扁角钢（法兰镶角）两部分组成。法兰组件用厚度 $\delta \geqslant$ 0.75～1.2mm 的镀锌钢板，通过模具压制而成，其长度可根据风管的边长而定。见图 8-57、表 8-12。连接扁角钢用厚度 $\delta = 2.8 \sim 4.0$mm 的钢板冲压制成，见图 8-58。

风管组合连接时，将四个扁角钢分别插入法兰组件的两端，组成一个方形法兰，再将风管从法兰组件的开口处插入，并用铆钉铆住，即可将两风管组装在一起。见图 8-59。

安装时两风管之间的法兰对接，四角用 4 个 M12 螺栓紧固，法兰间垫一层闭孔海绵橡胶作垫料，厚度为 3 ~ 5mm，宽度为 20mm。见图 8-60。

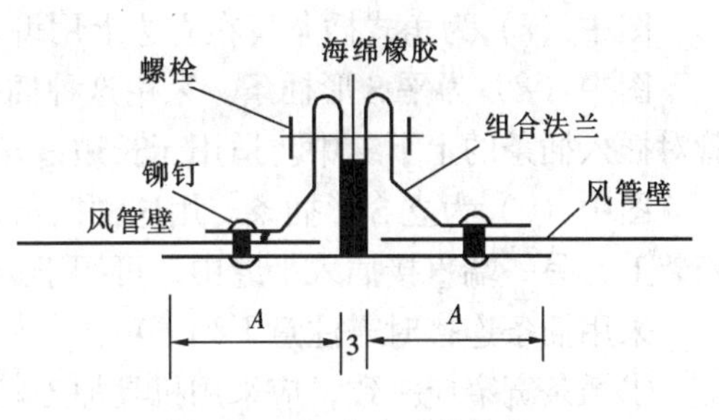

图 8-60 组合法兰的安装

法兰组件长度（mm） **表 8-12**

风管边长	200	250	320	400	500	630	800	1000	1250	1600
组件长度 L	174	224	294	874	474	604	774	974	1224	1574

与角钢法兰相比，组合法兰式样新颖，轻巧美观，节省型钢，安装简便，施工速度快。对沿墙或靠顶敷设的风管可不必多留安装空隙。组合法兰的制作规格见表 8-13。

法兰组件制作规格 **表 8-13**

风管周长（mm）	800 ~ 1200	1800 ~ 2400	3200 ~ 4000	6000
法兰组件 $A \times B$（mm）	30 × 24	36 × 30	42 × 36	46 × 40

4）矩形风管的插条连接　插条连接也称“搭栓”连接。根据矩形风管边长不同，把镀锌薄钢板加工成不同形状的插条，其形状和连接方法如图 8-61 所示。

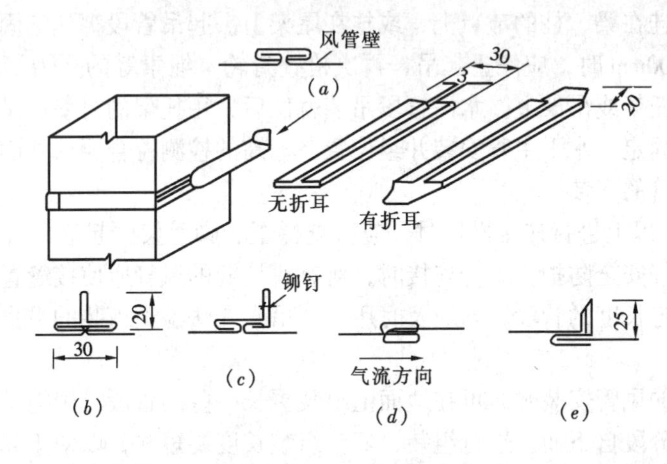

图 8-61 矩形风管的插条连接

(*a*)平插条;(*b*)立式插条;(*c*)角式插条;(*d*)平 S 形插条;(*e*)立 S 形插条

图中（*a*）为平插条。分有折耳、无折耳两种形式。风管的端部也需折边 180°，然后将平插条插入风管两端的折边缝中，最后把折耳在风管角边复折。此插接形式适用于矩形风管长边小于 460mm 的风管。

图中（*b*）为立式插条。安装方法与平插条相同。适用于长边为 500 ~ 1000mm 的风管。

图中（c）为角式插条。在立边上用铆钉加固，适用于长边≥1000mm的风管。

图中（d）为平S形插条。采用这种插条连接的风管端部不需折边，可直接将两段风管对插入插条的上下缝中。适用于长边≤760mm的风管。

图中（e）为立S形插条。用这种插条连接时，一端风管需折边90°，先将立S形插条安装上，另一端直接插入平缝中，可用于边长较大的风管。

采用插条连接时需注意下列事项：

①插条宽窄应一致，应采用机具加工。

②插条连接适用于风管内风速为10m/s、风压为500Pa以内的低风速系统。

③接缝处凡不严密的地方应用密封胶带粘贴，以防止漏风。

④插条连接最好用于不常拆卸的通风空调系统中。

4. 风管的吊装

为加快施工速度，保证安装质量，风管的安装多采用现场地面组装，再分段吊装的施工方法。地面组装按加工安装草图及加工件的出厂编号、按已确定的组合连接方式进行。

地面组装管段的长度一般为10~12m。组装后应进行量测检验，方法是以组合管段两端法兰作基准拉线检测组合的平直度，要求在10m长度内，测线与法兰的量测差距不大于7mm，两法兰之间的差距不大于4mm。拉线检测应沿圆管周圈或矩形风管的不同边至少量测2处，取最大的测线不紧贴法兰的差距计算安装的不平直度。如检测结果超过要求的允许不平直数值，则应拆掉各组合接点重新组合，经调整法兰翻边或铆接点等措施，使最后组合结果达到质量要求。

风管吊装前应再次检查各支架安装位置、标高是否正确、牢固。吊装可用滑轮、麻绳拉吊，滑轮一般挂在梁、柱的节点上，或挂在屋架上。起吊管段绑扎牢固后即可起吊。当吊至离地200~300mm时，应停止起吊，再次检查滑轮、绳索等的受力情况，确认安全后再继续吊升直至托架或吊架上。水平管段吊装就位后，用托架的衬垫、吊装的吊杆螺栓找平找正，并进行固定。水平主管安装并经位置、标高的检测符合要求并固定牢固后，方可进行分支管或立管的安装。

在距地面3m以上进行连接操作时，应检查梯子、脚手架、起落平台等的牢固性，并应系安全带，做好安全防护。组合连接时，对有拼接缝的风管应使接缝置于背面，以保持美观。每组装一定长度的管段，均应及时用拉（吊）线法检测组装的平直度，使整体安装横平竖直。

地沟内敷设的风管安装时，可在地面上组装更长一些的管段，用绳子溜送到沟内支架上。垂直风管可分段自下而上进行组装，每节组装长度要短些，以便于起吊。

5. 风管安装的技术要求

（1）风管的纵向闭合缝要求交错布置，且不得置于风管底部。有凝结水产生的风管底部横向缝宜用锡焊焊平。

（2）风管与配件的可拆卸接口不得置于墙、楼板和屋面内。风管穿楼板时，要用石棉绳或厚纸包扎，以免风管受到腐蚀。风管穿越屋面时，屋面板应预留孔洞，风管安装后屋面孔洞应做防雨罩，如图8-62所示。防雨罩与屋面接合处应严密不漏水。

（3）风管水平度允许偏差为每米不大于3mm，8m以上的水平风管总偏差不应大于

20mm。垂直度允许偏差为每米不大于2mm。10m以上的垂直风管，总偏差不应大于20mm。

(4) 地下风管穿越建筑物基础，若无钢套管时，在基础边缘附近的接口应用钢板或角钢加固。

(5) 输送潮湿空气的风管，当空气的相对湿度大于60%时，风管安装应有0.01～0.15的坡度，并坡向排水装置。

(6) 安装输送易燃易爆气体的风管时，整个风管应有良好的接地装置，并应保证风管各组成部分不会因摩擦而产生火花。

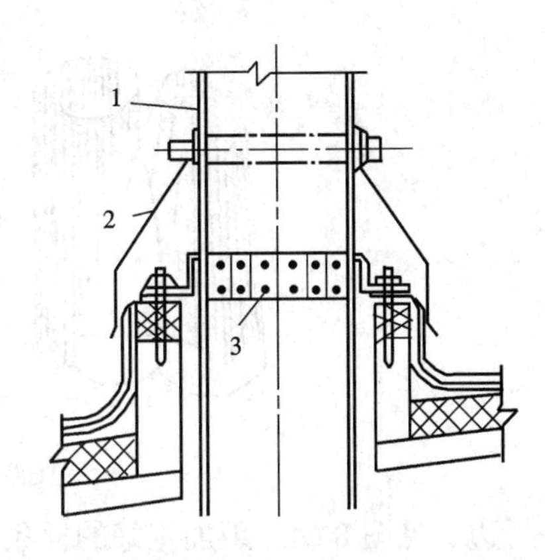

图8-62　风管穿过屋面的防雨罩

1—金属风管；2—防雨罩；3—铆钉

(7) 地下风管和地上风管连接时，地下风管露出地面的接口长度不得少于200mm，以利于安装操作。

(8) 用普通钢板制作的风管、配件和部件，在安装前均应按设计要求做好防腐涂料的喷涂。

(9) 保温风管宜在吊装前做好保温工作，吊装时应注意不使保温层受到损伤。

第五节　风管配件的安装与加固

一、风管管件的加工

1. 弯头的加工

对于圆弯头，是把剪切下的端节和中间节先做纵向接合的咬口折边，再卷圆咬合成各个节管，再用手工或机械在节管两侧加工立咬口的折边，进而把各节管一一组合成弯头，如图8-14所示。对于弯头的咬口要求咬口严密一致，各节的纵向咬口应错开，成型的弯头应和要求的角度一致，不应发生歪扭现象。

当弯头采用焊接时，是先将各管节焊好，再次修整圆度后，进行节间组对点焊成弯管整型，经角度、平整度等检查合格后，再进行焊接。点焊点应沿弯头圆周均匀分布，按管径大小确定点数，但最少不少于3处，每处点焊缝不宜过长，以点住为限。施焊时应防止弯管两面及周长出现受热集中现象。焊缝采用对接缝。

矩形弯头的咬口连接或焊接参照圆形弯头的加工。

2. 三通的加工

圆形三通主管及支管下料后，即可进行整体组合。主管和支管的结合缝的连接，可为咬口、插条或焊接连接。

当采用咬口连接时，是用覆盖法咬接，如图8-63所示。先把主管和支管的纵向咬口折边放在两侧，把展开的主管平放在支管上，如图中1、2所示的步骤套好咬口缝，再用手将主管和支管扳开，把结合缝打紧打平，如图中3、4所示。最后把主管和支管卷圆，并分别咬好纵向结合缝，打紧打平纵向咬口，进行主、支管的整圆修整。

当用插条连接时，主管和支管可分别进行咬口、卷圆、加工成独立的部件，然后把对口部分放在平钢板上检查是否贴实，再进行接合缝的折边工作。折边时主管和支管均为单

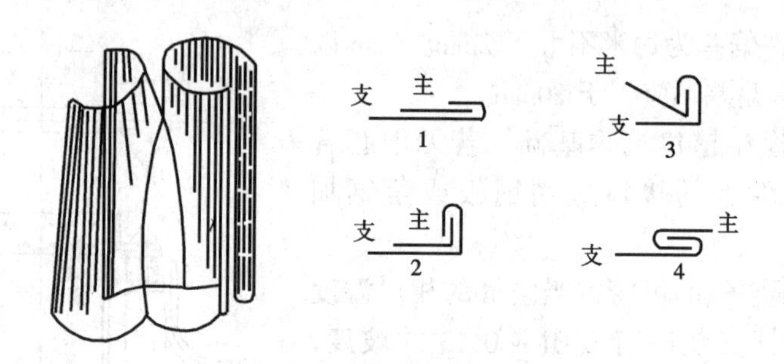

图 8-63 三通的覆盖法咬接

平折边、见图 8-64。用加工好的插条，在三通的接合缝处插入，并用木锤轻轻敲打。插条插入后，用小锤和衬铁打紧打平。

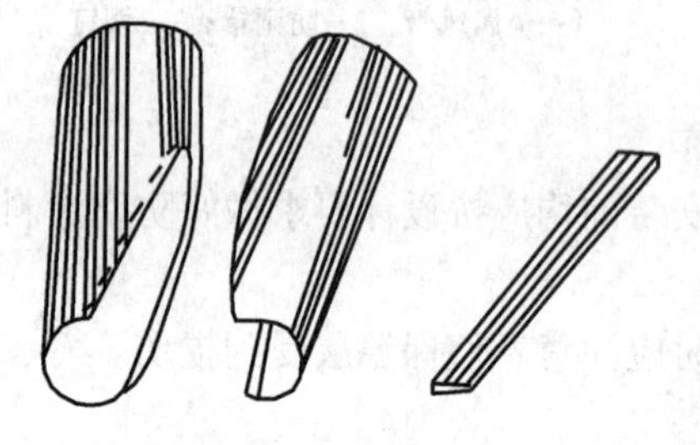

图 8-64 三通的插条法加工

当采用焊接使主管和支管连接时，是先用对接缝把主管和支管的结合缝焊好，经板料平整消除变形后，将主、支管分别卷圆，再分别对缝焊接，最后进行整圆的修整。

矩形三通的加工可参照矩形风管的加工方法进行咬口连接。当采用焊接时，矩形风管和三通可按要求采用角焊缝、搭接角焊缝或扳边角焊缝。

3. 来回弯管的加工

圆形和矩形来回弯管的加工方法与圆形、矩形弯头相同，在此不作重复介绍。

4. 变径管的加工

圆形变径管下料时，咬口留量和法兰翻边留量应留得合适，否则会出现大口法兰与风管不能紧贴，小口法兰套不进去等现象，如图 8-65（a）所示。为防止出现这种现象，下料时可将相邻的直管剪掉一些，或将变径管高度减少，将减少量加工成正圆短管，套入法兰后再翻边，如图 8-65（b）所示。为使法兰顺利套入，下料时可将小口稍为放小些，把大口稍为放大些，从上边穿大口法兰，翻边后，再套入上口法兰进行翻边。

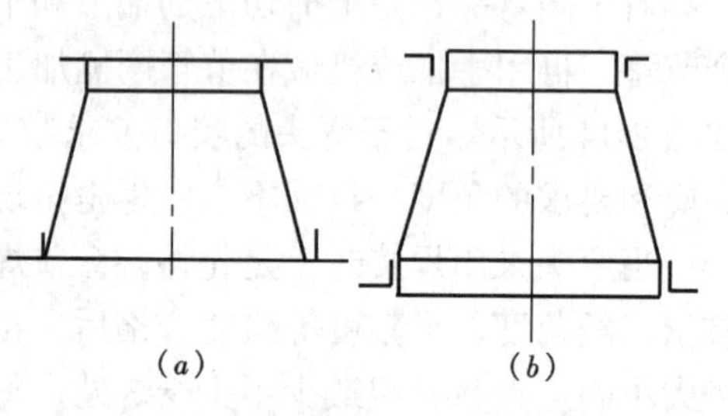

图 8-65 圆形变径管的加工

矩形变径管和天圆地方管的加工，可用一块板材加工制成。为了节省板材，也可用四块小料拼接，即先咬合小料拼合缝，再依次卷圆或折边，最后咬口成型。

弯头、三通、变径管等风管配件已标准化，可按实际需要查阅《全国通用通风管道配件图表》，按图表规定的标准规格和尺寸作为配件加工的依据。

当通风或空调系统采用法兰连接时，所有直风管、风管配件在加工后均应同时将两端的法兰装配好。

硬塑料风管配件的加工方法同上述普通钢板风管配件的加工。加工时划线下料均按焊接连接考虑，而不须放出咬口留量，但配件与法兰嵌接处仍应加留法兰装配余量。

二、法兰的加工

法兰有圆形和矩形两种。在通风和空调系统中，法兰用于风管与风管、风管与配件、部件之间的延长连接，同时对风管整体有一定的加固作用，使安装和维修都很方便。

法兰用角钢、扁钢加工制成。随着风管及风管配件、部件的定型化，其连接件法兰也已定型化。

1. 法兰材料的选用

风管法兰以角钢或扁钢加工制成。表 8-14、表 8-15 为普通（镀锌）钢板圆形和矩形风管配用法兰的材料规格。表 8-16 ~ 表 8-20 分别为不锈钢、铝板风管、玻璃钢风管及硬聚氯乙烯风管配用法兰的材料规格。

圆形风管法兰　　表 8-14

直径（mm）	法兰用料规格	
	扁　钢	角　钢
≤140	－20×4	
150 ~ 280	－25×4	
300 ~ 500		∟25×3
530 ~ 1250		∟30×4
1320 ~ 2000		∟40×4

矩形风管法兰　　表 8-15

大边长（mm）	法兰用料规格
	角　钢
≤630	∟25×3
800 ~ 1250	∟30×4
1600 ~ 2000	∟40×4

铝板风管法兰　　表 8-16

圆形管直径或矩形管大边长（mm）	法兰用料规格	
	扁　钢	角　钢
≤280	－30×6	∟30×4
320 ~ 560	－35×8	∟35×4
630 ~ 1000	－40×10	
1120 ~ 2000	－40×12	

不锈钢风管法兰　　表 8-17

圆形管直径或矩形管大边长（mm）	法兰用料规格（扁钢）
≤280	－25×4
320 ~ 560	－30×4
630 ~ 1000	－35×6
1120 ~ 2000	－40×8

玻璃钢风管法兰　　表 8-18

圆形风管外径或矩形风管大边长（mm）	玻璃钢法兰（宽×厚）（mm）	螺栓规格
≤400	30×4	M8×25
420 ~ 1000	40×6	M8×30
1060 ~ 2000	50×8	M10×35

注：风管与法兰同时制作，形成一体。

硬聚氯乙烯板圆形风管法兰　　表 8-19

风管直径（mm）	法兰用料规格			镀锌螺栓规格（mm）
	扁　钢	孔径（mm）	孔　数	
100 ~ 160	－35×6	7.5	6	M6×30
180	－35×6	7.5	8	M6×30
200 ~ 220	－35×8	7.5	8	M6×35
250 ~ 320	－35×8	7.5	10	M6×35
360 ~ 400	－35×8	9.5	14	M8×25
450	－35×10	9.5	14	M8×40
500	－35×10	9.5	18	M8×40
560 ~ 630	－40×10	9.5	18	M8×40
700 ~ 800	－40×10	11.5	24	M8×40
900	－45×12	11.5	24	M10×45
1000 ~ 1250	－45×12	11.5	30	M10×45
1400	－45×12	11.5	38	M10×45
1600	－50×15	11.5	38	M10×50
1800 ~ 2000	－60×15	11.5	48	M10×50

硬聚氯乙烯板矩形风管法兰　　　　表 8-20

风管大边长（mm）	法兰用料规格			镀锌螺栓规格（mm）
	宽×厚（mm）	孔径（mm）	孔数（个）	
120～160	－35×6	7.5	3	M6×30
200～250	－35×8	7.6	4	M6×35
320	－35×8	7.5	6	M6×35
400	－35×8	9.5	5	M8×35
500	－35×10	9.5	6	M8×40
630	－40×10	9.5	7	M8×40
800	－40×10	11.5	9	M10×40
1000	－45×12	11.5	10	M10×45
1250	－45×12	11.5	12	M10×45
1600	－50×16	11.5	15	M10×50
2000	－60×18	11.6	18	M10×60

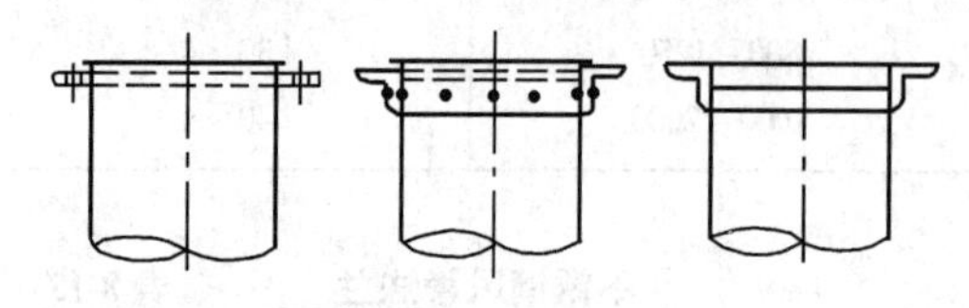

图 8-66　圆形风管法兰

2. 法兰的加工

圆形法兰如图 8-66 所示。可用手工或机械弯制。由于法兰弯制时外圆弧受拉，内圆弧受压，改变了原来材料长度，在加热弯制时，还存在材料的受热伸长问题，均应在下料时予以考虑。圆形法兰的下料长度可用下式计算：

$$L = \pi(D + b/2) \tag{8-12}$$

式中　D——法兰内径（mm）；

　　　b——扁钢或角钢的宽度（mm）。

当用手工冷弯圆法兰时，按上式的计算长度 L 下料切断后，在弧形槽钢模上用锤敲打起弯，直到圆弧均匀成型，最后焊接、平整、钻孔制成。当用手工热煨法兰时，先将角钢或扁铁加热至可塑状态，在圆形胎具上弯曲成型，对准起点和搭接处划线切割，经焊接、平整、钻孔制成。一般情况下，在法兰标准胎具上加工法兰可不需计算切断下料，只要用长料在胎具上连续弯制、切断、再弯制圆形法兰即可。见图 8-67。

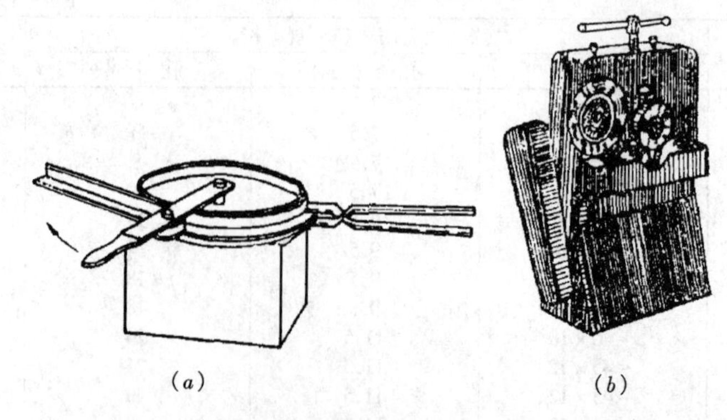

(a)　　(b)

图 8-67　热弯法兰示意图

(a) 手工热煨法兰；(b) 法兰煨弯机

还可使用法兰弯制机械弯制圆形法兰。

矩形法兰如图 8-68 所示。它由四根角钢组成。总下料长度 $L=2(A+B+2C)$。A、B 分别为矩形风管法兰的内边长，它们应大于风管外边长 2～3mm，C 为角钢宽度。

矩形风管加工时，先把角钢调直，用小钢角尺下料，下料尺寸要准确，切断组装点焊，经平整复测对角线尺寸，使规方后焊接各接口缝，最后钻孔制成。

所有圆形和矩形法兰均应配对钻孔，即将两支相互连接的法兰点焊在一起，一并划线钻孔。钻孔直径应大于螺栓直径 1.5mm。只有在按风管或配件（附件）编号配用法兰时，方可打掉法兰点焊处，将法兰按编号组装到风管或配件上。

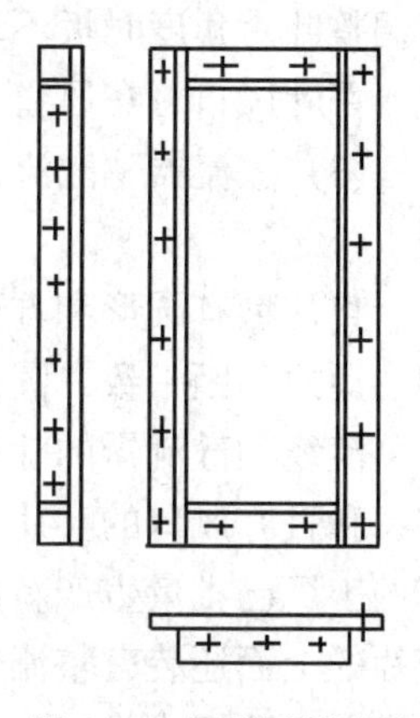

图 8-68　矩形风管法兰

三、风管配件的制作与安装

通风空调系统的配件，包括调节总管或支管风量用的各类风阀（如多叶阀、蝶阀、插板阀等）、系统的末端装置（如各类送、排、回风口；风机盘管机组；诱导器等）及局部通风系统的各类风帽、吸尘罩、排气罩以及柔性接管、管道支架等。

配件的加工制作一般按设计加工详图制作。一些已经标准化的配件，应按通风工程标准图集的规格及定型尺寸加工制作。配件是通风空调系统重要的组成部分，应特别重视其加工制作的质量，否则将直接影响系统的运行效果。

1. 风口的制作与安装

风口的形式较多，其中有一部分可按标准图集自行加工制作，另一部分已有定型产品，可按厂家样本选用。

风口一般明露于室内，直接影响室内布置上的美观。故用于高级民用建筑的风口，对风口的外形制作要求更为严格。除能满足技术要求外，风口的外形应平整美观，对圆形风口应做到圆弧均匀，任意两正交直径的允许偏差不应大于 2mm；矩形风口应做到四角方正，两对角线长度之差不大于 3mm；风口的转动调节部分应灵活、叶片正直与边框不得有碰擦。制作时应对外框与叶片的尺寸严格量测，调节转动部件的加工应精细，油漆应在组装前完成并经干燥，防止油漆将转动部分粘住。

(1) 插板（或箅板）式风口　插板式风口常用于通风系统或要求不高的空调系统的送、回风口，是借助插板改变风口净面积。制作的插板应平整，边缘光滑，以使调节插板时平滑省力。箅板式风口常用于回风口，是用调节螺栓调节孔口的净面积。活动箅板式风口应注意孔口间距，制作时应严格控制孔口位置，其偏差在 1mm 以内，并控制累计误差，使上下两板孔口间距一致，防止出现叠孔现象，影响风口的回风量。

(2) 百叶片式风口　百叶风口是空调系统常用的风口，有联动百叶风口和手动百叶风口。新型百叶风口内装有对开式调节阀，以调节风口风量。单层百叶风口用于一般送风口；双层百叶风口用于调节风口垂直方向气流角度；三层百叶风口用于调节风口垂直和水平方向的气流角度。

为满足系统试验调整工作的需要，百叶风口的叶片必须平整、无毛刺，间距均匀一致。风口在关闭位置时，各叶片贴合无明显缝隙，开启时不得碰撞外框，并应保证开启角度。手动百叶风口的叶片直接用铆钉固定在外框上，制作时不能铆接过紧或过松，否则将有调整叶片角度时扳不动或气流吹过时颤动等现象。

百叶风口可在风管上、风管末端或墙上安装，与风管的连接应牢固。

(3) 散流器　散流器常用于空调或空气洁净系统。有直片型和流线型散流器两类送风口。

直片型有圆形和方形两种。制作时，圆形散流器应使调节环和扩散圈同轴，每层扩散圈的周边间距一致，圆弧均匀。方形散流器的边线应平直，四角方正。

流线型散流器的叶片竖向距离，可根据要求的气流流型进行调整，其叶片形状为曲线型，和百叶风口的叶片一样，手工制作不易达到要求，一般多采用模具冲压成型。目前，有的工厂已批量生产新型散流器，其特点是散流片整体安装在圆筒中，并可整体拆卸，散流片的上面还装有整流片和风量调节阀。

(4) 孔板式风口　孔板的孔径一般为6mm，加工孔板式风口时，为使孔口对称和美观并保证所需要的风量和气流流型，孔径与孔距应按设计要求进行加工，孔口的毛刺应锉平，对有折角的孔板式风口，其明露部分的焊缝应磨平、打光。

(5) 风口的安装　各类风口的安装应横平竖直，表面平整。在无特殊要求情况下，露于室内部分应与室内线条平行，各种散流器的风口面应与顶棚平齐。有调节和转动装置的风口，安装后应保持制作后的灵活程度。为使风口在室内保持整齐，室内安装的同类型风口应对称布置，同一方向的风口，其调节装置应处于同一侧。

散流器与风管连接时，应使风管法兰处于不铆接状态，使散流器按正确位置安装后，再准确定出风管法兰的安装位置，最后按画定的风管法兰安装位置，将法兰与风管铆接牢固。

2. 风阀的制作与安装

(1) 风量调节阀　为调节系统的总风量、各支管及送风口风量，常根据需要采用蝶阀、百叶阀、插板阀和菱形阀等风阀。风阀的制作应牢固，防止运行时因气流吹动产生噪声。调节阀的调节机构应动作灵活、准确、可靠，并标示有转动方向的标志，多叶阀的调节特性应近似地和风量成比例关系，叶片能贴合，间距均匀搭接一致。

风阀与风管的连接多采用法兰连接，其连接要求及所用垫料与风管接口相同。

斜插板阀多用于除尘系统，安装时应考虑使其不积尘。如果安装方向不正确就容易积尘。其安装位置与气流方向的关系见图8-69。

(2) 防火阀　随着高层建筑的发展，在高层建筑内的空调系统中，防火阀的设置越来越显得重要。当发生火灾时，它可切断气流，防止火灾蔓延。阀门的开启和关闭应有指示信号，且阀门关闭后还可打开与风机连锁的接点，使风机停止运转。因此，防火阀是空调系统重要的安全装置。

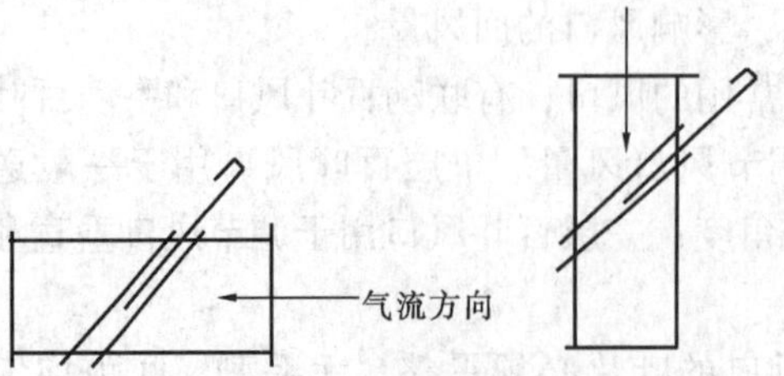

气流方向

图8-69　斜插板阀的安装

通常防火阀的关闭方式是采用温感易熔片，其熔断温度为72℃，当火灾发生时，气温升高达到熔断点，易熔片熔化断开，阀板自行关闭，将系统气流切断，见图8-70。

防火阀制作时，外壳钢板厚度不应小

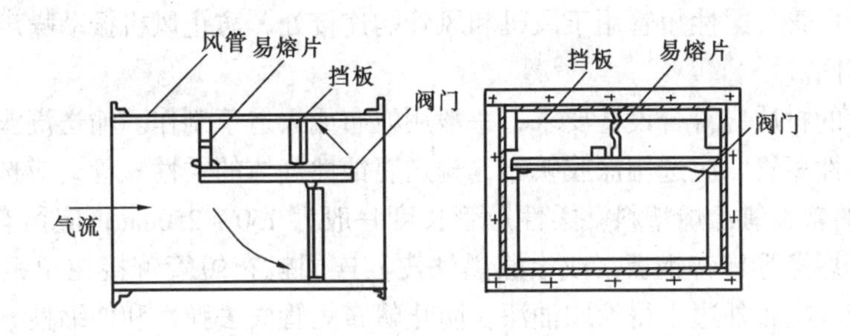

图 8-70 防火阀

于 2mm，防止在火灾状态下外壳变形影响阀板关闭。阀门轴承等可动部分必须用黄铜、青铜、不锈钢及镀锌钢件等耐腐蚀材料制作，以免在火灾时因锈蚀影响阀件动作而失灵。防火阀的易熔片是关键部件，必须用正规产品制作，而不能用尼龙绳或胶片等代替。易熔片的检查应在水浴中进行，其熔点温度与设计要求的允许偏差为 – 2℃。易熔片要安装在阀板的迎风侧。防火阀制作后应做漏风检验，以保证阀板关闭严密，能有效地隔绝气流。

防火阀有水平安装、垂直安装和左式、右式之分，安装时不得随意改变，以保证阀板的开启方向为逆气流方向，易熔片处于气流一侧。

(3) 止回阀　在通风空调系统中，为防止通风机停止运转后气流倒流，常用止回阀。在风机开动后，止回阀阀板在风压作用下会自行打开，在风机停止运行时，阀板自动关闭。采用国标图纸制作的止回阀适用于风管内风速不小于 8m/s。

为使阀板启闭灵活及防火花、防爆，板材应采用重量轻的铝板，止回阀轴必须灵活，阀板关闭严密，铰链和转动轴应采用黄铜制作。止回阀可根据风管形状，制作成圆形或矩形，安装可根据其在风管的位置，组装成垂直式或水平式，在水平式止回阀的弯轴上装有可调节的坠锤，用来调节阀板使之启闭灵活。

(4) 风帽　风帽装于排风系统的末端，利用风压或热压作用，加强排风能力，是自然排风的重要装置之一。

排风系统常用风帽有伞形风帽、锥形风帽、和筒形风帽。伞形风帽用于一般机械排风系统，锥形风帽用于除尘及非腐蚀性有毒系统，筒形风帽用于自然通风系统。

风帽安装于室外屋面上或排风系统的末端排风口处。各类风帽应按国标图规格和定型尺寸加工制作，制作尺寸应准确，形状规则，部件牢固。安装于屋面上的筒形风帽应注意做好屋面防水，使风帽底部和屋面结合严密。通风系统的风帽和空调系统的表面冷却器的滴水盘、滴水槽安装应牢固，不能渗漏，凝结水要引流到指定位置。

(5) 排气罩（吸尘罩）　排气罩（吸尘罩）是局部排风装置，用于聚集和排除粉尘及有害气体。根据工艺设备情况，排气罩可制作成各种形式，并安装成上吸式、下吸式、侧吸（单、双侧吸）、回转升降式等吸气罩形式。

制作排气罩（吸尘罩）应符合设计要求或国标图规定，部件各部位尺寸应准确，连接处应牢固，外壳不应有尖锐的边角。对有回转升降机构的排气罩，所有活动部件应动作灵活，操作省力方便。安装时，位置应正确，固定牢固可靠，支架不能设置在影响工艺操作的部位。

(6) 柔性短管　柔性短管用于风机和风管的连接处，防止风机振动噪声通过风管传播扩散到空调房间。

柔性短管的材质应符合设计要求，一般用帆布或人造革制作。输送潮湿空气或安装于潮湿环境的柔性短管，应选用涂胶帆布，输送腐蚀性气体的柔性短管，应选用耐酸橡胶或0.8～1mm厚的软聚氯乙烯塑料。柔性短管长度一般为150～250mm，应留有20～25mm搭接量，用1mm厚条形镀锌钢板（或涂漆黑铁皮）连同帆布短管铆接在角钢法兰上，连接缝应牢固严密，帆布外边不得涂刷油漆，防止帆布短管失去弹性和伸缩性，起不到减振作用。当柔性短管需要防潮时，应涂刷专用帆布漆（如Y02－11帆布漆）。空气洁净系统的柔性短管，应选用里面光滑不积尘、不透气的材料，如软橡胶板、人造革、涂胶帆布等，连接应严密不漏气。

柔性短管的安装应松紧适当，不得扭曲。安装在风机一侧的柔性短管可装得绷紧一点，防止风机启动时被吸入而减小断面尺寸。不能用柔性短管当成找平找正的连接管或异径管。柔性短管外部不宜做保温层，以免减弱柔性。

当系统风管穿越建筑物沉降缝时，也应设置柔性短管，其长度视沉降缝宽度适当加长。

(7) 支架的制作　支架是保证通风和空调管路系统安装和运行稳定部件。支架有托架和吊架两种类型，可根据管路情况结合建筑物结构特点，按国标图选用和加工各类支吊架。制作时，支吊架各部件均应平整。钢材的切断和打孔，不允许用氧-乙炔切割，抱箍的圆弧应均匀一致，以使和风管抱接紧密，支吊架的焊缝应饱满，强度应保证能承受的荷载。

管路系统的支吊架安装详见风管安装部分。

第六节　通风设备的安装

一、风机的安装及试运行

常用风机有离心式、轴流式两种。

离心风机由吸入口、叶轮、机壳、支承和传动装置、出风口组成。

轴流风机由外壳、叶轮（焊在轴上的叶片）、支架组成。其外壳的进风侧为喇叭形，出风侧为渐扩圆锥形，以利于减少阻力，平顺地引导气流进出。叶轮直接安装在电动机轴上，电动机则由支架固定于外壳上。

风机安装时，应仔细对照设计图纸，明确风机型号、规格、传动方式（出风口位置、叶轮旋转方向等一系列与安装有关的事宜，以保证安装工作的顺利进行。

1. 通风机安装的技术要求

从安装工艺来看，风机的安装可分为整体式、组合件或零件的解体式安装两种。其安装的基本技术要求为：

(1) 风机基础、消声、防振装置应符合施工图纸要求，安装位置正确、平正、转动灵活。

(2) 风机在搬运和吊装过程中应注意：整体安装时，搬运和吊装的绳索不得捆在转子、机壳或轴承盖的吊环上，解体式现场组装时，绳索的捆绑不得损伤机件表面、转子表面及齿轮轴两端中心孔。轴瓦的推力面与推力盘的端面机壳水平中分面的连接螺栓孔、转子轴颈和轴封处，均不应作为捆绑部位；输送特殊介质的风机转子和机壳内涂的保护层应严加保护，吊装时不得损伤，搬运时不应将转子和齿轮轴放在地上滚动或移动。

(3) 风机叶轮回转平衡与机壳无摩擦，叶轮转动时其端部与吸气短管的间隙应均匀。

(4) 叶轮的旋转方向应正确。

2. 离心式风机的安装

离心风机的安装基本程序是：风机的开箱检查，基础准备或支架安装；风机机组的吊装校正、找平；二次浇灌或与支架的紧固；复测安装的同心度及水平度；机组的试运转。

(1) 在基础上的安装　整体式小型风机在基础上的安装，可参照有底座水泵的安装方法。

解体式风机的安装按如下步骤进行：

1) 将基础及地脚螺栓孔清理干净，在基础上画出风机安装定位的纵、横中心线。

2) 在风机机座上穿上地脚螺栓，带满螺母丝扣，把机壳机座吊装到基础上使之就位，调整风机中心使之对准基础的安装中心线。

3) 将叶轮装在轮轴上。

4) 把电动机及轴承架吊放在基础上。

5) 用水平仪或水平尺检查风机的轮轴是否水平，如不水平可在基础上加斜垫铁找平。检查的方法是将方水平尺放在轮轴上，测量轴的水平度，要求误差不大于 1mm/m;用玻璃管水平仪检查轴心标高，要求误差为 ± 10mm，通过轴端中心悬挂线锤，检查转子中心位置，要求与基础上中心线相重合，误差不大于 10mm。

找平、找正后将斜垫铁点焊固定。

6) 滑动轴承轴瓦间隙的检查及调整

滑动轴承的轴瓦间隙指轴颈与轴瓦之间的径向和轴向间隙。图 8-71 中的 δ 为顶间隙，δ'为侧间隙。径向间隙的作用主要是为了保证润滑油流到轴颈和轴瓦之间形成楔形油膜，从而达到液体摩擦的目的，另外也能控制机械在运转中的精确度。径向间隙愈小精度愈高。但间隙过小，就不能达到液体摩擦的目的。如果间隙过大，则不能形成油膜，且运转精确度降低，甚至在运转中产生振动和噪声，影响风机的运行。因此控制一定的径向间隙是必要的。一般顶部间隙为 $0.0018 \sim 0.002d$（d 为轴和轴瓦配合处的轴颈），侧间隙为顶部间隙的一半，在轴水平中心线上越往下越好。

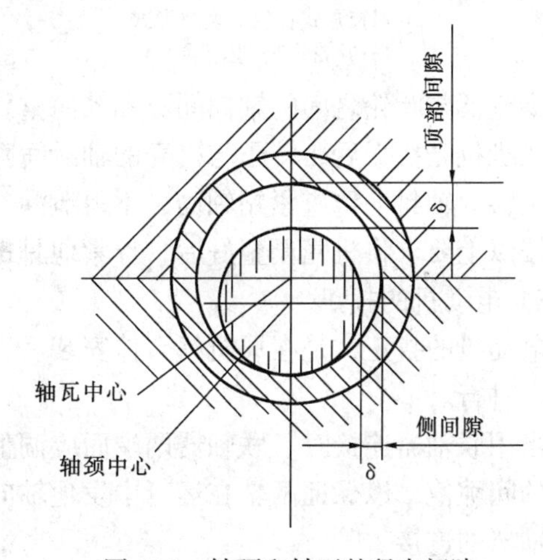

图 8-71　轴颈和轴瓦的径向间隙

轴颈和轴瓦的轴向间隙指的是轴肩与轴承端面之间沿轴线方向的间隙，又叫窜动间隙。如图 8-72 所示。在推力轴承一侧的推力间隙 a、b，是为容许轴向窜动而留的间隙，在承力轴承一侧的膨胀间隙 c、

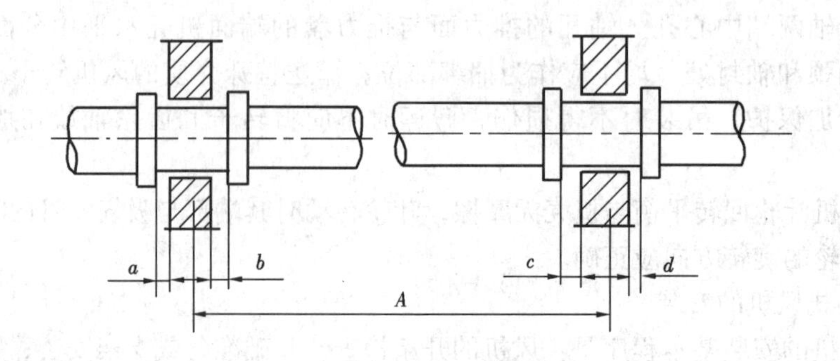

图 8-72　轴颈和轴瓦的轴向间隙

d，是为转动自由膨胀而留的间隙。

推力轴承的推力间隙 $a+b=0.3\sim0.4$mm，间隙过小，轴转动时要咬死，间隙过大，轴窜动量增大，易产生撞击声。膨胀间隙 c 应不小于轴受热膨胀伸长量，d 应为 $0.5a$mm。

7）风机外壳的找正，即测量和调整叶轮和机壳的配合间隙，使机壳和叶轮及轮轴不相互摩擦。要求叶轮后盘与机壳的轴向间隙，调整到图纸规定的范围，调整机壳的舌与叶轮之间的间隙，使其达到叶轮外径的 5%～10%。

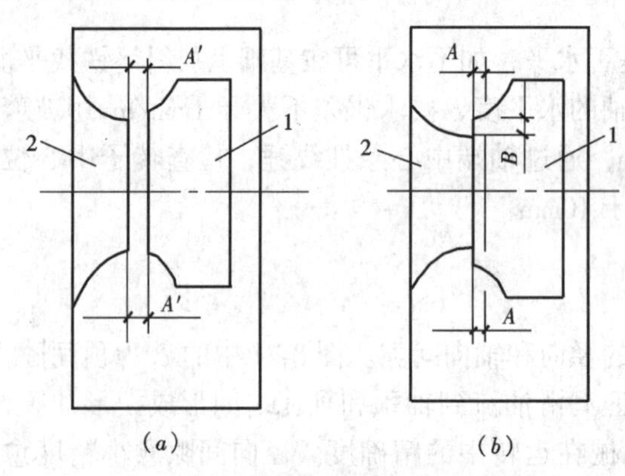

图 8-73　集流器和叶轮的配合间隙
（a）对口形式；（b）套口形式
1—叶轮；2—集流器

然后安装吸风短管（集流器），其安装位置正确与否，对风机的效率和性能影响很大。集流器与叶轮的装配间隙 A' 和 B（见图 8-73）应按图纸规定调整。对口形式安装集流器时，轴向间隙 A' 一般为小于叶轮直径的 1%，叶轮直径越小 A' 越小。如 A' 太小，可适当缩小叶轮后盘与机壳的轴向间隙；轴向间隙 A' 过大，可在集流器与机壳接合面上垫以石棉绳。套口形式安装的集流器，其轴向重叠段 A 则多为大于或等于叶轮直径的 1%，径向间隙 B 不大于叶轮直径的 0.5%～1%。此外，集流器与叶轮之间的轴向间隙和轴向重叠段 A，沿圆周方向应均匀一致。

风机机壳找平后，转子与机壳的轴封间隙一般为 2～3mm，并考虑机壳受热后向上膨胀的位移。轴封毛毡应紧贴轴面，不得泄漏。

按以上要求将机壳调整好后，拧紧地脚螺栓，将机壳最后固定。

8）电动机的找正

电动机的找正，是在风机组合体安装后，以风机的联轴器的一个端面或风机的皮带轮为基准进行。

当用联轴器连接时，联轴器两端面应调整到外圆同心，端面平行，两端面保持表 8-21 规定的间隙值，以保证两轴在运行中发生轴向窜动时，不会顶轴。调整方法参照水泵安装中联轴器的连接。

风机联轴器调整找平后，其同心度允许偏差见表 8-22 的规定。

风机与电机联轴器端面间隙　表 8-21

风机类型	间隙（mm）
大型	8~12
中型	6~8
小型	3~6

风机联轴器找正允许误差　表 8-22

转速（r/min）	刚性联轴器（mm）	弹性联轴器（mm）
<3000	≤0.04	≤0.06
<1500	≤0.06	≤0.08
<1000	≤0.08	≤0.10
<750	≤0.10	≤0.15

9）机壳、机座组合件及电动机三部分均找平找正后，可进行二次浇灌。二次浇灌达到强度后，再拧紧各地脚螺栓，再次复测机组平正情况，必要时给予调整。

10）安装皮带时，先将皮带一端挂在电机皮带轮上，再将皮带另一端套在风机皮带轮下部，一面用力将皮带压到皮带轮上，同时向上转动风机皮带轮，使皮带借势滚上风机皮带轮。安装三角皮带时，应先上最里面的一条，依次向外装，按上述方法使皮带逐条嵌入轮槽，安装时必须小心谨慎，防止手部轧伤。安装后皮带应有一定的松紧度，且拉紧的一面应处于皮带轮下方。

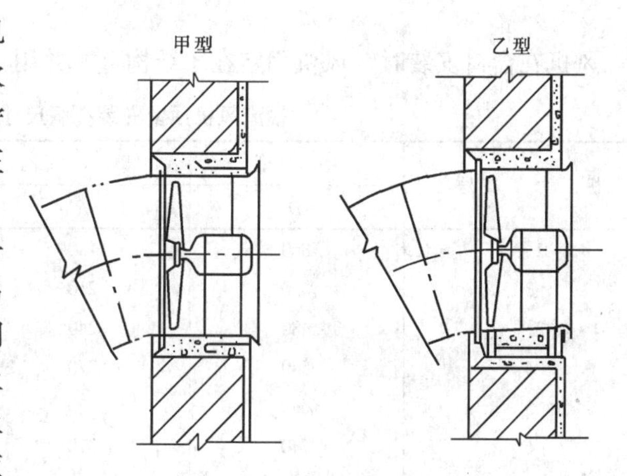

图 8-74　轴流风机在墙内的安装

（2）在支架上安装　风机安装前，应按设计要求先把支架做好，或栽埋于墙体或抱紧于柱面。悬臂支架应有和支承横梁呈 30°~45°的斜支撑，支架的预制焊接及安装必须位置、标高正确，牢固可靠，横平竖直。横梁的栽埋深度不得小于 200mm，栽埋支架达到强度后方可进行风机的安装，使风机平正地固定于支架上。沿柱安装的风机，应预埋钢板再把横梁焊接在钢板上，小型风机也可用抱柱式托架安装，以支承风机底座。

（3）减振器的安装　参见水泵减振的有关部分。

3. 轴流式风机的安装

轴流风机有墙内安装和在支架上安装两种形式。

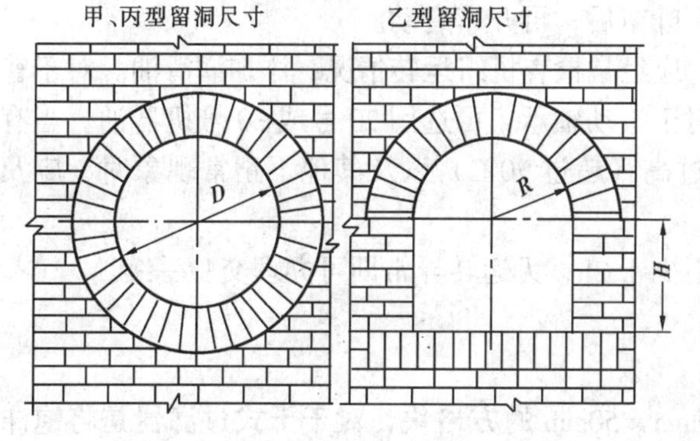

图 8-75　轴流风机墙内安装的预留洞

（1）墙内安装　机号为 2½~7 号的直联轴流风机，可直接安装于预留的墙洞内，其安装形式如图 8-74 所示。图中甲型为无支座固定式安装；乙型用于有支座的风机安装；丙型为无支座活动式安装。三种安装形式的出风口均可根据设计要求，安装出风弯头、遮光出风弯管、圆形活动金属百叶风口或遮光风口。在北方严寒地区，还可按设计加装防寒装置。

轴流风机在墙内安装前，三种不同安装形式均应配合土建施工预留墙洞。其孔洞预留尺寸见表8-23，孔洞的结构及形式见图8-75。安装时风机应放置端正，先用碎砖挤紧机壳使之初步固定，经校正使位置正确，标高符合设计要求后，再用水泥砂浆填塞机壳与墙洞的间隙，最后抹平压光。先安装风机后用法兰螺栓固定出风弯管（或遮光风口）。

风机底座必须与安装基面自然结合，不得敲打强行稳固，以防底座变形。安装时底座必须找正找平，拧紧固定螺栓。安装后风机外壳与安装孔洞之间的缝隙，用铁皮或木料封严。

风机在窗口安装时，风机固定在木结构上，并用1mm厚的钢板将四周缝隙封严。

轴流风机预留安装孔洞尺寸（mm） **表8-23**

机　　号	甲　型	乙　　型		丙　型
	D	*R*	*H*	*D*
1½	360	180	210	400
3	420	210	240	470
3⅓	480	240	270	520
4	540	270	310	570
5	640	320	370	680
6	740	370	450	790
7	860	430	500	900

（2）在支架上的安装　轴流风机在支架上的安装同离心式风机。

轴流风机安装后，应检查叶轮与风筒间的间隙是否均匀，用手拨动叶片检查有无刮壳现象。

轴流风机在墙内安装时，预留墙洞的直径、中心标高应符合设计规定，圆形或拱形的预留孔洞，应用砖拱券砖砌筑，孔洞的表面应平整，圆弧均匀，砌缝灰浆饱满。

4.风机的试运行

（1）风机启动前的检查　检查机组各部分螺栓有无松动；机壳内及吸风口附近有无杂物，防止杂物吸入卡住叶轮，损坏设备；检查轴承油量是否充足适当；转动风机转子，检查有无卡住及摩擦现象；检查电机与风机转向是否一致。

（2）风机的启动　离心式风机启动时，应关闭出口处调节阀，以减小启动时电机负荷。轴流风机应先打开调节风门和进口百叶窗后，再开车启动。

（3）风机的运行　风机运行过程中，应经常检查机组运转情况，添加润滑油。对于普通滚珠轴承可选用钙钠基脂作润滑油；对于滚动轴承，可选用20号或30号机器油。当有机身发生剧烈振动，轴承或电动机温度过高（超过70℃）以及其他不正常现象时，应及时采取措施，预防事故发生。

风机机组试运行的连续运转时间应不少于2h，无运转异常即可办理交验手续。

二、空气过滤器的安装

1.网格干式过滤器及浸油过滤器

这两种过滤器一般做成500mm×500mm×50mm的方格块，对于干式过滤器是将泡沫塑料或干纤维等滤料，夹装于两层镀锌钢丝网中间，对于油浸过滤器，是在过滤器匣体内交错地叠用多层不同孔径的波纹金属网，使相邻波纹网的波纹相互垂直，且网孔尺寸沿气流方向逐层减少，使用前（或成品出厂时）浸油。

这两种过滤器的安装都是先按设计要求的数量及安装形式焊好角钢安装框架（包括底架及方格框架），再将各块过滤器嵌入方格框内，过滤器边框与支撑格框用螺栓固定，框与框连接处衬以石棉橡胶板或毛毡垫料，以保证严密。

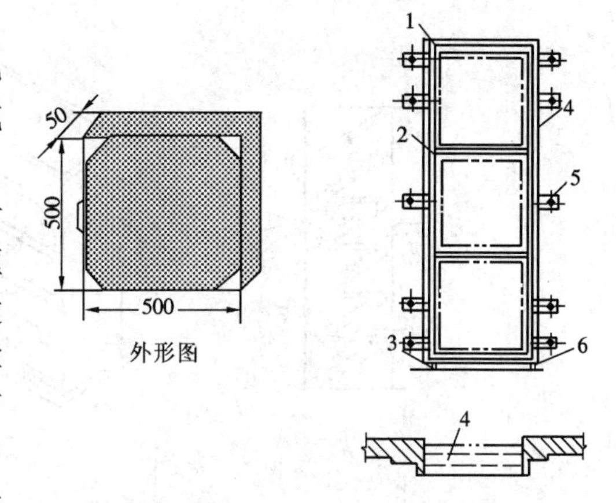

图 8-76　金属网状浸油过滤器安装

1—上边框；2—边框；3—底架；4—过滤器外框；5—固定卡子；6—油槽

油浸过滤器安装前，应将每块过滤器用 70 ~ 80℃的热碱水清洗干净，晾干后再浸以 12 ~ 20 号机油，过滤器的底部应做油槽。安装框可固定在空调室预埋的木砖上或用射钉法固定，图 8-76 为过滤器直立式安装方法。

为检修方便，安装于风管中的干式网格过滤器可做成抽屉式，如图 8-77 所示。

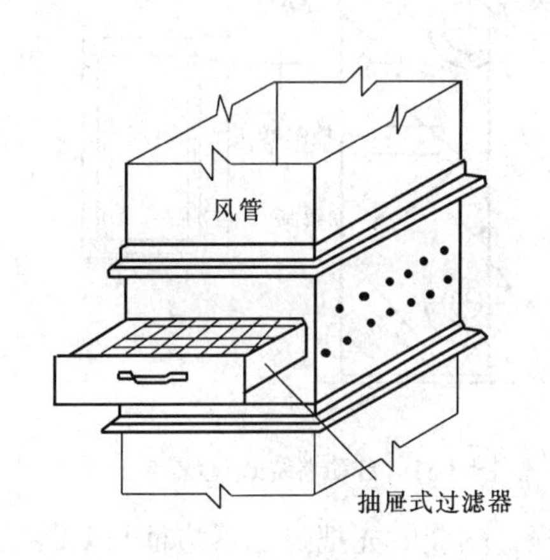

图 8-77　抽屉式过滤器

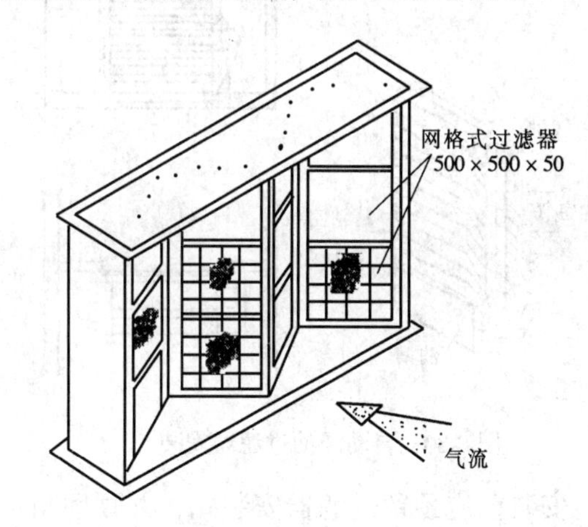

图 8-78　立式人字形过滤器

干式或油浸网格过滤器可按设计要求布置成直立式、人字形等不同形式，图 8-78 为立式人字形的安装形式。

2. 铺垫式过滤器

由于滤料需经常清洗，为了拆装方便，可采用铺垫式横向踏步式过滤器，见图 8-79。先用角钢做成安装框架，并与空调室预埋螺栓做踏步形连接，过滤器框架间的平板用钢板封住，斜框架上铺镀锌钢丝网，上铺 20 ~ 30mm 厚的粗中孔泡沫塑料垫，与气流方向成 30°角不需另外固定，待清洗时就可从架子上卷起滤料。

3. 自动浸油过滤器

自动浸油过滤器由过滤层、油槽和传动机构三部分组成。过滤层可为金属丝编织成的网板，或为搭接成链条式的网板片。传动装置由电动机带动转轴组成。过滤器由角钢外框组合为一个整体。见图 8-80。

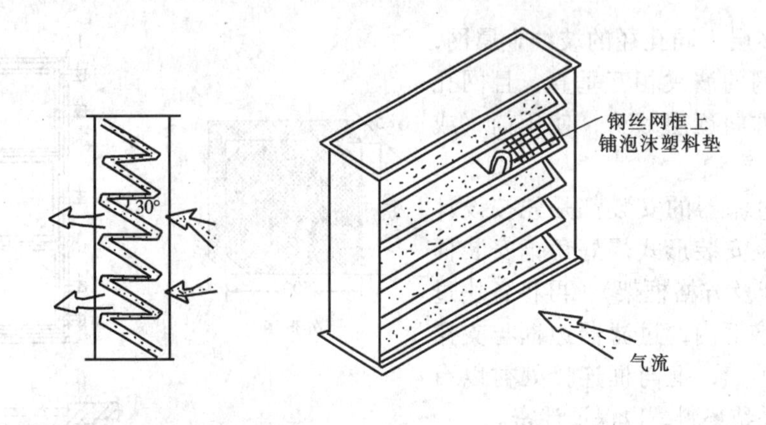

图 8-79　横向踏步式过滤器

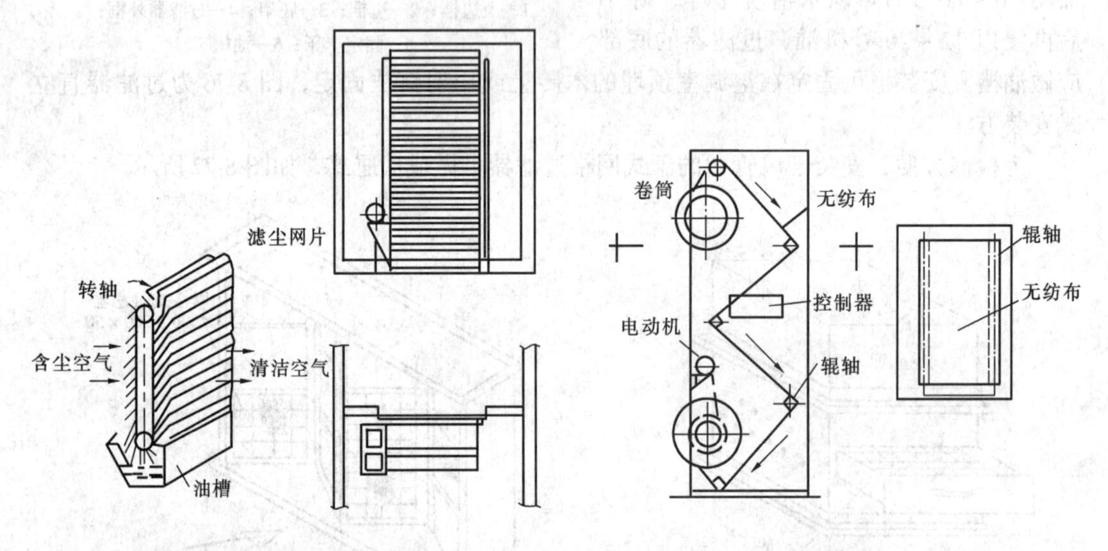

图 8-80　自动浸油过滤器安装　　　　图 8-81　自动卷绕式过滤器

安装前应预留过滤器安装孔，并预埋角钢安装框，安装时先把过滤器边框与安装框固定，固定时两框之间垫以 10mm 厚的耐油橡胶板，使之严密，用螺栓紧固。将过滤层放在煤油中清洗干净，用布擦干，待启动电机检查转轴旋转情况良好后，把过滤层装在转轴上，启动过滤器 1 小时，再停车半小时，使余油流下后，再把油槽加满到规定油位。

传动机构的电机与转轴必须安装平正，启动检查必须运转良好，使过滤层垂直平稳旋转。

4. 自动卷绕式过滤器

自动卷绕式过滤器由过滤层及电动机带动的自动卷绕机构组成。如图 8-81 所示。过滤层用合成纤维制成的毡状滤料——无纺布卷绕在各转折布置的转轴上，当使用一段时间后，过滤层积尘使前后气流达到一定压差，即可通过自控装置启动电动机，带动下部卷筒启动，将滤料层自上而下地卷绕，直至积尘滤布卷绕完，即可换装新的滤料层。

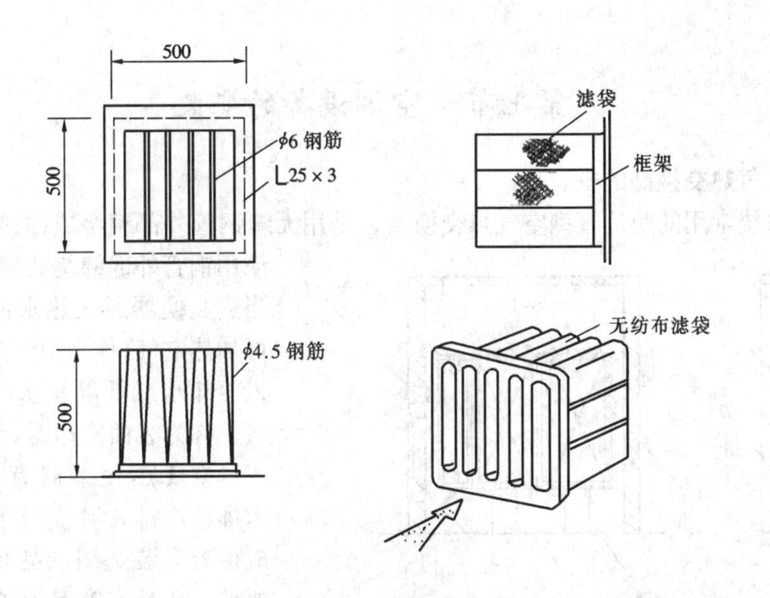

图 8-82 袋式过滤器的安装

小型卷绕式过滤器一般为整体安装，固定于预埋的地脚螺栓及预留安装孔预埋的铁件上，大型卷绕式过滤器可在现场组装，注意上下卷筒应安装平行，框架应平整，与各结构预埋件连接应牢固严密，滤料层应松紧适当，辊轴及传动机构应灵活，运转应平稳无异常振动噪声。

5. 袋式过滤器

袋式过滤器一般做中效过滤。采用多层不同孔隙率的无纺布作滤料，加工成扁布袋形状，袋口固定在角钢框架上，然后固定在预先加工好的角钢安装框架上，中间加法兰垫片以保证连接严密。在安装框架上安装的多个扁布袋平行排列，袋身用钢丝撑起或用挂钩吊住，如图 8-82 所示。安装时要注意袋口方向应符合设计要求。

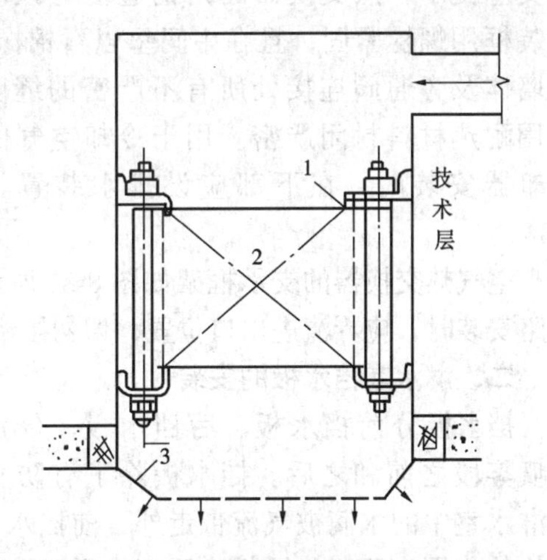

图 8-83 高效过滤器在送风口的安装

6. 高效过滤器

高效过滤器用于空气净化系统，或有超净要求的空调系统的终过滤，其前部还应设粗、中效过滤器加以保护。

高效过滤器的滤料采用超细玻璃纤维（GB 型）、超细石棉纤维（CGS 型）制成。为增大过滤面积，过滤器产品多将滤纸折叠成若干层，中间用分隔片支撑。

大型高效过滤器可为整体安装，用于系统集中滤尘，也可分散安装于各个送风口前端风管内，如图 8-83 所示。高效过滤器竖向安装时，其波纹片应垂直于地面，以免挠曲折断，应保证严密不漏风，否则过滤器过滤效率将大大降低。

第七节　空调设备的安装

一、空气热交换器的安装

空调系统常用的肋片管型空气热交换器，是用无缝钢管外部缠绕或镶接钢片或铝片，或用铜管外部缠绕或镶接铜片制成。当热交换器通入热水或水蒸汽时即可加热空气，称为空气加热器，当通入冷却水或低温盐水时即可冷却空气，称为表面冷却器。

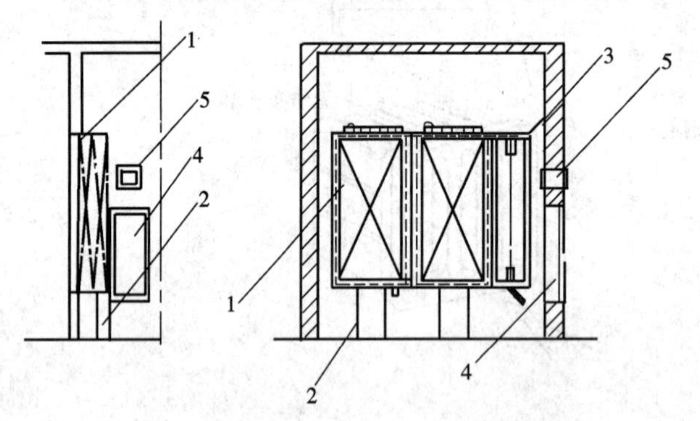

图 8-84　SYA 型空气加热器安装

1—SYA 型空气加热器；2—加热器砖砌支座；3—加热器旁通管；4—钢板密封门；5—观察孔

空气热交换器有两排、四排、六排、八排几种安装形式。安装前应检查安装选用产品是否符合设计要求。凡具有产品合格证明，并在技术文件规定的期限内，外表无伤损，安装前可不作水压试验。否则应作水压试验，试验压力为系统最高工作压力的 1.5 倍，且不得小于 0.4MPa。同时，应做好安装孔的预留及角钢安装框架的预组装工作。

空气热交换器的安装，常用砌砖或焊制角钢支座支承，热交换器的角钢边框与预埋角钢安装框用螺栓紧固，且在中间垫以石棉橡胶板，与墙体及旁通阀连接处所有不严密的缝隙，均应用耐热材料封闭严密。用于冷却空气的表面冷却器安装时，在下部应设排水装置。见图 8-84。

空气热交换器的支承框架如图 8-85 所示。与管路安装时，应弄清进出口位置，切勿接错。

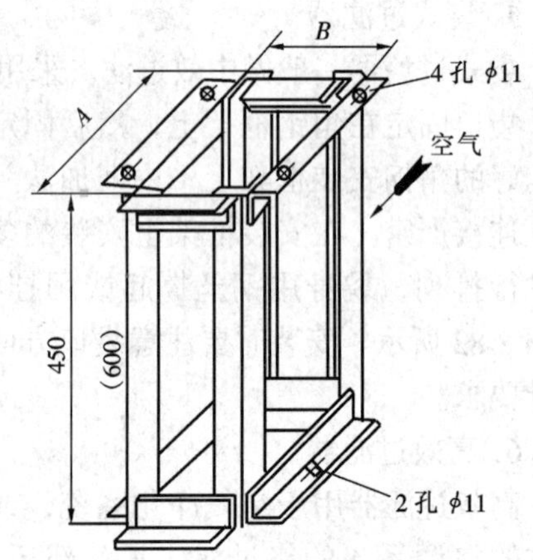

图 8-85　空气热交热器的支承框架

二、淋水室挡水板的安装

挡水板分前挡水板、后挡水板，分别安装于喷雾段之前和之后。挡水板除了有防止悬浮在淋水室中的水滴被气流带走外，前挡水板还起到使气流均匀分布和防止前部加热器辐射热的作用，又叫分风板。后挡水板主要用来收集空气中夹带的水滴，并有净化空气的作用。

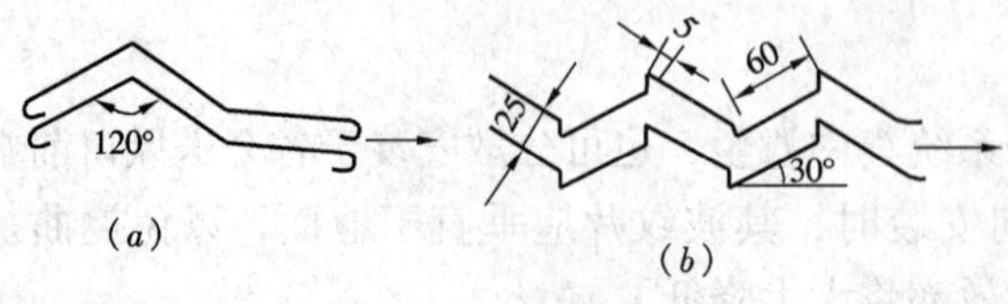

（a）　（b）

图 8-86　挡水板

（a）前挡水板；（b）后挡水板

挡水板一般用厚度为 0.75 ~ 1mm 的镀锌钢板加工成锯齿形的直立折板，如图 8-86 所示。也可用玻璃板条拼接做成。前挡水板应做成 2 ~ 3 折，总宽度为 150 ~ 200mm，后挡水板应做成 4

~6 折，总宽度为 350~500mm，折板的间距为 25~50mm，折角为 90°~120°。

挡水板的安装质量直接影响挡水效果。安装时应使板面平滑，以便水顺利下流，中间不允许有阻挡构件，喷水室内壁与挡水板之间要用浸过油的麻丝填塞，使其严密而不漏水。挡水板安装在槽钢支座上，如图 8-87 所示。把支撑角钢和短角钢用螺栓连接在一起，焊接在内壁预埋的钢板上，然后把挡水板用连接压板固定在边框角钢上。

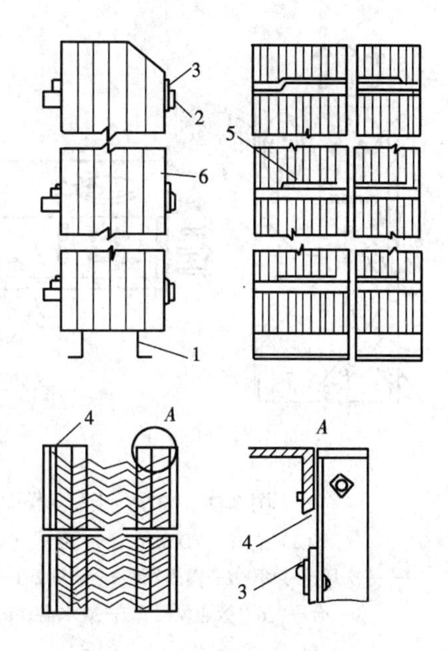

图 8-87 钢挡水板的安装

1—槽钢支座；2—短角钢；3—支撑角钢；4—边框角钢；5—连接板；6—挡水板

三、风机盘管、诱导器的安装

风机盘管、诱导器为空调系统的末端装置。当通入热、冷媒后，可用于空气的加热或降温，适用于大面积、多房间、多层的民用或工业建筑的空调工程。

风机盘管主要由风机和盘管组成。随安装形式的不同，有明装和暗装两种不同的结构形式，而且随水管在左或右的位置（面对空调器正面）不同，又有左式、右式之分。暗装可置于顶棚内（卧式）或窗口下（立式）。其回风口、送风口均由建筑装配修饰。明装可安装在室内地面上，如新型的立柱式风机盘管机组，还可用短风管将送风口装在室内任何合适的位置。

诱导器有立式、卧式两种类型。立式（YDL75 型）可装于窗台下的壁龛内，卧式（YDW75 型）可悬吊于靠近房间的内墙的顶棚下。两类诱导器都各有 A、B、C 三种喷嘴类型，1、2、3 种诱导器长度，单、双排（Ⅰ、Ⅱ）两种盘管组合，共 36 种规格，可以满足不同冷量、一次风量、比冷量（单位一次风冷量）、噪声等各种具体要求。

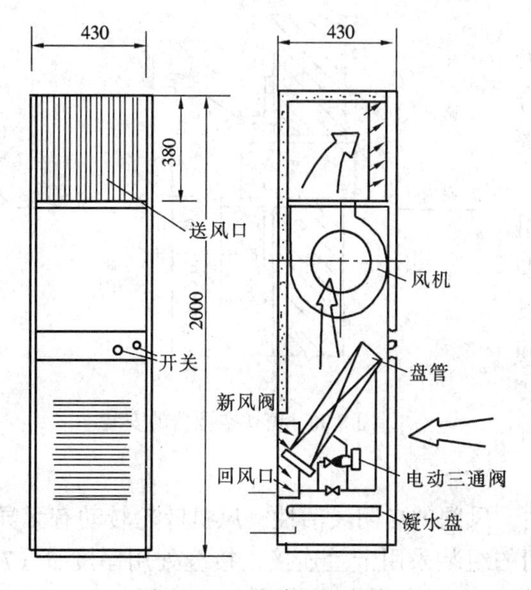

图 8-88 立柱式风机盘管

风机盘管、诱导器在安装前应对机组盘管进行水压试验。暗装机组要设支、吊架，以使机组安装稳固，并便于拆装检修。机组和冷热媒管道连接，应在管道系统清洗干净后进行，安装时，进出水管位置不能颠倒，与水管相连的管路最好用软管，软管弯曲半径不能过小，且不能渗漏。机组的凝结水管应有足够坡度。机组的风管、回风室和风口的连接处应严密。风机盘管及诱导器的构造图见图 8-88、图 8-89。

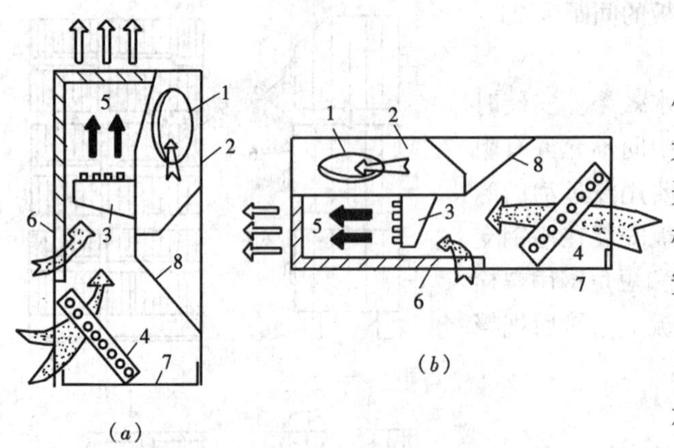

图 8-89 YD75 型诱导器构造

(a) 立式 (YDL75); (b) 卧式 (YDW75)

1—一次风连接管; 2—静压箱; 3—喷嘴; 4—二次盘管; 5—混合段; 6—旁通风门; 7—凝水盘; 8—导流板

四、空调机组的安装

安装前要检查机组外部有无伤损，要拨动风机叶轮，细听有无擦碰等异常杂声，必要时可打开壳板调整风机转子，使其不碰机壳。经检查合格后方可进行机组安装。

1. 立柜式空调机组安装

机组安装必须平正稳当，不得承受外接风管和水管的重量。机组与基础或地面之间宜采用减振橡胶板铺垫。冷却水的进、出水口和凝结水排出口在机组侧面，注意不得接错，进水与回水管道上必须安装阀门，用于调节流量或检修时切断水源。冷凝水排出管应接向下水道，管路上不得安装阀门。当机组还需连接风管时，送、回风口与系统风管的连接要安装柔性接头。

2. 窗式空调器的安装

窗式空调器安设在窗台或窗框上时，必须固定牢靠，应设遮阳板和防雨罩，但不能阻碍冷凝器排风，凝结水盘要有坡度以利排水。接通电源后先开动风机，检查其旋转方向是否正确。窗式空调器在外墙上的安装孔必须预留，其尺寸为 720mm × 560mm（宽 × 高）。突出墙外部分用 L50 × 5 的角钢三角架支撑。安装时空调器应稍稍向室外倾斜，以利于排水。空调器与安装孔（或木制安装框）之间的缝隙，必须用橡胶、橡胶海绵、泡沫塑料、纸板等填料填实封严。如图 8-90 所示。

3. 装配式空调机组的安装

卧式装配式空调机组由不同的空气处理段组成，如新风和一次风混合的混合段、中间室（用来连接空气处理部件及提供测试、检修空间）、空气过滤及混合段、一次加热段、淋水段、二次加热段等组成，如图 8-91 所示。有的机组（如 W 型空调机组）还有风机段。各组成段均按设计参数及选用设备组装成段，段与段之间可在现场组装。国产 W 型、JW 型装配式空调机组适用于恒温恒湿空调工程的空气处理。

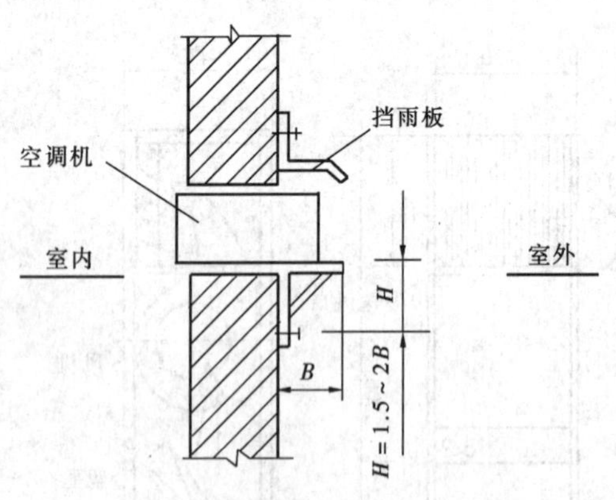

图 8-90 窗式空调器的安装

机组组装前应检查各段部件的完好性，风阀的启闭灵活性，风机叶轮转动有无异常杂声，风阀叶片是否平直等。段与段之间的组装采用卡兰连接，接缝处用厚度 $\delta = 7$mm 的乳胶海绵板做垫料，如图 8-92 所示。段与段组装时，先安装中间的淋水段，再向两端组装。组装完毕后，再按要求安装相应的冷、热媒管、给排水管及冷凝水排出管，应使所有管道连接严密无渗漏，保证畅通。

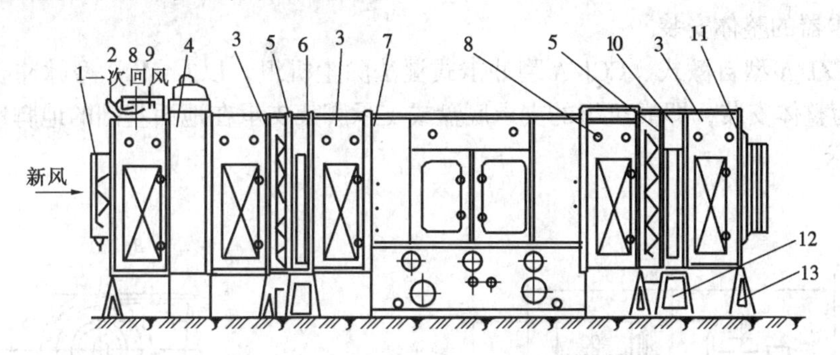

图 8-91　一次回风式空调机组的安装

1—新风阀；2—混合室法兰盘；3—中间室；4—滤尘器；5—混合阀；6——次加热器；7—淋水室；8—混合室；9—回风阀；10—二次加热器；11—风机接管；12—加热器支架；13—三角支架

全部系统安装完毕后应进行试运转，当连续 8h 试运转无异常现象后，方可作合格验收。

五、除尘器的安装

目前国产除尘器有旋风除尘器（一般型、扩散式、叶片式、多管式）、湿式除尘器（水膜型、水膜滤层型、自激式、冲击式）、布袋除尘器（脉冲式、环隙喷吹脉冲式、低压喷吹脉冲式、反吸风式、机械回转反吹式）、静电除尘器等几种类型。各类型及其系列产品规格繁多，其构造、工作原理及安装方法均不同。就安装形式及方法而言，可归纳为除尘器在地面地脚螺栓上的安装、除尘器以钢结构支承直立于地面基础上的安装、除尘器在墙上的安装、除尘器在楼板孔洞内的安装几种。

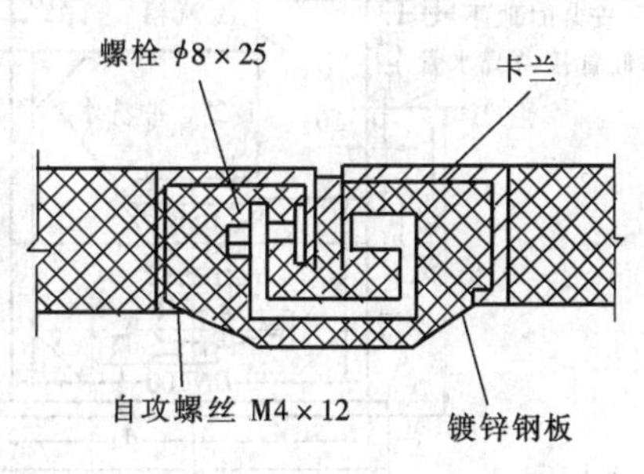

图 8-92　段与段之间的卡兰连接

1. 除尘器安装的基本技术要求

（1）除尘器的安装应位置正确、牢固平稳，进出口方向必须符合设计要求，垂直度的允许偏差每米不应大于 2mm，总偏差不应大于 10mm。

（2）除尘器的排灰阀、卸料阀、排泥阀的安装必须严密，并便于操作和维修。

（3）现场组装的布袋除尘器应符合下列规定：

1）各部件的连接处必须严密；

2）布袋应松紧适当，接头处应牢固；

3）脉冲除尘器喷吹管的孔眼，应对准文氏管的中心，同轴的允许偏差不应大于 2mm。

（4）振打或脉冲吹刷系统应正常可靠。

（5）支承除尘器的钢结构，其型钢品种、规格、尺寸必须符合设计要求及相应标准图的规定；钢结构的焊接质量必须良好。

（6）穿越楼板孔洞安装的除尘器，其楼板孔洞必须预留。基础预埋钢板及地脚螺栓应完好。

（7）在基础及墙上栽埋支架混凝土强度达到70%以上时，方可安装除尘器。

2. 除尘器的整体安装

对于CZJ/A型自激式、CCJ/A型冲击式湿法除尘机组，以及MC-I型脉冲袋式除尘机组等，均为整体安装，即靠机组的支承底盘或支承脚架支承在地面基础的地脚螺栓上。如图8-93所示。

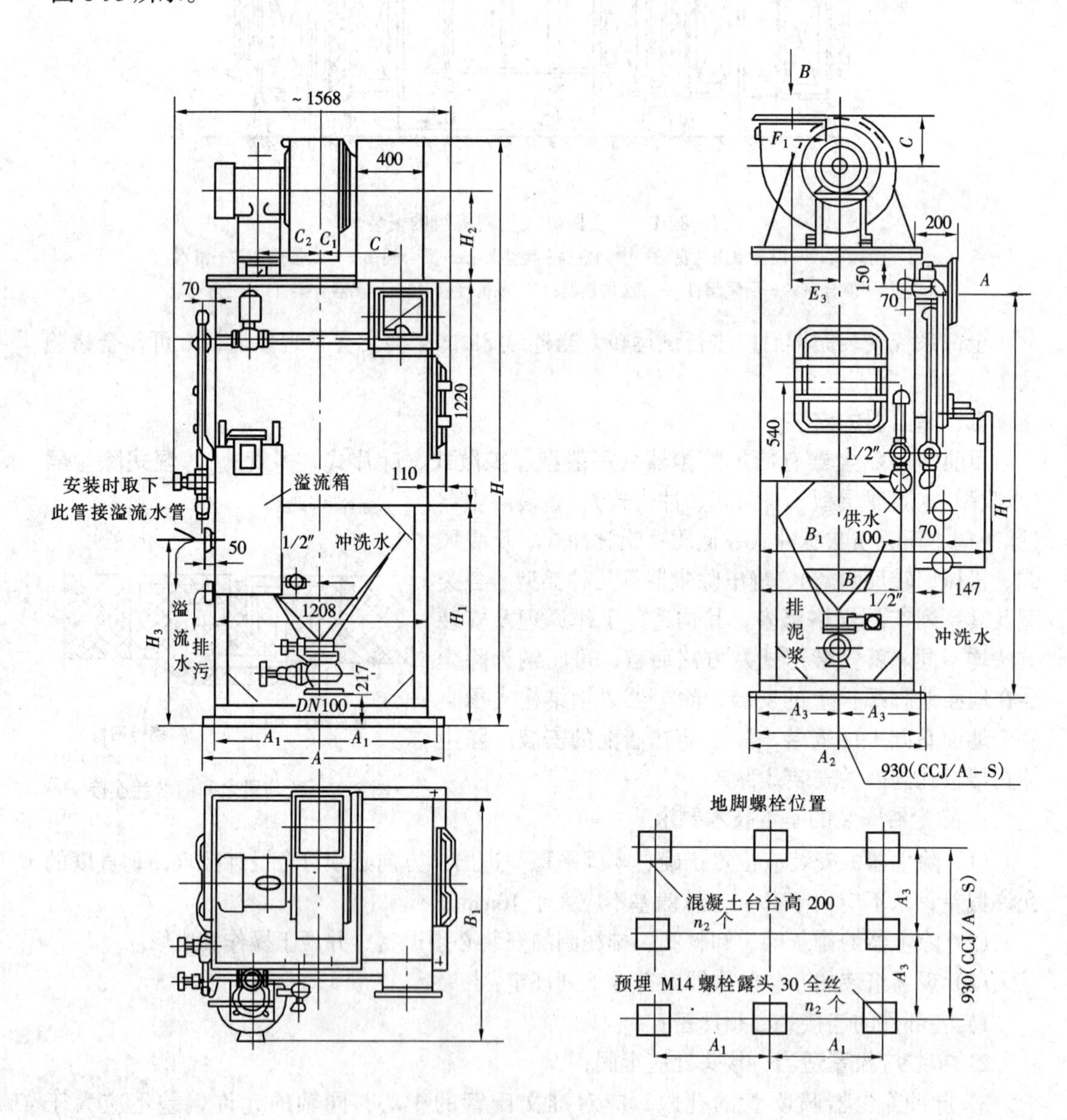

图8-93　CCJ/A型除尘机组的整体安装

3. 除尘器在地面钢支架上的安装

众多的除尘器是通过支承钢结构，直立安装于地面基础上的。如CLG型多管除尘器、CLT/A型旋风除尘器、1—11号卧式旋风除尘器、XCXϕ600～1300mm旋风除尘器、XNX旋风除尘器等。支承钢结构一般由角钢焊制，它由4～6根立柱、横梁（2～3层）、加固梁（水平或对角形）等组成。立柱直接安装在地面混凝土基础上，并与基础预埋钢板焊接；顶端框形横梁支承除尘器重量，并通过除尘器的支承耳板与横梁螺栓连接，底层横梁的安

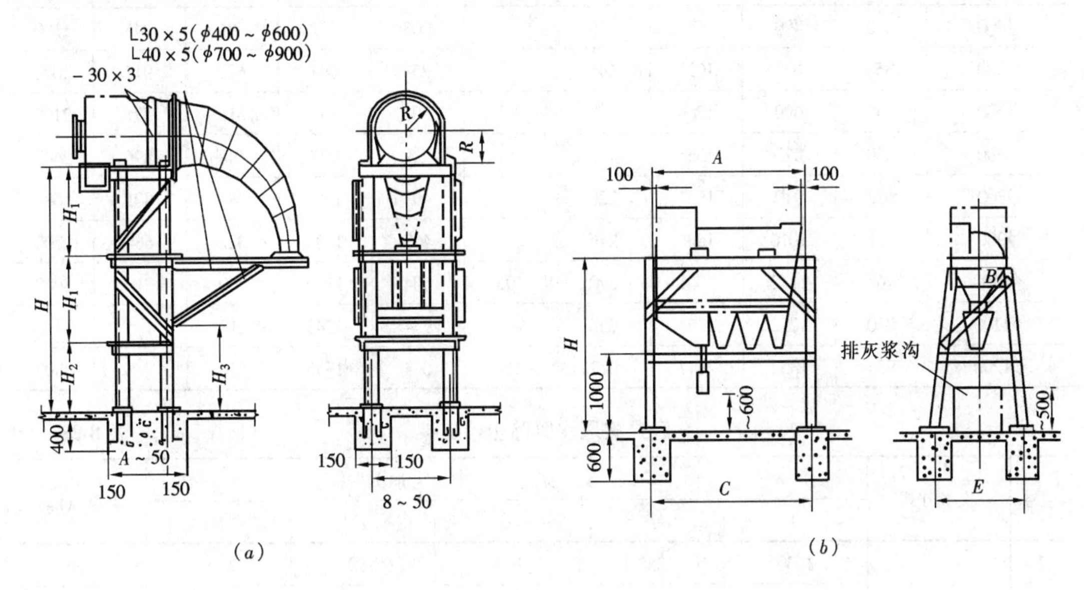

图 8-94　除尘器在地面钢支架上的安装

（a）XNX旋风除尘器；（b）卧式旋风除尘器

装高度应能保证除尘器清灰卸料的操作空间；加固横梁及斜梁起增加钢支架结构强度作用，并将支承结构连成框形结构。

图8-94为除尘器在地面钢支架上的安装。其中，XNX型锅炉烟气除尘器的安装尺寸见表8-24；卧式旋风除尘器的安装尺寸见表8-25。

4. 除尘器在墙上的安装

小型除尘器可沿墙设置，并安装于栽埋在墙体内的型钢支架上。如CLS型水膜除尘器、CLT/A型单、双筒旋风除尘器、XLP型、XCXϕ200～900型、XNX型、XPϕ200～700型旋风除尘器等。型钢支架用角钢焊制，由横梁、斜支撑、连接梁组成。横梁栽埋于墙体内，栽埋深度应不小于220mm，横梁用于支承除尘器重量，并与除尘器支承耳板螺栓连接；斜支撑一端与横梁焊接，一端栽埋于墙体内，辅助横梁承力；连接梁则将两组横梁及斜支撑连成框形支架，使支承结构连成整体。对直径较小的除尘器（如ϕ200～400），墙上安装的托架可不设斜支撑。

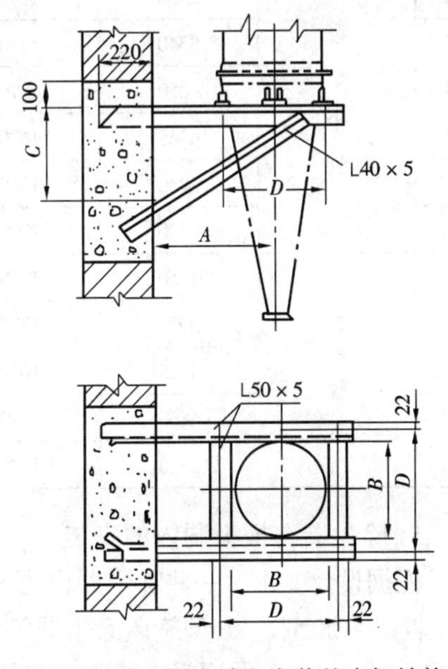

图 8-95　除尘器在墙上安装的支架结构

图8-95为除尘器在墙上安装的支架结构。

XNX 旋风除尘器安装尺寸（mm） 表 8-24

型号	钢支架尺寸（mm）									
	A	B	D	F	I	R	H_1	H_2	H_3	H
ϕ400	280	490	877	120		203	532	736	946	1800
ϕ500	364	690	1070	146		253	664	672	912	2000
ϕ600	447	690	1266	170		303	794	512	771	2100
ϕ700	530	810	1355	196		53	920	548	896	2400
ϕ800	612	910	1651	220		403	1053	484	801	2600
ϕ900	671	1010	1846	246		453	1189	322	664	2700
ϕ1000	768	1112	2061	270	195	504	1120	760		3000
ϕ1100	850	1252	2255	298	206	554	1245	610		3100
ϕ1200	934	1352	2447	322	222	604	1355	590		3300

卧式旋风水膜除尘器支架 表 8-25

型号	脱水方式	钢支架尺寸（mm）					重量（kg）
		A	B	C	E	H	
1	檐板脱水	1630	380	1676	780	2000	166
2		1620	630	1666	950	2100	175
3		1880	650	1926	1090	2200	190
4		2180	800	2226	1280	2400	210
5		2485	920	2531	1420	2500	228
6		2820	1070	2866	1590	2600	246
7		3340	1220	1693	1780	2800	393
8		4050	1370	2048	1950	2900	434
9		4365	1670	2200	2330	3800	495
10		4940	1820	2493	2500	3400	520
11		5520	1970	2783	2590	3600	557
7	旋风脱水	3250	1220	1648	1780	2800	381
8		3920	1370	1983	1950	2900	420
9		4335	1670	2190	2330	3300	473
10		4860	1820	2453	2500	3400	505
11		5300	1970	2673	2690	3600	536

5. 除尘器在楼板洞内的安装

根据设计要求，一些除尘器也可安装于楼板的预留孔洞内。如 CLG 型、CLT/A 型多管除尘器、XCX 型、XP 型旋风除尘器等，预留的方形或圆形楼板孔洞的周缘，应做成高×宽为 100mm×100mm 的混凝土基础，在基础上预埋地脚螺栓，以和除尘器支承耳板进行螺栓连接，使除尘器固定。基础预埋地脚螺栓的数量及其预埋位置应与除尘器支承耳板相对应。

图 8-96 为除尘器在楼板孔洞中的安装。

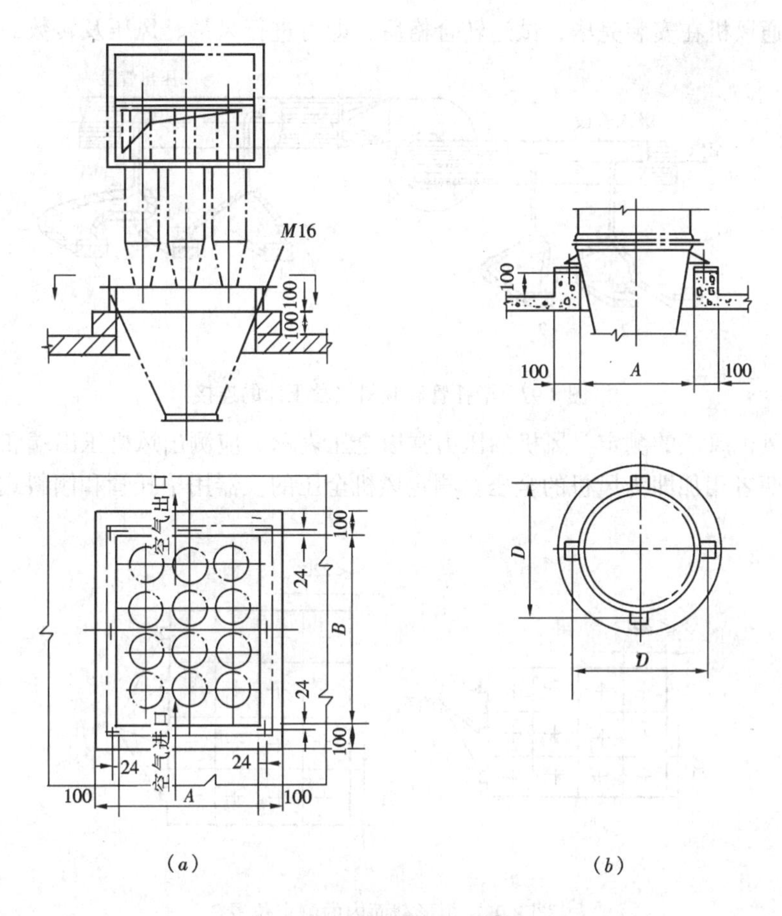

图 8-96　除尘器在楼板孔洞的安装
（a）多管除尘器；（b）旋风除尘器

第八节　通风与空调工程的施工与验收

一、通风与空调工程的试运行

通风与空调工程的试运行是在系统的设备、管道均已安装完好、设备安装已进行单机试运行并均已达到合格及以上标准后，对各通风与空调系统进行的联合试运转。

通风与空调系统的试运行分无生产负荷联合试运转和带生产负荷的综合效能试验与调整两个阶段。前一阶段的试运转由施工单位负责，是安装工程施工的组成部分；后一阶段的试验与调整由建设单位负责，设计与施工单位配合进行，不在工程验收范围以内，本节将不做重点讨论。

通风、空调工程的无生产负荷联合试运转应包括如下内容：

通风机的风量、风压及转数的测定；

系统与风口的风量平衡；

制冷系统的压力、温度、流量等各项技术数据应符合有关技术文件的规定；

空调、通风、除尘系统的试运行。

1. 通风机的风量、风压及转数测定

离心式通风机在安装完毕，试运转合格后，即可进行风量、风压及转数的测定。

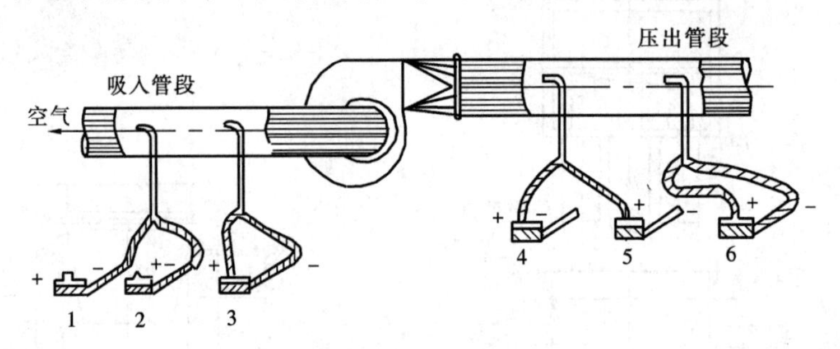

图 8-97 毕托管和倾斜式微压计的连接

(1) 通风机风压的测定　风机的压力常以全压表示。应测出风机压出端和吸入端全压的绝对值，两者相加即为风机的全压。测定风机全压的仪器用毕托管和倾斜式微压计，如图 8-97 所示。

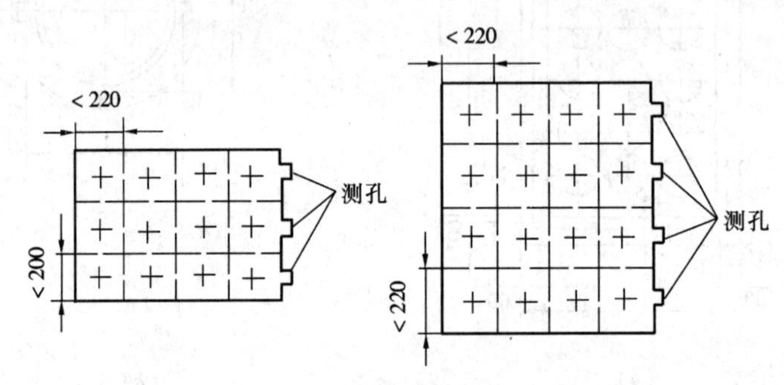

图 8-98 矩形截面内的测点位置

测孔位置选择时，在吸入端应尽可能靠近风机吸入口处，在压出端应尽可能选在靠近风机出口而气流比较稳定的直管段上。测定截面上的测点个数：对矩形风管所分成的小方格面积不大于 $0.05m^2$，并不少于 9 个测点数，如图 8-98 所示，测点设在小方格中心，对圆形风管应根据管径大小，分成若干个面积相等的同心圆环，测点应设于相互垂直的两个直径上，如图 8-99 所示。各测点圆环数见表 8-26，圆环上的测点至测孔的距离参见表8-27。

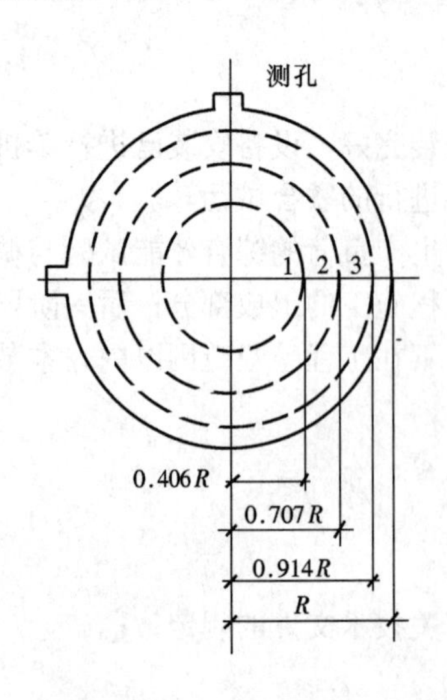

图 8-99 ·圆形截面内的测点位置

圆形风管测定截面的环数　　表 8-26

风管直径（mm）	200 以下	200～100	400～700	700 以上
圆环个数	3	4	5	5～6

若选定的测孔距风机出口较远时，计算全压时应加上这部分管道的理论压力损失值。在毕托管与微压计连接时，吸入管要接入“－”接头，压出管要接入“+”接头。测压差时，将较大压力接“+”接头，较小压力接“－”接头。(“+”接头指倾斜式微压计的垂直进口，“－”接头指微压计的倾斜接口)。

圆环上各测点至测孔的距离 **表 8-27**

测点	圆环数			
	3	4	5	6
	距离			
1	0.1R	0.1R	0.05R	0.05R
2	0.3R	0.2R	0.2R	0.15R
3	0.6R	0.4R	0.3R	0.25R
4	1.4R	0.7R	0.5R	0.35R
5	1.7R	1.3R	0.7R	0.5R
6	1.9R	1.6R	1.3R	0.7R
7		1.8R	1.5R	1.3R
8		1.9R	1.7R	1.5R
9			1.8R	1.65R
10			1.95R	1.75R
11				1.85R
12				1.95R

各测点测得的参数的算术平均值，即认为是断面参数的平均值，例如：

断面平均风速

$$v = \frac{v_1 + v_2 + \cdots\cdots + v_n}{n} \tag{8-13}$$

断面平均温度

$$t = \frac{t_1 + t_2 + \cdots\cdots + t_n}{n} \tag{8-14}$$

断面平均风压

$$p = \frac{p_1 + p_2 + \cdots\cdots + p_n}{n} \tag{8-15}$$

断面平均水蒸汽压力

$$e = \frac{e_1 + e_2 + \cdots\cdots + e_n}{n} \tag{8-16}$$

式中 n——测点总数。

如果已知断面平均风速 v，就可计算出通过断面的风量 L：

$$L = Fv \times 3600 \quad (\mathrm{m^3/h}) \tag{8-17}$$

式中 F——风管断面积（m^2）。

在测定中，如用微压计测出动压头，取平均值后，代入下列公式，可求得断面平均风速：

$$v = \sqrt{\frac{2P_d}{\rho}} \quad (\mathrm{m/s}) \tag{8-18}$$

式中 P_d——断面平均风速动压（Pa）；

ρ——空气密度（kg/m^3）。

对于风机的风量与风压的测定时，应把所有风量调节阀全部打开，把三通调节阀调整到中间位置。图 8-97 中把测定风机进、出口全压（P_{qx}、P_{qy}）、静压（P_{jx}、P_{jy}）和动压（P_{dx}、P_{dy}）的测量仪表安装接管方法已全面示出，可依测定要求选择连接方法，但应注意不要接错。

风机的全压 P_{qt} 为：

$$P_{qt}=|P_{qx}|+|P_{qy}| \tag{8-19}$$

即通风机的风压为风机吸入口和压出口所测平均全压绝对值之和。

(2) 通风机风量的确定　在分别测定吸入口和压出口动压平均值后，代入平均风速的计算公式，分别计算出吸入口及压出口的平均风速，最后代入流量方程式，分别计算出吸入端风量 L_x 及压出端风量 L_y。如计算结果 L_x 及 L_y 的差值超过5%，则应重新测定。

通风机的平均风量按下式计算：

$$L_t=\frac{L_x+L_y}{2}\quad (\mathrm{m^3/h}) \tag{8-20}$$

即通风机的平均风量为吸入端风量与压出端风量之和的平均测定值（应略大于空调系统总风量）。

(3) 通风机转速的测定

用转数表可直接测量通风机或电动机的转数。对于皮带传动的风机，也可在测得电动机转数的情况下，用下式计算风机转数：

$$n_t=\frac{n_d\cdot D_d}{D_t\cdot K_p} \tag{8-21}$$

式中　n_t、n_d——风机、电动机的转数（r/min）；

D_t、D_d——风机、电动机皮带轮直径（mm）；

K_p——皮带的滑动系数，取 $K_p=1.05$。

2. 系统风压及风量的测定

(1) 风管内风压及风量的测定　系统总风管和各支管内风量与风压的测定方法与风机风量、风压的测定方法相同。测定截面的位置应选择在气流均匀处，按气流方向，应选择在局部阻力之后大于或等于4倍直径（或矩形风管大边尺寸）和局部阻力之前，大于或等于1.5倍管径（或矩形风管大边尺寸）的直管段上，当条件受到限制时，距离可适当缩短，且应适当增加测点数量。

系统总风管、主干风管、支风管各测点实测风量与设计风量的偏差不应大于10%。

(2) 风口风量的测定　用叶轮风速仪或杯式风速仪，在紧贴近风口处做定点测量或等速回转法测量风速，取定点法各测点风速的平均值，或等速回转法三次以上测量的风速平均值，再按送、回风口的截面积代入流量方程式，即可求得送、回风口的实测风量。用等速回转法的操作路线如图8-100所示。

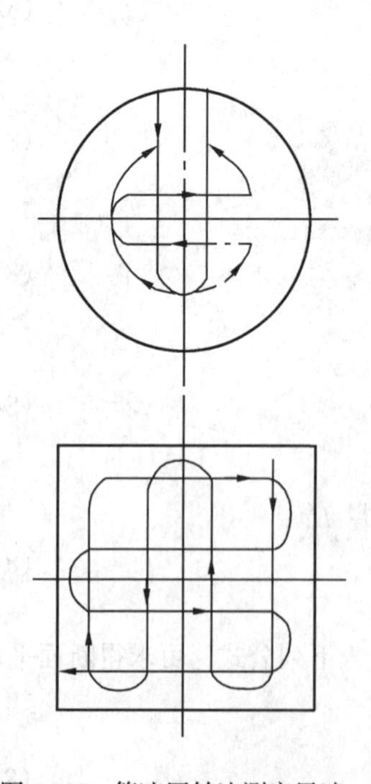

图8-100　等速回转法测定风速

在计算送风口风量时，由于大部分送风口带有格栅或网格，其有效面积和外框面积相差较大，送出气流会出现紧缩现象，因此，当计算采用风口外框面积时，应乘以0.7~1.0的修正系数，使计算风量更符合实际风量。而对于吸风口，由于吸风口吸气作用范围较小，气流相对均匀，只要将测定点靠近吸风口，测量结果一般相当准确。

风口实测风量与设计风量的偏差应不大于10%。

3. 系统风量的平衡

在风机风量风压测定、系统风量的全面测定（包括送、回风总风量、新风量、一二次回风量、排风量以及系统中各总、干、支风管风量、风口风量、室内正压值等）达到设计要求后，即在全系统风量摸底的基础上，方可进行系统的调整，从而达到系统风量的平衡。

系统风量的平衡调整，可通过各类调节装置实现。如利用系统新风，一、二次风，风口处的百叶窗及百叶阀，风机及各部管道处的调节阀等。调整常用的方法为：

（1）流量等比分配法　图8-101为空调系统简图。当采用等比流量分配法进行风量平衡调整时，是先从系统最不利环路（一般为系统最远的一个分支系统，如图8-101中的1、2支管）开始，根据支管1、2的实测风量数据，利用调节阀将其风量L_2'/L_1'的比值，调整到与设计风量L_2/L_1的比值近似相等，即使$L_2'/L_1' = L_2/L_1$后，再依次调整使$L_3'/L_4' = L_3/L_4$、$L_5'/L_6' = L_5/L_6$、$L_7'/L_8' = L_7/L_8$，最后调整9管段，使$L_9'/L_9' \approx 1$（实际总风量近似等于设计总风量）。

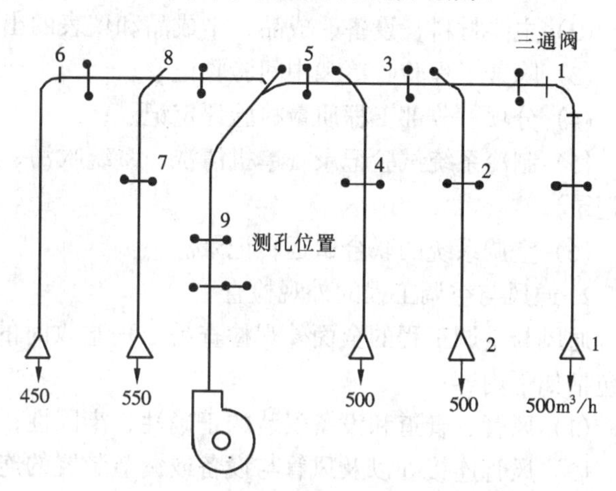

图8-101　系统风量平衡调整示意图

（2）逐段分支调整法　这种方法是先从风机开始，将风机送风量先调整到大于设计总风量5%～10%，再调整7，8两分支管，1和2支管，使之依次接近于设计风量，将不利环路调整近似平衡后，再调整5和6支管。最后再调整9管段的总风量，使之接近于设计风量。

这种调整方法带有一定的盲目性，属于“试凑”性的方法，由于前后调整都互有影响，必须经数次反复调整才能使结果较为合适。但对于较小的系统，有经验的试调人员也常采用。

4. 制冷系统的压力、温度、流量

制冷系统的压力、温度、流量等各项技术数据应符合有关技术文件的规定。

5. 通风与空调系统的试运行

通风与空调系统的试运行是在系统风机、风管、风口风量、风压测定，以及系统风量平衡的基础上，冬季竣工时通入热源，夏季竣工时通入冷源，对空调系统进行联合试运行。其连续运转时间为不少于8h，对通风，除尘系统应在无生产负荷下进行风机、风管与附件等全系统的联合试运转，其连续运转时间不少于2h。

当空调系统的竣工季节与设计条件相差较大时，仅做不带冷（热）源的试运转。

所有各通风、除尘、空调系统的联合试运转情况，均应做好运行记录，作为工程验收的技术文件之一。如各系统在连续运转时间内运转正常，则可认为系统联合试运转合格。

二、通风与空调工程的验收

通风与空调系统在建设单位（甲方）、施工单位（乙方）、设计单位（丙方）、质量检查部门（丁方）的共同参与下，对工程进行全面的外观检查、审查竣工交付文件后，在施工单位经自检提交的分项、分部工程质量检验评定表的基础上，对工程的质量等级进行最终的评定，如评定结果质量等级达到合格及以上标准后，即可办理验收手续，进行通风与空调分部工程的竣工验收。

1. 通风与空调工程应交验的技术文件

(1) 设计修改的证明文件和竣工图；

(2) 主要材料、设备、成品、半成品和仪表的出厂合格证明或检验资料；

(3) 隐蔽工程验收单和中间验收记录；

(4) 分项、分部工程质量检验评定记录；

(5) 制冷系统试验记录（单机清洗、系统吹污、严密性、真空试验、充注制冷剂检漏等记录）；

(6) 空调系统的联合试运转记录。

2. 通风与空调工程的外观检查

通风与空调工程的全面外观检查是工程验收时的重要检验内容之一，称为观感质量。它包括如下内容：

(1) 风管、管道和设备安装的正确性、牢固性；

(2) 风管连接处以及风管与设备或调节装置的连接处是否有明显漏风现象；

(3) 各类调节装置的制作和安装是否正确牢固，调节灵活，操作方便；

(4) 通风机的皮带传动是否正确；

(5) 除尘器、集尘室安装的密闭性；

(6) 空气洁净系统风管、静压箱内是否清洁、严密；

(7) 制冷设备安装的精度，其允许偏差是否符合《制冷设备安装工程施工及验收规范》（GBJ 66—84）的规定；

(8) 通风、空调系统的油漆是否均匀、光滑，油漆颜色与标志是否符合设计要求；

(9) 隔热层有无断裂松弛现象，外表面是否光滑平整；

根据以上检查内容，施工班组在施工过程中应对照加强自检，自检包括工序自检、分项工程竣工自检两方面，均应严格进行，使质量缺陷甚至隐患消灭于施工过程中，而力争不出现于成品中。

3. 通风与空调工程的质量评定

在工业与民用建筑物中，通风与空调工程和采暖与卫生工程、电气工程、电梯工程一样是一个分部工程，并共同组成建筑设备安装单位工程。在工程质量检验与评定时，通风与空调工程按分项工程→分部工程的程序进行。并遵照《通风与空调工程施工质量验收规范》（GBJ 50243—2002）的规定执行。

第九章　室内燃气系统的安装

第一节　室内燃气管道的安装

室内燃气系统是指民用住宅、公共建筑和工业用户室内燃气管网系统。

一、室内民用燃气系统的组成

室内燃气系统一般由引入管、总立管、水平干管、立管、水平支管、下垂管、阀门、燃气表及燃气用具等组成，如图 9-1 所示。

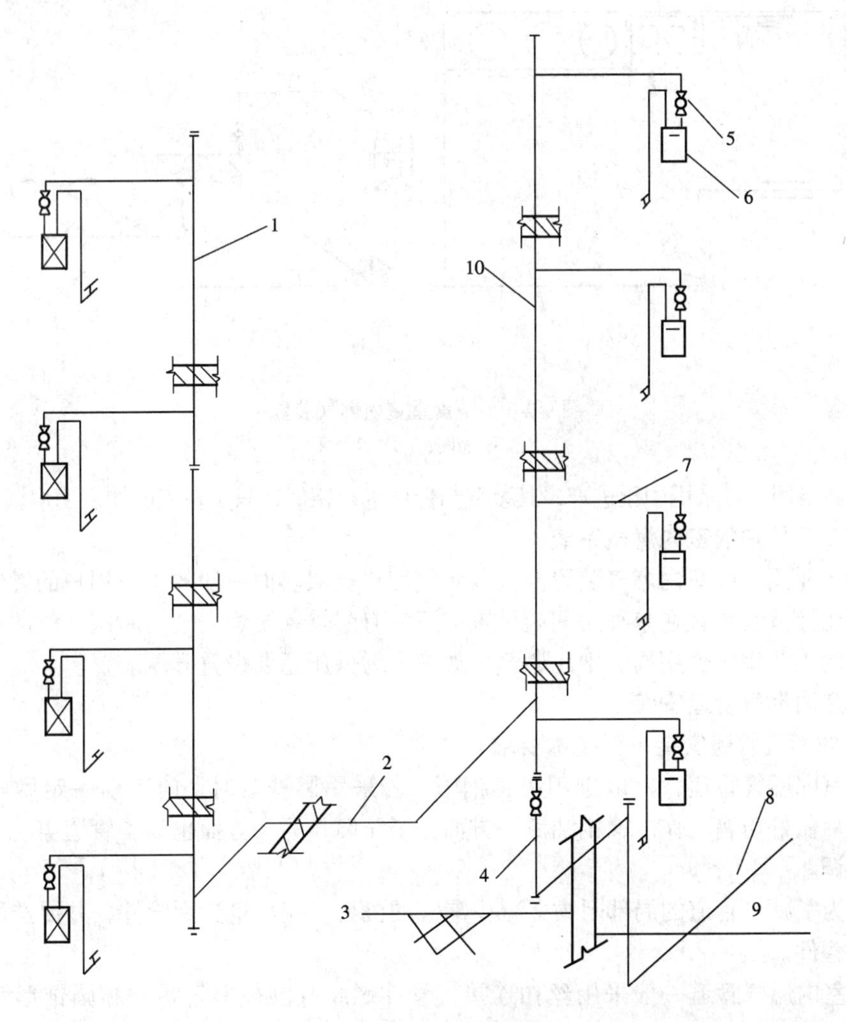

图 9-1　室内燃气系统组成

1、10—立管；2—水平管；3—室内地坪；4—总立管；5—阀门；6—燃气表；7—水平支管；8—引入管；9—室外地平线引入管——来自室外燃气管道，穿入建筑的燃气管段。

总立管——与引入管连接的立管。

水平干管——水平方向连接各立管的管段。

立管——穿越各楼层垂直方向的管段。

水平支管——每个用户连接立管的水平方向的管段。

下垂管——连接燃气表或燃气用具竖直方向的管段。

系统附件——系统管路上的球阀、燃气表、自闭阀等。

燃气用具——指燃气灶及燃气热水器等。

二、公共建筑用户的室内燃气系统

图 9-2 所示为一小型食堂（幼儿园、机关食堂等）的室内燃气装置。由引入管、用户阀门、燃气计量表、燃具连接管和燃具组成。

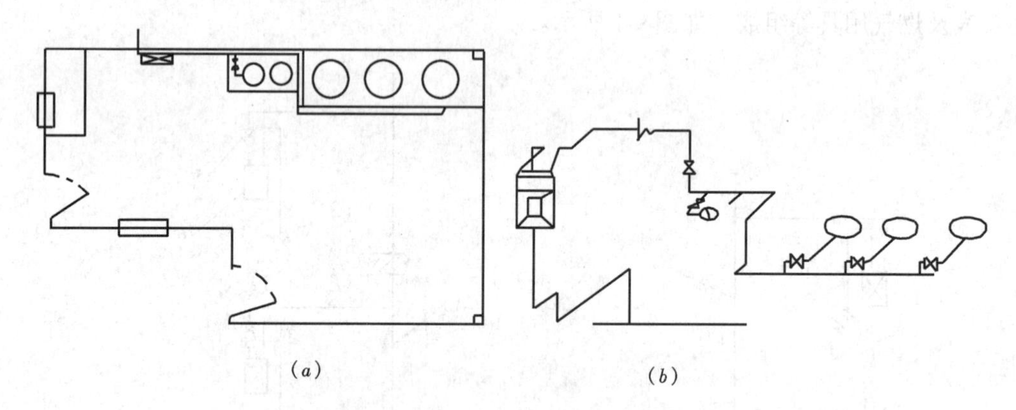

图 9-2　小型食堂室内燃气装置

（*a*）平面图；（*b*）系统图

公共建筑用户可采用中压进户，其装置与低压进户相似，只是在表前加装用户调压器。

三、工业用户的室内燃气系统

一般工业用户的室内燃气装置与公共建筑用户类似。但一般的工业用户的燃气用量较大，其调压计量装置宜在单独房间内设置，还应有防爆系统、安全切断阀、放散管等安全装置。有的工业用户需用高、中压燃气，如进户为低压还要设置升压装置。

四、室内燃气管道安装

1. 室内燃气管道安装一般技术要求

（1）室内燃气管道，一般选用镀锌钢管。若采用黑铁管时，施工前一定做好除锈工作，安装后做好防腐工作。涂刷油漆一方面为了防腐，另一方面也为了管道美观，与室内环境相协调。

（2）为了减少管道的局部阻力，减少漏气的机会，应尽量少用管件，并要选用符合质量要求的管件。

（3）室内燃气管道一般采用丝扣连接，管件螺纹有圆柱形管螺纹和圆锥形管螺纹之分。圆柱形管螺纹用在活接头上，没有锥度。圆锥形管螺纹用在管子和管件上，有 1:16 的锥度，这样，螺纹密封性好。丝扣的密封填料采用聚四氟乙烯生料带。

（4）用铰板加工丝扣时，要两遍成活，不要一遍铰成。加工出的丝扣要完整，表面要光滑。丝扣拧紧之后，在管件外露2～3扣为宜。上管件时，要避免出现拧过了头再往回退才符合要求的情况，以免管扣松动而漏气。

(5) 引入管及户内燃气管道不得敷设在卧室、浴室、厕所、密闭地下室、易燃易爆品仓库、有腐蚀性介质的房间；配电室、变电室、电缆沟、暖气沟、烟道及风道等地方。只有在加套管等安全措施条件下，才可穿越暖气沟、通风道及低温烟道等。

(6) 活接头。为了安装和维修方便，必须在室内燃气管道的适当位置上设置活接头。一般情况下，所有阀门后均应设置活接头。$DN \leqslant 50mm$的用户立管上，每隔一层楼安装活接头一个，安装高度应便于安装拆卸。水平干管过长时，也应在适当位置安装活接头。设置活接头的场所应具有良好的通风条件。

(7) 套管的设置。引入管穿越墙基础、承重墙、伸出地面；立管穿越楼板；水平管穿越卫生间、闭合间和低温烟道时，其穿越段必须全部设在套管内，套管内不准有接头。

(8) 室内燃气管道应为明设。管道安装应横平竖直，水平管应有0.003的坡度，并分别坡向立管或灶具，不准发生倒坡和凹陷。

(9) 室内燃气管道与墙面的净距：当管径小于25mm时，不宜小于30mm；管径在25～40mm时，不宜小于50mm；管径等于50mm时，不小于70mm；管径大于50mm时不宜小于90mm。立管安装时，距墙角的垂直投影距离不小于300mm，距水池不小于200mm。

(10) 室内燃气管道与其他管线的净距应符合有关规范的要求。

(11) 室内燃气管道施工，必须断气后进行。如无法断气，可采取临时措施，并要打开门窗，保证室内空气流通，降低施工现场的燃气浓度。

2. 室内民用燃气管道的敷设形式

室内民用燃气管道通常采取地下敷设和架空敷设两种形式，即进户管道为直接埋地敷设；户内管道为沿墙明敷设。

室内燃气管道通常安装在厨房内，厨房面积一般较小，又有自来水管、排水管、电灯线、碗橱、水池等设施，使得有限的厨房空间显得更加狭小。室内燃气管道的布置，既要考虑它们本身的安全，方便使用和维修，还要不影响其他管道及设备。

室内燃气管道与其他室内管道，建筑设备的最小平行或交叉净距应符合表9-1和表9-2的规定。

当平行或交叉净距达不到上述要求时，应作防护或绝缘处理。

施工之前，施工人员应认真阅读图纸，并到施工现场仔细核对，发现问题及时与设计人员研究解决。施工中应做到按图及规范规定施工，质量达标，搞好协调工作。

室内燃气管道与其他管道及设备间的平行净距 **表9-1**

其他管道及设备	给排水管	蒸汽管	电缆引入管，进线箱	照明电线		电表、保险器、闸刀开关
				明　设	暗　设	
距离（m）	0.1	0.1	1.3	0.1	0.05	0.3

室内燃气管道与其他管道及设备间的交叉净距 **表9-2**

其他管道及设备	给排水管	蒸汽管	明敷照明线路	明敷动力线路	电表、保险器、闸刀开关
距离（m）	0.01	0.015	0.15	0.15	0.3

3. 室内燃气管道的安装工序

室内燃气管道安装包括施工准备，现场测绘，管子加工等工序。

(1) 施工准备　室内燃气管道施工前要作必要的准备工作，以保证施工进度及施工质量。施工准备包括：熟悉图纸、设计交底、核实材料的品种和数量、检查材料质量、准备施工工具等。

1) 熟悉图纸和设计交底　熟悉图纸的目的是了解设计意图、工艺要求、弄清系统走向、高程、位置和交叉物等。室内燃气管道施工图一般包括：平面布置图、管道系统图及节点安装大样图等。

管道平面布置图标明房间的尺寸及用途，管道和设备的平面位置及烟道的位置等。管道系统图标明各管段的管长、直径、坡向、管件和设备的位置。节点大样图表明局部安装的详细情况。

熟悉图纸一般与现场观察、设计交底结合进行，发现设计图纸差错，及时办理设计变更，为施工顺利进行提供保证。

2) 材料和施工工具的核查　施工前根据设计图纸的材料单备齐材料，并逐项核实材料品种、数量，同时检验材料质量。

施工前要根据工程规模、施工人员多少核查施工工具是否齐全，同时检查工具的品质以保证施工顺利进行。

(2) 现场测绘　为了准确无误的完成室内燃气管道的安装，首先要对管线进行准确的测绘。测绘工作包括放线、测量尺寸和绘制安装图等。

1) 放线　根据施工图和安装规则的要求，把管道、管件和设备的准确位置标记在建筑物上。

2) 测量尺寸　按放线线路依次测量每条管段的构造长度。

测量尺寸的度量精度直接影响整个系统的安装质量和施工速度，测量时应注意：

①测量尺寸用钢卷尺；

②测量时应两人操作，每次拉尺松紧要一致；

③读数要准确，精确度为毫米；

④记录应及时，字迹要清楚；

⑤测量尺寸应同时记录于安装草图上。

3) 绘制安装图　室内燃气管道安装图是管段下料的依据，该图反映管段的数量、形状和长度。安装图一般绘制成系统图的形式，绘制步骤如下：

①管道放线的同时应按照管道走向绘制出标有管段号、管径的草图；

②测量尺寸的同时将每一管段的构造长度相应填注在草图上；

③局部尺寸在草图上表达不清楚时，画局部大样标注尺寸；

④将草图整理绘制成一定比例的安装图。

(3) 剔凿孔眼　放线工作完成后，确定出管道穿墙、楼板的位置，经核查孔眼位置无误后，进行剔凿孔眼。剔凿孔眼可以采用电锤、手锤、钢钎或打孔机等工具。剔凿孔眼时应注意：

1) 孔眼的大小应视管子口径、房屋结构等确定，不宜过大，以刚好能穿过套管为宜。表 9-3 给出了孔眼大小与管径的对应关系。

2）凿木洞要用木凿，尖尾锯，不得用钝口偏凿。

3）凿水泥楼板时应尽量采用打孔机打孔，用手工剔凿时应先剔凿近身一边，后凿靠墙一边，要边凿边修，不可一下子凿穿。

4）凿孔前先将隔墙有妨碍的物品搬开，避免砖头跌落砸坏，外墙和高处凿孔要有专人加强警戒，免得砖头跌落伤人。

5）打孔前应检查孔眼的四周有无电线等附着物，防止击中，触电伤人。

孔眼大小与管径的对应关系 **表 9-3**

燃气管公称直径（mm）	打洞直径（mm）	燃气管公称直径（mm）	打洞直径（mm）
*DN*15（1/2″）	45	*DN*50	90
*DN*20	50	*DN*65	115
*DN*25	65	*DN*80	115
*DN*32	80	*DN*100	170
*DN*40	80		

4. 民用燃气管道的安装

(1) 引入管的安装　引入管是庭院燃气管道与室内燃气管道的连接管，根据建筑物所在的不同地区，引入管可采用地上引入或地下引入的方式。

1）地上引入方式　地上引入适合温暖地区。引入管在建筑物墙外伸出地面，在墙上

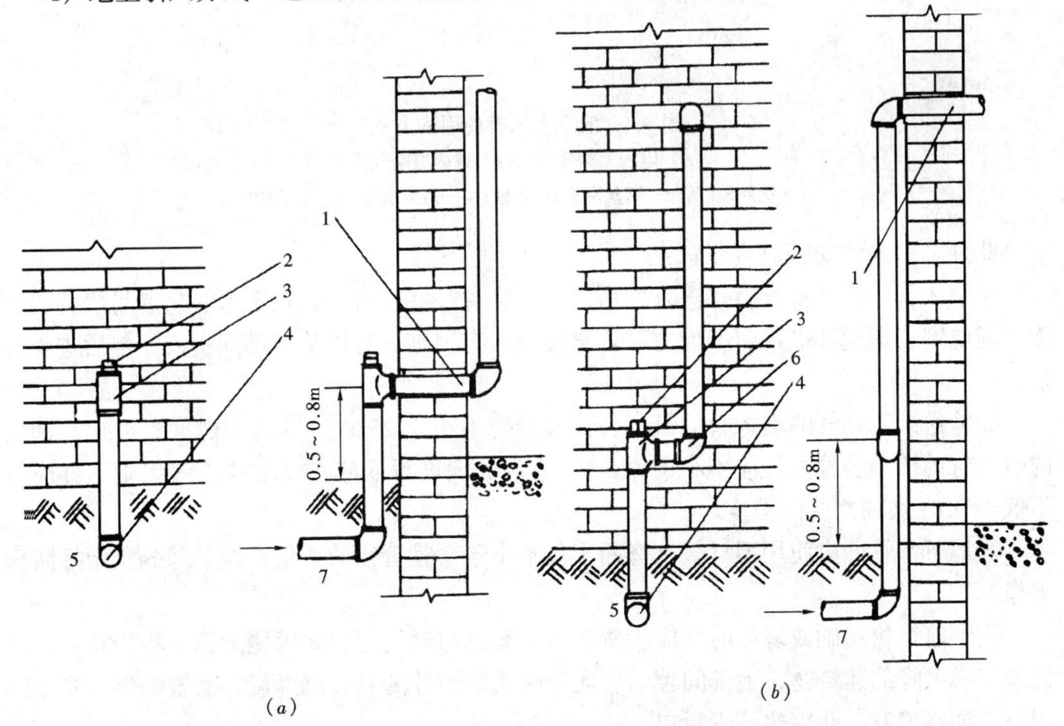

图 9-3　地上引入短立管与高立管的装接图

(*a*) 短立管装接图；(*b*) 高立管装接图

1—进墙管；2—塞管；3—丁字管；4—进气；5—正视；6—弯头；7—侧视

打洞穿入室内。穿墙部分外加套管，留有防止建筑沉降的余量，套管两端应用油麻密封。室外引入管的上端应加带丝堵的三通，便于日后维修，如图 9-3 所示。对于低层是非住宅的建筑物，引入管往往从二楼以上引入，成为高架引入。这时，在距地面 lm 左右，上下立管轴线应错开，加一段水平管，如图 9-3 所示。

2）地下引入方式　地下引入适用于寒冷地区。引入管在地下穿过建筑物基础，从厨房地下进入室内，室外地面上看不见引入管。引入管穿基础部分外有套管，套管内的环形空间应能满足建筑物沉降的需要。引入管与套管的环形空间用细砂填充，套管两端应做防水处理。如图 9-4（*a*）和图 9-4（*b*）所示。

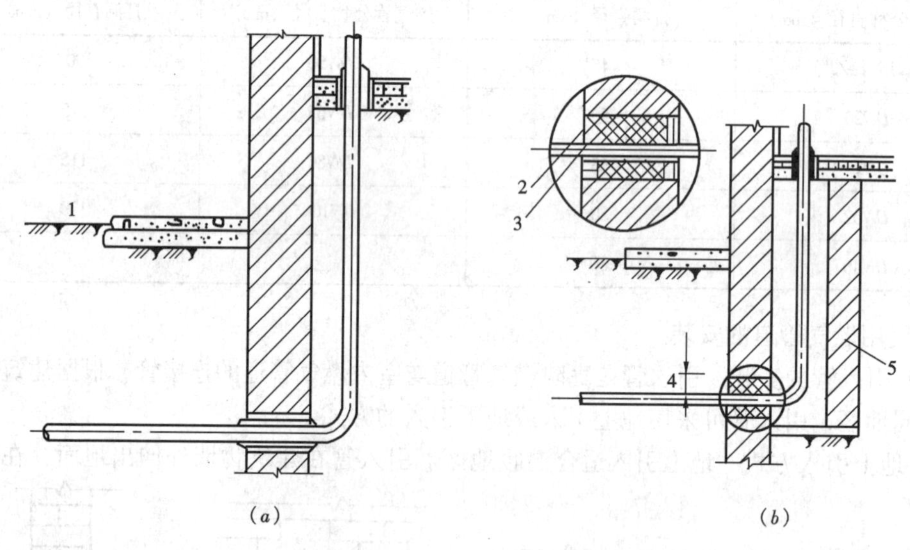

图 9-4　地下引入管的引入方式

（*a*）墙内无暖气沟；（*b*）墙内有暖气沟

1—室外地坪；2—钢丝网；3—木框；4—最大沉降量；5—隔墙

此外，引入管安装时应注意：

①引入管一般从室外直接进入厨房，不得穿过卧室、浴室、地下室、易燃易爆物的仓库、配电室、烟道和进风道等地方。若直接引入有困难，可以从楼梯间引入，然后进入厨房。

②输送人工煤气的引入管的最小公称直径应不小于 25mm。输送天然气和液化石油气的引入管的最小公称直径应不小于 15mm。它们的埋设深度应在土壤冰冻线以下，并应有不低于 0.01 坡向庭院的坡度。

③地下弯管处应使用煨弯管，弯曲半径不小于弯管管径的 4 倍，地下部分应做好防腐工作。

④穿建筑物基础或墙体时，应设置套管，套管与燃气管之间每侧间隙不小于 6mm。对尚未完成沉降的建筑物，上部间隙，应大于建筑物预计的最大沉降量，套管与燃气管之间用沥青油麻填塞，并用热沥青封口。

(2) 立管安装　立管就是穿过楼板贯通各厨房的垂直管。立管上装有水平干管或水平支管，将燃气输送到各厨房。

立管穿过楼板处应有套管，套管的规格应比立管大两号，详见表9-4。套管内不应有管接头。套管上部应高出地面不少于50mm，管口做密封，套管下部与房顶平齐。套管外部用水泥砂浆固定在楼板上，如图9-5所示。

套管规格　　表9-4

燃气管直径 *DN*	15	20	25	32	40	50	65	80	100	150
套管直径 *DN*	32	40	50	65	65	80	100	100	150	200

立管上下端应设有丝堵，每层楼内应最少有一个固定卡子，每隔一层立管上应装一个活接头。

(3) 水平干管安装　每个单元同层往往有几个厨房，也就是有几个燃气立管，当引入管少于立管就要带两根以上的立管，这时就需要用水平干管将几根立管连接起来。在北方地区，水平干管一般装在二楼，通过门厅及楼梯间，安装高度距地面不低于2m，穿墙部分燃气管道不允许有接头，管外有穿墙套管。每间隔4m左右装一个托钩，每通过一个自然间或长度超过10m时，应设一个活接头，管道有不小于0.003的坡度，水平干管中部不能有存水的凹洼地方。水平干管距房顶的净距不小于150mm。

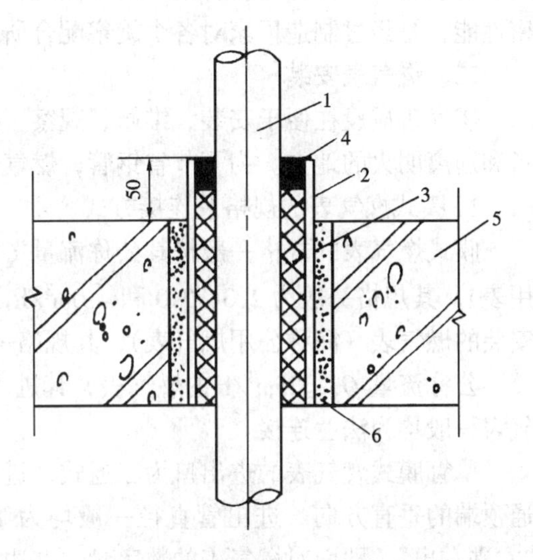

图9-5　穿越楼板的燃气管和套管

1—立管；2—钢套管；3—浸油麻丝；4—沥青；5—钢筋混凝土楼板；6—水泥砂浆

(4) 水平支管安装　通过水平支管，立管中的燃气分流到各厨房。其管径一般为15~20mm，用三通与立管相连。水平支管距厨房地面不低于1.8m，上面装有燃气表及表前阀门。每根水平支管两端应设托钩。

(5) 下垂管安装　水平支管与灶具之间的一段垂直管线叫下垂管。其管径为15mm，灶前下垂管上至少设一个管卡，若下垂管上装有燃气嘴时，可设两个卡子。

第二节　燃气设备及附件的安装

一、阀门的安装

1. 进户总阀门的安装

管径在*DN*40~65mm，选用球阀，丝扣连接，阀后加设活接头。管径大于80mm时，选用法兰闸阀。总阀门一般装在离地面0.3~0.5m的水平管上，水平管两端用带丝堵的三通，分别与穿墙引入管和户内立管相连。总阀门也可以装在离地面1.5m的立管上。

2. 表前阀的安装

额定流量在3m^3/h以下的家用燃气表，其表前阀门采用接口式旋塞。表前阀安装在离地面2m左右的水平支管上。

3. 灶前阀的安装

用钢管与灶具硬连接时，可采用接口式旋塞。用胶管与灶具软连接时，可用单头或双头燃气旋塞（燃气嘴）。软连接的灶前燃气塞旋，安装在距燃具台板 0.15m，距地面 0.9m 处，并在台板边缘便于开关。

4. 隔断阀的安装

为了在较长的燃气管道上，能够分段检修，可在适当位置设隔断阀。在高层建筑的立管上，每隔六层应设置一个隔断阀。一般选用球阀，阀后应设有活接头。

需指出的是，球阀及旋塞的阀体材料，一般采用灰口铸铁，材质较脆，机械强度不高，安装时应掌握好力度，达到既不漏气，又不损坏阀门的要求。旋塞的阀体与塞芯的严密性能，是经过制造厂家对各个旋塞配合研磨而成，零件间不具备互换性。

二、燃气表安装

燃气表应设在便于安装、维修、观察（抄表）、清洁、无湿汽、无振动、远离电气设备和远离明火的地方。为了节省钢管，燃气表尽量靠近用户开闭阀门安装。

1. 膜式燃气表的规格及连接方式

膜式燃气表的规格一般按其公称流量 Q_g 进行划分。居民用户安装的燃气表（简称民用表），其规格一般为 2.0、3.0 和 4.0m^3/h，表管接头有单管和双管之分。公共建筑用户安装的燃气表（简称公用燃气表），其规格一般为 25、40、65 和 100m^3/h，均为双管接头。

公称流量 $Q_g \leqslant 25m^3/h$ 的燃气表，其进出管接口一般均为螺纹连接，$Q_g \geqslant 40m^3/h$ 的燃气表一般均为法兰连接。

单管膜式燃气表的进出口为三通式，进气口位于三通一侧的水平方向，出气口位于三通顶端的垂直方向，进出管直径一般均为 *DN*15。双管膜式燃气表的进出口位置一般为“左进右出”，即面对燃气表的数字盘，左边为进气管，右边为出气管。目前生产的家用膜式表也有“右进左出”的。

燃气表只要铅封完好，外表无损伤，即可进行安装。运输、装卸和安装时应避免碰撞，安装人员不准拆卸燃气表。

2. 民用膜式燃气表的安装

民用燃气表的安装应在室内燃气管网压力试验合格后进行，安装在用户支管上，简称锁表。根据锁表位置分高锁表、平锁表和低锁表。一般采用高锁表，环境条件不允许时也可采用平锁表或低锁表。

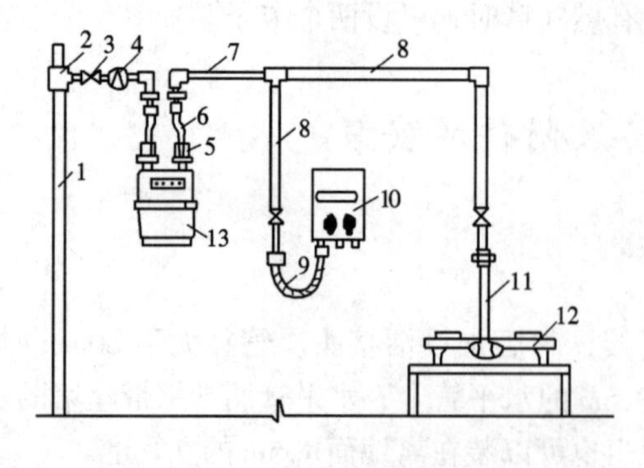

图 9-6　高锁表和高锁灶

1—立管；2—三通；3—旋塞阀；4—活接头；5—锁紧螺母；6—表接头；7—用户支管；8—用具支管；9—可挠性金属管；10—快速热水器；11—用具连接管；12—双眼灶；13—双管燃气表

（1）高锁表　即把燃气表安装在燃气灶一侧的上方，其高度应便于查表人员读数，如图 9-6 所示。为防止使用燃气灶时，热烟熏烤燃气表，影响计量精确度，燃气表与燃气灶之间应保持不小于 80mm 的净距，表背面应距墙面不小于 30mm，表底一般设托架支撑。

管网压力试验后把表位的连通管拆下，然后安装燃气表。对于单管式燃气表，其进出口三通可作为压力试验时的连通管，安装时，用三通口下端的锁紧螺母把燃气表锁紧即可。对于双管式燃气表，一般用鸭颈形表接头（也可采用铅管或塑料软管）上的锁紧螺母把燃气表锁紧，鸭颈形表接头可调整表进出管间距的安装误差。对于集体厨房分户计量时，可将燃气表集中安装在某个位置，以减少安装占用空间。

(2) 平锁表　即把燃气表安装在燃气灶的一侧，用户支管、灶具支管和灶具连接管均为水平管。燃气表座可用支架托住，或用砖块垫起一定的高度。

(3) 低锁表　即把燃气表安装在燃气灶的灶台板下方。表底应垫起50mm，如图9-7所示。表的出口与灶的连接均为垂直连接，而表的进口应根据具体情况采用水平连接或垂直连接。

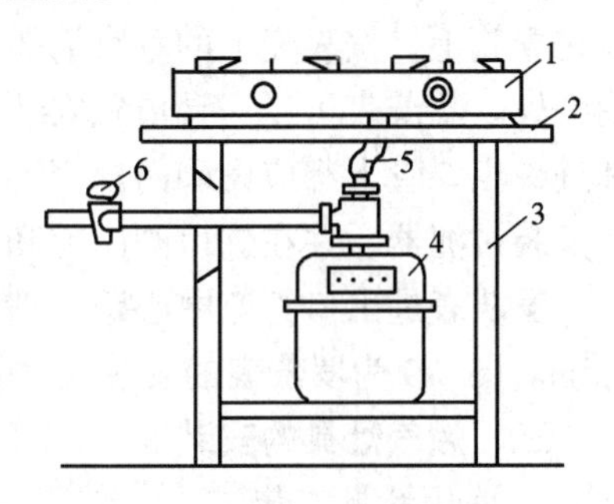

图9-7　低锁表和低锁灶

1—燃气灶；2—灶台板；3—灶架；4—单管燃气表；5—软管；6—旋塞阀

3. 公用膜式燃气表的安装

公用燃气表应尽量安装在单独的房间内，室温不低于5℃，通风良好，安装位置应便于查表和检修。燃气表距烟囱、电器，燃气用具和热水锅炉等设备应有一定的安全距离，禁止把燃气表安装在蒸汽锅炉房内。距出厂检验期超过半年的燃气表需重新检验合格后方可安装。

引入管安装固定后即可进行公用燃气表的安装。公用燃气表一般均坐落在地面砌筑的砖台上，也可用型钢焊制表支架，砖台或支架的高度应视燃气表的安装高度确定，原则上应方便查表读数和表前后控制阀的启闭操作。额定流量 $Q_g \geqslant 40m^3/h$ 的燃气表应设旁通管，旁通管和进出管上的阀门应采用明杆阀门，阀门不能与表进出口直接连接，应采用连接短管过渡，并设支架支撑，防止阀门和进出管的重力压在燃气表上，如图9-8所示。

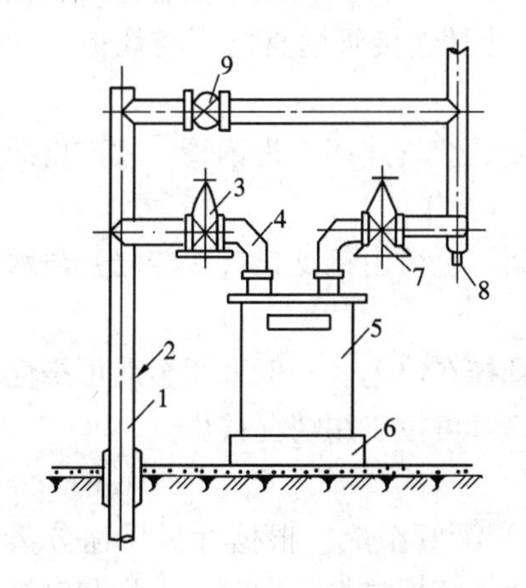

图9-8　$Q_g \geqslant 40m^3/h$ 的燃气表安装

1—引入管；2—清扫口丝堵；3—闸阀；4—管道；5—燃气表；6—表座；7—支承架；8—泄水丝堵；9—旁通闸阀

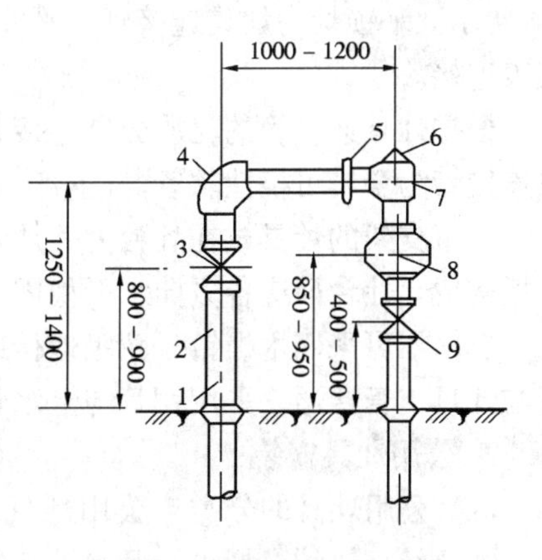

图9-9　罗茨表的安装

1—盘接短管；2—丝堵；3—闸阀；4—弯头；5—法兰；6—丝堵；7—三通；8—罗茨表；9—闸阀

额定流量 $Q_g < 40m^3/h$ 的燃气表，若是螺纹接口可不设旁通管，一般采用挂墙安装。数台燃气表并联时，表壳之间的净距不应小于1.0m。

4. 罗茨式燃气表的安装

罗茨表工作压力较高，额定流量较大，多为中压工业燃气用户所使用。罗茨表一般安装在立管上，按表壳上的垂直箭头方向，进口在上方，出口在下方。罗茨表的正面应朝向明亮处。罗茨表可以一台单独安装，也可以数台并联安装，而且都应设置旁通管，旁通管和进、出口管上都应设阀门。当燃气中的杂质成分可能在管壁内结垢时，应在进气管阀门后安装过滤器，并在进口阀门前和出口阀门后的立管上安装清扫口，清扫口用丝堵封堵。

罗茨表进出口管道中心距一般为1.0~1.2m，数台表并联安装时，其中心距为1.2~1.5m。图9-9为罗茨表的安装尺寸。

三、燃气灶具的安装

1. 民用灶具安装

民用灶具指居民家庭生活用灶具，一般有单眼灶、双眼灶、烤箱灶和热水器等。民用灶具安装在室内燃气管道压力试验合格，立管、水平管、用户支管和炉具支管均牢牢固定后进行，即用灶具连接管把灶具与用户支管（或灶具支管）接通，并使灶具牢固定位，此安装过程简称锁灶。

（1）一般要求

1）民用灶具不应安装在卧室或通风不良的地下室内，一般应安装在专用厨房内。

2）安装灶具的房间高度不低于2.20m，安装热水器的房间高度不低于2.60m；房间应具有良好的自然通风和自然采光。

3）灶具靠墙摆放时，应与墙面有一定的距离，墙面应为不燃材料。

4）灶具放在灶台上时，灶架和灶板应为不燃材料，灶台高度一般为0.7m。

（2）安装方法　民用灶具的安装方法与燃气表的安装方法相适应，也分高锁灶、平锁灶和低锁灶。高锁灶的灶具连接管自灶具接口垂直向上，用活接头与灶具支管连接，如图9-6所示。平锁灶为灶具连接管水平安装，低锁灶是指灶具连接管垂直向下与灶板下的燃气表连接。

根据灶具连接管的材质分硬连接和软连接，硬连接的灶具连接管为钢管，软连接的灶具连接管为金属可挠性软管。

不带支架的灶具放在灶台上，灶台可用金属橱柜面，也可由钢支架（或砖墙）与水磨石板构成。灶台面应各方向水平稳固。

热水器可采用木螺钉，膨胀螺栓或普通螺栓牢牢悬挂在墙上。一般采用金属可挠性软管与灶具支管接通，采用钢管与上水管接通，热水出口管可按需用情况接出。

2. 公用灶具安装

（1）公用灶具的分类　公用灶具由灶体、燃烧器和配管组成。根据灶具用途分蒸锅灶、炒菜灶、饼炉、烤炉、开水炉和西餐灶等，根据灶体结构材料分砌筑型炉灶和钢结构炉灶。砌筑型炉灶的灶体在施工现场砌筑，根据用途配置燃烧器、燃烧器连接管和灶前管。而钢结构炉灶的灶体、燃烧器、连接管和灶前管一般均在出厂时装配齐全，安装现场把炉灶稳固后，仅需配置灶具连接管。

（2）一般要求：

1）蒸锅灶和西餐灶应靠建筑物的排烟道砌筑或安装，室内通风良好。

2）炒菜灶应安装在具有排烟罩或抽油烟机的厨房内，厨房通风良好。

3）安装开水炉的位置应便于把二次排烟管插入烟道或通向室外。

4）蒸锅灶、炒菜灶和开水炉的近旁应具有下水道。

5）燃烧器应置于蒸锅灶或炒菜灶的炉膛中央，燃烧器在炉膛内的高度一般应使火焰的高温部位（外焰中部）接触锅底。不同燃烧器的高度可以通过试烧后调整。

6）每个燃烧器都应在炉门近旁设控制阀，控制阀距炉门边缘应不小于100mm。控制阀的连接管用管卡牢固地固定在炉体上。

7）燃烧器支架四周应保持二次空气通畅，燃烧器底部应具有50mm的空隙高度。

8）燃烧器各部件在安装前应内外清洗干净后用纸或布包封后，试烧前不应开包。

(3) 燃烧器配管

燃烧器的配管是指燃烧器的管接头与灶具支管之间的灶具连接管，灶前管和燃烧器连接管的配管安装。

砌筑型蒸锅灶和炒菜灶的燃烧器可采用高配管和低配管两种方式。高配管就是把灶前管安装在灶沿下方，从灶前管上开孔并焊一个带有外螺纹的管接头，垂直向下接燃烧器连接管，如图9-10所示。

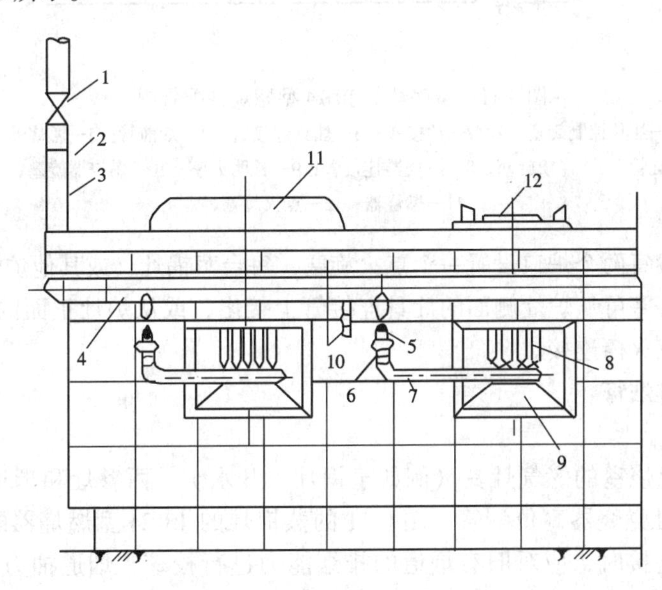

图9-10　炒菜灶燃烧器高位配管

1—灶具控制旋塞；2、6—活接头；3—灶具连接管；4—灶前管；
5—燃烧器旋塞；7—燃烧器连接；8—燃烧器；9—支架；10—点火旋塞；
11—炮管；12—锅支架

低配管则是将炉前管安装在灶体的踢脚位置（或上方），向上连接配管。配管安装的顺序依次是把灶具连接管和灶前管预先装配好，然后用活接头2与安装固定好的灶具支管进行连接，此过程称为锁灶。待室内管道压力试验合格后，用活接头6与燃烧器连接管连接，此过程称为锁燃烧器。

具有两个管接头的燃烧器，例如北京地区的JR-18和JR-24型立管燃烧器，以及YR型圆盘燃烧器，每个燃烧器应配接两根燃烧器连接管和两个燃烧器控制旋塞，如图9-11所示。对于蒸锅灶，其中一个燃烧器控制旋塞必须采用连锁型旋塞，连锁型旋塞中的主旋塞接燃烧器连接管，从副旋塞（小火旋塞）上接出一根*DN*8的小钢管或铜管，通至燃烧器中心，小管末端垂直向上，管口略低于燃烧器火孔，此管口即为“长明”火孔。

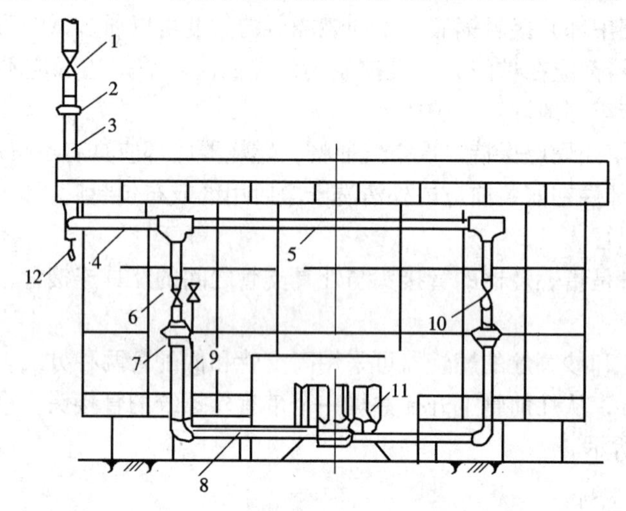

图9-11　蒸锅灶的JR-24型燃烧器配管图

1—灶具控制旋塞；2、7—活接头；3—灶具连接管；4—灶前管；5—燃烧器支管；6—连锁旋塞；8—燃烧器连接管；9—长明火座；10—燃烧器旋塞；11—燃烧器；12—点火旋塞

炒菜灶上一般每两个炉口设置一个点火旋塞，每台蒸锅灶（或其他炉灶）需设置一个点火旋塞。点火旋塞可从炉灶侧面的灶具连接管上接出，或从炉灶正面的灶前管上接出，利用橡胶软管与点火棒连接。

四、烟道和排烟管

1. 烟道

具有封闭式燃烧室的燃气灶具（例如蒸锅灶、开水炉、西餐灶和烟道式热水器等），如图9-10的炒菜灶燃烧器高位配管、图9-11的蒸锅灶的JR-24型燃烧器配管，需与建筑物内的旧有烟道连接时，应对旧有烟道的排烟能力进行校核，烟道抽力应不小于15Pa。烟道的理论通风抽力D（Pa）可按下式计算：

$$D = 3550H\left(\frac{1}{T_0} - \frac{1}{T_g}\right) \tag{9-1}$$

式中　D——烟道理论通风抽力（Pa）；

H——烟道高度（m）；

T_0——灶具外空气绝对温度（K）；

T_g——烟道内的烟气平均温度（K）。

多台灶具接在一个总烟道上时，每台灶具的水平烟道上应设闸板，对于蒸锅灶，闸板上应开一个50~100mm的孔。砖砌水平烟道最好以60°角倾斜向上与总烟道连接。

烟道须高出平屋顶1.0m，对具有屋脊的屋顶，烟道出屋顶高度及其与屋脊的距离，可按图9-12处理。

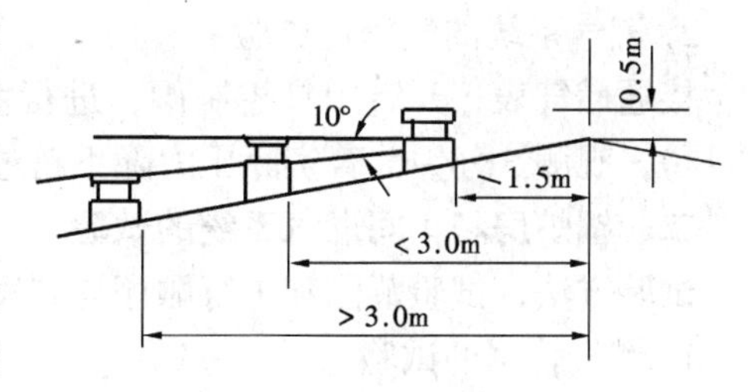

图9-12　烟道出屋顶安装尺寸

2. 排烟管

一次排烟管由灶具本身携带。燃气灶具上的二次排烟管一般采用薄钢板制作，承插接口。安装时，管节上前端为插口，后下端为承口。排烟管管径不得小于灶具排烟口直径。高出灶具排烟口0.5m以上才能接水平排烟管，水平排烟管总长度一般不超过3m，并以不小于1%的坡度坡向炉具。

环境温度变化可能使烟气生成冷凝水的排烟管应作绝热层，垂直排烟管的下端应设冷凝水排出孔。

排烟管距可燃的墙面和顶棚应保持一定的安全防火距离，穿过可燃性构筑物时，需包缠绝热层，并放在套管或带孔的耐火砖内。

至排烟管的顶端应安装防风帽。直径大于125mm的排烟管，当水平烟道长度大于3m时，或排烟管（道）上容易积聚燃气的末端，应设置泄爆口。

第三节　室内燃气管道的强度试验和气密性试验

室内燃气系统在安装过程中和安装结束后都要用压缩空气来检验管道接头的质量，检验燃气计量表、阀门和燃具本身的严密性，以保证用户安全用气。

试验时可采用如图9-13所示的装置。强度试验时使用弹簧压力表或U形水银柱压力计，气密性试验时使用U形水柱压力计或U形水银柱压力计。

一、民用户（住宅和公共建筑）燃气系统的试验

1. 燃气管网的试验

进行管网压力试验时，燃气表和灶具应与管网断开，试验范围自进户总阀门开始至用具控制阀（对公共建筑用户为燃具控制阀）。

（1）强度试验　试验时，燃气表应与连通管接通。如图9-13燃气系统试验装置试验压力为0.1MPa（表压），在试验压力下，用肥皂水检查全部接口，若有漏气处需进行修理，然后继续充气试验，直至全部接口不漏和压力无急剧下降现象。

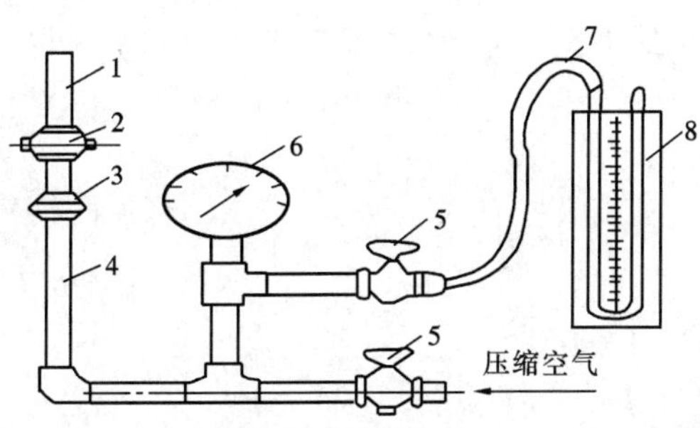

图9-13　室内燃气系统实验装置

1—灶具支管；2—旋塞阀；3—活接头；4—灶具连接管；5—单头旋塞阀；6—弹簧压力表；7—胶管；8—U形玻璃管压力计

（2）气密性试验　试验压力为7kPa（表压），在试验压力下观测10分钟，如压力降不超过0.2kPa则认为合格。若超过0.2kPa，需再次用强度试验压力检查全部管网，尤其要注意阀门和活接头处有无漏气现象，经修理后继续进行气密性试验，直到实际压力降小于允许压力降。

2. 燃气系统的气密性试验

接通燃气表，开启用具控制阀，进行室内燃气系统的气密性试验。试验压力为3kPa（表压），观测5分钟，若实际压力降不超过0.2kPa，则认为室内燃气系统试验合格。

二、锅炉房和车间燃气系统的试验

试验方法，试验范围和进行顺序均同民用户，仅试验压力不同。

1. 燃气管网的试验

强度试验时，低压管道试验压力为0.1MPa（表压），中压管道为0.15MPa（表压）。

气密性试验时，低压管道试验压力为10kPa（表压），观测1小时，如压力降不超过0.6kPa则认为合格。中压管道试验压力为1.5倍工作压力，但不得低于0.1MPa（表压）。管网充气达到试验压力后稳压3小时，然后开始观测，如经1h后压力降不超过初压的1.5%，则认为合格。

2. 燃气系统的气密性试验

接通燃气表，充气至燃烧器控制阀。对于皮膜表，试验压力为3kPa，5min内压力降不超过0.2kPa为合格，对于罗茨表或叶轮表，试验压力为燃气表的工作压力，5min内压力降不超过初压的1.5%则认为合格。

三、液化石油气室内系统的试验

通过管网以气态向用户供气的室内燃气系统，其试验方法、试验范围和进行顺序完全同民用户。

以瓶组为气源的室内燃气系统，压力试验时以减压器出口阀门为界，减压器前的集气管一侧为高压段，另一侧为低压段。

高压段只作强度试验，在关闭减压器进口阀门后，充入压缩空气至1MPa（表压），用肥皂水检查所有接缝。

低压段试验则完全同民用户。

思考题与习题

1. 简述室内燃气施工的一般顺序。
2. 引入室内的燃气管道安装时应注意些什么？
3. 简述室内民用燃气系统的组成。
4. 简述公共建筑用户的室内燃气系统的组成。
5. 简述室内燃气管道的强度试验和气密性试验方法。
6. 室内民用燃气管道的敷设形式有哪些？
7. 燃气表应设在哪些场所？
8. 简述民用灶具安装的一般要求。
9. 简述民用膜式燃气表的安装形式。

第十章 防腐与绝热施工

第一节 管道的除锈与防腐

建筑安装工程中的管道、容器、设备等常因其腐蚀损坏而引起系统的泄漏，既影响生产又浪费能源。对输送有毒介质的管道而言还会造成环境污染和人身伤亡事故。许多工艺设施会因腐蚀而报废，最后成为一堆废铁。金属的腐蚀原因是复杂的，而且常常是难于避免的。为了防止和减少金属的腐蚀，延长管道的使用寿命，应根据不同情况采取相应防腐措施。防腐的方法很多，如采取金属镀层、金属钝化、电化学保护、衬里及涂料工艺等。在管道及设备的防腐方法中，采用最多的是涂料工艺。对于明装的管道和设备，一般采用油漆涂料，对于设置在地下的管道，则多采用沥青涂料。

一、管道的除锈

为了提高油漆防腐层的附着力和防腐效果，在涂刷油漆前应清除钢管和设备表面的锈层、油污和其他杂质。

钢材表面的除锈质量分为四个等级。

一级要求彻底除净金属表面上的油脂、氧化皮、锈蚀等一切杂物，并用吸尘器、干燥洁净的压缩空气或刷子清除粉尘。表面无任何可见残留物，呈现均一的金属本色，并有一定粗糙度。

二级要求完全除去金属表面的油脂、氧化皮、锈蚀产物等一切杂物，并用工具清除粉尘。残留的锈斑、氧化皮等引起的轻微变色的面积在任何部位 100mm×100mm 的面积上不得超过 5%。

一、二级除锈标准，一般必须采用喷砂除锈和化学除锈的方法才能达到。

三级标准要求完全除去金属表面上的油脂、疏松氧化皮、浮锈等杂物，并用工具清除粉尘。紧附的氧化皮、点锈蚀或旧漆等斑点状残留物面积在任何部位 100mm×100mm 的面积上不得超过 1/3。三级除锈标准可用人工除锈、机械除锈和喷砂除锈方法达到。

四级要求除去金属表面上油脂、铁锈、氧化皮等杂物，允许有紧附的氧化皮、锈蚀产物或旧漆存在，用人工除锈即可达到。建筑设备安装中的管道和设备一般要求表面除锈质量达到三级。常用除锈的方法有人工除锈、喷砂除锈、机械除锈和化学除锈。

1. 人工除锈

人工除锈常用的工具有钢丝刷、砂布、刮刀、手锤等。当管道设备表面有焊渣或锈层较厚时，先用手锤敲除焊渣和锈层；当表面油污较重时，用熔剂清理油污。待干燥后用刮刀、钢丝刷、砂布等刮擦金属表面直到露出金属光泽。再用干净废棉纱或废布擦干净，最后用压缩空气吹洗。钢管内表面的锈蚀，可用圆形钢丝刷来回拉擦。

人工除锈劳动强度大、效率低、质量差，但工具简单、操作容易，适用各种形状表面的处理。由于安装施工现场多数不便使用除锈机械设备，所以在建筑设备安装工程中人工除锈仍是一种主要的除锈方法。

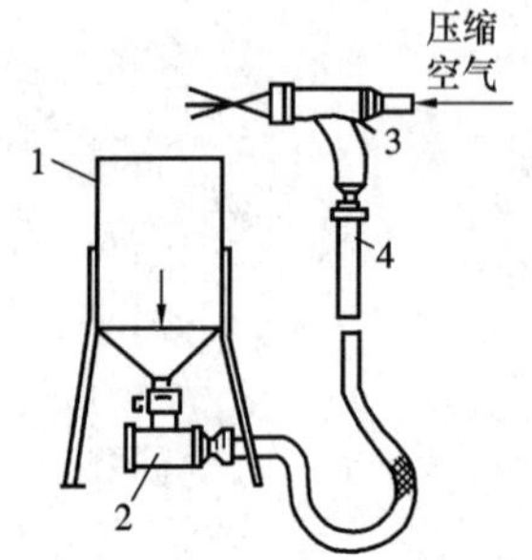

图 10-1 喷砂装置
1—储砂罐；2—橡胶管；3—喷枪；4—空气接管

2. 喷砂除锈

喷砂除锈是采用 0.35～0.5MPa 的压缩空气，把粒度为 1.0～2.0mm 的砂子喷射到有锈污的金属表面上，靠砂粒的打击去除金属表面的锈蚀、氧化皮等，除锈装置如图 10-1 所示。喷砂时工件表面和砂子都要经过烘干，喷嘴距离工件表面 100～150mm，并与之成 70°夹角，喷砂方向尽量顺风操作。用这种方法能将金属表面凹处的锈除尽，处理后的金属表面粗糙而均匀，使油漆能与金属表面很好的结合。喷砂除锈是加工厂或预制厂常用的一种除锈方法。

喷砂除锈操作简单、效率高、质量好，但喷砂过程中产生大量的灰尘，污染环境，影响人们的身体健康。为减少尘埃的飞扬，可用喷湿砂的方法来除锈。喷湿砂除锈是将砂子、水和缓蚀剂在储砂罐内混合，然后沿管道至喷嘴高速喷出。缓蚀剂（如磷酸三钠、亚硝酸钠）能在金属表面形成一层牢固而密实的膜（即钝化），可以防止喷砂后的金属表面生锈。

3. 机械除锈

机械除锈是用电机驱动的旋转式或冲击式除锈设备进行除锈，除锈效率高，但不适用于形状复杂的工件。常用除锈机械有旋转钢丝刷、风动刷、电动砂轮等。图 10-2 是一电动钢丝刷内壁除锈机，由电动机、软轴、钢丝刷组成，当电机转动时，通过软轴带动钢丝刷旋转进行除锈，用来清除管道内表面上的铁锈。

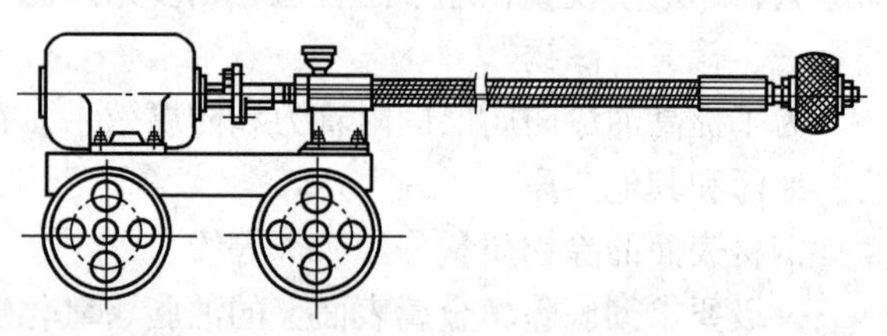
图 10-2 电动钢丝刷内壁除锈机

4. 化学除锈

化学除锈又称酸洗，是使用酸性溶液与管道设备表面金属氧化物进行化学反应，使其溶解在酸溶液中。用于化学除锈的酸液有工业盐酸、工业硫酸、工业磷酸等。酸洗前先将水加入酸洗槽中，再将酸缓慢注入水中并不断搅拌。当加热到适当温度时，将工件放入酸洗槽中，掌握酸洗时间，避免清理不净或侵蚀过度。酸洗完成后应立即进行中和、钝化、冲洗、干燥，并及时刷油漆。

二、管道及设备涂漆

油漆防腐的原理就是靠漆膜将空气、水分、腐蚀介质等隔离起来，以保护金属表面不受腐蚀。常用的管道和设备表面涂漆方法有手工涂刷、空气喷涂、静电喷涂和高压喷涂等。

1. 手工涂刷

手工涂刷是将油漆稀释调合到适当稠度后，用刷子分层涂刷。这种方法操作简单，适应性强，可用于各种漆料的施工；但工作效率低，涂刷的质量受操作者技术水平的影响较大，漆膜不易均匀。手工涂刷应自上而下、从左至右、先里后外、纵横交错地进行，漆层厚度应均匀一致，无漏刷和挂流处。

2. 空气喷涂

空气喷涂是利用压缩空气通过喷枪时产生高速气流将贮漆罐内漆液引射混合成雾状，喷涂于物体的表面。空气喷涂中喷枪（图 10-3）所用空气压力为 0.2～0.4MPa，一般距离工件表面 250～400mm，移动速度 10～15m/min。空气喷涂漆膜厚薄均匀，表面平整、效率高，但漆膜较薄，往往需要喷涂几次才能达到需要的厚度。为提高一次喷膜厚度，可采用热喷涂施工。热喷涂施工就是将漆加热到 70℃左右，使油漆的粘度降低，增加被引射的漆量。采用热喷涂法比一般空气喷涂法可节省 2/3 左右的稀释剂，并提高近一倍的工作效率，同时还能改变涂膜的流平性。

3. 高压喷涂

高压喷涂是将经加压的涂料由高压喷枪后，剧烈膨胀并雾化成极细漆粒喷涂到构件上。由于漆膜内没有压缩空气混入而带进的水分和杂质等，漆膜质量较空气喷涂高，同时由于涂料是扩容喷涂，提高了涂料粘度，雾粒散失少，也减少了溶剂用量。

4. 静电喷涂

静电喷涂是使由喷枪喷出油漆雾粒细化在静电发生器产生的高压电场中荷电，带电涂料微粒在静电力的作用下被吸引贴覆在异性带电荷的构件上。由于飞散量减少，这种喷涂方法较空气喷涂可节约涂料 40%～60%。其他涂漆方法有滚涂、浸涂、电泳涂、粉末涂法等，因在建筑安装工程管道和设备防腐中应用较少，不再赘述。

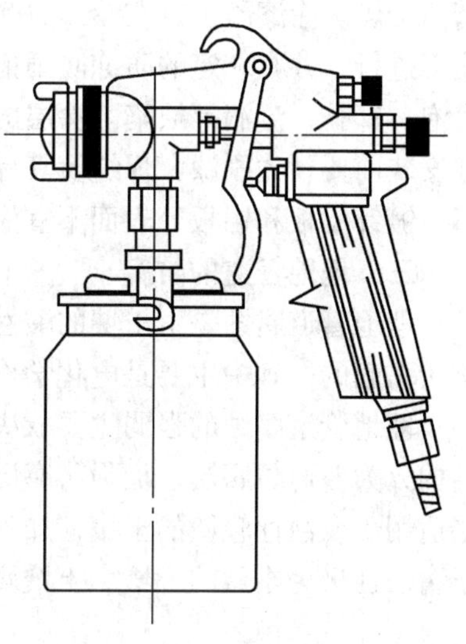

图 10-3　油漆喷枪

5. 涂漆的施工程序及要求

涂漆的施工程序一般分为涂底漆或防锈漆、涂面漆、罩光漆三个步骤。底漆或防锈漆直接涂在管道或设备表面，一般涂 1～2 遍，每层涂层不能太厚，以免起皱和影响干燥。若发现有不干、起皱、流挂或露底现象，要进行修补或重新涂刷。面漆一般涂刷调和漆或瓷漆，漆层要求薄而均匀，无保温的管道涂刷一遍调和漆，有保温的管道涂刷两遍调和漆。罩光漆层一般由一定比例的清漆和磁漆混合后涂刷一遍。不同种类的管道设备涂刷油漆的种类和涂刷次数见表 10-1。

管道设备涂刷油漆种类和涂刷次数　　表 10-1

分　类	名　称	先刷油漆名称和次数	再刷油漆名称和次数
不保温管道和设备	室内布置管道设备	2 遍防锈漆	1～2 遍油性调和漆
	室外布置的设备和冷水管道	2 遍环氧底漆	2 遍醇酸磁漆或环氧磁漆
	室外布置的气体管道	2 遍云母氧化铁酚醛底漆	2 遍云母氧化铁面漆
	油管道和设备外壁	1～2 遍醇酸底漆	1～2 遍醇酸磁漆
	管沟中的管道	2 遍防锈漆	2 遍环氧沥青漆
	循环水、工业水管和设备	2 遍防锈漆	2 遍沥青漆
	排气管	1～2 遍耐高温防锈漆	
保温管道设备	介质 < 120℃的设备和管道	2 遍防锈漆	
	热水箱内壁	2 遍耐高温油漆	

续表

分　类	名　称	先刷油漆名称和次数	再刷油漆名称和次数
其　他	现场制作的支吊架	2遍防锈漆	1～2遍银灰色调和漆
	室内钢制平台扶梯	2遍防锈漆	1～2遍银灰色调和漆
	室外钢制平台扶梯	2遍云母氧化铁酚醛底漆	2遍云母氧化铁面漆

涂刷油漆前应清理被涂刷表面上的锈蚀、焊渣、毛刺、油污、灰尘等，保持涂物表面清洁干燥。涂漆施工宜在15～30℃，相对湿度不大于70%，无灰尘、烟雾污染的环境温度下进行，并有一定的防冻防雨措施。漆膜应附着牢固、完整、无损坏，无剥落、皱纹、气泡、针孔、流淌等缺陷。涂层的厚度应符合设计文件要求。对安装后不宜涂刷的部位，在安装前要预先刷漆，焊缝及其标记在压力实验前不应刷漆。有色金属、不锈钢、镀锌钢管、镀锌钢板和铝板等表面不宜涂漆，一般可进行钝化处理。

三、埋地管道的防腐

埋地管道腐蚀是由土壤的酸性、碱性、潮湿、空气渗透以及地下杂散电流的作用等因素所引起的，其中主要是电化学作用。防止腐蚀的方法主要是涂刷沥青涂料。

埋地管道腐蚀的强弱主要取决于土壤的性质。根据土壤腐蚀性质的不同，可将防腐层结构分为普通防腐层、加强防腐层和特加强防腐层三种类型，其结构见表10-2。普通防腐层适用于腐蚀性轻微的土壤，加强防腐层适用于腐蚀性较剧烈的土壤，特加强防腐层适用于腐蚀性极为剧烈的土壤。土壤腐蚀性等级及其防护见表10-3。

埋地管道防腐层结构　　**表10-2**

防腐层层次	普通防腐层	加强防腐层	特加强防腐层
1	冷底子油	冷底子油	冷底子油
2	沥青涂层	沥青涂层	沥青涂层
3	外包保护层	加强包扎层 （封闭层）	加强包扎层 封闭层
4		沥青涂层	沥青涂层
5 6		外保护层	加强包扎层 （封闭层） 沥青涂层
7			外保护层
防腐层厚度不小于（mm）	3	6	9

注：防腐层次从金属表面起。

土壤腐蚀性表　　**表10-3**

电阻测量法（Ω/m）	＞100	100～20	20～10	＜10
腐　蚀　性	低	一　般	较　高	高
防腐措施	普　通	普　通	加　强	特加强

为了提高沥青涂料与钢管表面的粘结力，在涂刷沥青玛琋脂之前一般要在管道或设备表面先涂刷冷底子油。沥青玛琋脂温度保持在160～180℃时进行涂刷作业，涂刷时冷底子油层应保持干燥清洁，涂层应光滑均匀。沥青涂层中间所夹的加强包扎层可采用玻璃丝布、石棉油毡、麻袋布等材料，其作用是为了提高沥青涂层的机械强度和热稳定性。施工

时包扎料最好用长条带呈螺旋状包缠，圈与圈之间的接头搭接长度应为 30~50mm，并用沥青粘合紧密，不得形成空气泡和折皱。防腐层外面的保护层多采用塑料布或玻璃丝布包缠而成，其施工方法和要求与加强包扎层相同。保护层可提高整个防腐层的防腐性能和耐久性。防腐层的厚度应符合设计要求，一般普通防腐层的厚度不应小于 3mm；加强防腐层的厚度不应小于 6mm，特加强防腐层的厚度不应小于 9mm。

沥青防腐层施工完成后应进行外观检验、厚度检验、粘结力检验和绝缘性能检验等质量检验。

按施工作业顺序连续跟班对除锈、涂冷底子油、涂沥青玛琋脂，缠玻璃丝布等各个环节进行外观检验。要求各层间无气孔、裂缝、凸瘤和混入杂物等缺陷，外观平整无皱纹。沿管线每 100mm 检查厚度一处，每处沿周围上下左右四个对称点测定防腐层厚度，并取其平均值。大小应满足厚度要求。沿管线每 500m 处或认为有怀疑的地方取点进行粘结力检验。用小刀在防腐层上切出一夹角为 45°~60°的切口，然后从角尖撕开防腐层，如果防腐层不成层剥落，只由冷底子油层撕开为合格。绝缘性能检验在管子下沟回填土前用电火花检验器沿全管线进行。检测用的电压为：普通防腐层 12kV；加强防腐层 24kV，特强防腐层 36kV。

四、油漆涂层质量等级标准

油漆涂层的质量检验等级标定，目前还没有定量的技术数据指标，只是用目测定性的模糊级别标准，分为四级：

一级：漆膜颜色一致，亮光好，无漆液流挂、漆膜平整光滑、镜面反映好。不允许有划痕和肉眼能看到的疵病，装饰感强。

二级：漆膜颜色一致，底层平整光滑、光泽好，无流挂，无汽泡，无杂纹，用肉眼看不到显著的机械杂质和污浊，有装饰性。

三级：面漆颜色一致，无漏漆，无流挂，无气泡，无触目颗粒，无皱纹。

四级：底漆涂后不露金属，面漆涂后不漏底漆。

管道工程一般参照三级精度要求施工。

第二节　管道的绝热施工

一、绝热的概念和意义

1. 保温绝热与保冷绝热

绝热，俗称保温。工程上分保温绝热和保冷绝热两个方面，保温绝热是减少系统内介质的热能向外界环境传递，保冷绝热是减少环境中的热能向系统内介质传递。

保温绝热层和保冷绝热层，本身无什么区别。但由于热量传递的方向不同和应用的温度范围不同，其使用性质上产生了质的差别，因此在结构构造上也有所不同，应引起施工作业的重视。

从客观上讲，存在温度场的空间，也同时存在水蒸气的分压力场。伴随热量传递的同时，也有水蒸气的渗流，而且与热量的传递方向相同。但由于应用的温度范围不同，使水蒸气产生的物态变化有了根本的区别。在保冷绝热层内，水蒸气正好处在气态（汽）、液态（水）和固态（冰）的温度变化范围内，随着水蒸气由外向保冷绝热层内渗流，温度越来越低，可能达到露点甚至冰点，因此在保冷绝热层内就会结露和结霜，从而降低绝热效果和破坏绝热层。因此，作为保冷绝热层，必须在绝热层外设防潮隔汽层，阻止水蒸汽向绝热层内渗流。而在保温绝热层内，由于介质的温度较高，不存在水蒸气的三态变化。即使发生，也只能发生在间歇工作的系统，或系统的启动、停止等不稳定传热期间，时间较短而随着系统进入稳定运行状态，水蒸气总是处在气态下不会发生上面所述的结露结霜现象，故作为保温绝热层，无须设置防潮隔汽层。但对于室外架空管道，由于要防雨防雪，也要在保温绝热层外设防潮防水层，这样保温绝热层和保冷绝热层构造就基本相同了，统一称为绝热。

2. 绝热层的作用

绝热层的作用是减少能量损失、节约能源、提高经济效益；保障介质运行参数，满足用户生产生活要求。同时，对于保温绝热层来说，降低绝热层外表面温度，改善环境工作条件、避免烫伤事故发生。对于保冷绝热层来说，可提高绝热层外表面温度，改善环境工作条件，防止绝热层外表面结露结霜。对于寒冷地区，管道绝热层，能保障系统内的介质水不被冻结、保证管道安全运行。

绝热层能否取得上述各项满意效果，关键在于绝热材料选用和绝热层的施工质量。

二、绝热材料的种类和应用

绝热材料，种类繁多。有些新材料尚无统一分类。工程上不同的绝热材料绝热层采用不同的构造形式，因此施工方法也不同。

1. 绝热材料的分类

(1) 早期的绝热材料：多为天然矿物和自然资源原材料，如石棉、硅藻土、软木、草绳、锯末等。这些材料一般经简单加工就可使用，其绝热结构多为涂抹或填充形式。

(2) 后来人工生产的绝热材料：有玻璃棉、矿渣棉、珍珠岩、蛭石等。这些绝热材料一般为工厂生产原料或预制半成品。其绝热结构多为捆绑和砌筑形式。

(3) 20世纪70年代以来研制开发的绝热材料：有聚苯乙烯泡沫塑料、聚氨酯泡沫塑料、泡沫玻璃、泡沫石棉等。其绝热层的结构多为喷涂或灌注成型的形式。

2. 绝热材料的选用

管道系统的工作环境多种多样，有高温、低温；有空中、地下；有干燥、潮湿等。所选用的绝热材料要求能适应这些条件，在选用绝热材料时首先考虑热工性能，然后考虑其他主要因素，还要考虑施工作业条件。如：高温系统应考虑材料的热稳定性；振动的管道应考虑材料的强度；潮湿的环境应考虑材料的吸湿性；间歇运行的系统应考虑材料的热容量等。

在工程上，根据绝热材料适应的温度范围进行绝热材料的应用分类见表10-4所示，供选用参考。

绝热材料应用温度分类 **表10-4**

序号	介质温度（℃）	绝热材料
1	0~250（常温）	酚醛玻璃棉制品，水玻璃珍珠岩制品，水泥珍珠岩制品，沥青及玻璃棉制品
2	250~350	矿渣棉制品，水玻璃珍珠岩制品，水泥珍珠岩制品，沥青及玻璃棉制品
3	350~450	矿渣棉制品，水玻璃珍珠岩制品，水泥珍珠岩制品，水玻璃蛭石制品，水泥蛭石制品

续表

序　号	介质温度（℃）	绝　热　材　料
4	450～600	矿渣棉制品，水玻璃珍珠岩制品，水泥珍珠岩制品，水玻璃蛭石制品，水泥蛭石制品
5	600～800	磷酸盐珍珠岩制品，水玻璃蛭石制品
6	－20～0	酚醛玻璃棉制品，淀粉玻璃棉制品，水泥珍珠岩制品，水玻璃珍珠岩制品
7	－40～－20	聚苯乙烯泡沫塑料，水玻璃珍珠岩制品
8	－196～－40	膨胀珍珠岩制品

三、绝热结构的施工

1. 绝热结构

绝热结构一般由绝热层、防潮层、保护层等部分组成

防锈层：即管道及设备表面除锈后涂刷的防锈底漆。一般涂刷 1～2 遍。

绝热层：为减少能量损失、起保温保冷作用的主体层，附着于防锈层外面。

防潮层：防止空气中的水汽浸入绝热层的构造层，常用沥青油毡、玻璃丝布、塑料薄膜等材料制作。

保护层：保护防潮层和绝热层不受外界机械损伤，保护层的材料应有较高的机械强度。常用石棉石膏、石棉水泥、玻璃丝布、塑料薄膜、金属薄板等制作。

防腐及识别标志：保护层不受环境浸蚀和腐蚀，用不同颜色的油漆涂料涂抹制成，既作防腐层又作识别标志。

常用的层结构形式有涂抹型、绑扎型和粘贴型。如图 10-4～图 10-6 所示。

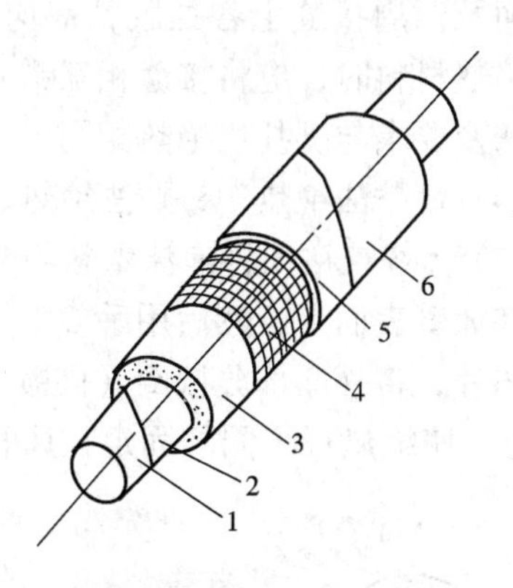

图 10-4　涂抹法绝热

1—管道；2—防锈漆；3—绝热层；4—钢丝网；5—保护层；6—防腐漆

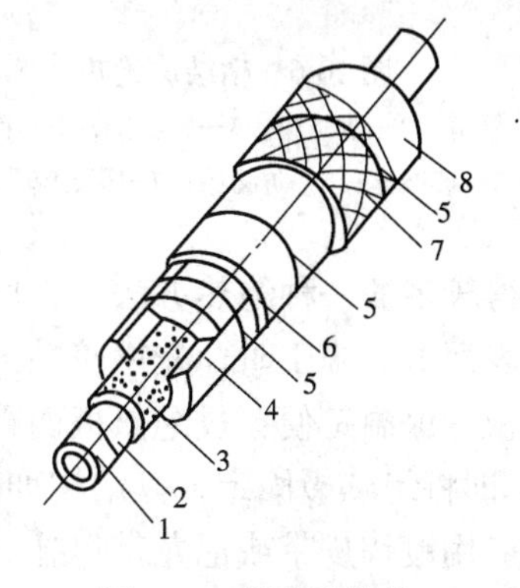

图 10-5　绑扎法绝热

1—管道；2—防锈漆；3—胶泥；4—绝热层；5—镀锌钢丝；6—沥青油毡；7—玻璃丝布；8—防腐漆

绝热层的施工方法取决于绝热材料的形状和特性。常用的绝热方法有以下几种形式。

（1）涂抹法绝热　适用于石棉粉、碳酸镁石棉粉和硅藻土等不定形的散状材料，把这些材料与水调成胶泥涂抹于需要绝热的管道设备上。这种绝热方法整体性好，绝热层和绝热面结合紧密，且不受被绝热物体形状的限制。

涂抹法多用于热力管道和设备的绝热，其结构如图10-4所示。施工时应分多次进行，为增加胶泥与管壁的附着力，第一次可用较稀的胶泥涂抹，厚度为3~5mm，待第一层彻底干燥后，用干一些的胶泥涂抹第二层，厚度为10~15mm，以后每层为15~25mm，均应在前一层完全干燥后进行，直到要求的厚度为止。

涂抹法不得在环境温度低于0℃情况下施工，以防胶泥冻结。为加快胶泥的干燥速度，可在管道或设备内通入温度不高于150℃的热水或蒸汽。

(2) 绑扎法　适用于预制绝热瓦或板块料，用镀锌钢线绑扎在管道的壁面上，是热力管道最常用一种保温绝热方法，其结构如图10-5。为使绝热材料与管壁紧密结合，绝热材料与管壁之间应涂抹一层石棉粉或石棉硅藻土胶泥（一般为3~5mm厚），然后再将保温材料绑扎在管壁上。因矿渣棉、玻璃棉、岩棉等矿纤材料预制品抗水性能差，采用这些绝热材料时可不涂抹胶泥而直接绑扎。绑扎绝热材料时，应将横向接缝错开，如绝热材料为管壳，应将纵向接缝设置在管道的两侧。采用双层结构时，第一层表面必须平整，不平整时，矿纤维材料用同类纤维状材料填平，其他材料用胶泥抹平，第一层表面平整后方可进行下一层绝热。

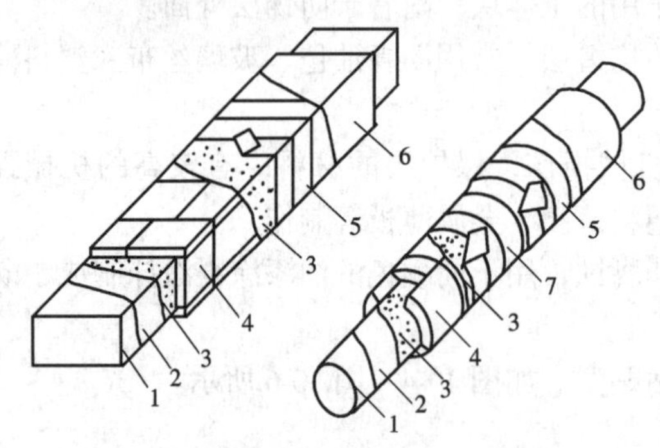

图10-6　粘结法绝热

1—管道；2—防锈漆；3—胶粘剂；4—绝热层；5—玻璃丝；6—防腐漆；7—聚乙烯薄膜

(3) 粘结法绝热　适用于各种加工成型的预制品绝热材料，主要用于空调系统及制冷系统绝热。它是靠胶粘剂与被绝热的物体固定的，其结构如图10-6所示。常用的胶粘剂有石油沥青玛琋脂、醋酸乙烯乳胶、酚醛树脂和环氧树脂等，其石油沥青玛琋脂适应大部分绝热材料的粘结，施工时应根据绝热材料的特性选用。涂刷粘结剂时，要求粘贴面及四周接缝上各处胶粘剂均匀饱满。粘贴绝热材料时，应将接缝相互错开，错缝的方法及要求与绑扎法绝热相同。

(4) 钉贴法绝热　钉贴法绝热是矩形风管采用得较多的一种绝热方法，它用保温钉（图10-7）代替胶粘剂将泡沫塑料绝热板固定在风管表面上。施工时，先用胶粘剂将保温钉粘贴在风管表面上，然后用手或木方轻轻拍打绝热板，保温钉便穿过绝热板而露出，然后套上垫片，将外露部分扳倒（自锁垫片压紧即可），即将绝热板固定，其结构如图10-8所示。为了使绝热板牢固的固定在风管上，外表面也应用镀锌皮带或尼龙带包扎。

(5) 风管内绝热　风管内绝热是将绝热材料置于风管的内表面，用胶粘剂和保温钉将其固定，是粘贴法和钉贴法联合使用的一种绝热方法，其目的是加强绝热材料与风管的结合力，以防止绝热材料在风力的作用下脱落。其结构如图10-9所示。

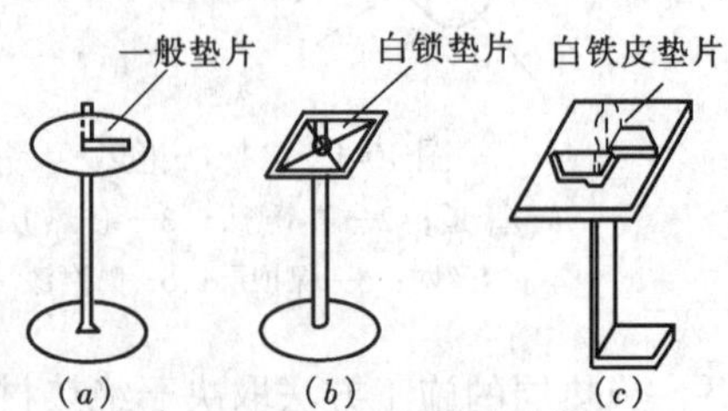

图10-7　保温钉

(a) 铁质保温钉；(b) 铁质或尼龙保温钉；(c) 白铁皮保温钉

风管内绝热一般采用涂有胶质保护层的毡状材料（如玻璃棉毡）。施工时先除去风管粘贴面上的灰尘、污物，然后将保温钉刷上胶粘剂粘贴在风管内表面上，待保温钉贴固定后，再在风管内表面上满刷一层胶粘剂后迅速将绝热材料铺贴上，最后将垫片套上。内绝热的四角搭接处，应小块顶大块，以防止上面一块面积过大下垂。管口及所有接缝处都应刷上粘结剂密封。风管内保温一般适用于需要进行消声的场合。

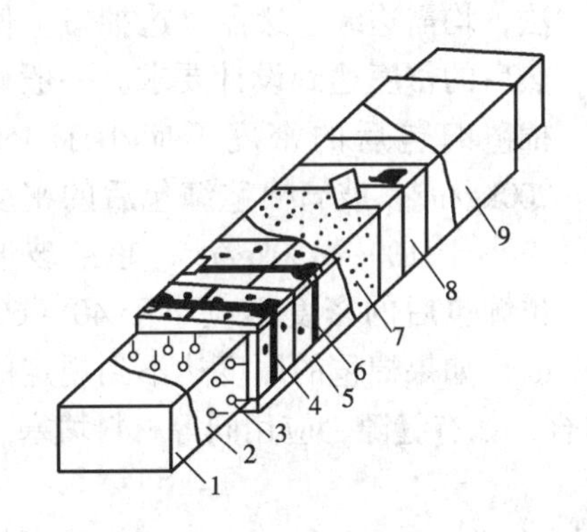

图 10-8　钉贴法绝热

1—风管；2—防锈漆；3—保温钉；4—绝热层；5—铁垫片；6—包扎带；7—胶粘剂；8—玻璃丝布；9—防腐漆

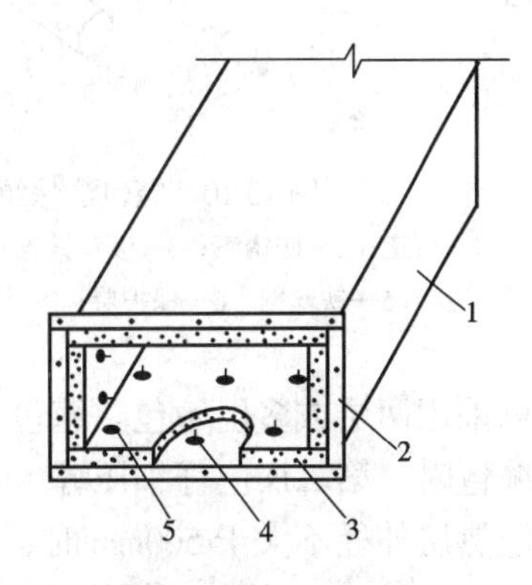

图 10-9　风管内绝热

1—风管；2—法兰；3—绝热层；4—保温钉；5—垫片

(6) 聚氨酯硬质泡沫塑料的绝热　聚氨酯硬质泡沫塑料由聚醚和多元异氰酸酯加催化剂、发泡剂、稳定剂等原料按比例调配而成。施工时，应将这些原料分成两组（A 组和 B 组)。A 组为聚醚和其他原料的混合液，B 组为异氰酸酯。只要两组混合在一起，即起泡而生成泡沫塑料。

聚氨酯硬质泡沫塑料一般采用现场发泡，其施工方法有喷涂法和灌注法两种。喷涂法施工就是用喷枪将混合均匀的液料喷涂于被绝热物体的表面上，为避免垂直壁面喷涂时液料下滴，要求发泡的时间要快一点；灌注法施工是将混合均匀的液料直接灌注于需要成型的空间或事先安置的模具内，经发泡膨胀而充满整个空间，为保证有足够操作时间，要求发泡的时间应慢一些。

施工操作应注意以下事项：

1) 聚氨酯硬质泡沫塑料不宜在气温低于 5℃的情况下施工，否则应将液料加热到 20 ~ 30℃。

2) 被涂物表面应清洁干燥，可以不涂防锈层。为便于喷涂和灌注后清洁工具和脱取模具，在施工前可在工具和模具内表面涂上一层油脂。

3) 调配聚醚混合液时，应随用随调，不宜隔夜，以防原料失效。

4) 异氰酸酯及其催化剂等原料均为有毒物质，操作时应戴上防毒面具、防毒口罩、防护眼镜、橡皮手套等防护用品，以免中毒和影响健康。

聚氨酯硬质泡沫塑料现场发泡工艺操作简单方便、施工效率高、没有接缝、不需要任何支撑件，材料导热系数小、吸湿率低、附着力强，可用于 - 100 ~ 120℃的环境温度。

(7) 缠包法绝热　缠包法绝热适用于卷状的软质绝热材料（如各种棉毡等)。施工时需要将成卷的材料根据管径的大小剪裁成适当宽度（200 ~ 300mm）的条带，以螺旋状缠

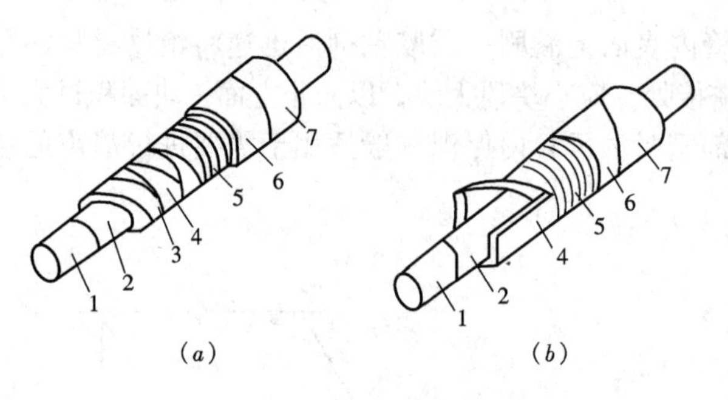

图 10-10　缠包法保温
1—管道；2—防锈漆；3—镀锌铁丝；4—保温层；
5—铁丝网；6—保护层；7—防腐漆

包到管道上，如图 10-10（*a*）所示；也可以根据管道的圆周长度进行剪裁，以原幅宽对缝平包到管道上，如图 10-10（*b*）所示。不管采用哪种方法，均需边缠、边压、边抽紧，使绝热后的密度达到设计要求。一般矿渣棉毡缠包后的密度不应小于 150～200kg/m^3，玻璃棉毡缠包后的密度不应小于 100～130kg/m^3，超细玻璃棉毡缠包后的密度不应小于 40～60kg/m^3。如果棉毡的厚度达不到规定的要求，可采用两层或多层缠包。缠包时接缝应紧密结合，如有缝隙，应用同等材料填塞。采用层缠包时，第二层应仔细压缝。

绝热层外径不大于 500mm 时，在绝热层外面用直径为 1.0～1.2mm 的镀锌钢丝绑扎间距为 150～200mm，禁止以螺旋状连续缠绕。当绝热层外径大于 500mm 时还应加镀锌钢丝网缠包，再用镀锌钢丝绑扎牢。

（8）套筒式绝热　套筒式绝热就是将矿纤材料加工成型的绝热筒直接套在管道上，是冷水管道较常用的一种绝热方法，只要将绝热筒上轴向切口扒开，借助矿纤材料的弹性便可将绝热筒紧紧的套在管道上。为便于现场施工，绝热筒在生产厂里多在绝热筒的外表面有一层胶状保护层，因此在一般室内管道绝热时，可不需再设保护层。对于绝热筒的轴向切口和两筒之间的横向接口，可用带胶铝箔粘合，其结构如图 10-11 所示。热管内一般通入蒸汽。

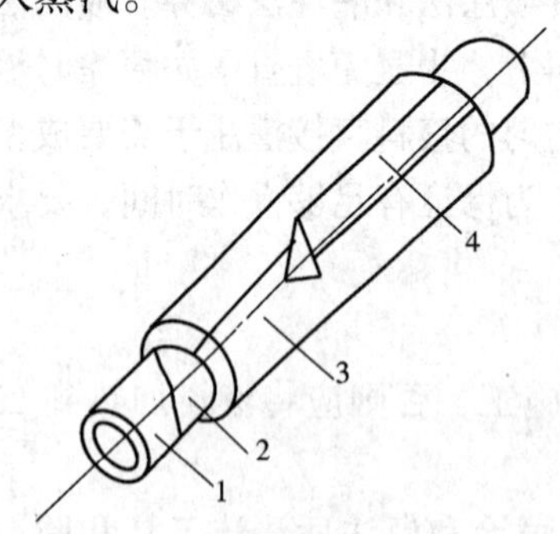

图 10-11　套筒式保温
1—管道；2—防锈漆；3—保温层；
4—带胶铝箔层

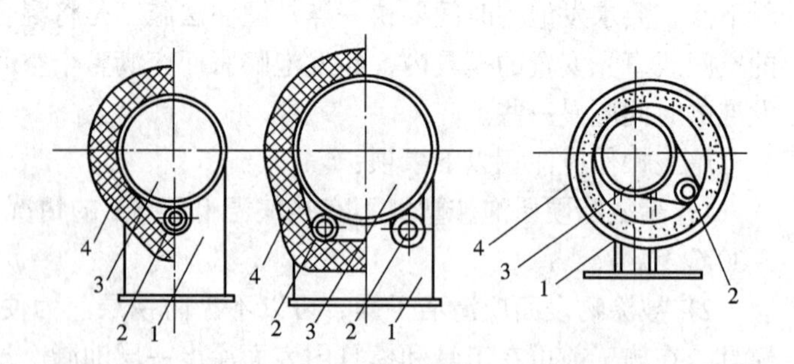

图 10-12　管道伴热保温形式示意图
1—管道；2—管道保温层；3—阀门；4—保温层

（9）管道伴热保温　为防止寒冷地区输送液体的管道冻结或由于降温增加流体黏度，有些管道需要伴热保温。伴热保温是在保温层内设置与输送介质管道平行的伴热管，通过加热管散发的热量加热主管道内的介质，使介质保持在一定的温度范围内。这种形式的保温作用主要是减少伴热管热量向外的损失。管道伴热保温多采用毡、板或瓦状保温材料用绑扎法或缠包法将主管道和伴热管统一置于保温结构内，为便于加热，主管道和伴热管之间缝隙不应填充保温材料。管道伴热保温形式如图 10-12 所示。伴热管内一般通入蒸汽。

2. 管道附件保温

管道系统的阀门、法兰、三通、弯管和支、吊架等附件需要保温时可根据情况采用图 10-13～图 10-19 所示的形式。

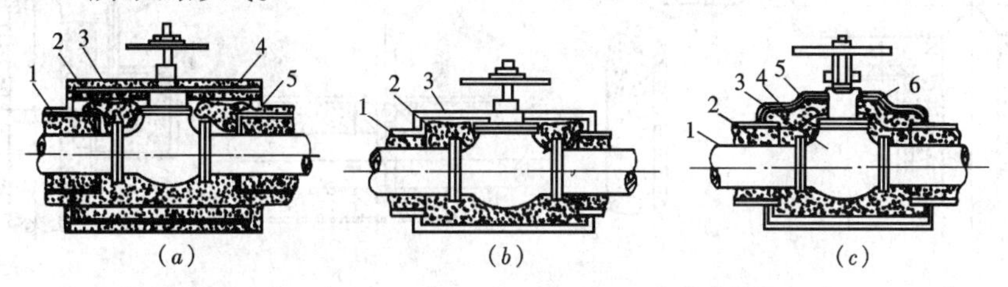

图 10-13　阀门保温

（*a*）预制管壳保温；1—管道保温层；2—绑扎钢带；3—填充保温材料；4—保护层；5—镀锌钢丝

（*b*）铁皮壳保温；1—管道保温层；2—填充保温材料；3—铁皮壳

（*c*）棉毡包扎保温；1—管道；2—管道保温层；3—阀门；4—保温棉毡；5—镀锌钢丝网；6—保护层

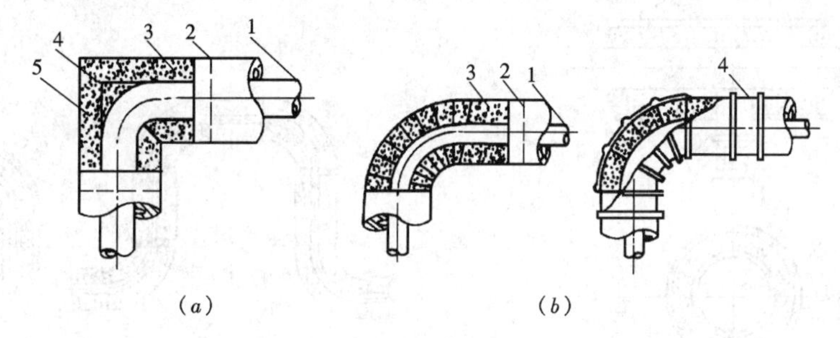

图 10-14　弯管保温

（*a*）管径小于 80mm；（*b*）管径大于 100mm

1—管道；2—镀锌钢丝；3—预制管壳；4—铁皮壳；5—填充保温材料

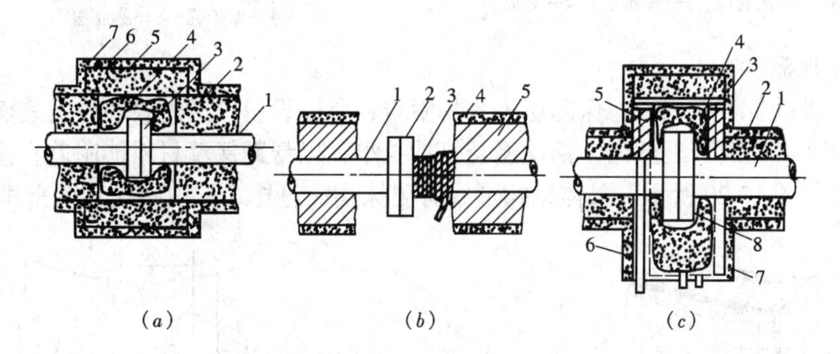

图 10-15　法兰保温

（*a*）预制管壳保温；

1—管道；2—管道保温层；3—法兰；4—法兰保温层；5—散状保温材料；

6—镀锌钢丝；7—保护层

（*b*）缠绕式保温；

1—管道；2—管道保温层；3—保护层；4—散状填充保温材料；5—制成环

（*c*）包扎式保温

1—管道；2—法兰；3—石棉绳；4—保护层；5—管道保温层；6—钢带；

7—石棉布；8—法兰

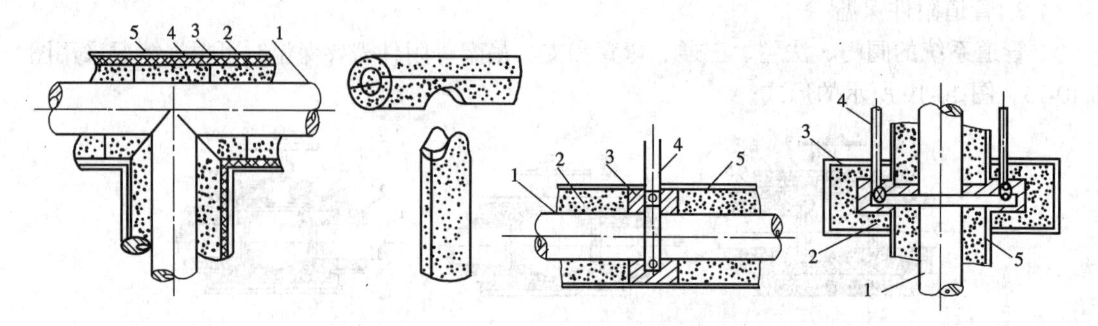

图 10-16　三通保温

1—管道；2—保温层；3—镀锌钢丝；4—镀锌钢丝网；5—保护层

图 10-17　吊架保温

1—管道；2—保温层；3—吊架处填充散状保温材料；4—吊架；5—保护层

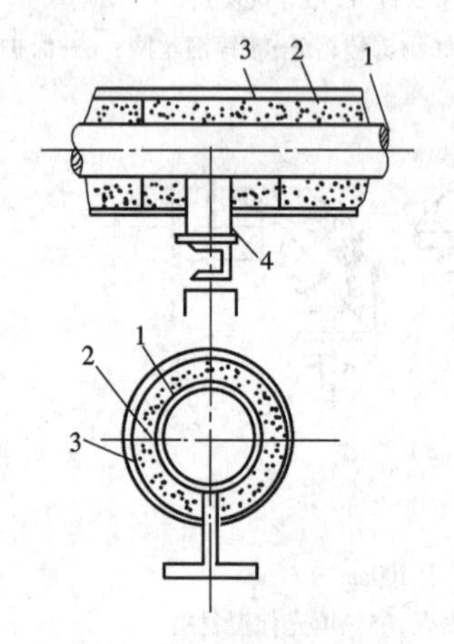

图 10-18　活动支托架保温

1—管道；2—保温层；3—保护层；4—支架

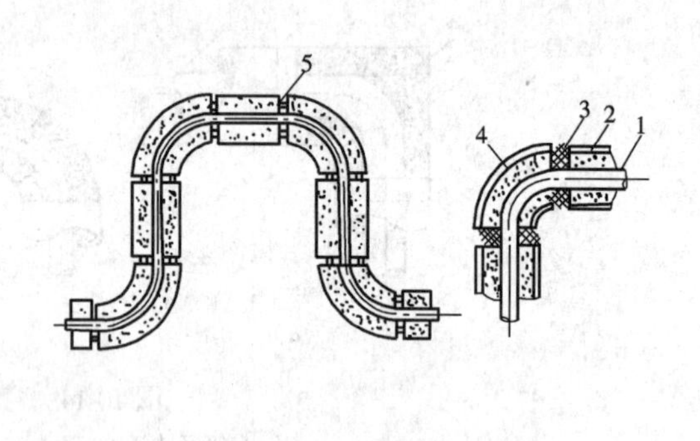

图 10-19　方形补偿器保温

1—管道；2—保温层；3—填充层；4—保护壳；5—膨胀缝

3. 设备保温

由于一般设备表面积大，保温层不容易附着，所以设备保温时要在设备表面焊制钉钩并在保温层外设置镀锌钢丝网，钢丝网与钉钩扎牢，以帮助保温材料能附着在设备上。设备保温结构如图 10-20 所示，具体结构形式有湿抹式、包扎式、预制式和填充式等几种。

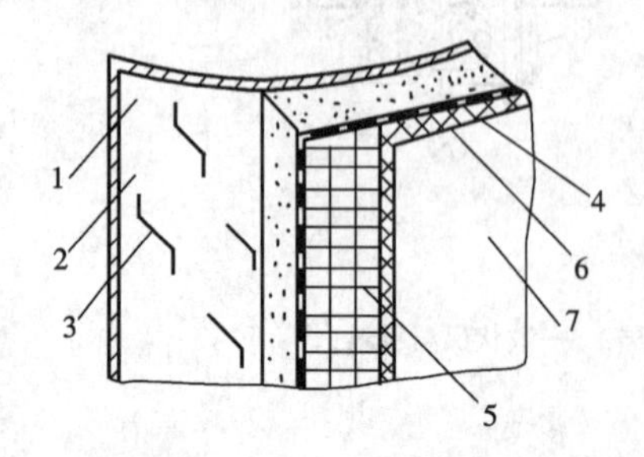

图 10-20　设备保温结构

1—设备外壁；2—防锈漆；3—钉钩；4—保温层；5—镀锌钢丝网；6—保护层；7—防腐层

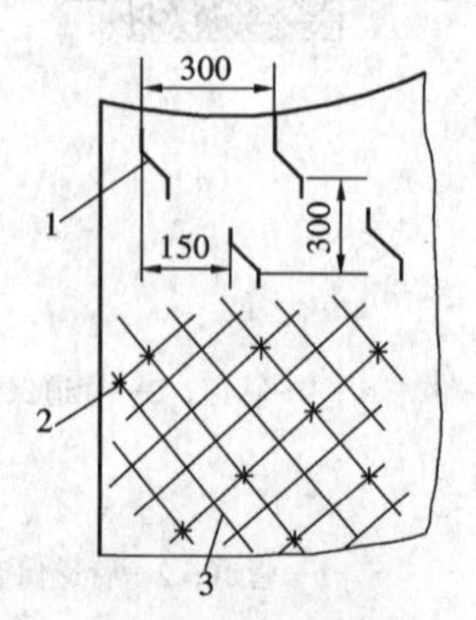

图 10-21　湿抹式钉网布置

1—钉钩；2—绑扎镀锌钢丝；3—镀锌钢丝网

湿抹式保温适用于石棉硅藻土等保温材料。涂抹方式与管道涂抹法相同，涂抹完后罩一层镀锌钢丝网，钢丝网与钉钩扎牢。包扎式适用于半硬质板、毡等保温材料，施工时保温材料搭接应紧密。湿抹式和包扎式钉钩间距以250~300mm为宜，钉网布置见图10-21。预制式保温材料为各种预制块。保温时预制块与设备表面及预制块之间须用胶泥等保温材料填实，预制块应错缝拼接，并用钢丝网与钉钩扎牢固定。

钉网布置如图10-22所示。填充式保温多用于松散保温材料。保温时先将钢丝网绑扎到钉钩上，钢丝网与设备外壁的间距（钉钩长度）等于保温层厚度，然后在钢丝网内衬一层牛皮纸，再向牛皮纸和设备外壁之间的空隙填入保温材料。钉网布置如图10-23所示。

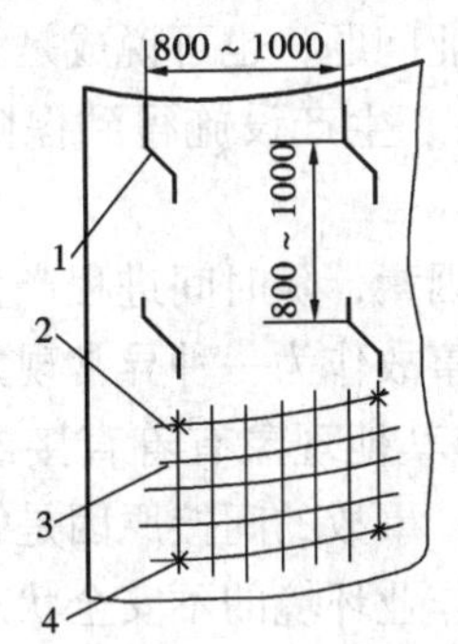

图10-22　预制式钉网布置

1—钉钩；2—钢丝扎环；3—镀锌钢丝网；4—绑扎钢丝

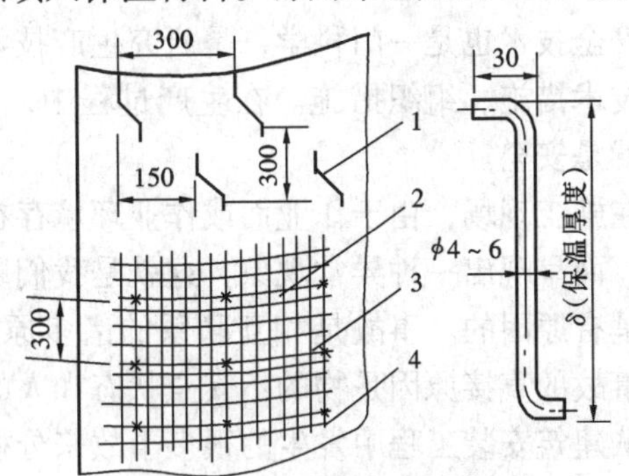

图10-23　填充式钉网布置

1—钉钩；2—镀锌钢丝扎环；3—镀锌钢丝扎丝；4—镀锌钢丝网

思考题与习题

1. 试述涂料防腐的结构。
2. 涂料防腐前为什么要除锈？除锈方法有几种？除锈合格的质量标准是什么？
3. 除锈防腐的方法是什么？合格的质量标准是什么？
4. 管道特殊防腐有几种？其结构如何？
5. 绝热结构的施工方法有哪些？
6. 绝热施工的技术要求有哪些？
7. 怎样进行保护层施工？
8. 怎样进行防潮层施工？

第十一章　安全施工与防火技术

第一节　概　　述

安全技术也是一门科学，是研究生产技术中的安全作业问题，也可说成是为安全而采用的技术措施、组织措施。在生产过程中，劳动者的生命、生产设施得到保障，免于损伤，就是安全。

在施工现场，由于作业面或作业环境存在某种不安全因素，随时间进程产生某些意外情况，而呈现出一种异常现象，这就是我们所说的事故。事故作为一种异常现象，它的产生总是有原因的。事故是相互联系的诸多原因的结果，与其他现象有着直接或间接的联系。事故的直接原因是物的不安全状态和人的不安全行动；事故的间接原因是管理上的缺陷。从建筑安装工程中发生的很多事故来分析，作业面和作业环境的不安全状态，人的不安全行动，以及管理上的缺陷，这三方面是构成事故发生的主要原因。如某公司在施工中发生的一起死亡事故：一个工人在二层裙楼上支模板，在他右侧 10m 处的上面 16 层有另两个工人在拆模板，一个工人不小心碰掉了一块 6m 长的跳板，跳板砸在二层裙楼支模板工人的头部，造成该工人死亡。在此例的上下立体交叉施工中，中间没有隔离保护措施，这就是作业环境的不安全状态；在 16 层拆模板的工人将跳板碰下这就是不安全行动；工长不知道此时上面有人在拆模板，没有采取隔离保护或错开作业时间的措施，这是管理上的严重问题。这三个原因同时存在和同时发生，成为这次死亡事故发生的主要原因。

1986 年 1 月 16 日，国务院全国安全生产委员会把“安全第一，预防为主”作为安全生产的基本方针。这就要求我们在生产过程中，一定要摆正安全和生产的关系。当生产和安全发生矛盾，危及职工生命和国家财产的时候，要停产治理，消除隐患。

加强施工现场安全管理与教育工作，建立良好的安全生产环境和秩序，是搞好安全生产，防止事故发生的最直接、最有效的方法之一。我们一定要坚持抓生产必须抓安全的原则。各级经济承包责任制一定要有安全承包内容，要同产量、质量、利润等经济技术指标一样，要有安全保证指标和措施，没有安全承包内容的方案不能实施。在计划、布置、检查、总结、评比生产工作时，应同时计划、布置、检查、总结、评比安全工作。要严禁违章指挥、违章作业，不经安全教育和培训的工人不得上岗，如果上岗，应做违章处理，并追究领导的责任。安全技术管理工作走向制度化、科学化，施工现场的安全管理水平就会迈上一个新台阶，事故率就会大大降低。

第二节　管道安装工程安全技术

一、建筑安装工程施工特点

建筑安装工程施工是一个复杂的过程，与其他行业相比，有其独特的自身特点，给安全生产增加了许多困难，其主要特点如下：

(1) 作业面变化多。在施工安装中，作业面随时在变化，如安全防护和人的意识不能及时跟上，就会发生伤亡事故。

(2) 立体交叉作业多。多工种间互相配合，如管理不好，衔接不当，防护不严，就有可能造成互相伤害。

(3) 高处作业多。高处作业四边临空，操作条件差，危险因素多。

(4) 地下作业多。地下管道要进行大量的土石方工程，给施工增加了很多危险。

(5) 室外作业受气候影响多。

(6) 民工和临时工较多。这些工人安全意识和安全技术操作水平差，工地发生的伤亡事故中这些人占较大比例。

以上这些特点决定了建筑安装工程的施工过程，是个危险性大、突发性强、容易发生伤亡事故的生产过程。施工中必须认真贯彻执行安全技术规定及要求，人人重视安全工作。安全第一，预防为主，防止发生安全事故。

二、施工前准备阶段的安全技术工作

(1) 在施工组织设计或施工方案中应有针对性强而又具体的安全技术措施。

(2) 应检查周围环境是否符合安全要求，如安装范围内的洞口、管井、临边等，应有固定的盖板、防护栏杆等防护措施和明显标志，不安全的隐患必须排除，否则不能进行安装作业。

(3) 施工方法的选用、施工进度安排、机具设备的选用，必须符合安全要求。若进行立体交叉作业，必须统一指挥，共同拟定确保安全施工的措施，必须设置安全网或其他隔离措施。

(4) 认真搞好安全教育和安全技术交底工作。

三、管道安装工程安全技术交底

(1) 进入现场必须戴好安全帽、扣好帽带，必须遵守安全生产有关规定。

(2) 施工现场应整齐清洁，各种设备、材料和废料应按指定地点堆放。在施工现场只准从固定进楼通道进出，人员行走或休息时，不准临近建筑物。

(3) 各种电动机械设备，必须有可靠的安全接地和防雷装置，方能使用。配电箱内电气设备应完整无缺，设有专用漏电保护开关，实行二级保护。

(4) 所有移动电具，都应在漏电开关保护之中，电线无破损，插头插座应完整，严禁不用插头而用电线直接插入插座内。

(5) 各类电动机械应勤加保养，及时清洗、注油，在使用时如遇中途停电或暂时离开，必须关闭电门或拔出插头。

(6) 非电气操作人员均不准乱动电气设备。所有从事电气安装、维修的人员，均应经过培训，由供电局考核发证后，方准从事电工工作。

(7) 非操作人员严禁进入吊装区域，不能在起吊物件下通过或停留，要注意与运转着的机械保持一定的安全距离。

(8) 在垂直搬运管子时，应注意不要与裸露的电线相碰，以免发生触电事故。在黑暗潮湿的场所工作时，照明行灯的电压应为12V，环境较干燥时，也不能超过25V。材料间、更衣室不得使用超过60W以上灯炮，严禁使用碘钨灯和家用电热器。

（9）开挖沟槽后，要及时排除地下水，应随时注意沟槽壁是否存在不安全因素，如有，应及时用撑板支撑，并挂警告牌。地沟或深坑须设明显标志。在电缆附近挖土时，须事先与有关部门联系，采取安全措施后才能施工。

（10）在组对焊接管道时，应有必要的防护措施，以免弧光刺伤眼睛，应穿绝缘鞋。

（11）煨弯管时，首先要检查煤炭中有无爆炸物；砂子要烘干，以防爆炸；灌砂台搭设牢固，以防倒塌伤人。

（12）在有毒性、刺激性或腐蚀性的气体、液体或粉尘的场所工作时，除应有良好的通风或除尘设施外，安装人员必须戴口罩、眼镜或防毒面具等防护用品。施工前要认真检查防护措施、劳保用品是否齐全。

（13）对地下管道进行检修时，应对输送有毒、有害、易燃介质的管道检查井内、管道内的气体进行分析，特别是死角处一定要抽样分析，如超过允许量，应采取排风措施，并经再次检查合格后，方可操作，操作人员必须戴好个人防护用品。

（14）在设备、管道安装工程中，对于零星的焊接、修理、检查等作业点的安全防护，更不能忽视，坚持不进行安全防护就不准工作的原则。

（15）吊装设备时，要有吊装方案，计算好设备的重量，以正确选择机具的起重量。有时设备没有铭牌，一定要在吊装前准确计算其重量，切勿盲目行动。要做好设备吊装过程中周围孔洞的防护，要满铺跳板或加固定盖板，边安装边拆除，切勿麻痹大意。

（16）在中高支架上安装管道时，管道操作面必须有可靠的安全防护。能搭脚手架的一定要搭脚手架。操作面要保证铺满 600mm 宽的脚手板，设 1.2m 高的两道护身栏的脚手架。每隔 20m 应搭人行梯道。

（17）在高梯、脚手架上装接管道时，必须注意立足点牢固性。用管钳子装接管时，要一手按住钳头，一手拿住钳柄，缓缓扳转，不可用双手拿住钳柄，大力扳转，防止钳口打滑失控坠落。

（18）在屋架下、天棚内、墙洞边安装管道时，要有充足的照明，能搭设脚手架的，要搭设脚手架，不能搭设的，要在管道下面铺设双层水平安全网，安全网的宽度要大于最外面的管道 1m 以上，工人作业时一定要戴安全带。

（19）对某项安全技术规程不熟悉的人，不能独立作业。新工人、实习学生应进行脱产安全生产教育，时间不少于 7d。

（20）各工程操作时的安全防护，应严格执行建筑安装工人安全技术操作规程。

第三节 工地防火与焊接安全技术

在建筑工地，火灾现象时有发生，发生火灾的原因也是多方面的，其中，以电、气焊引起的火灾为多，约占全部火灾的 40% 以上。多年来的教训，使人们在实践中不断总结经验，制定出相应的安全防火制度及措施，加强各方面的管理。事实证明，只要认真按规章制度办事，因人为因素引起的火灾是可以避免的。

一、防止火灾的基本技术措施

（1）消除火源是预防火灾的基本要求。

（2）对可燃物进行严格的管理和控制，是防火的重要措施。

(3) 拆除火场临近的建筑物或搬走堆放的物品，将火源与可燃物隔离，阻止火灾的扩大。

(4) 将灭火剂四氯化碳、二氧化碳泡沫等不燃气体或液体，喷洒覆盖在燃烧物表面，使之不与空气接触。

(5) 用水和干冰将正在燃烧的物品的温度降至着火点以下，达到灭火。

二、防火的主要规定

(1) 施工单位在承建工程项目签订的“工程合同”中，必须有消防安全的内容。施工单位的消防安全，由施工单位负责。建设单位应督促施工单位做好消防安全工作。

(2) 在编制施工组织设计时，施工总平面图、施工方法和施工技术均要符合消防安全要求，并经消防监督机构审批备案。

(3) 施工现场都要建立逐级防火责任制，确定相应的领导人员负责工地的消防安全工作。并建立消防组织，健全防火检查制度，发现火险隐患，必须立即消除。

(4) 施工现场应明确划分用火作业区，易燃可燃材料场、仓库区、易燃废品集中站和生活区等区域。上述区域之间以及与正在施工的永久性建筑物之间的防火间距见表 11-1，防火间距中不应堆放易燃和可燃物质。

防火安全距离表（m） **表 11-1**

防火间距 类别 / 类别	正在施工中的永久性建筑物	办公室、福利建筑、工人宿舍	贮存非燃烧材料的仓库或露天堆栈	贮存易燃材料的仓库（乙炔、油料等）	锅炉房、厨房及其他固定生产用火	木料堆	废料堆及草帘、芦席等
正在施工中的永久性建筑物和构筑物		20	15	20	25	20	30
办公室、福利建筑、工人宿舍	20	5	6	20	5	15	30
贮存非燃烧材料的仓库和露天堆栈	15	6	6	15	15	10	20
贮存易燃材料的仓库（乙炔、油料等）	20	20	15	20	25	20	30
锅炉房、厨房及其他固定生产用火	25	15	15	25		25	30
木料堆（圆木、方木的成品及半成品）	20	15	10	20	25		30
废料堆及草帘、芦席等	30	30	20	30	30	30	

(5) 工地出人口和危险区内，应设置必要数量的灭火器、消防水桶、砂箱、铁铲、火钩等灭火工具，并指定专人管理和维护。

(6) 施工现场应有车辆出入通行道路，其宽度不小于3.5m。

(7) 所有电气设备和线路、照明灯，应当经常检查，发现可能引起发热、火花、短路和绝缘层损坏等情况时，必须立即修理。冬季施工使用的电热器，须有安全使用技术资料，并经防火负责人同意。

(8) 对易燃物品、化学危险品和可燃液体要严格管理。施工现场、加工作业场所和材料堆放场内的易燃可燃杂物，应及时进行清理或者运走，或堆放到指定地点。重要工程和高层建筑冬季施工用的绝热材料不得采用可燃材料。

(9) 各种生产、生活用火装置的移动和增减，应经工地负责人或指定的消防人员审查批准。

(10) 现场暂设工程，必须符合以下要求：

1) 易燃品库房及其他暂设工程与建筑物的安全距离，应按表11-1的规定搭设；

2) 在高压线下不要搭设临时性建筑，并距离高压架空电线的水平距离不少于5m;

3) 临时宿舍应修建在离施工工程20m以外；离厨房、锅炉房、变电所和汽车库应在15m以外；离铁路中心线以及易燃品仓库30m以外；

4) 临时宿舍高度，一般不低于2.5m，每栋宿舍居住的人数，不超过100人，每25人要有一个可以直接出入的门口，宽度不得小于1.2m;

5) 临时宿舍和仓库，一般不能安装取暖用的炉子，如必须安装时，要经领导批准，并要按规定安装，经防火人员检查合格后才能使用。安装和修理照明等电气设备，必须由电工进行；

6) 暂设工程，必须建立严格的防火制度。

(11) 施工现场严禁吸烟。

(12) 违反上述规定或施工现场存在重大火险隐患，经消防监督机关指出没有按期整改的，消防监督机关有权责令其停止施工，立即改进。属违反治安管理行为的，由公安机关依照处罚条例处罚，对引起火灾，造成严重后果，构成犯罪的，要依法追究刑事责任。

三、焊接工程安全技术

(1) 电、气焊作业必须按公安部印发的《电、气焊割防火安全要求》进行。工作前应领取用火证，遇到5级以上大风天气，高空、露天焊割应停止作业。

(2) 焊接前应检查所有工具、电焊机、电源开关及线路是否良好，金属外壳应有安全可靠的接地，进出线应有完整的防护罩，进出线端应用铜接头焊牢。

(3) 每台电焊机应有专用的电源控制开关，保险丝严禁用其他金属丝代替，完工后，要切断电源。

(4) 电、气焊的弧光、火花与氧气瓶、乙炔瓶、电石桶、木材、油类等危险物品的距离不少于10m，与易爆物品的距离不少于20m。氧气瓶、乙炔瓶间的距离应在10m以上。

(5) 氧气瓶与乙炔瓶严禁接触油脂，不允许用带油手套、带油扳手接触气瓶。氧气瓶和乙炔瓶搬运时，应装好瓶帽，在取帽时不得用金属锤敲击。

(6) 配合焊工组对管口等工作时，应戴上手套和面具，不许穿短裤、短袖衣衫工作；清除焊渣时，面部不应正对焊纹，防止焊渣溅人眼内。在阴雨天、潮湿环境中工作时，应加倍小心以防触电。

(7) 焊割点周围和下方应采取防火措施，并应指定专人看护。

(8) 电焊、气割，要严格遵守“十不准”操作规程，其内容如下：

1）焊工必须持证上岗，无操作证的人员，不准进行焊、割作业。

2）凡属一、二、三级动火范围的焊、割作业，未办理动火审批手续，不准进行焊、割。

3）焊工不了解焊、割现场周围情况，不得进行焊、割。

4）焊工不了解焊件内部是否安全时，不得进行焊、割。

5）各种装过可燃气体、易燃液体和有毒物质的容器，未彻底清洗，排除危险性之前，不准进行焊、割。

6）用可燃材料做绝热层，或火星能溅到的地方，在未采取切实可靠的安全措施之前，不准焊、割。

7）有压力或密闭的管道、容器，不准焊、割。

8）焊、割部位附近有易燃易爆物品，在未做清理或采取有效的安全措施之前，不准焊、割。

9）附近有与明火作业相抵触的工种在作业时，不准焊、割。

10）与外单位相连的部位，在没有弄清有无险情，或明知存在危险而未采取有效的措施之前，不准焊、割。

第四节　锅炉安装与通风工程安全技术

一、锅炉安装工程安全技术

(1) 锅炉本体水平拖运时，所设置的锚点应牢固，起重机必须经检查合格，方能使用。

(2) 锅炉安装前和安装过程中，安装单位如发现受压元件存在影响安全使用的质量问题时，应停止安装并报告当地劳动部门。

(3) 安装锅炉的技术文件和施工质量证明资料，在安装完工后，应移交使用单位存入锅炉技术档案。

(4) 焊接锅炉受压元件的焊工，必须按《锅炉压力容器焊工考试规则》进行考试，取得焊工合格证，且只能担任考试合格范围的焊接工作。

(5) 锅炉的安全阀的安装，应首先检验安全阀的开启压力、排放压力及回座压力；电磁式安全阀应分别进行机械试验、电气回路试验和远方操作试验。

(6) 压力表应安装在保证司炉工能清楚看到压力指示值的地方，压力表应根据工作压力选用。压力表刻度盘极限值应为工作压力的1.5~3.0倍。

(7) 安全阀、压力表等仪器设备安装之后，任何人不得任意调节。

(8) 在施工中应保持现场整洁，无用的废料，应及时清理，堆放妥当，防止绊倒伤人。

(9) 烟囱吊装时，应有吊装方案，未有安全有效的措施，不准盲目吊装。

(10) 锅炉点火前在炉膛内先通风除去可燃气体，以免引爆。

二、通风工程安全技术

(1) 在搬运大型过重通风设备时，要步调一致，密切配合，防止砸伤。

(2) 在组装风管法兰孔时，应用尖冲撬正，严禁用手触摸。

(3) 使用剪板机，上刀架不准放置工具等物品。调整铁皮时，脚不能放在踏板上；剪切时，手禁止伸入板空隙中。

(4) 使用固定式振动剪，两手要扶稳钢板，用力适当，手指离刀口不得小于 50mm。刀片破损后应及时停机更换。

(5) 吊装风管所用的索具要牢固，吊装时应加溜绳稳住，与电线应保持安全距离。

(6) 折方时，应互相配合，身体与折方机保持距离，以免被翻转的钢板和配重击伤。

(7) 操作卷圆机、压缝机，手不得直接推送工件。

(8) 高处、悬空、攀登作业时要戴好安全帽，系好安全带，支挂安全网。

第五节　冬、雨期施工安全技术

设备、管道工程在冬、雨期施工前，应编制冬、雨期施工安全技术措施，以确保安全生产。

一、冬期施工

冬期施工，重点应做好防火、防冻和防滑等工作。

1. 防火

(1) 司炉工必须经过培训，经考核合格后方可持证上岗。

(2) 加强用火管理。生火必须经审批，遵守消防规定，五级风停火防止火灾发生，配备防火用具和设备。

(3) 用电热法施工，需加强检查，防止触电和失火。

2. 防冻

(1) 系统水压试验时，应考虑防冻措施。试验应在一天中气温较高的时间进行，试验后把水彻底放净，以免冻坏阀门、散热器片及卫生器具等。

(2) 挖土时防止槽底土壤冻结，每日收工前将土挖松一层或用草帘覆盖。对由于挖土所暴露出来的通水管道，应采取防冻措施。

(3) 承插铸铁管的石棉水泥、普通水泥等的接口及养护工作，也要采取相应的防冻措施，确保接口的连接质量。

3. 防滑

(1) 冬季在露天操作时，如遇雪天，要先把雪打扫干净，防止滑倒。

(2) 防止冬季早晨因结霜而使人滑倒，对斜道、爬梯等作业面上的霜冻，要及时清扫，防滑条损坏要及时修补。

4. 其他

(1) 凡参加冬期施工的人员，均应进行安全教育并经安全技术交底。

(2) 现场脚手架、安全网、暂设的电气工程及土方等的安全防护，必须按有关规定执行。

(3) 六级以上大风或大雪，应停止高处作业和吊装作业。

(4) 机械设备按冬期施工有关规定进行维护、保养和使用。

二、雨期施工

在雨期施工中，主要应做好防触电、防雷击、防坍塌和室外管道发生漂管事故。

1. 防触电

(1) 电源线不准使用裸线和塑料线，不得沿地铺设。

(2) 配电箱要防雨，电器元件不应破损，严禁带电裸露；机电设备做接地或接零保护并安装漏电保护器。

(3) 潮湿场所、金属管道和容器内的照明灯，电压不应超过 12V。电气操作人员应穿戴绝缘手套和穿绝缘鞋。

2. 防雷击

高出建筑物的露天金属设备及塔吊、龙门架、脚手架等应安装避雷装置。

3. 防坍塌

(1) 基坑、槽、沟两边应按规定进行放坡，危险部位要加支撑进行临时加固。

(2) 工作前应先检查沟槽、支撑、脚手架等再进行工作。土方一经发现危险情况应马上让坑内作业人员撤离现场，待险情消除后再进行施工作业。

(3) 准备好水泵、排水胶管等排水用具，做好施工现场的排水工作。

(4) 室外管道的安装应加快施工速度，管道安装、试压及保温完毕，应马上进行封盖及回填，严防雨水泡槽，发生塌方和漂管事故。

第六节　机具操作安全与自我安全防护

各种机械和工具在使用前应按规定项目和要求进行检查，如发现有故障、破损等情况，应修复或更换后才能使用。电动工具和电动机械设备，应有可靠的接地装置，使用前应检查是否有漏电现象，并应在空载情况下启动。操作人员应戴上绝缘手套，如在金属平台上工作，应穿上绝缘胶鞋或在工作平台上铺设绝缘垫板。电动机具发生故障时，应及时修理。

操作电动弯管器时，应注意手和衣服不要接近转动的弯管胎模。在机械停止转动前，不能从事调整停机挡块的工作。

使用手锤和大锤工作时不准戴手套，锤柄、锤头上不得有油污。甩大锤时，甩转方向不得有人。各种凿子头部被锤击碎蘑菇状时不能继续使用，顶部有油应及时清洗除掉。锉刀必须装好木柄方可使用，锉削时不可用力过猛，不能将锉刀当撬棒使用。

使用钢锯锯割时，用力要均匀，被锯的管子或工件要夹紧，即将把管子锯断时要用手或支架托住，以免管子或工件坠落伤人。

使用扳手时，扳口尺寸应与螺母尺寸相符，防止扳口尺寸过大，用力打滑，在扳手柄上不应加套管。不同规格螺栓所用套扳子的扳口尺寸及活扳子的规格见表 11-2、表 11-3。

使用管钳子时，一手应放在钳头上，一手对钳柄均匀用力。在高空作业时，安装公称直径 50mm 以上的管子，应用链条钳，不得使用管钳子。使用台虎钳，钳把不得用套管加力或用手锤敲打，所夹工件不得超过钳口最大行程的 2/30。

套扳子规格 **表 11-2**

螺栓规格	普通套扳子							高压套扳子				
	M10	M12	M16		M18		M22	M25	M28	M32	M35	M38
扳口尺寸（mm）	18	23	25	28	30	32	37	43	46	52	57	63

活扳子规格 **表 11-3**

规格（全长）									
规格（全长）	（mm）	100	150	200	250	300	375	450	600
	（in）	4	6	8	10	12	15	18	24
最大开口宽度	（mm）	14	19	24	30	36	46	55	65

一、砂轮切割机的安全使用

（1）砂轮片必须用有增强纤维的砂轮片，砂轮片上必须有能遮盖轮缘 180°以上的保护罩。

（2）所要切割的管子或其他材料一定要用夹具夹紧。

（3）砂轮片一定要正转，切勿反转，以防砂轮片破碎后飞出伤人。

（4）操作时应使砂轮片慢慢吃力，切勿使其突然吃力和受冲击力。

（5）操作人员的身体不应对着砂轮片，防止火花飞溅伤人。

（6）切割过程中应按紧按钮开关，不得在切割过程中松开按钮，以防损坏砂轮片和其他事故。

（7）切割完毕后，管口内外的切割屑皮一定要清理掉，以保证管子内径和连接的质量。

二、射钉枪的安全使用

（1）使用前应仔细检查枪体各部位是否符合射击使用要求。

（2）装钉弹时，严禁用手握住枪的扳机，以免发生意外事故。

（3）严禁将枪口对着自己和其他人。

（4）装好钉弹的射钉枪，应立即使用，不应放置或带着装有钉弹的枪任意走动。

（5）制作得不规整且已变形的构件，不得作为直接射击的目标使用，以免发生危险。

（6）操作时必须把枪把牢、摆正枪身，使枪口紧贴基体表面，不能倾斜，以免飞溅碎物伤人。

（7）如连续两次击发不响，须在 1min 以后打开枪体，检查击针或击针坐垫是否正常。

（8）在薄墙和轻质墙上射钉时，对面房间内不得有人停留和经过，要设专人监护，防止钉弹射穿基体伤人。

（9）操作时必须站在操作方便、稳当的位置。高空作业时，必须将脚手架或梯子等放稳，固定，再进行操作，以防反冲作用发生事故，且高空作业时，射钉枪应有牢靠的皮带和皮带环，用弹簧钩挂在肩上，便于操作。

（10）不经有关部门批准，不得在有爆炸危险和有火灾危险的车间或场地内使用射钉枪。

三、电钻、冲击钻安全使用

（1）操作时，钻头要夹紧防止松脱。应先启动后接触工件，不得在钻孔中晃动，钻薄工件要垫平垫实，钻斜孔要防止钻头滑动。

(2) 钻孔时要避开钢筋混凝土的钢筋。

(3) 操作时应用杆加压，不准用身体直接压在上面。

(4) 使用直径 25mm 以上的冲击电钻时，作业场地周围应设护栏，在地面 4m 以上操作应有固定平台。

四、倒链（手动葫芦）安全使用

(1) 倒链使用前应仔细检查吊钩、链条及轮轴是否有损伤，传动部分是否灵活。

(2) 挂上重物后，慢慢拉动链条，等起重链条受力后再检查一次，看齿轮啮合是否妥当，链条自锁装置是否起作用，确认各部分情况良好后，方可继续工作。

(3) 倒链在起重时，不得超过其额定的起重量。如起重量不明或构件重量不详时，只要一个人可以拉动，就可继续工作。如用手链拉不动时，应查明原因，不能增加人数猛拉，以免发生事故。不同倒链的拉链人数见表 11-4。

根据起重量确定拉链人数 **表 11-4**

倒链起重量（t）	0.5～2.0	3.0～5.0	5.0～8.0	10.0～15.0
拉链人数（人）	1	1～2	2	2

(4) 手拉动链条时，用力要均匀，不得猛拉，不得在与链轮不同平面内进行拉链，以免造成拉链脱槽及卡链现象。

(5) 用倒链吊起阀门或组装件时，升降要平稳，如需在起吊物下作业，应将链条打结保险，并须用枕木或支架等将部件垫稳。

五、自我防护

自我防护能力，就是职工在生产中对出现不安全因素时的敏感、预见、控制和排除的能力。职工的自我防护能力提高了，在施工时就会增加一条无形的防线，安全生产就有了重要保证。职工自我防护能力的大小，取决于以下几个因素。

1. 安全意识的强弱

安全意识包含对安全生产的重要性、生产中的危险性的认识。职工具有较高的安全意识，就会主动地学习安全技术知识，自觉地遵守安全规章制度，主观能动地控制不安全的因素，达到自我保护的目的。

2. 心理因素的影响

心理因素，就是心理状态和思想情绪。安全生产的心理状态很多，如追求产值、进度，多拿奖金，忽视安全防护，麻痹、侥幸心理，思想情绪烦躁、忧愁，心情不安等，从而造成动作不协调和失误，容易导致安全事故的发生。

3. 身体疲劳的程度

工作时间过长，任务过重，使人感到精神和身体上的疲劳。疲劳感所呈现的心理和生理的反应都会使人处于不稳定状态，容易出现不安全行为，将会增加发生事故的可能性。因此，合理安排劳动强度，坚持适当的工作时间，会防止和减少事故的发生。

4. 周围环境状况

每个工人都希望工作地点安静、清洁、宽敞、整齐和安全，这样的要求，施工现场是很难达到的。施工现场的噪声、混乱和立体交叉作业等，都会使工人精力分散，可能会带来不良后果。因此，施工现场要做到科学组织、严格管理、合理布置，这也是一个防止事故发生的重要措施。

5. 操作的熟练程度和实践经验的多少

一般讲，操作熟练、经验丰富的老工人对生产中的不安全因素的控制、排除能力较强。

思考题与习题

1. 安全生产的方针是什么？当安全与生产任务发生矛盾时，应如何解决？
2. 发生伤亡事故的原因有哪些？
3. 管道安装时，一般的安全防护技术有哪些？
4. 防止火灾的基本技术措施有哪些？
5. 施工现场防火主要规定有哪些？
6. 焊接、锅炉安装与通风工程安全技术措施有哪些？
7. 冬、雨季施工时，应注意哪些安全问题？
8. 使用电动机具时有哪些安全注意事项？
9. 职工自我防护能力的大小与哪些因素有关？

参 考 文 献

1. 张鸿滨主编．水暖与通风施工技术．北京：中国建筑工业出版社，1989
2. 张闻民，王绍民主编．暖卫与通风工程施工技术．北京：中国建筑工业出版社，1996
3. 张宪吉主编．管道施工技术．北京：高等教育出版社，1994
4. 朱维益主编．质量检查员手册．北京：中国建筑工业出版社，1996
5. 阮文主编．预算与施工组织管理．哈尔滨：黑龙江科技出版社，1997
6. 机械工业部编．管道工基本操作技能．北京：机械工业出版社，1992
7. 中国安装协会编．管道施工实用手册．北京：中国建筑工业出版社，1998
8. 张世源，周继浩主编．实用水暖工手册．北京：机械工业出版社，1998